国家林业和草原局普通高等教育"十四五"规划教材

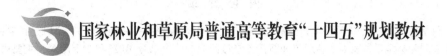

测 树 学

（第 5 版）

李凤日　主编

U0215513

中国林业出版社
China Forestry Publishing House

内 容 介 绍

本教材是在国家林业和草原局普通高等教育"十三五"规划教材——《测树学》(第4版)的基础上根据我国林业发展和林学学科发展的新形势和新任务修订而成的。全书分10章和2个附录,主要内容包括:绪论,基本测树因子与测树工具,单株树木材积测定,林分调查,林分结构,立地质量与林分密度,林分蓄积量测定,林分材种出材量测定,树木生长量测定,林分生长和收获预估,林分生物量和碳储量测定,并以附录形式介绍了回归模型基础知识及非木质森林资源调查方法。

本教材不仅是高等农林院校林学、生态、森林保护等专业本科生、研究生、函授生的必修课教材,同时还可供农业、林业、草业、环境等相关专业领域的广大科技工作者参考。

图书在版编目(CIP)数据

测树学 / 李凤日主编. —5 版. —北京:中国林业出版社,2024.5
国家林业和草原局普通高等教育"十四五"规划教材
ISBN 978-7-5219-2619-4

Ⅰ. ①测… Ⅱ. ①李… Ⅲ. ①测树学-高等学校-教材 Ⅳ. ①S758

中国国家版本馆 CIP 数据核字(2024)第 027614 号

责任编辑:范立鹏
责任校对:苏 梅
封面设计:周周设计局

出版发行	中国林业出版社
	(100009,北京市西城区刘海胡同 7 号,电话 010-83143626)
电子邮箱	cfphzbs@163.com
网 址	http://www.cfph.net
印 刷	北京中科印刷有限公司
版 次	1987 年 12 月第 1 版(共印 7 次)
	1996 年 10 月第 2 版(共印 7 次)
	2006 年 4 月第 3 版(共印 12 次)
	2019 年 8 月第 4 版(共印 5 次)
	2024 年 5 月第 5 版
印 次	2024 年 5 月第 1 次印刷
开 本	787mm×1092mm 1/16
印 张	25.75
字 数	611 千字
定 价	72.00 元

教学课件

《测树学》（第5版）
编写人员

主　编：李凤日

副主编：孙玉军　胥　辉　董利虎

编　委：（以姓氏拼音为序）

陈世清（华南农业大学）

董利虎（东北林业大学）

高慧淋（沈阳农业大学）

郝元朔（东北林业大学）

贾炜玮（东北林业大学）

李凤日（东北林业大学）

刘　强（河北农业大学）

吕　勇（中南林业科技大学）

欧光龙（西南林业大学）

萨如拉（内蒙古农业大学）

孙玉军（北京林业大学）

王冬至（河北农业大学）

王懿祥（浙江农林大学）

胥　辉（西南林业大学）

周春国（南京林业大学）

朱光玉（中南林业科技大学）

主　审：张守攻（中国工程院院士）

第 5 版前言

"测树学"是林学专业的主干课程，也是森林经理学科的主干课程。1987 年由中国林业出版社出版的全国高等林业院校试用教材《测树学》，是经过国内许多测树学教师历时 8 年的辛勤工作编制而成的，并于 1994 年、2006 年和 2019 年先后修订 3 次，教材受到农林高校教师和学生的好评，在林业教学、科研及生产中起了很大的作用。《测树学》第 4 版使用历时 5 年，这本教材在借鉴国外森林计测理论、技术及方法的基础上，结合我国在森林测定理论、技术及方法等方面几十年的科研成果和实践经验，适应我国林业教学、科研及生产需要，形成了知识结构较为完整、具有中国特色的《测树学》教材体系，使我国《测树学》教材接近国际水平。

当前，我国生态文明建设已进入实现生态环境改善由量变到质变的关键时期，林业在创新发展中发生深刻变化，从注重数量向注重数量与质量并重转变，从重视增量向重视增量与存量并举转变，开展了森林可持续经营试点、森林质量精准提升工程等重大项目。党的二十大对森林资源管理提出了明确的要求和目标，这就要求森林调查工作必须围绕这些要求和目标不断提高质量和水平，推动森林资源管理向智能化和精细化方向发展。这也对森林调查工作提出了新的要求，而"测树学"课程教学和教材建设也必须适应这种新的变化。为此，我们组建了老中青相结合的编写队伍，在第 4 版的基础上，对教材的内容、结构和呈现形式进行了深入探讨，进一步明确修订教材必须坚持以习近平生态文明思想为指导，以服务森林质量精准提升工程、碳达峰碳中和等重大战略决策为目标，同时兼顾未来林业发展需求，进一步完善教材知识内容体系。各章节在修订中增设了知识图谱等内容，为读者展示了直观、全面的知识结构，有助于读者更好地把握各章内容的核心要点和相互联系。同时，为切实落实教育现代化、提高教育质量的数字化教材建设要求，此次修订注重知识呈现与数字出版技术的结合，对于重点和难以掌握的知识点以二维码链接将讲解视频植入教材，丰富了读者的学习体验，强化了学习效果。

全书共 10 章，讲授时数为 48~64 学时。有些章节内容已超出现行的林学专业本科《测树学》教学大纲的范围（目录中带有"＊"号的章节），各院校教师可根据具体情况确定是否纳入讲授内容之中。

教材具体编写分工如下：前言和绪论由李凤日、董利虎、高慧淋编写；第 1 章由董利虎、郝元朔、萨如拉编写；第 2 章由陈世清、郝元朔编写；第 3 章由孙玉军编写；第 4 章由王懿祥、董利虎编写；第 5 章由吕勇、董利虎、朱光玉编写；第 6 章由周春国、贾炜玮编写；第 7 章由贾炜玮、李凤日编写；第 8 章由李凤日编写；第 9 章由胥辉、董利虎、欧光龙编写；第 10 章由李凤日、董利虎编写；附录 1 由李凤日、董利虎编写；附录 2 由王冬至、刘强编写。董利虎、贾炜玮负责教材中部分内容的文字、图表处理工作，董利虎、高慧淋、刘强、郝元朔负责教材数字化资源、知识图谱的制作和整理工作。最后，李凤日负责全书的统稿和定稿。

在教材编写过程中，许多院校教师及科研工作者提出了中肯的意见和建议，在此对他们表示衷心的感谢。需要特别致谢的是唐守正院士、张守攻院士、蒋伊尹教授、郎奎建教授、佘光辉教授、Timo Pukkala 教授，他们对教材的编写提出了许多宝贵的意见和建议。中国林业出版社为本教材的出版付出了努力，在此一并表示衷心感谢。

鉴于编者的水平有限，书中难免有不足之处或错误，诚请读者批评指正。

编　者

2024 年 3 月

目　录

绪 论

【知识图谱】

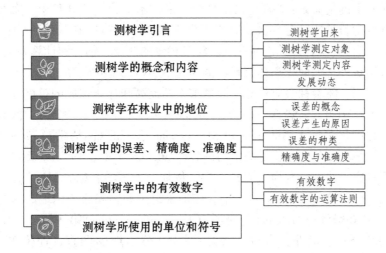

1. 测树学的概念和内容

　　党的十八大以来，以习近平同志为核心的党中央把生态文明建设摆在全局工作的突出位置，全面加强生态文明建设，开展了一系列根本性、开创性、长远性工作。习近平总书记指出，要着力提高森林质量，坚持保护优先、自然修复为主，坚持数量和质量并重、质量优先，坚持封山育林、人工造林并举。2017 年，国家林业局联合国家发展和改革委员会、财政部等印发《"十三五"森林质量精准提升工程规划》，该规划提出要将全面加强森林经营、提升森林质量作为林业建设的核心任务和主攻方向。实施森林质量精准提升是增强森林生态功能的根本举措，是培育木材战略资源的重要抓手，是推进林业供给侧结构性改革的重要内容。因此，掌握林木、林分的数量、质量及生长量测定的理论、技术和方法对于推动生态文明建设及森林质量精准提升具有重要作用。测树学是以森林作为研究对象，研究树木、林分的数量(材积或蓄积、生物量、碳储量)、质量(材种出材量)、生长量测定以及林分生长和收获预估的理论、技术和方法的科学。"测树学"是林学专业的一门基础课程。

　　"测树学"一词是 20 世纪 20 年代由日文引入我国的。日本在明治维新之后从德国输入测树学，并于 1882 年开设这门课程。日文的这一名词译自德文"Holzmesslehre"和"Holzmesskunde"。但此课程的英文通用名称是"Forest Mensuration"或"Forest Measurements"，德文中通常采用"Forstabsch"。所有这些词都是森林测定、森林测算或森林评价的意思，因此日本现在将其改称"森林测定法"或"森林计测学"。我国除台湾地区杨荣启教授 1980 年采用了"森林测计学"名称并沿用至今外，长期以来本学科教材大多采用"测树学"这一名称。

古典测树学的内容，美国学者吉拉维斯（Graves，1906）所给的定义是："论述原木、树木和林分材积的确定并研究生长和收获。"直到现在，这一传统内容仍然是世界各国本学科教科书的共同基础。但随着林业发展和测定技术的提高，测树学测定内容已从树木、林分测定扩展到大面积森林调查。例如，苏联学者 H. 阿努钦（1952）在其所著的《测树学》一书中对本学科所下的定义是："研究树木材积、采伐木材积、林分蓄积、大面积森林蓄积以及树木和林分生长量的确定方法。"日本学者大隅真一（1971）在其所著《森林计测学》中所下的定义是："研究森林及其产品——木材各种量的测定、估计和计算方法。"也就是说，除树木和林分测定外，大面积森林调查也被列为本学科的重要内容。

近二三十年来，随着社会对林业发展需求不断提高和林业领域的扩展，测树学内容也随之变化和发展。例如，大隅真一（1971）所著的《森林计测学》中增加了树木、林分重量测定的内容；德国学者 V. L. Anthonie 和 A. Alparslan 合著的《测树学》（Forest Mensuration）中增加了树木、林分重量和生物量测定的内容（Anthonie et al.，1997）。而且，有些学者还把非林木资源调查一些内容也列入教科书中，例如，美国学者胡希（Husch，1983）在其所著的《测树学》（Forest Mensuration）一书中，增加了野生动物和旅游用地的内容；美国学者艾弗里于 1975 年在修订他所著的《测树学》（Forest Mensuration）第 3 版一书中，增加了放牧、野生动物、饲料、渔业、水域、旅游（休憩）等用地的调查、评价等内容（Avery，1994）。我国学者白云庆等（1987）合著的《测树学》中，把非林地自然资源估测列为附属的一章；艾弗里和伯克哈特（Burkhart）于 2022 年合著的《森林计测学》（Forest Measurement）第 5 版的最后一章，增加了评估牧场、野生动物、水和休闲资源的内容。这些完全超出了传统测树学以树木材积、林分蓄积测定为核心的内容范畴。尽管如此，在目前测树学中以树木材积、林分蓄积测定为中心内容的情况并没有改变，主要研究内容仍然是树木、林分、林木产品的材积或蓄积、生长量、生物量及材种出材量。但是从这些新增加的内容，可以看出测树学未来的发展趋势。近年来，测树学充分利用现代科学理论、方法和先进技术，特别是信息技术，不断加强基础理论研究，改进传统的林木测算方法与技术，形成以高新技术为支撑的先进的森林调查技术体系，满足现代化林业发展的需要。

本教材补充了当前最新的测树仪器及其使用方法，增加了测树因子分析软件系统、林分空间结构、林分碳储量测定等内容，并以附录的形式补充了广义线性模型、混合效应模型等现代统计分析方法（附录 1）及非木质森林资源调查（附录 2）内容。本教材具体内容：基本测树因子与测树工具使用、单株树木材积测定、林分测树因子和环境因子调查、林分结构定量描述、立地质量评价及林分密度测定、林分蓄积量测定、林分材种出材量测定、树木生长量测定、林分生长与收获预估模型构建、林分生物量和碳储量测算等。

2. 测树学的研究内容和方法

测树学主要研究内容：通过基本的树木和林分调查技术和方法，在分析树木形状、林分结构规律及林分特征因子之间关系的基础上，研究树木和林分的数量(材积或蓄积、生物量、碳储量)、质量(材种出材量)及其生长量测算，以及林分生长和收获预估的理论、技术和方法；研究非木质森林资源调查方法和技术。

通过测树学的学习，可为森林调查所要取得的有关林分数量和质量、林分结构和生长规律、立地质量评定、森林资源动态监测及其发展趋势分析提供理论、方法和技术，也为林业各学科提供研究、分析森林的测算理论、方法和技术；同时，为发挥森林的多种效益、保持森林生态平衡、开展森林可持续经营、加强森林资源管理和合理利用等提供所需的基础数据。

测树学的主要研究内容和方法包括以下方面。

(1)材积或蓄积

对于单株木的材积测定，通常使用常用测定工具测定基本测树因子，研究树干形状，使用干曲线方程及推导出的各材积式进行伐倒木材积测定，使用形数、形率并结合测树因子进行立木材积测定。目前新的精密测量仪器如超声波测高器、激光电子测树仪的使用大大提高了基本测树因子的测定精度，也增加了单株立木材积测定的准确性。

林分蓄积的测定方法很多，可概分为实测法与目测法两大类。实测法又可分为全林实测和局部实测。在实际工作中最常用的是局部实测法，即根据调查目的采用标准地调查法或使用其他工具(如角规)对林分各调查因子进行测定，采用分布函数等方法研究各林分类型直径分布规律，以此为基础使用标准木法在林地中实际伐取若干样木，或使用编制好的材积表、标准表、形高表等数表计算林分蓄积，然后按面积比例扩大推算全林分的蓄积。

(2)材种出材量

按照单株木正确造材方法和原则，利用伐倒木实际造材、一元材种出材率表、材种表及材种出材量表进行林分材种出材量的测算。实际造材法通常采用机械抽样法和径阶比例法，伐倒一定数量的林木进行实际造材，并依据实际造材结果推算林分材种出材量。一元材种出材率表是目前计算材种出材量的常用方法。通过标准地每木检尺求得各径阶的林木株数和材积，利用一元材种出材率表，分别径阶查定各材种出材率及材种材积。目前，一元材种出材率表的编制通常采用削度方程法和一致性削度/材积比法，而最优削度方程的研建是编制材种出材率表的关键。

(3)生长量

单株树木生长通常采用树干解析的方法获取树木胸径及树高的生长量数据来计算各因子的生长量及生长率，并采用理论生长方程进行预测。对于林分生长与收获量的测定主要采用模型预测的方法，利用数学模型建立全林分模型(固定密度和可变密度收获模型、相容性林分生长和收获模型以及全林整体生长模型等)、径阶分布模型、单木模型(单木和林分枯损方程)。林分生长与收获模型研究已从传统的回归建模逐渐向着包含某些生物生长机理的生物生长模型方向发展，建模技术从传统的线性、非线性回归模型到现代统计建模方法，如广义线性模型、混合效应模型及贝叶斯模型等。

(4)生物量和碳储量

林木生物量、碳储量测定与估计的常用方法是模型估计法，即建立以林木胸径、树高等基本测树因子为变量的模型来估计林分内每株树木各器官分量(干、枝、叶、皮、根等)

及总量干物质重量和含碳量。用于构建林木生物量模型的方程很多，最常用的是相对生长模型及其对数模型。根据模型中自变量的多少，又可分为一元或多元模型。考虑样地效应的生物量混合效应模型和考虑树木各器官分量与总量一致的相容性立木生物量模型是目前主要研究内容，前者采用线性或非线性混合效应模型建模，而后者则采用似乎不相关(SUR)模型或度量误差联立方程组模型建模。

3. 测树学在林业中的地位

测树学内容涉及树木、林分及森林的测定理论、方法和技术，需要对大量观测数据进行分析处理，同时还要建立许多数学模型。因此，树木学、植物学和土壤学知识，测量学、高等数学、数理统计学、计算机数据处理技术、植物生理学、森林生态学、森林培育学以及遥感(RS)、地理信息系统(GIS)、全球定位系统(GPS)、物理学等，都是本学科的基础学科。

在制定国家(或者省、县林场)长期林业发展规划、国家林业方针政策时，必须掌握森林资源的现状及其变化规律，为此需进行森林资源调查或森林资源连续清查(我国通称为一类调查)。在以国有林业局(场)、县为单位编制森林经营方案、总体规划设计时，也须进行森林小班调查(简称二类调查)。在制定森林采伐或森林抚育作业设计时，则须进行作业设计调查(简称三类调查)。各类调查的最主要核心工作(林木和林分测算)都属于测树学内容范畴。

此外，为了林业持续发展、保护森林生态环境和生物多样性，在研究森林与环境的关系中，测树学所提供的林木和林分测算理论、方法和技术也是测定、分析森林植物群体动态的生物学依据。因此，测树学作为一门服务于森林经营、资源管理及其他林学门类的学科，应随着其他学科的内容和要求的变化与发展而改变，它不仅是森林经理学、森林经营学、森林生态学的基础课程，也是整个林业的一门重要专业基础学科。

4. 测树学发展简史

在森林茂密、人口稀少的古代，木材尚未成为商品之前，没有必要对森林或木材进行量测，因而也不可能存在测树学。只有当人口增加、经济发展、森林减少、木材开始成为商品进行交易之后，才有对木材大小、数量等进行测算的必要，由此才开始出现测树技术。

据文献记载，我国早在距今2 700多年的春秋战国时代，就采用"把、握、围"，作为树木粗度的粗放量度，而在制作车辆的构件时才用尺寸计量(陈嵘，1951)。最早较完备的木材计量、计价方法是我国的"龙泉码价"，它源于明朝崇祯年间(17世纪40年代)江西省的遂川县(当时名龙泉县)，以后逐步在我国南方所有杉木木材交易中普遍采用，一直延续了300多年，直到1954年我国政府规定了全国统一采用以立方米(m³)为木材计量、计价单位时，才停止使用"龙泉码价"。从形式看，码价近似于现代的材积表，但材积表只反映木材的数量(材积)，而码价则兼顾了木材的数量和大小、质量。在木材材积相等时，木材越粗大，码价越高，因而价格也就越高。从木材交易考虑，显然用码价比用材积更方便。由于码价具有这种优越性，所以在我国得到长期采用。测树学学科的发展大体可以分成 4 个阶段。

第一阶段：测树学的孕育期，时间大体是 19 世纪早、中期。在这一时期，森林测定方法开始作为一门科学进行广泛的研究，并提出了许多理论和方法。在欧洲出现了求原木材积的平均断面求积式（Smalian，1806）和中央断面求积式（Huber，1825）。这些求积式一直沿用到现在，并被世界各国所采用。另外，在这一时期也出现了一些经验性的木材测定方法，如普雷斯勒发表了望高法测定立木材积的方法（Pressler，1855），但这些方法还没有形成系统完整的测树学学科体系。

第二阶段：完整的古典测树学形成和发展时期，时间大体是从 19 世纪末期到第二次世界大战。进入 19 世纪后，西欧，特别是德国，测树学各领域的研究有了很大的发展，现在采用的材积测算方法许多都是这一时期所形成的。孔兹（Kunze，1873）、包尔（Baur，1875）等人编写出版的有关测树学的著作，使测树学作为一门学科初步形成体系。1927 年，蒂森道夫的教科书《测树学》（*Lehrbuchder Holzmassenermittlung*）问世（Tischendof，1927），完备地奠定了古典测树学的科学体系。

20 世纪是测树学在全世界形成并飞速发展的时期，在 20 世纪 20 年代前后，世界各主要国家都先后出版了测树学著作，其内容都以原木、树木和林分材积测定为中心，并包含生长和收获预估，以及可以看作抽样调查思想起源的标准地调查法。例如，1919 年，G. Huffel 出版了法国的第一本《测树学》（*Dendrometrie*），1923 年，M. 奥尔洛夫出版了苏联最早的《测树学》。堀田正逸（1928）、铃木茂次（1928）、吉田正男（1930）出版了日本早期的《测树学》。林学家侯过在 20 世纪 30 年代初编印了我国最早的测树学教材。这些国家的测树学著作基本上都是以德国测树学为蓝本。

美国在 1906 年出版了吉拉维斯的《测树学》（*Forest Mensuration*）一书，其后，查普曼（Chapman，1924）、比拉亚（Belyea，1931）、布鲁斯和舒马赫（Bruce et al.，1935）也相继出版了美国早期的测树学著作。美国和北欧当时的森林调查多采用带状调查法，在测树学教科书中对此有所介绍，这一森林调查方法为森林抽样调查法提供了良好基础。

第三阶段：在第二次世界大战后到 20 世纪 70 年代末，测树学获得了飞跃的发展，主要表现在数理统计方法（主要是抽样技术）和航空摄影技术（主要是航摄像片判读及成图）在森林调查中得到日益广泛的应用，并在测树学中占据了重要地位。这一时期基本上是从第二次世界大战后开始并以美国为先导。斯泊尔（Spurr，1948）出版了第一部森林航测的著作《林业航空摄影》（*Aerial Photographs in Forestry*）。1952 年，他又出版的全面论述森林清查的著作《森林资源调查》（*Forest Inventory*），对应用数理统计方法和航摄像片进行了广泛的讨论。舒马赫和查普曼（1949）、查普曼和迈耶（Chapman et al.，1953）、胡希（Husch，1963）、艾弗里（Avery，1967）等人的著作反映了美国森林测定技术和方法在这一新领域中的先进水平。在这方面，德国学者洛茨（Loetsch，1964，1967）等人编著的《森林资源调查》（*Forest Inventory*）一书对世界各国的森林资源清查工作起到了一定的推动作用。

此阶段全世界大多数国家大面积森林资源调查方法和技术已趋于成熟和稳定。德国学者普勒丹（Prodan，1965）出版的《测树学》（*Holzmesslehre*），日本学者大隅真一等人 1971 年出版的《森林计测学》，我国学者关毓秀、林昌庚等人 1987 年出版的《测树学》也都较详细地介绍了数理统计方法及航摄像片在森林调查中的应用。

奥地利学者毕特利希(Bitterlich, 1947)首创了角规测树理论和方法，此后逐步发展形成了角规测树新体系，这是对测树学的一个重要贡献。

第四阶段：近四十多年来，计算机数据处理、计算机模拟、现代统计方法、生物数学模型、航天遥感、无人机、人工智能、动态模拟等新技术有了飞跃发展，并在森林调查和森林资源动态监测、预测中得到日益广泛应用。另外，新的精密测量仪器如超声波测高器、视频超站仪、电子经纬仪、全站仪、激光电子测树仪等在林分调查和森林动态精准监测中的应用，现代统计分析技术如广义线性模型、混合效应模型、似乎不相关模型、度量误差联立方程组模型、空间加权回归模型、非参数回归、神经网络等在模型构建方面的应用，这些新技术已经并且必将进一步对测树学的发展产生巨大影响和推动。

近年来，由于森林资源的定义和内涵越来越广，即森林资源既包括木材资源，又包括非木材资源(林地上的动植物资源、水资源、景观资源及旅游资源等)，因此，它已大大超过了传统测树学测定对象的范畴，并且还涉及上述森林资源与环境关联的效益评价，甚至涉及与林业有关的社会和经济调查方法和技术。这些将是测树学发展过程中需要深入研究和探讨的问题，即由测树学(forest mensuration)改为森林评价(forest assessment)的问题。因此，研究评定森林资源的生态效益、估测与森林密切相关的多资源，以及评价资源动态和社会发展相互协调等就成为测树学的研究热点。

另外，从目前测树学发展趋势来看，森林生长和收获预估将依然是测树学的研究热点，但研究的重点已开始转向于单木、径阶和全林分模型相容的林分动态预估系统、机理性的过程模型(如 3-PG，FORECAST 等)、林木和林分随机生长模型、统计模型与自适性模型、三维可视化之间的链接，以及新的方法如人工智能的方法在森林动态预测中的应用。林分动态预测过程的计算机模拟已是大势所趋。生态学、生理学、植物学、数学以及计算机科学的引入，多学科交叉促进使测树学理论及测定技术得到极大的发展，林分生长模型研究不断地细化，从全林分、径阶分布、单木模型到树冠结构、枝条生长及管道模型，研究对象已经从人工纯林扩展到天然异龄混交林，模型研究已从传统的回归建模逐渐向着包含某些生物生长机理的生物生长模型方向发展，模型形式从传统的经验模型(empirical model)或统计模型(statistical model)逐渐向着可解释生长机理的过程模型(process-based model)方向发展，建模技术从传统的线性、非线性模型到近代统计建模方法，如广义线性模型、混合效应模型、神经网络模型及贝叶斯模型等。

5. 测树学中的误差、精确度和准确度

任何被观测物体，其大小、数量都有一个客观存在的真值(true value)。观测的目的就是为了求得这个真值。但由于物质的无限可分性以及其他主客观因素的影响，这个真值是不能确知的，只能通过一定量测和推算方法求得其近似值。近似值和真值之差称为误差(error)，即误差=测算值-真值。

观测条件(测量仪器、观测者的技术水平和外界环境)不理想和不断变化是产生测量误

差的根本原因。这些条件主要包括以下方面。

①外界环境。主要指观测环境中气温、气压、空气湿度和清晰度、风力以及大气折光等因素;

②仪器条件。仪器在加工和装配等工艺过程中,不能保证仪器的结构能满足各种几何关系,这样的仪器必然会给测量带来误差;

③观测者的自身条件。由于观测者感官鉴别能力所限以及技术熟练程度不同,也会在仪器对中、整平和瞄准等方面产生误差。

误差可以从不同角度加以分类,通过分类有助于对不同误差的特点有更明确的了解。误差都是在测量和计算过程中产生,由此可分为测量误差(指量测过程产生的误差)和计算误差(指计算过程产生的误差)。从抽样技术角度,可分为抽样误差(指由样本估计总体产生的随机误差)和非抽样误差(抽样误差以外的其他误差)。从误差来源可分为过失误差、系统误差和偶然误差。

为了减小测算结果的误差,必须认真考虑误差的不同来源,方能有针对性地在工作过程中加以注意。因此,有必要较详细地讨论误差的来源。

①过失误差(error of mistake)。也称错误(mistake),是由工作者过失引起的。例如,错误使用仪器、读错数字、计算错误等。这类误差通过细心工作和严格督促检查即可避免。

②系统误差(systematic error)。由于某种原因引起一个不变的恒定误差值,并朝一个固定方向偏大或偏小。这类偏差(bias),有的可在事后对结果加以改正,例如,仪器刻度有错、测计尺度(轮尺、皮尺、材积表等)偏大或偏小、计算公式有偏等;但有些系统误差在事后却无法改正,且无法知道其偏差大小,例如,系统抽样设计不当,由周期性引起的系统偏差等。这种偏差应在抽样设计中严加注意,尽力避免。

③偶然误差(accidental error)。此种误差的大小和正负符号完全是偶然的,可看作随机变量。这种误差的来源在测树工作中可以是多方面的,例如,用轮尺测定树干直径、用材积表确定树木材积、林分或森林蓄积、用随机样地估计森林总蓄积等都会产生偶然误差。抽样误差也属于偶然误差。偶然误差是无法避免的,但其误差值的大小却可以控制,且可以根据概率论的原理和方法估计出误差的取值范围。这是森林抽样调查设计所要考虑的重要问题之一。

明确了以上各种误差的概念,就不难进一步弄清精确度(precision)和准确度(accuracy)的概念。精确度和准确度这两个名词在日常生活中往往被混淆,但在科学技术上它们各有不同的含义。

精确度也称精密度,是指由于偶然误差而使观测值在其平均值周围的一致性程度。例如,用同一个测高器重复测同一株树的高度若干次,每次量测结果不会完全相同。各次量测值之间差别小的(一致程度高)表示测定的精确度高;反之则低。在抽样调查中,各个样本单元观测值与样本平均值的一致程度也同样是用精确度表示。因此,精确度可用来表示仪器的效能或抽样调查结果与总体一致程度。

准确度则表示测算求得的近似值与真值的接近程度。准确度和总误差相对应,总误差小的,准确度高;反之则低。任一个测算结果可能混合含有过失、系统和偶然三种误差。

一个测算结果,即使偶然误差或抽样误差很小,精确度很高,但却含有较大的过失误差或系统误差,其结果的总误差仍可能很大,即准确度可能很低。

在测树工作中,有些量可以直接量测求得,如树干直径等,有些量则只能推算出,如树干材积、森林蓄积量等。综合应用量测、推算方法求得调查对象的近似值是测树学的基本测算技术。因此,最后求得的结果必然会包含了各种性质的误差。尽管实践中通常只计算出抽样误差或精确度,但全面考虑各种可能发生的误差,力求提高最后测计结果的准确度,这是测树工作中必须特别注意的问题。

6. 测树学中的有效数字

有效数字(significant digit)是指能有效反映某一数量大小的数字。由于误差的客观存在,测算只能取得近似值,由此产生有效数字问题。测算过程中记录和运算所取的数字位数,如少于有效数字,会损失精度;如多于有效数字,会造成无效劳动。因此,有必要掌握有效数字的规律。

一个数的有效位数是从左向右自第一个非零数字开始到最后一个可能是零的数字为止的位数。例如,24、2.4、0.24、0.024 等数字都有"2"和"4"2 个有效数字;240、24.0、2.40、0.240、0.024 0 都有"2""4"和"0"3 个有效数字。

一个数量,如只改变其计量单位,则只移动其小数点位置,有效数字的数目不变。例如,1.341 m 和 134.1 cm 都有 4 个有效数字。

在量测、计算过程中,首先碰到的有效数字问题是量测数字的记录要遵从有效数字规则。例如,用测高器测树高,可以米为单位记录,如要求记录到厘米,则应该被认为是不正确的,因为这种量测达不到这个精度。在数据处理上,如树高量测值是 13.1 m,不可写成 13.10 m,如果是 13.0 m,不可写成 13 m。因为 13.1 和 13.0 这 2 个数字的有效数字是 3 个,而 13.10 是 4 个有效数字,13 则是 2 个有效数字。

记录的有效数字可以认为都是整化值。例如,13.1 这个数可认为是由 13.05 到 13.14 之间的任一个数整化而来。整化可采取四舍五入的法则,也可以采取舍去尾数的办法。例如,13.06 这个数,如采用四舍五入法则,则应整化为 13.1;如采取舍去尾数的办法,则应整化为 13.0。

在大量测定工作中,往往需要更大幅度的整化。例如,测定大量树木的直径时,通常是按 2 cm 或 4 cm 间距进行整化。此时只记录 2,4,6,8,…或 4,8,12,16,…等整化值。两个整化值中间的数值,可按统计上规定的上限排外法或下限排外法,归入上一个或下一个整化值。例如,若按 2 cm 整化,采取上限排外法,则 3.0,5.0,7.0,…应分别归入 4,6,8,…整化值中。

对记录的数字作加减乘除运算时,同样会碰到有效数字问题。

在加减运算中,得数中的小数点后的有效数字取决于加数或减数中小数点后位数最少的值,例如,量测值 123.241 和 31.5 相加得 154.741。由于加数中的 31.5 在小数点后只有一位有效数,所以得数的有效数字应是 154.7。因此,量测工作开始之前应统一规定好记录单位和小数点后应取的位数，可避免一些无效劳动。

在乘除运算中，乘积或商的有效数字取决于乘数或被乘数、除数或被除数中有效数字最少的量测值。例如，51.28×5.6＝287.168，此乘积尽管有6位数，但因乘数5.6只有两个有效数字，因而乘积也只是前面两个值2和8是有效数字。请分析一下其中道理。

51.28这个整化值是表示介于51.275和51.285之间的一个观测值，5.6则表示5.55和5.65之间的一个观测值。4个可能组合的乘积如下。

$$51.275×5.55＝284.576\ 25$$
$$51.275×5.56＝289.703\ 75$$
$$51.285×5.55＝284.631\ 75$$
$$51.285×5.65＝289.760\ 25$$

这4个乘积中只有开头两个数字相同，被认为可信赖。所以其有效数字是2和8。除法也是一样。为了减少整化误差，通常的规则是乘除运算过程中取的数字比结果的有效数字多一位。

乘方或开方运算，结果有效数字位数不变；对数运算中对数尾数的位数应与真数的有效数字位数相同。一个测定值与一个确实的数值相乘或相除时，积或商的有效数目取决于测定值。例如，π或e都是确定的值，但其数字的数目可以增多到任意个数，如用π或e乘或除一个量测值，则π或e所取的有效数字的个数应与量测值一致，其积或商的有效数字个数也应与量测值一致或多一位。

在表示分析结果的精密度和准确度时，误差和偏差等只取一位或两位有效数字。若计算中涉及常数以及非测量值，如自然数、分数时，不考虑其有效数字的位数，视为准确数值。另外，为提高计算的准确性，在计算过程中可暂时多保留一位有效数字，计算完后再修约。运用计算器运算时，要对其运算结果进行修约，保留适当的位数，不可将显示的全部数字作为结果。

7. 本书调查因子使用的计量单位及符号

测树学调查因子主要有直径、断面积、高(长)度、材积(或蓄积量)、年龄等。我国是采用米制的国家。在测树学中，各种量的计量单位及惯用符号列于下表。

还有其他许多量，如不同种类的生长量、形数、形率、生长率、林分密度、立地指数等，将在有关章节中介绍。

测树学主要测计量及其单位符号

测计量	惯用符号	米制单位和符号	
		计量单位	符号
树干直径	D、d	厘米	cm
林分平均胸径	D_g	厘米	cm
林分算术平均胸径	$\overline{D}$	厘米	cm

（续）

测计量	惯用符号	米制单位和符号	
		计量单位	符号
树干断面积	g	平方米	m^2
林分总断面积	G_T	平方米	m^2
林分平均断面积	$\bar{g}$	平方米	m^2
林分每公顷断面积	G	平方米	m^2
树干全部或局部长度	L 或 l	米	m
树木全高或某部位高度	H 或 h	米	m
林分平均高	H_D 或 H	米	m
林分算术平均高	$\bar{H}$	米	m
林分优势木平均高	H_T 或 H	米	m
树干全部或局部材积	V 或 v	立方米	m^3
林分或森林蓄积量	M_T	立方米	m^3
林分每公顷林木蓄积量	M	立方米	m^3
材积(连年)生长量	Z_v	立方米	m^3
林木生物量	w	千克	kg
林分生物量	W	千克	kg
林木碳储量	c	千克	kg
林分碳储量	C	千克	kg
林木年龄	A 或 t	年	a
林分年龄	A	年	a

注：1 cm=0.393 7 in(英寸)，1 m=3.280 84 ft(英尺)；1 in=2.54 cm，1 ft=0.304 8 m，1 acre(英亩)=0.404 7 hm²；全书下同。

第 1 章
基本测树因子与测树工具

【知识图谱】

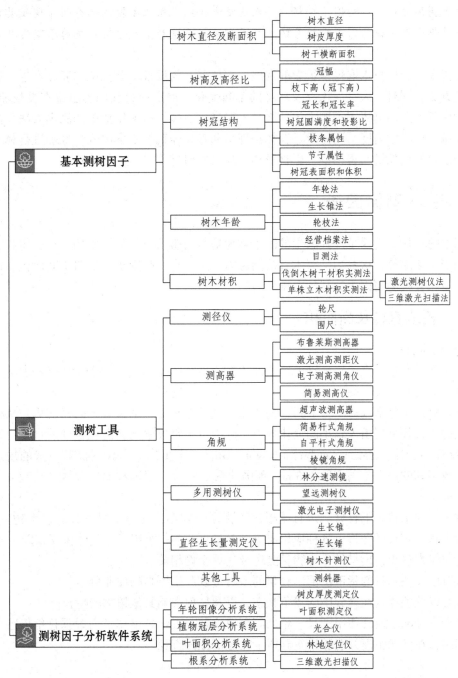

【内容提要】本章主要介绍了树木直径、树高、树冠、年龄、材积等林木主要因子的测定方法及测树仪器的使用，并简要介绍了年轮图像、植物冠层、叶面积和根系分析系统等测树因子分析的软件系统。基本测树因子的介绍包括树木直径、树高、年龄、树冠结构因子测量等内容。介绍了常规的直径测量方法，并对实际测径可能遇到的各种情况作了规定；介绍了树高、冠下高的测量方法，并对野外测定可能遇到的问题进行了说明；介绍了树冠结构因子(如冠幅、冠长及枝条属性因子)的测量方法及树木年龄的一些测定方法。测树工具的介绍包括测径工具、测高器、角规、多用测树仪、生长锥及树木针测仪等测定工具原理和使用方法。测树因子分析软件系统重点介绍了树木年轮图像分析系统及其使用案例，并简单介绍了植物冠层分析系统、叶面积分析系统和根系分析系统的原理及用途。

云课堂

近年来，测树技术取得了很大的发展，新仪器、新设备不断推陈出新，产生了很多新的测定方法；同时，人类需求以及环境的不断变化，测定项目和内容也都在发生着变化。测树学中所涉及的测树因子测定包括胸径、树高、冠幅、树木年龄等的测定方法及测树工具的使用。从科学角度，测树学是森林经理学和森林经营的基本内容，准确进行林木因子测定为之后的生长量、蓄积量、出材量和生物量的研究奠定一定的基础。

1.1 基本测树因子

树木的直接测量因子及其派生的因子称为基本测树因子，如树木的直径、树高、树冠结构因子、年龄等，这些均是树木直接测定因子。还有一些因子，如树干断面积、树干材积等，是在直接测定因子的基础上派生的。

1.1.1 树木直径及断面积

(1)树木直径

树干直径是指垂直于树干轴的横断面上的直径(diameter)，一般用 D 或 d 表示。树干直径分为带皮直径(diameter outside bark，DOB)和去皮直径(diameter inside bark，DIB)两种，测定单位是厘米(cm)(图 1-1)。树干直径随其在树干上的位置不同而变化，从根颈至树梢其树干直径呈现由大到小的变化规律。其中位于距根颈至胸高位置处的直径，称为胸高直径(简称胸径，diameter at breast height，DBH)(图 1-2)。各国对胸高位置的规定略有差异。我国和欧洲大陆国家取 1.3 m，英国约取 1.32 m，美国和加拿大约取 1.37 m，日本取 1.2 m。

胸径在立木状态下容易测定且受根部扩张影响较小，在林木材积计算、生物量计算、出材量计算、生长量分析等各种应用研究中是最重要的一个因子。具体体现在以下方面。

①与树木材积、出材量和生物量测定及估算密切相关。

②可以反映木材的货币价值，较粗的木材可以产生更高的商业价值。

③可以反映树木在林分中的竞争状态，以及如何影响其他树木的生长。

树干直径测定通常使用围尺、轮尺等测树仪器，近年来出现了内置垂直角传感器的激光测树仪，在已知距离处能够采集到树干任意部位的直径。

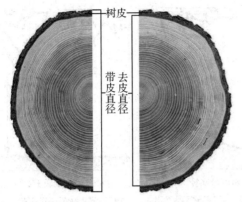

图 1-1　带皮直径、去皮直径及树皮

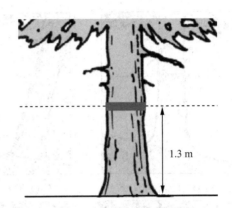

图 1-2　树木胸径位置

胸径测量注意事项如下。

①如果地面不平，站在坡上测量[图 1-3(a)]。

②如果树木倾斜，以斜距为准[图 1-3(b)]。

③如果树干不圆，测量东西、南北两个方向的胸径，取平均值后作为该树最终的胸径。

④如果树木分叉，分叉部位在 1.3 m 以上按 1 株树处理，分叉部位在 1.3 m 以下按 2 株树处理，这两种情况都在 1.3 m 处、且干形较正常的位置测量胸径[图 1-3(c)(d)]；如果分叉部分正好在 1.3 m 处，则在 1.3 m 以下干形较正常处测量胸径[图 1-3(e)]。

⑤如果几株树木呈簇状分布，则各株树单独处理[图 1-3(f)]。

⑥如果树木胸径处出现节疤、凹凸或其他不正常的情况时，可在胸高断面上下距离相等而干形较正常处，测直径取平均值作为胸径值[图 1-3(g)]。

⑦如果树木处于危险地段，无法直接测量，可以利用激光测树仪器测定，也可以采用目测法进行测定并备注说明。

（2）树皮厚度

随着商品经济的发展，木材以其在工业、民用中的作用，在商品市场占有重要位置，作为商品的木材，是以去皮材积为基础的。因此，对于一棵树来讲，我们更关注的是树干部分，因为这部分最具商品价值，可以被用来进行销售。事实上，树皮也具有一定的商品价值，如作为生物燃料、栲胶制品或作为花园装饰材料。有些树种，树皮的商品价值比其木材本身还高，如栓皮栎（*Quercus variabilis*）的树皮能提供软木，兴安落叶松（*Larix gmelini*）树皮能提供原花青素产品。总的来说，树皮是树木有机体组成成分之一，客观上不同大小林木的树皮厚度是不同的。树皮厚度一般是用树干不同高度处的带皮直径与对应高度处的去皮直径的差的 1/2 来表示。树皮厚度通常使用树皮厚度计或者采用伐树的方式进行测量（图 1-1）。

（3）树干横断面积

树干横断面积是指垂直于树干轴的横断面的面积。树干横断面积同树干直径一样也可以有许多个，其中位于胸高处横断面积是一个重要的测树因子，通常简称为树木的胸高断面积（basal area of breast-height），记为 g，单位是平方米（m^2）。树干横断面积也分为带皮

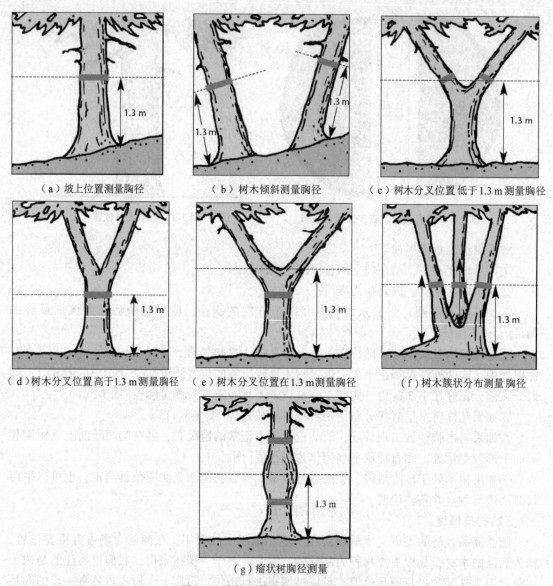

（a）坡上位置测量胸径　　　（b）树木倾斜测量胸径　　　（c）树木分叉位置低于1.3 m测量胸径

（d）树木分叉位置高于1.3 m测量胸径　（e）树木分叉位置在1.3 m测量胸径　　（f）树木簇状分布测量胸径

（g）瘤状树胸径测量

图1-3　胸径测量中的几种特殊情况

断面积和去皮断面积，树皮断面积通常采用带皮断面积和去皮断面积之差来表示。

1.1.2　树高及高径比

（1）树高

树干的根颈处至主干梢顶的长度称为树高（tree height），测量单位是米（m），一般要求精确至0.1 m。树高通常用 H 或 h 表示。与测量胸径相比，树高测量的工作量更大，对于相对矮小的树木可以通过直尺或者塔尺（长杆）直接测定或者比对树基到树梢的距离直接得出树高。但是大多情况下，由于树木高大，树高测定都要使用专门的仪器，常用的有布鲁莱斯测高器、激光测树仪、超声波测高器等。

（2）高径比

树木高径比（height-diameter ratio）又称树木细长系数（tree slenderness coefficient），是树高（H）与胸径（DBH）的比值，通常用 HDR 表示。高径比可用于衡量树木或林分稳定性和风阻大小，反映树木干形、竞争效应和生长活力。高径比较大的树木意味着重心较高，更容易受到雪、冰和风的破坏，高径比较小的树木根系更发达、更稳定。一般来说，高径比小于 80 时，说明树木稳定性较好，可以抵御自然灾害；高径比大于 100 时，说明树木稳定性较差。高径比也可用于评估木材的机械性能，在树高相同的情况下，高径比较小的树木具有更高的弯矩。此外，高径比经常作为描述树木竞争和健康状态的变量引入到森林生长模型中，反映树木生长过程中受到邻近树木影响的大小。高径比较大的树木所处竞争环境更为激烈，其生长活力也会受到一定限制。树木间距显著影响高径比的大小，随着林分密度的增加，林木间竞争加剧，高径比增大（表 1-1）；反之，林分密度降低，高径比也会减小。因此，基于高径比与林分密度的关系，制订有效的造林计划和经营管理措施，对维持林分稳定和生长活力，提高木材品质具有重要意义。

表 1-1　未经疏伐优势高为 20 m 的西加云杉高径比

株数密度（株/hm^2）	高径比	株数密度（株/hm^2）	高径比
500	64	2 000	88
1 000	72	2 500	96
1 500	80	3 000	104

注：引自 Kilpatrick et al.，1981。

1.1.3　树冠结构

树冠结构（crown structure）主要是指树冠层中的枝条分枝特性（着枝角度、各级枝分布），枝条大小（基径、枝长）和分布，以及冠幅、冠长、冠表面积及冠体积等因子总体特征。描述树冠结构的特征因子可划分为树冠变量（如冠幅、冠长等）和枝条属性变量（如枝条大小、数量等）。

（1）冠幅

冠幅（crown width，CW）或最大冠幅是指树木的南北和东西方向或者多方向宽度的平均值。通常来讲，虽然冠幅不是标准圆形，但在林业中假设树冠冠幅是圆形的。在这种假设下，可以直接测量几个方向的树冠边缘投影，然后取平均值作为最终的树冠大小。如要提高测定树冠大小精度，可以增加测量西北—东南、东北—西南的树冠长度，然后将这 4 个值取平均值作为该树木的冠幅（图 1-4）。冠幅测定通常使用皮尺、钢尺和测斜器等测树仪器，近年来出现了利用地面 3D 激光扫描仪、高分辨率影像测定冠幅。

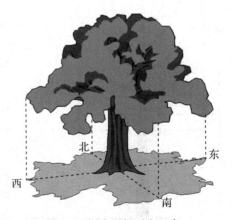

图 1-4　树木冠幅测定示意

冠幅测量注意事项如下。

①确保地面的测量端点是树冠在指定方向上最大位置处的投影点，即准确判断最大树冠边缘。

②测量树冠大小时，应保持皮尺或钢尺在水平面上。

③至少测量东—西和南—北方向的树冠宽度。

(2)枝下高

枝下高(冠下高)(tree height to crown base，*HCB*)，是指树冠底部到地面的高度，在测定方法上与测定树高一致，可以参考树高测定方法(图 1-5)。测定冠下高的主要目的往往是为了获取树冠长度(冠长)。直接测定冠长工作量较大，因此，人们基本上通过测定冠下高的方式间接得到冠长。

另外，换个角度来说，枝下高是指从根颈到对树木生长具有重要影响的树冠最下层枝条间的长度。这里把下层枝条对树木生长的贡献列入参考指标，主要是为了考虑树木个体的生活力及其在空间上的竞争力。

(3)冠长和冠长率

冠长即树冠长度(crown length，*CL*)，是指树冠顶部到底部的垂直长度，即树高与枝下高之差(*CL=H−HCB*)。通常树木的树冠长度是通过间接测定树木的枝下高间接得出的(图 1-5)。

冠长率(crown ratio，*CR*)是指树冠长度占树高的百分数，*CR=CL/H×*100。

(4)树冠圆满度和投影比

树冠圆满度是冠幅与冠长之比，用以表明树冠的圆满程度。此值越大越圆满；反之，树冠狭长。

树冠投影比是冠幅与胸径之比，用以表明树木营养面积的相对大小。此值越大则树木占有的相对空间越大。

(5)枝条属性

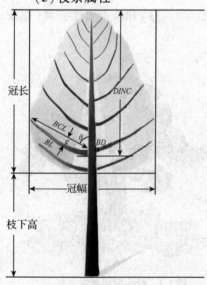

图 1-5 树冠结构因子示意

关于枝条各属性及单木的相关属性如图 1-5 所示，各枝条属性因子的定义及测量方法说明如下。

①方位角(azimuth angle of branch，*φ*)。将全圆的"0"刻度线与树干上标注的"北向"对齐，按照已经标注的枝条的顺序测量每一轮中所有枝条的方位角(范围为 0~360°)。

②着枝角度(branch angle toward bole，*θ*)。用半圆测量连接枝条基部与梢头的直线与树干之间的夹角大小，即为着枝角度。

③枝条基径(branch diameter，*BD*)。用电子游标卡尺测量所有枝条的基径，在进行每次测量之前都需要对游标卡尺进行归零，以防止出现仪器操作原因造成的测量误差。

④枝长(branch length，*BL*)。在枝条伸展开的状

态下测量的枝条的总长度，即为枝长。

⑤弦长（branch chord length，BCL）。用钢尺测定枝条基部与枝条顶端的直线距离，即为弦长。

⑥弓高（branch arc height，g）。在枝条处于自然的状态下，测量枝条与连接枝条基径位置与枝头位置的直线的最大距离，即为弓高。

⑦着枝深度（depth into crown from tree apex，DINC）。枝条的着枝深度为枝条基部距离树梢的距离，而相对着枝深度（RDINC）定义为着枝深度与冠长的比值，$RDINC = DINC/CL$。

（6）节子属性

节子是包含在树干或主枝木质部中的枝条部分，根据节子与周围木材的连生程度，可将节子分为活节和死节。活节是由树木的活枝形成的节子，节子生长轮与周围木材紧密连生，质地坚硬，构造正常；死节是由树木的枯死枝条形成的节子，节子生长轮与周围木材脱离或部分脱离。

根据枝条生长发育过程对节子形成的各个阶段进行分类，分别为枝条形成时的年龄点（记为 B）、枝条停止形成年轮时的年龄点（记为 C）、枝条死亡时的年龄点（记为 D）；枝条死亡后形成节子被包藏时的年龄点（记为 O）。枝条从形成到死亡时的部分称为活节（即 BD 部分）；枝条死亡到被树干完全包藏的部分称为死节（即 DO 部分）。节子的相关属性如图 1-6 所示，各节子属性因子的定义说明如下。

①节子数量（number of knots，NK）。一段木材或每轮轮枝（伪轮枝）内节子的数量。

②节子高度（height above the ground of knot，HK）。自然状态下，立木节子距离地面的高度。

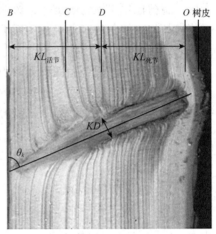

图 1-6　节子纵剖面示意

③节子方位角度（knot azimuth angle，φ_k）。自然状态下，以立木正北方向为 0°，按照顺时针方向记录轮枝（伪轮枝）内每个节子生长方向水平投影与北向的夹角，即为节子的方位角（范围为 0~360°）。

④节子直径（knot diameter，KD）。垂直于节子生长方向的节子最大宽度。

⑤节子着生角度（knot angle toward bole pith，θ_k）。节子生长方向与树木髓芯之间的夹角。

⑥节子长度（knot length，KL）。沿着节子生长方向被树干包藏部分的长度，包括活节长度 $KL_{活节}$ 和死节长度 $KL_{死节}$。

（7）树冠表面积和体积

树冠的水平扩展和垂直扩展的综合效果则体现在树冠表面积（crown surface area，CSA）和树冠体积（crown volume，CV）的变化上，树冠表面积和树冠体积直接反应了树冠的大小和形状，间接地体现了树木光合作用潜能及其生长的潜力。

①林木的树冠表面积（CSA）和树冠体积（CV）。树冠表面积和树冠体积近似计算公式如下。

$$CSA_i = \frac{\pi}{4} \cdot CW_i \cdot \sqrt{4CL_i^2 + CW_i^2} \tag{1-1}$$

$$CW_i = \frac{1}{2}(CW_{ewi} + CW_{sni}) \tag{1-2}$$

$$CV_i = \frac{\pi}{12} \cdot CW_{ewi} \cdot CW_{sni} \cdot CL_i \tag{1-3}$$

式中　CSA_i——第 i 株木的树冠表面积；

CW_i——第 i 株木的冠幅；

CL_i——第 i 株木的冠长；

CW_{ewi}，CW_{sni}——第 i 株木的东西、南北冠幅；

CV_i——第 i 株木的树冠体积。

②分层计算。对于树冠表面积和体积，结合几何体法和平均断面积法，将树冠分成若干层，将树冠顶层视为圆锥体，树冠底层为倒圆锥体，中间部分为圆台。以每层的最大或平均枝长与着枝角的三角函数关系求出各个区分冠层顶部和底部的半径(C)。

$$C = BL\sin\theta \tag{1-4}$$

根据圆锥体、圆台表面积和体积的计算式[式(1-5)至式(1-8)]，求算树冠各冠层的表面积和体积，累加各冠层表面积和体积得到树冠表面积和树冠体积。

$$S_{圆台} = \pi(C_R + C_r)[(C_R - C_r)^2 + h^2]^{1/2} \tag{1-5}$$

$$S_{圆锥} = \pi C_R(C_R^2 + h^2)^{1/2} \tag{1-6}$$

$$V_{圆台} = \frac{1}{3}\pi h(C_R^2 + C_R C_r + C_r^2) \tag{1-7}$$

$$V_{圆锥} = \frac{1}{3}\pi C_R^2 h \tag{1-8}$$

式中　h——每个冠层的长度；

C_R——冠层底部的半径；

C_r——冠层顶部的半径。

1.1.4　树木年龄

树木自种子萌发后生长的年数为树木的年龄(tree age)。确定树木年龄有以下几种常用的方法：

(1)年轮法

树木年轮(tree annual ring)的形成是由于树木形成层受外界季节变化产生周期性生长的结果(图 1-7)。在温带和寒温带，大多数树木的形成层在生长季节(春、夏季)向内侧分化形成次生木质部细胞，具有生长迅速、细胞大而壁薄、颜色浅等特点，此为早材(春材)，它的宽度占整个年轮宽度的主要部分。而在秋、冬季，形成层的增生速度逐渐缓慢或趋于停

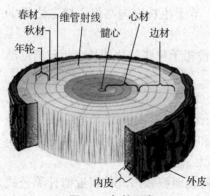

图 1-7　年轮示意

止，使在生长层外侧部分的细胞小、壁厚而分布密集，木质颜色比内侧显著加深，此为晚材（秋材）。晚材与下一年生长的早材之间有明显的界线，这就是通常用来划分年轮的界限。所以年轮是树干横断面上由早（春）材和晚（秋）材形成的同心"环带"。在一年中只有一个生长盛期的温带和寒温带，其根颈处的树木年轮数即为树木的年龄。

一般情况下，一年中树木年轮是由早（春）、晚（秋）材的完整环带构成。但在某些年份，由于受外界环境条件的制约，使年轮环带产生不完整的现象，称为年轮变异。在年轮分析过程中，常遇到伪年轮、多层轮、断轮以及年轮消失、年轮界线模糊不清等变异现象。为此，查数年轮时要由髓心向外，分别从 4 个方向计数，对于年轮识别困难的圆盘，可借助圆盘着色、显微镜观测等手段识别年轮变异现象。需要说明的是，如果直接查数树木根颈位置的年轮数，则所得年龄就是树木的年龄，如果查数年轮的断面高于根颈位置，则必须将查得的年轮数加上树木生长到此断面高所需要的年数才是树木的年龄。

年轮法是确定树木年龄较为准确的方法，但用该方法获取树木年龄后，树木将不复存在。同时，这种方法并不适用于所有树种，如竹子等没有年轮或年轮不明显的树木用此法也不能确定年龄。

（2）生长锥法

在伐树比较困难的地区，也可以利用生长锥钻取胸高部位的木芯，查数年轮数，此为胸高年龄（age at breast height），再加上树木生长到胸高时的年数，即为该树木的年龄。这种方法在不破坏树木正常生长的情况下，获取了树木的年龄。近年来还出现了利用树木针测仪来确定树木的年龄。事实上，针测仪是生长锥的升级版，由人为查数年轮改为软件分析年轮。

（3）轮枝法

对于轮生枝明显的树种，如红松、樟子松、油松、马尾松等针叶树种，在年龄不大时，可通过查数轮生枝轮的方法确定树木年龄。但使用这种方法应注意，有些树种如我国南方思茅松，1 年内可生长出两轮以上的枝轮，在这种情况下，要认真判别次生枝轮，否则难以确定树木的准确年龄。

（4）经营档案法

从经营档案中获取树木年龄，准确可靠，特别是集约经营的林分，但是该方法仅适用有记录的树木。随着人工造林面积的增加，该方法的使用率也会在一定程度上有所增加。

（5）目测法

根据立地、林分状态、树木大小、树皮外观、树冠形状估计树木年龄。大部分松树可以根据轮枝数和轮枝痕迹加苗龄确定树木的年龄，竹龄可以根据竹干色泽等判断年龄。目测法主要针对有经验的工作人员，且需要在估测前进行训练。

1.1.5　树木材积

树木材积指树木地上（伐根以上）和地下（树根）部分的体积（tree volume），由树干（体积占 60%～70%）、树根（体积约占 15%）和枝叶（体积约占 15%）的体积所构成。树干材积是指树木根颈（伐根）以上树干的体积（volume，V）。树干材积是树木的主要用材部分，其测定计算方法比较成熟。常用的材积测定方法如下。

（1）伐倒木树干材积实测法

伐倒木树干材积测定方法详见本书第2章2.2节内容。

（2）单株立木材积实测法

①激光测树仪法。利用激光测树仪获取任意高度的直径，通过积分的方式可以计算单株立木材积。

②三维激光扫描法。三维激光扫描仪获取的数据主要是扫描空间的点云数据，通过计算可以获取不同高度处的直径，进而可以得到树木的材积。

其他单株立木材积测定方法详见第2章2.3节内容。

1.2 测树工具

用于测定树木（或木材）直径、树高（或长度）、生长量以及林分每公顷断面积等因子的仪器总称。有简单的机械结构，也有机械与光学、电子、激光、超声波等技术相结合的复杂结构。测树仪器具有体积小、重量轻、测量结果精确等特点，便于野外调查。早期的测树仪器以单用途为主，如测径仪、测高器、角规、树皮计、生长锥等；近20年来以多功能测树仪为主，如超声波测高测距仪、激光测高测距仪、激光电子测树仪、树木针测仪等。

1.2.1 测径仪

用于测定树木或木材直径的工具称为测径仪，是依据圆周长与其直径的关系设计。测径仪种类繁多，结构繁简不一，常见有围尺、轮尺、钩尺、多用测树仪等。围尺和轮尺结构简单，用于测量树木直径；钩尺（或检尺），用于测定原木或原条的直径；多用测树仪构造复杂，可用于测量树干上部直径。

（1）轮尺

轮尺又称直径卡尺。有木制或铝合金制两种。其构造如图1-8所示，可分为固定脚、滑动脚和尺身3部分，固定脚和滑动脚与尺身保持垂直。固定脚固定在尺身一端，滑动脚可沿尺身滑动，尺身上有厘米刻度，根据滑动脚在尺身上的位置读出树干的直径值。目前国外最先进、更精确的电子自记轮尺可以自动记录直径（图1-9），测量结果直接存储后可以在计算机上读取并处理，也可以几个轮尺在野外同一工作区域使用，并把数据实时传输到现场的计算机上，不仅节约时间，而且记录准确。

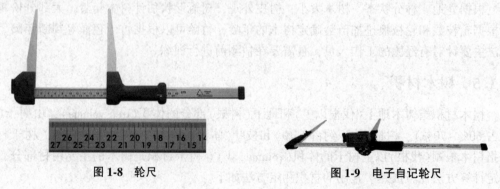

图1-8 轮尺   图1-9 电子自记轮尺

轮尺测径时注意事项如下。

①测径时应使尺身与两脚所构成的平面与干轴垂直，且其三点同时与所测树木断面接触。

②测径时先读数，然后再从树干上取下轮尺。

③树干横断面不规则时，应测定其互相垂直两直径，取其平均值为该树干直径。

④若测径部分有节瘤或畸形时，可在其上、下等距处测径取其平均值。

（2）围尺

围尺又称直径卷尺，用于围测树干直径的卷尺，一般长 1~3 m。通过围尺量测树干的圆周长 C，换算成直径 D。根据材料有布围尺、钢围尺之分，围尺采用双面（或在一面的上、下）刻划，一面为普通米尺，另一面为与圆周长相对应的直径，就是根据 $C=\pi D$ 的关系进行刻划。围尺比轮尺携带方便且测定值比较稳定。使用时，围尺要拉紧并与树干保持垂直，围尺上与 0 重合的数字即为该树的胸径，读数到毫米，如图 1-10 所示，树木的胸径为 22.5 cm。

（a）围尺　　　　　　　　　　　　（b）胸径测量

图 1-10　围尺及胸径测量

1.2.2　测高器

用于测定树木高度的工具称为测高器，是基于相似三角形原理或三角函数原理设计的。测高器的种类很多，常用的有布鲁莱斯测高器、激光测高测距仪、电子测高测角仪、测高仪、超声波测高器等。

（1）布鲁莱斯测高器

布鲁莱斯测高器是基于相似三角形原理，其构造和原理如图 1-11 所示。由图可知全树高 H 为

$$H = h_0 + L\tan\alpha \tag{1-9}$$

式中　H——树高；

　　　h_0——眼高；

　　　L——测点到树木的水平距离。

布鲁莱斯测高器使用方法如下。

①在布鲁莱斯测高器的指针盘上，分别有 10 m、15 m、20 m 和 30 m 几种不同水平距离的高度刻度。使用时，先要测出测点到树木的水平距离，且要等于这几个水平距离中的

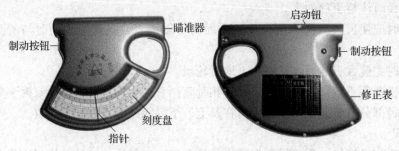

图 1-11　布鲁莱斯测高器

一个。

②在平地测高时，按动仪器背面启动按钮，让指针自由摆动，用瞄准器对准树梢后，稍停 2~3 s 待指针停止摆动呈铅垂状态后，按下制动按钮，固定指针，在刻度盘上读出对应于所选水平距离的树高值，再加上测者眼高(h_0)，即为立木全树高[图 1-12(a)]。

③在坡地测高时，根据坡度需要将斜距改为水平距，先观测树梢，测得 h_1；再观测树基，测得 h_2。若两次观测符号相反（仰视为正，俯视为负），则树木全树高 $H=h_1+h_2$[图 1-12(b)]；若两次观测值符号相同（均为仰视），则 $H=h_1-h_2$[图 1-12(b)]。

为获得比较正确树高值，使用布鲁莱斯测高器时一般应注意以下事项。

①选择的水平距应尽量接近树高，在这种条件下测高误差比较小。

②当树高太小（小于 5 m）时，不宜用布鲁莱斯测高，可采用长杆直接测高。

③对于阔叶树应注意确定主干梢头位置，以免测高值偏高或偏低。

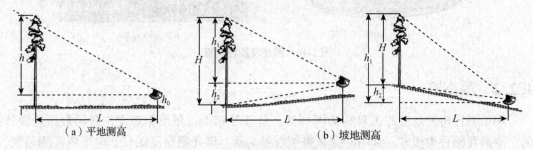

（a）平地测高　　　　　　　　　　　　　（b）坡地测高

图 1-12　布鲁莱斯测高器坡测高原理

（2）激光测高测距仪

目前国际上有许多型号的激光测高测距仪，如瑞典 Haglöf 公司的 Vertex Laser 系列、美国 OPTI-LOGIC(OLC) 公司的 LH 系列、澳洲新仪器 AIKE VR 系列等，如图 1-13 所示。激光测高器可以测距、测高、测角等，具有携带方便、操作简单、测量速度快等特点。根据激光测距原理直接进行水平距离和斜距测量，角度测量装置是高精度的电子倾角测量芯片，高度则按三角函数原理测定。在林内使用时，由于激光光束经常受乔灌木遮挡，大大降低了实用性。

（3）电子测高测角仪

电子测高测角仪是一款易于使用的野外测角仪器，可以提供准确的树木或其他物体的倾斜角和高度的测量值。电子测高测角仪使用方便快捷，只有 3 个按钮和 1 个显示窗，如

图 1-14 所示。

（a）Vertex Laser L5型

（b）OPTI-LOGIC 1000LH型

图 1-13　激光测高测距仪

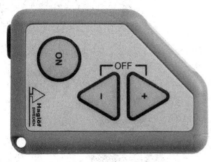

（a）EC II-D 仪正面

（b）测定时内部显示的短线

图 1-14　EC II-D 型电子测高测角仪

电子测高测角仪树高测量步骤如下。

①开关机。快速按下 ON 按钮一次或多次来进行功能选择，同时按"+""-"按钮关机（仪器静置约 30 s 后自动关机）。按压 1 次：DIST 距离设置和高度测量（m）；按压 2 次：HGT 高度测量（m）；按压 3 次：DEG 倾角测量（%/°）。

②距离设定。电子测高测角仪使用精确的三角函数来计算用户和对象之间的距离。用激光测距仪或者直接用皮尺测量出测量者眼高到目标树木基部的距离［图 1-15（a）］，站在测量点上，按下电子测高测角仪仪器上的 ON 按钮开启仪器，眼睛看着显示窗口，窗口内显示"DIST"（距离）字样，按住按钮"+"或"-"直到显示窗口上显示的数值和测量的距离数值相同，松开按钮，即完成了测点到待测树木基部的距离设定［图 1-15（b）］。

③树木高度测量。按下按钮开启仪器，再按一下接受默认距离；右眼看视窗，左眼看目标，将窗口内显示的横线［图 1-15（b）］对准树木底部，按住按钮直到锁定数据［图 1-15（c）］，此时显示的是树干基部的倾角。再按一下按钮，出现"HGT"表示开始进入测高状态，显示窗口内部的两条短线开始闪烁，迅速将横线对准目标树梢顶［图 1-15（d）］，按住按钮直到闪烁的短线停止闪烁，此时显示的高度值即为待测的树高。在相同距离和相同底部角度的情况下，可以重复测量同一目标的不同高度。

此外，电子测高测角仪可用于测定坡度，具体方法：目视显示窗口，按 3 次按钮，直到"DEG"出现，瞄准目标点按住按钮直至锁定数据，坡度即显示出来。

注意事项:

①电子测高测角仪不能测量距离,设定的距离一定要精确,否则会有较大的误差。

②电池长期不用一定要取出来,以免腐蚀损坏仪器。

③当窗口显示"bAt"标志时,表示电量不足,应及时更换电池。

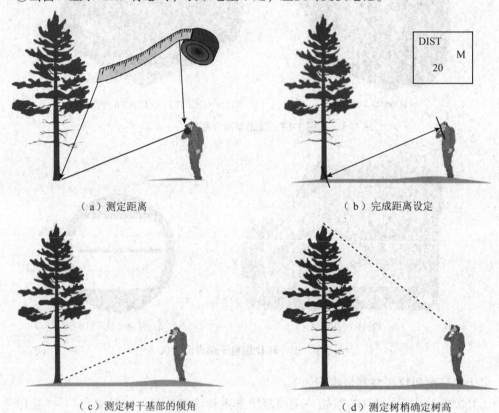

DIST M
20

(a)测定距离   (b)完成距离设定

(c)测定树干基部的倾角   (d)测定树梢确定树高

图 1-15 电子测高测角仪及树高测量示意

(4)简易测高仪

简易测高仪(图 1-16)是快速准确测定树木高度的简易新型仪器,仪器主体为铝合金,具有极高的抗氧化性,读数界面存在于充满液体的密封容器中,保持完全阻尼的工作条件,消除震动误差,仪器具有较高的使用精度。需要说明的是,简易测高仪不能测量距离,在测定树木树高时,需要与激光测距仪(或皮尺)配合使用。

简易测高仪树高测量步骤如下。

①用激光测距仪或皮尺测定测量点与目标树木之间的水平距离,可以是 10 m、15 m、20 m 等。用测高仪对准树梢,同时在视镜中看取读数,在视镜中有 3 个读数标尺,其中左边的标注为 20 m 距离时的树高读数,中间标尺为 15 m 距离时的读数,右边为 10 m 距离时的读数。

②如果测量树高时测量点位于坡上,首先瞄准树基得到 h_2,然后瞄准树梢得到 h_1,测树高为 h_1 和 h_2 之和[图 1-12

图 1-16 PM-5 型简易测高仪

(b)]。

③如果测量树高时测量点位于坡下，首先瞄准树基得到 h_2，然后瞄准树梢得到 h_1，测树高为 h_1 和 h_2 之差[图 1-12(b)]。

(5)超声波测高器

超声波测高器是目前国际上最先进、最精确(误差 0.1 m)、最适用的测高器，可以测量树木的高度、水平距离，角度、坡度、空气温度等。它由测高器和信号接收器组成，另外，还有一个标杆可供选用，如图 1-17 所示。超声波测高器是通过超声波信号发送与接收来获得准确的水平距离，高度是由水平距离和角度的三角函数关系计算而得。相对于激光测高器，超声波不受林中障碍物的影响，因此可在复杂地形和茂密树丛中准确测定水平距离和树高。

在使用超声波测高器前需要进行一些基本的设定。测高器有几个菜单选项：高度测量菜单 HEIGHT、角度测量菜单 ANGLE、对照菜单 CONTRAST、校准菜单 CALIBRATE 和蓝牙菜单 BLUETOOTH、设置菜单 SETUP。所有进行高度、距离和角度测量、断面积系数 BAF 功能的设置以及进行不同单位(m 或 in)的设置、坡度百分数、支点偏移补偿、自动测高和手动测距均在设置菜单 SETUP 中完成。使用箭头按钮可完成菜单选项选择，红色 ON 按钮完成菜单选型的确认。

使用超声波测高器测量树高的步骤如下。

①测量开始前，手持信号接收器和测高器，使二者间的距离保持在 10 cm 以内，用测高器对准信号接收器。按 DEM 按钮不放，听见"嘀嘀"两短声信号，表明信号接收器开启成功。按红色 ON 按钮，进入待测状态。

②信号接收器背面有一小刀，将其切入树皮内，固定于距地面 1.3 m 高度的树干上(其他高度处也可以，高度可以在测高器的"设置"菜单选项中设定)。

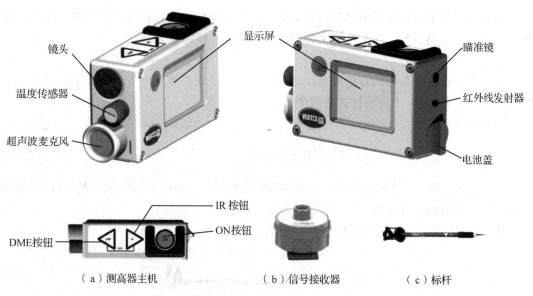

（a）测高器主机　　　　（b）信号接收器　　　　（c）标杆

图 1-17　超声波测高器(Vertex Ⅳ)结构说明

③手持测高器，选择一个观测点，能够看到树梢顶和信号接收器，连续按测高器的红色 ON 按钮 2 次，屏幕出现"M. DIST"后可以测树高。

④单眼注视目镜，让瞄准镜中红十字对准信息接收器的接收孔，按下红色 ON 按钮保持直到瞄准镜中红十字消失，松开红色 ON 按钮，在测高器的屏幕上显示观察点到信息接收器的距离 SD，角度 DEG 和水平距离 HD。

⑤再将瞄准镜中红点对准树梢顶点，这时红十字闪烁，按下红色 ON 按钮直到红十字线消失为止，松开红色 ON 按钮，此时，在测高器显示屏上可显示树的高度。重复此步骤，可连续测得树干上 6 个不同部位的高度。需要注意的是，对准信号接收器和瞄准树梢的两次动作尽可能保持眼高相同。

⑥同时按下 DEM+IR 按钮，关闭测高器。

⑦更换待测树木，重复步骤②~⑤，可测其他树木的树高。

⑧当完成全部测定工作后，重复步骤①，关闭信号接收器，即长按 DEM 按钮至从感应器中听到"嘀嘀嘀嘀"四短声信号。

超声波测高器使用注意事项如下。

①不要触摸设备前方的温度感应器。

②在打开仪器要预热一段时间，保证仪器温度与周围环境温度一致，否则测量精度会下降。

③手握测高器，将其显示屏与地面垂直。

④分别给测高器和信号接收器端各安放一枚 5 号电池。

⑤为了准确地测量树木的树高，建议采用测完一棵树关闭一次测高器的方法进行测量。

1.2.3 角规

角规是以一定视角构成的林分测定工具。由水平视角构成的称为水平角规，由垂直视角构成的称为垂直角规。水平角规主要包括杆式角规、棱镜角规等。

（1）简易杆式角规

①构造。在长度为 L 的直杆或直尺的一端安装一个缺口宽度为 l 的金属片或硬纸(木、塑料)片，即可构成一个简易杆式角规测器。

②断面积系数 F_g：

$$F_g = 2\ 500 \left(\frac{l}{L} \right)^2 \tag{1-10}$$

③视角 α。取决于 l 和 L 的大小。最常用的角规其 $l = 1$ cm，$L = 50$ cm，$F_g = 1$，而视角 $\alpha = \tan^{-1}(0.5/50) \times 2 = 1°8'45.4''$。

图 1-18 为芬兰生产的简易杆式角规($l = 1$ cm，$L = 50$ cm，$F_g = 1$)。

图 1-18　简易杆式角规

④缺点。这类简易杆式角规不带自动改正坡度功能，适合于在平地上使用；如果在坡地上使用时，需进行坡度改正。

（2）自平杆式角规

①构造。由南通光学仪器厂生产的 LZG-1 型自平杆式角规，其结构如图 1-19 所示。

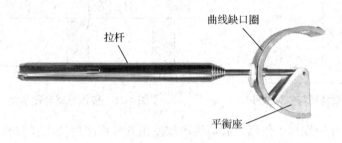

图 1-19　自平杆式角规

②原理。与简易杆式角规相同，但作了两点重大改进：角规改为杆长可变，便于携带；具有自动改正坡度的功能，颇为实用。当坡度为 $\theta°$ 时，拉杆与坡面平行，其倾斜角为 θ，金属圈也相应转动 θ，金属圈内的缺口宽度 l 相应变窄成为 $l \cdot \cos\theta$ 值（$l = 1.0$ cm）。

杆式角规的具体使用方法见第 6 章。

（3）棱镜角规

①构造。棱镜角规又称光楔角规，它是顶角相当小的一种三棱镜片，如图 1-20 所示。

②原理。光线通过镜片发生偏折形成偏向角 α，当通过镜片观测物体时，镜片内的物体虚像向顶角的一方产生位移，位移程度取决于偏向角的大小与物体距镜片的距离。以偏向角作为角规的视角，根据玻璃的折射率 η（$\eta = 1.49$）可按下式制作棱镜角规。

$$A = \frac{\alpha}{\eta - 1} \qquad (1-11)$$

不同断面积系数的视角 α 又可按式（1-11）求出，几种常用 F_g 的相应 α 值见表 1-2。

表 1-2　不同断面积系数相对应的视角 α 值

F_g	0.5	1	2	4
α	0°48′37.1″	1°08′45.4″	1°37′14.2″	2°17′31.1″

③棱镜角规用法。使用棱镜角规时，横持镜片的厚端，以镜片上端与树干胸高处平齐，透过镜片观测树干，可见镜片中的树干影像向树干的一边朝镜片顶角方向产生一定位移，如图 1-21 所示，依次分别计数为 1 株、0.5 株及不计数。

1.2.4　多用测树仪

近 40 多年来，具有多用途的综合测树仪器的研制取得了较大的进展。目前国内外已设计和生产了各种型号的综合测树仪，其共同特点是一机多能，使用方便，能测定树高、立木任意部位直径、水平距离、坡度和林分每公顷胸高断面积等多项调查因子，在林业生

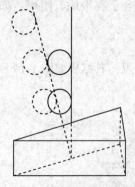

图 1-20　棱镜角规与物像位移

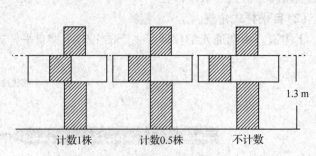

计数1株　　　计数0.5株　　　不计数

1.3 m

图 1-21　棱镜角规计数示意

产和科研教学工作中发挥了作用。我国生产和使用的多用测树仪主要包括林分速测镜、望远测树仪、电子角规测树仪等。国外近 10 多年来主要研发和使用多功能电子测树仪，如美国激光技术公司推出的快特能 RD-1000(Criterion RD 1000)型激光电子测树仪。

（1）林分速测镜

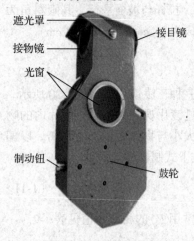

遮光罩

接物镜

光窗

制动钮

接目镜

鼓轮

图 1-22　林分速测镜构造

林分速测镜是综合性的袖珍光学测树仪，是奥地利 Bitterlich(1952) 首创，我国华网坤等人于 1963 年仿造设计投产，定名 LC-I 型，仪器外壳用轻金属制成，以相似形原理和三角函数作为测量原理，构造如图 1-22 所示。林分速测镜能够测定水平距离、树高、立木上部直径、林分每公顷断面积等因子。

林分速测镜的关键构件为鼓轮及贴在鼓轮上的刻度纸。刻度纸上有宽窄不同和黑白相间的带条标尺，全部测量用的标尺都刻划在这个鼓轮表面，它们通过透镜及反射镜而投入到观测者的眼睛。现将鼓轮上的标尺展成平面如图 1-23 所示。

P 标尺：测坡度用，以度(°)为单位。

H 标尺：测树高用，以米(m)为单位，最小读数为 0. 25 m。

S 标尺：测水平距用，以米(m)为单位。

1 标尺及黑白条带：测立木上部直径用，以厘米(cm)为单位。

标尺 H 和 P 上的零刻度恰好浮在鼓轮最高点，由于鼓轮能随着仰角或俯角自如转动，而使各种标尺具有坡度自动改平的优点。

使用时，用一手握住仪器下部，食指按下制动钮，使鼓轮自由转动，用一只眼睛紧贴接目镜观看，这时鼓轮上标尺均在圆形视域中出现，且被准线分为上下两半。测量时所用标尺像带宽及刻度数字均以准线上出现的为准。有时按下制动钮，鼓轮摆动很大，可连续制动两三次，待鼓轮静止时，在准线上读数才是测者所需的数值。测量时，如果外界光线较强，可将遮光罩放下。

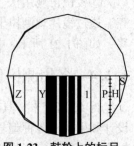

图 1-23　鼓轮上的标尺

（2）望远测树仪

该仪器是在林分速测镜的基础上改进而成的，是长春第四光学仪器厂于1981年仿制的产品，定名 DQW-2 型。它与国外先进的"雷拉远距离测树仪"的原理、性能、精度及使用方法基本相同。它由望远系统、显微读数系统、鼓轮及标尺、制动钮、壳体等部分组成。原理是用显微投影的标尺、测量经望远镜放大后的目标，并成像在一个焦平面上，以相似形原理和三角函数作为测量原理。其结构如图 1-24 所示。

图 1-24　DQW-2 型望远测树仪

望远测树仪能够测定树干上部直径、每公顷胸高断面积、树高、水平距离、林地坡度等因子。

使用时，将仪器固定在三角架上，按下制动钮，待鼓轮静止后，通过目镜可见到圆形视场，被准线分为上下两部分，上半部分是观测目标，下半部分是量测各因子用的标尺。用准线对准目标，读标尺在准线上的刻度，通过换算可以获得相关的林木因子。

（3）激光电子测树仪

激光电子测树仪是基于激光技术的电子多功能测树仪，主要以激光脉冲和三角函数作为测量原理，其外形小巧轻便，如图 1-25（a）所示。

与林分速测镜或望远测树仪不同，激光电子测树仪利用 LTI 激光测距仪直接测量水平距离，并利用内置的垂直角传感器能够准确测定树高、树干任何部位的直径、某预定直径在树干上的高度以及以百分比斜率测量倾角等。

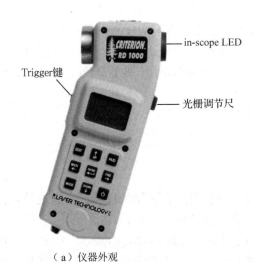

（a）仪器外观

（b）直径测定

图 1-25　RD-1000 型激光电子测树仪

激光电子测树仪内置的角规断面积系数(BAF)程序,可用来测量林分每公顷总断面积,并利用倾角传感器进行坡度自动校正来提高测量精度,同时能够轻松地解决临界树的界定问题。内嵌的 LED 发光二极管能调节仪器内测量直线比例尺的亮度,即使在昏暗光线下可以准确读取测量数据。

以 RD-1000 为例,激光电子测树仪具有以下 5 种测量模式。

①角规估测模式(BAF 模式)。角规测树法估测林分胸高横断面积,BAF 参数灵活可调,适合各种林分的测定;坡度自动校正,精度可达 0.1°。

②边界树判定模式(In/Out 模式)。解决 BAF 模式测定过程中的"临界树"问题。内置程序根据观测到的林木胸径和水平距离自动给出该树是否计数,显示状态值(In 或 Out),无需手工计算就能准确高效判断临界树。

③直径模式。测定单株树木任意部位的直径并显示所在位置的高度。

④树高/直径模式。设定某一直径值,测定所能达到该直径值的树木相对高度。

⑤倾角测量模式。以百分比的斜率测量倾斜角,即坡度测量。

使用 RD-1000 测树仪测量立木任意高度直径的步骤如下。

①选择合适的树木测点。测点选择在能够通视树木全体,且最好与树木基部在同一等高线上。测点到树木的水平距离与仪器可以测量的最大直径有关,水平距离越大,则仪器可以测定的树木直径越大;通常情况下,测点到树木的水平距离保持在 10 m 就可以满足绝大多数情况下的实际应用。

②把仪器固定在三脚架上。

③开启激光电子测树仪。按开关键约 2~3 s,测树仪即被开启。

④向测树仪输入测点到树木的水平距离。按模式键 MODE 调入 Diameter 模式,手动输入测点到树木的水平距离,即调整测树仪中的显示距离与实际距离一致。

⑤给出树高的参考原点。按一次 Trigger 键激活 in-scope LED 后,里面出现"BASE"及红色光标,按住 Trigger 键同时调整测树仪,使红色光标对准树木基部后松开,此点为树高的参考原点。

⑥测定。按 Trigger 键不松开,同时从树的基部开始向树干的任意部位移动,in-scope LED 里所显示的高度随着移动而变化,达到待测高度后,松开 Trigger 键,固定此位置,然后使用光栅调节尺调节光栅宽度,使光栅边缘与树干两侧相切[图 1-25(b)]。此时,测得的直径值即为树木此测定高度的直径。

⑦重复步骤⑥,可以测得其他高度的树木直径。

1.2.5　直径生长量测定仪

(1)生长锥

生长锥是林业外业进行树木生长量调查、年龄分析时广泛使用的仪器,它通过钻取树木木芯样本,在不破坏树木正常生长的情况下,获取各种树木信息。

生长锥是由锥柄、锥筒和探取杆 3 部分组成,其构造如图 1-26(a)所示。生长锥使用时,先将锥筒装置于锥柄上的方孔内,用右手握柄的中间,用左手扶住锥筒以防摇晃。垂直于树干将锥筒先端压入树皮,用力按顺时针方向旋转,待钻过髓心为止。将探取杆插入

（a）生长锥

（b）生长锥钻取的木条

图 1-26　生长锥及钻取的木条

筒中稍许逆转再取出木条[图 1-26(b)]，根据木条上的年龄数及各年轮之间的宽度，测定钻点以上树木的年龄和钻点处树木半径生长量。钻点以上树木的年龄加上由根颈长至钻点高度所需的年数，即为树木的年龄。

（2）生长锤

生长锤是最近几年用于测定树木直径生长量的工具，其结构简单小巧，测定方便。如图 1-27 所示。

（3）树木针测仪

针测仪是探测树木(或木材)内部结构的仪器。通过电子传感器控制钻刺针测量树木或木材的阻抗测量纪录，利用软件可以方便和精确地探测树木的内部结构，如腐烂或空洞情

图 1-27　生长锤照片

况、材质状况、生长状况(年轮分析)等。针测仪的系统组成包括电钻装置(含钻头、探刺针和管)、供能包(含 12 V 电池、控制电子元件、数据存储和交换、内置打印机)、仪器电脑连接线、DECOM 分析软件及包装箱等，如图 1-28 所示。使用时将探针穿透树干，如果树木较大，探刺针插到髓心即可。针测仪获取树木年龄的误差与野外探刺时用力均匀与否、工作人员的经验等有关，目前针测仪的年龄测定精度还很难超过生长锥法，但是由于其探刺针很细(1.5 mm)，因此，对树木基本没有损坏。

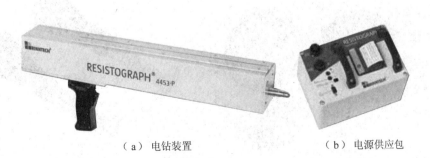

（a）电钻装置　　　　　　　　（b）电源供应包

图 1-28　树木针测仪

1.2.6 其他工具

(1)测斜器

测斜器是采用紧凑型合金外壳包装的一种充液型精密指南针和测角仪(图1-29)。仪器读数界面存在于充满液体的密封容器中，保持完全阻尼的工作条件，消除震动误差，仪器具有较高的使用精度。该仪器除了能测定方位和倾斜角外，还可以辅助测量树木冠幅。在测定树木冠幅时，必须确保地面的测量点是树冠投影点，而肉眼是很难确定这一位置，而测斜器可以解决这一难题。

冠幅测定方法如下。

①测定树木冠幅时，需要精确测定东南西北四个不同的方向，通过指南针水平放置测出东南西北具体位置。

②确定方位后，仪器短端正向朝上，目镜观测树冠最外沿与视线相切时，确定站立位置。测定站立位置距离树干距离为该方向的冠幅，依此类推，分别测量剩余3个方向冠幅。

(2)树皮厚度测定仪

树皮厚度测定仪是用来测定树皮厚度的简易操作仪器(图1-30)，具有操作简单，直接读数等优点，铝制钻头和ABS塑料手柄，符合人体力学设计，具有两个不同量程规格，分别为2 cm和5 cm。

树皮厚度测定步骤如下。

①测定树皮厚度时仅需要将仪器紧贴树皮并按压，在手柄的推压作用下前端钻头切入树皮，直至树木边材。

②轴周围的套筒移到表面，可以从校准轴读取树皮样品的厚度，0~2 cm(精度0.1 cm)/0~5 cm(精度0.25 cm)。

③树皮厚度测定仪可以测定大部分树木的树皮厚度，当树皮难以插入时，可将前端钻头替换为打孔针(直径0.25 mm)。树皮通常呈波纹状，当测定时需从树皮波纹最高点起始，树皮厚度为表面起始点到树木边材包括形成层的厚度。

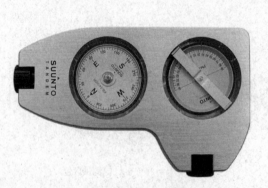

图 1-29　TANDEM 测斜器

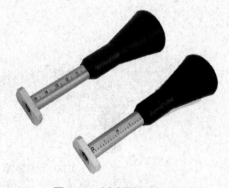

图 1-30　树皮厚度测定仪

(3)叶面积测定仪

传统叶面积测量的方法采用的是方格法:在方格纸上绘出测量样品的外轮廓,然后计算出被覆盖 50% 以上的方格的数目,作为样品的面积。样品的宽度和长度分别通过计算样品横轴和纵轴覆盖的方格数得到。而 LI-3000C 便携式叶面积测量仪(图 1-31)是使用电子方法模拟传统的手工测量。它使用了 128 个低频红光 LED 灯排成一排,每个 LED 灯位于每 1 mm 的正中央,共计 128 mm。这些 LED 灯位于扫描头上半部分距边缘 0.62 cm 处,在测量过程中,这些 LED 灯将逐一点亮(同一时间只有 1 个 LED 灯被点亮)来计算这一排的方格数目。在这一排的所有方格被扫描结束后,便要继续进行下一排的扫描。在电路里,通过拉动编码轮拉绳控制扫描进程,拉绳每被拉动 1 mm,便启动一次新的扫描来逐一点亮 128 个 LED 灯(注意:拉绳的运动方向必须垂直于 128 个 LED 灯构成的直线)。在每次扫描中每个被样品遮挡 50% 以上的 LED,在总面积中累积 1 mm^2。当样品完全经过扫描后,总面积通过对多次扫描结果进行积分得出。

LI-3000C 便携式叶面积测量仪操作相对较为复杂,这里不做详细介绍,详见其官方说明书。

（a）操纵台正面　　　　　　（b）操控台俯视　　　　　　（c）扫描室

图 1-31　LI-3000C 携式叶面积测量仪

(4)光合仪

LI-6800 便携式光合仪(图 1-32)代表了当今国际上叶片水平光合作用测量仪器的最高水平。LI-6800 可以控制叶片周围二氧化碳浓度、水汽浓度、温度、相对湿度、光照强度和叶室温度等相关环境因子。LI-6800 解决了光合作用野外测量的诸多问题,例如,①气体浓度可在适宜范围内控制,从而测量响应曲线;②解决了叶片温度随光照时间增加而升高的问题,同时可测量叶片表面光照强度;③光源便携且可准确控制光强,而不依赖外界天气条件。LI-6800 便携式光合仪以气体交换为基本原理,通过计算样品室与参比室内二氧化碳和水分含量的差异并结合温度、气压等环境条件计算出相应的光合指标,其中主要包括瞬时净光合速率(P_N)、气孔导度(Cond)、蒸腾速率(T_r)和胞间二氧化碳浓度(C_i)等。

LI-6800 便携式光合仪操作相对较为复杂,这里不做详细介绍,详见其官方说明书。

(5)林地定位仪

Postex 林地定位仪(图 1-33)是用来对样地中的林木或其他物体进行定位的仪器,通过超声波定位可以精确画出样区内树木坐标图,结合电脑式测径仪一同使用,还可以同时测量、记录树高和胸径数据,只需要一个人就可以轻松获得林木位置、距离、树高和胸径等参数,使用非常方便。其原理是利用超声波原理,精确测量 3 个反射器到仪器之间的距

图 1-32　LI-6800 便携式光合仪

图 1-33　Postex 林地定位仪

离，从 3 个距离可以确定树木在坐标上的位置。

(6)三维激光扫描仪

三维激光扫描仪通过非接触式高速激光测量的方法进行数据采集，以三维点云形式呈现树木表面的结构特征，其在测树学领域中的应用中主要以地基激光雷达、背包/手持激光雷达以及无人机激光雷达系统为主(图 1-34)。

地基激光雷达通常指固定式地基激光雷达扫描系统，是将激光雷达扫描仪安置在三脚架上，通过"单站扫描、多站拼接"的方式进行点云数据获取。调查人员需要对待采集区域进行现地踏勘，评估扫描站的数量及标靶摆放位置，随后逐站开始扫描，并使用 GNSS-RTK 设备进行辅助定位以便获取扫描区域点云的绝对坐标。在扫描结束后需要在专业软件的配合下进行点云数据解算、去噪、配准、分类、特征提取等操作以满足森林调查信息的获取。地基激光雷达能够提供高精度、高密度、高细节程度的三维点云数据，但由于林区作业条件限制，通常用于单木及样地尺度森林调查。

背包/手持激光雷达是林业领域常用的移动式地基激光雷达系统，通常通过同步定位与建图算法(simultaneous localization and mapping，SLAM)实现现实三维场景的构建。相较于固定式的地基激光雷达扫描仪，移动式的地基激光雷达扫描仪在森林调查作业中更加灵活，能够大幅提高数据获取的效率，但数据精度相较于固定式地基激光雷达较低，更常用于林分尺度森林资源参数的获取。

无人机激光雷达即是以无人机为搭载平台的激光雷达扫描系统，不同于上述地基激光雷达系统，其能够快速、高精度地在林冠上空获取林木及林分三维结构，被广泛应用于林分及景观尺度森林垂直结构信息的获取，但由于需要进行航线设置、GNSS 基准站设置、飞行控制等专业操作，对操控者的技术水平要求较高。

(a)地基激光雷达　　　　　　(b)背包/手持激光雷达　　　　　(c)无人机激光雷达

图 1-34　3 种三维激光扫描仪

1.3　测树因子分析软件系统

1.3.1　年轮图像分析系统

WinDENDRO 年轮图像分析系统是一款多平台图像分析系统(图 1-35)，它以高质量的图形扫描系统取代传统的摄像机系统。扫描系统能提供高分辨率的彩色图像和黑白图像。采用专门的照明系统除去阴影和不均匀现象的影响，有效地保证了可供分析的图片质量，增大了扫描区域，以供分析。WinDENDRO 年轮图像分析系统可以测量年轮宽度、早材/晚材宽度、年轮计数、年轮环角度(弧度)、圆盘面积、周长和直径等，能很好地反映树木生长的过程。

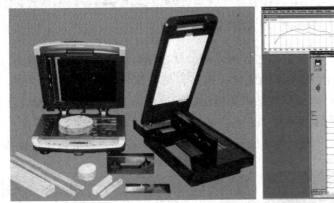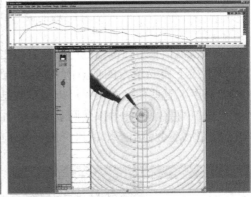

图 1-35　WinDENDRO 年轮图像分析系统

利用扫描仪获取到圆盘的照片后，之后采用 WinDENDRO 年轮分析软件分析处理该图片，进行年轮查数和测定工作。具体步骤如下。

①校准文件加载。所谓校准，是对图片上每英寸长度上的像素点数(dpi)转换为以毫米为单位的长度距离，在扫描圆盘制作 JEPG 图片时，可以设置图片为 200 dpi 或 300 dpi 等，因此，在加载校准文件时需要注意校准文件 dpi 数值是否对应图片的 dpi 值。具体校准步骤为：打开菜单栏中"Calibration"选项，选择"Load Calibration..."，在弹出的窗口中找到对应的校准文件(图 1-36)。

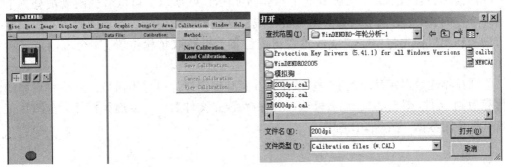

图 1-36　扫描圆盘校准

②导入圆盘图像。如图 1-37 所示，点击图中左上部分的"▣"按钮，在弹出的窗口中找到需要的圆盘照片打开。

图 1-37　导入圆盘图像

③录入圆盘信息。在圆盘的中心位置点击鼠标左键，弹出圆盘信息窗口(图 1-38)。该窗口中从上往下需要填入的信息有树号、样地号、树高、截取该轮盘时的年份、树木年龄、圆盘高度。这些信息的录入可以保证在结果数据中找到这个圆盘的数据。一般可以在树号信息窗口直接填写树号以及圆盘高度，如"lys-1-9 m"代表落叶松 1 号的 9 m 圆盘。点击"OK"按钮后还会弹出一个窗口，用于创建或选择圆盘数据的保存路径，可按需要选择。

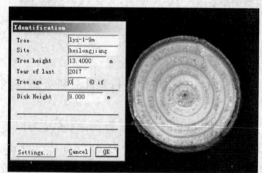

图 1-38　录入圆盘信息及数据保存

④圆盘年轮数据获取。点圆盘的工作界面如图 1-39 所示，可以看到圆盘被分为上下左右 4 个方向，4 个方向上均有一条"Bark"线，这代表树皮位置。在点圆盘时，先选定一个方向，利用鼠标先将"Bark"线放置在树皮位置，再获取年轮位置，4 个方向点完后如图 1-39 所示。

⑤圆盘年轮数据保存。点击"▣"按钮，注意弹出窗口为另存为窗口，这是将点完的圆盘保存为 tif 文件(图 1-40)，以备修改。在保存完 tif 文件后，可以继续打开圆盘图片工作或者选择关闭数据，然后关闭程序。

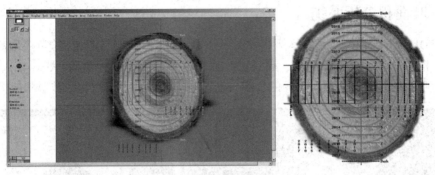

图 1-39　点圆盘结果

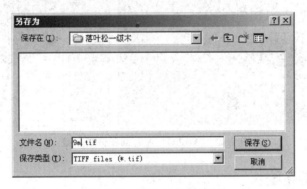

图 1-40　圆盘 tif 文件存储

1.3.2　植物冠层分析系统

WinSCANOPY 植物冠层分析系统使用 180°鱼眼镜头和高清晰度数码相机从植物冠层下方或森林地面向上获取植物冠层图像（图 1-41）。WinSCANOPY 植物冠层分析系统可以测量透光面积、间隙指数、叶面积指数、叶倾角分布、平均叶倾角、太阳辐射通量、辐射标准、冠层大小及位置、冠层分布、透光面积等，能很好地反映森林生物量积累及植被竞争环境资源的能力。

图 1-41　WinSCANOPY 植物冠层分析系统

1.3.3 叶面积分析系统

WinFOLIA 叶面积分析系统运用各种图形扑捉设备(扫描仪、照相机等)获取高质量叶片图形，精确分析计算叶片面积、周长、叶片长度、宽度等各种参数(图1-42)。软件可分析植物叶片的形态，以判断植物的长势，通过色彩分析可得出植物的健康状况等。

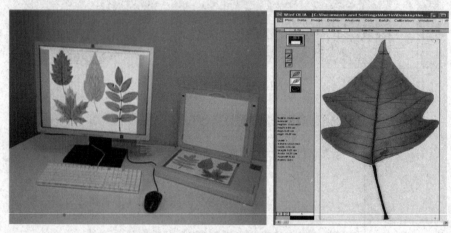

图 1-42　WinFOLIA 叶面积分析系统

1.3.4 根系分析系统

WinRHIZO 植物根系分析系统(图1-43)是利用高质量图形扫描仪获取高分辨率植物根系彩色图像或黑白图像，该扫描仪在扫描面板下方和上盖中安装有专门的双光源照明系统，并且在扫面板上预留了双光源校准区域。WinRHIZO 根系分析系统采用非统计学方法测量计算出交叉重叠部分根系长度、直径、面积、体积、根尖等基本的形态学参数；利用软件的色彩等级分析功能，还可以对根系颜色进行分析，从而进行根系存活数量、根系生长和营养状况等方面研究；利用软件的高级分析功能，还可以对完整的植物根系图像进行根系连接分析、根系拓扑分析和根系分级伸展分析。

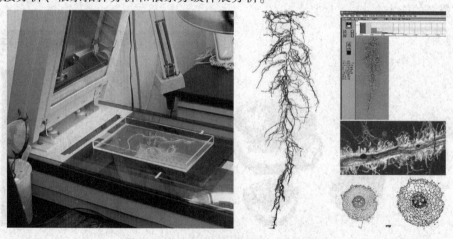

图 1-43　WinRHIZO 植物根系分析系统

复习思考题

1. 简述使用布鲁莱斯测高器测定树高的关键技术要点。
2. 简述测定胸径的注意事项。
3. 比较各种测高器的优缺点。
4. 简述树冠结构的特征因子。
5. 测定树木年龄的方法有哪些?
6. 简述简易杆式角规、自平杆式角规和棱镜角规角规的构造原理。

第 2 章
单株树木材积测定

【知识图谱】

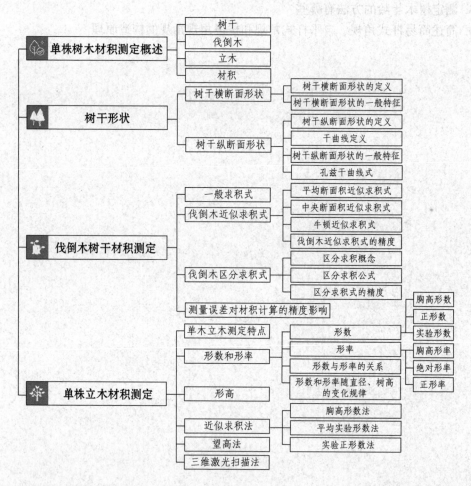

【内容提要】本章在讲授树干形状及干曲线理论的基础上，讲授伐倒木材积测定原理与方法，结合形数、形率的概念、关系及变化规律，重点讲授单株立木材积测定的特点、理论和方法。

树木是由树干（体积占 60%~70%）、树根（体积约占 15%）和枝叶（体积约占 15%）所构成。整个树木体积中占比例最大的树干是林木价值最高的部分，也是测树工作中最基本的测定对象之一。树木根颈以上树干的体积（volume）称为树干材积，记为 V。生长着的树木称为立木（standing tree）。立木伐倒后打去枝丫所剩余的主干称为伐倒木（felled tree）。

同样是树干材积，由于立木和伐倒木的测定条件不同，其测定方法也有所不同。

在许多情况下，林分蓄积量的测定是通过单株树木材积测定结果推算的，因此，单株树木材积测定是林木经济价值评定和林木生物量测定的基础，也可为编制材积表、出材量表等工作提供基础资料。

2.1　树干形状

在单株树木材积测定时，都是将树干视作相应的几何体进行测算，而任何规则的几何体，若要计算其体积必须先知其形状。因此，正确表达树干的几何形状是测算树干材积的基础。

树干形状的通称干形（stem form）。通常表现为从根颈至树梢其树干直径呈现出由大到小的多样化的变化规律。干形一般有通直、饱满、弯曲、尖削和主干是否明显之分。造成树木间干形差异的原因，除树种、遗传特性、生物学特性、年龄和枝条着生情况等内因的影响外，还受生长环境，如立地条件、林分密度和经营措施等外因的影响。一般来说，针叶树、生长在密林中的树木，其净树干较高，干形比较规整饱满；阔叶树、生长在疏林中的树木以及散生孤立木，一般枝条着生多，树冠较大，净树干较低短，干形比较尖削且不规整（图 2-1）。

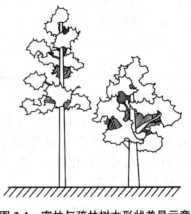

图 2-1　密林与疏林树木形状差异示意

树干形状是由树干的横断面形状和纵断面形状综合构成。

2.1.1　树干横断面形状

（1）定义

假设过树干中心有一条纵轴线，称为干轴；与干轴垂直的切面称为树干横断面，其闭合曲线的形状即为树干横断面形状。闭合曲线围成的面积称为树干断面积（basal area），记为 g。

（2）一般特征

一株树自下而上，其横断面形状除靠近基部由于根部扩张多呈不规则外，从面积对比结果看，总的认为近似圆形或椭圆形。

苏联学者奥歇特洛夫（1905）研究了 27 株云杉、13 株松树和 10 株落叶松胸高处横断面的形状。结果表明，按照圆和椭圆的公式求得的面积都大于树干的实际横断面积，其计算误差与树皮厚薄有关。薄皮树（云杉）计算的断面积比实际断面积平均偏大 1%左右，树皮粗而厚的树（落叶松）偏大 5%左右，树皮厚度居中等的树（松树）偏大 2%左右（表 2-1）。

由此可见，树干的横断面不是规整的几何体。抽象看待树干的横断面，它的边界曲线一般是闭凸线；郎奎健（1985）提出将其看成卵形线，是一种更确切的论点，因为圆和椭圆

表 2-1　按照圆和椭圆的公式求得的面积与实际横断面积的偏差

树种	偏差的性质	按公式求得的面积与实际横断面积的偏差(%)			
		最大、最小两直径		互相垂直两直径	
		椭圆 $\dfrac{\pi ab}{4}$	圆 $\dfrac{\pi}{4}\left(\dfrac{a+b}{2}\right)^2$	椭圆 $\dfrac{\pi ab}{4}$	圆 $\dfrac{\pi}{4}\left(\dfrac{a+b}{2}\right)^2$
云杉	算术平均值	0.81	0.94	1.04	1.07
	最大正数	2.51	2.68	3.21	3.23
	最大负数	−0.39	−0.28	−0.30	−0.26
松树	算术平均值	1.77	1.93	2.66	2.71
	最大正数	5.35	5.46	6.12	6.13
	最大负数	−0.51	−0.49	0.00	0.00
落叶松	算术平均值	3.45	3.55	5.23	5.25
	最大正数	5.45	5.48	7.91	7.91

均是卵形线的特例。

影响树干横断面形状的因子很多，如树皮厚薄粗细和开裂程度，去皮的树干横断面较带皮的规整些(图2-2)；根据苏联学者阿努钦的研究，针叶树干在树干下部1/3处的两个相互垂直的直径平均相差3.7%，而在树干中央则相差3.1%。此外，树干横断面还与树种和年龄有一定关系。

图 2-2　树干横断面形状

在实际工作中不论用圆或椭圆公式求算树干横断面积都只能得到近似结果。从表2-1中可以看出，按圆形计算横断面积要大于或等于按椭圆计算的面积。

为了便于树干横断面积和树干材积计算，通常把树干横断面看作圆形。树干的平均粗度作为圆的直径，当树干横断面呈现不规则形状时，可取最大直径和与之垂直的直径，求其平均值作为横断面的直径求算断面积。用圆面积公式计算树干横断面面积，其平均误差不超过±3%。这样的误差在测树工作中是允许的。因此，树干横断面的计算公式为

$$g = \frac{\pi}{4}d^2 \tag{2-1}$$

式中　g——树干横断面；

　　　d——树干横断面平均直径。

2.1.2　树干纵断面形状

(1)定义

设想树木的髓心为一干轴，沿树干干轴纵向剖开所形成的切面称为树干纵断面，其闭合曲线的形状即为树干纵断面形状。

干曲线(stem curve)是指描述树干纵剖面形状的对称曲线。绘制干曲线的方法是：以干轴作为直角坐标系的 x 轴，以横断面的半径作为 y 轴，以树梢为原点，以恰当的比例作图即可得到表示树干纵断面轮廓的对称曲线，即为树干干曲线。

(2)一般特征

树干纵断面形状实际上就是干曲线的类型。根据前人的研究，干曲线自基部向梢端的变化大致可归纳为凹曲线、平行于 x 轴的直线、抛物线和相交于 x 轴的直线这 4 种曲线类型(图 2-3 中的 Ⅰ、Ⅱ、Ⅲ、Ⅳ各段曲线)。

如果把树干当作干曲线以 x 轴为轴的旋转体，则相应于上述 4 种曲线的体型依次分别近似于截顶凹曲线体、圆柱体、截顶抛物线体和圆锥体(图 2-4)。这 4 种体型在各树干上的相对位置基本是一致的，其变化是逐渐的，且因树种、年龄、立地条件不同所占的比例有所差异。一般生长正常的树干以圆柱体和抛物线体占全树干的绝大部分，凹曲线体和圆锥体所占比例很小。据此特点，基本上可以按抛物线体和圆柱体的求积公式计算树干材积。

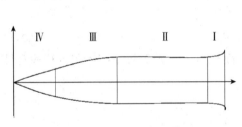

图 2-3　树干纵断面与干曲线

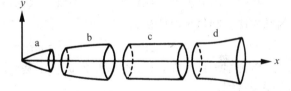

a. 相交于干轴的直线，圆锥体；b. 抛物线，抛物线体；
c. 平行于干轴的直线，圆柱体；d. 内凹曲线，凹曲线体。

图 2-4　树干不同部位的干曲线及其旋转体

(3)孔兹干曲线式

干曲线的数学表达式称为干曲线方程(或削度方程，更多削度方程详见第 7 章 7.3.1 节内容)，简称干曲线式。干曲线式有多种多样(详见第 7 章 7.3.1 节)，其中最为典型，也最能反映树干特征的孔兹提出的干曲线式(Kunze，1873)。

$$y^2 = Px^r \tag{2-2}$$

式中　y——树干横断面半径；

　　　P——参数；

　　　x——树干梢头至横断面的长度；

　　　r——形状指数。

这是一个带参变量 r 的干曲线方程，形状指数(r)的变化一般为 0~3，当 r 分别取 0、1、2、3 时，则可分别表达 4 种旋转体(表 2-2)。

表 2-2 形状指数不同的曲线方程及其旋转体

形状指数	方程式	曲线类型	旋转体类型
0	$y^2 = P$	平行于 x 轴的直线	圆柱体
1	$y^2 = Px$	抛物线	截顶抛物线体
2	$y^2 = Px^2$	相交于 x 轴的直线	圆锥体
3	$y^2 = Px^3$	凹曲线	凹曲线体

树干上各部位的形状指数(r)可近似用式(2-3)计算。

$$r = 2\frac{\ln y_1 - \ln y_2}{\ln x_1 - \ln x_2} \tag{2-3}$$

式中 x_1、y_1，x_2、y_2——分别为树干某两点处距梢头的长度及其树干横断面的半径。

研究表明，树干各部分的形状指数一般都不是整数。这说明树干各部分只是近似于某种几何体。因此，孔兹干曲线只能分别近似地表达树干某一段的干形，而不能充分完整地表达整株树干的形状。

2.2 伐倒木树干材积测定

2.2.1 一般求积式

云课堂

将树干区分成若干段长为 d_x 的小段，根据微积分原理，当 d_x 充分小时，每段都可视为圆柱体，则每小段体积为

$$\Delta v = g d_x = \pi y^2 d_x \tag{2-4}$$

若树干干长为 L，干基底直径为 d_0，干基底断面积为 g_0，则对每小段体积进行积分即为树干材积。

$$V = \int_0^L \pi y^2 d_x = \int_0^L \pi P x^r d_x = \frac{1}{r+1}\pi P L^{r+1}$$

由于 $y_0^2 = PL^r$，又由于 $g_0 = \pi y_0^2$

故

$$V = \frac{1}{r+1}\pi P L^{r+1} = \frac{1}{r+1}g_0 L \tag{2-5}$$

将 $r = 0$、1、2、3 代入式(2-5)可得 4 种体形的材积公式。

圆柱体：

$$V = g_0 L \quad (r=0) \tag{2-6}$$

抛物线体：

$$V = \frac{1}{2}g_0 L \quad (r=1) \tag{2-7}$$

圆锥体：

$$V = \frac{1}{3}g_0 L \quad (r=2) \tag{2-8}$$

凹曲线体：

$$V=\frac{1}{4}g_0L \quad (r=3) \tag{2-9}$$

由于式(2-5)的一般性，所以该求积式又称为树干的一般求积式。它对于实际树干材积公式的导出有重要理论意义。

对一株树干来讲，其干曲线的线形比较复杂，往往需一组曲线来表示，而且各曲线的节点变化不定。近百年来许多林学家在这方面作过许多研究，旨在寻找一个能适合整株树干完整形状的干曲线变化的数学方程式。但因树干形状受树种、年龄、立地条件、经营措施等因素的影响，难于用一个简单的初等方程反映整株树干完整形状的干曲线的变化。

2.2.2 伐倒木近似求积式

由于一般求积式是由孔兹方程导出的，且对于具体树干，孔兹方程中 r 具有不确定性，必然导致一般求积式的不确定性。这种不确定性使得一般求积式在实际树干求积中受到限制，为此需要导出树干的近似求积公式。

(1) 平均断面积近似求积式

此式由司马林(H. L. Smalian)于 1806 年提出，又称司马林公式。一般用于截顶木段，它是将树干当作截顶抛物线体($r=1$)的条件下，由式(2-5)得

$$V = \frac{1}{2}(g_0 + g_n)l = \frac{\pi}{4}\left(\frac{d_0^2 + d_n^2}{2}\right)l \tag{2-10}$$

【证明】设树干的小头直径为 d_n，大头直径为 d_0，木段长为 l(图 2-5)。

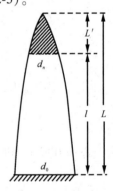

假设树干为抛物体，则 $r=1$，故孔兹方程为

$$y^2 = Px^r$$

两边同乘 π，则树干横断面积是关于 x 的线性函数，即

$$g_x = \pi Px$$

由图 2-5 可知

$$\frac{g_0}{g_n} = \frac{\pi PL}{\pi PL'} = \frac{L}{L'}$$

两边各减 1 可得

$$\frac{g_0 - g_n}{g_n} = \frac{L - L'}{L'}$$

图 2-5　平均断面近似求积式图解

因 $l = L-L'$，代入上式，则

$$L' = \frac{g_n}{g_0 - g_n}l$$

同理可得

$$L = \frac{g_0}{g_0 - g_n}l$$

由一般求积式可得，大头 d_0 以上全树干体积为

$$V_0 = \frac{1}{2}g_0L$$

同理，小头 d_n 以上全树干体积为

$$V' = \frac{1}{2} g_0 L'$$

因此，木段的体积为

$$
\begin{aligned}
V &= V_0 - V' \\
&= \frac{1}{2}(g_0 L - g_n L') \\
&= \frac{1}{2}\left(g_0 \frac{g_0}{g_0 - g_n} l - g_n \frac{g_n}{g_0 - g_n} l\right) = \frac{1}{2}\left(\frac{g_0^2 - g_n^2}{g_0 - g_n}\right) l \\
&= \frac{1}{2}(g_0 + g_n) l
\end{aligned}
$$

（2）中央断面积近似求积式

此式由胡伯尔（B. Huber）于 1825 年提出，又称 Huber 公式。

$$V = g_{1/2} L = \frac{\pi}{4} d_{1/2}^2 L \tag{2-11}$$

式中　$d_{1/2}$——树干中央直径；

$g_{1/2}$——树干中央断面积；

L——树干长度。

由孔兹干曲线式（2-2）可得

$$\frac{y_0^2}{y_{1/2}^2} = \frac{P x^r}{P\left(\dfrac{1}{2}x\right)^r} = 2^r$$

由于 $\pi y_0^2 = \dfrac{\pi}{4} d_0^2$，$\pi y_{1/2}^2 = \dfrac{\pi}{4} d_{1/2}^2$，则 $d_0^2 = 2^r d_{1/2}^2$，代入式（2-5）得

$$V = \frac{1}{r+1} \frac{\pi}{4} 2^r d_{1/2}^2 L$$

若 $r = 0$ 或 1，则

$$V = \frac{\pi}{4} d_{1/2}^2 L$$

（3）牛顿近似求积式

此式由李克（P. V. Reicker）于 1849 年引入测树学，又称李克式。此式可看作平均断面积公式和中央断面积公式的平均式，即

$$V = \frac{1}{3}\left(\frac{g_0 + g_n}{2} L + 2 g_{1/2} L\right) = \frac{1}{6}(g_0 + 4 g_{1/2} + g_n) L \tag{2-12}$$

（4）伐倒木近似求积式的精度

根据 3 种近似求积式用于截顶木段的精度验证结果，用中央断面积近似求积式求出的体积，常出现负误差；用平均断面积近似求积式求出的材积，常出现正误差。以误差百分率对比看，牛顿式最小，中央断面积近似求积式次之，平均断面积近似求积式最大。表 2-3 列举了这 3 个近似求积式精度对比的 2 次实验数据。

表 2-3 3 个近似求积式测算材积的误差

原木长 (ft)	原木小头直径 (in)	平均误差率(%)			备 注
		中央断面式	平均断面式	牛顿式	
8 和 16	4~12	-3.5	9.0	0	杨(Yong)、罗宾斯(Robbins)和威尔逊 (Wislon, 1967)
16	8~22	-5	12.0	2	米勒(Miller, 1959)

从理论上分析，因为平均断面近似求积式和中央断面近似求积式均是在假设树干干形为抛物体的条件下导出的，故对于圆柱体和抛物线体不产生误差。而对于圆锥体及凹曲线，因平均断面近似求积式取上底和下底两节点用抛物线拟合树干纵断面形状，故该公式计算的体积一般要大于实际的纵断面包含的体积[图 2-6(a)]，呈"正"误差，而中央断面

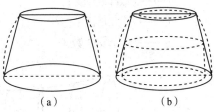

图 2-6 近似求积式的系统偏差图解

近似求积式正好相反，仅取中央节点拟合树干纵断面形状，故该公式计算的体积一般要小于实际的纵断面包含的体积[图 2-6(b)]，呈"负"误差。由于牛顿式是中央断面近似求积式和平均断面近似求积式的加权平均数，正负误差相互抵消，因此误差小，精度较高。

牛顿近似求积式精度虽高，但测算工作较繁；中央断面近似求积式精度中等，但测算工作简易；平均断面近似求积式虽差，但它便于测量堆积材，当大头离开干基较远时，求积误差将会减少。

2.2.3 伐倒木区分求积式

(1)定义

当用近似求积式来计算树干材积时，是把整个树干或部分树干当作抛物线体来处理的，由于干形的多变性，所得的结果并不是很精确的，一般会产生系统偏小或偏大的误差。

为了提高木材材积的测算精度，根据树干形状变化特点，可将树干区分成若干等长或不等长的区分段，使各区分段干形更接近于正几何体，分别用近似求积式测算各分段材积，再把各段材积合计可得全树干材积。该法称为区分求积法(measuremental method by section)。

在树干区分求积中，梢端不足或刚好等于一个区分段的部分一律视作梢头，用圆锥体公式计算其材积，即

$$V = \frac{1}{3} g_n l' \tag{2-13}$$

式中 g_n——梢头底端断面积；

l'——梢头长度。

(2)区分求积公式

①平均断面区分求积式。将树干按一定长度 l(通常 1 m 或 2 m)分段，量出每段大小头直径(图 2-7)。当把树干分成 n 段，利用平均断面近似求积式(2-10)求算各分段材积，

求和得到树干总材积为

$$V = \left[\frac{1}{2}(g_0 + g_n) + \sum_{i=1}^{n-1} g_i \right] l + \frac{1}{3} g_n l' \qquad (2\text{-}14)$$

式中　g_0——树干底断面积；

　　　g_n——梢头木底断面积；

　　　g_i——第 i 区分段断面积；

　　　l——区分段长度；

　　　l'——梢头长度；

　　　n——区分段个数。

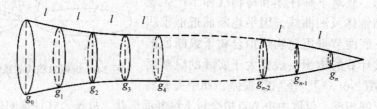

图 2-7　平均断面区分求积法图解

②中央断面区分求积式。将树干按一定长度 l（通常 1 m 或 2 m）分段，量出每段中央直径（$g_{i\frac{1}{2}}$）和最后不足一个区分段梢头底端直径 g_i（图 2-8）。

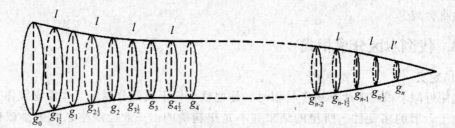

图 2-8　中央断面区分求积法图解

当把树干区分成 n 段，利用中央断面近似求积式（2-11）求算各分段材积，求和得到树干总材积为

$$V = V_1 + V_2 + V_3 + \cdots + V_n + V_{梢}$$

$$= g_{1\frac{1}{2}}l + g_{3\frac{1}{2}}l + \cdots + g_{n\frac{1}{2}}l + \frac{1}{3}g_n l'$$

$$= \sum_{i=1}^{n} g_{i\frac{1}{2}}l + \frac{1}{3}g_n l' \qquad (2\text{-}15)$$

式中　$g_{i\frac{1}{2}}$——第 i 区分段中央断面积；

　　　l——区分段长度；

　　　g_n——梢头木底断面积；

　　　l'——梢头长度；

　　　n——区分段个数。

在实际工作中，也可将树干区分成不等长度 l_i 的区分段，量测出各区分段的中央直径和梢头底直径，然后，利用下式计算该树干总材积：

$$V = \sum_{i=1}^{n} g_{i\frac{1}{2}} l_i + \frac{1}{3} g_n l' \tag{2-16}$$

【例 2-1】设一树干长 7.3 m，按 1 m 区分段求材积，量测每一段大头、小头、中央位置及梢底处的直径(表 2-4)。用平均断面区分法和中央断面区分法求算其材积。

表 2-4　一株树干的区分量测值(树干全长 7.3 m)

平均断面区分求积式			中央断面区分求积式		
距根颈长度 (m)	直径 (cm)	断面积 (m²)	距根颈长度 (m)	直径 (cm)	断面积 (m²)
0	11.9	0.011 1	0.5	8.9	0.006 2
1	8.4	0.005 5	1.5	8.1	0.005 2
2	7.4	0.004 3	2.5	6.9	0.003 7
3	6.5	0.003 3	3.5	5.5	0.002 4
4	5.2	0.002 1	4.5	4.1	0.001 3
5	3.8	0.001 1	5.5	3.2	0.000 8
6	3.1	0.000 8	6.5	2.2	0.000 4
7(梢底)	2	0.000 3	7(梢底)	2	0.000 3

根据平均断面区分求积法可以得到该树干的材积为

$$V = \left[\frac{1}{2}(0.011\ 1 + 0.000\ 3) + (0.005\ 5 + 0.004\ 3 + 0.003\ 3 + 0.002\ 1 \right.$$
$$\left. + 0.001\ 1 + 0.000\ 8) \right] \times 1 + \frac{1}{3} \times 0.000\ 3 \times 0.3$$
$$= 0.022\ 8\,(\text{m}^3)$$

根据中央断面积区分求积法可以得到该树干材积为

$$V = (0.006\ 2 + 0.005\ 2 + 0.003\ 7 + 0.002\ 4 + 0.001\ 3$$
$$+ 0.000\ 8 + 0.000\ 4) \times 1 + \frac{1}{3} \times 0.000\ 3 \times 0.3$$
$$= 0.020\ 0\,(\text{m}^2)$$

(3)区分求积式的精度

根据苏联学者阿努钦所著《测树学》中 17 株白桦、15 株松树和 3 株橡树的案例试验结果，不同区分求积的误差见表 2-5。

表 2-5　不同区分求积计算树干材积的误差

公　式	总材积误差(%)		
	17 株白桦	15 株松树	3 株橡树
中央断面区分求积式	-0.9	-1.2	1.9
平均断面区分求积式	0.8	0.3	0.2

从表 2-5 可知中央断面区分求积式多为"负"误差，平均断面区分求积式是"正"误差，从【例 2-1】也证明了平均断面求积式比中央断面求积式测算出来的树干材积大。

在同一树干上，某个区分求积式的精度主要取决于分段个数的多少，段数越多，则精度越高。那么究竟多少段合适？以中央断面求积式为例，此式对抛物体不产生误差，而对圆锥体和凹曲线体将会产生较大的误差。但如采用区分求积法，则误差将会随区分段个数的增加而减少。究其理论关系，周沛村(1961)导出如下表达式。

$$P_n = \frac{P_1}{n^2} \tag{2-17}$$

式中　P_n——区分 n 段的材积误差；

　　　P_1——不分段时的材积误差；

　　　n——区分段个数。

将不同分段个数代入式(2-17)可得表 2-6 和图 2-9。

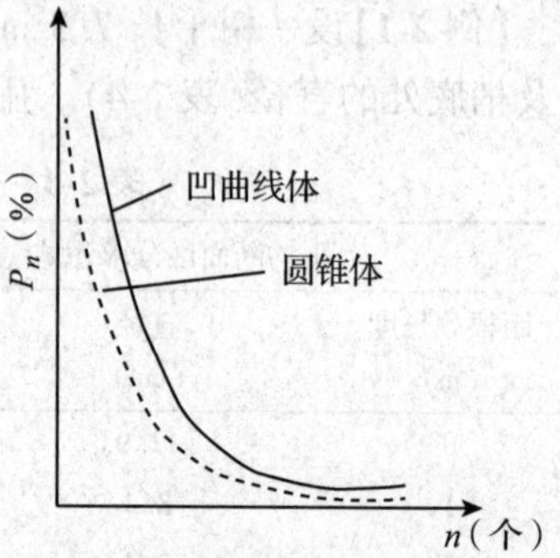

图 2-9　材积误差与区分段数的关系

表 2-6　区分段数与材积误差的关系

区分段个数	材积误差(%)		区分段个数	材积误差(%)	
	圆锥体	凹曲线体		圆锥体	凹曲线体
1	25.00	50.00	8	0.39	0.78
2	6.25	12.25	9	0.31	0.62
3	2.78	5.56	10	0.25	0.50
4	1.56	3.13	11	0.21	0.41
5	1.00	2.00	12	0.17	0.35
6	0.69	1.39	⋮	⋮	⋮
7	0.51	1.02	20	0.0625	0.125

由表 2-6 和图 2-9 可看出，材积误差依段数增加而减少，当区分段数在 5 个以上时减少的趋势开始平稳。因此，区分段数一般以不少于 5 个为宜。根据这一结论，在我国林业生产实践中，当树高(或树干长度)$H \le 7$ m 时，区分段长 $l = 0.5$ m；当 7 m $< H \le 15$ m 时，$l = 1.0$ m；当 $H > 15$ m 时，$l = 2.0$ m。

2.2.4　直径和长度的测量误差对材积计算的精度影响

当测量直径与长度时，误差是难以避免的，必然影响材积的计算精度。下面以中央断面求积式为例，对这种误差影响进行分析。

树干的材积为 $V = gL$，如果长度 L 和断面积 g 测定有误差时，其材积误差近似为该式的微分值，即

$$\partial V = \partial (gL) = g\partial(L) + L\partial(g) \tag{2-18}$$

如用相对误差表示，则

$$P_V = \frac{\partial V}{V} = \frac{g\partial(L) + L\partial(g)}{gL}$$
$$= \frac{\partial(L)}{L} + \frac{\partial(g)}{g} = P_L + P_g \tag{2-19}$$

式中　P_V，P_L，P_g——为材积、长度及断面积的误差率。

另外，由于 $g = \dfrac{\pi}{4}d^2$，而

$$\partial(g) = \partial\left(\frac{\pi}{4}d^2\right) = \frac{\pi}{4}[2d \cdot \partial(d)]$$

所以
$$P_g = \frac{\partial(g)}{g} = \frac{\dfrac{\pi}{4}[2d \cdot \partial(d)]}{\dfrac{\pi}{4}d^2} = 2P_d \tag{2-20}$$

式中　P_d——直径误差率。

将式(2-20)代入式(2-19)，可得
$$P_V = P_L + 2P_d \tag{2-21}$$

由此可以看出：

①当长度量测无误差，即 $P_L = 0$ 时，则
$$P_V = 2P_d \tag{2-22}$$

②当直径量测无误差，即 $P_d = 0$ 时，则
$$P_V = P_L \tag{2-23}$$

③当长度误差率与直径误差率相等时，直径测量的误差对材积计算的影响比长度测量误差的影响大 1 倍。因此，工作中必须慎重地测量直径及长度。

此外，当多次测量时，直径标准误差百分比(σ_d)与长度标准误差百分比(σ_L)对材积标准误差百分比(σ_V)的影响可用式(2-21)表示。
$$\sigma_V^2 = 4\sigma_d^2 + \sigma_L^2 \tag{2-24}$$

2.3　单株立木材积测定

2.3.1　单株立木测定特点

从树木材积测定原理来说，伐倒木材积各种测算方法均可用于立木材积测定。但由于立木和伐倒木存在状态不同，自然也会产生与立木难以直接测定这个特点相适应的各种测算法。这些方法主要是通过胸径、树高和上部直径等因子来间接求算立木材积。

立木与伐倒木比较，其测定特点如下。

①立木高度。除幼树外，一般用测高器测定。

②立木直径。一般选择横断面形状稳定且测量方便的部位，普遍取为成人胸高位置，这个部位的立木直径称作胸高直径，简称胸径 D。对于立木，主要的直径测定因子是胸高直径，可用轮尺或围尺直接测定。

③立木材积。在立木状态下，通过立木材积三要素(胸高形数、胸高断面积、树高)计算材积。一般是测定胸径或胸径和树高，采用经验公式法计算材积，只有在特殊情况下才增加测定一个或几个上部直径精确求算材积。

2.3.2 形数和形率

2.3.2.1 形数

树干材积与比较圆柱体体积之比称为形数(form factor)，比较圆柱体的断面为树干上某一固定位置的断面，高度为全树高(图2-10)。形数的数学表达式为

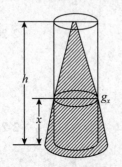

$$f_x = \frac{V}{V'} = \frac{V}{g_x h} \tag{2-25}$$

式中 f_x——以干高 x 处断面为基础的形数；

V——树干材积；

V'——比较圆柱体体积；

g_x——干高 x 处的横断面积；

h——全树高。

由式(2-25)可以得到相应的计算树干材积的公式，即

图2-10 树干与比较圆柱体

$$V = f_x g_x h \tag{2-26}$$

由式(2-26)可以看出，只要已知 f_x、g_x 及 h 的数值，即可计算出该树干的材积值。

形数是表示树干形状的指数，它说明树干饱满度。形数越大，说明越饱满。形数主要有以下几种。

(1)胸高形数

以胸高断面为比较圆柱体的横断面的形数称胸高形数(breast-height form factor)。以 $f_{1.3}$ 表示，其表达式为

$$f_{1.3} = \frac{V}{g_{1.3} h} = \frac{V}{\frac{\pi}{4} d_{1.3}^2 h} \tag{2-27}$$

从式(2-27)可知，当胸高断面积和树高一定时，饱满树干的材积与比较圆柱体的体积相差较小，其形数值较大；反之，尖削树干的材积较小，形数值也小。其意义可由式(2-27)转换成相应的立木材积式。

$$V = f_{1.3} g_{1.3} h \tag{2-28}$$

在通常的情况下，将胸高形数 $f_{1.3}$、胸高断面积 $g_{1.3}$ 及全树高 h 称作材积三要素。同时，由式(2-27)可以看出，在计算树干材积中，胸高形数实质上是一个换算系数，仅说明树干材积相当于比较圆柱体体积的成数，并不能独立的具体反映树干的形状。

如果把树干干形看作服从孔兹干曲线的规则几何体，可以导出胸高形数与树干形状 r 和树高 h 的关系式。

$$f_{1.3} = \frac{1}{r+1} \left(\frac{1}{1-1.3/h} \right)^r \tag{2-29}$$

【证明】据孔兹干曲线方程 $y^2 = Px^r$ 得

$$y_0^2 = \left(\frac{d_0}{2} \right)^2 = Ph^r$$

$$y_{1.3}^2 = \left(\frac{d_{1.3}}{2}\right)^2 = P(h-1.3)^r$$

则
$$\frac{d_0^2}{d_{1.3}^2} = \frac{h^r}{(h-1.3)^r}$$

$$d_0^2 = d_{1.3}^2\left(\frac{h}{h-1.3}\right)^r = d_{1.3}^2\left(\frac{1}{1-1.3/h}\right)^r$$

代入树干一般求积式(2-5)得

$$V = \frac{1}{r+1}\cdot\frac{\pi}{4}d_0^2 h$$

则
$$f_{1.3} = \frac{V}{\frac{\pi}{4}d_{1.3}^2 h} = \frac{\frac{1}{r+1}\cdot\frac{\pi}{4}d_{1.3}^2\left(\frac{1}{1-1.3/h}\right)^r h}{\frac{\pi}{4}d_{1.3}^2 h} = \frac{1}{r+1}\left(\frac{1}{1-1.3/h}\right)^r$$

证毕。

由式(2-29)可见，胸高形数是形状指数 r 和树高 h 的函数。$f_{1.3}$ 的特征分析可通过式(2-29)对 r、h 的偏导函数分析得到证明。

①$f_{1.3}$ 与 r 的关系如下。

$$\frac{\partial f_{1.3}}{\partial r} = \frac{1}{r+1}\left(\frac{h}{h-1.3}\right)^r\left(-\frac{1}{r+1}+\ln\frac{h}{h-1.3}\right)$$

当 $h=1.3$ m 时，$\ln\frac{h}{h-1.3}\approx 0$，$\frac{\partial f_{1.3}}{\partial r}<0$，说明当树高远远大于 1.3 m 时，$f_{1.3}$ 是关于 r 的减函数(表2-7)。

表 2-7　不同形体、不同高度的胸高形数

树高（m）	胸高形数			树高（m）	胸高形数		
	$r=1$ 抛物体	$r=2$ 圆锥体	$r=3$ 凹曲线体		$r=1$ 抛物体	$r=2$ 圆锥体	$r=3$ 凹曲线体
2.6	1.000	1.333	2.000	10.0	0.575	0.440	0.380
3.0	0.882	1.038	1.374	20.0	0.535	0.381	0.306
5.0	0.676	0.609	0.617	30.0	0.523	0.364	0.286

②当树高低矮时，即 $-\frac{1}{r+1}+\ln\frac{h}{h-1.3}>0$ 时(解得：$r=1$ 时，$h<3.304$ m；$r=2$ 时，$h<4.586$；$r=3$ 时，$h<5.877$ m)，$f_{1.3}$ 是关于 r 的增函数(表2-7)。$f_{1.3}$ 与 h 的关系如下。

$$\frac{\partial f_{1.3}}{\partial h} = \frac{\partial}{\partial h}\left[\frac{1}{r+1}\left(\frac{h}{h-1.3}\right)^r\right]$$

$$= \frac{1}{r+1}\left(\frac{h}{h-1.3}\right)^{r-1}\left[\frac{1}{h-1.3}-\frac{h}{(h-1.3)^2}\right]$$

$$= -\frac{1.3}{(h-1.3)^2}\frac{1}{r+1}\left(\frac{h}{h-1.3}\right)^{r-1}<0$$

上式表明 $f_{1.3}$ 是关于树高 h 的减函数。当干形不变(即形状指数 r 一定)时，胸高形数

依树高的增加而减少。

表 2-7 为不同形体、不同高度的树干的胸高形数。可以看出，胸高形数随形状指数 r 和树高 h 的变化而变，它随着树高的增高而逐渐减少，所以不能用胸高形数独立反映干形。例如，圆锥体 5 m 高时的 $f_{1.3}$(0.609)反而比抛物线体 10 m 高时的值(0.575)大。

(2)正形数

司马林(1873)首创提出正形数(normal form factor)，借以克服胸高形数随树高而变化的缺点。正形数的定义为以树干材积与树干某一相对高(如 0.1 h)处的比较圆柱体的体积之比，记为 f_n，即

$$f_n = \frac{V}{g_n h} \qquad (2\text{-}30)$$

式中 f_n——树干在相对高 $n \cdot h$ 处的正形数；

g_n——树干在相对高 $n \cdot h$ 处的横断面积；

n——小于 1 的正数，以 $n \cdot h$ 表示相对高的位置。

在孔兹干曲线 $y^2 = Px^r$ 条件下，由式(2-29)可导出正形数的另一表达式。

$$f_n = \frac{1}{r+1}\left(\frac{1}{1-n}\right)^r \qquad (2\text{-}31)$$

式(2-31)表明，正形数只与 r 有关，而与树高无关，从而克服了胸高形数依树高而变化的缺点。由于正形数只与 r 有关，故能较好地反映不同的干形。当各树种的形状指数相同时，它们的正形数就是一个常数。例如，当 $r=1$、2 及 3 和 $n=0.1$ 时，其正形数分别为 0.556、0.412 及 0.343。但正形数要求量测立木相对高处的直径，实践上有困难，所以生产中没有应用，然而它对于干形的研究具有一定价值。

(3)实验形数

南京林业大学林昌庚教授(1961)经过大量实验和反复计算，于 1961 年提出以实验形数(experimental form factor)作为一种干形指标，为林木单株材积测定做出了重要贡献。实验形数的比较圆柱体的横断面为胸高断面，其高度为树高 h 加 3 m，记为 f_3。按照形数一般定义其表达式为

$$f_3 = \frac{V}{g_{1.3}(h+3)} \qquad (2\text{-}32)$$

实验形数是为了吸取胸高形数的量测方便和正形数不受树高影响这两方面的优点而设计的，其基本原理如下。

设 g_n 为树干某一相对高($n \cdot h$)处的横断面积。根据 g_n 与 $g_{1.3}$ 之比与 h 呈双曲线关系。

$$\frac{g_n}{g_{1.3}} = a + \frac{b}{h} \qquad (2\text{-}33)$$

即在 $g_{1.3}$ 一定的条件下，g_n 随着 h 的增加而减少。

$$g_n = g_{1.3}\left(a + \frac{b}{h}\right) \qquad (2\text{-}34)$$

由正形数定义可得

$$V = g_n h f_n = g_{1.3} \left(a + \frac{b}{h} \right) h f_n = g_{1.3} \left(h + \frac{b}{a} \right) a f_n \tag{2-35}$$

令 $\dfrac{b}{a} = K$，$a f_n = f_3$，则

$$V \approx g_{1.3} (h + K) f_3 \tag{2-36}$$

式（2-33）中的 a、b 是说明 $\dfrac{g_n}{g_{1.3}}$ 与 h 相关关系的参数。设想如把 g_n 取在十分接近 $g_{1.3}$ 位置，在 h 和 $g_{1.3}$ 相同时，g_n 值在不同乔木树种之间不至于差别很大。对于不同树种，可取同一参数 K。在设计 f_3 时，取 g_n 在 $\dfrac{1.3}{20} h$ 位置处，选定许多有代表性的树种，测量出一定数量样木的 h、$g_{1.3}$ 和 $\dfrac{1.3}{20} h$ 的数值，采用式（2-33）回归，就可求出 a、b 值。由云杉、松树、白桦、杨树 4 个树种求得 $K \approx 3$。

根据广西 4 个林场 4 种桉树（窿缘桉、柠檬桉、野桉、大叶桉）1 750 株样木计算结果表明，广西不同地区的 4 种桉树间的 f_3 都很接近，相差一般不超过 0.01，完全可以把它们作为一个树种组研究其干形变化及编制材积数表。

根据实验形数定义，求算材积公式为

$$V = g_{1.3} (h + 3) f_3 \tag{2-37}$$

我国主要乔木树种的平均实验形数见表 2-8。

表 2-8　主要乔木树种平均实验形数

干形级	树种	平均实验形数	适用树种
I		0.45	云南松、冷杉及一般强耐阴针叶树种
II		0.43	实生杉木、云杉及一般耐阴针叶树种
III	针叶树	0.42	杉木（不分起源）、红松、华山松、黄山松及一般中性针叶树种
IV		0.41	插条杉木、天山云杉、柳杉、兴安落叶松、新疆落叶松、樟子松、赤松、黑松、油松及一般喜光针叶树种
V	阔叶树	0.40	杨、桦、柳、椴、水曲柳、蒙古栎、栎、青冈、刺槐、榆、樟、桉及其他一般阔叶树种，海南、云南等地混交阔叶林
VI	针叶树	0.39	马尾松及一般强喜光针叶树种

注：由林昌庚教授提供。

根据实验形数的设计原理及表 2-8 中所列示的主要乔木树种平均实验形数值来看，实验形数是一个能够较好地反映乔木树种的平均干形指标。另外，从胸高形数和实验形数定义，可得到二者的相互转换关系式。

$$f_{1.3} = \frac{h + 3}{h} f_3 \tag{2-38}$$

或

$$f_3 = \frac{h}{h + 3} f_{1.3} \tag{2-39}$$

形数是计算立木材积的换算系数。要确知形数必须先求算树干材积，因此，形数这一

干形指标不能直接进行测定，需要寻找一个既可以直接测定，又可以反映干形变化的干形指标——形率。

2.3.2.2 形率

树干上某一位置的直径与比较直径之比，称为形率(form quotient)。其一般表达式为

$$q_x = \frac{d_x}{d_z} \tag{2-40}$$

式中　q_x——形率；

　　　d_x——树干某一位置的直径；

　　　d_z——树干某一固定位置的直径，即比较直径。

由于所取比较直径的位置不同，而有不同的形率。

(1)胸高形率

树干中央直径($d_{1/2}$)与胸径($d_{1.3}$)之比称为胸高形率，用 q_2 表示。

$$q_2 = \frac{d_{1/2}}{d_{1.3}} \tag{2-41}$$

这是舒伯格最早提出的形率概念，曾作为编制欧洲银冷杉材积表的形状指标(Schuberg，1893)。随后由奥地利学者希费尔正式定名为形率，因此也称希费尔形率(Schiffel，1899)。由干曲线式 $y^2 = Px^r$ 可导出 q_2 与 r 之间的如下关系。

$$\left(\frac{d_{1/2}}{d_{1.3}}\right)^2 = \frac{P(h/2)^r}{P(h-1.3)^r}$$

故

$$q_2 = \frac{d_{1/2}}{d_{1.3}} = \left(\frac{h/2}{h-1.3}\right)^{r/2} = \left(\frac{1}{2-2.6/h}\right)^{r/2} \tag{2-42}$$

由式(2-42)可看出，在 r 相同时，q_2 依 h 增大而减小，因此 q_2 和 $f_{1.3}$ 具有相同的特性，即都是 r 和 h 两个因子的函数。因此，q_2 也不能脱离树高而单独确切地反映干形。

希费尔(1899)还提出如下形率系列。

$$q_0 = \frac{d_0}{d_{1.3}} \quad q_1 = \frac{d_{1/4}}{d_{1.3}} \quad q_2 = \frac{d_{1/2}}{d_{1.3}} \quad q_3 = \frac{d_{3/4}}{d_{1.3}} \tag{2-43}$$

式中　d_0，$d_{1/4}$，$d_{1/2}$，$d_{3/4}$——分别为树干基部和 1/4、1/2、3/4 高处的直径，用形率系列
　　　　　　　　　　　　　　　可以比较全面地描述整个树干的干形及其变化。

(2)绝对形率

为了克服胸高形率依树高的增加而减小的缺点，琼森提出用树梢到胸高这一段树干的 1/2 处直径 $d_{1/2(h-1.3)}$ 与胸径 $d_{1.3}$ 之比来确定形率(Jonson，1910)，即

$$q_J = \frac{d_{1/2(h-1.3)}}{d_{1.3}} \tag{2-44}$$

根据孔兹干曲线式 $y^2 = Px^r$，则

$$q_J = \frac{d_{1/2(h-1.3)}}{d_{1.3}} = \left[\frac{1/2(h-1.3)}{h-1.3}\right]^{r/2} = \left(\frac{1}{2}\right)^{r/2} \tag{2-45}$$

由式(2-44)可知，绝对形率 q_J 只受形状指数 r 一个因素的影响。

（3）正形率

树干中央直径 $d_{1/2}$ 与 1/10 树高处直径 $d_{0.1}$ 之比，称作正形率，即

$$q_{0.1} = \frac{d_{1/2}}{d_{0.1}} \tag{2-46}$$

同样，由 $y^2 = Px^r$ 可导出正形率与形状指数之间的关系为

$$\frac{d_{1/2}^2}{d_{0.1}^2} = \frac{P\left(\frac{1}{2}h\right)^r}{P(0.9h)^r} = \left(\frac{5}{9}\right)^r$$

所以

$$q_{0.1} = \left(\frac{5}{9}\right)^{r/2} \tag{2-47}$$

由式（2-47）可以看出，$q_{0.1}$ 只是形状指数 r 一个因子的函数，因此，正形率和正形数、绝对形率具有相同的特点，即均可以独立地反映干形。

若把树干等分成 10 段，并用 0.0，0.1，0.2，…，0.9，1.0 树高处的直径（$d_{0.0}$，$d_{0.1}$，$d_{0.2}$，…，$d_{0.9}$，$d_{1.0}$）分别与 $d_{0.1}$ 相比，则可得到正形率系列（或称相对直径系列），这个系列可以完整而客观地表达整个树干的形状。

除以上 3 种形率以外，各国采用的形率种类还很多，如瑞典、奥地利等国家在立木材积测定中使用波伦舒茨形率 $q_{0.3}$（Pollanschatz，1965）、吉拉德形率 q_G（Girard，1933）及马斯形率 q_M（Maoss，1939）等，这些形率的表达式如下。

波伦舒茨形率：

$$q_{0.3} = \frac{d_{0.3}}{d_{1.3}} \tag{2-48}$$

吉拉德形率：

$$q_G = \frac{d_{17.3}}{d_{4.5}} \tag{2-49}$$

式中　$d_{17.3}$，$d_{4.5}$——树高为 17.3 ft 和 4.5 ft 处的直径。

马斯形率：

$$q_M = \frac{d_{2.3}}{d_{1.3}} \tag{2-50}$$

2.3.2.3　形数与形率的关系

形数是计算树干材积的一个重要系数，但形数无法直接测出。研究形数与形率的关系，主要是为了通过形率推求形数，这对树木求积有重要的实践意义。

形数与形率的关系主要有下列几种：

（1）将树干看作抛物线体

$$f_{1.3} = \frac{V_{干}}{g_{1.3}h} = \frac{\frac{\pi}{4}d_{1/2}^2 h}{\frac{\pi}{4}d_{1.3}^2 h} = \left(\frac{d_{1/2}}{d_{1.3}}\right)^2 = q_2^2 \tag{2-51}$$

即形数等于形率的平方。式(2-51)是求算形数的近似公式,凡树干与抛物线体相差越大,按此式计算形数的偏差也越大。

(2)根据胸高形数 $f_{1.3}$ 与形率 q_2 关系

孔兹(1890)根据大量树种的胸高形数 $f_{1.3}$ 与形率 q_2 的关系提出下列公式。

$$f_{1.3} = q_2 - c \qquad (2-52)$$

在(2-52)式中,c 值对于各树种来说,都比较稳定,且近似于常数。例如,松树 $c=0.20$,云杉及椴树 $c=0.21$,水青冈、山杨及黑桦木 $c=0.22$,落叶松 $c=0.205$。

以上 c 值是根据大量实测材料求得的平均值,当树干接近抛物线体时,一般树的 c 值接近 0.20。

由式(2-42)和式(2-29)可知

$$c = q_2 - f_{1.3} = \left(\frac{h/2}{h-1.3}\right)^{r/2} - \frac{1}{r+1}\left(\frac{1}{1-1.3/h}\right)^r \qquad (2-53)$$

当 $r=1$ 时,$c=0.2$。

用式(2-52)求树高在 18 m 以上树干的平均形数时,其误差一般不超过±5%,但树干低矮时,c 值减小幅度大,不宜采用此式。

(3)根据形数、形率与树高关系

在形率相同时,树干的形数随树高的增加而减小;在树高相同时则形数随形率的增加而增加。希费尔(1899)据此提出用双曲线方程式表示胸高形数与形率和树高之间的依存关系,见式(2-54)和如图 2-11 所示。他先后用云杉、落叶松、松树和冷杉的资料求得了双曲线方程式中的各参数值,即

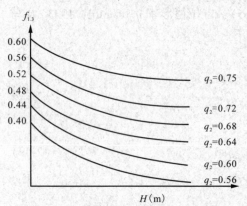

图 2-11 形数、形率与树高关系示意

$$f_{1.3} = 0.140 + 0.66q_2^2 + \frac{0.32}{q_2 h} \qquad (2-54)$$

后来发现并证明云杉的经验方程式(2-53)适用于所有树种,且计算的形数平均误差不超过±3%适用,故被推荐为一般式(希费尔公式),应用较广。

(4)根据胸高形数 $f_{1.3}$ 与形率 q_2 及树高 h 的关系

苏联学者舒斯托夫(Б. А. Шустов)提出下列适用于各树种的胸高形数 $f_{1.3}$ 与形率 q_2 及树高 h 的关系式。

$$f_{1.3} = 0.6000q_2 + \frac{1.04}{q_2 h} \qquad (2-55)$$

苏联学者特卡钦柯发现,如果树高相等,形率 q_2 也相等,则各乔木树种的胸高形数都相似(Ткаценко,1911)。他据此编了一般形数表,与希费尔形数式计算结果相近。

根据形数和形率的上述关系,只要测出树高和形率,就可以比较精确地求出形数,进而较精确地求出立木树干材积。

2.3.2.4　形数和形率随直径、树高的变化规律

在同龄纯林中，即使林木的直径、树高相同，其形数和形率也不会完全相等。但是，如果以径阶或树高组为单位，计算出相应的平均胸高形数和平均形率后，则会发现林木的形数和形率依胸径、树高的增加而减小，分别形成反"J"形曲线变化规律（表 2-9、表 2-10）。可用下列几个类型的曲线方程式表示它们之间的关系。

$$f_{1.3} = a_0 + \frac{a_1}{d} \tag{2-56}$$

$$f_{1.3} = a_0 + \frac{a_1}{h} \tag{2-57}$$

$$q_2 = a_0 + a_1 \log d \tag{2-58}$$

$$q_2 = a_0 + \frac{a_1}{h} \tag{2-59}$$

式中　a_0，a_1——方程参数。

表 2-9　落叶松形数、形率—胸径相关表

胸径(cm)	12	16	20	24	28	32	36
形数($f_{1.3}$)	0.520	0.502	0.487	0.473	0.461	0.454	0.447
形率(q_2)	0.721	0.708	0.698	0.688	0.679	0.674	0.668

表 2-10　落叶松形数、形率—树高相关表

树高(m)	10	12	14	16	18	20	22	24
形数($f_{1.3}$)	0.588	0.540	0.526	0.514	0.503	0.492	0.482	0.474
形率(q_2)	0.767	0.735	0.725	0.717	0.709	0.701	0.694	0.688

2.3.3　形高

在材积三要素中，形数与树高之乘积称作形高（form height，fh），单位面积林分蓄积量与其相应的胸高总断面积的比值即为林分形高，记作 FH。在树干材积或林分蓄积量测算中，只要测定出树干胸高断面积或林分胸高总断面积，乘以相应形高值即可得出树干材积或林分蓄积量。因此，形高在树干材积或林分蓄积量测定中有着重要意义。林分中林木的形高（fh）随着胸径（d）或树高（h）的增大而增加（图 2-12、图 2-13），近似于一条抛物线或直线。相对于林木胸径，树高与形高的关系更紧密，长白落叶松人工林林木胸径与形高的相关指数 R^2 为 0.793 5（图 2-13），而树高与形高的相关指数 R^2 为 0.956 5（图 2-13）。林分形高也随着林分平均高的增大而增大，近似于非下降的抛物线。

云课堂

常用的林木形高（或林分形高）与树高（或林分平均高）的回归模型如下。

$$fh = h[a + b/(c + h)] \tag{2-60}$$

$$fh = a[1 - \exp(-bh)] \tag{2-61}$$

$$fh = a + \exp(b + c/h) \tag{2-62}$$

$$fh = [h/(a + bh)]^2 \tag{2-63}$$

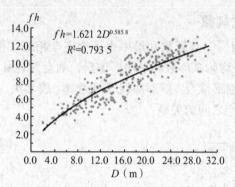

图 2-12 长白落叶松形高—胸径曲线
(吉林省林业调查规划院, 2018)

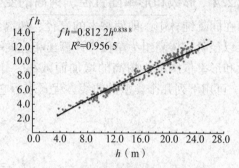

图 2-13 长白落叶松形高—树高曲线
(吉林省林业调查规划院, 2018)

$$fh = a + b/h \tag{2-64}$$

$$fh = ah/(h + b) \tag{2-65}$$

$$fh = ah^b \tag{2-66}$$

$$fh = a + bh \tag{2-67}$$

式中 fh——林木形高;

h——林木树高;

a, b, c——待定参数。

上述式中可以用林分条件平均高,代替林木高度来估算林分形高。由于林木的形高与胸径、树高有着密切的相关关系,因此,在林分调查中,经常采用林分形高预估模型(或形高表)进行林分蓄积量的测算(详见第 6 章内容)。

2.3.4 近似求积法

(1)胸高形数法

利用胸高形数 $f_{1.3}$ 估测立木材积时,除测定立木胸径和树高外,一般还要测定树干中央直径 $d_{\frac{1}{2}}$,计算出胸高形率 q_2,并利用胸高形数 $f_{1.3}$ 与胸高形率 q_2 的关系,如式(2-51)、式(2-52)、式(2-54)和式(2-55)计算出相应的胸高形数 $f_{1.3}$,然后利用式(2-28),即 $V = f_{1.3}g_{1.3}h$ 计算出立木树干材积值。

(2)平均实验形数法

采用平均实验形数法测算立木材积时,测得立木胸径和树高后,根据树种由表 2-8 中确定其平均实验形数值,按式(2-37),即 $V = g_{1.3}(h+3)f_3$ 求算出立木树干材积值。

(3)实验正形数法

杨华(2005)采用近景摄影测量技术在立木材积测定中的应用研究中,根据孟宪宇(1978)提出的利用标准直径测定立木材积原理,即

$$V = \frac{\pi}{4}d_{标}^2 h \tag{2-68}$$

式中 V——立木实际材积值;

$d_{标}$——对应于立木实际材积的圆柱体直径;

h——立木树高。

在对大量供试样木干形分析中发现各样木的 $d_标/d_{0.1h}$ 近似等于 0.7 的恒比关系($d_{0.1h}$ 为距树基 $0.1h$ 处树干直径)。

根据这一关系,可将式(2-68)变换为

$$V=\frac{\pi}{4}(0.7)^2 d_{0.1h}^2 h$$

即

$$V=0.49 g_{0.1h} h \tag{2-69}$$

在式(2-69)中,0.49 即为正形数($f_{0.1h}=0.49$),经大量试验数据表明,大部分树种的正形数的变动范围为 0.47~0.51,利用现代近景影像测量技术或光学测定仪器,可以准确地量测立木树干上任意部位的直径,这为正形数在立木树干材积估测中的直接应用提供了便利条件。

式(2-69)是不分树种的实验正形数立木树干材积估测式,若为提高估测准确度,也可分树种通过试验建立相应的实验正形数立木树干材积估测式。

2.3.5 望高法

望高法(Pressler method)是德国学者普雷斯勒提出的单株立木材积测定法(Pressler,1855)。树干上部直径恰好等于 1/2 胸径处的部位称作望点(Pressler reference point)。自地面到望点的高度称作望高(Pressler reference height)(图 2-14),用上部直径测定仪测出胸径和望高(h_R)后,按式(2-70)即可算出树干材积。

$$V=\frac{2}{3} g_{1.3}\left(h_R+\frac{1.3}{2}\right) \tag{2-70}$$

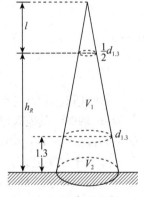

图 2-14 望高法示意

【证明】设胸高以上树干材积为 V_1,胸高以下树干材积为 V_2;l 为望高以上树干长度。

由干曲线方程 $y^2=Px^r$ 可得

$$\frac{\left(\frac{1}{2}d_{1.3}\right)^2}{d_{1.3}^2}=\left[\frac{Pl}{P(h_R-1.3+l)}\right]^r$$

$$\left(\frac{1}{2}\right)^{2/r}=\frac{l}{h_R-1.3+l}$$

两边同减 1 得

$$\frac{2^{2/r}-1}{2^{2/r}}=\frac{h_R-1.3}{h_R-1.3+l}$$

故

$$h_R-1.3+l=\frac{2^{2/r}}{2^{2/r}-1}(h_R-1.3)$$

因为 V_1 段的底断面积为 $g_{1.3}$,则由树干的一般求积式(2-5)即可得

$$V_1 = \frac{1}{r+1} g_{1.3} (h_R - 1.3 + l) = \frac{1}{r+1} g_{1.3} \left(\frac{2^{2/r}}{2^{2/r} - 1} \right) (h_R - 1.3)$$

当 $r=1$ 或 $r=2$ 时，则

$$V_1 = \frac{2}{3} g_{1.3} (h_R - 1.3)$$

当 $r=3$ 时，则

$$V_1 = 0.675\ 6 g_{1.3} (h_R - 1.3) \approx \frac{2}{3} g_{1.3} (h_R - 1.3)$$

因此，抛物线体、圆锥体和凹曲线体的胸高以上材积均为

$$V_1 = \frac{2}{3} g_{1.3} (h_R - 1.3)$$

将胸高以下部分当作横断面等于胸高断面的圆柱体，其材积为

$$V_2 = 1.3 g_{1.3}$$

故全树干材积为

$$V = V_1 + V_2$$
$$= \frac{2}{3} g_{1.3} (h_R - 1.3) + 1.3 g_{1.3}$$
$$= \frac{2}{3} g_{1.3} \left(h_R + \frac{1.3}{2} \right)$$

普雷斯勒以 80 株云杉检查结果，最大正误差为 8.7%，最大负误差为 8.0%，平均误差为 -0.89%，其他人(Kunze、Baur、Judeich、中岛广吉、大隅真一、吉田正男)试验结果的平均误差为 -4%~5%。

除上述方法之外，文献中一般讲到的单株木材积测定法还有形点法(徐祯祥，1990)、简易法、累高法、丹琴略算法(Senzin，1929)等，这些多为专门从事测树研究的人们所用，一般科研中使用率较低，本书不再述及。

2.3.6　三维激光扫描法

三维激光扫描法是使用三维激光扫描仪对立木进行扫描后解析得到其三维点云，通过对不同高度处的直径进行测量进而可以计算得到单株立木材积。

对于不同高度处的直径的获取，可以采用人工手动测量或自动测量的方式。其中，人工手动测量需要测量人员在专业软件上将点云按照一定高度进行截取，在水平视角上测量其直径，采用圆形拟合树干截面或使用距离量取工具直接测量树干直径，如图 2-15 所示。

自动测量的方法通常需要通过计算机程序设计实现树干点云自动检测，分离树干和枝(叶)点云，算法一般将单木点云按一定高度进行分段，遵循树干比树枝(叶)点具有更多的垂直、圆柱形的特征的基本假设，排除离群点视为树枝(叶)点云，剩余点云即为树干点，如图 2-16 所示。在获取树干点云的基础上，对任意高度处的点云切片并投影到二维平面，按圆形拟合得到其直径，进而可以使用区分求积式得到树干材积。或按一定的高度对树干点云进行切片，分别对每部分切片进行圆柱拟合，梢头部分采用圆锥拟合，进而累加得到树干材积。

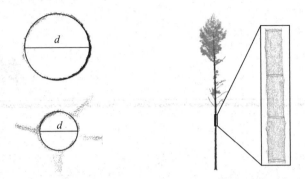

图 2-15　手动测量树干直径示意　　图 2-16　地基激光雷达点云树干
检测与直径拟合

需要注意的是，使用三维激光扫描法仅能获取树干外部三维点云，无法测量树皮厚度，因此仅能测量树干带皮材积，仍需使用树皮厚度模型将其转换为去皮材积。

复习思考题

1. 孔兹干曲线式在立木材积测定中的作用是什么？
2. 伐倒木区分求积式的实质是什么？
3. 简述胸高形数作为树干形状指标的优缺点。
4. 树干形状指标可以分为几类？各类的特点是什么？
5. 简述胸高形数的变化规律并分析胸高形数、胸高形率及树高之间的关系。

第 3 章

林分调查

【知识图谱】

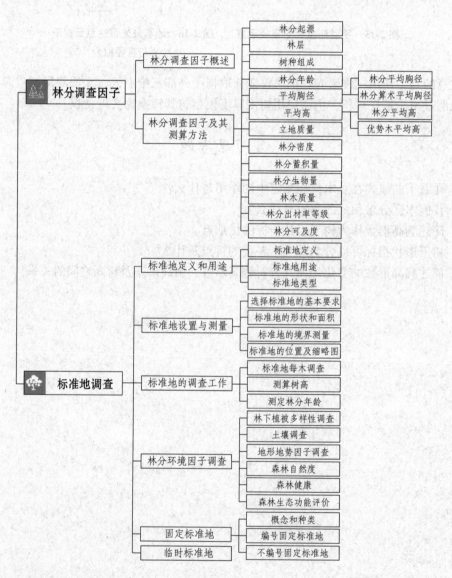

【内容提要】本章主要介绍了林分调查因子的基本概念及测算方法和技术标准，简述了这些调查因子在反映林分内部结构特征中的作用及林分各调查因子的内、外业计算过程。介绍了标准地定义、种类、用途及选设标准地原则和要求，较系统地简述了标准地调查工

作的内容、方法、工作步骤，阐述了固定标准地的概念、种类、设置、测定和用途等，介绍了林分调查数据的内业数据处理和统计分析的方法与要求。

我国著名林学家梁希曾说："林业调查设计工作者，是林业的开路先锋，也可以说是林业的'开山祖师'。他们上登千仞峰，下临万丈渊，享尽大自然的快乐，也受尽大自然的挫折。"我国森林资源调查经过几十年的发展，已经形成了符合我国林业发展特点和要求的较为完整的森林资源调查体系。从1973年到2018年，我国已经完成了9次一类调查，为我国林业事业发展和国民经济建设决策作出了不可磨灭的贡献。数据显示，我国森林面积从1998年的24亿亩*增至2021年的34.65亿亩，森林覆被率由1998年的16.55%增至2021年的24.02%。当前，生态系统保护修复、科学绿化、碳达峰碳中和等国家战略对森林资源信息提出了更高要求，时效性、协同性和现势性成为森林资源监测工作的要求。2021年，国家林业和草原局全面部署启动林草生态综合监测评价工作，以国土"三调"数据为统一底版，融合森林、草原、湿地、荒漠及以国家公园为主体的自然保护地体系等监测数据，构建涵盖各类林草生态系统状况信息的综合监测评价体系，为进一步掌握国家林草生态状况，为生态文明建设提供更加科学精准的决策依据。林分调查按照新时代对经营森林的目的要求，系统地采集、处理、预测森林资源有关信息的工作。它应用测量、测树、各种专业调查、抽样及计算机技术等手段，以查清制定范围内的森林数量、质量、分布、生长、消耗、立地质量评价等，为制定林业方针政策和科学经营森林提供依据。

3.1　林分调查因子

3.1.1　林分调查因子概述

森林是陆地生态系统的主体，其资源丰富、类型多样，不仅可以提供木材和非木质林产品，也是许多动物的栖息场所，对维持陆地生态系统的平衡起着不可替代的支撑作用。我国国土辽阔，气候、土壤、地形条件非常复杂，形成了多种森林类型。

云课堂

森林是以乔木为主体，包括灌木、草本植物以及其他生物在内的一种生物群落，具有空间大、结构复杂、功能多样等特点，会对周围环境产生显著影响。森林内部的结构复杂多样，为了揭示森林演替的规律以及科学地经营、管理森林，实现森林的可持续经营，有必要对森林内部的特征进行深入细致的研究。从木材生产的角度看，对林木资源的数量和质量进行调查是进行森林经营规划设计的重要组成部分。测树学的任务之一就是研究林木资源的数量和质量特征的变化规律及其调查方法。将大面积的森林按其本身的特征和经营管理的需要，区划成若干个内部特征相同且与四周相邻部分有显著区别的小块森林，这种小块森林称作林分(stand)。因此，林分是区划森林的最小地域单位，不同林分所采取的森林经营措施不同。要正确认识和经营管理好森林，只有通过对林分特征的研究，才能掌握森林的特征及其变化规律。

为了将大片森林划分为林分，必须依据一些能够客观反映林分特征的因子，这些因子

---

* 1亩=1/15hm²，下同。

称为林分调查因子(stand description factor)。只有通过对林分进行调查,才能掌握其调查因子的质量和数量特征。同时,通过分析林分调查因子,将森林划分为同质(或相对同质)的林分,提高林分调查精度,提高森林经营效率。林分调查因子的测定计算方法、林分调查因子之间,以及林分调查因子与林分环境因子之间的相关关系及变化规律是林学等相关学科的重要基础。

林分调查(stand survey)和森林经营中最常用的林分调查因子主要有:林分起源、林层、树种组成、林分年龄、林分密度、立地质量、林木的大小(直径和树高)、数量(蓄积量)和质量等,这些因子的差别达到一定程度时就视为不同的林分。划分林分的具体标准,根据森林经营的集约程度不同和林分调查的具体要求,常有不同的规定。

从森林环境上看,林分是乔灌木、地被物、地理位置、土壤、气候等环境因子的有机统一体。也就是说,一个林分的形成与其既定的生长环境密切相关。因此,为了研究、分析、比较林分的生长规律和制定营林措施等,在标准地调查工作中,必须详细调查林分环境因子,并将调查结果填写标准地调查簿。

3.1.2　林分调查因子及其测算方法

3.1.2.1　林分起源

云课堂

根据林分起源(stand origin),林分可分为天然林(natural stand)和人工林(plantation)。由天然下种、人工促进天然更新或萌生所形成的森林称作天然林;以人为的方法供给苗木、种子或营养器官进行造林并育成的森林称为人工林。人工林包括由人工直播(条播或穴播)、植苗、分植或扦插条等造林方式形成的森林。

另外,在我国西部的广大地区,还有一种飞机播种造林的方式,这种造林方式形成的林分,从实质上讲,应该属于人工林。但是,在进行森林资源调查时,为了与不同的目的相适应,也将飞机播种或模拟飞播造林形成的森林单独称为飞播林。例如,《国家森林资源连续清查技术规定》(2014)中规定以飞播方式形成的森林属人工起源;《森林资源规划设计调查技术规程》(GB/T 26424—2010)中则将其定为飞播林单独统计。

无论天然林或人工林,按起源还可以分为实生林和萌生林。凡是由种子繁殖形成的林分称为实生林(seedling crop),包括天然下种、人工栽植实生苗或直播后长成的林分,针叶树大多形成实生林;由根株上萌发或根蘖形成的新林,称作萌生林或萌芽林(sprout forest,sprout land)。一些具有无性更新能力的树种,当原有林木被采伐或受自然灾害(火烧、病虫害、风害等)破坏后,往往形成萌生林。萌生林大多数为阔叶树种,如山杨、白桦、栎类等;但少数针叶树种,如杉木,也能形成萌生林。

起源不同的林分其生长过程也不同,与萌生林相比,实生林在幼小时生长较慢,以后生长加快,寿命较长,采伐年龄一般也比萌生林大,可以培养贵重的木材,一般树干通直,材质较好,并且一般生活力和抵抗病虫害的能力较强。因此,对于同一树种而起源不同的林分,不仅采取的经营措施不同,而且在营林中所使用的数表也不相同。所以,林分起源是一个不可缺少的林分调查因子。

确定林分起源可靠的方法主要有查阅已有的资料、现地调查或者访问等方式。现地调查时,可根据林分特征进行判断。如人工林有较规则的株行距,单一树种,或者几个树种在林地上的分布具有某种明显的规律性，同时，树木年龄基本相同，林层相对单一。天然林则相反，没有规则的株行距、林分分布也不均匀，若林分内有几个树种时，树种呈团状分布，一般林木年龄差别较大。以上特征将有助于判断林分起源。

3.1.2.2　林层

林分中乔木树种的树冠所形成的树冠层次称作林相（forest canopy）或林层（storey）。明显地只有一个林层的林分称作单层林（single-storied stand）；具有两个或两个以上明显林层的林分称作复层林（multi-storied stand）。同龄林、由喜光树种构成的纯林、立地条件很差的林分多为单层林。单层林的结构比较整齐，培育的木材较为均匀一致。异龄混交林、耐阴树种组成的林分，尤其是经过择伐以后，易形成复层林。土壤气候条件优越的地方常形成多层的复层林，如热带雨林的林层可达 4~5 层。复层林可充分利用生长空间和光、热、水、养分条件，防护作用和抵抗力都较强。而单层林对雪压、雪折等自然灾害的抵抗力较小，对光照和生长空间的利用不够充分，其防护作用也较复层林弱。

在复层林中，蓄积量最大、经济价值最高的林层称为主林层，其余为次林层。将林分划分林层不仅有利于经营管理，而且有利于林分调查、研究林分特征及其变化规律。《森林资源规划设计调查技术规程》（GB/T 26424—2010）中规定划分林层的标准如下。

①各林层每公顷蓄积量大于 30 m³。

②相邻林层间林木平均高相差 20% 以上。

③各林层平均胸径在 8 cm 以上。

④主林层郁闭度大于 0.3，其他林层郁闭度大于 0.2。

这些标准是人为确定的划分林层的一般标准，同时满足这 4 个条件就能划分林层。目前我国的森林资源规划设计调查采用这一标准。但有时在实际工作中，还可以根据具体情况因地制宜地做出相应的变动，如在热带雨林中，林木树冠呈垂直郁闭，很难划分林层，在这种情况下就可以不必划分林层。

林层序号以罗马数字 Ⅰ，Ⅱ，Ⅲ，…表示，最上层为第 Ⅰ 层，其次依次为第 Ⅱ 层、第 Ⅲ 层。

3.1.2.3　树种组成

组成林分的树种成分称作树种组成（species composition）。由一个树种组成的或混有其他树种但所占成数不到一成的林分称作纯林（pure stand），混有其他树种但优势树种组成系数≥7 的林分称作相对纯林。由两个或更多个树种组成，其中每种树木在林分内所占成数均不少于一成的林分称作混交林（mixed stand）。在混交林中，常以树种组成系数表达各树种在林分中所占的数量比例。所谓树种组成系数是某树种的蓄积量（或断面积）占林分总蓄积量（或总断面积）的比重。树种组成系数通常用十分法表示，即各树种组成系数之和等于"10"。由树种名称及相应的组成系数写成组成式，就可以将林分的树种组成明确表达出来。

例如，杉木纯林，则林分的树种组成式为"10 杉"。又如，一个由杉木和马尾松组成的混交林，林分总蓄积量为 323 m³，其中，杉木的蓄积量为 124 m³，马尾松蓄积量为 199 m³，各树种的组成系数分别为

$$杉木：\frac{124}{323}=0.38\approx0.4 \qquad 马尾松：\frac{199}{323}=0.62\approx0.6$$

该林分的树种组成式为：6马4杉。

在树种组成式中，各树种的顺序按组成系数大小依次排列，即组成系数大的写在前面；如果某一树种的蓄积量不足林分总蓄积量的5%，但大于等于2%时，则在树种组成式中按"+"号表示；若某一树种的蓄积量少于林分总蓄积量的2%时，则在树种组成式中用"－"号表示。

例如，一个由马尾松、杉木、火力楠、木荷组成的混交林，各树种的组成系数分别为

$$马尾松：\frac{60}{75}=0.80 \qquad 杉木：\frac{11}{75}=0.15 \qquad 火力楠：\frac{3}{75}=0.04 \qquad 木荷：\frac{1}{75}=0.01$$

该混交林分的树种组成式应为：8马2杉+火－木。

另外，在混交林中，蓄积量比重最大的树种称为优势树种。在一个地区既定的立地条件下，最适合经营目的的树种称为主要树种或目的树种。主要树种有时与优势树种一致，有时不一致。当林分中主要树种与优势树种不一致时，若两者蓄积量相等，则应在组成式中把主要树种写在前面。

对于复层林，树种组成式应分别林层记载。

例如，某复层混交林的树种组成见表3-1。根据表3-1的计算结果，各林层的树种组成式为

Ⅰ：5马5杉+火。

Ⅱ：5马4杉1火。

由于胸高断面积测定比蓄积量测定容易，所以在实践中也常以断面积确定树种组成。

表3-1 某复层混交林的测定结果及树种组成系数计算

林层号	树种	平均高（m）	树种断面积（m²/hm²）	林层断面积（m²/hm²）	树种组成系数
	马尾松	16	14.3		14.3/28.7=0.50
Ⅰ	杉木	17	13.2	28.7	13.2/28.7=0.46
	火力楠	16	1.2		1.2/28.7=0.04
	马尾松	11	5.1		5.1/9.7=0.53
Ⅱ	杉木	10	4.1	9.7	4.1/9.7=0.42
	火力楠	10	0.5		0.5/9.7=0.05

注：根据福建省将乐县杉木－马尾松混交林样地调查数据计算得到。

在实际工作中，由于森林调查目的的不同，也常根据以上的基本理论，制定出相应的技术规定，以便于实际操作。如《国家森林资源连续清查技术规定》(2014)中规定，将乔木林划分为纯林和混交林。纯林是指一个树种(组)蓄积量(未达起测径阶时按株数计算)占总蓄积量(株数)的65%以上的乔木林地；混交林是指任何一个树种(组)蓄积量(未达起测径阶时按株数计算)占总蓄积量(株数)不到65%的乔木林地。也以树种结构反映乔木林分的针阔叶树种组成，树种结构共分7个类型(表3-2)。

表 3-2　树种结构划分标准

树种结构类型	划分标准
类型 1	针叶纯林(单个针叶树种蓄积量≥90%)
类型 2	阔叶纯林(单个阔叶树种蓄积量≥90%)
类型 3	针叶相对纯林(单个针叶树种蓄积量占 65%~90%)
类型 4	阔叶相对纯林(单个阔叶树种蓄积量占 65%~90%)
类型 5	针叶混交林(针叶树种总蓄积量≥65%)
类型 6	针阔混交林(针叶树种或阔叶树种总蓄积量占 35%~65%)
类型 7	阔叶混交林(阔叶树种总蓄积量≥65%)

　　注：对于竹林和竹木混交林，确定树种结构时将竹类植物当乔木阔叶树种对待。若为竹林纯林，树种类型按类型 2 (阔叶纯林)记录；若为竹木混交林，按株数和断面积综合目测树种组成，参照《国家森林资源连续清查技术规定》中有关树种结构划分比例标准，确定树种结构类型，按类型 4、类型 6 或类型 7 记录。

3.1.2.4　林分年龄

云课堂

　　林分是由许多树木构成的，林分年龄(stand age)必然与组成林分的树木的年龄(tree age)有关，因此，在介绍林分年龄的具体表示和计算方法之前，必须对组成林分的树木的年龄进行一些分析。

　　树木自种子萌发后生长的年数为树木的年龄。确定树木年龄的可靠方法是伐倒树木，查数根茎部位的年轮数。另外，对于轮生枝明显的树种，如红松、樟子松、油松、马尾松等针叶树种，在年龄不大时，可通过查数轮生枝轮的方法确定树木年龄。但使用这种方法应注意，有些树种 1 年内可生长出两轮以上的枝轮，如我国南方的思茅松；而北方的落叶松在正常两轮轮枝中间会生长出一些小的伪轮枝。在这种情况下，要认真判别次生枝轮和伪枝轮，否则难以确定树木的准确年龄。在伐树比较困难的地区，也可以利用生长锥钻取胸高部位的木芯，查数年轮数，此为胸高年龄(age at breast height)，再加上树木生长到胸高时的年数，即为该树木的年龄。另外，在欧美一些国家，有时在森林调查、编制经营数表及营林工作中，直接使用树木胸高年龄，而不用树木全年龄，这样的做法简化了树木年龄的测定方法，而且应用效果也很好。

　　根据组成林分的树木的年龄，可把林分划分为同龄林(even-aged stand)和异龄林(uneven-age stand)。同龄林是指树木的年龄相差不超过一个龄级(age class)期限的林分(关于龄级的概念及龄级期限的规定见后)。按照这个划分标准，一般人工营造的林分为同龄林，另外，在火烧迹地或小面积皆伐迹地上更新起来的林分有可能成为同龄林。对于同龄林，还可以进一步划分为绝对同龄林(absolute even-aged stand)和相对同龄林(relative even-aged stand)。林木年龄完全相同的林分称为绝对同龄林，绝对同龄林多见于人工林；林木年龄相差不足一个龄级的林分称为相对同龄林。异龄林是指林木年龄相差在一个龄级以上的林分。在异龄林中，将由所有龄级的树木所构成的林分称为全龄林(all aged stand)，全龄林的林木年龄分布范围中一定有幼龄级林木、中龄级林木、成熟龄级林木及过熟龄级林木。一般耐阴树种构成的天然林，尤其是择伐后形成的林分，通常为复层异龄林，多数天然林分一般为异龄林。与同龄林相比，异龄林的防护作用和对风、雪等自然灾害以及病虫害的抵抗能力强，但是经营管理技术比较复杂。

林分年龄是组成林分的林木的平均年龄，其具体的计算方法为：

①对于绝对同龄林分，林分中任何一株林木的年龄就是该林分年龄。

②对于相对同龄林或异龄林，计算林分平均年龄一般有两种方法：算术平均年龄和断面积加权平均年龄。

算术平均年龄：

$$\overline{A} = \frac{\sum\limits_{i=1}^{n} A_i}{n} \tag{3-1}$$

断面积加权平均年龄：

$$\overline{A} = \frac{\sum\limits_{i=1}^{n} G_i A_i}{\sum\limits_{i=1}^{n} G_i} \tag{3-2}$$

式中　$\overline{A}$——林分平均年龄；

　　　n——查定年龄的林木株数；

　　　A_i——第 i 株林木的年龄（$i=1, 2, \cdots, n$）；

　　　G_i——第 i 株林木的胸高断面积（$i=1, 2, \cdots, n$）。

在查定年龄的林木株数较少时，往往采用算术平均年龄；当查定年龄的林木株数较多时，采用断面积加权的方法计算平均年龄。

式(3-2)考虑各年龄林木蓄积量占全林分蓄积量的比例（在一般情况下，蓄积量与断面积呈正线性关系），这与确定异龄林的经营措施有关，对于异龄林更为适用。

另外指出，对于异龄混交林计算林分平均年龄，在一般情况下其意义不大，因为对异龄混交林，应以主要树种或目的树种的年龄为主，制定具体的经营措施。对于复层混交林，通常按林层分别树种记载年龄，以各层优势树种的年龄作为该林层的年龄。

由于树木生长及经营周期较长，确定树木的准确年龄又很困难，而且林分内树木的年龄经常不是完全相同的，因此，通常林分年龄不是以年为单位表示，而以龄级（age class）为单位表示。龄级是对林木年龄的分级，由小到大以罗马数字Ⅰ，Ⅱ，Ⅲ，Ⅳ，Ⅴ，…表示。一个龄级所包括的年数称为龄级期限，它与树种、起源等有关，一般规定，慢生树种以20年为一个龄级，如云杉、红松等；生长速率中等的树种以10年为一个龄级，如马尾松等；生长较快的树种以5年为一个龄级，如杉木、杨树等；生长很快的树种以2~3年为一个龄级，如桉树、泡桐等。关于龄级期限国家已有统一的规定（表3-3）。

表 3-3　主要树种龄级和龄组的划分标准　　　　　　　　　　　　　　　年

树　种	地区	起源	龄组划分					龄级期限
			幼龄林	中龄林	近熟林	成熟林	过熟林	
	北方	天然	60以下	61~100	101~120	121~160	161以上	20
红松、云杉、柏木、紫杉、铁杉	北方	人工	40以下	41~60	61~80	81~120	121以上	10
	南方	天然	40以下	41~60	61~80	81~120	121以上	20
	南方	人工	20以下	21~40	41~60	61~80	81以上	10

（续）

树 种	地区	起源	龄组划分					龄级期限
			幼龄林	中龄林	近熟林	成熟林	过熟林	
落叶松、冷杉、樟子松、赤松、黑松	北方	天然	40 以下	41~80	81~100	101~140	141 以上	20
	北方	人工	20 以下	21~30	31~40	41~60	61 以上	10
	南方	天然	40 以下	41~60	61~80	81~120	121 以上	20
	南方	人工	20 以下	21~30	31~40	41~60	61 以上	10
油松、马尾松、云南松、思茅松、华山松、高山松	北方	天然	30 以下	31~50	51~60	61~80	81 以上	10
	北方	人工	20 以下	21~30	31~40	41~60	61 以上	10
	南方	天然	20 以下	21~30	31~40	41~60	61 以上	10
	南方	人工	10 以下	11~20	21~30	31~50	51 以上	10
杨、柳、桉、檫、泡桐、木麻黄、楝、枫杨、相思、软阔	北方	人工	10 以下	11~15	16~20	21~30	31 以上	5
	南方	人工	5 以下	6~10	11~15	16~25	26 以上	5
桦、榆、木荷、枫香、珙桐	北方	天然	30 以下	31~50	51~60	61~80	81 以上	10
	北方	人工	20 以下	21~30	31~40	41~60	61 以上	10
	南方	天然	20 以下	21~40	41~50	51~70	71 以上	10
	南方	人工	10 以下	11~20	21~30	31~50	51 以上	10
栎、柞、槠、栲、樟、楠、椴、水曲柳、核桃楸、黄波罗、硬阔	南北	天然	40 以下	41~60	61~80	81~120	121 以上	20
	南北	人工	20 以下	21~40	41~50	51~70	71 以上	10
杉木、柳杉、水杉	南方	人工	10 以下	11~20	21~25	26~35	36 以上	5

注：引自《森林资源规划设计调查技术规程》（GB/T 26424—2010），表中未列树种（包括经济乔木树种）和短轮伐期用材林树种的划分标准由各省份自行制定。

为了便于开展不同经营的措施和进行规划设计的需要，在森林资源调查中，根据森林的生长发育阶段，进一步划分为幼龄林、中龄林、近熟林、成熟林和过熟林等龄组，各龄组所包括的年龄范围一并列于表 3-3 中。

3.1.2.5 平均胸径

（1）林分平均胸径

林分平均胸径（quadratic mean diameter at breast height）又称为林分平均直径，是林分平均胸高断面积所对应的直径，用 D_g 表示。林分平均胸径是反映林木平均粗度的基本指标，其计算方法为

云课堂

$$D_g = \sqrt{\frac{4}{\pi}\bar{g}} = \sqrt{\frac{4}{\pi}\frac{G}{N}} = \sqrt{\frac{4}{\pi}\frac{1}{N}\sum_{i=1}^{N}g_i} = \sqrt{\frac{4}{\pi}\frac{1}{N}\sum_{i=1}^{N}\frac{\pi}{4}d_i^2} = \sqrt{\frac{1}{N}\sum_{i=1}^{N}d_i^2} \quad (3-3)$$

式中　$\bar{g}$——林分平均断面积，$\bar{g}=\dfrac{G}{N}$；

　　　N——林分内林木总株数；

　　　G——林分总断面积，$G=\sum_{i=1}^{N}g_i$；

　　　g_i，d_i——第 i 株林木的断面积和胸径。

从以上计算过程可以看出，林分平均胸径 D_g 是林木胸径的平方平均平均数，而不是林木胸径的算术平均数。

准确计算林分平均胸径的步骤是依据林分每木调查的结果，计算出林分或标准地内全部林木断面积的总和 G 及平均断面积 $\bar{g}$，然后，求出与平均断面积 $\bar{g}$ 相对应的直径作为林分平均胸径 D_g。

在林分或标准地调查中，每木检尺时林木胸径是以整化径阶记录，此时林分或标准地内全部林木断面积的总和可按式(3-4)计算。

$$G = \sum_{i=1}^{N} n_i g_i \tag{3-4}$$

林分直径按式(3-5)计算。

$$D_g = \sqrt{\frac{4}{\pi} \frac{G}{N}} \quad \text{或} \quad D_g = \sqrt{\frac{1}{N} \sum_{i=1}^{k} n_i d_i^2} \tag{3-5}$$

式中　g_i，d_i——第 i 径阶中值的断面积和胸径；

　　　n_i——第 i 径阶内林木株数；

　　　k——径阶数；

　　　N——林木总株数，其中，$N = \sum_{i=1}^{k} n_i$。

(2)林分算术平均胸径

林分算术平均胸径又称林分算术平均直径，是林木胸径的算术平均数，以 $\bar{d}$ 表示，即

$$\bar{d} = \frac{1}{N} \sum_{i=1}^{N} d_i \tag{3-6}$$

式中　N——林木总株数；

　　　d_i——第 i 株林木的胸径。

分析林木粗度的变化或胸径生长比较，以及用数理统计方法研究林分结构时，一般采用林分的算术平均胸径。

(3)林分平均胸径 D_g 与林分算术平均胸径 $\bar{d}$ 的关系

根据数理统计中方差的定义可知：

$$\sigma^2 = \frac{1}{N} \sum_{i=1}^{N} (d_i - \bar{d})^2 = \frac{1}{N} \sum_{i=1}^{N} d_i^2 - \bar{d}^2$$

因为

$$D_g^2 = \frac{1}{N} \sum_{i=1}^{N} d_i^2$$

所以

$$\sigma^2 = D_g^2 - \bar{d}^2$$

即

$$D_g^2 = \bar{d}^2 + \sigma^2$$

只要 d_i 不为常数，就有 $\sigma^2 > 0$，所以林分平均胸径 D_g 永远大于林分算术平均胸径 $\bar{d}$。

一般平均胸径以厘米(cm)为单位,记载到小数点后一位。

对于复层混交林,应按林层分别树种计算平均胸径,而各林层之间并不计算林层平均胸径。

3.1.2.6　平均高

林木的高度是反映林木生长状况的数量指标,同时也是反映林分立地质量高低的重要依据。平均高(average height)则是反映林木高度平均水平的测度指标。根据不同的目的,通常把平均高分为林分平均高(average height of stand, H_D)和优势木平均高(average top height, H_T)。平均高以米(m)为单位,记载到小数点后一位。

(1)林分平均高

①条件平均高。树木的高生长与胸径生长之间存在着密切的关系,一般规律为随着胸径的增大树高增加,两者之间的关系常用树高—胸径曲线来表示。这种反映林木树高随胸径变化的曲线称为树高曲线(height-diameter curve)。树高曲线是林分调查中常用的曲线(关于树高曲线的绘制方法将在下一节详细介绍)。

云课堂

在树高曲线上,与林分平均直径 D_g 相对应的树高,称为林分的条件平均高,简称平均高,以 H_D 表示。另外,从树高曲线上根据各径阶中值查得的相应的树高值,称为径阶平均高。

在林分调查中为了估算林分平均高,可在林分中选测 3~5 株与林分平均直径相近的"平均木"的树高,以其算术平均数作为林分平均高。

②加权平均高。依林分各径阶林木的算术平均高与其对应径阶林木胸高断面积计算的加权平均数作为林分树高,称为加权平均高,以 $\overline{H}$ 表示。这种计算方法一般适用于较精确地计算林分平均高。其计算公式为

$$\overline{H} = \frac{\sum\limits_{i=1}^{k} \overline{h}_i G_i}{\sum\limits_{i=1}^{k} G_i} \tag{3-7}$$

式中　$\overline{h}_i$——林分中第 i 径阶林木的算术平均高;

G_i——林分中第 i 径阶树木的胸高断面积;

k——林分中径阶个数。

对于复层混交林分,林分平均高分别林层、树种计算。

(2)优势木平均高

林分平均高反映的是林分中树木高度的总体平均水平。除了林分平均高以外,林分调查中还经常表示林分中优势木(dominant tree)或亚优势木(co-dominant tree)的平均树高。林分的优势平均高定义为林分中所有优势木或亚优势木高度的算术平均数,常以 H_T 表示。林分优势木平均高的确定方法详见第 5 章 5.1.3 节。

优势木平均高常用于立地质量的评价和不同立地质量下的林分生长的对比。因为林分平均高受抚育措施(下层抚育)影响较大,不能正确地反映林分的生长和立地质量。比如,林分在抚育采伐的前后,立地质量没有任何变化,但林分平均高却会有明显的增加(表3-4)。这种增长现象称为非生长性增长。若采用优势木平均高就可以避免这种现象的发生。

表 3-4 抚育采伐前后主要调查因子的变化

项 目	标准地 I 采伐强度(50%)			标准地 II 采伐强度(25%)		
	伐前	伐后	伐后/伐前	伐前	伐后	伐后/伐前
平均胸径(cm)	12.48	12.73	1.02	12.97	13.15	1.01
平均高(m)	9.78	9.96	1.02	10.20	10.33	1.01
优势木平均高(m)	10.30	10.30	1.00	11.90	11.90	1.00
伐去上层木株数(株)	—	2	—	—	0	—

注：根据北京林业大学森林经理教研室杉木实生纯林实验标准地材料。

3.1.2.7 立地质量

云课堂

立地质量(site quality)的高低是影响林木生长的重要因素。评定立地质量(或林分生产力等级)，掌握和预估不同树种在不同立地条件下的生长潜力，是开展森林经营活动的一项基础性工作，也是编制各种林业经营数表、研究森林生长规律、预估森林生长与收获等各项工作的重要基础，在森林经营的各个领域中都占有重要地位，如选择造林树种、确定经营方向与措施、制订经营技术方案和经营方法等，都是在立地质量评价的基础上进行的。

评定立地质量的方法和指标很多，通常有依据土壤因子、指示植物、林木材积或树高等划分立地质量的指标。

在测树学中，评定有林地的生产潜力，一般采用依据林分高或优势木平均高与年龄的关系所编制的地位级表或地位指数表。因为，经过多年的实践分析证明，林地生产力的高低与林分高之间有着紧密关系，在相同年龄时，林分越高，林地的立地条件越好，林地的生产力越高。而且，林分高也比较容易测定，与平均胸径及蓄积量相比，受林分密度影响较小。所以，以既定年龄时林分的平均高或优势木平均高作为评定立地质量高低的依据为各国普遍采用。在我国，常用的评定立地质量的指标有以下两种。

(1)地位级

地位级(site class)是依据既定树种的林分条件平均高 H_D 和林分年龄 A 作为评定林地质量的指标，它是反映既定树种所在林地的立地条件优劣或林分生产能力相对高低的一种指标。地位级是由该树种的地位级表中查定的表示林地质量或林分生产力相对高低的等级，一般分为 5 级，由高到低以罗马数字 I，II，III，IV，V 表示。地位级越高，说明立地条件越好，其自然生产力也越高。地位级表(site class table)则是分别树种依据林分条件平均高 H_D 与林分年龄 A 的关系，所编制的划分林地质量或林分生产力等级的数表(表 3-5)。

表 3-5 小兴安岭天然红松林地位级

年龄 (年)	地位级				
	I	II	III	IV	V
40	7.0	6.0	5.0	3.5	2.5
50	10.0~9.0	8.5~7.5	7.0~6.0	5.5~4.5	4.0~3.0
60	13.0~12.0	11.0~10.0	9.0~8.0	7.0~6.0	5.0~4.0
70	16.0~14.5	13.5~12.0	11.0~9.5	8.5~7.0	6.0~4.5

（续）

年龄 （年）	地位级				
	I	II	III	IV	V
80	19.0~17.0	16.0~14.0	13.0~11.0	10.0~8.0	7.0~5.0
90	22.0~19.5	18.5~16.0	15.0~12.5	11.5~9.0	8.0~6.0
100	24.5~21.5	20.5~17.5	16.5~14.0	13.0~10.5	9.5~7.0
110	26.0~23.0	22.0~19.0	18.0~15.0	14.0~11.5	10.5~8.0
120	27.5~24.5	23.5~20.5	19.5~16.5	15.5~12.5	11.5~9.0
130	29.0~26.0	25.0~22.0	21.0~18.0	17.0~14.0	13.0~10.0
140	30.0~27.0	26.0~23.0	22.0~19.0	18.0~15.0	14.0~11.0
150	31.0~28.0	27.0~24.0	23.0~20.0	19.0~16.0	15.0~12.0
160	32.0~29.0	28.0~25.0	24.0~21.0	20.0~17.0	16.0~13.0
170	32.5~29.5	28.5~25.0	24.5~21.5	20.5~17.5	16.5~13.5
180	33.0~30.0	29.0~26.0	25.0~22.0	21.0~18.0	17.0~14.0
190	33.5~30.5	29.5~26.5	25.5~22.5	21.5~18.5	17.5~14.5
200	34.0~31.0	30.0~27.0	26.0~23.0	22.0~19.0	18.0~15.0
210	34.5~31.5	30.5~27.5	26.5~23.5	22.5~20.5	19.5~15.5
220	35.0~32.0	31.0~28.0	27.0~24.0	23.0~21.0	20.0~16.0

地位级表通常是按树种编制的。因此，使用地位级表评定林地的地位质量时，应首先依据树种选择合适的数表，然后测定林分条件平均高 H_D 和林分年龄 A，再由地位级表上查出该林地的地位级（图3-1）。应该注意，同一林地，对于不同的树种而言，很可能是不同的地位级。

如果是复层混交林，则应该根据主林层的优势树种确定地位级。

（2）地位指数

地位指数（site index）是将某树种林分在标准年龄（reference age）（又称基准年龄）时优势木平均树高作为评定立地质量的指标。地位指数是依据既定树种优势木平均高 H_T 与林分年龄 A 由该树种地位指数表中查定的表示林地质量或林分生产力高低的指数（值），也是评定林地质量或林分生产力高低的一种常用指标。

依据林分优势木（dominant tree）的平均高 H_T 与林分年龄 A 的相关关系，以标准年龄时

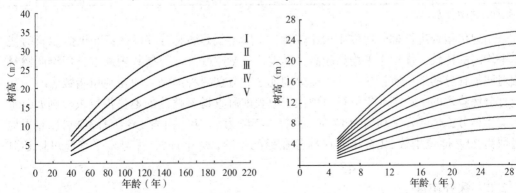

图3-1 小兴安岭天然红松林地位级曲线　　　图3-2 全国杉木地位指数曲线

林分优势木平均高值作为划分林地质量或林分生产力等级的数表，称为地位指数表(site index table)(表 3-6)。用地位指数表中的数据所绘制的曲线称作地位指数曲线(site index curve)(图 3-2)。

表 3-6 全国杉木(实生)地位指数(标准年龄 20 年)　　　　　　　　　　　　　　　m

年龄(年)	指数级								
	6	8	10	12	14	16	18	20	22
5	1.0~1.4	1.4~1.8	1.8~2.2	2.2~2.6	2.6~3.0	3.0~3.4	3.4~3.8	3.8~4.2	4.2~4.6
6	1.4~2.1	2.1~2.6	2.6~3.1	3.1~3.7	3.7~4.3	4.3~4.9	4.9~5.4	5.4~6.0	6.0~6.6
7	1.8~2.6	2.6~3.3	3.3~4.1	4.1~4.8	4.8~5.5	5.5~6.3	6.3~7.0	7.0~7.7	7.7~8.5
8	2.2~3.1	3.1~4.0	4.0~4.9	4.9~5.8	5.8~6.7	6.7~7.6	7.6~8.5	8.5~9.4	9.4~10.3
9	2.6~3.6	3.6~4.7	4.7~5.7	5.7~6.7	6.7~7.8	7.8~8.8	8.8~9.9	9.9~10.9	10.9~11.9
10	2.9~4.1	4.1~5.3	5.3~6.4	6.4~7.6	7.6~8.8	8.8~9.9	9.9~11.1	11.1~12.3	12.3~13.5
11	3.2~4.5	4.5~5.8	5.8~7.1	7.1~8.4	8.4~9.7	9.7~11.0	11.0~12.2	12.2~13.5	13.5~14.8
12	3.5~4.9	4.9~6.3	6.3~7.7	7.7~9.1	9.1~10.5	10.5~11.9	11.9~13.3	13.3~14.7	14.7~16.1
13	3.8~5.2	5.2~6.7	6.7~8.2	8.2~9.7	9.7~11.2	11.2~12.7	12.7~14.2	14.2~15.7	15.7~17.2
14	4.0~5.6	5.6~7.2	7.2~8.7	8.7~10.3	10.3~11.9	11.9~13.5	13.5~15.1	15.1~16.7	16.7~18.3
15	4.2~5.9	5.9~7.5	7.5~9.2	9.2~10.9	10.9~12.6	12.6~14.2	14.2~15.9	15.9~17.6	17.6~19.2
16	4.4~6.1	6.1~7.9	7.9~9.6	9.6~11.4	11.4~13.1	13.1~14.9	14.9~16.6	16.6~18.4	18.4~20.1
17	4.6~6.4	6.4~8.2	8.2~10.0	10.0~11.8	11.8~13.7	13.7~15.5	15.5~17.3	17.3~19.1	19.1~20.9
18	4.7~6.6	6.6~8.5	8.5~10.4	10.4~12.3	12.3~14.1	14.1~16.0	16.0~17.9	17.9~19.8	19.8~21.7
19	4.9~6.8	6.8~8.8	8.8~10.7	10.7~12.6	12.6~14.6	14.6~16.5	16.5~18.5	18.5~20.4	20.4~22.4
20	5.0~7.0	7.0~9.0	9.0~11.0	11.0~13.0	13.0~15.0	15.0~17.0	17.0~19.0	19.0~21.0	21.0~23.0
21	5.1~7.2	7.2~9.2	9.2~11.3	11.3~13.3	13.3~15.4	15.4~17.4	17.4~19.5	19.5~21.6	21.6~23.6
22	5.3~7.4	7.4~9.5	9.5~11.6	11.6~13.8	13.7~15.8	15.8~17.9	17.9~20.0	20.0~22.1	22.1~24.2
23	5.4~7.5	7.5~9.7	9.7~11.8	11.8~14.0	14.0~16.1	16.1~18.3	18.3~20.4	20.4~22.5	22.5~24.7
24	5.5~7.7	7.7~9.9	9.9~12.0	12.0~14.2	12.0~16.4	16.4~18.6	18.6~20.8	20.8~23.0	23.0~25.2
25	5.6~7.8	7.8~10.0	10.0~12.3	12.3~14.5	14.5~16.7	16.7~18.9	18.9~21.2	21.2~23.4	23.4~25.6
26	5.7~7.9	7.9~10.2	10.2~12.5	12.5~14.7	14.7~17.0	17.0~19.3	19.3~21.5	21.5~23.8	23.8~26.1
27	5.8~8.1	8.1~10.4	10.4~12.7	12.7~15.0	15.0~17.3	17.3~19.5	19.5~21.8	21.8~24.1	24.1~26.4
28	5.8~8.2	8.2~10.5	10.5~12.9	12.9~15.2	15.2~17.5	17.5~19.8	19.8~22.2	22.2~24.5	24.5~26.8
29	5.9~8.3	8.3~10.6	10.6~13.0	13.0~15.4	15.4~17.7	17.7~20.1	20.1~22.5	22.5~24.8	24.8~27.2
30	6.0~8.4	8.4~10.8	10.8~13.2	13.2~15.6	15.6~18.0	18.0~20.4	20.4~22.7	22.7~25.1	25.1~27.5

注：引自刘景芳等，1982。

采用地位指数进行林分地位质量比较时，实际上就是各林分都以在标准年龄(A_0)时优势木平均高的比较，优势木平均高越高，其地位质量越好。地位指数表通常应用于同龄林或相对同龄林分的地位质量评定，一般分别地区、分别树种编制。使用地位指数表时，先测定林分优势木的平均高和年龄，由地位指数表即可查得该林分的地位指数级。例如，某杉木实生林分，优势木平均高为 17 m，优势木年龄为 14 年，由表 3-6 和图 3-2 可以查得地位指数为 22。地位指数 22 意味着该林分在标准年龄(20 年)时，优势木平均高可以达到 22 m。

3.1.2.8　林分密度

林分密度(stand density)是评定单位面积林分中林木间拥挤程度的指标。林分密度可以说明林木对其占有空间的利用程度，林分密度可以用单位面积上的立木株数、林木平均大小以及林木在林地上的分布来表示(Curtis，1970)，它是影响林分生长(直径生长、树高生长、材积生长)以及木材数量、质量和林分稳定性的重要因子。森林经营管理最基本的任务之一，就是在了解密度作用规律的基础上，在森林整个生长发育过程中，通过人为的干预措施，使林木处在最佳的密度条件下生长，以使林木个体健壮，生长稳定，干形良好，充分发挥森林的生态效益、经济效益和社会效益。当前，用来反映林分密度的指标很多(详见第5章5.3.2节内容)，这里介绍我国常用的株数密度、疏密度和郁闭度。

(1)株数密度

单位面积上的林木株数称为株数密度(简称密度)(number of trees per hectare，N)，单位为株/hm^2。它是林学中最常用的密度指标，造林、森林抚育、林分调查及编制林分生长过程表或收获表都采用这一密度指标。由于林分株数密度的测定方法简单易行，所以在实践中被广泛采用。株数密度这个指标，也直接反映了每株林木平均占有的林地面积和营养空间的大小。应该指出，株数密度与林龄、立地条件等因子的相关很紧密，这一点是其作为密度指标的不足之处。

(2)疏密度

现实林分每公顷胸高断面积(或蓄积量)与相同立地条件下标准林分每公顷胸高断面积(或蓄积量)之比，称为疏密度(density of stocking)，以 P 表示，其计算式为

$$P = \frac{\sum G_{现}}{\sum G_{标}} = \frac{\sum M_{现}}{\sum M_{标}} \tag{3-8}$$

式中 $G_{现}$，$M_{现}$——现实林分的每公顷断面积和蓄积量；

$G_{标}$，$M_{标}$——标准林分的每公顷断面积和蓄积量。

从式(3-8)可以看出，疏密度是一个相对密度指标，以十分小数表示，由 0.1~1.0 共分 10 级。疏密度可以说明单位面积上立木蓄积量的多少，是我国 20 世纪 50~60 年代森林调查和森林经营中常用的林分密度指标。计算现实林分的疏密度，前提是必须具有该树种的标准林分每公顷断面积和蓄积量表(简称标准表)或者相关数学模型。所谓标准林分是指"某一树种在一定年龄、一定立地条件下最完善和最大限度地利用了所占有生长空间的林分"。标准林分在单位面积上具有最大的胸高断面积(或蓄积量)，这样的林分疏密度定为1.0。以这样的林分为标准，衡量现实林分，所以现实林分的疏密度一般小于1.0。标准表是以林分平均高为自变量，反映该树种的标准林分每公顷断面积或蓄积量依平均高变化规律的数表(表3-7)。

表 3-7 杉木断面积、蓄积量标准表

树高 (m)	北带			中带			南带		
	断面积 (m^2/hm^2)	蓄积量 (m^3/hm^2)	形数	断面积 (m^2/hm^2)	蓄积量 (m^3/hm^2)	形数	断面积 (m^2/hm^2)	蓄积量 (m^3/hm^2)	形数
5	31.2	93	0.597	33.5	104	0.622	19.9	62	0.621
6	38	132	0.580	42.4	151	0.594	26.4	95	0.598
7	43.8	174	0.567	50.3	202	0.574	32.3	131	0.579
8	48.7	217	0.557	57.1	255	0.559	37.6	170	0.565

(续)

树高 (m)	北带			中带			南带		
	断面积 (m^2/hm^2)	蓄积量 (m^3/hm^2)	形数	断面积 (m^2/hm^2)	蓄积量 (m^3/hm^2)	形数	断面积 (m^2/hm^2)	蓄积量 (m^3/hm^2)	形数
9	52.9	262	0.550	63	310	0.547	42.2	210	0.551
10	56.5	307	0.544	68.2	367	0.538	46.4	253	0.545
11	59.6	353	0.539	72.8	425	0.531	50.1	296	0.538
12	62.4	401	0.535	76.8	483	0.524	53.4	341	0.532
13	64.8	447	0.531	80.4	542	0.519	56.4	386	0.527
14	67	495	0.528	83.6	602	0.514	59	432	0.523
15	68.9	544	0.526	86.5	662	0.510	61.5	479	0.519
16	70.6	592	0.524	89.1	723	0.507	63.7	526	0.516
17	72.2	642	0.523	91.5	784	0.504	65.7	573	0.513
18	73.6	689	0.520	93.7	845	0.501	67.5	620	0.510
19	74.9	737	0.518	95.6	905	0.498	69.2	668	0.508
20	76.1	787	0.517	97.4	966	0.496	70.7	716	0.506
21	—	—	—	99.1	1 028	0.494	72.2	764	0.504
22	—	—	—	100.6	1 089	0.492	73.5	812	0.502
23	—	—	—	102.1	1 153	0.491	—	—	—
24	—	—	—	103.4	1 214	0.489	—	—	—
25	—	—	—	104.6	1 276	0.488	—	—	—
26	—	—	—	105.8	1 340	0.487	—	—	—
27	—	—	—	106.9	1 400	0.485	—	—	—
28	—	—	—	107.9	1 462	0.484	—	—	—
29	—	—	—	108.8	1 524	0.483	—	—	—
30	—	—	—	109.7	1 586	0.482	—	—	—

注: 引自童书振等, 1989。

疏密度的确定方法如下。

①调查确定林分的平均高。

②根据林分优势树种选用标准表, 并由表上查出对应调查林分平均高的每公顷胸高断面积(或蓄积量)。

③计算林分的疏密度。

例如, 某杉木(中带)林分, 林分平均高 $H_D = 15$ m, 每公顷断面积为 44.2 m^2, 根据林分平均高由表 3-7 查出标准林分相应的每公顷断面积为 86.5 m^2, 则该林分疏密度为

$$P = \frac{44.2}{86.5} = 0.511 \approx 0.5$$

由于林分平均高的不同反映了林分年龄的差异或林分立地质量的差异, 并且林分断面积或蓄积量与林分平均高之间存在着密切的关系, 这也意味着疏密度是一个与立地条件、林分年龄关系较小的密度指标。

（3）郁闭度

林分中树冠投影面积与林地面积之比，称为郁闭度（crown density），以 P_C 表示。一般郁闭度以小数表示，数据保留至小数点后两位。它可以反映林冠的郁闭程度和林木利用生长空间的程度。

对于同一个林分而言，其林冠垂直投影面积与树冠垂直投影面积之和是两个不同的概念，同时在其数值上也常常是不相等的，只有在林分未达到郁闭时（林分中各单株树冠互不相接）的林分中两者的数值才相等。否则，林分中所有树木的单株树冠垂直投影面积之和将大于林冠的垂直投影面积。也就是说，在计算林分的林冠垂直投影面积时，林木间的树冠垂直投影面积的重叠部分只能计算一次，不能重复计算。

林冠垂直投影面积是一个难以准确测定的因子，因此，很难准确测定林分郁闭度。在实际工作中，常常采用样点法估算林分郁闭度。以下简单介绍几种郁闭度的测定方法。

①树冠投影法。在标准地内划分 5 m 或 10 m 的方格，测量每株立木在方格中的位置，用皮尺和罗盘仪测定每株树冠东西、南北方向的投影长度，再按实际形状在方格纸上按一定比例勾绘出每株树冠东西、南北方向的投影长度，再按实际形状在方格纸上按一定比例勾绘出树冠投影图（图 3-3），在图上求出林冠投影面积和标准地总面积，计算郁闭度 P_C。

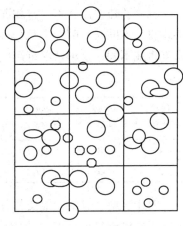

图 3-3　树冠投影

$$P_C = \frac{S_C}{S_T} = \left(1 - \frac{S_0}{S_T}\right) \tag{3-9}$$

式中　　S_C——林冠投影面积；

　　　　S_0——林冠空隙面积；

　　　　S_T——标准地总面积。

树冠投影法测定林分郁闭度既费工又困难，但是所得结果较准确。

②测线法（对角线截距抽样法）。在林内选一个有代表性地段，设置一定长度的测线，沿线观察各株树木的树冠投影，并量取投影长度，各树冠在测线上的投影长度总和与测线长度之比，即为郁闭度的值。实际应用此法要注意以下 3 点：在山地林内测线应垂直于等高线；林况复杂时，要多设几条测线取平均值；对于人工林，测线不应与造林株行方向平行。

③统计法。在林分调查中，机械设置 N 个样点，在各样点位置上，判断该样点是否被树冠垂直投影覆盖，统计被覆盖的样点数 n，利用下式计算出林分的郁闭度。

$$P_C = \frac{n}{N} \tag{3-10}$$

例如，在某一标准地内布设 50 个样点，其中有 40 个样点被树冠垂直投影所覆盖，则该林分的郁闭度为

$$P_C = \frac{n}{N} = \frac{40}{50} = 0.80$$

统计法测定郁闭度简单易行，在一般情况下经常被采用的一种方法。

④树冠郁闭度测定仪。在科研工作中，有时使用专门测定林分郁闭度的测定仪，直接测定出林分郁闭度。

另外，郁闭度也可以采用目测方法调查。当林分郁闭度较小时，宜采用平均冠幅法进行测定，即用林地内树木平均冠幅面积乘以树木株数得到树冠覆盖面积，再除以样地面积得到郁闭度。

在进行林分调查时，有时也将林分的郁闭度划分为疏、中、密 3 个等级，分别记录。各等级的划分标准如下。

密：郁闭度 0.7 以上。

中：郁闭度 0.40~0.69。

疏：郁闭度 0.20~0.39。

以上 3 个表达林分密度的指标，既互有区别，又互相联系。林分株数密度相同的情况下，林分的疏密度并不一定相同，这是因为，尽管单位面积上的林木株数相同，如果林分平均直径不同时，则两个林分单位面积上的林木总断面积也不会相同，因此两个林分的疏密度也就不同。这种情况可用以下两块兴安落叶松标准地材料加以说明（表 3-8）。

表 3-8　兴安落叶松标准地资料

标准地号	年龄（年）	平均高（m）	平均胸径（cm）	断面积（m^2/hm^2）	株数密度（株/hm^2）	疏密度	地位级
1	73	18.7	19.5	30.9	1 038	0.96	Ⅲ
2	75	19.2	15.9	21.2	1 056	0.65	Ⅳ

对于复层、异龄、混交林分的疏密度（或郁闭度）的计算，可采用以下方法：

①在测定复层林时，疏密度分别林层并依据优势树种及年龄、林层平均高（或地位级），选定标准表或林分生长过程表（或林分标准收获表），计算各林层的疏密度；各林层疏密度之和，即为该复层异龄混交林分的疏密度。因此，复层异龄混交林分的疏密度有时会大于 1.0。

②测定混交林疏密度（或郁闭度）时，一般借用与各林层优势树种相同的单层纯林生长过程表（或收获表）或标准表，依据优势树种的年龄、林层平均高（或地位级），查定、计算各林层疏密度及混交林疏密度。

株数密度、疏密度和郁闭度是常用的表达林分密度的指标。除了这 3 个林分密度指标之外，美国、日本等国还采用了其他一些密度指标，如林分密度指数（stand density index，SDI）、树冠竞争因子（crown competition factor，CCF）、植距指数（relative spacing，RS）、3/2 乘则及点密度（point density）等，这些将在第 5 章中介绍。

林分密度是表达林分结构的重要指标，树种、林龄和立地条件不同时，其林分的最佳密度也不相同。林分密度对林木生长、林木生物量、林木干形都有很大的影响。对于整个林分来说，林分密度过稀时，不仅影响木材的数量，同时也影响木材质量。但也并非林分密度越大越好，林分密度过大，由于林木之间的竞争，会产生抑制林木生长和林木枯损的现象。只有使林木处于合理地、最大限度地利用了所占有空间的密度条件时，才能使林分提供量多质高的木材及充分发挥森林的各种效益。

3.1.2.9　林分蓄积量

林分中所有活立木材积的总和称作林分蓄积量(stand volume)，简称蓄积，以 M_T 表示。蓄积量是鉴定森林数量特征的重要指标，不论从森林可持续经营的角度和解释森林的生长发育规律等方面，蓄积量的测定都具有重要意义。因此，蓄积量是最重要的林分调查因子之一。蓄积量的测定方法很多，将在第 6 章专门介绍。

3.1.2.10　林分生物量

林分生物量可以分为地上部分和地下部分，地下部分指根的干重量，地上部分则包含林分内乔木、灌木、草本等的干重量。林分生物量的单位为吨，单位面积林分生物量的单位为 t/hm^2。为落实国家"双碳"目标，全国各地需要测算现有森林的碳储量和碳汇量，以及未来每年的碳储量与碳汇量，探索研究有效提高森林碳储量、保持高水平碳汇潜力的森林经营措施。因此，生物量也是重要的林分调查因子之一。生物量的测定方法将在第 10 章专门介绍。

3.1.2.11　林木质量

云课堂

蓄积量是一个数量指标，它不能全面地反映林分中林木的经济利用价值。例如，两个蓄积量相等的林分，由于林分结构和木材质量的不同，木材的经济利用价值会有很大差异。为了对森林资源做出更加全面的评价，在查明蓄积量的基础上，有必要对其林木质量和林分出材率进行调查，对森林木材资源的经济价值进一步作出评价，并对其在采伐、集材和运输方面具备的条件给予说明。

中龄林和幼龄林不是采伐利用的对象，因此没有必要划分林木质量、林分出材率等级和可及度，而仅限于用材林的近、成、过熟林部分。

用材林近、成、过熟林林木质量划分为 3 个等级：商品用材树、半商品用材树和薪材树。具体划分标准见表 3-9。

表 3-9　用材林近、成、过熟林林木质量等级划分标准

林木质量等级	划分标准
商品用材树	用材部分占全树高的 40% 以上
半商品用材树	用材部分长度在 2 m(针叶树)或 1 m(阔叶树)以上，但不足全树高的 40%
薪材树	用材部分长度在 2 m(针叶树)或 1 m(阔叶树)以下

3.1.2.12　林分出材率等级

在进行林分调查中，对于半商品用材树，实际计算时一半计入商品用材树，另一半计入薪材树。

林分出材率等级是表示林分出材比率的指标。林分出材量占林分总蓄积量的百分比或林分内商品用材树的株数占林分总株数的百分比称为林分出材率。根据林分出材率的不同，将用材林近、成、过熟林林分出材率划分为不同的出材率等级，简称出材级。在进行林分调查时，我国采用的用材林近、成、过熟林林分的出材级标准见表 3-10。

表 3-10　用材林近、成、过熟林林分出材级表

出材级	林分出材率(%)			商品用材树比率(%)		
	针叶林	针阔混	阔叶林	针叶林	针阔混	阔叶林
1	>70	>60	>50	>90	>80	>70
2	50~69	40~59	30~49	70~89	60~79	45~69
3	<50	<40	<30	<70	<60	<45

注:摘自《森林资源规划设计调查技术规程》(GB/T 26424—2010)。

3.1.2.13　林分可及度

用材林近、成、过熟林林分是在近期可以进行木材采伐利用的对象,应该根据这些林分的分布位置,对其在采、集、运方面具备的条件作出评价。表明它们所具备的木材生产条件的指标是可及度。可及度分为即可及、将可及和不可及,划分标准见表 3-11。

表 3-11　用材林近、成、过熟林林分的可及度划分

可及度	具备的木材生产条件
即可及	具备采、集、运条件的林分
将可及	近期将具备采、集、运条件的林分
不可及	由于地形或经济原因暂时不具备采、集、运条件的林分

3.2　标准地调查

3.2.1　标准地定义和用途

(1)标准地的定义

云课堂

为掌握森林资源的状况及其变化规律,满足森林资源经营管理工作的需要,应进行林分调查或某些专业性的调查。但在实际工作中,一般不可能也没有必要对全林分进行实测,而往往是在林分中,按照一定方法和要求,进行小面积的局部实测调查,根据调查结果推算整个林分。这种调查方法既节省人力、物力和时间,同时也能够满足林业生产上的需要。在局部调查中,选定实测调查地块的方法有两种:一种是按照随机的原则设置实测调查地块;另一种是以林分平均状态为依据选设实测调查地块。在林分内按照随机抽样的原则,所设置的实测调查地块,称作抽样样地,简称样地(plot)。根据全部样地实测调查的结果,推算林分总体,这种调查方法称作抽样调查法(sampling survey method)。而在林分内,按照平均状态的要求所确定的能够充分代表林分总体特征平均水平的地块,称作典型样地,简称标准地(sample-plot)。通过设置标准地进行实测调查,可获得林分各调查因子的数量和质量指标值,根据标准地调查结果按面积比例推算全林分结果的调查方法称作标准地调查法(sample-plot survey method)。这两种不同性质的局部实测调查方法,各有其适应的条件和用途。

在我国,以掌握宏观森林资源现状与动态为目的的国家森林资源连续清查(简称一类

调查)主要采用抽样调查法。在森林经营工作中，为满足森林经营方案编制、总体设计和规划、指导森林资源管理等需要，进行森林资源规划设计调查(简称二类调查)时，一般也采用抽样调查法。而在森林经营活动中，为科学组织森林经营活动、制定经营技术措施以及研究林分各调查因子间的关系，提供可靠的依据，采用标准地实测调查是一种行之有效的林分调查方法。这种典型选样的调查方法虽无法表达出调查结果的精度或误差，但是，只要认真地选定标准地进行实测，其调查结果仍是可靠的，完全可以满足森林经营和资源管理工作的需要。标准地调查法对于某些专业性调查来说，它又是唯一可采用的调查方法。

（2）标准地的用途

①某些专业性的调查研究工作。这是标准地应用的一个重要方面，例如，编制森林调查或森林经营数表(如地位指数表、材积表、生长率表、材种出材率表、林分形高表、林分收获表等)、专项调查(森林健康、生物多样性、生物量及碳储量、非木质资源调查等)以及研究分析比较不同经营措施效果等，都要设置标准地收集有关数据。

②林分调查。标准地要求能够充分反映所在林分的平均状态，它应该是整个林分的缩影，因此，林分调查的准确程度取决于标准地对林分的代表性及调查工作的质量。在设置林分调查标准地时，应对待测林分总体进行全面深入地踏查，目测林分各主要调查因子，初步掌握林分主要调查因子的平均水平，在此基础上选择适当地块作为标准地。在选定标准地时切忌带有挑选好地段的主观意识，根据过去的经验，一般容易出现调查结果"偏高"的倾向。为了保证标准地调查数据的准确性，应注意标准地的充分代表性。

（3）标准地的类型

按照标准地设置目的和保留时间，标准地又可分为临时标准地(temporary sample plot，TSP)和固定标准地(permanent sample plot，PSP)(又称永久性标准地)。临时标准地一般用于林分调查或编制营林数表，只进行一次调查，取得调查资料后不需要保留。固定标准地适用于较长时间内进行科学研究试验，有系统地长期多次观测，获得定期连续性的资料，如研究林分生长过程、经营措施效果及编制收获表等。有关固定标准地的相关内容将在下一节详细介绍。

3.2.2　标准地设置与测量

（1）选择标准地的基本要求

①标准地必须对所预定的要求有充分的代表性。

②标准地必须设置在同一林分内，不能跨越林分。

③标准地不能跨越小河、道路或伐开的调查线，且应离开林缘(至少应距林缘为1倍林分平均高的距离)。

云课堂

④标准地设在混交林中时，其树种、林木密度分布应均匀。

（2）标准地的形状和面积

标准地的形状一般为正方形、矩形或圆形，有时因地形变化也可为多边形。

标准地面积应依据调查目的、林分状况如林龄及林分密度等因素而定。一般面积不宜过小，否则难以保证标准地具有充分的代表性，以此调查结果推算林分总体时，将会产生很大的偏差；但是标准地面积过大，相应的工作量和成本也增大。我国林业部(1986)《林业专业调查主要技术规定》中规定：天然林标准地面积：一般在寒温带、温带林区采用500~1 000 m²；亚热带、热带林区采用1 000~5 000 m²。此外，也可用林木株数控制标准地面积，但要保证能反映林分的结构规律并满足调查精度，一般要求主林层林木株数达到150~250株。人工林和幼龄林标准地面积可以酌情减小。

在实际调查工作中，为了确定标准地的面积，可预先选定400 m²的小样方，查数林木株数，据此推算应设置的标准地的面积。

(3)标准地的境界测量

为了确保标准地的位置和面积，需要进行标准地的境界测量。传统的方法通常是用罗盘仪测角，皮尺或测绳量水平距。当林地坡度大于5°时，应将测量的斜距按实际坡度改算为水平距离。在进行标准地境界测量时，规定测线周边的相对闭合差不得超过1/200。

现代测量技术发展很快，在标准地的境界测量中，目前可以采用的手段也很多，例如，可以应用全站仪进行精确的境界确定，求算标准地面积，可以使用GPS进行精确的定位等。在实践中应视具体条件选用不同的方法，确保标准地的面积准确。

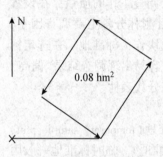

图3-4 标准地缩略图

为使标准地在调查作业时保持有明显的边界，应将测线上的灌木和杂草清除。测量四边周界时，边界外缘的树木在面向标准地一面的树干上标出明显标记，以保持周界清晰。根据需要，标准地的四角应埋设临时简易或长期固定的标桩，便于辨认和寻找。

(4)标准地的位置及缩略图

标准地设置好以后，应标记标准地的地点、GPS定位坐标及在林分中的相对位置，并将标准地设置的大小、形状在标准地调查表上按比例绘制标准地缩略图(图3-4)。

3.2.3 标准地的调查工作

3.2.3.1 标准地每木调查

云课堂

在标准地内进行的每株树木的实测称为每木调查(tally)，也称每木检尺。这是标准地调查中最基本的工作。

每木调查的主要工作是分别林层、树种、起源、年龄(或龄级)、活立木、枯立木测定每株树木的胸径，有时也测定全部或部分树木的树高；同时也是计算某些林分调查因子(如林分平均直径、林分蓄积量等)的重要依据。

每木调查的工作步骤简述如下。

(1)径阶大小的确定

每木调查时，可以直接记录实测的胸径也可以按径阶进行记载、统计调查结果。

如果按径阶记录，径阶大小对调查结果的精度有一定影响，因此，在每木调查之前，必须确定合适的径阶范围。

径阶整化是以径阶中值代表该径阶全部林木的直径，由此必然产生径阶整化误差。孔兹对这种误差大小近似值进行了如下理论分析(Kunze, 1891)。

以 a 表示径阶大小，d 表示径阶中值，则该径阶的最大直径为 $d+\dfrac{a}{2}$，最小直径为

$d-\dfrac{a}{2}$，其对应的材积分别为

$$V_1 = \frac{\pi}{4}\left(d + \frac{a}{2}\right)^2 fh$$

$$V_2 = \frac{\pi}{4}\left(d - \frac{a}{2}\right)^2 fh$$

径阶中值对应的材积为

$$V = \frac{\pi}{4}(d)^2 fh$$

相比较的材积误差为

$$\Delta V = \frac{V_1 + V_2}{2} - V = \frac{\pi}{4}\left\{\frac{1}{2}\left[\left(d + \frac{a}{2}\right)^2 + \left(d - \frac{a}{2}\right)^2\right] - d^2\right\}fh = \frac{\pi}{4}\cdot\frac{a^2}{4}fh$$

材积误差百分数为

$$P_V = \frac{\Delta V}{V} \times 100(\%) = \frac{\frac{\pi}{4}\frac{a^2}{4}fh}{\frac{\pi}{4}d^2 fh} \times 100(\%) = \left(\frac{5a}{d}\right)^2(\%) \tag{3-11}$$

由式(3-11)可以看出，径阶阶距越大或直径越小，其误差越大。例如，某林分平均直径为 20 cm，按 4 cm 整化径阶调查，代入式(3-11)，则由整化径阶所引起的材积误差理论上应为 1%；若林分平均直径为 12 cm，仍按 4 cm 整化径阶调查，则材积误差为 2.8%；这时如按 2 cm 整化径阶调查，材积误差仅为 0.7%。因此，为了控制误差，整化径阶距的大小应由林分平均直径确定。

《国家森林资源连续清查技术规定》(2014)规定，林木调查起测胸径为 5.0 cm，视林分平均胸径以 2 cm 或 4 cm 为径阶距并采用上限排外法。在实际工作中，林分平均胸径小于 12 cm 时，采用 2 cm 为一个径阶距；而林分平均胸径小于 6 cm 时，采用 1 cm 为一个径阶距。当采用 2 cm 或 4 cm 径阶距进行径阶整化时，各径阶中值应为偶数。

例如，若以 2 cm 为径阶(阶距)，会有 2，4，6，…径阶，则 10 cm 径阶的直径范围为 9.0~10.9 cm，6 cm 径阶的直径范围为 5.0~6.9 cm；若以 4 cm 为径阶(阶距)，会有 4，8，12，…径阶，则 8 cm 径阶的直径范围为 6.0~9.9 cm，12 cm 径阶的直径范围为 10.0~13.9 cm；其余类推。

径阶大小确定的合适与否，直接影响林分直径分布规律，同时也影响计算各调查因子的精确程度，尤其是对林分平均直径影响最大。

(2)起测径阶的确定

起测径阶是指每木检尺的最小径阶。根据林分结构规律，同龄纯林中最小林木的直径近似为林分平均直径的 0.4 倍，林木胸径小于这个数值的林木可作为第二代林木或幼树看待，不进行每木检尺。因此，一般以林分平均直径 0.4 倍的值作为确定起测径阶的依据。

如某林分,目测林分平均直径为 14.0 cm,则林分中最小树木的直径为 14.0×0.4=5.6 cm,则该林分的起测径阶为 6 cm。在森林资源调查中,一般起测径阶定为 6 cm(起测胸径为 5.0 cm)。

(3)划分材质等级

每木调查时,不仅要按树种记载,而且对于用材林近、成、过熟林还要按林木质量等级分别统计。具体林木质量等级划分标准,可见本章 3.1 节中有关林木质量等级、出材级部分和可及度部分。

(4)每木检尺的注意事项和林分平均直径的计算

在标准地内进行每木检尺时应注意以下几点。

①测定者从标准地的一端开始,由坡上方沿着等高线按"S"形路线向坡下进行检尺,如图 3-5 所示。

②用围尺或轮尺测定每株树木离根颈 1.3 m 高处的直径(胸径),在坡地应站在坡上方测定,1.3 m 以下分叉树应视为 2 株,分别检尺。

③使用轮尺时必须与树干垂直,若遇干形不规则的树木应垂直测定两个方向的直径或量测胸径上下两个部位的直径,取其平均值。

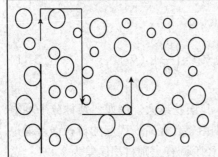

图 3-5　每木检尺路线示意

④正好位于标准地境界线上的树木,本着一边取另一边舍的原则,确定检尺树木。

⑤要防止重测或漏测。一般每木检尺时,测者每测定一株树,应高声报出该树的树种、林木质量等级和直径大小,等记录者复诵后再取下测径尺,并用粉笔在测过的树干上做记号。记录者及时在每木调查记录表中记载实测胸径或按径阶计入,后者用"正"字表示。按径阶计入的每木调查记录表见表 3-12。

表 3-12　每木调查表

径阶	商品用材树	半商品用材树	薪材树	株数小计	断面积合计(m²)	枯立木	倒木
6			正正正下	18	0.050 9		
8		正下	正正正	23	0.115 6		
10	丅	正正丅	一	17	0.133 5		
12	正正下	正一	一	20	0.226 1		
14	正正一	丅		14	0.215 4		
16	正正正丅			17	0.341 6		
18	正正正正丅			22	0.559 6		
20	正正正			14	0.439 6		
22	正丅			7	0.266 0		
24	丅			2	0.090 4		
26	丅			2	0.106 1		
合计	92	28	36	156	2.544 6		

注:树种:杉木;林层:单层。

根据每木调查记录计算林分平均直径。

$$D_g = \sqrt{\frac{4}{\pi}\frac{G}{N}} = \sqrt{\frac{4}{\pi}\times\frac{2.544\,6}{156}} = 14.4(\text{cm})$$

或

$$D_g = \sqrt{\frac{1}{N}\sum_{i=1}^{k}n_i d_i^2}$$

$$= \sqrt{\begin{aligned}&\frac{1}{156}\times(18\times6^2+23\times8^2+17\times10^2+20\times12^2+14\times14^2\\&+17\times16^2+22\times18^2+14\times20^2+7\times22^2+2\times24^2+2\times26^2)\end{aligned}}$$

$$= 14.4(\text{cm})$$

（5）标准地树木定位

在林分调查中，往往需要对标准地内所有达到起测胸径的树木进行定位测量，测量其方位角和水平距离，确定树木在标准地内的相对位置。方位角以度（°）为单位，水平距离以米（m）为单位，均保留 1 位小数。具体定位测量方法为：以标准地中心为原点，北向为0°，测量每株样木距原点的距离及其与北向的夹角，记为树木坐标（图 3-6）；也可以用纵坐标、横坐标代替方位角、水平距离对样木进行定位（图 3-7）。

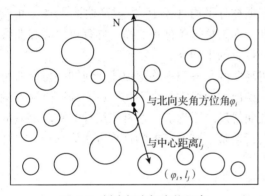

图 3-6 　树木极坐标定位示意

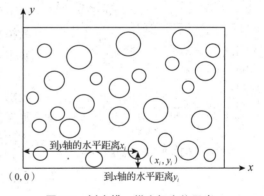

图 3-7 　树木横、纵坐标定位示意

3.2.3.2 　测算树高

（1）林分条件平均高的求算方法

得到林分条件平均高或各径阶平均高的方法有图解法和数式法。

①图解法。在标准地内，随机选取一部分林木测定树高和胸径的实际值，一般每个径阶内应量测 3~5 株林木，平均直径所在的径阶内测高的株数要多些，其余递减。测定树高的林木株数不能少于 25 株，并把测量的结果记入测高记录表中，分别径阶利用算术平均法计算出各径阶的平均胸径、平均高及株数（表 3-13）。

在方格纸上以横坐标表示胸径 D、纵坐标表示树高 H，选定合适的坐标比例，将各径阶平均胸径和平均高点绘在方格纸上，并注记各点代表的林木株数。根据散点分布趋势随手绘制一条均匀圆滑的曲线，即为树高曲线（图 3-8）。要用径阶平均胸径对应的树高值与

表 3-13　测高记录表

径阶	各株树木直径(cm)/树高(m)实测值	株数 (株)	平均直径(cm)/ 树高(m)
8	8.0/9.8，8.5/10，8.9/10，9.6/8.3	4	8.8/9.5
12	10.5/15.2，11.0/16.1，11.8/15.7，12.1/11.3，12.3/13.2，13.2/ 11.8，13.5/12.8	7	12.1/13.7
16	14.6/13.6，14.8/15.5，15.1/15.2，15.2/17.9，15.6/17.9，16.0/ 16.9，16.4/19.8，17.2/16.6，17.8/19.8	9	15.9/17.0
20	18.0/17.2，18.1/23.2，18.1/20.2，18.4/21.7，19.4/20.7，19.6/ 20.1，20.4/19.7，20.6/20.6，20.9/21.4，21.4/23.5	10	19.5/20.8
24	22.6/24.2，22.9/24.4，23.1/24.5，23.4/21.4，23.7/24.3，23.9/ 24.9，25.6/23.1，25.7/21.9，25.9/24.9	9	24.1/23.7
28	26.3/22.4，27.3/23.2，27.5/25.2，28.0/22.3，28.2/24.7，29.0/ 25.1，29.8/26.7	7	28.0/24.2
32	30.0/25.7，30.9/25.6，32.3/24.4	3	31.1/25.2
36	35.6/25.8，36.3/25.7，36.5/24.8	3	36.1/25.4

注：树种：杉木；起源：实生。

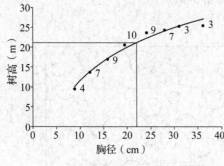

图 3-8　树高曲线

曲线值和株数进行曲线的调整。利用调整后的曲线，依据林分平均直径 D_g 由树高曲线上查出相应的树高，即为林分条件平均高。同理可由树高曲线确定各径阶的平均高。

树高曲线是一条平均值曲线，但同一份资料每人随手绘出的曲线常常会不相同，必须通过检查调整保证曲线反映平均值。通常采用计算平均离差的方法进行调整。平均离差的计算方法为

$$\Delta = \sum_{i=1}^{k} f_i (H_{Oi} - H_{Ti}) \tag{3-12}$$

$$\overline{\Delta} = \frac{\Delta}{\sum_{i=1}^{k} f_i} \tag{3-13}$$

式中　Δ——离差代数和；

f_i——第 i 径阶的林木株数；

H_{Oi}——第 i 径阶林木平均高的实际值；

H_{Ti}——第 i 径阶林木平均高的曲线值；

k——径阶个数；

$\overline{\Delta}$——平均离差。

根据离差的"+"或"-"调整曲线的高低，直到调整后的曲线满足平均离差等于0或接近0，曲线可以使用。

采用图解法绘制树高曲线，方法简便易行，但绘制技术和实践经验要求较高，必须保

证树高曲线的绘制质量。

　　②数式法。表示树高和直径的相关关系，可以有许多方程，根据测高数据，可选用适当的回归曲线方程拟合树高曲线。目前，国内外常用的树高曲线方程见表 3-14。

表 3-14　树高曲线方程一览表

编号	类型	方程	提出者
1		$h = a_0 - \dfrac{a_1}{d}$	
2	线性模型	$h^{-1} = a_0 + a_1 d^{-1}$	Vanclay（1995）
3		$\log(h-1.3) = a_0 + a_1 \log d$	Prodan（1965）；Curtis（1967）
4		$\log(h-1.3) = a_0 + a_1 d^{-1}$	Curtis（1967）
5		$h = a_0 + a_1 \log d$	Curtis（1967）；Alexandros et al.（1992）
6		$h = a_0 + a_1 d + a_2 d^2$	Henricksen（1950）；Curtis（1967）
7		$h = a_0 + a_1 d^{-1} + a_2 d^2$	Curtis（1967）
8	非线性模型	$h = 1.3 + a_0 d^{a_1}$	Stoffels et al.（1953）；Stage（1975）
9		$h = 1.3 + e^{a_0 + \frac{a_1}{d+1}}$	Schreuge et al.（1979）；Wykoff et al.（1982）
10		$h = 1.3 + a_0 \dfrac{d}{a_1 + d}$	Bates et al.（1980）；Ratkowsky et al.（1986）
11		$h = 1.3 + a_0 \left(1 - e^{-a_1 d}\right)$	Mitscherlich（1919）；Ratkowsky（1990）
12		$h = 1.3 + \dfrac{d^2}{(a_0 + a_1 d)^2}$	Meyer（1940）；Loetsh et al.（1973）
13		$h = 1.3 + a_0 e^{\left(\frac{a_1}{d}\right)}$	Schumacher（1939）；Loetsch et al.（1973）
14		$h = 1.3 + 10^{a_0} d^{a_1}$	Burkhart et al.（1974）；Buford（1986）
15		$h = 1.3 + a_0 \dfrac{d}{d+1} + a_1 d$	Larson（1986）；Watts（1983）
16		$h = 1.3 + a_0 \left(\dfrac{d}{1+d}\right)^{a_1}$	Curtis（1967）；Prodan（1968）
17		$h = 1.3 + \dfrac{a_0}{\left(1 + a_1 e^{-a_2 d}\right)}$	Pearl et al.（1920）
18		$h = 1.3 + a_0 \left(1 - e^{-a_1 d}\right)^{a_2}$	Richards（1959）
19		$h = 1.3 + a_0 \left(1 - e^{-a_1 d^{a_2}}\right)$	Yang et al.（1978）；Baily（1979）
20		$h = 1.3 + a_0 e^{-a_1 e^{-a_2 d}}$	Gompertz（1825）；Winsor（1932）

(续)

编号	类型	方程	提出者
21		$h=1.3+\dfrac{d^2}{(a_0+a_1d+a_2d^2)}$	Curtis（1967）；Prodan（1968）
22		$h=1.3+a_0d^{a_1d^{-a_2}}$	Sibbesen（1981）
23		$h=1.3+a_0e^{\frac{a_1}{(d+a_2)}}$	Ratkowsky（1990）；Huang et al.（1992）
24		$h=1.3+\dfrac{a_0}{\left(1+a_1^{-1}d^{-a_2}\right)}$	Ratkowsky et al.（1986）
25	非线性模型	$h=1.3+a_0-\dfrac{a_1}{d+a_2}$	Tang（1994）
26		$h=1.3+a_0e^{\left(-a_1d^{-a_2}\right)}$	Korf（1939）；Zeide（1989）
27		$h=1.3+a_0\left\{e^{-e^{[-a_1(d-a_2)]}}\right\}$	Seber et al.（1989）
28		$h=1.3+e^{\left(a_0+a_1d^{a_2}\right)}$	Curtis et al.（1981）；Larsen et al.（1987）
29		$\log(h-1.3)=a_0+a_1d^{a_2}$	Curtis（1967）
30		$h=1.3+\left(\dfrac{a_0}{a_1+a_2d}\right)^3$	Pretzsch（2009）

注：h 为树高，d 为胸径，$\ln$ 为取自然对数，$a_0\sim a_2$ 为模型参数。

采用数式法拟合树高方程时，因树高曲线变化很大，一般选择几个回归方程作为候选模型，从中选择拟合效果最佳的一个方程作为树高曲线方程。当树高曲线方程确定后，将林分平均直径 D_g 代入该方程中，即可求出相应的林分条件平均高。同样，若将各径阶中值代入其方程时，也可求出径阶平均高。

挑选表 3-14 中的 6 个树高曲线方程拟合表 3-13 中的原始测高数据，拟合结果见表 3-15，其中方程 26 的拟合效果最好，因此，挑选模型 26 计算林分平均高，由表 3-13 中数据计算得出林分平均胸径 D_g 为 21.9 cm，故

$$h=1.3+32.830\,0e^{\left(-17.782\,1d^{-1.176\,2}\right)}=21.8(\text{m})$$

使用方程 26 绘制树高曲线如图 3-9 所示。

表 3-15　6 个树高曲线方程的拟合结果

方程编号	a_0	a_1	a_2	R^2	MSE
6	7.307 9	0.607 5	—	0.796 2	5.355 1
8	2.649 9	0.648 6	—	0.829 2	4.489 3
9	3.627 7	−14.117 7	—	0.877 5	3.220 2
11	33.553 1	0.041 4	—	0.861 1	3.650 0
13	36.233 7	12.603 8	—	0.878 8	3.185 5
26	32.830 0	17.782 1	1.176 2	0.879 9	3.155 6

对于混交林分中的次要树种，一般仅测定 3～5 株近于该树种平均胸径树木的胸径和树高，以算术平均值作为该树种的平均高。对于复层异龄混交林，分别林层，按照上述原则和方法确定各林层及林分平均高。

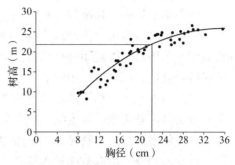

图 3-9　树高曲线方程（26）拟合的最优杉木树高曲线

（2）优势木平均高

为了评价立地质量，在标准地内选取一些优势木或亚优势木测定胸径和树高，以算术平均值作为优势木平均高。

在实践中，人为选定优势木，其结果是既包含了林分中真正的优势木，也常常包含了部分亚优势木。确定量测优势木的株数和方法是：在林分中每 100 m² 面积的林地上，量测一株最高树木的树高，求算其算术平均数作为优势木平均高。另外，经实践表明，在标准地中均匀设 3～6 个观测点，在每个点以上10 m 为半径的范围内量测 1 株最高树的高度，求算术平均值即为林分优势木平均高值。以采用 6 株树木的算术平均高代表林分优势高的效果为好，这种方法在我国编制和使用地位指数表时采用。

3.2.3.3　测定林分年龄

在标准地调查中，可以利用生长锥钻取木芯或伐倒木（或以往伐根）确定各树种的年龄。对于复层异龄混交林，一般仅测定各林层优势树种的年龄，并以主林层优势树种的年龄为该林分的年龄。通常，幼龄林以年为单位表示林分年龄，中、成、过熟林以龄级为单位表示林分年龄。

3.2.4　林分环境因子调查

从森林生态系统角度上看，林分是乔灌木、地被物、地理位置、土壤、气候等环境因子的有机统一体。也就是说，一个林分的形成与其既定的生长环境密切相关。因此，为了研究、分析、比较林分结构、生长规律、制定经营措施等，在标准地调查工作中，必须详细调查林分环境因子，并将其调查结果填写标准地调查簿。

（1）林下植被多样性调查

在每块标准地内的中心桩和四角桩附近分别设置 1 个灌木样方（面积为 5 m²）和 4 个植被样方（面积为 1～2 m²），分别树种、灌木及活地被物种类调查它们的盖度、平均高、单位面积上的株数及生物多样性。了解其生长状况及分布特点，评价乔木林的群落结构。并根据调查结果计算总盖度（%）。具体内容一般有以下几项。

①植被调查。标准地内灌木、草本和地被物的主要种类。

②灌木覆盖度。标准地内灌木树冠垂直投影覆盖面积与标准地面积的比，以百分数表示。采用对角线截距抽样或目测方法调查。

③灌木平均高。标准地内灌木层的平均高采用目测方法调查，以米（m）为单位。

④草本覆盖度。标准地内草本植物垂直投影覆盖面积与标准地面积的比，以百分数表示。采用对角线截距抽样或目测方法调查。

⑤草本平均高。标准地内草本层的平均高采用目测方法调查，以厘米(cm)为单位。

⑥植被总覆盖度。标准地内乔、灌、草垂直投影覆盖面积与标准地面积的比，以百分数表示。采用对角线截距抽样或目测方法调查，或根据郁闭度与灌木和草本覆盖度的重叠情况综合确定，以百分数表示。

⑦幼树株数。分别不同的高度级调查幼树的株数，然后换算为每公顷的相应株数，以备评定天然更新等级。高度级一般划分为≤30 cm、31~50 cm、≥51 cm 3 个级别。

⑧生物多样性。生物多样性包括生态系统多样性、物种多样性和遗传多样性 3 个层次。标准地调查一般调查物种多样性，多样性指标采用 Shannon 指数(S_n) 和 Simpson 指数(S_p)计算，其计算式为

$$S_n = - \sum_{i=1}^{s} p_i \cdot \log p_i \tag{3-14}$$

$$S_p = 1 - \sum_{i=1}^{s} p_i^2 \tag{3-15}$$

式中　s——物种数；

　　　p_i——第 i 个物种的数量占全部物种数量的比例。

在进行标准地内物种多样性计算时，考虑到乔木树种在林分中的重要作用，应该分别乔木树种、灌木树种和草本层计算才具有意义，而且乔、灌、草的物种数量本身也表示了多样性。

⑨乔木林群落结构评价。群落结构是一个十分复杂的生态学问题，它是群落生态学研究的重要内容之一。群落的种类组成及其数量特征、种的多样性、种间关联都属群落结构的重要特征。对乔木林群落结构的评价，为了便于实际应用，目前只按群落中物种的垂直成层性(群落的垂直结构)采用定性的评价标准。对乔木林群落结构进行评价时，一般划分为 3 个群落结构类型。划分标准见表 3-16。

表 3-16　群落结构类型划分标准

群落结构类型	划分标准
完整结构	具有乔木层、下木层、地被物层(含草本、苔藓、地衣)3 个层次的林分
较完整结构	具有乔木层和其他 1 个植被层的林分
简单结构	只有乔木 1 个植被层的林分

(2)土壤调查

在标准地内通过土壤剖面调查土壤名称、土壤厚度，以及土壤表面的枯枝落叶厚度和腐殖质层厚度等。土壤名称根据中国土壤分类系统记载到土类，如棕壤、暗棕壤、黑钙土、栗钙土等，土壤厚度以及土壤表面枯枝落叶厚度和腐殖质层厚度见表 3-17 至表 3-19。

(3)地形地势因子调查

调查标准地位置的地貌、坡向、坡位、坡度等因子，并详细记录。地貌划分为山地、丘陵和平原。其中山地根据海拔的不同，又划分为极高山、高山、中山、低山，具体标准见表 3-20。

表 3-17　土壤厚度等级表

等级	土壤厚度(cm)	
	亚热带山地丘陵、热带	亚热带高山、暖温带、温带、寒温带
厚	≥80	≥60
中	40~79	30~59
薄	<40	<30

表 3-18　枯枝落叶厚度等级表

等级	枯枝落叶厚度(cm)
厚	≥10
中	5~9
薄	<5

表 3-19　腐殖质厚度等级表

等级	腐殖质厚度(cm)
厚	≥20
中	10~19
薄	<10

表 3-20　地貌划分标准

地貌类型		划分标准
山地	极高山	海拔≥5 000 m 的山地
	高山	海拔 3 500~4 999 m 的山地
	中山	海拔 1 000~3 499 m 的山地
	低山	海拔<1 000 m 的山地
丘陵		没有明显的山脉脉络，坡度较缓和，且相对高差小于 100 m
平原		平台开阔，起伏很小

在山地地貌的环境因子调查中，坡向、坡位、坡度都是需要进一步调查的因子。坡向即坡面朝向，对于地形坡度>5°的坡面(坡度<5°的地段无坡向)，根据坡面的方位角划分为 8 个坡向(表 3-21)。

坡位即所处的坡面位置，分脊部、上坡、中坡、下坡、山谷、平地。坡度按坡面倾斜角分为 6 级，具体划分标准见表 3-22 和表 3-23。

表 3-21　坡向划分标准

坡向	划分标准	坡向	划分标准
北坡	方位角 338°~22°	南坡	方位角 158°~202°
东北坡	方位角 23°~67°	西南坡	方位角 203°~247°
东坡	方位角 68°~112°	西坡	方位角 248°~292°
东南坡	方位角 113°~157°	西北坡	方位角 293°~337°

表 3-22　坡位划分标准

坡位	划分标准	坡位	划分标准
脊部	山脉的分水岭及其两侧各下降垂直高度 15 m 的范围	下坡	从脊部以下至山谷范围内的山坡三等分后的最下等分部位
上坡	从脊部以下至山谷范围内的山坡三等分后的最上等分部位	山谷(或山洼)	汇水线两侧的谷地
中坡	从脊部以下至山谷范围内的山坡三等分后的中部	平地	

表 3-23　坡度划分标准

坡度级	划分标准	坡度级	划分标准
I 级(平坡)	坡面倾斜角<5°	IV 级(陡坡)	坡面倾斜角 25°~34°
II 级(缓坡)	坡面倾斜角 5°~14°	V 级(急坡)	坡面倾斜角 35°~44°
III 级(斜坡)	坡面倾斜角 15°~24°	VI 级(险坡)	坡面倾斜角 ≥45°

(4)森林自然度

我国境内分布的森林,处于原始状态的已经十分少见,由于不断地开发利用等干扰,形成了许多过伐林、次生林和人工林类型。这些森林类型,不同程度地保留着或已经失去地带性顶极群落的特征,处于演替过程中的某一阶段。这些森林发挥的最大效益差异很大,需要采取的经营措施各不相同。因此,调查时,按照现实森林类型与地带性原始顶极森林类型的差异程度,或次生森林类型位于演替中的阶段,将现存森林划分为不同的自然度等级,以便于制定合理的经营措施,促进森林群落向地带性顶极群落发展。自然度划分为 5 级,具体划分标准见表 3-24。

表 3-24　自然度划分标准

自然度	划分标准
I	原始或受人为影响很小而处于基本原始状态的森林类型
II	有明显人为干扰的天然森林类型或处于演替后期的次生森林类型,以地带性顶极适应值较高的树种为主,顶极树种明显可见
III	人为干扰很大的次生森林类型,处于次生演替的后期阶段,除先锋树种外,也可见顶极树种出现
IV	人为干扰很大,演替逆行,处于极为残次的次生林阶段
V	人为干扰强度极大且持续,地带性森林类型几乎破坏殆尽,处于难以恢复的逆行演替后期,包括各种人工林类型

(5)森林健康

森林健康对森林环境质量有重要的影响,因此,在标准地调查中,应对林分的灾害情况(火灾、病虫害、气候灾害)进行调查,评定森林灾害等级(表 3-25);根据树冠脱叶、树叶颜色、林木的生长发育、外观表象特征及灾害情况综合评定森林健康状况(表 3-26)。

表 3-25 森林灾害等级评定标准

等级	评定标准		
	森林病虫害	森林火灾	气候灾害和其他
无	受害立木株数 10% 以下	未成灾	未成灾
轻	受害立木株数 10%~29%	受害立木株数 20% 以下，仍能恢复生长	受害立木株数 20% 以下
中	受害立木株数 30%~59%	受害立木株数 20%~49%，生长受到明显抑制	受害立木株数 20%~59%
重	受害立木株数 60% 以上	受害立木株数 50% 以上，以濒死木和死亡木为主	受害立木株数 60% 以上

表 3-26 森林健康等级评定标准

健康等级	评定标准
健康	林木生长发育良好，枝干发达，树叶大小和色泽正常，能正常结实和繁殖，未受任何灾害
亚健康	林木生长发育较好，树叶偶见发黄、褐色或非正常脱离（发生率 10% 以下），结实和繁殖受到一定程度的影响，未受灾或轻度受灾
中健康	林木生长发育一般，树叶存在发黄、褐色或非正常脱离（发生率 10%~30%），结实和繁殖受到抑制，或受到中度灾害
不健康	林木生长发育达到不正常状态，树叶多见发黄、褪色或非正常脱离（发生率 30% 以上），生长明显受到抑制，不能结实和繁殖，或受重度灾害

（6）森林生态功能评价

在标准地调查的基础上，以森林蓄积量、森林自然度、群落结构、树种结构、林分平均高、郁闭度、植被总覆盖度及枯枝落叶厚度等级 8 个因子作为森林生态功能评价因子，其评价因子等级划分和权重分配见表 3-27。然后根据综合得分值按表评定生态功能等级（表 3-28）。最后用森林生态功能指数（综合得分值的倒数）作为评定森林生态功能的指标，确定森林生态功能的等级。

表 3-27 森林生态功能评价因子及类型划分

评价因子	等级划分标准			权重
	等级 I	等级 II	等级 III	
森林蓄积量（m³/hm²）	≥150	50~140	<50	0.20
森林自然度	I、II	III、IV	V	0.15
群落结构	完整结构	较完整结构	简单结构	0.15
树种结构	类型 6、类型 7	类型 3、类型 4、类型 5	类型 1、类型 2	0.15
林分平均高（m）	≥15.0	5.0~14.9	<5.0	0.10
郁闭度	≥0.7	0.40~0.69	0.20~0.39	0.10
植被总覆盖度（%）	≥70	50~69	<50	0.10
枯枝落叶厚度等级	厚	中	薄	0.05

注：树种结构各类型详见表 3-2。

表 3-28　森林生态功能等级评定标准

功能等级	综合得分值
好	<1.5
中	1.5~2.4
差	>2.5

评定森林生态功能时,按式(3-16)和式(3-17)分别计算综合得分和森林生态功能指数 K。

综合得分计算式为

$$Y = \sum_{i=1}^{8} W_i X_i \qquad (3-16)$$

式中　X_i——第 i 项评价因子的类型得分值(等级Ⅰ、等级Ⅱ、等级Ⅲ分别取 1、2、3);

W_i——各评价因子的权重。

森林生态功能指数计算式为

$$K = \frac{1}{\sum W_i X_i} \qquad (3-17)$$

森林生态功能指数值≤1,数值越近于 1,表明生态功能越好。

标准地调查的内容不是一成不变的,在进行标准地调查时,往往根据调查的目的和任务确定调查项目,并对测定方法进一步做出详细的规定。如为了研究森林的直径分布规律,在测定林木的直径时,就应该对达到胸高以上的树木全部测定,若规定起测径阶,有时会影响直径分布曲线的形状。

3.3　固定标准地

设置固定标准地,每年或定期重复测定林分各调查因子,可以准确地得到胸径、树高和材积的生长量,为研究林分结构与生长过程、评定经营措施效果及编制收获表等提供资料。固定标准地测设技术要求严格,需要定期、定株、定位观测,以便取得连续性的数据,因此,测设固定标准地的工作成本高,且需要一定的保护措施。

3.3.1　概念和种类

通过设置固定标准地(PSP),定期(1 年、2 年、5 年、10 年)重复地测定该林分各调查因子(胸径、树高和蓄积量等),从而推定林分各类生长量。

采用固定标准地不仅可以准确地获得毛生长量,而且能测得枯损量、采伐量、纯生长量等。通过取得在各种条件下的林分调查因子、林木大小分布、林分空间结构等对森林经营措施的效果进行评定,这对于研究森林的生长和演替有重要意义。

以固定样地为主进行定期复查的森林资源调查方法,是国家森林资源连续清查,掌握宏观森林资源与生态状况综合监测体系的重要组成部分。森林资源连续清查成果为制定和调整林业方针政策、规划、计划,监督检查各地森林资源消长情况的重要依据。目前,我国大部分省份已建立国家级固定样地体系(称为森林资源连续清查体系)和固定样地数据库,为森林集约经营、资源管理和林业持续发展提供可靠的森林消长信息。

固定标准地(样地)可分为两类。

(1)树木不编号的固定标准地

它是以林分整体为重复观测对象而设置的固定标准地。通过标准地林分的定期观测,推定直径生长量、总断面积生长量，并应用一元材积表推定蓄积生长量。这是固定标准地的初级形式，现在很少采用。

（2）树木编号的固定标准地

在固定标准地定位观测基础上，要求标准地内的每株树木都编号，在每株树生长变化（枯损也是一种变化）测定的基础上，确定林分各调查因子的生长量。

这种定株重复观测的固定标准地，可以监测死亡木、采伐树木的材积变化及径阶生长量。在研究林分生长和演替、森林经营措施的效果评价及森林资源综合监测时，常设置这类标准地。目前我国所设置的固定标准地（或固定样地）以这类为主，如我国森林资源连续清查（一类调查）样地，林业科学研究和森林抚育监测标准地。

当该类标准的定株编号失败，则化为林木不编号固定标准地。

3.3.2　编号固定标准地

（1）固定标准地的设置与测定

与临时标准地基本相同，但要注意以下几点。

①标准地条件，对拟调查的林分类型应有充分代表性并要求保持与自然条件的一致性。

②确定固定标准地位置。用 GPS 采集固定标准地中心点的大地坐标。对于无 GPS 信号或信号不稳定的标准地，应测设引点桩、引线，为保证固定样地的下次复位提供参考。

③设置固定标志，包括固定标准地中心桩、四角桩，边界伐开线。一般在标准地四周应设置保护带，带宽以不小于林分的平均高为宜。

④设立编号固定标准地时，应先对每株树进行编号并挂号牌（永久不变），用油漆标出胸高（1.3 m）的位置，用围尺测定胸径，精确到 0.1 cm。

⑤以标准地（样地）中心点或四个角点的任何一个为基点，测量每株树的方位角和水平距，确定树木在标准地内的位置并绘制树木位置图。

⑥应详细记载间隔期内，标准地所发生的变化，如间伐、自然枯损、病虫害等。采伐木记录采伐时间、径阶树木要标明生长级等。

⑦重复测定的间隔年限，一般以 5 年为宜。速生树种间隔期可定为 1~3 年；生长较慢或老龄林分可取 10 年为一个间隔期。

⑧其他测定项目与临时标准地相同。

（2）调查因子的检查

①标准地调查各项因子均应按规定要求记载，不得漏项。

②标准地号是唯一的，标准地号和标准地坐标不允许有任何差错，标准地号必须和标准地坐标一一对应，GPS 纵坐标填写 7 位数，横坐标填写 8 位数（以米为单位）。

③地类是整个标准地中最重要的因子，不允许有错，因为它在很大程度上决定了其他有关的调查内容。如乔木林地、竹林地，应同时填写权属、林种、起源、优势树种、平均年龄、龄组、平均胸径、平均树高、郁闭度等。

④标准地因子之间的逻辑检查。例如，地类为乔木林地，则郁闭度应大于等于 0.20；地类为疏林地，则郁闭度应为 0.10~0.19；标准地为用材林近、成、过熟林，则可及度不能空等。

⑤前后期固定标准地因子的对照检查。若地类、林种、权属、起源、平均年龄、龄组、优势树种等发生变化，必须结合样木记录和标准地特征记录进行分析。

(3)每木检尺记录的检查

①基本要求。a. 参加统计的前后期固定样地每木检尺卡片，均需用计算机逐样地逐株对照检查。b. 样木号、立木类型(包括立木、散生木、四旁树等)、检尺类型(包括保留木、进界木、枯立木、采伐木、枯倒木、漏测木、多测木、胸径错测木、树种错测木、错测木等类型)、树种、胸径、林层(包括单层林、复层林主林层、复层林次林层)、树木的方位角和水平距等均应填写完整。c. 复测样地前期每株活立木(不包括采伐木、枯立木、枯倒木和多测木)后期都必须有记载和说明。d. 样木号不能出现重号。e. 要特别加强对同时出现漏测木、错测木、采伐木、枯倒木样地的内外检查，这类样地的样木复位可能存在问题，要认真了解情况，必要时须到现地复核。

②出现异常情况的处理原则。a. 当树种填写不一致时，以复查为准，记树种错测木。b. 若出现重号样木，应将较小的样木增加一个编号(数据库以该号为准)，并在备注栏中说明野外标牌号码。下期复查时，应根据本期备注栏中的标牌号改成同数据库中的编号一致。c. 加强对胸径生长量的检查。胸径生长量为负值的样木不能一概确定为胸径错测木，胸径生长量过大(如年均超过1 cm)的样木要认真分析，尤其应加强对大径组与特大径组样木的检查。对于胸径生长量异常(一般按2~3倍标准差判定)的保留木，要当成胸径错测木处理。

(4)数据整理和调查因子计算

固定样地调查卡片经全面检查验收后，才能输入计算机。数据输入必须严格作业，杜绝或尽力减少数据输入错误。在条件允许时，可采用便携式计算机在野外或驻地输入样地调查数据。

在标准地外业调查中，还要调查和计算林分平均直径、平均高、年龄、树种组成、地位级(或地位指数)、疏密度(或郁闭度)、株数密度、断面积、蓄积量、出材级、林木生物量等因子，其计算方法见本书有关部分。对于复层异龄混交林，按照规定和要求，计算出各林层调查因子及全林分调查因子。

(5)固定标准地实例与用途

①固定标准地实例。下面以黑龙江省方正县第7705号固定样地为例，说明树木编号固定样地的形式。7705号固定样地2010年和2015年2次调查因子和检尺资料见表3-29和表3-30。

表3-29 黑龙江省方正县固定样地(7705号)基本调查因子

样地号：7705号	样地坐标：GPS纵坐标5044016, GPS横坐标22435950		样地所属：黑龙江省方正县	
起源：天然林	坡向：东	坡位：下	坡度：3°	样地面积：0.06 hm² 林权：国有
地类：有林地	林分类型：硬阔混交林	海拔：254 m	地貌：低山	
2010年调查	平均年龄：45	龄组：中龄林	树种组成：3水2胡2椴1榆1色1柞-黑-杂	
	郁闭度：50	每公顷株数：950	林分平均直径：14.4 cm	平均高：13.6 m
2015年调查	平均年龄：50	龄组：中龄林	树种组成：3水2椴2胡1榆1色1柞-黑-杂	
	郁闭度：0.8	每公顷株数：900	林分平均直径：16.1 cm	平均高：16.2 m

表 3-30　黑龙江省方正县固定样地(7705 号)两次测定资料

树号	树种	状态	2010 年检尺直径(cm)	2015 年检尺直径(cm)
1	水曲柳	保留木	29.0	33.2
2	核桃楸	保留木	19.4	21.1
3	黑桦	保留木	11.9	11.9
4	糠椴	保留木	22.9	27.4
5	紫椴	保留木	23.9	26.4
6	糠椴	保留木	14.1	16.0
7	色木槭	保留木	18.0	18.8
8	糠椴	保留木	10.4	10.5
9	水曲柳	保留木	17.8	21.3
10	春榆	保留木	9.9	10.3
11	春榆	保留木	9.0	9.5
12	糠椴	保留木	14.4	17.2
13	蒙古栎	保留木	18.4	21.7
14	蒙古栎	保留木	13.7	14.6
15	水曲柳	保留木	19.7	22.0
16	色木槭	保留木	8.6	9.5
17	色木槭	保留木	15.2	16.2
18	春榆	保留木	18.1	19.3
19	色木槭	保留木	13.8	14.6
20	水曲柳	保留木	22.7	24.4
21	春榆	保留木	14.0	14.1
22	水曲柳	保留木	28.9	33.2
23	糠椴	保留木	14.4	17.0
24	紫椴	保留木	16.4	19.2
25	春榆	保留木	7.6	7.5
26	春榆	保留木	26.9	28.4
27	糠椴	保留木	13.2	15.7
28	核桃楸	保留木	31.8	33.3
29	春榆	枯立木	7.7	7.7
30	核桃楸	采伐木	9.9	9.9
31	水曲柳	保留木	8.5	8.8
32	水曲柳	保留木	9.2	10.7
33	大果榆	枯立木	6.9	6.9
34	大果榆	保留木	11.9	12.1
35	大果榆	枯立木	6.1	6.1
36	春榆	保留木	8.0	8.4
37	色木槭	保留木	7.3	8.5
38	春榆	保留木	6.3	6.2
39	蒙古栎	保留木	8.7	8.8
40	核桃楸	保留木	11.5	16.5
41	核桃楸	采伐木	16.3	16.3
42	色木槭	保留木	8.7	10.6

（续）

树号	树种	状态	2010 年检尺直径（cm）	2015 年检尺直径（cm）
43	水曲柳	保留木	7.9	8.3
44	蒙古栎	保留木	6.7	6.9
45	色木槭	保留木	10.8	12.5
46	蒙古栎	枯立木	6.8	6.8
47	蒙古栎	保留木	8.3	8.7
48	水曲柳	保留木	9.7	11.9
49	色木槭	枯倒木	6.3	6.3
50	核桃楸	保留木	10.8	13.4
51	核桃楸	保留木	7.7	8.6
52	糠椴	保留木	6.1	7.3
53	山槐	保留木	9.9	10.1
54	色木槭	保留木	7.3	9.0
55	色木槭	保留木	8.0	9.8
56	春榆	保留木	10.2	11.4
57	核桃楸	保留木	6.1	9.5
58	色木槭	进界木	0.0	5.0
59	蒙古栎	进界木	0.0	5.3
60	色木槭	进界木	0.0	5.6
61	糠椴	进界木	0.0	5.2

②固定标准地用途。一方面，用于生长量的计算。通过标准地林分的定期观测，可以推定直径生长量、总断面积生长量，并应用一元材积表法推定林分每公顷的净增量 Δ、枯损量 M_0、采伐量 C、进界生长量 I、纯生长量 Z_{ne}、毛生长量 Z_{gr} 等各类蓄积生长量。另一方面，用固定标准地复测资料预估枯损量。要获得准确的枯损量，固定样地（或固定标准地）的复测资料是最可靠的数据来源，并且一般不少于 3 次的复测资料才能进行预估或检验枯损量。由于树木生长常受自然随机因素、立地条件、物种生物学特性等影响，如果立地条件、林分特征相似，复测次数多，相对地估测枯损量的精度也会更高。此外，在估测枯损量时，可考虑运用固定样地（或固定标准地）与临时样地（临时标准地）相结合的方法，适当缩短复测间隔期，这缩短了单纯用固定样地法收集资料的时间。有关固定标准地法测算林分蓄积生长量和枯损量的详细介绍将在第 9 章 9.1 节中介绍。

3.3.3 不编号固定标准地

不编号的固定标准地，是以林分为对象的重复观测，根据重复每木调查推定直径和蓄积生长量、枯损量等。在欧洲应用的基于不编号固定标准地的连续调查法称为检查法或照查法（control method，check method），它是顾尔诺在法国发表的（Gurnaud，1878），毕奥莱将其用于瑞士（Biolley，1890）。最初的检查法有以下几个基本特点。

①各次调查都明确地在同一面积上进行。

②只测定胸径一个因子，因此要求每木检尺十分严格，而且各次复查的方法、表格、工具都应力求一致。

③用一元材积表计算蓄积量。

④从标准地中伐去或收获的林木，都要经过检尺，计算材积，记录采伐的日期。

检查法只考虑胸径或断面积的变化，未考虑树高或形状的变化，在两次调查中使用相同的一元材积表，它是假设树高与胸径的关系及形数与胸径的关系在较短的期间内保持不变的前提下才能有效。这与一次调查法基本是一致的。

一次调查法中的进级法用胸径生长量推算移动株数，检查法则用株数移动推算胸径生长量，基本道理相同，推算的结果都是个近似值，但是根据卡卡塞（Kakasai，1936）及迈耶（Meyer，1936）的研究认为检查法还是能够满足实践中的精度要求的。

我国学者对检查法进行了比较系统的引进、探索与创新。

复习思考题

1. 林分调查因子有哪些？如何调查、测定和计算这些林分调查因子？

2. 为什么说林分平均胸径 D_g 是林木胸径的平方平均数？D_g 与 $\bar{d}$（算术平均胸径）之间的关系是什么？

3. 如何正确绘制树高曲线？

4. 以 Mitscherlich 方程为例，简述树高曲线的生物学特性。

5. 复层异龄林划分林层的标准是什么？哪些林分调查因子是分林层计算的？

6. 简述标准地调查的主要工作步骤及调查内容。

7. 简述固定标准地的种类和用途。

8. 设置和测定固定标准地应注意哪些事项？

第4章

林分结构

【知识图谱】

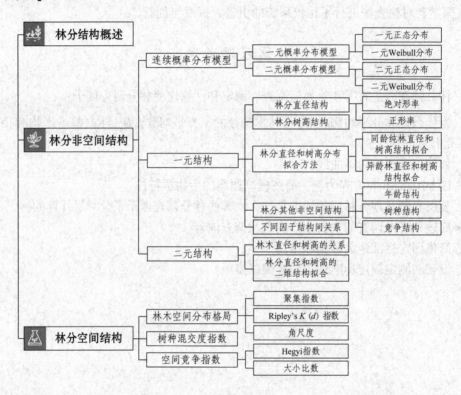

【内容提要】本章主要介绍林分结构，包括林分的空间结构和非空间结构。对林分非空间结构主要介绍了直径结构、树高结构及直径—树高二维结构，对于其结构描述方法主要介绍了概率模型方法，也简单介绍了非概率模型方法。对其他林分非空间结构及因子间的相互关系做了简单讨论。对林分空间结构简单介绍了林木空间分布格局、树种空间混交结构和空间竞争结构。

不论人工林还是天然林，经过长期的自然生长，在未遭受严重的自然和人为干扰（如自然因素的破坏、人工采伐等）的情况下，林分内许多特征因子，如直径（本章的直径均指胸径）、树高、年龄、树种组成、林木相对空间位置、混交方式等，都具有较为稳定的结构规律性，这种结构规律性在测树学中称为林分结构规律（law of stands structure），简称林分结构。林分结构反映林分特征因子的变化规律，以及各因子之间的关系。林分结构大致可以分为两类。一类是与空间位置无关的，例如，林分中各径阶的林木株数比例，混交林中各树种所占比例等，这类结构称为非空间结构；另一类是与空间位置有关的，例如，林木在空间上的分布格局，不同树种在空间上的混交方式，林木空间关系与竞争等，研究这些问题需要知道林木的空间坐标，这种结构称为空间结构。

本章对两种结构都将进行阐述。对非空间结构主要阐述直径结构、树高结构及两者的联合结构。在众多林分调查因子的非空间结构中，这些结构被认为是最重要的。对于这些结构的描述方法主要介绍了概率分布方法，也简单介绍了非概率分布方法。对空间结构主要讨论林木空间分布格局、树种空间混交结构和空间竞争结构。林木空间分布格局指林木个体垂直投影到二维水平面上的分布状况，树种空间混交结构指不同树种的林木在二维平面上的隔离状况，空间竞争结构指林木个体之间或树种之间的竞争状况。也有部分反映树种混交与竞争情况的非空间结构，在非空间结构部分作简单介绍。

森林是一个生态系统，森林的结构在很大程度上决定了森林的生产力、健康状况、生态功能等。森林经营，在很大程度上通过森林结构的调控实现，即通过人为经营优化结构。林分作为区划森林的最基本单元，林分结构调控是森林结构调控的具体实施。对于用材林来说，木材的优质高产是经营追求的目标，于是需要针对具体的立地质量及生长阶段，研究什么样的林分密度、年龄结构、直径结构、树种混交结构、空间分布会有最大的生产能力？对于水源涵养林来说，什么样的空间分布格局、树种混交结构会产生最健康稳定的森林，可以持续地起到涵养水源的功能？对于景观林来说，什么样的树种混交结构可以使森林能在不同季节产生不同的叶、花、果组合景观，即所谓的森林彩化效果？上述提到的不同林分类型无不与结构有关，所以，研究林分结构是一项十分重要的工作。

4.1　连续概率分布模型

4.1.1　一元概率分布模型

当单独考虑直径或树高分布结构时，可用一元概率分布模型来拟合，常用的一元概率分布有正态分布、Weibull 分布、S_B 分布、β 分布以及 Γ 分布等。许多研究表明，正态分布仅用于描述人工林或单层同龄纯林的直径分布，而 Weibull 分布在拟合林分直径分布中具有较大的灵活性和适应性。因此，在人工林或天然林林分生长模型、收获预估模型、林分直径动态预测模型中，Weibull 分布应用最为广泛。我国规定在一般的森林资源调查中，起测直径为 5 cm。如果去掉 5 cm 的限制，测量全部林木，假定全部林木是服从正态分布或 Weibull 分布或其他分布的；现在由于 5 cm 以下的不测量，对于一个分布来说缺了部分数据，成了一个残缺的分布，这种情况通常称为截尾分布。这里主要介绍常用的两个一元概率分布，并简单介绍截尾分布。

（1）一元正态分布

一元正态分布（monistic normal distribution）是最常用、最重要的一种分布。设随机变量 X 的概率密度函数为

$$f(x) = \frac{1}{\sigma\sqrt{2\pi}}e^{-\frac{(x-\mu)^2}{2\sigma^2}} \tag{4-1}$$

则称该随机变量服从一元正态分布。正态分布有偏度和峰度均为零的特点，且分布模

型中的参数 μ 和 σ 分别是分布的数学期望和总体方差。所以正态分布概率密度函数式(4-1)的拟合非常简单,只要计算出样本均值和样本方差,作为数学期望和总体方差的估计,代入式(4-1)即可。一元正态分布的累积分布函数为

$$F(x) = P(X < x) = \int_{-\infty}^{x} f(t)\,\mathrm{d}t = \frac{1}{\sigma\sqrt{2\pi}}\int_{-\infty}^{x} \mathrm{e}^{-\frac{(t-\mu)^2}{2\sigma^2}}\,\mathrm{d}t \qquad (4-2)$$

没有解析解,只能通过数值方法求解,在应用中一般通过查表或计算软件解决,例如 Excel 提供了函数 Normdist(x, μ, σ, 1)用于计算 $F(x)$。

(2)一元 Weibull 分布

一元 Weibull 分布(monistic Weibull distribution)也是一种常见的分布。设随机变量 X 的概率密度函数为

$$f(x) = \begin{cases} \dfrac{c}{b}\left(\dfrac{x-a}{b}\right)^{c-1}\mathrm{e}^{-\left(\frac{x-a}{b}\right)^c} & (x > a) \\ 0 & (x \leqslant a) \end{cases} \qquad (4-3)$$

式中 a——位置参数,如直径分布最小径阶的下限值;

$\quad\ \ b$——尺度参数,类似于正态分布中的方差,$b>0$,b 值越大数据越分散;

$\quad\ \ c$——形状参数,决定了分布的形状,$c>0$。

则称该随机变量服从一元 Weibull 分布。

Weibull 分布的累积分布函数为

$$F(x) = P(X < x) = 1 - \mathrm{e}^{-\left(\frac{x-a}{b}\right)^c} \qquad (x > a) \qquad (4-4)$$

Weibull 分布模型具有很好的灵活性。当 $a=0$,$c=1$ 时,式(4-3)为负指数分布;当 $c<1$ 时,为反"J"形分布;当 $1<c<3.6$ 时,为左偏的山状曲线分布;当 $c\approx3.6$ 时,Weibull 分布近似于正态分布;当 $c>3.6$ 时,密度曲线由左偏变为右偏(图 4-1);当 $c=2$ 时,式(4-3)为 χ^2 分布的特殊情况,即 Rayleigh 分布;当 $c\to\infty$ 时,变为单点分布。由于 Weibull 分布的灵活性,它在林业上的应用比较广泛,即使在服从正态分布的情况下,也可以用 Weibull 分布来拟合。

(3)截尾分布

截尾分布如图 4-2 所示,其出现有两种原因。一种是被动的,如前面说的 5 cm 以下数

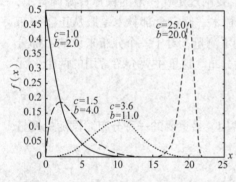

图 4-1 一元 Weibull 分布密度函数曲线
$(a=0)$

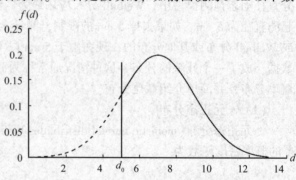

图 4-2 截尾分布示意

据缺失的问题。在数据不缺失的情况下数据服从正态分布，由于数据缺失，只有 5 cm 以上的部分，而这一部分显然已经不是正态分布了，原正态分布的参数如均值、方差无法获得（只能通过其他途径近似估计）。对于其他分布也存在同样的问题。

　　另一种是主动的。这种情况下原分布已经确定，即已知分布参数（如正态分布的均值和方差已知）的情况下，调整原分布的取值区间，然后对原分布进行调整。假如图 4-2 中原取值范围为 $-\infty < d < \infty$，现调整为 $d_0 < d < \infty$，即图 4-2 中直线右侧部分。根据概率模型原则，为了使得概率密度函数在 (d_0, ∞) 上的积分为 1，需将概率密度函数调整为

$$f_{d_0}(d) = \begin{cases} \dfrac{f(d)}{1 - \displaystyle\int_{-\infty}^{d_0} f(x)\,\mathrm{d}x} & (d_0 < d < \infty) \\ 0 & (\text{其他}) \end{cases} \tag{4-5}$$

　　例如，已经知道了林分的直径分布模型，现在要将重点放在大径材上，只考虑 20 cm 以上的林木，就可以按式(4-5)处理，取 $d_0 = 20$。

　　截尾可以发生在左侧，也可以发生在右侧，也可以发生在两侧。

　　式(4-5)也可用于在数据缺失情况下对原分布参数的估计。若式(4-5)中的 $f(x)$ 是正态分布的概率密度函数，因为正态分布的概率密度函数的积分不能用解析式表示，所以式(4-5)中的模型参数即方差与均值的估计比较麻烦，这里不讨论。若 $f(x)$ 是 Weibull 分布的概率密度函数式(4-3)，且讨论的原始分布是 $[0, \infty)$（数据不缺失的情况）的直径分布，情况就比较简单。这时式(4-3)可以写成 $(a = 0)$。

$$f(x) = \begin{cases} \dfrac{c}{b}\left(\dfrac{x}{b}\right)^{c-1} \mathrm{e}^{-\left(\frac{x}{b}\right)^c} & (x > 0) \\ 0 & (x \le 0) \end{cases} \tag{4-6}$$

相应的累积分布函数为

$$F(x) = P(X < x) = 1 - \mathrm{e}^{-\left(\frac{x}{b}\right)^c} \tag{4-7}$$

现设起测直径为 d_0，即设定在 $(-\infty, d_0]$ 上 $f(x) = 0$，求其截尾 Weibull 分布。这时

$$\int_{-\infty}^{\infty} f(t)\,\mathrm{d}t = \int_{d_0}^{\infty} f(t)\,\mathrm{d}t = 1 - \left[1 - \mathrm{e}^{-\left(\frac{d_0}{b}\right)^c}\right] = \mathrm{e}^{-\left(\frac{d_0}{b}\right)^c} < 1 \tag{4-8}$$

为使截尾分布 $f_{d_0}(x)$ 在 (d_0, ∞) 上的积分等于 1，令

$$k\int_{d_0}^{\infty} f(t)\,\mathrm{d}t = k\mathrm{e}^{-\left(\frac{d_0}{b}\right)^c} = 1 \tag{4-9}$$

解得 $k = \mathrm{e}^{\left(\frac{d_0}{b}\right)^c}$，于是得起测直径为 d_0 的截尾 Weibull 分布的概率密度函数 $f_{d_0}(x)$ 为（Maltamo et al., 2004）：

$$f_{d_0}(x) = kf(x) = \begin{cases} \dfrac{c}{b}\left(\dfrac{x}{b}\right)^{c-1} \mathrm{e}^{\left[\left(\frac{d_0}{b}\right)^c - \left(\frac{x}{b}\right)^c\right]} & (x > d_0) \\ 0 & (x \le d_0) \end{cases} \tag{4-10}$$

对应的累积分布函数为

$$F_{d_0}(x) = P(X < x) = 1 - e^{\left[\left(\frac{d_0}{b}\right)^c - \left(\frac{x}{b}\right)^c\right]} \quad (x > d_0) \tag{4-11}$$

这是截尾 2 参数 Weibull 模型，其中 d_0 是人为指定的，不是参数，两个参数 b、c，同式(4-6)中的 b、c。

如果在式(4-4)[包括式(4-3)]、式(4-11)[包括式(4-10)]中 a 和 d_0 取相同的值，则它们的定义域相同，这时，这两个模型是否相同呢？答案是否定的。下面举例说明。

【例 4-1】用表 4-2 中的直径数据进行试验。式(4-11)中取 $d_0 = 5$，得 $b = 22.9566$，$c = 0.00153$。式(4-4)中取 $a = 5$，得 $b = 17.8958$，$c = 3.8000$。理论株数见表 4-1，表中包括了前面 $a = 7$ 的结果。图 4-3 为 $d_0 = 5$ 和 $a = 5$ 的结果比较。从模型参数、理论株数及图形可以看出，截尾与不截尾，虽然它们的定义区间均是 $(5, \infty)$，但结果是不一样的。虽然结果不一样，但从决定系数看，两者相差不大，不截尾的结果稍好。式(4-4)是三参数 Weibull 模型，这里不过将 a 人为固定为 5，式(4-11)是二参数 Weibull 模型。

表 4-1 截尾与不截尾 Weibull 分布模型拟合结果比较

径阶(cm)	8	10	12	14	16	18	20	22	24	26	28	30	32	合计
上限 d(cm)	9	11	13	15	17	19	21	23	25	27	29	31	33	
实际株数	2	1	6	14	17	26	33	30	34	19	12	8	3	205
理论株数 (非截尾，$a=7$)	0.2	1.9	5.9	12.2	19.9	27.4	32.3	32.8	28.7	21.2	13.1	6.7	2.7	205
理论株数 (非截尾，$a=5$)	0.6	2.5	6.2	11.9	19.1	26.5	31.8	33.0	29.3	21.8	13.3	6.5	2.4	205
理论株数 (截尾，$d_0=5$)	1.4	3.2	6.5	11.5	18.0	25.2	31.1	33.5	30.5	22.8	13.4	5.9	1.9	205

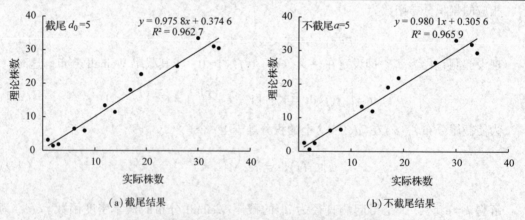

(a)截尾结果　　　　　　　　　　(b)不截尾结果

图 4-3 截尾与不截尾 Weibull 分布模型拟合结果比较

4.1.2 二元概率分布模型

当需要考虑直径和树高的联合结构时，就需要用二元分布的模型来拟合。这里介绍二元正态分布和二元 Weibull 分布。

（1）二元正态分布

由随机变量构成的向量称为随机向量。设二维随机向量 $X = (X_1, X_2)'$ 的概率密度函数为

$$f(x_1, x_2) = \frac{1}{2\pi \left| \sum \right|^{1/2}} e^{-\frac{1}{2}(x-\mu)' \sum^{-1}(x-\mu)} \tag{4-12}$$

则称该随机向量服从二元正态分布（bivariate normal distribution）。式中 $x = (x_1, x_2)'$ 为随机向量 X 的一组具体取值，$\mu = (\mu_1, \mu_2)'$ 为 X 的数学期望，$\sum$ 为 X 的协方差矩阵，定义为

$$\sum = \begin{vmatrix} \sigma_{11} & \sigma_{12} \\ \sigma_{21} & \sigma_{22} \end{vmatrix} = \begin{vmatrix} \sigma_1^2 & \sigma_1\sigma_2\rho \\ \sigma_2\sigma_1\rho & \sigma_2^2 \end{vmatrix} \quad (\rho \neq 1) \tag{4-13}$$

式中 σ_1^2, σ_2^2——X_1 和 X_2 的方差；

ρ——X_1 和 X_2 之间的相关系数。

模型（4-12）可以化为

$$f(x_1, x_2) = \frac{1}{2\pi\sigma_1\sigma_2\sqrt{1-\rho^2}} \exp \left\{ -\frac{1}{2(1-\rho^2)} \right.$$

$$\left. \times \left[\frac{(x_1-\mu_1)^2}{\sigma_1^2} - 2\rho \frac{(x_1-\mu_1)(x_2-\mu_2)}{\sigma_1\sigma_2} + \frac{(x_2-\mu_2)^2}{\sigma_2^2} \right] \right\} \tag{4-14}$$

若 $\rho = 0$ 说明 X_1 和 X_2 相互独立（即二元正态分布概率密度函数等于两个一元正态分布概率密度函数的乘积）；$\rho > 0$ 说明 X_1 和 X_2 正相关；$\rho < 0$ 说明 X_1 和 X_2 负相关。

用样本数据来估计式（4-14）模型时，用下列公式计算有关参数。

$$\mu_1 = \bar{x}_1 = \sum_{i=1}^{n} x_{1i}/n, \quad \mu_2 = \bar{x}_2 = \sum_{i=1}^{n} x_{2i}/n \tag{4-15}$$

$$\sigma_1^2 = s_1^2 = \sum_{i=1}^{n} (x_{1i} - \bar{x}_1)^2/(n-1), \quad \sigma_2^2 = s_2^2 = \sum_{i=1}^{n} (x_{2i} - \bar{x}_2)^2/(n-1) \tag{4-16}$$

$$\rho = r = \frac{\sum_{i=1}^{n}(x_{1i} - \bar{x}_1)(x_{2i} - \bar{x}_2)}{\sqrt{\sum_{i=1}^{n}(x_{1i} - \bar{x}_1)^2 \sum_{i=1}^{n}(x_{2i} - \bar{x}_2)^2}} \tag{4-17}$$

可见二元正态分布模型的拟合也是比较简单的，只要根据样本数据计算出有关参数即可。二元正态分布的边际分布均是一元正态分布，反过来说，如果有一个边际分布不是正态分布，则其联合分布就不可能是二元正态分布，例如，一个林分的直径服从正态分布，但树高不服从正态分布，则直径—树高的联合分布不可能是二元正态分布。两个一元正态分布的联合分布为二元正态分布。

（2）二元 Weibull 分布

二元 Weibull 分布（bivariate Weibull distribution）模型比较复杂，这里不介绍它的概率密度函数，仅介绍它的生存函数和累积分布函数（葛宏立等，2008）。二维随机向量 $X = (X_1, X_2)'$ 的二元 Weibull 分布的生存函数（survival function）为

$$F(x_1, x_2) = f(X_1 \geq x_1, X_2 \geq x_2) = e^{-\left[\left(\frac{x_1-a_1}{b_1}\right)^{c_1/r} + \left(\frac{x_2-a_2}{b_2}\right)^{c_2/r}\right]^r} \tag{4-18}$$

其累积分布函数为：

$$F(x_1, x_2) = f(X_1 \leq x_1, X_2 \leq x_2) = 1 - e^{-\left(\frac{x_1-a_1}{b_1}\right)^{c_1}} - e^{-\left(\frac{x_2-a_2}{b_2}\right)^{c_2}} + e^{-\left[\left(\frac{x_1-a_1}{b_1}\right)^{c_1/r} + \left(\frac{x_2-a_2}{b_2}\right)^{c_2/r}\right]^r}$$

$$\tag{4-19}$$

式中 a_1、a_2——位置参数；

$b_1(b_1>0)$，$b_2(b_2>0)$——尺度参数；

$c_1(c_1>0)$，$c_2(c_2>0)$——形状参数。

这些参数的含义与一元 Weibull 分布的参数含义相同。在区域 $x_1 \leq a_1$，$x_2 \leq a_2$ 内，概率密度定义为 0。$r(0<r\leq1)$ 不同于二元正态分布中的相关系数，但同样反映两个随机变量之间的关系，当 r 趋近于 1 时，表明 X_1 和 X_2 之间相互独立，当 r 趋近于 0 时，表明 X_1 和 X_2 之间存在某种确定性关系。二元 Weibull 分布的两个边际分布也均是一元 Weibull 分布。

这里介绍了一元、二元的正态分布和 Weibull 分布，在林业上还用其他一些分布，如一元分布有 β 分布(刘金福等，2001；刘恩斌等，2010)、Γ 分布(张雄清等，2009；曾群英等，2014)、S_B 分布(Fonseca et al.，2009；Harold et al.，2012)、Logistic 分布、负指数分布(巢林等，2014)；二元分布有 S_B 分布(刘恩斌等，2010；金星姬等，2013)。

4.2 林分一元结构

4.2.1 林分直径结构

云课堂

在林分内各种大小直径林木按径阶的分配状态，称作林分直径结构(stand diameter structure)，也称林分直径分布(stand diameter distribution)。无论在理论上还是在实际上，林分直径结构是最重要、最基本的林分结构，主要原因有以下几方面。

①直径最容易测定，且测定精度高，所以林分直径结构最容易研究。

②直径与材积、生物量等呈现幂函数关系，是估算材积、生物量最重要的变量。

③林分其他调查因子(如树高、断面积、干形和材积)与直径之间有着密切关系，可依据它们的相关性，利用林分直径结构规律，研究、推断相关因子的结构规律。例如，可以从理论上推导出：当 $y=ax^b$ 或 $y=a+bx$ 关系式成立时(x 为直径，y 为树高、断面积或材积)，如 x 服从 Weibull 分布，则 y 也服从 Weibull 分布，这时，两个 Weibull 分布中的相应参数也紧密相关。

④林分直径结构与林分材种结构密切相关。林分直径结构是编制林分材种出材量表的基础，同时，也是评估林分经济利用价值及经济效益的重要依据。

由于林分直径结构与其他林分结构关系密切，所以在林分生长收获模型研制中林分直径结构是一个重要的考虑因子，同时在森林经营中经常通过林分直径结构的调控使得林分向健康、优质高产的方向发展。特别是设计抚育间伐方案时，本着去劣留优，兼顾中、大径阶林木的原则，在实施中要考虑林分直径结构和林木空间结构。一个好的抚育间伐设计，应做到扩大保留木的生长空间，保持合理的林分密度，使林分保持健康、快速的生长状态。

（1）同龄纯林直径结构

在同龄纯林中，每株林木由于遗传性和所处的具体立地条件等因素的不同，会使林木的大小（直径、树高、树冠等）、干形等林木特征因子产生某些差异，在正常生长条件下（未遭受严重自然灾害及人为干扰），这些差异将会稳定地遵循一定的规律。

各林分直径分布曲线的具体形状虽略有差异，但同龄纯林直径结构一般呈现为以林分算术平均直径（$\bar{d}$）为峰点、中等大小的林木株数占多数、向其两端径阶的林木株数逐渐减少的单峰山状曲线（图 4-4、图 4-8），近似正态分布。许多林学家利用正态分布函数和 Weibull 分布函数拟合、描述同龄纯林直径分布取得了较好的拟合效果。因此，可认为同龄纯林直径结构近似服从正态分布。

同龄林直径分布曲线的形状随着林分年龄的增加而变化，即幼龄林平均直径较小，直径正态分布曲线的偏度（sk）为左偏（也称正偏，$sk>0$）；其峰度（也称峭度，k）为正值；这种左偏直径分布属于截尾正态分布（truncated normal distribution）［图 4-4(b)］。随着林分年龄的增加，林分算术平均直径（$\bar{d}$）逐渐增大，直径正态分布曲线的偏度由大变小，峰度也由大变小（由正值到负值），林分直径分布逐渐接近于正态分布曲线（正态分布曲线的偏度值及峰度值均为零）。

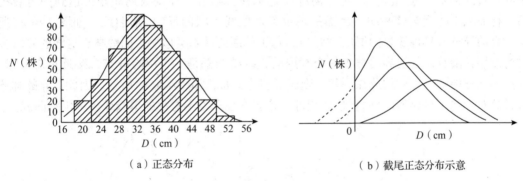

（a）正态分布　　　　　　　　　　（b）截尾正态分布示意

图 4-4　同龄林直径分布

美国学者金利希曾利用正态分布函数研究美国中部山地硬阔叶林的直径分布时也证实了这一规律（Gingrich，1967），即在年龄较小（直径较小）的林分中，偏度为正，但随着平均直径的加大，其偏度逐渐变小。当算术平均直径（$\bar{d}$）达到 20.3 cm 以上时，直径分布接近正态。在平均直径较小的林分中（$\bar{d} = 7.6$ cm），峰态较显著，随着平均直径的加大，峰度从正到负，在年龄较大（平均直径较大）时，形成宽而平的分布曲线（图 4-5），这些变化规律具有一定的普遍性。

林分直径正态分布规律一般呈现在正常生长条件下的同龄纯林中（未遭严重灾害及人为干扰的林分）。

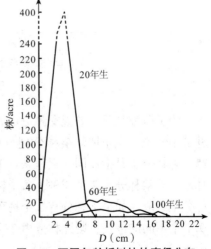

图 4-5　不同年龄栎树林的直径分布

若林分经过强度抚育间伐或择伐，在短期内难以恢复其固有的林分结构，其林分直径结构也将发生变化。经强度择伐的林分，其林分直径结构不服从正态分布。同龄林中，当择伐蓄积量不超过原林分蓄积量的 20% 时，其林分直径结构仍近似正态分布。

（2）异龄林直径结构

在林分总体特征上，同龄林与异龄林有着明显的不同。正如 Daniel（1979）指出的那样，同龄林与异龄林在林分结构上有着明显的区别，就林相和直径结构来说，同龄林具有一个匀称齐一的林冠，在同龄林分中，最小的林木尽管生长落后于其他林木，生长得很细，但树高仍达到同一林冠层；而异龄林分的林冠则是不整齐的和不匀称的；异龄林分中较常见的情况是最小径阶的林木株数最多，随着直径的增大，林木株数开始时急剧减少，达到一定直径后，株数减少幅度渐趋平缓，而呈现为近似双曲线形式的反"J"形曲线，如图 4-6（a）所示。

在同龄林和异龄林这两种典型的直径结构之间，存在着许多中间类型，且林分直径分布曲线的形状与林相类型有些关系。但是，由于异龄林的直径结构受林分自身的演替过程、树种组成、立地条件，以及自然灾害、采伐方式和强度等因素的影响，其直径结构曲线类型多样而复杂。有的异龄林几乎所有年龄的林木都有（绝对异龄林），且在空间占有上不同年龄的林木大致相同。这种异龄林中林木株数随着直径增大而减小，达到一定直径后，株数减少幅度渐趋平缓，因而呈现近似双曲线形状的反"J"形曲线，如图 4-6（a）所示。有的异龄林呈现明显的层次（林层），每个林层的林木类似一个同龄林，这样的异龄林称为复层异龄林。复层异龄林中每个林层的直径结构都是一个单峰分布，接近正态分布，若把不同林层的直径结构放在一起，则成了多峰分布，如图 4-6（b）所示。因此，异龄林分直径分布，除了呈典型的反"J"形曲线外，还经常呈现为不对称的单峰或多峰山状曲线。

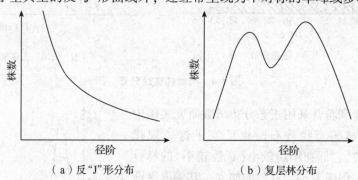

（a）反"J"形分布　　　　　　（b）复层林分布

图 4-6　异龄林直径分布

为了研究复层异龄混交林分的直径结构规律，苏联学者特列其亚科夫（1927）提出了森林分子学说，主张把复杂林分划分成若干个森林分子进行调查，研究森林分子的结构规律。森林分子是指在同一立地条件下生长发育起来的同一树种同一年龄世代和同一起源的林木。若某林分有 2 个树种，每个树种都分别属于同一年龄世代，则此林分就是由 2 个森林分子组成。如果某林分有 2 个树种，其中一个树种只有一个年龄世代，另一个树种则分属 2 个不同的世代，则此林分由 3 个森林分子组成。显然，一个同龄纯林只由一个森林分子组成。

特列其亚科夫的研究以及其他人的大量研究都充分证明，当把复杂林分划分成森林分子后，在每个森林分子内部都存在着与同龄纯林一样的结构规律，这一发现是研究复杂林分结构规律的一个重要进展。

应该指出，有些极端复杂的林分，如热带雨林，划分森林分子是不可能的。

我国对于异龄林分直径结构也进行了较深入地研究，如钱本龙（1984）利用岷山原始冷杉异龄林分 45 个小班全林检尺资料（近 30 万株）对林分直径结构进行了研究，并认为，岷山冷杉林分直径分布为不对称的山状曲线，偏度为正，在平均直径较小（24 cm 以下）的林分中，曲线尖峭，偏度较大；但随着平均直径的加大，峭度从正到负，偏度逐渐变小；平均直径超过 40 cm 的林分，形成了宽而平的分布曲线（图 4-7）。孟宪宇（1988）利用内蒙古大兴安岭兴安天然落叶松林 78 块标准地资料，分析了林分直径结构，其中有 29 块（37%）林分直径分布呈反"J"形曲线，49 块（63%）林分直径分布呈不对称的山状曲线。

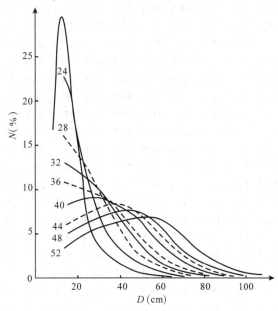

图 4-7　原始冷杉异龄林直径分布

4.2.2　林分树高结构

树高与材积近似为一次关系，在重要性上仅次于直径。林分内不同树高大小的分配状态称作林分树高结构（stand height structure），也称林分树高分布（stand height distribution）。前面已经介绍，林分直径结构与林分树高结构关系密切，但这种关系仍是一种概率上的相关关系。实际上，同一林分内相同直径的林木其树高可能相差很大，所以尽管林分直径结构与树高结构关系密切，但直径结构不能代替树高结构，进行树高结构的研究仍是必要的。

4.2.3　林分直径、树高分布拟合方法

（1）同龄纯林直径和树高结构拟合

①同龄纯林直径结构拟合。下面分别用一元正态分布模型式（4-1）和一元 Weibull 分布模型式（4-2）来拟合。

【例 4-2】用一元正态分布模型拟合同龄纯林的直径结构。根据表 4-2 中的直径数据，用偏度公式计算出偏度（sk）为 -0.115 5，略向右偏，但偏度不大；用峰度公式计算出峰度值（k）为 -0.291 0，与标准正态分布相比略显扁平；用总体均值和总体方差公式计算其样地算术平均数和样地标准差，得林分总体均值的估计 $\hat{\mu} = \bar{d} = 20.955\ 6$ cm，方差估计值 $\sigma^2 = s^2 = 22.729\ 2（\sigma = s = 4.767\ 5）$，所以该林分直径结构的一元正态分布拟合结果（概率分

表 4-2　一块落叶松样地全部样木的直径—树高数据

D	H	D	H	D	H	D	H	D	H	D	H	D	H	D	H	D	H
7.0	12.0	15.5	11.7	17.1	18.0	19.0	18.3	20.5	21.9	22.0	22.7	23.0	22.0	23.0	26.3	28.0	22.8
8.5	12.9	15.2	13.0	17.4	18.0	19.0	18.0	20.7	21.5	21.0	23.3	23.0	22.0	24.7	25.4	28.0	23.1
10.0	12.0	16.1	14.6	18.0	17.7	19.2	18.4	19.4	23.0	21.4	24.0	23.0	22.4	25.0	20.4	27.5	24.0
11.0	14.0	15.5	14.9	17.7	18.5	19.5	18.4	20.7	23.1	21.0	24.7	23.8	21.9	26.0	20.6	27.0	25.2
11.0	16.4	15.5	14.9	18.7	18.2	19.5	17.9	20.8	24.1	21.6	23.2	24.0	22.9	25.0	21.8	27.4	25.4
12.2	15.0	15.0	15.0	17.0	19.9	20.4	18.7	21.5	22.3	23.2	24.6	21.1	25.2	21.6	27.4	27.1	26.2
12.0	15.2	16.0	16.0	17.0	20.0	20.5	18.5	21.5	27.4	23.0	24.5	22.2	26.6	21.2	27.1	26.9	
12.0	16.0	16.2	15.8	17.0	20.5	18.5	21.5	15.7	22.4	24.7	24.5	22.9	23.5	25.0	23.5	27.0	27.4
12.5	15.3	16.0	16.3	17.6	19.3	19.7	18.7	21.6	18.8	22.5	23.0	23.1	25.0	23.5	27.5	27.0	
14.4	11.8	15.1	18.3	17.6	20.5	20.0	18.7	22.5	17.7	22.5	24.4	23.0	26.0	24.5	27.6	27.8	
13.0	15.5	18.1	18.6	18.0	21.4	19.7	21.2	21.2	23.0	26.0	23.7	25.5	24.3	29.2	24.8		
13.5	14.0	15.5	17.8	18.0	22.2	19.2	19.2	21.5	20.0	21.4	25.8	23.0	23.9	25.5	24.3	29.0	25.2
13.5	14.6	16.0	18.8	18.0	21.8	19.0	20.3	21.5	20.0	22.0	26.4	23.6	26.0	24.6	29.2	26.3	
13.0	15.6	16.0	20.2	17.7	22.4	19.0	20.7	22.6	22.0	23.6	26.0	25.4	29.0	28.4			
14.3	16.3	16.8	20.4	18.0	22.6	20.5	19.0	22.2	20.2	23.0	20.5	24.4	24.2	26.1	25.6	29.5	27.0
13.5	15.5	16.7	23.0	17.5	22.9	19.0	21.0	22.9	20.0	23.0	20.9	23.5	23.7	26.0	25.5	29.8	27.4
14.4	16.7	16.9	16.9	18.8	22.4	20.0	21.0	22.7	20.5	24.0	19.4	24.2	26.0	25.7	30.8	28.2	
14.8	16.8	18.3	13.6	18.9	22.7	20.0	21.6	20.0	24.0	20.2	25.5	24.2	25.5	26.5	29.5	29.6	
13.0	17.9	18.0	16.6	18.9	22.7	19.8	21.3	21.3	24.4	20.6	24.7	24.7	25.7	26.5	31.0	23.2	
14.1	17.2	18.0	16.5	18.0	23.9	20.0	21.5	21.0	22.4	23.6	20.6	24.7	26.7	25.5	31.8	30.4	
14.8	17.6	17.0	17.2	20.0	14.9	20.0	22.6	21.0	21.2	20.5	23.2	26.5	26.5	32.8	30.4		
14.6	18.5	17.3	17.3	20.6	16.1	19.6	22.8	22.0	24.7	19.4	24.4	24.4	27.0	19.8			
14.8	19.4	17.0	17.7	19.4	17.0	20.6	22.0	22.0	24.5	20.7	23.0	25.4	28.0	22.8			

布函数)为

$$f(d) = \frac{1}{4.7675\sqrt{2\pi}}\,\mathrm{e}^{-\frac{(d-20.9556)^2}{2\times 4.7675^2}} \tag{4-20}$$

其曲线如图 4-8 左边部分的光滑曲线。这样的正态分布拟合方法是最优的拟合方法，也可以用其他方法如最大似然法等拟合。

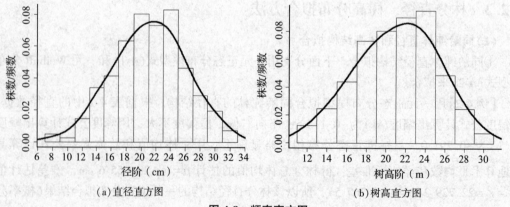

(a)直径直方图　　　(b)树高直方图

图 4-8　频率直方图

关于式(4-20)的应用，经常是为了估计一定区间的理论概率或理论株数，例如 20 径阶[19，21)内的概率 p_{20} 是多少，或有多少株？这时可用下式表示。

$$p_{20} = F(21) - F(19) = \int_{-\infty}^{21} f(x)\,\mathrm{d}x - \int_{-\infty}^{19} f(x)\,\mathrm{d}x \tag{4-21}$$

除了通过偏可视化直观地了解数据的分布形状外，还可以通过统计分析方法进行分布的假设检验。常用 χ^2 检验法检验一组数据是否服从假定的某个分布，一元或多元都可以，但多元情况往往需要庞大的检验数据。将数据分隔成一定的区间(如划分成径阶)，拟合假定的分布并计算出各区间的理论频数，则

$$\chi^2 = \sum_{i=1}^{m} \frac{(\text{实际频数} - \text{理论频数})^2}{\text{理论频数}} \sim \chi^2(m-p-1) \tag{4-22}$$

式中　m——分隔的区间数量(如径阶个数)；

p——假定的分布模型的参数个数，如假定为正态分布，则 $p=2$。

可以通过查表或用 Excel 等工具计算。例如，Excel 有函数 NORMDIST(x，均值，标准差，1)，其中 x 为积分的上限值，如本例 $F(21)$ 为 NORMDIST(21，20.956 6，4.767 5，1)。p_{20} 乘以样地总株数或林分总株数就得到了样地或林分 20 径阶的理论株数。理论株数和理论概率见表 4-3 和表 4-4。

表 4-3　直径和树高实际株数和一元正态分布拟合结果的理论株数

直径/树高 (cm/m)	8	10	12	14	16	18	20	22	24	26	28	30	32	合计
$D_{实际株数}$	2	1	6	14	17	26	33	30	34	19	12	8	3	205
$D_{理论株数}$	1.2	2.5	6.0	11.9	20.0	28.2	33.4	33.3	27.9	19.6	11.6	5.8	2.4	203.8
$H_{实际株数}$	—	—	6	10	18	30	33	37	39	20	10	3	—	205
$H_{理论株数}$	—	—	4.1	8.4	18.2	30.5	39.7	40.1	31.4	19.1	9.0	3.0	—	203.8

表 4-4　直径和树高实际频率和一元正态分布拟合结果的理论概率

直径/树高 (cm/m)	8	10	12	14	16	18	20	22	24	26	28	30	32	合计
$D_{实际频率}$	0.010	0.005	0.029	0.068	0.083	0.127	0.161	0.146	0.166	0.093	0.058	0.039	0.015	1
$D_{理论频率}$	0.006	0.012	0.029	0.058	0.098	0.138	0.163	0.162	0.136	0.096	0.057	0.028	0.012	0.994
$H_{实际频率}$	—	—	0.024	0.049	0.088	0.146	0.161	0.180	0.190	0.098	0.049	0.015	—	1
$H_{理论频率}$	—	—	0.020	0.041	0.089	0.149	0.194	0.196	0.153	0.093	0.044	0.015	—	0.993

用表 4-3 中的 $D_{实际株数}$ 和 $D_{理论株数}$ 用式(4-22)进行 χ^2 检验。8 cm、10 cm 2 个径阶的理论株数均小于 5 且它们的和也小于 5，所以将这 2 个径阶的理论株数和实际株数加到 12 cm 径阶，同理将 32 cm 的数据加到 30 cm 径阶，计算得 $\chi^2 = 3.674\ 8 < \chi_{0.05}^2(10-2-1) = 14.067$，所以可以认为直径服从正态分布，可靠性为 0.95。

一般来说，在自然状态下，同龄纯林的直径结构随着林龄的增大越来越接近正态分布。在林业上常用平方平均直径 $\bar{d}_g$(与林分平均断面积对应的直径)，由于 $\bar{d}_g$ 大于算术平

均数 $\bar{d}$，所以在正态分布条件下，$\bar{d}$ 左右的林木约各占一半，但小于 $\bar{d}_g$ 的林木大于50%，具体比例则视林分的分化程度(方差大小)而变，分化越严重，小于 $\bar{d}_g$ 的比例越大。

②同龄纯林树高结构拟合。在同龄纯林中，林木株数按树高分布也具有明显的结构及变化规律，一般呈现出接近于该林分算术平均高的林木株数最多的对称性的山状曲线，多数情况下也接近正态分布。

【例4-3】用一元正态分布模型拟合同龄纯林的树高结构。根据表4-2中的树高数据，计算偏度(sk)为-0.178 8，略向右偏，但偏度不大；计算峰度值(k)为-0.435 3，与标准的正态分布相比略显扁平。林分总体树高均值的估计 $\hat{\mu}=\bar{h}=21.076\ 6$ m，方差估计值 $\sigma^2=s^2=15.462\ 8$($\sigma=s=3.932\ 3$)，所以该林分树高结构的一元正态分布模型拟合结果(概率密度函数)为

$$f(h)=\frac{1}{3.932\ 3\sqrt{2\pi}}e^{-\frac{(h-21.076\ 6)^2}{2\times3.932\ 3^2}} \tag{4-23}$$

其曲线如图4-9右边部分的光滑曲线，其他数字见表4-3和表4-4。

用表4-3中的 $H_{实际株数}$ 和 $H_{理论株数}$ 用式(4-22)进行 χ^2 检验。对最后两个树高阶的数据进行合并，计算得 $\chi^2=3.775\ 0<\chi^2_{0.05}(9-2-1)=12.591\ 6$，所以可以认为树高不服从正态分布。

(2) 异龄林直径和树高结构拟合

图4-6中的多峰曲线一般不能用一个简单模型如正态分布或Weibull分布模型拟合，而应该先分别林层拟合然后叠加，这里不进行阐述。前述表明，一元Weibull分布具有灵活的特性，单边的反"J"形分布或单峰分布一般都可以用其拟合(图4-1)，所以对于异龄林常用Weibull分布进行拟合，也可以用β分布等分布拟合(刘金福等，2001；刘恩斌等，2010)。一般来说，由于树高和直径之间存在相关，所以从分布形态上说，树高和直径有着基本相同的结构。下面的例子说明如何用Weibull分布来拟合直径和树高结构。

【例4-4】假设前面的落叶松样地数据为异龄林，用一元Weibull分布模型拟合直径和树高结构。Weibull分布的拟合比正态分布的拟合要复杂得多。Weibull分布可以用最大似然法拟合，该方法精度高，但计算复杂。这里对其累积分布函数即式(4-4)用最小二乘法进行拟合。用 x 表示直径(或树高)，式(4-4)可写成

$$F(d)=P(D<d)=1-e^{-\left(\frac{d-a}{b}\right)^c} \qquad (d>a) \tag{4-24}$$

利用表4-5中数据对式(4-24)进行拟合，结果见表4-6。表中上限 d 为各个径阶的上限值。表中累积频率作为式(4-24)中的 $F(d)$，即非线性回归的因变量，上限 d 作为自变量，用普通最小二乘法进行拟合。ForStat和SPSS等常用统计软件都提供了非线性模型拟合的最小二乘法。式(4-24)中的 a 为位置参数，一般可以根据情况事先确定而不作为未知参数求解，如本例中直径的 a 可以确定为7(最小径阶8径阶的下限)，树高的 a 确定为11(最小树高阶的下限)，这样剩下只要估计 b 和 c。非线性回归需要提供初值，本例中的数据为单峰数据，接近于正态分布，所以 c 可取值3，b 可取值10(参考正态分布方差的结果，也可以取15、20等其他数值)，最终的直径结构拟合结果为：$a=7.0$(人为确定)，$b=15.857\ 9$，$c=3.325\ 4$，树高结构拟合结果为：$a=11.0$(人为确定)，$b=11.532\ 1$，$c=$

2.830 6。这个例子中，直径的 c 值更接近于 3.6，说明本例直径结构更接近正态分布，而树高结构则离正态分布稍远一点，这从图 4-8 和图 4-9 也能看出。

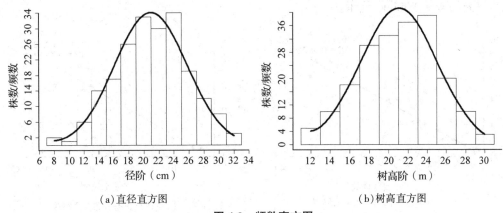

| (a) 直径直方图 | (b) 树高直方图 |

图 4-9　频数直方图

表 4-5　根据表 4-2 分别按径阶和树高阶统计的频数（径阶和树高阶株数）

直径/树高 (cm/m)	8	10	12	14	16	18	20	22	24	26	28	30	32	合计
径阶株数	2	1	6	14	17	26	33	30	34	19	12	8	3	205
树高阶株数			5	10	18	30	33	37	39	20	10	3		205

表 4-6　累积频率与径阶/树高阶上限值及 Weibull 分布拟合理论值

	径阶/树高阶 (cm/m)	8	10	12	14	16	18	20	22	24	26	28	30
直径	上限 d(cm)	9	11	13	15	17	19	21	23	25	27	29	31
	实际株数	2	1	6	14	17	26	33	30	34	19	12	8
	累积株数	2	3	9	23	40	66	99	129	163	182	194	202
	累积频率	0.010	0.015	0.044	0.112	0.195	0.322	0.483	0.629	0.795	0.888	0.946	0.985
	理论株数	0.2	1.9	5.8	12.1	19.8	27.2	32.1	32.7	28.5	21.1	13.0	6.6
树高	上限 h(m)			13	15	17	19	21	23	25	27	29	31
	实际株数	—	—	5	10	18	30	33	37	39	20	10	3
	累积株数			5	15	33	63	96	133	172	192	202	205
	累积频率			0.024	0.073	0.161	0.307	0.468	0.649	0.839	0.937	0.985	1.000
	理论株数	—	—	1.4	8.6	19.9	31.4	38.6	38.2	30.7	19.9	10.4	4.3

　　将径阶(树高阶)$[d_1, d_2)$ 的上下限值代入式(4-24)，$F(d_2)-F(d_1)$ 就是该径阶内的理论概率，乘以样地总株数就是该径阶的样地理论株数，见表 4-6。与正态分布不同，Weibull 分布不能向 $<a$ 的方向外推，但可以向无穷大方向外推。

　　图 4-10 为正态分布拟合结果与 Weibull 拟合结果的比较，横坐标为实际株数，纵坐标为理论株数。图 4-10 中可以看出，两者的结果很接近。因为直径和树高均接近正态分布，所以两者接近，如果离正态分布较远，那一般情况下 Weibull 分布会有更好的结果。

用表4-6中直径和树高的实际株数和理论株数进行χ^2检验。对于直径数据，前3个径阶和后2个径阶分别进行了合并，计算得$\chi^2 = 2.762 < \chi^2_{0.05}(10-2-1) = 14.067$；对于树高数据，将后2个树高阶进行了合并，计算得$\chi^2 = 6.0394 < \chi^2_{0.05}(8-2-1) = 11.0705$，可以认为直径和树高均服从 Weibull 分布。

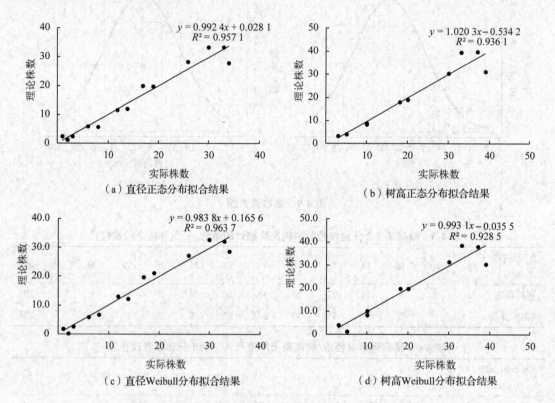

图 4-10　正态分布拟合结果与 Weibull 分布拟合结果的比较

（3）非概率分布函数方法

前面介绍的正态分布、Weibull 分布，及 β 分布、Γ 分布、S_B 分布等都是概率模型，适合随机变量服从这些分布的情况使用，当分布不服从这些假定分布或分布未知时，可以采用非概率分布数方法，这种方法实质是用一般的回归方法建立一个回归模型来近似累积分布函数。

①累积分布曲线。根据表4-5中的直径数据统计出表4-7，即直径累积分布数据。

如果随机变量服从正态分布，则累积频数或累积频率呈"S"形曲线。本例的直径数据近似正态分布，所以其累积曲线呈"S"形曲线，见图4-11。

对于这样的"S"形曲线可以选择具有拐点的生长模型(详见第8章)，如 Logistic 方程。

$$F(x) = \frac{m}{1 + be^{-rx}} \tag{4-25}$$

式中　x——径阶；

　　　m、b、r——参数，均大于 0，其中 m 为渐近线参数。

表 4-7　根据表 4-5 统计的直径累积分布数据

径阶/上限（cm/m）	8/9	10/11	12/13	14/15	16/17	18/19	20/21	22/23	24/25	26/27	28/29	30/31	32/33
径阶株数	2	1	6	14	17	26	33	30	34	19	12	8	3
累积株数	2	3	9	23	40	66	99	129	163	182	194	202	205
累积频率	0.009 8	0.014 6	0.043 9	0.112 2	0.195 1	0.322 0	0.482 9	0.629 3	0.795 1	0.887 8	0.946 3	0.985 4	1
正态分布理论值	0.006 1	0.018 4	0.047 5	0.105 6	0.203 1	0.340 5	0.503 4	0.665 7	0.801 6	0.897 4	0.954 2	0.982 4	0.994 2
"S"形曲线频率理论值	0.013 7	0.027 2	0.053 3	0.102	0.186 3	0.315 5	0.482	0.652 3	0.790 2	0.884 1	0.938 0	0.968 8	0.984 3
多项式频率理论值	0.024 1	0.000 5	0.029 9	0.104 5	0.212 6	0.343 3	0.486 0	0.629 9	0.764 1	0.878 0	0.960 8	1.001 7	0.989 9
多项式频率理论值调整	0.011 8	0.011 8	0.029 9	0.104 5	0.212 6	0.343 3	0.486 0	0.629 9	0.764 1	0.878 0	0.960 8	1.000 0	1.000 0

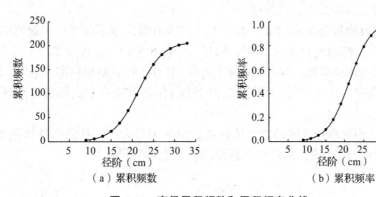

（a）累积频数　　　　　（b）累积频率

图 4-11　直径累积频数和累积频率曲线

对于累积频率来说，渐近线参数理论上等于 1，即 $m=1$，式（4-25）简化为

$$F(x) = \frac{1}{1 + be^{-rx}} \tag{4-26}$$

用表 4-7 中的径阶上限值和累积频率数据用普通最小二乘法拟合式（4-26）得 $b = 1\,694.69$，$r = 0.350\,632$，决定系数 $R^2 = 0.999$，于是

$$F(d) = \frac{1}{1 + 1\,694.69e^{-0.350\,632d}} \tag{4-27}$$

根据此式计算出的理论累积频率（表 4-7）中的"S"形曲线理论值，表中的正态分布理论值为根据正态分布拟合结果计算的数值，即用公式（4-20）的结果积分而得。

$$F(d) = \int_{-\infty}^{d} f(x)\,\mathrm{d}x = \int_{-\infty}^{d} \frac{1}{4.767\,5\sqrt{2\pi}} e^{-\frac{(x-20.955\,6)^2}{2\times4.767\,5^2}}\,\mathrm{d}x \tag{4-28}$$

式中　d——各径阶的上限值，具体是用 Excel 的函数 NORMDIST( ) 计算的，结果也列于表 4-7。

可以证明，式(4-26)及其导函数都满足概率模型的条件，即它也是一个概率模型，与正态分布比较接近。式(4-26)的拐点、其导函数(即概率分布函数)的极大值点 d^* 为

$$d^* = \frac{\ln b}{r} \tag{4-29}$$

计算结果为 21.205 3，与正态分布密度最大值处的直径算术平均数 20.955 6 很接近。对于 Weibull 分布，如果用式(4-24)估计参数，则本来就是 Weibull 分布。

对于不服从正态分布等分布的一般分布则可考虑用一个 p 次多项式来拟合。

$$F(d) = c_0 + c_1 d + c_2 d^2 + \cdots + c_p d^p \tag{4-30}$$

用表 4-7 中的径阶上限值和累积频率数据、取 $p = 3$ 用最小二乘法进行拟合，结果为

$$F(d) = 1.103\ 60 - 0.230\ 225d + 0.014\ 271\ 2d^2 - 0.000\ 224\ 217d^3 \tag{4-31}$$

$R^2 = 0.998$，对应的理论值见表 4-7。多项式的优点是灵活，可以逼近任何形状的曲线，缺点是不稳定。从累积分布曲线的要求讲，应该满足非负、单调非减，但从表中数据可以看出在没有外推的情况下已经出现了一处负值、两处下降的情况，对于这种情况需要调整，表中将前两个数据换成了它们的平均数，将大于 1 的改成了 1，将最后一个数也改成了 1。一般情况下多项式不允许外推。

p 取多大也需要根据情况来确定，不可太大，因为越大越不稳定，一般可以根据分布的峰值多少确定，单峰情况取 3~4 即可，增加一个峰相应的 p 值可以增加 2~3。

根据累积分布曲线(模型)可以算出两个直径(径阶)处的累积概率，或从图解曲线上查出对应的累积概率，就可以算出两个直径(径阶)区间的概率，进而估计该区间的林木株数。

②相对直径。相对直径反映林木个体在林分中的相对大小。林分中各株林木胸径(d)与林分平均胸径(D_g)的比值，称作相对直径(R_d)，它的定义为

$$R_d = \frac{d}{D_g} \tag{4-32}$$

式中 d——胸径；

D_g——林分平均胸径。

林分中直径变动幅度与林龄有关，一般幼龄林的直径变幅大些，而成过熟林的直径变幅略小些。林分平均直径(D_g)的 $R_d = 1.0$，而林分内最粗林木的相对直径 $R_{d\max} = 1.7 \sim 1.8$，最细林木的相对直径 $R_{d\min} = 0.4 \sim 0.5$，即林分中最粗林木直径一般为平均直径的 1.7~1.8 倍，最细林木直径为 0.4~0.5 倍(详见 4.2.5 节)。当然，根据这一特征，在同龄林调查中，可目测选定林分内最小或最大树木，然后可依据最小或最大胸径实测值，利用上述分别与林分平均直径(D_g)的关系估测林分平均直径(D_g)；另外，也可依据目测林分平均直径(D_g)，利用 $0.45D_g$(或 $1.75D_g$)，确定林分内最小(或最大)直径值，进而确定林分调查起测径阶及相应的径阶距。

在累积分布模型中，有时也采用相对直径 R_d 作为自变量。根据式(4-32)的定义则有 $d = R_d \cdot D_g$ 将 $D_g = 21.4885$ 代入以 d 为自变量的非概率模型累积分布模型，就可以将自变量化为 R_d，例如式(4-27)可化为

$$F(R_d) = \frac{1}{1 + 1\ 694.69e^{-7.534\ 6R_d}} \tag{4-33}$$

而多项式(4-30)可化为

$$F(R_d) = 1.103\ 60 - 4.947\ 19R_d + 6.589\ 81R_d^2 - 2.224\ 78R_d^3 \tag{4-34}$$

为了拟合复杂分布的累积分布曲线，又为了避免多项式的不稳定性，可以采用图解的方法，即根据直径(或相对直径)—累积频率散点图手绘一条非负、单调非减的光滑曲线，如图 4-11(b)和图 4-12(b)所示。

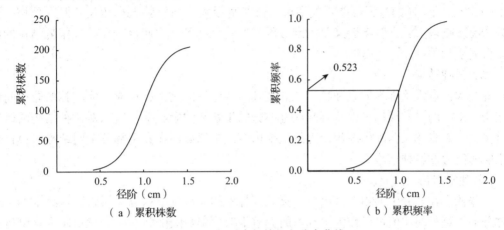

（a）累积株数　　　　　　　　　（b）累积频率

图 4-12　相对直径的累积分布曲线

苏联林学家久林(1931)将相对直径按 0.1 的间距划分的径阶称为自然径阶，依此求得的各自然径阶的株数百分比，并得出如下结论："林木按自然径阶分布的情况，并不依树种、地位级和疏密度而变，仅在某种程度上随林分年龄而改变，但在很大程度上随着抚育采伐的特点而改变。"

采用相对直径研究林分直径结构，在林学中有着重要的生物学意义。在同一密度的林分中，林木胸径的大小在一定程度上可以反映该林木在林分中相对竞争力的大小，因此，相对直径可以表示出该林木在林分中相对竞争力的大小。所以，近年来，在研建单木生长模型中经常采用相对直径作为林木竞争指标。

4.2.4　其他非空间结构

（1）年龄结构

根据林分年龄可以把林分分为同龄林和异龄林，同龄林又可分为绝对同龄林和相对同龄林(参见第 3 章)。一般的人工林多是绝对同龄林，因为除了少部分补植的年龄略有不同，其余都相同。从采伐迹地上或火烧迹地上自然生长的林分其年龄相对整齐，如果年龄相差大致在一个龄级之内，这样的林分称为相对同龄林。同龄林的年龄结构简单，方差小，甚至为零。

如果林分内林木年龄相差在一个龄级称为异龄林。如果林分内不同龄级的林木均有一定比例，则称为绝对异龄林。因为年龄大的林木都经过小年龄阶段，而年龄小的林木不一定能达到大年龄阶段，所以，林分中年龄小的林木要多于年龄大的林木，其年龄分布曲线呈倒"J"形，与绝对异龄林的直径分布结构类似。如果直径结构和树高结构呈现多峰，即复层林，这时年龄结构也呈多峰。

在同龄林中，直径、树高、材积等生长与年龄的关系比较简单，通常认为是"S"形，而且单株林木的生长过程与林分整体的生长过程比较接近。但这种规律在异龄林中不一定存在，尤其在绝对异龄林中。直径等生长曲线变得非常复杂，可能出现多个"S"形，变成台阶形曲线。当林木受压时，生长缓慢，当相邻的大树采伐或枯倒后，生长条件改善，生长加速，若干年后附近的大树又逐渐靠拢，林木再次受压，生长又变缓慢，这个过程形成一个"S"形，而这样的过程可能重复多次。虽然直径大小与年龄大小相关，但这种相关受林分情况影响较大，同时年龄又是测定最困难的一个因子，这使得对异龄林年龄结构的研究变得复杂和困难。

（2）树种结构

混交林生态系统更为健康和稳定。混交林中各树种的比例，构成了混交林的非空间树种结构。良好的树种结构可以改善和促进林分的生长和健康状况，所以对树种结构的研究非常重要，是森林经营和生态学研究的重要内容。本章后面在介绍林分空间结构时将讨论基于空间位置的树种结构。

（3）竞争结构

一株林木在林分中的相对大小可以反映该林木的大致竞争状态，所以一株林木的直径与林分平均直径的比值可以作为该林木的竞争指数（如林木相对直径），比值越大竞争越有利。第5章介绍的用于同龄林的密度指标——林分密度指数，是一个反映林分整体竞争状态的一个非空间竞争指数。

其他非空间结构还包括断面积结构、材积结构、形数结构等，这里不再赘述。

4.2.5 不同因子结构间关系

简单讨论一下林分不同因子结构之间的关系。下面的式子中 h 为树高，d 为直径，g 为断面积，其他为参数。

（1）直径结构与树高结构之间的关系

如果 $h = ad^b$ 的关系大致成立，且直径 d 服从 Weibull 分布，则可以证明，树高也服从 Weibull 分布。

（2）直径结构与材积结构之间的关系

在一个林分中，通常可以假定材积与直径存在关系 $v = ad^b$，和直径结构与树高结构之间的关系类似，如果直径服从 Weibull 分布，则材积也服从 Weibull 分布。

（3）直径结构与断面积结构之间的关系

在假定树干横截面为圆的前提下，断面积与直径存在函数关系 $g = \pi d^2/4$，与直径结构与树高结构之间关系类似，如果直径服从 Weibull 分布，则断面积也服从 Weibull 分布。

（4）胸高形数、实验形数与树高、直径等结构间的关系

形数有随着树高增加而减小的趋势，原因主要是因为随着树高增加，胸高位置在整个树干的相对位置降低。由于随着树高增加一般直径也增加，所以随着直径的增大，形数也呈下降的趋势。如果胸高形数 $f_{1.3}$ 与树高 h 之间呈双曲线关系。

$$f_{1.3} = a + \frac{b}{h}$$

(4-35)

则

$$v = f_{1.3}gh = \left(a + \frac{b}{h}\right)gh = (ah + b)g = a\left(h + \frac{b}{a}\right)g \tag{4-36}$$

式中　v——树干材积；

　　　g——胸高断面积；

　　　a，b——方程参数。

式(4-36)里的 a 可以理解为实验形数，而 b/a 通常取 3。a 与直径和树高都没有直接关系，在结构上是一个常数，这可以作为实验形数稳定原因的一个解释(详见第 2 章)。

（5）算术平均直径、断面积平均直径和材积平均直径三者之间的关系

一个样地(或林分)的直径算术平均数计算公式为

$$\bar{d} = \frac{1}{n}\sum_{i=1}^{n} d_i \tag{4-37}$$

断面积的算术平均数计算公式为

$$\bar{g} = \frac{1}{n}\sum_{i=1}^{n} g_i = \frac{\pi}{4n}\sum_{i=1}^{n} d_i^2 = \frac{\pi}{4}\bar{d}_g^2 \tag{4-38}$$

则断面积平均直径(或林分平均直径)为

$$\bar{d}_g = \sqrt{\frac{1}{n}\sum_{i=1}^{n} d_i^2} \tag{4-39}$$

如果假设材积与直径存在关系 $v = ad^b$，则材积的算术平均数计算公式为

$$\bar{v} = \frac{1}{n}\sum_{i=1}^{n} v_i = \frac{a}{n}\sum_{i=1}^{n} d_i^b = a\overline{d_v^b} \tag{4-40}$$

则

$$\bar{d}_v = \left(\frac{1}{n}\sum_{i=1}^{n} d_i^b\right)^{1/b} \tag{4-41}$$

这个平均数称为材积平均直径。在 $v = ad^b$ 中，b 一般满足 $2 < b < 3$。若 $0 < s < r$，则

$$\left(\frac{1}{n}\sum_{i=1}^{n} d_i^s\right)^{1/s} < \left(\frac{1}{n}\sum_{i=1}^{n} d_i^r\right)^{1/r} \tag{4-42}$$

故

$$\bar{d} = \frac{1}{n}\sum_{i=1}^{n} d_i < \bar{d}_g = \left(\frac{1}{n}\sum_{i=1}^{n} d_i^2\right)^{1/2} < \bar{d}_v = \left(\frac{1}{n}\sum_{i=1}^{n} d_i^b\right)^{1/b} \tag{4-43}$$

所以，林分中算术平均直径($\bar{d}$)、断面积平均直径($\bar{d}_g$)及材积平均直径($\bar{d}_v$)是不相等的(除非林分中的林木直径全都相等)。前面提到，在一定的前提下，直径、断面积和材积均服从 Weibull 分布，但它们是不同的总体，分别具有不同的均值和方差，体现这些总体平均水平的"平均个体"不可能出现在同一棵树上，且林分分化越大，这 3 个平均个体差异也越大。根据表 4-2 计算的 3 个直径平均值分别为 $\bar{d} = 20.955\,1$ cm，$\bar{d}_g = 21.488\,5$ cm，$\bar{d}_v = 21.831\,7$ cm。

因为

$$\sigma^2 = E[d - E(d)]^2 = E(d^2) - E^2(d) = \overline{d_g^2} - \overline{d}^2 \tag{4-44}$$

即

$$\overline{d_g^2} = \overline{d}^2 + \sigma^2 = \overline{d}^2(1 + \frac{\sigma^2}{\overline{d}^2}) = \overline{d}^2(1 + c^2) \tag{4-45}$$

式中 $c = \dfrac{\sigma}{\overline{d}}$，称为变动系数。

当林分直径服从正态分布时，则林木总株数的 95% 位于 $\overline{d} \pm 1.96\sigma$，所以可以近似认为林分中最小 2.5% 林木的平均直径 $d_{\min}$、最大 2.5% 林木的平均直径 $d_{\max}$ 大致分别为

$$d_{\min} = \overline{d} - 1.96\sigma = \overline{d}(1 - 1.96c), \quad d_{\max} = \overline{d} + 1.96\sigma = \overline{d}(1 + 1.96c) \tag{4-46}$$

根据式(4-45)有

$$\overline{d} = \frac{\overline{d_g}}{\sqrt{1 + c^2}} \tag{4-47}$$

代入式(4-46)有

$$d_{\min} = \frac{\overline{d_g}(1 - 1.96c)}{\sqrt{1 + c^2}} \qquad d_{\max} = \frac{\overline{d_g}(1 + 1.96c)}{\sqrt{1 + c^2}} \tag{4-48}$$

如果假定林分直径变动系数为 0.20~0.40，则在正态分布假定下，最小直径($d_{\min}$)为算术平均直径($\overline{d}$)的 0.2~0.6 倍，最大直径($d_{\max}$)为算术平均直径($\overline{d}$)的 1.4~1.8 倍；$d_{\min}$ 为林分平均直径($\overline{d_g}$)的 0.2~0.5 倍，$d_{\max}$ 为林分平均直径($\overline{d_g}$)的 1.4~1.7 倍，即最小相对直径 $R_{d\min}$ 为 0.2~0.6，最大相对直径 $R_{d\max}$ 为 1.4~1.7。对于同龄纯林一般认为 $R_{d\min}$ 为 0.4~0.5，$R_{d\max}$ 为 1.7~1.8。这些关系有助于调查员在野外目视调查中根据观测到的林分最小、最大直径估计林分算术平均直径和林分平均直径。

*4.3 林分二元结构

4.3.1 林木直径与树高的关系

一般来说，林分中林木直径与树高之间有下列关系：

①林木高与直径之间存在着正相关关系，趋势上直径越大，树高越高。

②在生长的早期，直径与树高生长都比较快，接近直线关系，过了这个阶段直径保持较快的生长速率，树高生长开始变慢，再后来直径保持缓慢生长，树高则基本停止生长。

③对于同龄纯林林分，每个径阶范围内，林木株数按树高的分布也大致呈单峰曲线，近似于正态分布，反过来也大致如此，见表4-8。

④株数最多的树高接近于该林分的平均高。

生产和科研中经常通过建立树高曲线方程(表3-14)，基于直径来估计树高，常用的模型如下。

$$H = a + \frac{b}{D + k} \tag{4-49}$$

$$H = aD^b \tag{4-50}$$

树高与直径的关系只是概率意义上的相关关系，用直径来估计树高，必定会损失很多信息。在林业上之所以在有些情况下通过直径来估计树高，是为了简化某些问题，例如，通过二元材积表导算一元材积表，就是通过直径估计树高实现的，但结果是一元材积表的精度相比二元材积表大大降低，同时材积表的使用范围、使用时限都受到很多限制。其优点是可以省去树高测定工作量，因为在实际工作中树高的测定是比较麻烦。这说明，树高含有独立于直径的很多信息，所以研究直径—树高的二维结构是有现实意义的。

表 4-8 根据表 4-2 同时按直径和树高统计的二维频数

直径(cm)	树高(m)										
	12	14	16	18	20	22	24	26	28	30	合计
8	2										2
10	1										1
12		1	5								6
14	1	3	5	4	1						14
16	1	4	4	4	2		2				17
18		1	2	8	6	8	1				26
20		1	1	12	4	10	3		2		33
22			1	2	8	6	9	3	1		30
24					9	8	14	3			34
26					2	3	6	8			19
28					1	2	2	4	3		12
30							1	2	4	1	8
32							1			2	3
合计	5	10	18	30	33	37	39	20	10	3	205

4.3.2　林分直径与树高的二维结构拟合

下面用前面的数据分别用二元正态分布模型和二元 Weibull 模型进行直径-树高的二维结构拟合。

【例 4-5】直接用表 4-2 的直径—树高数据用二元正态分布模型式 (4-14) 进行二维拟合，经计算得

$$\mu_1 = \bar{d} = 20.955\ 6 (\text{cm})$$

$$\mu_2 = \bar{h} = 21.076\ 6 (\text{m})$$

$$\sigma_1^2 = s_d^2 = 22.729\ 2\ (\sigma_1 = s_d = 4.767\ 51\ \text{cm})$$

$$\sigma_2^2 = s_h^2 = 15.462\ 8\ (\sigma_2 = s_h = 3.932\ 27\ \text{m})$$

$$\rho = r = \frac{\sum\limits_{i=1}^{205}(d_i - \bar{d})(h_i - \bar{h})}{\sqrt{\sum\limits_{i=1}^{205}(d_i - \bar{d})^2 \sum\limits_{i=1}^{205}(h_i - \bar{h})^2}} = 0.795\,401$$

所以，根据公式(4-13)，将上述估计值代入下式。

$$f(d,\,h) = \frac{1}{2\pi s_d s_h \sqrt{1-r^2}}\exp\left\{-\frac{1}{2(1-r^2)}\left[\frac{(d-\bar{d})^2}{s_d^2} - 2\rho\frac{(d-\bar{d})(h-\bar{h})}{s_d s_h} + \frac{(h-\bar{h})^2}{s_h^2}\right]\right\}$$

得直径—树高的二元正态分布概率密度模型为

$$f(d,\,h) = 0.014\,007\exp\left[-\frac{(d-20.955\,61)^2}{16.698\,53} + \frac{(d-20.955\,61)(h-21.076\,59)}{8.657\,939}\right.$$
$$\left. - \frac{(h-21.076\,59)^2}{11.360\,12}\right]$$

图 4-13 为直径—树高的二元正态分布拟合结果。

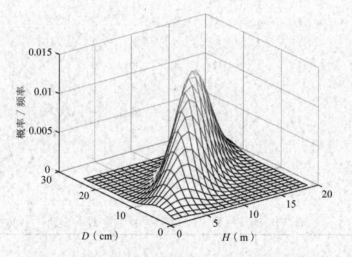

图 4-13　二元正态分布拟合的直径—树高概率密度曲面图

下面讨论理论株数的近似计算问题。一个径阶和一个树高阶形成的"栅格"面积等于径阶宽度乘以树高阶宽度，所以一个"栅格"的概率近似等于径阶和树高阶的中值处的概率密度乘以栅格面积，所以本例的理论概率近似为 $4f(d,\,h)$，其中 d、h 为径阶和树高阶中值。因为理论上在整个平面上的积分(总概率)为 1，所以在原数据区域内的概率和一般小于 1，这时可以做适当调整，例如按上述方法计算，在 $8 \leqslant d \leqslant 32$，$12 \leqslant h \leqslant 30$ 区域内概率之和只有 0.985 5，而在 $8 \leqslant d \leqslant 38$，$12 \leqslant h \leqslant 32$ 区域内达到 0.993 3，所以可对原区域内的概率进行调整，将其调整到 1.0。每个栅格的理论概率乘以样地总株数就是理论株数，计算结果见表 4-9。

表 4-9　二元正态分布直径—树高拟合结果的理论株数

直径 （cm）	树高（m）										合计
	12	14	16	18	20	22	24	26	28	30	
8	0.3	0.2	0.1								0.7
10	0.6	0.8	0.6	0.2							2.2
12	0.8	1.8	1.9	1.0	0.3						5.8
14	0.7	2.3	3.9	3.3	1.4	0.3					11.9
16	0.3	1.9	5.1	6.8	4.5	1.5	0.2				20.2
18	0.1	0.9	4.0	8.6	9.0	4.7	1.2	0.2			28.7
20		0.3	2.0	6.7	11.2	9.2	3.8	0.8	0.1		34.1
22		0.1	0.6	3.3	8.7	11.3	7.3	2.3	0.4		34.0
24			0.1	1.0	4.1	8.6	8.8	4.5	1.1	0.1	28.4
26				0.2	1.2	4.0	6.6	5.3	2.1	0.4	19.8
28					0.2	1.2	3.0	3.9	2.5	0.8	11.6
30						0.2	0.9	1.8	1.8	0.9	5.5
32							0.2	0.5	0.8	0.6	2.1
合计	2.8	8.3	18.3	31.1	40.7	41.1	32.0	19.2	8.7	2.9	205

【例 4-6】对表 4-2 的直径—树高数据用二元 Weibull 模型［式（4-18）］进行二维拟合。将式（4-19）按习惯改写为

$$\overline{F}(d, h) = f(D \geq d, H \geq h) = e^{-\left[\left(\frac{d-a_1}{b_1}\right)^{c_1/r}+\left(\frac{h-a_2}{b_2}\right)^{c_2/r}\right]^r} \tag{4-51}$$

先根据表 4-2 统计出表 4-8，再在表 4-8 基础上统计出生存株数，见表 4-10。表中径阶和树高阶都写成了下限值，表中的数据是满足 $D \geq d$，$H \geq h$ 的总株数，例如表中 205 是满足 $D \geq 7$，$H \geq 11$ 的总株数，205 下面的 203 表示满足 $D \geq 9$，$H \geq 11$ 的总株数，其他依次类推。表 4-11 中所有数据除以总株数就得到生存频率。

表 4-10　直径—树高二维生存株数

直径 （cm）	树高（m）									
	11	13	15	17	19	21	23	25	27	29
7	205	200	190	172	142	109	72	33	13	3
9	203	200	190	172	142	109	72	33	13	3
11	202	200	190	172	142	109	72	33	13	3
13	196	194	185	172	142	109	72	33	13	3
15	182	181	175	167	141	109	72	33	13	3
17	165	165	163	159	137	107	70	33	13	3
19	139	139	138	136	122	98	69	33	13	3
21	106	106	106	105	103	83	64	31	11	3
23	76	76	76	76	76	64	51	27	10	3
25	42	42	42	42	42	39	34	24	10	3
27	23	23	23	23	23	22	20	16	10	3
29	11	11	11	11	11	11	11	9	7	3
31	3	3	3	3	3	3	3	2	2	2

表 4-11　直径—树高二维生存频率

直径 (cm)	树高(m)									
	11	13	15	17	19	21	23	25	27	29
7	1.000	0.976	0.927	0.839	0.693	0.532	0.351	0.161	0.063	0.015
9	0.990	0.976	0.927	0.839	0.693	0.532	0.351	0.161	0.063	0.015
11	0.985	0.976	0.927	0.839	0.693	0.532	0.351	0.161	0.063	0.015
13	0.956	0.946	0.902	0.839	0.693	0.532	0.351	0.161	0.063	0.015
15	0.888	0.883	0.854	0.815	0.688	0.532	0.351	0.161	0.063	0.015
17	0.805	0.805	0.795	0.776	0.668	0.522	0.341	0.161	0.063	0.015
19	0.678	0.678	0.673	0.663	0.595	0.478	0.337	0.161	0.063	0.015
21	0.517	0.517	0.517	0.512	0.502	0.405	0.312	0.151	0.054	0.015
23	0.371	0.371	0.371	0.371	0.371	0.312	0.249	0.132	0.049	0.015
25	0.205	0.205	0.205	0.205	0.205	0.190	0.166	0.117	0.049	0.015
27	0.112	0.112	0.112	0.112	0.112	0.107	0.098	0.078	0.049	0.015
29	0.054	0.054	0.054	0.054	0.054	0.054	0.054	0.044	0.034	0.015
31	0.015	0.015	0.015	0.015	0.015	0.015	0.015	0.010	0.010	0.010

利用表 4-11 的数据，采用式(4-51)进行参数估计，表中的频率数据就是因变量 $\overline{F}(d, h)$，自变量为下限值的 d 和 h。与一元 Weibull 参数估计时一样，这里还是人为确定 $a_1 = 7$，$a_2 = 11$。用式(4-51)经非线性最小二乘法拟合得到：$b_1 = 15.8577$，$b_2 = 11.5332$，$c_1 = 3.28639$，$c_2 = 2.88479$，$r = 0.417392$。可以发现，这里的 b_1、b_2、c_1、c_2 与一元 Weibull 结果非常接近。r 为 0.4174，说明 d 和 h 既不独立，也不存在确定性关系，而是存在一定的相关关系。将这些参数代入式(4-51)得直径—树高的二元 Weibull 分布生存函数模型。

$$\overline{F}(d, h) = f(D \geqslant d, H \geqslant h) = e^{-\left[\left(\frac{d-7}{15.8577}\right)^{7.87363} + \left(\frac{h-11}{11.5332}\right)^{6.91148}\right]^{0.417392}} \tag{4-52}$$

栅格 $d_1 \leqslant d \leqslant d_2$，$h_1 \leqslant h \leqslant h_2$ 内的理论概率计算公式为

$$\overline{F}(d_1, h_1) - \overline{F}(d_2, h_1) - \overline{F}(d_1, h_2) + \overline{F}(d_2, h_2) \tag{4-53}$$

用 d、h 表示径阶、树高阶的中值，本例径阶和树高阶的宽度均为 2，则栅格的理论概率为

$$p_{dh} = \overline{F}(d-1, h-1) - \overline{F}(d+1, h-1)$$
$$- \overline{F}(d-1, h+1) + \overline{F}(d+1, h+1) \tag{4-54}$$

式(4-54)其实为离散的二元 Weibull 分布的概率密度，如图 4-14 所示。p_{dh} 乘以样地总株数就是栅格理论株数，计算结果见表 4-12。

二元正态分布和二元 Weibull 分布的实际株数和理论株数的关系如图 4-15 所示。可见其决定系数(R^2)比一元的情况明显要小，这是因为二元情况下数据分散了。

本章一元和二元 Weibull 模型中的位置参数均采用了最小径阶/最小树高阶的下限值，在实际中也可以采用比最小径阶下限值更小的数据，经过试探找出最优的值。但一般为了模型的稳定经常人为确定。

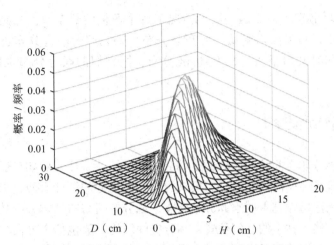

图 4-14　二元 Weibull 分布拟合概率密度曲面图

表 4-12　用二元 Weibull 分布模型计算的理论株数

直径 （cm）	树高（m）										合计
	12	14	16	18	20	22	24	26	28	30	
8	0.2										0.2
10	0.9	1.0	0.1								2.0
12	0.2	3.7	1.8	0.3	0.1						6.1
14		2.4	6.3	2.7	0.7	0.2	0.1				12.5
16		0.8	6.3	7.9	3.5	1.2	0.4	0.1			20.2
18		0.2	3.1	9.6	8.6	3.9	1.4	0.4	0.1		27.5
20		0.1	1.3	6.3	11.1	8.2	3.6	1.2	0.3	0.1	32.3
22			0.5	3.0	8.3	10.4	6.7	2.7	0.8	0.2	32.7
24			0.2	1.2	4.4	8.2	8.0	4.4	1.6	0.4	28.5
26			0.1	0.5	1.9	4.5	6.2	4.9	2.3	0.7	21.0
28				0.2	0.7	1.9	3.3	3.6	2.3	0.9	13.0
30				0.1	0.2	0.6	1.3	1.9	1.6	0.8	6.5
32					0.1	0.2	0.4	0.7	0.7	0.5	2.6
合计	1.3	8.2	19.7	31.8	39.5	39.3	31.4	20.0	9.9	3.8	205

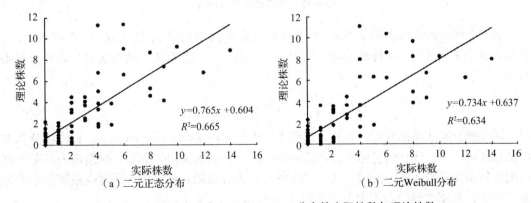

图 4-15　二元正态分布和二元 Weibull 分布的实际株数与理论株数

这里不进行 χ^2 检验,一是因为二元情况下每个栅格的数字小;二是在一元情况下已经进行了检验。直径和树高均服从一元正态分布,则它们的联合分布也服从二元正态分布,直径和树高同时又均服从一元 Weibull 分布,则它们的联合分布也服从二元 Weibull 分布。

4.4 林分空间结构

云课堂

前面介绍的林分非空间结构研究的是林分的一些统计特征,例如,通过直径或树高的一元分布模型、直径—树高的二元分布模型可以得到林分的统计性质,如均值、方差、各径阶株数等,但无法推知林木的空间分布状态。林分空间结构是林分中林木及其属性在空间上的分布,它依赖于林木的空间位置。林分空间结构一般包括3方面内容:林木空间分布格局,反映林木个体垂直投影到二维水平面上的分布状况;树种空间混交结构,反映不同树种的林木在二维平面上的隔离状况;林木(树种)空间竞争结构,反映林木个体之间或树种之间的竞争状况。林学家们提出了一些林木空间分布格局指数、树种空间混交度指数和空间竞争指数,分别用以定量地描述这3种林分空间结构。

4.4.1 林木空间分布格局

林木空间分布格局指林木个体在空间上的分布特征,一般可分为规则分布、聚集分布和随机分布,如图4-16所示。规则分布(或称均匀分布)指林木个体在水平面上呈规则排列,人工植苗造林林分的早期多属于这种情况;聚集分布指林木个体呈现明显的团状特征;随机分布则指林木个体随机地出现在二维平面上。

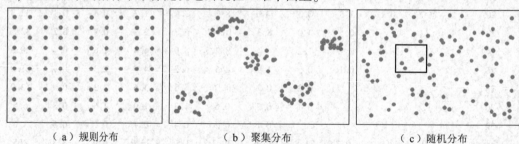

（a）规则分布　　　　　　　（b）聚集分布　　　　　　　（c）随机分布

图4-16　林木空间分布格局

若一个单位面积大小的正方形(也可以是其他形状)在林地上随机移动[图4-16(c)],设落入这个正方形的林木株数 $k = 0$, 1, 2, $\cdots$,则 k 是一个离散型随机变量,若其概率函数为

$$f(k) = \frac{\lambda^k e^{-\lambda}}{k!} \quad (k = 0, 1, 2, \cdots) \tag{4-55}$$

则该林分服从随机分布,而该分布称为泊松分布(Poisson distribution)。若将林分林木坐标输入到一个二维直角坐标系,则其纵横坐标均分别服从均匀分布,根据这一点可以进行随机分布林分的计算机模拟。式(4-55)中的 λ 为分布的数学期望,同时也是该分布的方差。显然 λ 与正方形的面积大小成比例。

规则分布和聚集分布的概率函数分别为二项分布和负二项分布(惠刚盈等，2016)，这里不再介绍。规则分布林分在生长过程中会遇到人工疏伐或自然枯损，其分布可能向随机分布过渡。聚集分布也可能因为生长填补空白处，以及疏伐和枯损，而向随机分布过渡。

描述林木空间分布格局的指数常见的有聚集指数、Ripley's $K(d)$ 指数等。

（1）聚集指数

聚集指数(Clark et al.，1954)定义为林分中最近邻单株距离的平均值与随机分布(泊松分布)状态下的期望平均距离之比，公式为

$$R = \frac{\frac{1}{n}\sum_{i=1}^{n} r_i}{\frac{1}{2}\sqrt{\frac{A}{n}}} \tag{4-56}$$

式中　R——聚集指数；

　　　n——样地内样木株数；

　　　r_i——第 i 株样木到与其最近的那株样木的距离；

　　　A——样地面积。

$R \in [0, 2.149\ 1]$，若 $R>1$，则林木有规则分布趋势，即规则分布具有较大的平均株距；若 $R<1$，则林木有聚集分布趋势，即聚集分布具有较小的平均株距；若接近于 1，则林木有随机分布趋势。因为该指数意义明确，调查与计算不算复杂，所以应用较广泛。

（2）Ripley's $K(d)$ 指数

Ripley's $K(d)$ 指数由 Ripley(1977)提出。如图 4-17 所示，圆的半径为 d，圆的中心位于样地内的第 i 株样木的中心，n_i 为圆内的样木株数(不包含第 i 株样木本身)，则

$$\bar{n}_d = \frac{\sum_{i=1}^{n} n_i}{n} \tag{4-57}$$

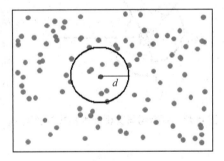

图 4-17　Ripley's $K(d)$ 指数调查与计算示意

为遍历样地内所有样木后得到的圆内样木株数的平均数，其中 n 为样地内的样木总数。而 $K(d)$ 指数定义为

$$\lambda K(d) = E(\bar{n}_d) = E\left(\frac{\sum_{i=1}^{n} n_i}{n}\right) \tag{4-58}$$

$E(\cdot)$ 表示数学期望。取 $\hat{\lambda} = n/A$，A 为样地面积，则

$$\hat{K}(d) = \frac{1}{\hat{\lambda}}\bar{n}_d = \frac{A}{n}\bar{n}_d = \frac{A\sum_{i=1}^{n} n_i}{n^2} \tag{4-59}$$

前面说过，在随机分布假设下，泊松分布的数学期望 λ 与面积成比例，现 $\hat{\lambda} = n/A$，为单位面积内的林木株数期望值，所以结合式(4-58)有

$$E\left[\hat{\lambda}\hat{K}(d)\right] = \lambda K(d) = \lambda \pi d^2 \tag{4-60}$$

得 $K(d) = \pi d^2$。所以，当 $\hat{K}(d)$ 接近于 πd^2 时，林木有随机分布趋势；当 $\hat{K}(d) > \pi d^2$ 时，林木有聚集分布趋势；当 $\hat{K}(d) < \pi d^2$ 时，林木有规则分布趋势。

Besag(1977)将式(4-60)改写为

$$\hat{L}(d) = \sqrt{\frac{\hat{K}(d)}{\pi}} - d \tag{4-61}$$

由于在随机分布假设下 $E\left[\hat{L}(d)\right] = \sqrt{\dfrac{E\left[\hat{K}(d)\right]}{\pi}} - d = \sqrt{\dfrac{\pi d^2}{\pi}} - d = 0$，所以当 $\hat{L}(d)$ 接近于

0时，林木有随机分布趋势，当 $\hat{L}(d) > 0$ 时林木有聚集分布趋势，$\hat{L}(d) < 0$ 时林木有规则分布趋势。

在实际计算时要考虑样地的边缘因素，这里不讨论，可详见《森林经理学》(第5版) 第11章。在计算 Ripley's $K(d)$ 指数时可以采用不同的 d，也就是不同的尺度，得到不同尺度下的林木空间分布格局分析结果，从而确定合适的尺度。通常还会进行大量的随机分布模拟试验，然后拿现实林分的结果和这些试验结果比较，从而确定林木的空间分布格局。

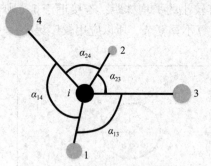

图4-18　目标树与其相邻木构成的夹角

(3)角尺度

角尺度由惠刚盈于 1999 年提出 (惠刚盈等, 2016)。如图4-18所示，中间黑色的样木称为目标树，从目标树出发，任意2株最近相邻木的夹角有2个，令小角为 α，大角为 β，$\alpha + \beta = 360°$，图中目标树与其最近相邻木 1 和 4、1 和 3、2 和 3、2 和 4 构成的小角分别用 α_{14}、α_{13}、α_{23}、α_{24} 表示。

角尺度 W_i 定义为 α 小于标准角 α_0 的个数与总个数 4 的比值。

$$W_i = \frac{1}{4}\sum_{j=1}^{4} z_{ij} \tag{4-62}$$

其中

$$z_{ij} = \begin{cases} 1 & \text{如果 } z_{ij} < \alpha_0 \\ 0 & \text{否则} \end{cases}$$

惠刚盈经过研究认为，标准角 α_0 取72°较合适。

角尺度的可能取值和意义可从图4-19看出：①当 $W_i = 0$，没有 α 小于 α_0，分布很规则；②当 $W_i = 0.25$，1 个 α 小于 α_0，分布较规则；③当 $W_i = 0.5$，2 个 α 小于 α_0，分布随机；④当 $W_i = 0.75$，3 个 α 小于 α_0，分布较聚集；⑤当 $W_i = 1$，4 个 α 小于 α_0，分布聚集。

定义角尺度均值 $\overline{W}$ 为

$$\overline{W} = \frac{1}{n}\sum_{i=1}^{n} W_i \tag{4-63}$$

式中　n——样地样木数。

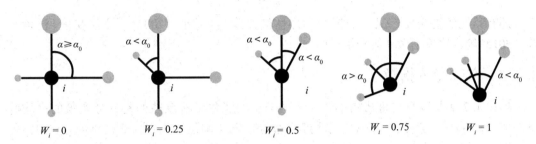

$W_i = 0$　　　　$W_i = 0.25$　　　　$W_i = 0.5$　　　　$W_i = 0.75$　　　　$W_i = 1$

图4-19　角尺度的可能取值和意义

根据 $\overline{W}$ 可以判断林分林木的空间分布格局。

（4）树种混交度指数

为了研究不同树种在空间上的隔离状态，林学家们提出了混交度概念（Gadow et al.，1992）。

混交度指数（惠刚盈等，2016）定义为

$$M_i = \frac{1}{4} \sum_{j=1}^{4} v_{ij} \tag{4-64}$$

式中　M_i——目标树 i 的混交度指数（简称混交度），当目标树 i 与第 j 株最近邻木非同种
　　　　时，$v_{ij} = 1$，反之，$v_{ij} = 0$。

混交度表明了任意一株林木的最近相邻木为不同树种的概率。当考虑目标树周围的4
株相邻木时，M_i 的取值有5种，如图4-20所示。这5种情况对应零度、弱度、中度、强
度、极强度混交（相对于4株相邻木的结构单元而言），它说明在该结构单元中树种的隔离
程度，生物学意义明显。

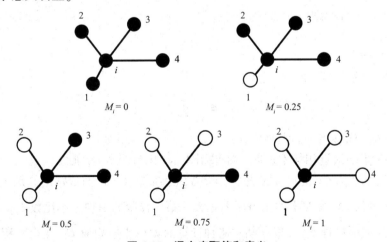

$M_i = 0$　　　　　　　　　$M_i = 0.25$

$M_i = 0.5$　　　　　$M_i = 0.75$　　　　　$M_i = 1$

图4-20　混交度取值和意义

可以计算 M_i 的均值了解林分的平均混交状况［式(4-65)］，也可分树种计算均值，了
解各树种的空间混交状态。

$$\overline{M} = \frac{1}{n} \sum_{i=1}^{n} M_i \tag{4-65}$$

还有其他的混交度定义，如树种多样性混交度（汤孟平，2007）、全混交度（汤孟平等，2012）等，这里不做具体介绍。

4.4.2 空间竞争指数

前述 4.2.4 其他非空间结构小节介绍的非空间竞争结构反映的是林分竞争的平均状态，或者林分中一定大小的林木的平均竞争状态，与空间位置无关，这里介绍的空间竞争指数则与空间位置有关。

（1）Hegyi 指数

Hegyi 指数（Holmes et al.，1991，汤孟平，2013）定义为

$$CI_i = \sum_{j=1}^{n_i} \frac{d_j}{d_i L_{ij}} \tag{4-66}$$

$$CI = \frac{1}{N} \sum_{i=1}^{N} CI_i \tag{4-67}$$

式中　CI_i，CI——第 i 株林木的竞争指数和林分的平均竞争指数；

　　　n_i——参照木 i 的竞争木株数，为半径 R 范围内的参照木除外的所有林木株数；

　　　d_i——参照木 i 的直径，d_j 为参照木 i 的第 j 株竞争木的直径；

　　　L_{ij}——参照木 i 和竞争木 j 之间的距离；

　　　N——林木总株数。

从定义可以看出，该指数综合考虑了林木的相对大小和林木间的距离，竞争木相比参照木越大，则竞争木受到的竞争压力越大，反之越小，距离越近，对于参照木的压力越大。指数越大竞争越不利。

确定竞争木影响范围的半径 R，一般为 3~5 m，其大小一般应考虑到林木的平均大小。

（2）大小比数

大小比数（惠刚盈等，2016）定义为

$$U_i = \frac{1}{m} \sum_{j=1}^{m} k_{ij} \tag{4-68}$$

式中　U_i——第 i 株参照木的大小比数；

　　　m——考虑的最近相邻木株数，如果相邻木 j 比参照木 i 大则 $k_{ij} = 1$，否则 $k_{ij} = 0$。

这里用于比较"大小"的可以是直径、树高、冠幅等因子，而最常用的是直径。

U_i 越大表明第 i 株参照木的竞争压力越大。某一径阶的平均大小比数 $\overline{U}_{dbh}$ 表明了该径阶的竞争状态（或优势程度）。根据某一树种计算的大小比数均值 $\overline{U}_{sp}$ 在很大程度上反映了该树种的竞争状态（树种优势），计算公式为

$$\overline{U}_{sp} = \frac{1}{l} \sum_{i=1}^{l} U_i \tag{4-69}$$

式中　l——某树种（sp）参照木的数量。

复习思考题

1. 简述研究林分结构的目的和意义。
2. 简述同龄纯林直径分布的动态规律。
3. 林分中林木树高随胸径的变化规律是什么？
4. 描述复层异龄林的结构规律。
5. 林分的非空间结构与空间结构的主要区别在哪里？
6. 有哪几类林分空间结构？每一类主要有哪些指数？
7. 林木空间分布格局有几种类型？

第 5 章
立地质量与林分密度

【知识图谱】

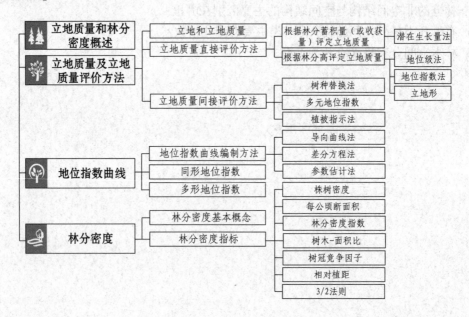

【内容提要】立地质量和林分密度是林分调查中的 2 个关键因子，也是影响林木生长与收获预估的主导因素，在林业科研和生产中具有十分重要的作用。本章通过介绍立地及立地质量的概念，综述立地质量的评价方法，详细介绍了同形和多形地位指数表的编制；通过介绍林分密度的概念，对各种林分密度指标进行详细阐述，为研究林分生长收获预估、林分经营密度调控技术奠定了基础。

立地是林木生长的基础，它直接影响森林经营中的小班区划、树种选择、生长收获预估、轮伐期、经营措施和经营类型的组织。森林立地质量评价是森林经营中的一项基础性工作，是适地适树和科学制定经营措施的重要前提。

立地质量是用森林或者其他植被类型的生产潜力来衡量森林生存环境优劣的一个指标，在评定林分立地质量时，我国常用地位级和地位指数作为评定指标。林分密度体现对林地生产潜力的现时充分利用程度，也是说明林分竞争状态的一种重要指标。为了精确评价林分密度，林学家提出了各种不同的测定方法，但迄今为止仍然没有找到公认的最可靠的测定方法。因此，人们只能根据具体情况而选择合适的林分密度指标。总之，立地质量和林分密度是林分生长与收获预测模型中的重要因子，在林业科研和生产中具有十分重要的作用。

5.1　立地质量及立地质量评价方法

5.1.1　立地和立地质量

立地(site)和立地质量(site quality)是两个既有联系又有区别的概念。立地在生态学上又称"生境"，指的是"林地环境和由该环境所决定的林地上的植被类型及质量"(美国林学会，1971)。更确切地说，立地是森林或其他植被类型生存的空间及与相关的自然因子的综合。它有两个含义：①立地这个词具有地理位置的含义；②它是指存在于一个特定位置的环境条件(生物、土壤、气候)的综合。因此，可以认为立地在一定的时间内是不变的，而且，与生长于其上的树种无关。但是，立地质量则指在某一立地上既定森林或者其他植被类型的生产潜力，所以立地质量与树种相关联，并有高低之分。一个既定的立地，对于不同的树种来说，可能会得到不同的立地质量评价的结果。立地的调查应包括两个内容：一个是立地的分类；一个是立地质量的评价。一般来说，具体的森林经营工作总是针对一定的树种和一定的地理区域而言，因此，在林分调查中关于这部分内容是以立地质量评价为主。

云课堂

5.1.2　立地质量评定方法

评价立地质量的方法很多，总的来说可分为两大类，即直接评定法及间接评定法。

(1)直接评定法

直接评定法(method of direct evaluation)指直接用林分的收获量和生长量的数据来评定立地质量，又可分为以下 2 种。

①根据林分蓄积量(或收获量)进行立地质量评定。包括根据固定标准地的长期观测或历史记录资料的评定方法和利用正常收获表的预估数据的评定方法。

②根据林分高进行立地质量评定。对于许多树种，生长在立地质量好的林地上，其树高生长快。换句话说，对于这些树种，材积生产潜力与树高生长呈正相关。在同龄林中，较大林木树高生长过程所反映的材积生产潜力与树高生长之间的关系，受林分密度和间伐的影响不大，因此，根据林分高估计立地质量的方法是目前评定立地质量的一种最为常用且行之有效的技术。

(2)间接评定法

间接评定法是指根据构成立地质量的因子特性或相关植被类型的生长潜力来评定立地质量的方法，具体方法如下。

①根据不同树种间树木生长量之间的关系进行评定的方法。

②多元地位指数法。

③植被指示法。

④地位指数—树高曲线法又称为立地生产力指数。

以上简要地介绍了立地质量的评定方法，当采用直接评定法时，要求生长在这一林地上的目的树种一直保持存活状态；否则，只能采用间接评定方法。

5.1.3 立地质量的直接评价方法

5.1.3.1 根据林分蓄积量(或收获量)进行立地质量评定

林分蓄积量是用材林经营中最关心的指标之一，直接利用林分蓄积量评定立地质量既直观又实用。该方法是利用固定标准地的蓄积量测定记录，得到林分蓄积量及其生长量，将其换算为某一标准林分密度状态下的蓄积量和生长量，即可以评定、比较林分的立地质量。对于森林经营历史较长、经营集约度高的地区，这是一种较好的评定立地质量的方法，尤其是在不同的轮伐期对同一林地上生长的不同世代的林分，采用相同的经营措施条件下，这种方法是非常直观和实用的。

但是，由于影响林分蓄积量的因子不仅仅是立地质量，因此，采用这种方法时应将林分换算到某一相同密度状态下才为有效，否则，评定结果是难以置信的。另外，这种评定方法一般适用于同龄林。对于混交异龄林，大部分树木在幼年时都经历过被压，不适宜做为立地树用来估计地位指数。由于立地质量本质上指的是潜在生产力，一些研究也提出用潜在生长量做为混交异龄林的立地质量指标，如雷相东等(2018)提出了基于潜在生长量(最大生长量)的立地质量评价方法。

潜在生长量法是一种较为常见的根据林分蓄积量进行立地质量评定的方法，其基本假设：在同一立地条件下，相同的林分类型(树种组成接近)，如果有近似的林分结构和密度，则生长过程近似，包括林分高生长、断面积生长和蓄积生长。为了描述生长过程，引入林分生长类型的概念：具有近似树种组成、起源相同、立地条件近似、具有相似生长过程的一类林分。即在固定立地条件下，相同年龄时有相似的林分高、断面积和蓄积的林分，与同一自然发育体系概念类似。由于立地质量是指某一立地上既定森林或其他植被类型的生产潜力，因此同一林分生长类型有近似的潜在生产力，将不同立地等级的林分生长类型称为林分生长类型组，作为一个建模(编表)总体(雷相东等，2018)。

5.1.3.2 根据林分高进行立地质量评定

由于生态、气候等随机因素的影响，树高(包括优势树高和平均高)生长是一个随机过程，这个过程可用林分树高生长的全体样本函数空间表示，并且受立地质量的影响。林分立地质量因子不能看成随机因子，随着林分年龄的增大，它对林分树高生长的影响逐渐明显。这种因立地质量引起树高生长绝对差异随林分年龄增大而加大，使得树高生长的样本函数簇呈扇形分布的现象。对于许多树种，材积生产潜力与树高生长成正相关，且受林分密度和间伐的影响不大。因此，根据林分高估计立地质量的是一种最为常用且行之有效的技术。根据林分高评价同龄林立地质量的方法包括地位级法(site class)、地位指数法(site index)和立地形法(site form)，分别依据林分条件平均高与林分平均年龄的关系划分等级、林分在标准年龄(又称基准年龄)时优势木平均高的绝对值、基准胸径时的优势木高来表示立地质量。

(1)地位级法

详见 3.1.2.7 一节。

(2)地位指数法

详见 3.1.2.7 一节。

这种评定立地质量的方法最早产生于美国，美国学者布鲁斯在编制南方松收获表时首次采用了 50 年时优势木平均高作为地位指数值(Bruce，1926)。

关于基准年龄(也称标准年龄、指示年龄、基础年龄等)(reference age)的确定，至今尚无统一的方法，一般综合考虑以下几个方面。

①树高生长趋于稳定后的一个龄阶。

②采伐年龄。

③自然成熟龄的一半年龄。

④材积或树高平均生长最大时的年龄。一般以 10 年为单位，大多以 20，30，40，…作为基准年龄，如实生杉木的基准年龄为 20 年。有关我国主要树种(人工林)的标准年龄的确定，可参阅《林业专业调查主要技术规定》。

克拉特(1983)指出，对于许多树种，在实际工作中基准年龄的选择对评定的立地质量的优劣结果并没有什么差异。

关于在标准地中确定测高优势木的方法及测高优势木的株数，作法也不尽相同，大致有如下几种：

①在林分中测定所有上层木的树高，求其算术平均值作为优势木平均高。

②在每 100 m² 面积的林地上测一株最高树木的树高，以整个标准地或样地内所选测树木树高平均值作为优势木平均高。

③在林分中测定 20 株以上的优势木(含亚优势木)，以其平均值作为优势木平均高。

④测定 3~6 株均匀分布在标准地或样地内的优势木树高，以其平均值作为优势木平均高。

与地位级法相比，地位指数是一个能够直观地反映立地质量的数量指标，而地位级则只能给予相对等级的概念。另外，优势木高受林分密度和树种组成的影响较小，并且优势木平均高的测定工作量比林分条件平均高的测定工作量小，因此，地位指数成为比地位级更常采用的评定立地质量的方法。

对于没有受到显著人为干扰的林分，使用地位级或地位指数两种方法评定立地质量，两者没有明显的差异。但是，地位级法不适用于采用下层抚育伐的林分，地位指数法不适用于采用上层抚育伐("拔大毛"式)的林分。若林分受人为干扰较少时，林分条件平均高与林分优势木高之间存在着显著的线性相关，如张少昂(1986)对兴安落叶松天然林各种不同密度林分的优势木高与其条件平均高之间的关系进行了研究，结果表明不仅优势木高与条件平均高之间存在着密切的线性相关，而且其相关性与林分密度大小无关。

需要指出，从理论上来说，利用地位指数确定立地质量时，要求决定地位指数的优势木应在其整个生长过程中均应处于优势位置。

(3)立地形法

对于天然混交林年龄不在同一阶段，且林木密度不一的情况下，很难继续应用地位指数进行评价。在这种天然林年龄与优势木高关系不密切的情况下，研究发现林分内胸径与优势木高存在较高的相关性。为此，一些学者用上层木在一定径级时的高度来表达立地质量，并进行立地质量评价。地位指数-树高曲线法由此而生。它是依据天然林优势木与亚优势木的树高与胸径关系所构建的树高曲线来评价立地生产力高低的方法(Huang，

1993)。最早使用此方法来评价立地质量可追溯到 1932 年，Trorey 使用胸径与树高关系来评价立地生产力。之后，Mclintock et al. (1957)使用胸径与优势木高的关系来评价美国东北部红果云杉异龄林立地质量。Stout et al. (1982)发现使用树高与胸径关系评价 6 个阔叶树异龄林的立地生产力时具有较高的生态学和林学意义。Vanclay et al. (1988)首次提出"立地形"(site form)的概念，即基准胸径时的优势高，指出基准胸径是指林分优势木高生长达到高峰后趋于平缓时的优势木胸径。Vanclay 发现立地形与立地生产力指标如定期年平均蓄积生长量、最大树高、最大林分断面积等有较强的相关关系。此外，立地形还会受到林分密度的影响。

Vanclay(1992)利用单分子式建立了树高与立地形 SF 之间的关系。

$$H = A - (A-1.3)\left(\frac{A-SF}{A-1.3}\right)^{DBH/25} \tag{5-1}$$

式中　H——树高；

　　　　A——树高的最大值，$A = -10.87 + 2.46SF$；

　　　　SF——立地形；

　　　　DBH——胸径，基准胸径为 25 cm。

常见的确定基准胸径的主要方法如下。

①根据样地调查数据中出现频次较多的胸径值为基准胸径(Vanclay et al., 1988)。

②建立胸径—年龄的关系，取基准年龄时的胸径为基准胸径(Huang et al., 1993)。

③取上层木生长史一般可达的平均胸径的一半作为基准胸径(马建路等，1995)。

④建立树高—胸径模型，求其拐点，二阶导数为 0 的点，即树高生长趋势发生改变的点，所对应的横坐标为基准胸径(陈永富等，2000)。

⑤建立胸径—年龄之间关系，求其拐点，拐点表示胸径连年生长量达到最大的点，其对应的胸径即基准胸径(沈剑波等，2018)。

5.1.4　立地质量的间接评价方法

(1)树种替换法

在立地质量评定中，当所要研究的树种尚未生长在将要评定的立地上时，只能采用间接的方法评定该树种在此立地上的立地质量。采用这种方法的前提是所评定的树种的生长型和现实林分主要树种的生长型之间存在着密切的关系。适合使用这种方法的最普通的关系为两个树种的地位指数之间呈线性关系。例如，克拉特介绍了 Olson 和 Della-Biance 采用这种方法为生长在美国弗吉尼亚州、北卡罗莱纳州及南卡罗莱纳州的一些树种地位指数之间建立了以下的线性关系方程(Clutter，1983)。

$$Y_{sp} = 31.5 + 0.45X \tag{5-2}$$

$$Y_{wo} = 36.7 + 0.45X \tag{5-3}$$

式中　X——鹅掌楸的地位指数；

　　　　Y_{sp}——短叶松的地位指数；

　　　　Y_{wo}——白栎的地位指数。

以上各地位指数的基准年龄均为 50 年。由式(5-2)和式(5-3)，根据鹅掌楸的地位指数即可分别推算出短叶松和白桦的地位指数。这种方法对于适地适树、采伐迹地更新等研究是非常有用的。

（2）多元地位指数

多元地位指数法主要是用以评定无林地的立地质量，这种方法是利用地位指数与立地因子之间的关系建立多元回归方程，然后用以评价宜林地对该树种的生长潜力，多元地位指数方程可表示为

$$SI = f(x_1, x_2, \cdots, x_n; Z_1, Z_2, \cdots, Z_m) \tag{5-4}$$

式中　SI——地位指数；

　　　x_i——立地因子中的定性因子$(i=1, 2, \cdots, n)$；

　　　Z_j——立地因子中的定量因子$(j=1, 2, \cdots, m)$。

可以采用数量化理论和方法，对定性因子给予评分，在此基础上建立多元立地质量评价表。

【例 5-1】张文祥（2009）以优势高为预估变量，林分年龄、土层厚度、腐殖质层厚度、土壤质地、海拔、坡位、坡向、坡形、坡度、紧密度、湿度为备选变量，对定性变量量化处理后，应用逐步回归技术建立优势高预测方程。构造的多项式为

$$H = b_0 + b_1 x_1 + b_2 x_2 + b_3 x_3 + b_4 x_4 + b_5 x_5 + b_6 x_6 + b_7 x_7 +$$
$$b_8 x_8 + \frac{b_9}{x_9} + \frac{b_{10}}{x_{10}} + \frac{b_{11}}{T} + \frac{b_{12}}{T^2} + \frac{b_{13}}{x_9^2} + \frac{b_{14}}{x_{10}^2} \tag{5-5}$$

式中　H——优势高；

　　　T——年龄；

　　　$x_1 \sim x_{10}$——优势高、年龄、海拔、坡形、坡度、坡向、坡位、土壤质地、湿度、土壤紧密度、腐殖质层厚度、土层厚度。

在以上因子中，海拔、土层厚度、腐殖质层厚度为定量因子，不进行量化处理。而坡位、坡向、坡形、坡度、紧密度、湿度、土壤质地却为定性因子，需进行量化处理。处理方法是赋予分值，越有利于树高生长的分值越高。这些定性因子分类标准及相应的数值见表 5-1。

表 5-1　定性因子量化分值

评价因素	分　值		
	1	3	5
坡形	凸形	平直形	凹形
坡度（°）	>35	15~35	<15
坡向	阳坡	半阴坡、半阳坡	阴坡
坡位	上部	中部	下部
土壤质地	沙土、黏土	重壤土、黏壤土	轻土壤、中壤土
湿度	干	潮	湿
土壤紧密度	紧密	稍紧密、较紧密	疏松

根据标准地优势高、年龄及各环境因子的测定数据，采用逐步回归技术，得以下方程。

$$H = 16.000\ 6 + 0.216\ 9x_2 + 0.307\ 2x_4 + 0.544\ 88x_5 + 0.278\ 6x_7$$
$$- \frac{122.954\ 8}{T} + \frac{251.688\ 6}{T^2}$$

这种方法对于造林区划非常有用，但是，由于一些立地因子难以测定，使该方法的实际应用受到一定限制。

(3)植被指示法

人类很早就认识到，一定的植物生长于一定的环境之中，因此，可以利用植被类型评定其立地质量。在实际工作中，一般将林下地被某些指示植物及其林分特征结合起来可较准确地评定立地质量。该方法比较适合高纬度地区的天然林立地质量评价。

①森林立地类型法。卡扬德认识到植被与森林立地质量存有一定的关系，并进行了分类(Cajander，1909)。在成熟林的地被植物中存在的某种顶极植物(即森林立地类型)指明了立地质量。如果一定的植物经常与某种立地质量结合在一起，而不存在于其他立地质量中，这种植物可称作指示种。该方法强调下木组成，而且下木在指示立地上能够比乔木提供更多有效的信息。

该立地分类系统分为3级，即立地类型级、立地类型及林型。立地类型级和立地类型是通过下木群落的差异进行划分，而林型则是利用林冠结合下木一起来确定。由此可见，该立地分类系统是将立地类型划分和立地质量评价结合在一起，构成一个多层次的立地分类及立地质量评价系统。这种方法适合于寒冷地区，因为在寒冷的纬度区各物种的生态幅度(一个物种所能生长的有限分布区)较窄，而在温暖的纬度区各物种的生态幅度都较宽。因此，该方法在北欧、加拿大东部及俄罗斯等地区得到广泛的应用。

②林型学分类法。苏联林学家苏卡乔夫在莫洛佐夫提出的"森林是一种地理现象"概念的基础上，逐步发展形成了林型学的立地类型评价方法，并认为所有一切森林组成部分，森林的综合因子，都处于相互影响之中。林型就是在树种组成、其他植被层总的特点、动物区系、综合的森林植物生长条件(气候、土壤和水文)、植物和环境之间的相互关系、森林的更新过程和更替等方向都相似，而且在同样经济条件下采用同样经营措施的森林地段(各个森林生物地理群落)的综合。这一方法的实质也是借助于植物群落分类进行立地分类。该方法也是由卡扬德的立地分类方法衍生而来的。

林型的分类系统沿用了植物群落分类体系：林型是最小单位，相近的林型合并为林型组，再上升为群系、群系组、群系纲和植被型。

苏卡乔夫认为林型只能在有林地区划分，而对于无林地区，则需按其能生长某一森林的适宜程度划分植物立地条件类型。

林型学对我国森林立地分类和评价的影响是相当大的，从1954年开始在苏联林学家的协助指导下，当时我国几支主要的调查队先后在大兴安岭、小兴安岭、长白山、云南西北部、新疆的阿勒泰地区和天山、秦岭及江西、湖南等地全面进行了林型调查工作。在划分林型的基础上，应用地位级的方法进行林分立地质量评价。在上述一些地区，这一方法沿用至今，并取得了较好的效果。例如：1954年林业部森林综合调查队在大兴安岭林区的调查中，利用林型法将落叶松天然林划分为8种林型(图5-1)。

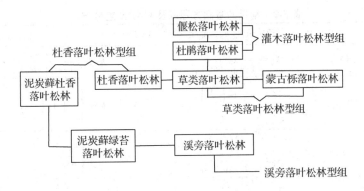

图 5-1　大兴安岭落叶松天然林林型分布

(《中国森林立地分类》编写组，1989)

5.2　地位指数曲线

5.2.1　地位指数曲线编制方法

对于地位指数曲线的研制，通常采用 3 种方法：导向曲线法、差分方程法和参数预估法。

云课堂

（1）导向曲线法

在林分优势高生长曲线簇中，有一条代表在中等立地条件下，林分优势高随林分年龄变化的平均高生长曲线，这条曲线称作导向曲线。该曲线的形状近似呈"S"形，常用树木生长方程来拟合这条曲线，导向曲线的主要候选模型见表 8-2。

（2）差分方程法

对任一反映树高及年龄关系的方程，使用差分法总能得到其差分形式。拟合差分方程的数据资料可源自于固定样地、间隔样地以及采集解析木资料的临时样地。当数据为长期观测资料或解析木资料时，采用差分方程更为适宜。差分方程法可以应用于任何树高生长方程并产生同形或多形地位指数曲线。为了开展一个林分优势木平均高生长方程的差分方程，未来时刻的林分优势木平均高被表达为未来林龄，当年林龄和当前树高的方程，具体方程如下。

$$H_2 = f(A_2, A_1, H_1) \tag{5-6}$$

对于更为复杂的树高生长方程来说，虽然开展其差分方程有一定的难度，但通常都可以获取一个可用的差分形式。目前，差分型地位指数模型的推导方法目前有以下 3 种。

①Clutter(1963)提出的导数积分法。

②Bailey et al. (1974)提出的代数差分法(ADA 法)。

③Cieszewski et al. (2000)扩展了 ADA 法，提出的广义代数差分法(GADA 法)。

由于 GADA 法能够构建具有可变水平渐进极值的多形地位指数曲线族，因而受到了广泛关注。常见的 GADA 差分方程见表 5-2。

表 5-2　常见的基础方程以及 GADA 差分方程

基础模型	自由参数	初始条件 (h_0, t_0) 已知时, X 的解	差分方程
Richards (1959) $h=a[1-\exp(-bt)]^c$	$a=X$	$X_0=\dfrac{h_0}{[1-\exp(-bt_0)]^c}$	$h=h_0\left[\dfrac{1-\exp(-bt)}{1-\exp(-bt_0)}\right]^c$
	$b=X$	$X_0=\dfrac{-\ln\left[1-\left(\dfrac{h_0}{a}\right)^{1/c}\right]}{t_0}$	$h=a\left\{1-\left[1-\left(\dfrac{h_0}{a}\right)^{(1/c)}\right]^{t/t_0}\right\}^c$
	$c=X$	$X_0=\dfrac{\ln\left(\dfrac{h_0}{a}\right)}{\ln[1-\exp(-bt_0)]}$	$h=a\left(\dfrac{h_0}{a}\right)^{\ln[1-\exp(-bt)]/\ln[1-\exp(-bt_0)]}$
	$a=\exp(X),$ $c=c_1+c_2X$	$X_0=\dfrac{\ln h_0-c_1F_0}{(1+c_2F_0)}$ $F_0=\ln[1-\exp(-bt_0)]$	$h=\exp(X_0)[1-\exp(-bt)]^{(c_1+c_2X_0)}$
	$a=\exp(X),$ $c=c_1+c_2/X$	$X_0=0.5\{(\ln h_0-c_1F_0)$ $+[(c_1F_0-\ln h_0)^2-4c_2F_0]^{1/2}\}$ $F_0=\ln[1-\exp(-bt_0)]$	$h=h_0\left[\dfrac{1-\exp(-bt)}{1-\exp(-bt_0)}\right]^{(c_1+c_2/X_0)}$
	$a=\exp(X),$ $c=c_1+(1/X)$	$X_0=0.5\{(\ln h_0-c_1F_0)$ $+[(\ln h_0-c_1F_0)^2-4F_0]^{1/2}\}$ $F_0=\ln[1-\exp(-bt_0)]$	$h=\exp(X_0)[1-\exp(-bt)]^{(c_1+1/X_0)}$
	$a=\exp(a_1X),$ $c=c_1+(1/X)$	$X_0=\dfrac{\ln h_0}{(a_1+F_0)}$ $F_0=\ln[1-\exp(-bt_0)]$	$h=\exp(a_1X_0)[1-\exp(-bt)]^{X_0}$
Korf (1939) $h=a\,\exp(-bt^{-c})$	$a=X$	$X_0=\dfrac{h_0}{\exp(-bt_0^{-c})}$	$h=h_0\exp[b(t_0^{-c}-t^{-c})]$
	$b=X$	$X_0=\dfrac{-\ln\left(\dfrac{h_0}{a}\right)}{t_0^{-c}}$	$h=a\left(\dfrac{h_0}{a}\right)^{(t_0/t)^c}$
	$a=\exp(X),$ $b=b_1+(1/X)$	$X_0=0.5(b_1t_0^{-c}+\ln h_0+F_0)$ $F_0=[(b_1t_0^{-c}+\ln h_0)^2+4t_0^{-c}]$	$h=\exp(X_0)\exp\left\{-\left[b_1+\dfrac{1}{X_0}\right]t^{-c}\right\}$
	$a=\exp(X),$ $b=b_1+\dfrac{b_2}{X}$	$X_0=0.5(b_1t_0^{-c}+\ln h_0+F_0)$ $F_0=[(b_1t_0^{-c}+\ln h_0)^2+4b_2t_0^{-c}]^{1/2}$	$h=\exp(X_0)\exp\left\{-\left[b_1+\dfrac{b_2}{X_0}\right]t^{-c}\right\}$
	$a=\exp(a_1X),$ $b=X$	$X_0=\dfrac{\ln h_0}{(a_1-t_0^{-c})}$	$h=\exp(a_1X_0)\exp(-X_0t^{-c})$
Hossfeld Ⅰ (Hossfeld, 1822) $h=\dfrac{t^2}{a+bt+ct^2}$	$a=X$	$X_0=\left(\dfrac{t_0^2}{h_0}\right)-bt_0-ct_0^2$	$h=h_0\dfrac{t^2}{t_0^2+h_0[b(t-t_0)+c(t^2-t_0^2)]}$
	$b=X$	$X_0=\left(\dfrac{t_0}{h_0}\right)-at_0^{-1}-ct_0$	$h=h_0\dfrac{t}{t_0+h_0[a(t^{-1}-t_0^{-1})+c(t-t_0)]}$
	$c=X$	$X_0=\left(\dfrac{1}{h_0}\right)-at_0^{-2}-bt_0^{-1}$	$h=h_0\dfrac{1}{1+h_0[a(t^{-2}-t_0^{-2})+b(t^{-1}-t_0^{-1})]}$
Hossfeld Ⅳ (Hossfeld, 1822) $h=\dfrac{bt^c}{t^c+a}$	$b=b_1+X,$ $a=\dfrac{a_1}{X}$	$R_0=h_0-a_1+[(h_0-a_1)^2$ $+2h_0\exp(b_1)/t_0^c]^{1/2}$	$h=h_0\dfrac{t^c[t_0^cR_0+\exp(b_1)]}{t_0^c[t^cR_0+\exp(b_1)]}$

（续）

基础模型	自由参数	初始条件(h_0, t_0)已知时，X的解	差分方程
Cieszewski et al.（1989） $h = \dfrac{a}{1+bt^{-c}}$	$a = a_1 + X,$ $b = b_1 X$	$X_0 = \dfrac{h_0 - a_1}{1 - b_1 h_0 t_0^{-c}}$	$h = \dfrac{a_1 + X_0}{1 + b_1 X_0 t^{-c}}$
	$a = a_1 + X,$ $b = \dfrac{b_1}{X}$	$X_0 = 0.5\{h_0 - a_1 + [(h_0 - a_1)^2$ $+ 4b_1 h_0 t_0^{-c}]^{1/2}\}$	$h = \dfrac{a_1 + X_0}{1 + \dfrac{b_1}{X_0} t^{-c}}$
	$b = X$	$X_0 = \dfrac{a - h_0}{h_0 t_0^{-c}}$	$h = \dfrac{a}{1 - \left(1 - \dfrac{a}{h_0}\right)\left(\dfrac{t_0}{t}\right)^c}$
Schumacher（1939） $\ln h = a + bt^c$	$a = X,$ $b = \dfrac{b_1}{X}$	$X_0 = 0.5\{\ln h_0 + [(\ln h_0)^2$ $- 4b_1 t_0^c]^{1/2}\}$	$h = \exp\left[X_0 - \left(\dfrac{b_1}{X_0}\right)t^c\right]$
修正 Weibull（Yang et al., 1978） $\ln h = a + b$ $\cdot \ln[1 - \exp(-t^c)]$	$a = X,$ $b = b_1 + b_2 X$	$X_0 = \dfrac{\ln h_0 - b_1 \ln[1 - \exp(-t_0^c)]}{1 + b_2 \ln[1 - \exp(-t_0^c)]}$	$\ln h = X_0 + (b_1 + b_2 X_0)\ln[1 - \exp(-t^c)]$
修正 Gompertz（Jarosz et al., 2002） $h = a\exp[-b\exp(-ct)] + d$	$a = X,$ $b = -d_1 X - d_2$	$F_1 = \exp[-b\exp(-ct)]$ $F_0 = \exp[-b\exp(-ct_0)]$	$h = \dfrac{F_1(d_2 + h_0) - d_1 h_0 - d_2 F_0}{F_0 - d_1}$

注：h 和 h_0 表示年龄 t 和 t_0 时的优势木平均高，a_i、b_i、c_i 等为参数。

用这 3 种方法推导时，必须在基本模型里预先指定"与立地相关参数"和"与立地无关参数"。相比于导数积分法，ADA 法和 GADA 法由于原理简单而得到了广泛应用。总的来说，差分方程是由基础方程得来的。研究表明若基础方程为非线性方程，其差分方程同样也为非线性方程。基于理论生长方程研制地位指数曲线族时，导向曲线法与差分方程法均可取得单形或多形效果，不同的是，两者拟合的数据基础不一致，从地位指数方程形成的方式来看，差分法更具有其优越性和合理性。

（3）参数估计法

参数估计法将树木生长方程中的参数全部或部分地表达为立地指数的函数，此种方法的优点为比较清晰地表达了方程的多形涵义，但往往存在基准年龄时树高与指数值不一致以及在优势高和树龄已知时立地指数不易给出的问题。过去常采用这种方法来构建地位指数曲线。目前，这种方法已很少应用。

5.2.2　同形地位指数

以黑龙江省长白落叶松人工林为例，介绍利用比例法编制同形地位指数表的简要方法及过程。

（1）资料收集

①确定标准地的数量。根据未来用表地区范围的大小及该预定编表树种的生长状况，确定标准地的数量，一般在 300 块以上为宜，使标准地覆盖本地区各种立地条件（如地形、地势、坡度、坡向、坡位或各种土壤类型）及各个年龄。

②标准地选设条件。标准地设置在同一起源的同龄纯林分中(编表树种占8成以上);林分疏密度0.4以上的林分中设置;标准地均匀分布在各种立地类型及各年龄的林分中;标准地的形状、面积及调查详见3.2节。

③选测优势木。选测优势木的方法很多,原则上,编表与使用表时选测的方法应一致,当前多采用每100 m² 选测1株优势木。根据我国试验的结果,认为每个标准地内选测3株优势木树高,其平均高作为优势高的效果较好。

④选伐解析木。各标准地内选伐平均优势木和平均木各一株作树干解析。

(2)资料整理

将标准地调查结果,分别优势树种,将各标准地的林分平均年龄(A)和优势木平均高(H_T)建立计算机数据库作为编制和检验地位指数表的基础数据。

先将所收集的全部样木,大致按3:1(75%和25%)的比例分成两组独立样本:拟合样本和独立检验样本,分别用于编制和检验地位指数表。

编表数据是总体中的一组样本,如有个别过大或过小的异常数据混杂进去,会影响编表的精度。为此,必须剔除异常数据以提高编表的质量。异常数据的剔除过程分两步进行:首先,用计算机绘制平均年龄(A)和优势木平均高(H_T)的散点图,通过肉眼观察确定出明显远离样点群的数据并删除,这类数据是属于因调查、记录、计算等错误而引起的异常值;其次是用编表数据拟合对某一导向曲线,并绘制优势木平均高预估值($\hat{H}$)与标准化残差(z_e)之间的分布图。在标准化残差图中,将超出±3倍标准差($-3 \sim +3$)以外的数据作为异常观测值予以剔除。

各标准地优势木平均高的标准化残差(standardized residual)计算公式为

$$z_{e_i} = \frac{H_i - \hat{H}_i}{s_e} \tag{5-7}$$

式中 z_{e_i}——第i个样本的标准化残差($i=1, 2, \cdots, n$);

H_i,$\hat{H}_i$——第i个标准地优势木平均高的实测值和预估值;

s_e——残差($e_i = H_i - \hat{H}_i$)的标准差估计值,$s_e = \sqrt{\dfrac{\sum e_i^2}{n-p}}$,$p$为模型的参数个数。

(3)导向曲线拟合

根据272块东北林区长白落叶松人工林标准地数据,采用非线性回归模型的参数估计方法,拟合Richards、Schumacher、Korf、Logistic和Mitscherlich 5个导向曲线的候选模型,估计其参数并计算拟合统计量。通过比较各模型的拟合统计量,选择了Mitscherlich方程作为该树种地位指数的导向曲线最优模型,即

$$H = 30.4965(1 - e^{-0.0332t}) \tag{5-8}$$

式中 H——林分优势木平均高;

t——林龄。

(4)基准年轮确定及级距

在导向曲线已确定的基础上,以基准年龄的导向曲线值,即将基准年龄A_0代入导向曲线式(5-8)所得到的H_0为准,按指数级距展开得到各级地位指数曲线。基准年龄t_0及指

数级距 C 的确定方法如下。

①基准年龄 t_0 的确定。确定基准年龄 t_0 的目的是寻找树高生长趋于稳定且能灵敏反映立地差异的年龄。通常来说，落叶松人工林 30 年左右时树高生长趋于稳定。因此，将落叶松人工林的基准年龄定为 30 年（即 $t_0 = 30$ 年）。

②指数级距 C 的确定。依据该地区编表树种在基准年龄时，树高绝对变动幅度 ΔH、经营水平确定指数级距 C 及指数级个数 k，一般指数距 $1 \sim 4$ m，指数级个数以 10 个左右为宜，可以用下式概算出指数级距。

$$C = \frac{\Delta H}{k} \tag{5-9}$$

我国多采用 1 m 或 2 m 为指数级距，本例落叶松人工林地位指数级距 $C = 2$ m。

（5）地位指数表的编制

以导向曲线为基础，按标准年龄时树高值和指数级距，采用比例法可形成地位曲线簇（即树高生长曲线簇）。根据黑龙江省落叶松人工林导向曲线式（5-8），将标准年龄 t_0（30年）代入式（5-8），用比例法求出其他各地位指数级的优势高。

$$H = SI \frac{1 - e^{-0.033\,2\,t}}{1 - e^{-0.033\,2\,t_0}} \tag{5-10}$$

以 2 m 指数级距，将地位指数 $SI = 12$ m，14 m，…，22 m 分别代入式（5-10），可以得到长白落叶松人工林的地位指数表（表 5-3）和地位指数曲线（图 5-2）。

表 5-3　东北林区长白落叶松人工林同形林地位指数表

龄阶（年）	树高（m）							
	8	10	12	14	16	18	20	22
6	2.0~2.6	2.6~3.2	3.2~3.7	3.7~4.3	4.3~4.9	4.9~5.4	5.4~6.0	6.0~6.6
8	2.6~3.3	3.3~4.1	4.1~4.8	4.8~5.5	5.5~6.3	6.3~7.0	7.0~7.8	7.8~8.5
10	3.1~4.0	4.0~4.9	4.9~5.8	5.8~6.7	6.7~7.6	7.6~8.5	8.5~9.4	9.4~10.3
12	3.6~4.7	4.7~5.7	5.7~6.8	6.8~7.8	7.8~8.9	8.9~9.9	9.9~10.9	10.9~12.0
14	4.1~5.3	5.3~6.5	6.5~7.7	7.7~8.8	8.8~10.0	10.0~11.2	11.2~12.4	12.4~13.6
16	4.6~5.9	5.9~7.2	7.2~8.5	8.5~9.8	9.8~11.1	11.1~12.4	12.4~13.7	13.7~15.0
18	5.0~6.4	6.4~7.8	7.8~9.3	9.3~10.7	10.7~12.1	12.1~13.6	13.6~15.0	15.0~16.4
20	5.4~6.9	6.9~8.5	8.5~10.0	10.0~11.5	11.5~13.1	13.1~14.6	14.6~16.2	16.2~17.7
22	5.8~7.4	7.4~9.0	9.0~10.7	10.7~12.4	12.3~14.0	14.0~15.6	15.6~17.3	17.3~18.9
24	6.1~7.8	7.8~9.6	9.6~11.3	11.3~13.1	13.1~14.8	14.8~16.5	16.5~18.3	18.3~20.0
26	6.4~8.3	8.3~10.1	10.1~11.9	11.9~13.8	13.8~15.6	15.6~17.4	17.4~19.3	19.3~21.1
28	6.7~8.6	8.6~10.6	10.6~12.5	12.5~14.4	14.4~16.3	16.3~18.2	18.2~20.2	20.2~22.1
30	7.0~9.0	9.0~11.0	11.0~13.0	13.0~15.0	15.0~17.0	17.0~19.0	19.0~21.0	21.0~23.0
32	7.3~9.3	9.3~11.4	11.4~13.5	13.5~15.6	15.6~17.6	17.6~19.7	19.7~21.8	21.8~23.9
34	7.5~9.7	9.7~11.8	11.8~13.9	13.9~16.1	16.1~18.2	18.2~20.4	20.4~22.5	22.5~24.7
36	7.7~10.0	10.0~12.2	12.4~14.4	14.4~16.6	16.6~18.8	18.8~21.0	21.0~23.2	23.2~25.4
38	8.0~10.2	10.2~12.5	12.5~14.8	14.8~17.0	17.0~19.3	19.3~21.6	21.6~23.9	23.9~26.1
40	8.2~10.5	10.5~12.8	12.8~15.2	15.2~17.5	17.5~19.8	19.8~22.1	22.1~24.5	24.5~26.8

（续）

龄阶 （年）	树高（m）							
	8	10	12	14	16	18	20	22
42	8.3~10.7	10.7~13.1	13.1~15.5	15.5~17.9	17.9~20.3	20.3~22.7	22.7~25.0	25.0~27.4
44	8.5~11.0	11.0~13.4	13.4~15.8	15.8~18.3	18.3~20.7	20.7~23.1	23.1~25.6	25.6~28.0
46	8.7~11.2	11.2~13.7	13.7~16.1	16.1~18.6	18.6~21.1	21.1~23.6	23.6~26.1	26.1~28.6
48	8.8~11.4	11.4~13.9	13.9~16.4	16.4~19.0	19.0~21.5	21.5~24.0	24.0~26.5	26.5~29.1
50	9.0~11.6	11.6~14.1	14.1~16.7	16.7~19.3	19.3~21.8	21.8~24.4	24.4~27.0	27.0~29.5
52	9.1~11.7	11.7~14.3	14.3~16.9	16.9~19.6	19.6~22.2	22.2~24.8	24.8~27.4	27.4~30.0
54	9.3~11.9	11.9~14.5	14.5~17.2	17.2~19.8	19.8~22.5	22.5~25.1	25.1~27.8	27.8~30.4
56	9.4~12.0	12.0~14.7	14.7~17.4	17.4~20.1	20.1~22.8	22.8~25.4	25.4~28.1	28.1~30.8
58	9.5~12.2	12.2~14.9	14.9~17.6	17.6~20.3	20.3~23.0	23.0~25.7	25.7~28.4	28.4~31.2
60	9.6~12.3	12.2~15.1	15.1~17.8	17.8~20.5	20.5~23.3	23.3~26.0	26.0~28.8	28.8~31.5

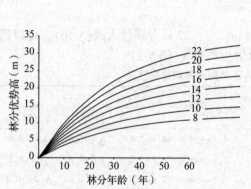

图 5-2　东北林区长白落叶松人工林同形地位指数曲线　　　　图 5-3　多形地位指数曲线

5.2.3　多形地位指数

　　地位指数表是以导向曲线为依据编制的，而导向曲线又是根据优势木平均高与年龄之间的关系即优势木高的平均生长过程推出的。这种方法假设所有立地条件下优势木高的生长过程曲线形状都相同，因此，这种地位指数曲线又被称作同形地位指数曲线。在这种曲线簇中，对于任意两条曲线，一条曲线上任意年龄的树高值与另一条曲线上同一年的树高值成一定的比例关系。然而许多研究表明，并非所有立地上的优势木高生长曲线都有相同的趋势，即非同形(图 5-3)。根据这种非同形的树高曲线簇的性质，可分为离散形的多形相交曲线簇和交叉形的多形相交曲线簇两类。从 20 世纪 60 年代开始出现了多形地位指数曲线。

　　由于代数差分法（ADA）仅能构造出仅有 1 个水平渐进极值的多形曲线族，Cieszewski et al.（2000）又提出广义代数差分法（GADA）。GADA 法能够构建具有可变水平渐进极值的多形地位指数曲线族。段爱国等（2004）采用差分法构建以 Korf 等 6 种理论生长方程为基础的多种多形地位指数方程，探讨了它们的多形表达涵义，并对其模拟性能进行了较为全面的分析。赵磊等(2012)采用 3 种常用的理论生长模型,利用 ADA 法和 GADA 法推导了 8 个差分型多形地位指数模型。总的来说,国内外对于多形地位指数模型有着比较深入的研究,多形地位指数曲线能提高地位指数的估计精度,但对于多形地位指数曲线的拟合,需要长期观测数据或解析木数据,数据的获取较为困难。

(1)资料收集

以黑龙江省落叶松 60 株解析木为例,介绍利用差分方程法编制地位指数表的简要方法及过程。

(2)差分方程法

根据长白落叶松 60 株解析木数据,使用 GADA 法推导出差分地位指数候选模型(表 5-2),估计其参数并计算拟合统计量。通过比较各模型的拟合统计量,选择 Richards 方程作为长白落叶松地位指数的导向曲线的最优模型。

$$h = e^{a_1 X_0} (1 - e^{-bt})^{X_0} \tag{5-11}$$

式中　$X_0 = \dfrac{\ln h_0}{a_1 + F_0}$, $F_0 = \ln(1 - e^{-bt_0})$。

(3)地位指数表的编制

差分地位指数模型可以根据已知年龄 t_0 时的优势木高 h_0,来预测年龄 t 时的优势木高 h。当待预测的年龄 t 为基准年龄 t_b 时,预测出的 h 即为地位指数 SI,此时,模型可以用于地位指数的估计;相反,当已知年龄 t_0 为基准年龄 t_b 时,其对应的 h_0 即为地位指数 SI,此时,模型可以用于估计已知地位指数时林分优势木的生长情况。根据黑龙江省落叶松人工林差分地位指数模型式(5-11),将基准年龄(30 年)作为 t_0 代入式(5-11),以 2 m 指数级距,将地位指数 $SI=8$, 10, …, 22 分别作为 h_0 分别代入式(5-11),可以得到长白落叶松人工林的地位指数表(表 5-4)和地位指数曲线(图 5-4)。

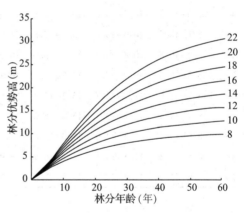

图 5-4　东北林区长白落叶松人工林多形地位指数曲线

表 5-4　东北林区长白落叶松人工林多形地位指数表

龄阶(年)	树高(m)							
	8	10	12	14	16	18	20	22
6	2.5~2.8	2.8~3.0	3.0~3.3	3.3~3.5	3.5~3.7	3.7~3.9	3.9~4.1	4.1~4.3
8	3.1~3.6	3.6~4.0	4.0~4.4	4.4~4.8	4.8~5.2	5.2~5.5	5.5~5.9	5.9~6.2
10	3.7~4.3	4.3~4.9	4.9~5.5	5.5~6.1	6.1~6.6	6.6~7.1	7.1~7.6	7.6~8.1
12	4.2~5.0	5.0~5.8	5.8~6.5	6.5~7.3	7.3~8.0	8.0~8.6	8.6~9.3	9.3~9.9
14	4.6~5.6	5.6~6.6	6.6~7.5	7.5~8.4	8.4~9.2	9.2~10.1	10.1~10.9	10.9~11.7
16	5.0~6.2	6.2~7.3	7.3~8.4	8.4~9.4	9.4~10.5	10.5~11.5	11.5~12.5	12.5~13.5

（续）

龄阶（年）	树高（m）							
	8	10	12	14	16	18	20	22
18	5.4~6.7	6.7~8.0	8.0~9.2	9.2~10.4	10.4~11.6	11.6~12.8	12.8~14.0	14.0~15.1
20	5.7~7.2	7.2~8.6	8.6~10.0	10.0~11.3	11.3~12.7	12.7~14.0	14.0~15.3	15.3~16.6
22	6.0~7.6	7.6~9.2	9.2~10.7	10.7~12.2	12.2~13.7	13.7~15.2	15.2~16.6	16.6~18.1
24	6.3~8.0	8.0~9.7	9.7~11.3	11.3~13.0	13.0~14.6	14.6~16.2	16.2~17.9	17.9~19.5
26	6.6~8.4	8.4~10.2	10.2~11.9	11.9~13.7	13.7~15.5	15.5~17.2	17.2~19.0	19.0~20.7
28	6.8~8.7	8.7~10.6	10.6~12.5	12.5~14.4	14.4~16.3	16.3~18.2	18.2~20.0	20.0~21.9
30	7.0~9.0	9.0~11.0	11.0~13.0	13.0~15.0	15.0~17.0	17.0~19.0	19.0~21.0	21.0~23.0
32	7.2~9.3	9.3~11.4	11.4~13.5	13.5~15.6	15.6~17.7	17.7~19.8	19.8~21.9	21.9~24.0
34	7.4~9.5	9.5~11.7	11.7~13.9	13.9~16.1	16.1~18.3	18.3~20.5	20.5~22.7	22.7~24.9
36	7.5~9.8	9.8~12.0	12.0~14.3	14.3~16.6	16.6~18.9	18.9~21.2	21.2~23.5	23.5~25.8
38	7.7~10.0	10.0~12.3	12.3~14.6	14.6~17.0	17.0~19.4	19.4~21.8	21.8~24.2	24.2~26.6
40	7.8~10.2	10.2~12.6	12.6~15.0	15.0~17.4	17.4~19.9	19.9~22.3	22.3~24.8	24.8~27.3
42	7.9~10.3	10.3~12.8	12.8~15.3	15.3~17.8	17.8~20.3	20.3~22.9	22.9~25.4	25.4~28.0
44	8.0~10.5	10.5~13.0	13.0~15.5	15.5~18.1	18.1~20.7	20.7~23.3	23.3~26.0	26.0~28.6
46	8.1~10.6	10.6~13.2	13.2~15.8	15.8~18.4	18.4~21.1	21.1~23.8	23.8~26.5	26.5~29.2
48	8.2~10.8	10.8~13.4	13.4~16.0	16.0~18.7	18.7~21.4	21.4~24.2	24.2~26.9	26.9~29.7
50	8.3~10.9	10.9~13.5	13.5~16.2	16.2~19.0	19.0~21.7	21.7~24.5	24.5~27.3	27.3~30.2
52	8.4~11.0	11.0~13.7	13.7~16.4	16.4~19.2	19.2~22.0	22.0~24.9	24.9~27.7	27.7~30.6
54	8.4~11.1	11.1~13.8	13.8~16.6	16.6~19.4	19.4~22.3	22.3~25.2	25.2~28.1	28.1~31.0
56	8.5~11.2	11.2~14.0	14.0~16.8	16.8~19.6	19.6~22.5	22.5~25.4	25.4~28.4	28.4~31.4
58	8.5~11.3	11.3~14.1	14.1~16.9	16.9~19.8	19.8~22.7	22.7~25.7	25.7~28.7	28.7~31.7
60	8.6~11.4	11.4~14.2	14.2~17.0	17.0~20.0	20.0~22.9	22.9~25.9	25.9~29.0	29.0~32.0

5.3 林分密度

5.3.1 基本概念

（1）林分密度的定义

云课堂

林分密度（stand density）是评定单位面积林分中林木间拥挤程度的指标。林分密度可以用单位面积上的立木株数、林木平均大小以及林木在林地上的分布来表示（Curtis，1970）。对于林木在林地上的空间分布相对均匀的林分（如人工林），林分密度就以单位面积上的林木株数和林木平均大小的关系予以描述。

林分密度一直存在两种不同的概念：一种是以绝对值表示的林分密度，如单位面积上绝对的林木株数、总断面积、蓄积量或其他标准（Bickford et al.，1957）；另一种是以相对值表示的林分密度指标，如立木度或疏密度。立木度是指现实林分与生长最佳、经营最好的正常林分进行比较所得到的相对测度（Bickford et al.，1957）。立木度的概念与我国采用的疏密度相似，它是多少带有主观性的指标(Daniels et al. ，1979)，因为立木度随着经营目的不同而不同。林分密度的绝对测度及相对测度均与年龄、立地有关。

从生物学角度定量描述林分密度时，有效的密度测定方法应满足以下几个方面：反映林地利用程度；反映林分中树木之间的竞争水平；与林分生长量和收获量相关；测定容易，便于应用，具有生物学意义；应与林分年龄无关。

(2)林分密度对林分生长的影响

①林分密度对树高生长的影响。林分密度对上层木树高的影响是不显著的，林分上层高的差异主要是由立地条件的不同而引起的。林分平均高受密度的影响也较小，但在过密或过稀的林分中，密度对林分平均高有影响。

②林分密度对胸径生长的影响。密度对林分平均直径有显著的影响，即密度越大的林分其林分平均直径越小，直径生长量也小；反之，密度越小则林分平均直径越大，直径生长量也越大。

③林分密度对蓄积量生长的影响。密度对平均单株材积的影响类似于对平均直径的影响。当林分年龄和立地质量相同时，在适当林分密度范围内，密度对林分蓄积量的影响不明显，一般地说，林分密度大的林分比林分密度小的林分具有更大蓄积量，但遵循最终收获量一定法则，如图9-6所示。

④林分密度对林木干形的影响。林分密度对树干形状的影响较大。一般地说，密度大的林分内其林木树干的削度小，密度小的林分内其林木树干的削度大。也可以说，在密度大的林分中，其林木树干上部直径生长量较大，而下部直径生长量相对较小。

⑤林分密度对林分木材产量的影响。林分的木材产量是由各种规格的材种材积构成的，而后者取决于林木大小、尖削度以及林木株数等3个因素，这3个因素均与林分密度紧密相关。一般地说，密度小的林分其木材产量较低，但大径级材材积占木材产量的比例较大。而密度大的林分木材总产量较高，但大径级材材积占总木材产量的比例较小，小径级材材积则占的比例较大。

5.3.2　林分密度指标

各种林分密度指标可大致划分成五大类：①株数密度；②每公顷断面积；③基于单位面积株数与林木直径关系为测度，如林分密度指数(SDI)、树木—面积比(TAR)、树冠竞争因子(CCF)等；④以单位面积株数与林木树高关系为测度，如相对植距(RS)；⑤以单位面积株数与林木材积(或重量)关系为测度，如3/2乘则。

5.3.2.1　株数密度

株数密度可定义为单位面积上的林木株数，常用每公顷林木株数 N 表示。

株数密度具有直观、简单易行的特点。在实际生产中，人工林常用林分的初始株数密度来表示林分密度。Clutter et al. (1983)认为在一定年龄和立地质量的未经间伐的同龄林中 N 是一个很有用的林分密度测度。但是，由于现实林分中相同株数的林木其大小变化范围较大，故很难用 N 一个指标来反映林分的拥挤程度。因此，除非把 N 与其他林木大小变量一起使用，不然意义不大(Bickford et al. ，1957；Zeide，1988)。例如，有两个年龄和立地相同的人工林其林木株数均为 1 000 株/hm^2，但一个林分平均直径 D_g 为 10 cm，而另

一个林分 $D_g = 15$ cm，这两个林分的拥挤程度完全不同，但 N 却相同。

5.3.2.2 每公顷断面积

林地上每公顷的林木胸高断面积之和即为每公顷断面积，常用 $G(m^2/hm^2)$ 表示。由于断面积易于测定，且与林木株数及林木大小有关，同时它又与林分蓄积量紧密相关，所以，每公顷断面积也是一个广泛使用的林分密度指标。在既定的年龄和立地条件下，对于经营措施相同的同龄林，或具有较稳定的年龄分布的异龄林，在林分生长与收获量预估中每公顷断面积是经常使用的林分密度指标。

每公顷断面积 G 有其不足之处：①当 G 相等时给心材和边材以相同的权重，而两者对林木生长所起作用不同；②不同初植密度的林分在生长发育过程中，会出现 G 的交叉波动（如林分株数与平均个体大小的不同组合有可能出现相同的 G），故采用 G 作为经营指标时，会出现偏差；③G 忽略了林分中林木平均因子的大小。G 相同，但由于 N 不同使得单位面积出材量会有很大的差别。例如，有两个林分，其 D_g 和 N 分别为 10 cm、2 500 株/hm^2 及 20 cm、637 株/hm^2，但它的 G 均为 20 m^2/hm^2，然而其材种出材量及经济效果会截然不同。

5.3.2.3 以单位面积株数与林木胸径关系为测度的林分密度

（1）林分密度指数

林分密度指数(stand density index, SDI)为现实林分的株数换算到标准平均直径（又称基准直径）时所具有的单位面积林木株数。SDI 是利用单位面积株数 N 与林分平均胸径 D_g 之间预先确定的最大密度线关系计算而得。林分密度指数被认为是一个适用性较广的密度指标。对同一树种的不同林分来说，最大密度线比较稳定，这为以林分密度指数作为比较同一树种不同林分密度的指标奠定了基础。但是，在林分的初期生长（未郁闭）阶段，林分的林分密度指数是不稳定的。另外，由于天然林中林木空间格局不均匀，可能会使林分平均直径 D_g 与林木株数 N 间的关系不稳定，因此林分密度指数宜作为人工林的密度指标。

赖内克在分析各树种的收获表时发现，任一具有完满立木度、未经间伐的同龄林中，只要树种相同，则具有相同的最大密度线，即单位面积株数 N 与林分平均胸径 D_g 之间呈幂函数关系(Reineke, 1933)。

$$N = \alpha D_g^{-\beta} \tag{5-12}$$

方程两边取对数，并令 $K = \log\alpha$，则

$$\ln N = K - \beta \ln D_g \tag{5-13}$$

式中 N——单位面积株数；

$\quad\quad D_g$——林分平均胸径；

$\quad\quad \beta$——最大密度线的斜率；

$\quad\quad K$——最大密度线的截距。

Reineke(1933)进一步研究不同树种完满立木度林分的 N–D_g 关系后发现，最大密度线方程式(5-12)或式(5-13)都有相同的斜率($\beta = 1.605$)，如图5-5所示。

根据最大密度线方程式(5-12)，将 N–D_g 关系换算成某一标准（基准）直径 D_I 时所对应的单位面积上的株数，即为林分密度指数(SDI)。

$$SDI = N\left(\frac{D_I}{D_g}\right)^{-\beta} \qquad (5\text{-}14)$$

式中　N——现实林分每公顷株数；

$\quad\quad D_I$——标准平均直径(美国 $D_I = 10$ in $= 25.4$ cm，

$\quad\quad\quad$ 我国一般 $D_I = 15$ 或 20 cm)；

$\quad\quad D_g$——现实林分平均直径。

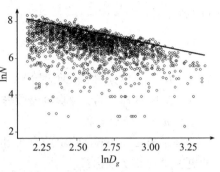

图 5-5　长白落叶松人工林 N 与 D_g 的关系

(高慧淋等，2016)

Reineke 还指出，各树种最大密度线上所确定的 SDI_{max} 与年龄和立地无关，即各树种的 $N\text{-}D_g$ 关系逐渐趋向于由式(5-13)确定的最大密度线，SDI_{max} 为常数。故由式(5-15)可知

$$\frac{\mathrm{d}SDI}{\mathrm{d}t} = \frac{\mathrm{d}N}{\mathrm{d}t}\left(\frac{D_I}{D_g}\right)^{-\beta} + N\beta\left(\frac{D_I}{D_g}\right)^{-\beta-1}\frac{D_I}{D_g^2}\frac{\mathrm{d}D_g}{\mathrm{d}t} = 0 \qquad (5\text{-}15)$$

解得

$$\frac{\mathrm{d}N/\mathrm{d}t}{N} = -\beta\frac{\mathrm{d}D_g/\mathrm{d}t}{N} \qquad (5\text{-}16)$$

即某一林分达到极限条件(最大密度)时，其株数枯损率为 D_g 相对生长率的 β 倍。

某一人工林随着林分的发育，SDI 的变化过程则可大体分为以下 3 个阶段(李凤日，1995)。

第一阶段：林分形成至林分郁闭。这段时间内林木株数不发生变化，则林分的 SDI 随着 D_g 的增大而增大，SDI 增长迅速。此时，函数关系为 $SDI = f(N_0, D_g)$，式中 N_0 为初植密度。

第二阶段：随着林分的进一步发育，林分郁闭以后林木间发生竞争，直径生长速率下降，开始发生自然稀疏，$SDI = f(N, D_g)$，但其增长速率下降。

第三阶段：在某一时间，林分达到最大密度线，SDI 保持不变($SDI = SDI_{max}$)，此时满足式(5-13)。

现以长白落叶松人工林为例，来说明现实林分 SDI 的具体算法。李凤日(2014)建立的黑龙江省落叶松人工林最大密度线为

$$\ln N = 11.6551 - 1.6252\ln D_g \qquad (5\text{-}17)$$

某一落叶松人工林平均胸径为 12.4 cm，$N = 1870$，标准直径(D_I)定为 15 cm，则

$$SDI = N\left(\frac{D_I}{D_g}\right)^{-\beta} = 1\,870 \times \left(\frac{15}{12.4}\right)^{-1.6252} = 1\,372.42$$

SDI 它不仅能很好地反映林分内林木的拥挤程度，且与林龄、立地条件相关不紧密。因此，该密度指标被广泛应用于森林经营实践中，如在林分生长和收获模型和林分密度管理图中的应用(唐守正，1993；李凤日，1995)。SDI 主要缺点是忽略了树高 H 因子，研究表明，在林分发育的过程中，N 与 D_g 成反比，而 N 与 H 成正比(Briegleb，1952；Zeide，1988)。

近几十年来，一些学者对 SDI 公式进行过反复修改。基于 Stage (1968)和 Curtis (1971)的早期研究工作，Long et al. (1990)提出了适合描述异龄混交林或直径分布不规则林分的

SDI 修正式。

$$SDI = \sum_{i=1}^{m} N_i \left(\frac{D_I}{D_i} \right)^{-\beta} \tag{5-18}$$

式中　D_i——林分第 i 径阶直径；

N_i——林分第 i 径阶每公顷株数；

m——径阶个数。

利用 Stage (1968)确定的有关 SDI 相加特性，Shaw (2000)提出了适合描述异龄混交林的更一般的 SDI 表达式。

$$SDI = \sum_{i=1}^{N} \left(\frac{D_I}{D_i} \right)^{-\beta} \tag{5-19}$$

式中　D_i——林分第 i 株树的直径($i=1$, 2, $\cdots$, N)；

N——林分每公顷株数。

虽然 SDI 的相加式(5-18)或式(5-19)对于异龄林具有一些优良特性，但是在实际应用过程中发现改进效果并不明显。对于直径分布比较规整的同龄林，这两个修正公式与式(5-18)计算的 SDI 非常接近。

(2)树木—面积比

Chisman et al. (1940)认为，林分中单株树木所占有的林地面积(TA_i)与树木直径(D_i)之间的关系可用如下方程描述。

$$TA_i = a + bD_i + cD_i^2 \tag{5-20}$$

则对单位面积正常林分有

$$TAR = \sum_{i=1}^{n} TA_i = 1.0 = an + b \sum_{i=1}^{n} D_i + c \sum_{i=1}^{n} D_i^2 \tag{5-21}$$

那么，对于一系列正常林分，可以通过最小二乘法来估计方程中的参数，即可计算现实林分的 TAR。它表示正常林分中相同直径的树木所占有的林地面积之比，是一个相对林分密度的测度。

$$TAR = \left(an + b \sum_{i=1}^{n} D_i + c \sum_{i=1}^{n} D_i^2 \right) \Big/ 面积 \tag{5-22}$$

从本质上分析，TAR 是通过假设最大密度林分中树木直径和冠幅(CW)关系为线性方程而导出的，即

$$CW_i = a_0 + a_1 D_i \tag{5-23}$$

则单株所占面积为

$$TA_i = \frac{\pi}{40\,000} CW_i^2 = (a_0 + a_1 D_i)^2 \tag{5-24}$$

由式(5-24)可导出式(5-20)。

如同 SDI 一样，TAR 也是一个基于预先构建方程的林分密度测度。但在收获预估模型中，几乎没有人用过这一统计量，这是因为 TAR 与其他密度指标相比，并未显示出明显的优点(Clutter et al., 1983；Curtis, 1971；West, 1983；Larson et al., 1968)。

Curtis(1971)在 TAR 理论基础上，提出用 D_g 的幂函数计算 TAR 的方法，即

$$TAR = a \sum_{i=1}^{n} D_i^b \tag{5-25}$$

他利用花旗松正常林分数据计算得幂指数 $b = 1.55$，该值与 Reineke（1933）提出的 SDI 的斜率值近似。式（5-25）隐含的意义为：正常林分中，树木所占面积 TA_i 与 D_i 之间并非为平方关系，而是 $TA_i \propto D_i^b$ 呈正比。从树木各因子间相对生长关系式的研究中也得出相同的结论，即 $1 \leqslant b \leqslant 2$（Mohler et al.，1978；White，1981；Zeide，1983）。

（3）树冠竞争因子

林分中所有树木可能拥有的潜在最大树冠面积之和与林地面积的比值称为树冠竞争因子（crown competition factor，CCF）。Krajecek et al.（1961）根据某一直径的林木树冠的水平投影面积与相同直径时的自由树（或疏开木）或优势木最大树冠面积成比例的假设提出了 CCF。

自由树（或优势木）的树冠冠幅与树木胸径之间呈显著的线性正相关（图 5-6），且不随树木的年龄及立地条件的变化而改变，这正是利用树冠反映林分密度的可靠依据。

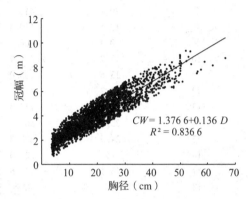

图 5-6　兴安落叶松优势木树冠冠幅 CW 与胸径 D 的相关关系

树冠竞争因子（CCF）的具体确定方法如下。

①利用自由树的冠幅 CW 与胸径 D 建立线性回归方程。

$$CW = a + bD \tag{5-26}$$

②计算树木的潜在最大树冠面积（MCA）。对于一株胸径为 D_i 的自由树其最大树冠面积 MCA_i 为

$$MCA_i = \frac{\pi}{4}(CW_i)^2 = \frac{\pi}{4}(a + bD_i)^2$$

③求算 CCF 值。将单位面积林分中所有树木的 MCA_i 相加即为该林分的 CCF。

$$CCF = \sum_{i=1}^{N} MCA_i = \frac{\pi}{40\,000}\left(a^2N + 2ab\sum_{i=1}^{N} D_i + b^2\sum_{i=1}^{N} D_i^2\right) \times 100 \tag{5-27}$$

式中　N——每公顷林木株数。

【例 5-2】中南林业科技大学芦头实验林场（湖南省平江县）的青冈次生林的自由树冠幅模型如下（中南林业科技大学，2016）。

$$CW = 0.177\,3 + 0.279\,9D \tag{5-28}$$

式中　CW——自由树冠幅，m；

　　　D——自由树胸径，cm。

现在中南林业科技大学芦头实验林场的某一青冈次生林中，设标准地面积为 $0.04\ \text{hm}^2$，其每木检尺结果见表 5-5。

则该青冈林分的树冠竞争因子 CCF 为

$$CCF = \frac{\pi}{40\,000 \times 0.04}(0.177\,3^2 \times 66 + 2 \times 0.177\,3 \times 0.279\,9 \times 910$$
$$+ 0.279\,9^2 \times 14\,323) \times 100 = 238.35 \tag{5-29}$$

表 5-5 青冈标准地的每木检尺结果

树号	D(cm)	D^2	树号	D(cm)	D^2
1	7.8	60.8	35	6	36.0
2	16.6	275.6	36	16.2	262.4
3	10.4	108.2	37	6.1	37.2
4	15.6	243.4	38	26	676.0
5	10.9	118.8	39	9.5	90.3
6	10.6	112.4	40	21.3	453.7
7	20.4	416.2	41	19	361.0
8	10.5	110.3	42	5.8	33.6
9	10.4	108.2	43	7.7	59.3
10	18.7	349.7	44	15.4	237.2
11	13.6	185.0	45	10.3	106.1
12	13.2	174.2	46	6.7	44.9
13	11.5	132.3	47	7.3	53.3
14	23.8	566.4	48	18.2	331.2
15	24.5	600.3	49	14.1	198.8
16	15	225.0	50	18.1	327.6
17	23.1	533.6	51	12.5	156.3
18	9.1	82.8	52	6	36.0
19	10.5	110.3	53	17.1	292.4
20	18	324.0	54	14.5	210.3
21	21	441.0	55	11	121.0
22	15.8	249.6	56	5.2	27.0
23	16.2	262.4	57	11.9	141.6
24	12.4	153.8	58	8.2	67.2
25	13.2	174.2	59	14.4	207.4
26	13.7	187.7	60	6	36.0
27	8	64.0	61	15.6	243.4
28	10.3	106.1	62	14.1	198.8
29	13	169.0	63	16.2	262.4
30	18.7	349.7	64	10.4	108.2
31	22.3	497.3	65	21.7	470.9
32	18.3	334.9	66	19.4	376.4
33	9.4	88.4	Σ	910	14 323
34	12	1 440			

在北美洲，许多林分生长与收获预估系统都使用 CCF 作为林分密度指标(Stage，1973；Wykoff et al.，1982，1985；Arney，1985)。CCF 既适用于同龄纯林，又适用于异龄混交林，特别是由于 CCF 较直观地反映了树种间林木树冠对生长空间的竞争能力，故在天然林中应用比较成功(Clutter et al.，1983)。由于树冠竞争因子与林分年龄及立地质量有关，不同树种的树冠发育差异很大，冠幅和胸径之间的关系也不相同，因此，不同树种林分的 CCF 值有很大差异。如华北油松人工林断面积达到最大值林分的 CCF 值约为 350(郭雁飞，1982)，而兴安落叶松林断面积达到最大值林分的 CCF 值约为 480(陈民，1986)，所以不宜用于比较不同林分的密度。

从式(5-22)和式(5-25)的形式来看，TAR 与 CCF 均以 CW-D 关系为基础推导而来，所不同的是计算 CW-D 方程参数所采用的参照林分不同而已。TAR 是以完满立木度的正常林分中林木为基准，故有 $0<TAR \leqslant 1$，而 CCF 则以未产生竞争的自由树为基准，故对已郁闭的林分应满足 $100 \leqslant CCF \leqslant CCF_{max}$。

应用 CCF 的最大问题就是选择自由树(或疏开木)。虽然 Krajicek et al. (1961)提出了选取疏开木的 6 条标准，但现实中很难找到满足这些条件的林木；其次疏开木的树冠发育过程与现实林分的树冠发育相差较大，现实林分的树冠特别是冠长随林分的株数和树高变化而变化，故也有人建议采用现实林分中的优势木来建立 $CW\text{-}D$ 方程。

5.3.2.4　单位面积株数与树高关系构造的林分密度指标(相对植距)

Beekhuis(1966)将林分中树木之间平均距离与优势木平均高之比值定义为相对植距(relative spacing, RS)。

$$RS = \frac{\sqrt{10\,000/N}}{HD} \tag{5-30}$$

式中　N——每公顷株数；

　　　HD——优势木平均高。

Hart(1928)首次提出同龄纯林可采用树木之间的平均距离与优势木高关系的百分数作为林分密度指标来研究林木的枯损过程。Wilson(1946)基于林分中树木生长速率保持其相对稳定的基础上，建议采用 RS 作为森林抚育的一个指标，并将 $N\text{-}HD$ 关系定义为"树高立木度"。Ferguson(1950)首先注意到可把 RS 用来描述林分的极限密度，后来 Beckhuis(1966)提出"在林分趋向于最大密度或最小相对植距前，枯损率是最大的，随着树高的进一步生长这一最小值 RS_{min} 趋向于常数"，即某一树种在其生长发育过程中，几乎所有林分都逐渐趋向于一个共同的最小相对植距 RS_{min}；RS_{min} 与年龄(或立地)无关(Clutter et al., 1983；Wilson, 1979；Parker, 1978；Bredenkamp et al., 1990)。

RS 随年龄的变化过程取决于林木树高生长和枯损，可分为 3 个阶段(李凤日，1995)：

第一阶段：林分郁闭前，由于林木的竞争枯损为 0，对初植密度相同的林分 RS 的变化主要取决于 HD 的变化，这一段 RS 值下降迅速。

第二阶段：林分郁闭后，树木之间竞争增强，林木开始发生自然稀疏现象，随着枯损率的增加，树高生长与部分被枯损率增加的相反作用结果，故 RS 下降速率减慢。

第三阶段：随着林分进一步发育，使得树高生长与枯损率对 RS 的影响互相抵消，林分保持 RS_{min} 常量不变(即前述最大密度线)，当 RS 保持为常数时，由式(5-30)可得

$$\frac{1}{HD} \cdot \frac{dHD}{dt} = -\frac{1}{2} \cdot \frac{1}{N} \cdot \frac{dN}{dt} \tag{5-31}$$

当林分优势高相对生长率为相对枯损率的 2 倍时，RS 趋于最小稳定常数(即达到最大密度林分)。

$$N = K \cdot HD^2 \tag{5-32}$$

式中　$K = 10\,000/RS_{min}^2$。

式(5-32)在双对数坐标中呈直线关系，斜率为 2。所反映的规律基本与图 5-5 相同，所不同的是所取自变量不同而已。

Wilson(1946，1979)及 Bickford et al. (1957)认为，RS 有以下几个优点。

①选择 HD 作为自变量，它很少受密度影响(除非林分过密)，故 N 与 HD 相互独立，

避免了抚育间伐对它影响。

②它与树种、年龄或立地无关。

③无参数，形式简单且应用方便。

对 RS 的进一步研究表明 RS_{min} 因树种不同而异(Parker，1978；Bredenkamp et al.，1990)。事实上，当同龄林分达到最大密度线时，RS_{min} 与年龄(或立地)无关；但在此之前，RS 是初始密度 N_0、年龄和立地的函数。因此，在描述现实林分密度变化时它是一个比较好的密度指标。

5.3.2.5 以单位面积株数与材积(或重量)关系为基础的林分密度指标(3/2 乘则)

从 20 世纪 50 年代初，日本一些学者对植物的密度理论开展了一系列研究工作，他们通过研究不同初植密度植物单株重量及单位面积产量关系，得出了一些结论：竞争—密度效果(C-D 效果)(吉良等，1953)；产量密度效果(Y-D 效果)(筱峙等，1956)；最终收获量一定的法则(穗积等，1956)。

依田等(1963)通过研究大豆、荞麦和玉米 3 种植物的平均个体重量 w 与单位面积株数 N 之间关系，提出著名的自然稀疏的 3/2 乘则，这一规律描述了单一植物种群发生大量的密度制约竞争枯损时，w-N 的上渐近线为

$$w = kN^{-\beta} = kN^{-3/2} \tag{5-33}$$

式中 k——截距系数；

$\beta = -3/2$，它是与树种、年龄、立地和初植密度无关的常量。

这一描述植物种群动态规律的自然稀疏定律，首先由 White et al.(1970)介绍到西方国家，并在 20 多年时间里对不同的草本植物、树木种群进行了大量研究和论述，并得出了肯定的结论。如 Long et al.(1984)认为，这一关系的广泛通用性使它成为一个植物种群生物学中最一般的原理；Whittington(1984)认为，它不仅仅是规则而是一个真正的定律，Harper(1977)称它是为生态学所证明的第一个基本定律。

许多研究均表明草本植物的重量 w 与体积 v 成正比，即 $v \propto w^{1.0}$(Saito，1977；White，1981)，然而树木重量 w 与树干材积 v 之间没有直接的比例关系。假设在发生自然稀疏过程中 w/v 的比值为常数(Sprugel，1984)，则由式(5-33)可得

$$v = kN^{-a} \quad (a \approx 1.5) \tag{5-34}$$

用时间对上式求导得

$$\frac{1}{v}\frac{dv}{dt} = -a\frac{1}{N}\frac{dN}{dt}$$

单位面积蓄积(M)，可用下式来表述。

$$M = vN = kN^{-(a-1)} \approx kN^{-1/2} \tag{5-35}$$

由式(5-35)定义的是平均单株材积与最大密度之间的组合，同时反映了不同时间的自然稀疏的过程。对某一树种，当 k 值确定后，这一方程就表示了完满密度曲线(安藤贵，1962)或最大密度线(Drew et al.，1977)，即任一林分的平均材积与林分密度的组合均不会超过这一边界。

林学家对 3/2 乘则进行过广泛的调查研究，并结合 Y-D 效果等理论编制了林分密度控制图(安藤贵，1962；Drew et al.，1979；尹泰龙等，1978)。

生物学特别是森林的发育过程是复杂多变的。有研究指出 3/2 乘则存在着理论上的不一致性和经验上的不精确性（Sprugel，1984；Zeide，1985，1987，1992；Weller，1987），这些研究认为这一定律是错误的，而这也许是林分密度控制图不够精确的原因。

5.3.2.6　三类林分密度指标间相互关系

林学家已提出许多以树冠重叠为依据的竞争指标，旨在预估树冠的水平扩展。因此，把树冠面积作为林木大小 S 的函数，若不考虑树冠重叠误差，可以由单株树冠预估面积 CA 来估计林分密度，即 $N \propto 1/CA$，故最大密度林分存在 $CA \cdot N$ 为常数。但 CA 与 D 之间无固定的函数关系，一般通过 $CA \propto CW^2$ 再建立 CW 与 S 的关系。

纵观上述的后三类林分密度指标，均根据预先确定的林木大小与林木株数之间关系来描述。在完全郁闭的林分中，林木株数与平均树冠预估面积和平均冠幅相关。在这种林分中，林木大小与林木株数 N 的关系等价于的林木大小 S 和平均冠幅间的线性关系（如 TAR，CCF）或相对生长关系（如 RS、3/2 乘则和 SDI）。换而言之，通常把 CW-S 关系视为线性或幂函数关系。因此，在完全郁闭的林分中有以下关系成立。

$$N^{-1} = a + bS + cS^2 \quad (a, b, c > 0) \quad 或 \quad N^{-1} = KS^\beta \quad (K, \beta > 0) \tag{5-36}$$

式中　K，a，b，c——常数；

　　S——林木大小指标。

下面以相对生长关系为例予以说明。假设最大密度林分中林木的平均冠幅 $\overline{CW}$ 与平均大小 S 满足以下条件。

$$\overline{CW} = aS^b \tag{5-37}$$

基于这种假设下推导出的林分密度有：SDI、RS 和 3/2 乘则等，区别在于林木大小的指标。

SDI 是以林分平均直径 D_g 为自变量而导出的，单位面积内所有林木平均占有面积 $\overline{TA}$ 与株数满足以下条件。

$$N^{-1} = \overline{TA} = \frac{\pi}{40\ 000} aD_g^{2b} = KD_g^\beta \tag{5-38}$$

RS 则根据假设：

$$\overline{CW} = aHD \tag{5-39}$$

则

$$N^{-1} = \overline{TA} = \frac{\pi}{40\ 000} aHD^2 = \frac{K}{10\ 000} HD^2 \tag{5-40}$$

由式（5-34）可导出：

$$RS = K^{1/2} = \sqrt{\frac{10\ 000/N}{HD}} \tag{5-41}$$

3/2 乘则是假设：

$$\overline{CW} = a\bar{v}^{1/3} \tag{5-42}$$

由上式可得

$$N^{-1} = \frac{\pi}{40\ 000} a\bar{v}^{2/3} = K\bar{v}^{2/3} \tag{5-43}$$

现进一步假设树木各测树因子 D、HD 和 v 之间满足相对生长关系，即：$H \propto D^p$，$v \propto D^q$，则根据上面的假设很容易证明 SDI、RS、3/2 乘则之间是一致的(李凤日，1995)。

复习思考题

1. 立地与立地质量辨析。
2. 评价立地质量有哪些方法？各种方法的主要依据与优缺点是什么？
3. 简述同形地位指数表的编制方法与步骤。
4. 如何构建多形地位指数曲线模型？
5. 林分密度的主要指标及关系有哪些？

第6章
林分蓄积量测定

【知识图谱】

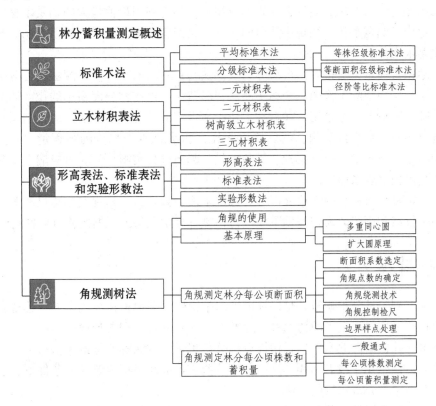

【内容提要】本章主要介绍采用标准木法、材积表法、形高表法、标准表法、平均实验形数法测定林分蓄积量的具体方法和步骤，以及材积表和形高表的简要编制方法。另外，本章在介绍角规测定林分每公顷胸高断面积原理的基础上，介绍了利用角规控制检尺测定林分每公顷株数和每公顷蓄积量的原理和方法。

党的十八大以来，党中央对林草工作作出了一系列重大决策部署，实施了天然林资源保护、三北防护林、森林质量提升等重大生态和森林保育工程，全国森林资源增长明显。截至2023年，我国森林面积达34.65亿亩，其中人工林保存面积达13.14亿亩，居世界首位，森林蓄积量已经达 $194.93×10^8 m^3$，成为全世界森林资源增长最快最多的国家，近十年全球增加的森林面积1/4来自我国。因此，掌握森林蓄积量测算的理论和方法对于科学开展森林经营，持续强化森林资源保护与管理具有重要作用。

在一定面积上林分中生长着的全部林木的总材积称作林分蓄积量(stand volume)，简称蓄积(记作 M)。在森林调查和森林经营工作中，林分蓄积量常用单位面积蓄积量(M)表示。

林分蓄积量和单木材积一样，是由断面积、树高和形数三要素构成，因此，林分蓄积量的基本概念为 $M=f_{1.3}GH_D$。它又与单株木的材积有区别，因为林分是由树木群体组成，它具有生长积累过程。因此，受林木直径、树高、形数及株数等因子制约，并受树种、年龄、立地条件和经营措施等直接影响。

蓄积量是林分调查因子中最主要的数量指标之一，单位面积蓄积量的大小标志着林地生产力的高低及经营效果。另外，在森林资源中，经济利用价值最大的仍是木材资源。因此，林分蓄积量测定是林分调查主要目的之一，是经营管理、采伐利用以及制定林业发展规划的主要依据。

林分蓄积量测定方法很多，可概分为实测法与目测法两大类。实测法又可分为全林实测和局部实测。在实际工作中，全林实测法费时费工，仅在林分面积小的伐区调查和科学实验等特殊需要情况下才采用。在营林工作中最常用的是局部实测法，即根据调查目的采用典型选取的标准地进行实测，然后按面积比例扩大推算全林分的蓄积量。对复层、混交、异龄林分，应分别林层、树种、年龄世代、起源进行实测计算。对极端复杂热带雨林的调查方法需根据要求而定。

实测确定林分蓄积量的方法又可分为标准木法、数表法、角规控制检尺法等。目测法可以用测树仪器和测树数表作辅助手段进行估算林分蓄积量或根据经验直接目测。

6.1　标准木法

云课堂

用标准木测定林分蓄积量，是以标准地内指定树木平均材积为依据的，这种在林分或标准地中具有平均材积大小的树木称为标准木(mean tree)。用典型取样方法，按一定要求选取标准木，并根据标准木平均材积推算林分蓄积量的方法称为标准木法(method of mean tree)。这种方法常用于没有适用的调查数表或数表不能满足精度要求的条件下，它是一种简便易行的测定林分蓄积量的方法。

用标准木法推算林分蓄积量时，除需认真量测面积和测树工作外，选测好标准木至关重要。因此，在实际工作中依据林分平均直径 D_g、林分平均高 H_D 且要求干形中等3个条件选取标准木，即标准木应具有林木材积三要素的平均标志值。其中要求干形中等最难掌握，因树干材积三要素是互不独立的，这就更增加了选定标准木的难度。基于调查目的和精度要求不同，标准木法可分为单级标准木和分级标准木两类。这两类方法的主要区别是标准木所代表的直径范围及株数分配不同。一般来说，增加标准木株数可提高蓄积量测定精度，但若标准木选择不当，增加标准木株数也不一定能提高精度。

6.1.1　平均标准木法

平均标准木法又称单级法(胡伯尔，1825)，是不分级选取标准木的方法，其步骤如下。

①测设标准地，并进行标准地调查。

②根据标准地每木检尺结果，计算出林分平均直径 D_g，并在树高曲线上查定林分平均高 H_D。

③寻找 1~3 株与林分平均直径 D_g 和平均高 H_D 相接近(一般要求相差在±5%以下)且干形中等的林木作为平均标准木，伐倒并用区分求积法测算其材积，或不伐倒而采用立木区分求积法计算材积。

④按式(6-1)求算标准地蓄积量 $M_{地}$，再按标准地面积把蓄积量换算为单位面积蓄积 M，算例见表 6-1。

$$M_{地} = \sum_{i=1}^{n} V_i \frac{G_{地}}{\sum_{i=1}^{n} g_i} \tag{6-1}$$

式中　n——标准木株数；

V_i，g_i——第 i 株标准木的材积及断面积；

$G_{地}$，$M_{地}$——标准地总断面积与蓄积量。

【例 6-1】表 6-1 为黑龙江省佳木斯市孟家岗林场某落叶松人工林样地，根据每木调查结果，标准地中 103 株样木按 2 cm 径阶整化后计算的平均断面积为 0.047 7 m²，平均胸径为 24.7 cm，平均高为 22.1 m。以此为依据选出 2 株平均标准木按区分法测出材积(表 6-1)，然后按式(6-1)算出标准地蓄积量 $M_{地}$。

$$M_{地} = 0.947\ 3 \times \frac{4.918\ 2}{0.095\ 41} = 48.831\ 4(\text{m}^3)$$

该标准地面积为 0.2 hm²，则每公顷蓄积量 M 为

$$M = \frac{48.831\ 4}{0.2} = 244.157(\text{m}^3)$$

表 6-1　用平均标准木法计算蓄积量(整化径阶)

径阶 (cm)	株数	断面积 (m²)	标准木				
			编号	胸径(cm)	树高(m)	断面积(m²)	材积(m³)
16	2	0.040 2					
18	4	0.101 7	1	24.3	22.5	0.046 35	0.474 0
20	12	0.376 8					
22	16	0.607 9	2	25	21.9	0.049 06	0.473 3
24	27	1.220 8					
26	18	0.955 5					
28	12	0.738 5					
30	9	0.635 9					
32	3	0.241 1					
合计	103	4.918 2				0.095 41	0.947 3

另外，也可不进行径阶整化，以每株样木的实测胸径值进行计算。采用标准地中 103 株样木实测胸径计算的平均断面积为 0.047 57 m²，平均胸径为 24.6 cm，平均高为 21.8 m。以此为依据选出 2 株平均标准木按区分法测出材积(表 6-2)，然后按式(6-1)算出标准地蓄积量 $M_{地}$。

$$M_{地} = 0.947\ 3 \times \frac{4.896\ 4}{0.095\ 41} = 48.615\ 0(\text{m}^3)$$

该标准地面积为 $0.2\ \text{hm}^2$，则每公顷蓄积量 M 为

$$M = \frac{48.615\ 0}{0.2} = 240.075(\text{m}^3)$$

表 6-2 用平均标准木法计算蓄积量(未整化径阶)

样木号	胸径 (cm)	断面积 (m²)	标准木				
			编号	胸径(cm)	树高(m)	断面积(m²)	材积(m³)
1	15.5	0.018 9					
2	16.8	0.022 2	1	24.3	22.5	0.046 35	0.474 0
3	17.3	0.023 5					
4	18.3	0.026 3	2	25	21.9	0.049 06	0.473 3
5	18.9	0.028 0					
6	19.0	0.028 3					
7	19.3	0.029 2					
⋮	⋮	⋮					
102	31.1	0.075 9					
103	31.4	0.077 4					
合计		4.896 4				0.095 41	0.947 3

6.1.2 分级标准木法

为提高蓄积量测算精度，可采用各种分级标准木法。先将标准地全部林木分为若干个等级(每个等级包括几个径阶或一定数量的样木)，在各级中按平均标准木法测算蓄积量，而后叠加得总蓄积量，算式为

$$M = \sum_{i=1}^{k}\left[\sum_{j=1}^{n_i} v_{ij}\ \frac{G_i}{\sum\limits_{j=1}^{n_i} g_{ij}}\right] \tag{6-2}$$

式中　n_i——第 i 级中标准木株数；

　　　k——分级级数($i = 1,\ 2,\ \cdots,\ k$)；

　　　G_i——第 i 级的断面积；

　　　v_{ij}, g_{ij}——第 i 级中第 j 株标准木的材积及断面积。

分级法的种类很多，现介绍 3 种常用方法。

(1)等株径级标准木法

该方法由乌里希首先提出(Urich，1881)。该方法是将每木检尺结果依径阶顺序或胸径大小，将林木分为株数基本相等的 3~5 个径级，分别径级选标准木测算各径级材积，各径级材积叠加得标准地蓄积量。具体测算方法见表 6-3(整化径阶)和表 6-4(未整化径阶)。

表 6-3 等株径级标准木法计算蓄积量(整化径阶)

径级	径阶	株数	断面积	平均标志	标准木大小	推算蓄积量
I	16	2	0.040 2			
	18	4	0.101 7	$g=0.030\ 12$	$d=19.5$ $h=20.99$	$M=0.632\ 7\times0.249\ 332$
	20	12	0.376 8	$D=19.6$	$g=0.029\ 85$	$\div0.029\ 85$
	22	3	0.114 0	$H=20.6$	$v=0.249\ 332$	$=5.284\ 8$
	小计	21	0.632 7			
II	22	13	0.493 9	$g=0.040\ 74$	$d=22.5$ $h=19.9$	$M=0.855\ 7\times0.338\ 731$
	24	8	0.361 7	$D=22.8$	$g=0.039\ 741$	$\div0.039\ 741$
	小计	21	0.855 7	$H=21.4$	$v=0.338\ 731$	$=7.293\ 5$
III	24	19	0.859 1	$g=0.045\ 96$	$d=24.2$ $h=20.95$	$M=0.965\ 2\times0.425\ 633$
	26	2	0.106 1	$D=24.2$	$g=0.045\ 973$	$\div0.045\ 973$
	小计	21	0.965 2	$H=21.6$	$v=0.425\ 633$	$=8.936\ 1$
IV	26	16	0.849 1	$g=0.054\ 76$	$d=27$ $h=22.9$	$M=1.095\ 2\times0.575\ 749$
	28	4	0.246 2	$D=26.4$	$g=0.057\ 227$	$\div0.057\ 227$
	小计	20	1.095 2	$H=22.9$	$v=0.575\ 749$	$=11.018\ 6$
V	28	8	0.492 4			
	30	9	0.635 9	$g=0.068\ 47$	$d=29.7$ $h=22.5$	$M=1.369\ 4\times0.735\ 966$
	32	3	0.241 2	$D=29.5$	$g=0.069\ 244$	$\div0.069\ 244$
	小计	20	1.369 4	$H=23.1$	$v=0.735\ 966$	$=14.554\ 8$
合计		103	4.918 2			44.087 8

表 6-4 等株径级标准木法计算蓄积量(未整化径阶)

径级	株数	断面积	平均标志	标准木大小	推算蓄积量
I	21	0.632 3	$g=0.030\ 11$ $D=19.6$ $H=20.6$	$d=19.5$ $h=20.99$ $g=0.029\ 85$ $v=0.249\ 332$	$M=0.632\ 3\times0.249\ 332$ $\div0.029\ 85$ $=5.281\ 6$
II	21	0.839 3	$g=0.039\ 97$ $D=22.6$ $H=21.4$	$d=22.5$ $h=19.9$ $g=0.039\ 741$ $v=0.338\ 731$	$M=0.839\ 3\times0.338\ 731$ $\div0.039\ 741$ $=7.153\ 8$
III	21	0.985 9	$g=0.046\ 95$ $D=24.5$ $H=21.8$	$d=25$ $h=21.9$ $g=0.049\ 063$ $v=0.473\ 337$	$M=0.985\ 9\times0.473\ 337$ $\div0.049\ 063$ $=9.511\ 6$
IV	20	1.083	$g=0.054\ 15$ $D=26.3$ $H=22.9$	$d=27$ $h=22.9$ $g=0.057\ 227$ $v=0.575\ 749$	$M=1.083\times0.575\ 749$ $\div0.057\ 227$ $=10.895\ 9$
V	20	1.355 9	$g=0.067\ 80$ $D=29.4$ $H=23.1$	$d=29.7$ $h=22.5$ $g=0.069\ 244$ $v=0.735\ 966$	$M=1.355\ 9\times0.735\ 966$ $\div0.069\ 244$ $=14.411\ 3$
合计	103	4.896 4			47.254 2

（2）等断面积径级标准木法

该方法由哈尔蒂希首先提出（Hartig，1868）。依径阶或胸径大小顺序，将林木分为断面积基本相等的 3~5 个径级，分别径级选标准木进行测算，具体测算方法见表 6-5（整化径阶）和表 6-6（未整化径阶）。

表 6-5　等断面积径级标准木法计算蓄积量（整化径阶）

径级	径阶	株数	断面积	平均标志	标准木大小	推算蓄积量
I	16	2	0.040 2			
	18	4	0.101 7	$g = 0.032\ 49$	$d = 20\quad h = 21.7$	$M = 0.974\ 7 \times 0.339\ 7$
	20	12	0.376 8	$D = 20.3$	$g = 0.031\ 40$	$\div 0.031\ 40$
	22	12	0.455 9	$H = 20.6$	$v = 0.339\ 7$	$= 10.544\ 7$
	小计	30	0.974 7			
II	22	4	0.152 0	$g = 0.043\ 90$	$d = 23.5\quad h = 21.8$	$M = 0.965\ 9 \times 0.431\ 2$
	24	18	0.813 9	$D = 23.6$	$g = 0.043\ 35$	$\div 0.043\ 35$
				$H = 21.4$	$v = 0.431\ 2$	$= 9.607\ 7$
	小计	22	0.965 9			
III	24	9	0.406 9	$g = 0.049\ 53$	$d = 25\quad h = 21.9$	$M = 0.990\ 7 \times 0.473\ 3$
	26	11	0.583 7	$D = 25.1$	$g = 0.049\ 06$	$\div 0.049\ 06$
				$H = 22$	$v = 0.473\ 3$	$= 9.557\ 6$
	小计	20	0.990 7			
IV	26	7	0.371 5	$g = 0.058\ 05$	$d = 27\quad h = 22.9$	$M = 0.986\ 9 \times 0.575\ 7$
	28	10	0.615 4	$D = 27.2$	$g = 0.057\ 23$	$\div 0.057\ 23$
				$H = 22.8$	$v = 0.575\ 7$	$= 9.927\ 6$
	小计	17	0.986 9			
V	28	2	0.123 1			
	30	9	0.635 9	$g = 0.071\ 44$	$d = 30\quad h = 22.7$	$M = 1.000\ 1 \times 0.657\ 5$
	32	3	0.241 1	$D = 30.2$	$g = 0.070\ 65$	$\div 0.070\ 65$
				$H = 23$	$v = 0.657\ 5$	$= 9.307\ 3$
	小计	14	1.000 1			
合计		103	4.918 2			48.944 9

表 6-6　等断面积径级标准木法计算蓄积量（未整化径阶）

径级	株数	断面积	平均标志	标准木大小	推算蓄积量
I	30	0.970 3	$g = 0.032\ 34$ $D = 20.3$ $H = 20.6$	$d = 20\quad h = 21.7$ $g = 0.031\ 40$ $v = 0.339\ 7$	$M = 0.970\ 3 \times 0.339\ 7 \div 0.031\ 40$ $= 10.495\ 7$
II	22	0.957 7	$g = 0.043\ 53$ $D = 23.5$ $H = 21.4$	$d = 23.5\quad h = 21.8$ $g = 0.043\ 35$ $v = 0.431\ 2$	$M = 0.957\ 7 \times 0.431\ 2 \div 0.043\ 35$ $= 9.526\ 8$
III	20	0.993 0	$g = 0.049\ 65$ $D = 25.1$ $H = 22$	$d = 25\quad h = 21.9$ $g = 0.049\ 06$ $v = 0.473\ 3$	$M = 0.993\ 0 \times 0.473\ 3 \div 0.049\ 06$ $= 9.580\ 1$

（续）

径级	株数	断面积	平均标志	标准木大小	推算蓄积量
Ⅳ	17	0.978 7	$g = 0.057\ 57$ $D = 27.1$ $H = 22.8$	$d = 27$　$h = 22.9$ $g = 0.057\ 23$ $v = 0.575\ 7$	$M = 0.978\ 7 \times 0.575\ 7 \div 0.057\ 23$ $= 9.846\ 6$
Ⅴ	14	0.996 6	$g = 0.071\ 19$ $D = 30.1$ $H = 23$	$d = 30$　$h = 22.7$ $g = 0.070\ 65$ $v = 0.657\ 5$	$M = 0.996\ 6 \times 0.657\ 5 \div 0.070\ 65$ $= 9.275\ 3$
合计	103	4.896 4			48.724 5

（3）径阶等比标准木法

德劳特提出用分别径阶按一定株数比例选测标准木的方法（Draudt，1860）。其步骤是先确定标准木占林木总株数的百分比（一般取 10%）；再根据每木检尺结果，按比例确定每个径阶应选的标准木株数（两端径阶株数较少，可合并到相邻径阶）；然后根据各径阶平均标准木的材积推算该径阶材积，最后各径阶材积相加得标准地总蓄积。

这种方法较前 3 种方法的工作量大，但精度较高。不仅能获得各径阶的材积，并能求出林分材种出材量，其算式与式（6-2）同，但式中的 k 是径阶数。

若根据各径阶标准木材积与胸径或断面积相关关系，绘材积曲线或材积直线，则可按径阶查出各径阶单株平均材积。可按式（6-3）计算标准地蓄积量。

$$M_{地} = v_1 n_1 + v_2 n_2 + \cdots + v_k n_k = \sum_{i=1}^{k} v_i n_i \qquad (6\text{-}3)$$

式中　v_i——从材积曲线或材积直线上读出的第 i 径阶单株材积；

　　　n_i——相应径阶的检尺木株数。

这种方法相当于为标准地编制一份临时的一元材积表。

综上所述，标准木法属于典型选样方法，用于推算蓄积量的精度完全取决于所选标准木的胸径、树高及形数与其林分平均直径、平均高及形数的接近程度。在实际工作中，很难找到与林分 3 个平均因子完全一致的林木，因而会产生一定的误差，其中干形最难控制。实践中通常要求胸径、树高与实测平均值的离差一般不超过 ±5%。对于形数，在选测标准木之前，平均形数是无法确定的，只能按照目测树干的圆满程度、树冠长度等可以反映形数大小的外部特征选择干形中等的树木作为标准木。由于干形因子是主观选定的，易倾向于选择干形比较通直及饱满的树木，所以采用标准木法常易产生偏大误差。

表 6-7　4 种标准木法测算蓄积量误差对比实例

方法	选测 标准木株数 （株）	推算蓄积量 （m³）	蓄积量相对误差（%） $p_m = \dfrac{M_1 - M_0}{M_0} \times 100$
平均标准木法	2	54.79	2.86
等株径级标准木法	3	54.52	2.36
等断面积径级标准木法	3	54.37	2.06
径阶等比标准木法	15	54.15	-1.65

标准木法测算林分蓄积量的准确度取决于所选标准木的代表性程度，因此，这与调查者的工作经验有很大关系。如河北农业大学林学院收集一块山杨林标准地面积为 0.2 hm²，总株数 142 株，平均胸径 22.1 cm，平均高为 23.2 m，标准地全部林木实测材积 $M_{地}$ 为 53.271 5 m³，用 4 种标准木法测算蓄积量的误差，见表 6-7。

6.2 立木材积表法

在森林调查中，为了提高工作效率，一般常采用预先编制好的立木材积表(tree volume table)确定森林蓄积量，这种方法称为材积表法(method of volume table)。

材积表是立木材积表的简称，是按树干材积与其三要素之间的回归关系编制，载有各种大小树干单株平均材积的数表。立木材积表是最基础的林业数表和森林资源的计量工具，被称为森林资源调查监测的"度量衡"，在森林资源调查、采伐限额管理、森林经营成效评价、森林资产评估、林业执法等方面应用广泛。

根据胸径一个因子与材积的回归关系编制的表称为一元材积表(one-way volume table)。根据胸径、树高两个因子与材积的回归关系编制的表称为二元材积表(standard volume table)。根据胸径、树高和干形(形率级、形数级)与材积的回归关系编制的表称为三元材积表(form class volume table)。按照计算树木不同部位材积，可分主干、全树(仅含干、枝)、枝条、树根、树皮等材积表，通常未加说明的是指主干带皮材积。按照地域范围，分为一般和地方材积表；按照树种，分为某一树种、树种组和通用材积表。

材积表的编制方法最初采用图解法(削度图、材积曲线、材积直线)，目前通常采用材积式法，利用回归分析法建立立木材积回归方程。对于材积表的编制工作，由于电子计算技术的兴起与引用，不仅提高了效率，而且也提高了材积表的准确度。尤其为回归方程参数求解，以及对多个材积方程进行选优与检验等都提供了优越条件。

在 20 世纪 50 年代，我国林业部综合调查队，曾为主要林区编制了主要树种的树高级立木材积表。从 1960 年起，由于森林抽样调查的需要，各地都普遍编制了主要树种的二元与一元立木材积表，20 世纪 70 年代中，集中整理编制了我国 35 个针叶树种，21 个阔叶树种的大区域二元立木材积表，农林部于 1977 年以部颁标准《立木材积表》(LY 208—1977)颁布使用。

6.2.1 一元材积表

6.2.1.1 概念

根据胸径一个因子与材积的回归关系，分别树种编制的材积数表称为一元材积表。一元材积表最早是由法国学者顾尔诺提出(Gurnand，1878)，继由瑞士学者毕奥莱发展应用(Biolley，1921)。起初法文将其称为"tarif de cubege"或简称"tarif"(塔里夫)，此词源于阿拉伯语，是表格化的数据资料的意思，与我国所用数表一词同义。这种表最初是应用于森林经理的照查法(method of control)，目的是了解间隔期内林分蓄积量的变化，认为接近平衡状态的择伐林木中树高依胸径的变化基本是稳定的，为掌握蓄积量的变化，每次复查时量测树高的意义不大，故而采用了简便的一元材积表。以后英、德、美等国有时也采用"塔里夫"一词，但英文一元材积表的一般名为"one-way volume table"（或 single entry volume table）。因为一元材积表只考虑树干材积随胸径的变化，未考虑树高和干形对材积的影响，但在不同条件下，胸径相同的林木，树高差别较大，如福建南平溪后 20 cm 胸径的杉木平均高可达 18~20 m，而在江苏宜兴一般只有 13 m 以下。因而一元材积表适用于相同立地条件下的一定局部地区，使用范围较小，故一元材积表又称为地方材积表（local volume table）。一元材积表一般只列出树干材积，但也有列出商品材积（merchantable volume）或附加列出编表时各径阶的平均高与平均形高值。另外，一元材积表中记载的是各径阶大小的树木的单株平均材积值，因此它不能用于查单株树木的材积，只适于计算林分蓄积量。一元材积表多以省级林业区划的一级区为编表总体编制，主要用于森林资源连续清查（一类调查）、规划设计调查（二类调查）、作业设计调查（三类调查）中查定立木材积。它是立木材积表中，也是林业数表中研究最早、技术最成熟、应用最广泛的一种。

6.2.1.2　一元材积表的编制

一元材积表的编制有两种方法：一种是直接编制法；另一种是由二元材积式导算法。

1）直接编制法

一元材积表编制的方法与步骤如下。

（1）资料收集与整理

一元材积表仅考虑材积随胸径的变化。一般是分别树种、分别使用地区编制，因在不同地区树高曲线的差异较大。因此，编表收集数据地区范围应与用表地区范围保持一致。为使编表资料能反映材积表使用地区的材积平均水平，在组织和抽取样木时，要求尽可能遵从随机取样的原则，样木数量一般要求在 200~300 株或以上。典型选取的标准木作为样本编表时，往往产生偏大的误差，一般不宜用于编表。

在收集编表资料时，应满足《一元立木材积表编制技术规程》（LY/T 2414—2015）中编表总体、编表单元、立木材积模型确定、参数估计、精度等方面的要求，同时收集编表和检验表两套样本，用编表样本编表，用检验样本检验所编材积表的精度。

对抽中的样木，测定其胸径，并伐倒后用区分求积法测定材积。将各样木的胸径（D）、树高（H）及材积（V）等数据建立计算机数据库作为编制和检验材积表的基础数据，结合选择合适方程类型，根据资料绘制散点图，进行数据预处理，剔除异常数据。当剔除的异常数据数量小于样本总数的 5% 时，则样本有效，可以作为编制一元立木材积表的样本。当剔除的异常数据数量等于或大于样本总数的 5% 时，不能作为一元立木材积表的样本，需要补充样本数据，或重新采集数据，直至符合要求为止。

（2）一元材积表编制

①用图解法确定方程类型。将编表数据以横坐标示胸径，纵坐标示材积作散点图，根据散点分布趋势，选择合适方程类型，如图 6-1 所示。

②最优材积方程的选择。编制一元材积表的方程类型很多，常用的方程见表 6-8。

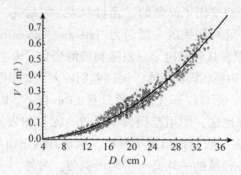

图 6-1　黑龙江省齐齐哈尔、大庆地区小黑杨单株材积—胸径散点图

表 6-8　一元材积回归方程

一元材积方程	提出者
$V = a_0 + a_1 d^2$	科泊斯基(Kopezky)和格尔哈特(F. Gehrardt)
$V = a_0 d + a_1 d^2$	迪塞斯库(R. Dissescu)和迈耶(W. H. Meyer)
$V = a_0 + a_1 d + a_2 d^2$	覆赫纳德尔(W. Hohenadl)和克雷恩(K. Krenn)
$V = a_0 d^{a_1}$	伯克霍特(Berkhout)
$\ln V = a_0 + a_1 \ln d + a_2 \dfrac{1}{d}$	布里纳克(Brenac)
$V = a_0 \dfrac{d^3}{1+d}$	芦泽(Luze, 1907)
$V = a_0 d^{a_1} a_2^d$	中岛广吉(1924)

　　求解方程参数和选择最优经验方程是编制材积表的技术关键。随着计算机的普及和应用，对实测编表数据(异常数据需剔除)，在求解方程参数时，不需要像过去那样先按径阶分组，再代入统计出的各径阶样木平均胸径、平均材积和株数，而是将每棵样木作为一个样本。同时，尽量不对编表方程作非等价变换。通常，对于同一套数据资料，分别采用不同方程进行拟合，计算其回归模型的残差平方和 SSE、剩余标准差$\left(S_{x,y},\ S_{x,y} = \sqrt{\dfrac{SSE}{n-p}}\right)$与确定系数 R^2 等拟合统计量，选择其中 $S_{x,y}$ 最小、R^2 值最大的经验方程，且最接近材积与胸径散点分布趋势的方程式作为编表材积式(详见附录1中模型的拟合和检验相关内容)。例如，黑龙江省齐齐哈尔、大庆地区小黑杨人工林材积式为

$$V = 0.000\,343\,836 D^{2.138\,717} \tag{6-4}$$

$$(n = 1\,150,\quad SSE = 0.433\,77,\quad S_{x,y} = 0.019\,44,\quad R^2 = 0.994\,2)$$

　　③一元材积表的整理。将胸径值代入式(6-4)，即为相应单株平均材积，将其列成表即为一元材积表(表6-9)。

　　(3)一元材积表的精度计算

　　在编表地区内用另一套独立检验样本的实测材积值 V_i 与以检验样本的胸径代入材积方程求得的相应理论值 $\hat{V}_i$ 作线性回归统计假设检验，即置信椭圆 F 检验，也称 $F(0,1)$ 检验(详见附录1中统计检验相关内容)。根据检验结果，决定材积表是否适用。另外，也

可以依据相对误差值(相对误差 = $\sum\limits_{i=0}^{n}\dfrac{\hat{V}_i - V_i}{V_i}\%$)的大小进行检验。在生产中，一般认为，相对误差小于±5%，则说明所编材积表满足精度要求。

表 6-9　黑龙江省齐齐哈尔、大庆地区小黑杨人工林一元材积表

径阶(cm)	材积(m³)	径阶(cm)	材积(m³)
5	0.010 746	23	0.280 997
6	0.015 871	24	0.307 774
7	0.022 069	25	0.335 853
8	0.023 630	26	0.365 240
9	0.037 775	27	0.395 944
10	0.047 323	28	0.427 970
11	0.058 022	29	0.461 325
12	0.069 890	30	0.496 016
13	0.082 939	31	0.532 049
14	0.097 184	32	0.569 431
15	0.112 636	33	0.608 167
16	0.129 307	34	0.648 263
17	0.147 209	35	0.689 725
18	0.166 350	36	0.732 558
19	0.186 743	37	0.776 767
20	0.208 395	38	0.822 359
21	0.231 315	39	0.869 337
22	0.255 513	40	0.917 708

注：引自《市县林区小黑杨人工林立木材积表》(DB23/T 745—2009)。

2)由二元材积表导算一元材积表

这种方法较直接编制一元材积表方法简便，具体方法如下。

在用表地区随机抽取 200~300 株以上样木，实测样木的胸径和树高。然后采用数式法拟合树高曲线。常用树高曲线的方程类型详见第 3 章表 3-14。

先根据实测样木各径阶的平均胸径和平均树高作树高曲线图。依曲线趋势选用方程类型，并进行比较、优化，最后确定用于导算一元材积表的树高曲线经验方程。例如，根据吉林省汪清林业局蒙古栎的测径、测高数据，经过几个树高曲线方程的拟合、比较，最后得到吉林省汪清林业局蒙古栎的树高曲线经验方程为

$$H = 23.429\,2 - \frac{353.665\,7}{(D + 15)} \tag{6-5}$$

而部颁标准的东北地区蒙古栎二元材积方程(LY/T 1353—1999)为

$$V = 0.000\,061\,125\,534 D^{1.881\,009\,1} H^{0.944\,625\,65} \tag{6-6}$$

将直径值代入式(6-5)求得相应树高(实际为平均高)，再将各直径及树高代入二元材积式(6-6)，计算出各直径的平均材积列表，即为导算的一元材积表。

6.2.1.3　一元材积表的应用

在编表地区内，利用标准地调查所得到的每木检尺数据，以径阶株数乘材积表中相应径阶的单株平均材积，即得到径阶材积，各径阶材积的合计值即为标准地林木蓄积。也可

直接将标准地每木检尺数据代入一元材积式求算各株样木单株材积，合计后为标准地林木蓄积。如调查用表时间距编表时间过长，林分状况已有明显变化时，或扩大使用地域范围时，则应事先随机收集 100 株以上树木的胸径及树高的数据，绘制树高曲线与原编表数据的树高曲线相比较，并作统计检验。如基本一致(统计检验差异性不显著)，则可认为原表仍可用；若差异性显著，则需考虑重新编表。

6.2.2　二元材积表

6.2.2.1　概念

云课堂

　　根据材积与胸径、树高两个因子的回归关系分别树种编制的材积数表称为二元材积表。因二元材积表的编表资料是同一树种取于较大的地域范围，其适用地域较大，故又称为一般材积表(general volume table)或标准材积表(standard volume table)。在材积表中，它是最基本的立木材积表，其形式见表 6-10。

表 6-10　华北地区侧柏二元立木材积表($V = 0.000\ 091\ 972\ 184D^{1.863\ 977}H^{0.831\ 567\ 79}$)

胸径 (cm)	树高(m)							
	3	4	5	6	7	8	9	10
4	0.003	0.004	0.005	0.005	0.006	0.007	0.008	0.008
6	0.006	0.008	0.010	0.012	0.013	0.015	0.016	0.018
8	0.011	0.014	0.017	0.020	0.022	0.025	0.028	0.030
10	0.017	0.021	0.026	0.030	0.034	0.038	0.042	0.046
12		0.030	0.036	0.042	0.048	0.053	0.059	0.064
14		0.040	0.048	0.056	0.063	0.071	0.078	0.085
16		0.051	0.062	0.072	0.081	0.091	0.100	0.110
18			0.077	0.089	0.101	0.113	0.125	0.136
20			0.093	0.109	0.123	0.138	0.132	0.166
22			0.111	0.130	0.147	0.165	0.182	0.198
24			0.131	0.153	0.173	0.194	0.214	0.233
26						0.225	0.248	0.271
28						0.258	0.285	0.311
30						0.294	0.324	0.354
32								0.399
34								0.447

6.2.2.2　二元材积表的编制

　　编表基本原理同一元材积表，编表时注意以下几点。

　　①二元立木材积表可以树种自然分布区、全国林业区划一级区、林业区划二级区、流域或省级行政区域单位作为编表区域。

　　②在一个编表区域内，按照树种(组)、起源划分编表单元。树种(组)按照《国家森林资源连续清查技术规定》划分，或根据森林经营的需要划分。起源分为人工和天然。

③同一树种，一般不必再分别不同地区编制。根据林昌庚（1964，1974）、周林生（1980）等研究，同一树种在不同地区的干形一般差别不大。因此，一般来说，应该为大地域编制高质量的一般二元材积表即可。

④二元材积方程很多（表6-11），应用时必须根据具体资料选择最优方程。例如，经孟宪宇（1982）以 14 个树种 3 682 株样木作对比检验表明，山本和藏材积方程（$V = a_o d^{a_1} h^{a_2}$）精度列第七位，而多元、多项回归方程一般精度较好。

材积方程确定后，还可对方程作进一步验证。一般是进行干形分析，即通过方程所计算的理论材积，求得形数 $f_{1.3}$，根据形数依树高的变化趋势，判断方程的适应程度。如果已确定的方程所反映的形数变化规律，在某些径阶范围内出现异常，则应进一步修改方程。

表 6-11　二元材积方程一览表

材积方程	提出者
$V = a_0 + a_1 d + a_2 d^2 + a_3 dh + a_4 d^2 h + a_5 h$	迈耶（Meyer，1949）
$V = a_0 + a_1 d + a_2 d^2 + a_3 dh + a_4 d^2 h$	迈耶（Meyer，1949）
$V = a_0 + a_1 d^2 h + a_2 d^3 h + a_3 d^2 + a_4 d h \lg d$	孟宪宇（1982）
$V = a_0 + a_1 d^2 + a_2 d^2 h + a_3 d h^2$	孟宪宇（1982）
$V = a_0 + a_1 d^2 + a_2 d^2 h + a_3 h^2 + a_4 d h^2$	纳斯伦德（Näslund，1947）
$V = a_0 d^{a_1} e^{a_2 h - a_3/h}$	寺崎渡（1920）
$V = a_0 + a_1 d^2 h + a_2 d^3 h + a_3 d^2 h \lg h$	孟宪宇（1982）
$V = a_0 d^{a_1} h^{a_2}$	山本和藏（1918），Schumacher et al.（1933）
$V = a_0 (d+1)^{a_1} h^{a_2}$	卡松（Korsun，1955）
$V = a_0 + a_1 d^2 h$	斯泊尔（Spurr，1952）
$V = d^2 (a_0 + a_1 h)$	奥盖亚（Ogeya，1968）
$V = d^2 h / (a_0 + a_1 d)$	高田和彦（1958）
$V = a_0 d^{a_1} h^{3 - a_1}$	德威特（Dwight，1937）
$V = a_0 (h/d)^{a_1} d^2 h$	松柏尔（Thornber，1948）
$V = a_0 (d_2 h)^{a_1}$	斯泊尔（Spurr，1952）
$\lg V = a_0 + a_1 \lg d + a_2 (\lg d)^2 + a_3 \lg h + a_4 (\lg h)^2$	德林科所
$V = a_2 d^2 h + a_1 d^3 h + a_2 d^2 h \lg d$	赵克升等（1973）
$V = a_0 + a_1 d^2 + a_2 d^2 h + a_3 h$	斯托特（Stoate，1945）
$V = a_0 d^2 h + a_1 d^3 h + a_2 d^2 + a_3 d^2 h \lg d$	赵克升等（1974）
$V = a_0 d^2 h$	斯泊尔（Spurr，1952）
$V = a_0 d^2 e^{a_1 - a_2/h}$	寺崎渡（1920）

6.2.2.3　二元材积表的应用

应用二元材积表测算林分蓄积量应在编表区域内满足编表单元条件的林木中使用。当所要查定材积的立木胸径、树高均位于编表样本的最大和最小胸径、树高范围时，可以采用内插法查定材积。当所要查定材积的立木胸径、树高均位于编表样本的最大和最小胸径、树高区间之外时，此时属于外推，应对二元立木材积模型进行检验并通过适用性检验后才能使用。

在测定立木胸径和树高后，可以直接代入二元立木材积模型计算材积，也可以用二元立木材积表查定材积，将各林木的材积合计即得林分蓄积量。如果标准地(或样地)调查取得是每个径阶的株数及树高曲线，根据每个径阶的中值和从树高曲线上查出的该径阶的平均高值，从二元材积表中查出各径阶的单株平均材积，乘以该径阶的林木株数，可计算出该径阶的林木材积，各径阶林木材积相加，即得林分蓄积量。

在大面积的森林蓄积量调查中，一般不直接使用二元材积方程(或二元材积表)测定林分蓄积量，而常常使用由二元材积方程(或二元材积表)导算的一元材积表。

6.2.2.4 二元材积表的干形结构分析

胸径、树高相同的树木，其干形饱满度并不相同，且变动较大。林昌庚(1964)对杉木研究指出，胸径、树高相同的树木，以实验形数表示的干形的变动幅度与胸径、树高各不相同的全部树木很接近。干形变化的这一特征表明，无论采用何种方法或方程编制的二元材积表，由于对同一胸径、树高的树木只给予一个平均材积值，这就意味着已给定了一个某种干形指标值，但是，这个干形指标值实际上是某种干形指标的平均值。因此，分析干形变化特点和规律，可以加深理解二元材积表的实质。

当采用胸高形数 $f_{1.3}$ 作为干形指标时，所有二元材积方程，其内涵的 $f_{1.3}$ 结构，不外乎以下 4 种方式。

①对 D 和 H 取一个总平均的 $f_{1.3}$ 值，$\bar{f}_{1.3}=C$，如 $V=a_0 d^2 h$。

②不同的胸径取不同的 $f_{1.3}$ 值，$\bar{f}_{1.3}=\varphi(d)$，如 $V=d^2 h/(a_0+a_1 d)$。

③不同的树高取不同的 $f_{1.3}$ 值，$\bar{f}_{1.3}=\varphi(h)$，如 $V=d^2(a_0+a_1 h)$。

④ 不同的胸径和树高取不同的 $f_{1.3}$ 值，$\bar{f}_{1.3}=\varphi(d,h)$，如 $V=a_0 d^{a_1} h^{a_2}$。

式中 C——常数；

$\quad d,h$——胸径和树高。

就精度而言，一般第一种相对最差，第四种最好。苏联学者丘林(1905)在研究干形变化规律时指出：干形在一个林分内的变化幅度和在全国广大领域内大体相同。国内外极其广泛的实验材料一再证实了这一点。林昌庚(1964)、周林生(1974)分别对杉木、云杉，进行的研究都充分证实了这一重要结论。

由干形变化的这一重要特征决定：如果采用能较客观地反映干形的指标，如正形数、实验形数、正形率等，则一个树种取一个总平均干形值计算林分蓄积量，可取得与一般较好的二元材积表大体相当的精度。用合理方法精确编制的二元材积表，有可能在某种程度上稍微提高计算林分蓄积量的精度，但其潜力是有限的。

6.2.3 树高级立木材积表

根据林分直径和树高的关系，把相同林分平均直径对应的不同林分平均高分为若干等级称作树高级。一般分 3~7 级，用罗马数字表示，按树种或树种组，分别树高级编制的一元材积表称为树高级立木材积表，见表 6-12，为黑龙江省落叶松人工林树高级立木材积表。该表首先建立落叶松人工林树高曲线，确定不同胸径大小的树高值范围，将其分为 7 级。将胸径与不同树高级的树高值代入选定的最优二元材积方程，计算出各径阶不同树高

表6-12　黑龙江省人工落叶松树高立木材积表

径级	I 树高范围 (m)	I 树干材积 (m³) 带皮	II 树高范围 (m)	II 树干材积 (m³) 带皮	III 树高范围 (m)	III 树干材积 (m³) 带皮	IV 树高范围 (m)	IV 树干材积 (m³) 带皮	V 树高范围 (m)	V 树干材积 (m³) 带皮	VI 树高范围 (m)	VI 树干材积 (m³) 带皮	VII 树高范围 (m)	VII 树干材积 (m³) 带皮
1	2	3	4	5	6	7	8	9	10	11	12	13	14	15
6	7.8	0.013 0	7.7~7.2	0.012 1	7.1~6.5	0.011 1	6.4~5.8	0.010 1	5.7~5.2	0.009 1	5.1~4.5	0.008 1	4.4	0.007 1
8	10.5	0.029 7	10.4~9.6	0.027 5	9.5~8.8	0.025 2	8.7~7.9	0.023 0	7.8~7.0	0.018 4	6.9~6.1	0.018 4	6.0	0.016 2
10	12.9	0.055 9	12.8~11.8	0.051 5	11.7~10.8	0.047 1	10.7~9.7	0.042 7	9.6~8.6	0.034 2	8.5~7.5	0.034 2	7.4	0.030 1
12	15.1	0.093 3	15.0~13.8	0.085 3	13.7~12.5	0.077 6	12.4~11.3	0.070 2	11.2~10.0	0.062 9	9.9~8.7	0.056 0	8.6	0.049 2
14	16.9	0.143 0	16.8~15.5	0.130 1	15.4~14.1	0.117 7	14.0~12.7	0.105 9	12.6~11.2	0.094 7	11.1~9.8	0.084 1	9.7	0.074 1
16	18.6	0.206 0	18.5~17.0	0.186 2	16.9~15.5	0.167 7	15.4~13.9	0.150 3	13.8~12.3	0.134 0	12.2~10.8	0.118 8	10.7	0.104 7
18	20.1	0.282 6	20.0~18.4	0.254 0	18.3~16.7	0.227 6	16.6~15.0	0.203 2	14.9~13.3	0.180 7	13.2~11.6	0.160 1	11.5	0.141 4
20	21.4	0.372 7	21.3~19.6	0.333 3	19.5~17.8	0.297 2	17.7~16.0	0.264 4	15.9~14.2	0.234 7	14.1~12.4	0.208 0	12.3	0.184 1
22	22.6	0.475 8	22.5~20.7	0.423 3	20.6~18.8	0.376 0	18.7~16.9	0.333 6	16.8~15.0	0.295 7	14.9~13.1	0.262 2	13.0	0.232 9
24	23.7	0.590 8	23.6~21.7	0.523 4	21.6~19.7	0.463 3	19.6~17.7	0.410 1	17.6~15.7	0.363 4	15.6~13.7	0.322 6	13.6	0.287 5
26	24.6	0.716 7	24.5~22.6	0.632 4	22.5~20.5	0.558 3	20.4~18.4	0.493 4	18.3~16.4	0.427 1	16.3~14.3	0.388 8	14.2	0.348 2
28	25.5	0.851 7	25.4~23.4	0.749 1	23.3~21.3	0.659 8	21.2~19.1	0.582 6	19.0~17.0	0.516 4	16.9~14.8	0.460 6	14.7	0.414 6
30	26.4	0.994 4	26.3~24.1	0.872 3	24.0~21.9	0.767 0	21.8~19.7	0.677 0	19.6~17.5	0.600 8	17.4~15.3	0.537 6	15.2	0.486 9
32	27.1	1.142 9	27.0~24.8	1.000 4	24.7~22.6	0.878 7	22.5~20.3	0.775 8	20.2~18.0	0.689 8	17.9~15.7	0.619 7	15.6	0.565 0
34	27.8	1.295 5	27.7~25.5	1.132 2	25.4~23.1	0.993 9	23.0~20.8	0.878 2	20.7~18.5	0.782 8	18.4~16.1	0.706 4	16.0	0.648 8
36	28.4	1.450 6	28.3~26.1	1.266 3	26.0~23.7	1.111 7	23.6~21.3	0.983 5	21.2~18.9	0.879 3	18.8~16.5	0.797 6	16.4	0.738 3
38	29.0	1.606 4	28.9~26.6	1.401 4	26.5~24.2	1.230 9	24.1~21.7	1.091 0	21.6~19.3	0.978 9	19.2~16.9	0.893 0	16.8	0.833 7
40	29.6	1.761 4	29.5~27.1	1.536 4	27.0~24.6	1.350 9	24.5~22.1	1.200 2	22.0~19.7	1.081 2	19.6~17.2	0.992 4	17.1	0.934 9

注:引自《主要树种树高级立木材积表》(DB23/482—1998)。

级的材积。

可见,树高级材积表是介于二元和一元材积表之间的一种表。使用该树高级材积表测算落叶松人工林林分蓄积首先根据样地每木检尺资料,计算出林分平均直径和平均高,根据直径和林分平均高确定该林分所属树高级,然后可查出该树高级的材积值。也可直接使用树高曲线模型计算不同直径的不同树高级的树高值,将胸径和树高代入二元材积式方程中计算该林分蓄积,计算程序同二元材积表。

6.2.4 三元材积表

三元材积表是分别形率级(形级)编制的二元材积表。使用时要测定林木胸径、树高和一个上部直径来确定树干材积的方法,故称为三元材积表。

斯泊尔在 *Forest Inventory* 一书中介绍过以下三元材积方程(Spurr, 1952)。

$$V = a_0 d^{a_1} h^{a_2} d_u^{a_3}$$
$$V = a_0 + a_1 q + a_2 d^2 h + a_3 q d^2 h$$
$$V = a_0 d^{a_1} h^{a_2} q^{a_3}$$

式中　a_0, a_1, a_2, a_3——参数;

　　d_u——一般形率或吉拉德形级用的上部直径;

　　q——形率或吉拉德形级;

　　d, h——胸径和树高。

为了适应亚热带林区阔叶树种繁多的情况,我国在 1958 年以苏联学者舒斯托夫(Б. А. Шустов)提出的立木材积式为基础,使用 $V = 0.534 d^2 h q_2$ 式,按形率(q_2)0.025 分级编制了《通用立木材积表》。三元材积表在形式上也是通过胸径和树高查定材积,但需要测定一个树干上部直径以决定形级分别查表。这一方法虽然理论精度较高,但测定手续复杂,因此未能在生产中推广应用。

$$V = 0.534 d^2 h q_2$$

为解决云南亚热带林区森林资源调查树种的很多困难,曾试编过形率级三元《通用立木材积表》。

6.3　形高表法、标准表法和实验形数法

云课堂

林分蓄积量 M_T 可以看成由林分中(或单位面积上)所有树木胸高总断面积 G_T、林分条件平均高 H 和林分形数 F 3 个要素构成。

$$M_T = G_T H F \tag{6-7}$$

应注意,式(6-7)中的 H 不是林分算术平均高,而是林分条件平均高 H_D。林分形数 F 也不是林分中所有单株林木形数 $f_{1.3}$ 的平均值,即

$$F \neq \frac{1}{N} \sum_{i=1}^{N} f_{1.3} \tag{6-8}$$

其求算公式应为

$$F = \frac{M_T}{G_T H_D} \tag{6-9}$$

用林分蓄积量三要素的概念确定林分蓄积量的方法有形高表法、标准表法和平均形数法等。

6.3.1　形高表法

6.3.1.1　概念

林分条件平均高 H_D 和林分形数 F 的乘积称为林分形高，即单位面积林分蓄积量与其相应的胸高总断面积的比值，记作 FH。林木的形高与胸径、树高有着密切的相关关系（见第 2 章 2.3.3 部分），因此，在林分调查中，经常采用林分形高预估模型（或形高表）进行林分蓄积量的测算，只要测定出林分胸高总断面积，乘以相应形高值即可得出林分蓄积量。形高表是森林资源规划设计调查尤其是林分蓄积量调查的重要基础数表之一，特别是利用角规调查或其他一切利用胸高断面积计算林分蓄积量的计算方法，形高表的精度就是林分蓄积估算的精度。

6.3.1.2　形高表的编制

根据编表地区各林分类型的样地调查数据，建立各个林分类型林分平均树高与形高之间的关系模型，编制主要林分类型形高表。在数据收集过程中，可依据林分起源、树种（组）组成，将生长发育规律（或形高）相近的林分类型合并。

（1）林分形高模型的建立

常用的林木形高（或林分形高）与树高（或林分平均高）的回归模型见第 2 章 2.3.3 节内容。根据各林分类型的林分平均树高和形高数据的关系，利用 SAS 9.4 统计软件对各备选模型进行拟合，选出各林分类型最优形高模型。模型的拟合、评价与检验过程见附录 1。如吉林省长白落叶松人工林形高模型为

$$FH = \frac{11.239\,4H}{H + 8.591\,9} \tag{6-10}$$

（ $n = 1\,057$, $SSE = 265.758\,3$, $S_{y,x} = 0.501\,9$, $R_a^2 = 0.786\,5$ ）

最优形高模型拟合曲线如图 6-2 所示。

（2）林分形高表的整理

将林分平均树高值代入式（6-10），即为相应林分形高，将其列成表即为形高表（表 6-13）。编表时，林分平均高的起始值和最大值参照所收集数据中各林分类型的树高范围。如不编表，可以直接用模型计算不同林分平均高所对应的形高值。此外，在实际应用中若林分平均高超过树高最大值，则直接用模型推算。

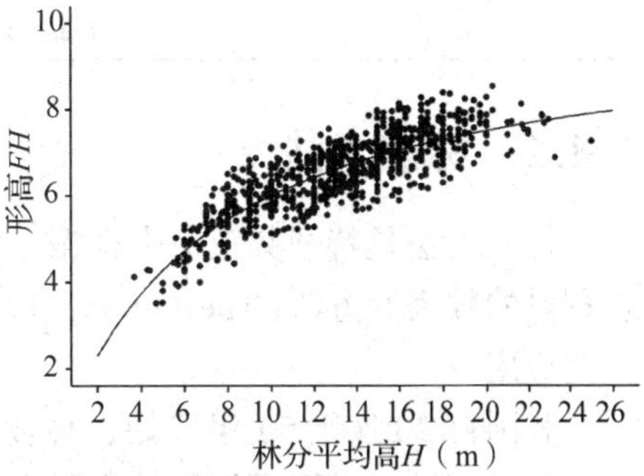

图 6-2　吉林省长白落叶松人工林最优形高模型拟合曲线

6.3.1.3　形高表的应用

在编表地区内，利用标准地调查数据，计算林分条件平均高，根据林分平均高在形高

表中查出相应高度的形高值。根据每木检尺数据或其他方法计算或测定林分胸高总断面积,乘以该林分形高值即为标准地林木蓄积量。也可直接将标准地林分平均高数据代入形高模型求算各林分形高值。

表 6-13 吉林省长白落叶松人工林形高

树高 $H(m)$	形高 FH	树高 $H(m)$	形高 FH
3.5	3.253 0	17.5	7.537 7
4.0	3.570 0	18.0	7.607 2
4.5	3.862 9	18.5	7.674 3
5.0	4.134 2	19.0	7.738 9
5.5	4.386 3	19.5	7.801 1
6.0	4.621 1	20.0	7.861 2
6.5	4.840 3	20.5	7.919 3
7.0	5.045 5	21.0	7.975 4
7.5	5.237 9	21.5	8.029 6
8.0	5.418 7	22.0	8.082 0
8.5	5.589 0	22.5	8.132 8
9.0	5.749 6	23.0	8.181 9
9.5	5.901 2	23.5	8.229 6
10.0	6.044 8	24.0	8.275 7
10.5	6.180 8	24.5	8.320 5
11.0	6.309 9	25.0	8.363 9
11.5	6.432 5	25.5	8.406 1
12.0	6.549 2	26.0	8.447 0
12.5	6.660 4	26.5	8.486 8
13.0	6.766 4	27.0	8.525 4
13.5	6.867 6	27.5	8.563 0
14.0	6.964 3	28.0	8.599 6
14.5	7.056 9	28.5	8.635 2
15.0	7.145 5	29.0	8.669 8
15.5	7.230 4	29.5	8.703 5
16.0	7.311 9	30.0	8.736 3
16.5	7.390 2	30.5	8.768 3
17.0	7.465 4	31.0	8.799 5

6.3.2 标准表法

标准表法是特烈其亚柯夫根据立木材积三要素原理提出的一种确定林分疏密度和林分蓄积量的数表和方法(Третбяков,1927),在我国、俄罗斯、朝鲜和一些东欧国家曾得到广泛应用。

我国自 20 世纪 50 年代始,林业部综合调查队曾为主要林区的主要树种编制了标准表,各省相继又进行了编制,主要应用于森林经理调查(即二类调查)。应用时只要测得林分每公顷胸高总断面积 G 和林分平均高 H_D,就可从标准表上查出对应于平均高的每公顷标准断面积 $G_{标}$ 和标准蓄积量 $M_{标}$,先求出林分疏密度 P。

$$P = \frac{G}{G_{标}} \tag{6-11}$$

然后，依式(6-11)求算林分每公顷蓄积量 M。

$$M = PM_{标} \tag{6-12}$$

6.3.3　平均实验形数法

根据相应树种的平均实验形数代入式(6-13)计算林分蓄积量。

$$M_T = G_{1.3}(H_D + 3)f_3 \tag{6-13}$$

【例6-2】某一落叶松人工林林分平均高 14.5 m，每公顷断面积 28.0 m^2。从主要乔木树种平均实验形数表中查得落叶松 $f_3 = 0.41$，则该林分的蓄积量为

$$M_T = 28.0 \times (14.5 + 3) \times 0.41 = 200.9(m^3)$$

6.4　角规测树法

角规(angle gauge)是以一定视角构成的林分测定工具。应用时，按照既定视角在林分中有选择地计测为数不多的林木就可以高效率地测定出有关林分调查因子。常用的角规及使用方法见第 1 章 1.2.3 节内容。

奥地利林学家毕特利希首先创立了用角规测定林分单位面积胸高断面积的理论和方法(Bitterlich，1947)，突破了 100 多年来在一定面积(标准地或样地)上进行每木检尺的传统方法，大大提高了工效。在测树学理论和方法上的这一重要新发现引起了全世界测树学家们的广泛重视和极大兴趣。多年来，经过世界各国的广泛应用和进一步研究，角规测树的原理、方法和仪器、工具不断地有所发展和完善，现在已形成了角规测树的一套独立系统，并得到广泛应用。

我国自 1957 年开始引入这一方法，并逐步得到推广和普遍采用，已设计制造了一些具有良好使用性能的角规测器。

"角规测树"是我国对这类方法的通用名称。最初把角规称作疏密度测定器。国际上较为常用的名称有：角计数调查(angle-count cruising)法、角计数样地(angle count plot)法、无样地抽样(plotless sampling)、可变样地(variable plot)法、点抽样(point sampling)、线抽样(line sampling)等。这些名称是以不同角度反映角规测树的某一特征。

角规测树理论严谨，方法简便易行，只要严格按照技术要求操作，便能取得满意的调查结果。因此，角规测树是一种高效、准确的测定技术。

6.4.1　角规的使用

角规是为测定林分单位面积胸高总断面积而设计的，因此，林分胸高总断面积(简称断面积)是角规测树最早，也是迄今最主要的测定因子，应用也最广泛。其他角规测定因子都是由它衍生而来。具体使用方法如下。

(1)选点

在远离林缘(50 m)的林内选一测点，以此点为旋转中心，绕测一周并计数。绕测即使用角规逐株观测树木并进行计数的工作。

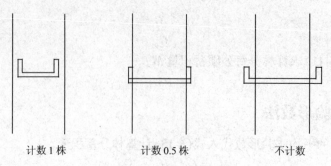

图6-3 角规计数示意

（2）绕测计数方法

与角规视线相割的计数1株，相切的计数0.5株，相离的计数为0如图6-3所示。与角规视线相切的树称为临界树。

（3）林分每公顷断面积

$$G = F_g Z \tag{6-14}$$

式中 F_g——角规断面积系数；

Z——绕测总计数。

6.4.2 基本原理

角规测定林分每公顷胸高总断面积原理是整个角规测树理论体系的基础。基本原理有两类：一种是以样点为中心的多重同心圆原理；另一种是以树木为中心的扩大圆原理。

6.4.2.1 多重同心圆原理

该原理的设想与基本思路：对林分中的每一株树，均以角规点为中心作一圆形样地（简称假想样圆），每个样圆的大小因树干的大小而异，从而构成变动面积的样地。由于样木抽取的概率与树干大小成比例，故属不等概率抽样。角规测树原理就是根据假想样圆内树木胸高断面积与其相应样圆面积的比例关系来推算每公顷断面积的。概括起来就是利用角规视角一定的原理，林木胸径越小，其样圆半径也越小，胸径越大，其样圆半径也越大，相同的胸径其样圆相同，这就等于将样点周围林木按胸径大小分组，以样点为中心，设置各种半径同心圆样地，测定各种胸径的每公顷断面积，总计起来即为每公顷总断面积。具体原理介绍如下。

（1）假设林内所有林木的胸径相等为 D_j

设 P_2 为临界树（相切），则用角规绕测时，形成以 R_j 为半径，O 为中心的假想扩大圆，如图6-4所示。令角规尺长为 L，缺口宽为 l，则

$$R_j = \frac{L}{l} D_j$$

样圆面积为

$$S_j = \pi R_j^2 = \pi \left(\frac{L}{l} \right)^2 D_j^2$$

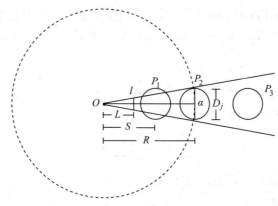

图 6-4　角规测树样圆

（2）若假想圆样地内共有 Z_j 株树

即角规绕测计数为 Z_j，则样圆内的林木断面积为

$$g_j = Z_j \frac{\pi}{4} D_j^2$$

（3）将样圆面积换算为 1 hm²

林木每公顷断面积可表示为

$$G_j = \frac{g_j}{S_j} \times 10\ 000 = \frac{Z_j \dfrac{\pi}{4} D_j^2}{\pi \left(\dfrac{L}{l}\right)^2 D_j^2} \times 10\ 000 = 2\ 500 \times \left(\frac{l}{L}\right)^2 Z_j$$

令
$$F_g = 2\ 500 \times \left(\frac{l}{L}\right)^2$$

则
$$G_j = F_g Z_j$$

（4）原理的推广应用

在实际林分中，树木的直径并非相等，且有粗细、远近之分。设林分中共有 m 个直径组 $D_j(j=1,\ 2,\ \cdots,\ m)$。按上述原理，用角规绕测时，实际上对每组直径 D_j 均形成一个以 O 为中心，以 D_j 为半径的 m 个假想样圆，从而形成 m 多重重叠的同心圆（图 6-5）。凡

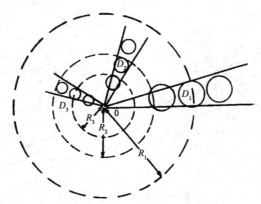

图 6-5　角规测树的同心样圆

落在相应同心圆内的则计数为 1 或 0.5，反之不计数。显然林分的总断面积为

$$G_T = G_1 + G_2 + \cdots + G_m = F_g Z_1 + F_g Z_2 + \cdots + F_g Z_m$$

$$= F_g \sum_{j=1}^{m} Z_i = F_g Z$$

（5）若在林分中设置了 n 个角规点进行观测

其林分每公顷断面积公式应改为

$$G = \frac{1}{n} \sum_{i=1}^{n} G_i = \frac{F_g}{n} \sum_{i=1}^{n} Z_i = F_g \overline{Z}$$

式中　Z_i——第 i 个角规点上计数的林木株数。

6.4.2.2　扩大圆原理

格罗森堡以概率论为基础，从抽样角度进一步阐明了角规样地的基本特点：一个林分中的林木可将其横断面积大小按比例绘成圆面积图，如把方格网纸覆盖在此图上，按方格网点求面积的原理，数出落在树干断面积里的点数，即将求出断面积的估计值（Grosenbaugh，1952）。如方格网点间距离按比例相当于 1 m 时，则对于 1 hm² 的林地，落于树干断面积内的点数 n 就是每公顷断面积的估计值。由于树干横断面积总和与林地面积相比，数值相对很小，用这种方法估计树干总断面积将需要充分多的点，因此，可把树干断面积乘以一定常数，扩大成一定倍数，围绕树干中心点绘出较大的扩大圆以表示树干横断面积，令此扩大圆的半径与特定断面积系数的极限距离相对应。此时，样点落入扩大圆的概率就与树干断面积的大小成比例。扩大圆的半径 R 与树干直径 d 之比等于角规杆长 L 与角规缺口 l 之比。如样点（即样圆中心）落入树木的扩大圆（该扩大圆以树木为中心）之中，该树即属于被计数木。

【例 6-3】 图 6-6（a）中的 1~9 号树的横断面被扩大绘成图 6-6（b），样点落入第 1、2、3、6、8 号树的扩大圆内，因此这 5 株树应计数。而第 4、5、7、9 号这 4 株树的扩大圆都未覆盖样点（即样点未落入这 4 株树的扩大圆内），因此，不应计数。但是在实际测定时仍是以样点为中心，用角规绕测，借以判断样点是否落入树木的扩大圆之内，即与角规视角相割的树木计数、相余不计数、相切计数 0.5。由此也可以看出，实际操作和计数树木的方法与按同心圆原理的方法完全相同，只是推理证明方法不同而已。

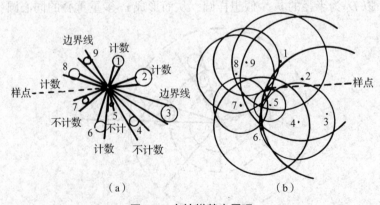

（a）　　　　　　　　　　（b）

图 6-6　点抽样基本原理

简要证明如下：

假设林地面积为 $T(\mathrm{hm}^2)$，林地上有 N 株树。将林地上每颗树的胸径 $D_i(i=1,2,\cdots,N)$ 扩大 L/l 倍，所构成的圆称为扩大圆，其半径为

$$R_i = \frac{L}{l} D_i$$

设扩大圆的面积为 $A_i(\mathrm{m}^2)$，树木的断面积为 g_i。

则

$$A_i = \pi r R_i^2 = \pi \left(\frac{L}{l} D_i\right)^2 = \frac{\pi}{4} D_i^2 \left(\frac{2L}{l}\right)^2 = \left(\frac{2L}{l}\right)^2 g_i$$

将单位换算成以公顷（hm^2）为单位，因此

$$A_i = \frac{1}{10\,000} \left(\frac{2L}{l}\right)^2 g_i = K g_i$$

式中　$K = \dfrac{1}{10\,000}\left(\dfrac{2L}{l}\right)^2$。

把面积 T 林地上所有林木的扩大圆做一投影，就形成彼此重叠的扩大圆。从理论上讲，林地上可有无穷多个点，各点的覆盖次数不等。各点的角规绕测计数值 Z 代表该点的平均覆盖次数，则扩大圆面积的总和是林地面积的 Z 倍。

$$\sum A_i = ZT = K \sum g_i$$

林分每公顷断面积为

$$G = \frac{\sum g_i}{T} = \frac{Z}{K} = 2\,500\left(\frac{l}{L}\right)^2 Z = F_g Z$$

6.4.3　角规测定林分单位面积断面积

（1）断面积系数选定

断面积系数越小，计数木株数越多，精度也相应较高。但因其观测最大距离较大，疑难的边界树和被遮挡树也会增多，影响工效并容易出错。如选用大断面积系数，其优缺点恰好相反。因此，要根据林分平均直径大小、疏密度、通视条件及林木分布状况等因素选用适当大小的断面积系数。

列波什斯曾建议按表 6-14 所列的林分特征选用断面积系数 F_g。吉林省林业勘测二大队 1974 年在 130 hm^2 的森林内设置 896 个角规点，通过对观测结果的分析，得到与表 6-14 类似的结论。

表 6-14　林分特征与选用断面积系数参照

林分特征	F_g
平均直径 8~16 cm 的中龄林，任意平均直径但疏密度为 0.3~0.5 的林分	0.5
平均直径 17~28 cm，疏密度为 0.6~1.0 的中、近熟林	1.0
平均直径 28 cm 以上，疏密度 0.8 以上的成、过熟林	2 或 4

毕特利希建议采用断面积系数 $F_g = 4(m^2/hm^2)$ 的角规，并且每个角规点计数木一般以 5~15 株为宜(Bitterlich，1959)。

奥地利曾采用 $F_g = 4\ m^2/hm^2$ 的角规进行了国家森林资源清查(1961，1972)。美国一般采用 $F_g = 10\ ft^2/acre\ (\approx 2.3\ m^2/hm^2)$，对密度小的杆材林和密度大的老龄锯材林，则分别采用 $F_g = 5\ ft^2/acre$ 和 $20\ ft^2/acre$，而日本多采用 $F_g = 2\ m^2/hm^2$ 或 $4\ m^2/hm^2$，我国常采用 $F_g = 1\ m^2/hm^2$ 或 $2\ m^2/hm^2$。

选用 F_g 时应特别注意，对于以林分为调查单位的二类森林调查(森林经理调查)，对不同林分可采用不同的 F_g 值，但对于以一定森林面积作为调查总体的森林抽样调查，在一个总体内必须采用同一个 F_g 值，否则会由于抽样强度不同而使总体估计值产生偏差。

(2)角规点数的确定

在林分调查时，如果采用典型取样，可参考表 6-15 中的规定角规观测点数，每个角规点的位置要选定对林分有代表性的位置，避免在过疏或过密处设置角规点。

表 6-15　林分调查角规点数的确定($F_g = 1$)

林分面积(hm²)	1	2	3	4	5	6	7~8	9~10	11~15	≥16
角规点个数(个)	5	7	9	11	12	14	15	16	17	18

如采用随机取样进行林分调查，角规点数取决于所调查林分的角规计数木株数的变动系数与调查精度要求。表 6-16 列出了一些林分的角规计数木株数的变动系数试验资料，如按变动系数平均 30% 考虑，若以 95% 的可靠性抽样精度达到 80% 时，常设置 9 个角规点；若抽样精度要求达到 90% 时，则需设置 36 个角规点。

在大面积森林抽样调查中，角规点数的确定同样取决于调查总体的角规计数木株数变动系数和调查精度要求。

表 6-16　角规计数木株数的变动系数

林分	平均直径(cm)	角规点数(个)	计数木株数的变动系数(%)	资料来源
落叶松天然林	20.6	225	33.7	北京林业大学
落叶松天然林	17.0	169	27.7	北京林业大学
白桦天然林	19.8	169	35.6	北京林业大学
白皮松天然林	10.8	529	10.3	北京林业大学
黄山松天然林	14.3	30	33.0	河南农业大学 (有天然更新林木混生)
落叶松天然林	6.0	625	48.7	北京林业大学(有 4 处天窗)

(3)角规绕测技术

采用角规测器在角规点绕测 360° 是最常用的方法，该方法最简单，但必须严格要求，认真操作，才能保证精度。绕测时必须注意以下几点。

①测器接触眼睛的一端，必须使之位于角规点的垂直线上。在人体旋转 360° 时，要注意不要发生位移。

②角规点的位置不能随意移动。如待测树干胸高部位被树枝或灌木遮挡时，可先观测树干胸高以上未被遮挡的部分，如相切即可计数 1 株，否则需将树枝或灌木砍除，如被大树遮挡不便砍除而不得不移动位置时，要使移动后的位点到被测树干中心的距离与未移动前相等，测完被遮挡树干后仍返回原点位继续观测其他树木。

③要记住第一株绕测树，最好作出标记，以免漏测或重测。必要时可采取正反绕测两次取两次观测平均数的办法。

④仔细判断临界树。与角规视角明显相割或相余的树是容易确定的，而接近相切的临界树往往难以判断，需要通过实测确定。实测方法将在"角规控制检尺"中介绍。

（4）角规控制检尺

在需要精确测定或者复查确定林木动态变化时，可采用角规控制检尺方法。根据选定的断面积系数，用围尺测出树干胸高直径，用皮尺测出树干中心到角规点的水平距离 S，并根据水平距离 S 与该树木的样圆半径 R 的大小确定计数木株数。即树干胸径 d，样圆半径 R 和断面积系数 F_g 之间的关系为

$$R = \frac{50}{\sqrt{F_g}}d \tag{6-15}$$

由此式可知

$$
\begin{cases}
F_g = 0.5 & (R = 70.70d) \\
F_g = 1 & (R = 50d) \\
F_g = 2 & (R = 35.35d) \\
F_g = 4 & (R = 25d)
\end{cases}
$$

这样，只要测量出树木胸径 d 及树木距角规点的实际水平距离 S，根据选用的断面积系数 F_g，利用式（6-15）计算出该树木的样圆半径 R，则可视 S 与 R 值的大小关系即可作出计数木株数的判定，即

当
$$
\begin{cases}
S < R & (1 \text{ 株}) \\
S = R & (0.5 \text{ 株}) \\
S > R & (\text{不计数})
\end{cases}
$$

例如，某树干胸径 $d = 20$ cm，如取以 $F_g = 1$，则 $R = 10$ m，样点到该树干中心的水平距 S 小于 10 m 则计数 1 株，等于 10 m 计数 0.5 株，大于 10 m 不计数。如取 $F_g = 4$，则 $R = 5$ m，实际水平距（S）小于 5 m 计 1 株，等于 5 m 计 0.5 株，大于 5 m 不计数，依此类推。具体算例见表 6-17。

表 6-17　角规控制检尺结果

树木号	1	2	3	4	5	6	7	8	9
树木胸径（cm）	5.8	7.3	9.6	12.7	16.8	24.3	28.4	32.2	29.5
树距样点水平距（m）	3.0	4.2	3.8	5.3	5.9	11.2	7.1	16.1	6.8
$F_g = 1$ 应计数木	—	—	1	1	1	1	1	0.5	1
$F_g = 4$ 应计数木	—	—	—	—	—	—	0.5	—	1

根据表6-17角规控制检尺结果，可以推算该林分每公顷断面积 G。

当采用 $F_g = 1$ 时，利用式(6-14)，角规计数木数 $Z = 6.5$，则

$$G = F_g \cdot Z = 1 \times 6.5 = 6.5 \ (\text{m}^2/\text{hm}^2)$$

当采用 $F_g = 4$ 时，$Z = 1.5$，则

$$G = F_g \cdot Z = 4 \times 1.5 = 6.0 \ (\text{m}^2/\text{hm}^2)$$

在同一测点上，使用不同 F_g 值角规所得到的林分每公顷断面积不一致，这是正常的现象。这因为 F_g 值不同，则意味着样圆面积不同。对于固定面积的标准地(或样地)，在同一林分中，因标准地(或样地)面积不同时，所得到的调查结果也不会完全相同。

（5）边界样点处理

在典型取样调查时，角规点不要选在靠近林缘处，如靠近林缘，则绕测一周时，样圆的一部分会落到所调查的林分之外。角规点到林缘的最小距离(L)要大于由式(6-15)计算得到的 R，此时式中的 d 应是林分中最粗树木的直径 $d_{\max}$。设某林分中最粗树木的直径是40 cm，若取 $F_g = 1$，则角规点到林缘的距离(L)应大于20 m(即 $L \geqslant R$)。若取 $F_g = 4$，则距离应大于10 m。在随机抽样调查中，样点位置是随机确定的，必有一些样点落在调查总体内但靠近林缘的位置，不能人为主观地随意移动点位。格罗森堡(1958)提出了一种较好的处理办法，首先按上述方法，根据样点所在林分中最粗大木胸径和选用的断面积系数算出距边界的最小距离，以此距离作为宽度划出林缘带。当角规点落在此带内时，可只面向林内绕测半圆(180°)(即作半圆观测)，把计数株数乘以2作为该角规点的全圆绕测值。如边界变化复杂，绕测半圆也会有部分样圆落于边界以外时，可根据现地具体情况，绕测30°、60°、90°或120°，再把计数株数分别乘以12、6、4、3。由于总体内落在靠近边界的样点数相对较少，这样做的结果对总体估计不会产生大影响。

6.4.4 角规测定林分单位面积株数和蓄积量

（1）一般通式

格罗森堡提出了用角规测算单位面积上任意量 Y 的一般通式(Grosenbaugh, 1958)。

$$Y = F_g \sum_{j=1}^{Z} \frac{y_j}{g_j} \tag{6-16}$$

式中 Y——所调查林分每公顷的调查量；

       F_g——断面积系数；

       Z——计数木株数；

       y_j——第 j 株计数木的调查量；

       g_j——第 j 株计数木的断面积。

式(6-16)中的 y_j 之所以被 g_j 除是因为角规观测的抽样概率与断面积成比例。

根据式(6-16)，如调查量 Y 是每公顷断面积时，即 $y_j = g_j$，则

$$G = F_g \sum_{j=1}^{Z} \frac{g_j}{g_j} = F_g Z$$

如调查量是每公顷蓄积量 M，即 $y_j = V_j$，则式(6-16)成为

$$M = F_g \sum_{j=1}^{Z} \frac{V_j}{g_j} = F_g \sum_{j=1}^{Z} (fh)_j \tag{6-17}$$

即计数木的形高之和 $\sum\limits_{j=1}^{Z}(fh)_j$ 乘以断面积系数为每公顷蓄积量。

如调查量是每公顷林木株数 N，则式（6-16）成为

$$N = F_g \sum_{j=1}^{Z} \frac{Z_j}{g_j} \tag{6-18}$$

（2）每公顷株数测定

由式（6-18）可知，为求得每公顷林木株数 N，需测定每株计数木的直径实测值和所属径阶。设林分中林木共有 K 个径阶，其中第 j 径阶的计数木株数为 Z_j，该径阶中值的断面积为 g_j，则该径阶的每公顷林木株数 N_j 为

$$N_j = \frac{F_g}{g_j} Z_j$$

各径阶林木株数 N_j 之和即为林分每公顷林木株数 N，则

$$N = F_g \sum_{j=1}^{k} \frac{Z_j}{g_j} \tag{6-19}$$

算例见表 6-18。

表 6-18　用角规测算每公顷林木株数计算表（$F_g = 1$）

计数木号	胸径（cm）	$\frac{1}{g_j}$	径阶	$\frac{1}{g_j}$	Z_j	各径阶株数 $N_j = F_g \dfrac{Z_j}{g_j}$
1	12.8	77.70				
2	17.3	42.54				
3	20.2	31.20	12	88.42	1	88.42
4	19.5	33.49	16	49.73	2	99.46
5	20.7	29.72	18	39.29	2	78.58
6	18.9	35.64	20	31.83	4	127.32
7	19.3	34.18				
8	16.6	46.21				
9	15.3	54.38				
合计		385.06		209.27		394

根据表 6-18 中数据，如不分径阶求林分每公顷林木株数 N 时，可按式（6-19）计算，即每公顷林木株数 N 为

$$N = F_g \sum_{j=1}^{Z} \frac{Z_j}{g_j} = 1 \times 385 = 385$$

如分别径阶计算时，则按式（6-18）计算，12 cm、16 cm、18 cm、20 cm 各径阶的株数分别为 88 株、100 株、79 株、127 株，林分每公顷林木总株数为 394 株。

（3）每公顷蓄积测定

①角规绕测法。角规绕测只能得到林分的单位面积总断面积值，为求得林分单位面积

蓄积量，需测林分平均高，然后用林分形高、标准表和平均实验形数法计算林分单位面积蓄积量，这3种方法的计算公式在本章已有介绍。

②角规控制检尺法。林分蓄积量等于林分各径阶(如 K 个径阶)林木材积之和，即 $M = \sum_{j=1}^{K} V_j$，而 $V_j = f_j g_j h_j = g_j(fh)_j$ 则 $M = \sum_{j=1}^{K} g_j(fh)_j$，用角规控制检尺测定林分蓄积量时，$g_j$ 为角规计数木株数 z_j 与角规断面积系数 F_g 之积，即 $g_j = F_g Z_j$；而 $(fh)_j$ 值则依据角规计数木的直径所在径阶值，由一元形高表(或一元材积表)中查出相应的径阶形高值代替。这样，采用角规控制检尺测定每公顷林分蓄积量计算公式为

$$M = \sum_{j=1}^{K} g_j(fh)_j \tag{6-20}$$

当在林分中设 n 个角规控制检尺点时，其计算公式为

$$M = \frac{F_g}{n} \sum_{i=1}^{n} \sum_{j=1}^{K} z_{ij}(fh)_{ij} \tag{6-21}$$

具体算例见表6-19。

表 6-19　角规控制检尺计算林分每分顷蓄积($F_g = 1$)

径阶	单株材积 V (m³)	断面积 g (m²)	形高 fh	计数株数 Z	每公顷蓄积量 $M = F_g Z$
6	0.013 1	0.002 83	4.629	1	4.629
8	0.024 5	0.005 03	4.871	1	4.871
10	0.039 9	0.007 85	5.083	2	10.166
12	0.059 4	0.011 31	5.252	5	26.260
14	0.083 1	0.015 39	5.400	3	16.200
合计					62.126

如没有适用的一元形高表，可由一元材积表利用 $fh = V/g$ 的关系导引出一元形高表。

前面介绍的角规测树方法是在样点上进行水平观测，在森林抽样调查中被称为水平点抽样(horizontal point sampling)。平田种男(1955)提出用垂直角规绕测林分平均高的方法，被称为垂直点抽样(vertical point sampling)。因该方法使用局限性较大，故不再在此叙述。

复习思考题

1. 简述采用平均标准木法测定林分蓄积量的方法和步骤，如何提高平均标准木法测定林分蓄积量的准确度?

2. 如何应用一元材积表测定林分蓄积量? 在应用中应注意哪些问题?

3. 简述由二元材积表导算一元材积表的方法和步骤。

4. 如何使用形高表测定林分蓄积量?

5. 如何理解利用角规测定林分每公顷胸高断面积的原理?

6. 正确使用角规测树技术的要求是什么?

7. 简述用角规测树技术测定林分蓄积量的方法及步骤。

第7章
林分材种出材量测定

【知识图谱】

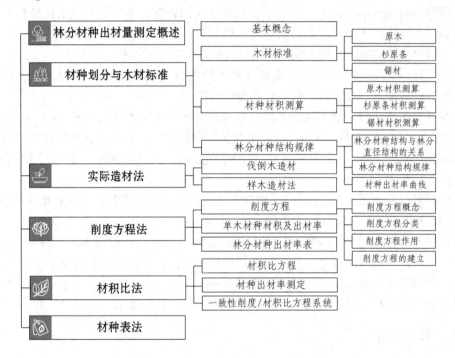

【内容提要】本章在介绍各材种基本概念、国家木材标准及材种材积测算方法的基础上，着重介绍了林分材种结构规律，实际造材法、削度方程法、材积比方程法及材种出材率表测定林分材种出材率（量）的方法，以及利用削度方程和一致性削度材积比方程系统编制林分一元材种出材率表的方法。

　　蓄积量相等的两个林分，由于林分结构及木材质量的不同，其所能提供的木材品种（即材种）和各材种的材积（即材种出材量）会有很大的差异，而使两个林分的经济利用价值也不相同。为了对森林资源的数量（蓄积量）和质量（材种出材量）做出确切全面的评价，正确合理经营森林，如设定抚育强度、次数、间隔期及抚育方式等技术措施，就必须在查明蓄积量的基础上，进一步对森林木材资源的经济价值做出评价。在测树学中，林分蓄积量、材种出材量、生长量及生物量是重要的"四大量"，它们是森林测定理论、方法及技术的构成基础，即各种测定理论、方法及技术都是直接或间接为测定林分"四大量"提供依据的。另外，在制订木材生产计划及营林技术措施中，林分材种出材量也是一个重要依据。为了掌握林分材种出材量的主要测定理论、方法与技术，本章主要介绍利用材种出材率表

云课堂

测定林分材种出材量的方法、材种结构规律及材种出材率表的编制方法。

7.1 材种划分与木材标准

7.1.1 基本概念

云课堂

①原条(whole stem)。伐倒木剥去树皮且截去直径(去皮)不足 6.0 cm 的梢头部分。

②原木(log)。原条按照用材需要,截成各种不同尺码规格的木段。

③材种(timber assortment)。经过初步机械加工但仍保持木材固有性质且具有不同用途的木材品种。根据树木的材质和利用性质,可分为经济材、薪材和废材。

④造材(log-marking)。树干或原条进行材种划分的加工工作。

⑤经济材(commercial timber)。指树干或木段用材长度和小头直径(去皮)、材质符合用材标准的各种原木、板方材、短小材等材种的统称。

⑥薪材(fuel wood)。指不符合经济材标准但仍可以作为燃料或木炭原料的木段。

⑦商品材(merchantable timber)。在木材生产和销售中,经济材和薪材统称为商品材。

⑧废材(refuse wood,waste wood)。指因存在病腐、虫眼等缺陷,已失去利用价值的木段、树皮及梢头木。

⑨出材量(merchantable volume)。按材种规格生产的木材数量,一般根据小头直径(去皮)和材长计量,以立方米(m³)为单位。

⑩单株木材种出材率(tree's ratio of merchantable volume by timber assortment)。单株木树干伐倒造材的各材种出材量与整个树干带皮材积之比,一般以百分数表示。

⑪林分材种出材率(stand's ratio of merchantable volume by timber assortment)。单位面积林分采伐造材的材种出材量与其林分蓄积量之比,以百分数表示。

7.1.2 木材标准

应木材流通、经济建设用材的需求,为了合理使用和正确计量木材,国家对不同材种的尺寸大小、适用树种、材质标准(材质等级)以及木材检验规则和用于计算材种材积的公式或数表等都作了统一规定,这种规定称为木材标准(timber and lumber standard)。我国在1958 年 11 月首次正式颁布了木材标准,又于 1984 年 12 月经国家科学技术委员会再次进行修改,并于 1985 年 12 月实施。1995 年在对该标准进行修订时将其更名为国家木材工业标准;在 1999 年、2006 年和 2009 年又分别对某些内容做了修订。此外,各省、自治区、直辖市根据地方用材需要,制定了地区性的木材工业标准(即地方木材工业标准)作为国家木材工业标准的补充规定。国家木材标准将木材分为原木(含杉原条)、锯材 2 种。

7.1.2.1 原木

根据国家颁布的木材标准《原木检验》(GB/T 144—2013)中规定,原木可分为三大类。

①直接用原木。包括直接使用的支柱、支架的原木(如坑木、电杆、檩材等材种)。

②特级原木。包括用于高级建筑装修、装饰及各种特殊需要的优质原木(如胶合板材等)。

③加工用原木。又分为针叶树加工原木及阔叶树加工用原木,主要用途包括用于建筑、船舶、车辆维修、包装、家具、造纸等(如造船材、车辆材、胶合板材、造纸材、枕

木、机台木等材种)。

在木材标准中,规定了原木材质缺陷(如漏节、边材腐朽、心材腐朽、虫眼、弯曲等)的限度标准。对于加工用原木,又根据材质缺陷限度分为 3 个等级。现将《坑木》(GB 142—2013)的规定摘录如下。该标准替代了《直接用原木　坑木》(GB 142—1995)。

(1)树种、用途和尺寸(表 7-1)

表 7-1　坑木标准(部分)

树种	用途	尺寸	
		检尺长(m)	检尺径(cm)
松科树种及其他硬阔叶树种	矿井作支柱、支架	2.2~3.2、4.0、5.0、6.0	12~24

注:对地方煤矿,经供需商定,允许生产供应检尺长自 1.4 m。

(2)尺寸进级和公差

①检尺长。2.2~4.0 m,按 0.2 m 进级。

②检尺径。12~24 cm,不足 14 cm 的按 1 cm 进级,足 0.5 cm 增进,不足 0.5 cm 舍去;14 cm 以上,按 2.0 cm 进级,足 1 cm 增进,不足 1 cm 舍去。

③检尺长公差。−2.0~6.0 cm。

(3)缺陷允许限度

缺陷允许限度应符合表 7-2 规定。

表 7-2　缺陷允许限度

缺陷名称	允许限度	缺陷名称	允许限度
漏节	全材长范围内不许有	弯曲	最大弯曲拱高与内曲水平长之比:检尺长 4.0 m 以下的≤3%;检尺长 4.0 m、5.0 m、6.0 m 的≤5%
边材腐朽	全材长范围内不许有		
心材腐朽	全材长范围内不许有	外伤、偏枯	径向深度与检尺径之比≤10%
虫眼	检尺长范围内不许有		
裂纹	纵裂长度与检尺长之比≤30%	炸裂、风折木	检尺长范围内不许有

(4)木材缺陷的规定

《原木缺陷》(GB/T 155—2017)中规定了原木可见缺陷的分类、术语和基本检算方法。可见缺陷包括能影响木材质量和使用价值或降低强度或耐久性的各种缺点。原木缺陷共分为八大类,各大类又分成若干分类、种类和细类,见表 7-3。

表 7-3　原木缺陷

大类	分类	种类	细类
3.1 节子	3.1.1 按连生程度分	3.1.1.1 活节	
		3.1.1.2 死节	
	3.1.2 按材质分	3.1.2.1 健全节	
		3.1.2.2 腐朽节	
		3.1.2.3 漏节	
	3.1.3 按生长部位分	3.1.3.1 散生节	
		3.1.3.2 轮生节	
		3.1.3.3 簇生节	

（续）

大类	分类	种类	细类
3.1 节子		3.1.3.4 岔节	
	3.1.4 按形状分	3.1.4.1 圆形节	
		3.1.4.2 椭圆形节	
3.2 变色	3.2.1 按类型分	3.2.1.1 化学变色	
		3.2.1.2 真菌变色	3.2.1.2.1 霉菌变色
			3.2.1.2.2 变色菌变色
			3.2.1.2.3 腐朽菌变色
	3.2.2 按部位分	3.2.2.1 边材变色	3.2.2.1.1 青变
			3.2.2.1.2 窒息性褐变
		3.2.2.2 心材变色	
3.3 腐朽	3.3.1 按类型分	3.3.1.1 白腐	
		3.3.1.2 褐腐	
		3.3.1.3 软腐	
	3.3.2 按树干内外部位分	3.3.2.1 边材腐朽(外部腐朽)	
		3.3.2.2 心材腐朽(内部腐朽)	
	3.3.3 按树干上下部位分	3.3.3.1 根腐(干基腐朽)	
		3.3.3.2 干腐(干部腐朽)	
		3.3.3.3 梢腐(梢部腐朽)	
3.4 蛀孔	3.4.1 虫眼	3.4.1.1 按深度分	3.4.1.1.1 表面虫眼、虫沟
			3.4.1.1.2 深虫眼
		3.4.1.2 按孔径分	3.4.1.2.1 针孔虫眼
			3.4.1.2.2 小虫眼
			3.4.1.2.3 大虫眼
	3.4.2 蜂窝状孔洞		
3.5 裂纹	3.5.1 按类型分	3.5.1.1 径裂(心裂)	3.5.1.1.1 单径裂
			3.5.1.1.2 复径裂
		3.5.1.2 环裂	3.5.1.2.1 轮裂
			3.5.1.2.2 弧裂
		3.5.1.3 冻裂	
		3.5.1.4 干裂	
		3.5.1.5 炸裂	
		3.5.1.6 震(劈)裂	
		3.5.1.7 贯通裂	
	3.5.2 按部位分	3.5.2.1 端面裂	
		3.5.2.2 侧面裂	
3.6 树干形状缺陷	3.6.1 弯曲	3.6.1.1 单向弯曲	
		3.6.1.2 多向弯曲	
	3.6.2 尖削		

（续）

大类	分类	种类	细类
3.6 树干形状缺陷	3.6.3 大兜	3.6.3.1 圆兜（包括椭圆形兜）	
		3.6.3.2 凹兜	
	3.6.4 树瘤		
3.7 木材构造缺陷	3.7.1 扭转纹		
	3.7.2 应力木	3.7.2.1 应压木	
		3.7.2.2 应拉木	
	3.7.3 髓心材		
	3.7.4 双心		
	3.7.5 脆心		
	3.7.6 伪心材		
	3.7.7 内含边材		
	3.7.8 树脂囊		
	3.7.9 乱纹		
3.8 损伤（伤疤）	3.8.1 机械损伤	3.8.1.1 采脂（割胶）伤	
		3.8.1.2 砍伤	
		3.8.1.3 锯伤	
		3.8.1.4 锯口偏斜	
		3.8.1.5 抽心（撕裂）	
		3.8.1.6 磨损	
	3.8.2 鸟害和兽害伤		
	3.8.3 烧伤		
	3.8.4 夹皮	3.8.4.1 内夹皮	
		3.8.4.2 外夹皮	
	3.8.5 偏枯		
	3.8.6 树包		
	3.8.7 寄生植物伤		
	3.8.8 风折木		
	3.8.9 树脂漏		
	3.8.10 异物入侵伤		

此外，对特级原木，锯切用原木，小径原木、造纸用原木、针叶、阔叶树加工用原木树种，主要用途、尺寸、公差、分等均分别制定了国家标准。

7.1.2.2　杉原条

在国家标准《杉原条》（GB/T 5039—1999）中规定：伐倒杉木经过打枝、剥皮后，未经加工造材的杉木树干称为杉原条，也称原条。该标准是《杉原条》（GB/T 5039—1984）和《杉原条检验》（GB/T 4816—1984）两项标准的修订本，将上述两项标准合并为一个标准，保持原标准的主要技术指标，并增加了一些内容，对标准结构进行了调整。

（1）尺寸规定

梢端直径 6.0~12.0 cm 以上（6.0 cm 系实足尺寸），检尺长自 5.0 m 以上，以 1.0 m

进级；检尺径自 8.0 cm 以上，以 2.0 cm 进级。

（2）分级标准

检尺径分为大、中、小 3 级。

小径：8.0~12.0 cm。

中径：14.0~18.0 cm。

大径：20.0 cm 以上。

（3）主要用途

小径：房屋檩条、门窗料、脚手架。

中径、大径：船舶、车辆、建筑料、跳板、模具、家具、船桅杆及通信、输电线路维修用的支柱、支架。

（4）分等

根据杉原条的缺陷限度分为一等和二等 2 个等级。分等标准见表 7-4。

表 7-4　杉原条分等

缺陷名称	检量方法	
	一等	二等
漏　节	在全材长范围内不许有	在全材长范围内允许 2 个
边材腐朽	在全材长范围内不许有	在检尺长范围内腐朽厚度不得超过检尺径的 15%
心材腐朽	在全材长范围内不许有	在全材长范围内心腐面积不得超过检尺径断面面积的 16%
虫　眼	在全材长范围内不许有	在检尺长范围内不限
弯　曲	最大拱高不得超过该弯曲水平长的 3%	最大拱高不得超过该弯曲水平长的 6%
外夹皮、外伤、偏枯	深度不得超过检尺径的 15%	深度不得超过检尺径的 40%

注：未列缺陷不计。

7.1.2.3　锯材

原木经过进一步加工而成的各种不同规格的板材称作锯材。锯材适用于工业、农业、建筑及其他用途。另外，根据锯材的专门用途，还包括铁路货车锯材及载重汽车锯材。

在木材标准中，分为针叶树锯材及阔叶树锯材。《阔叶树锯材》（GB/T 4817—2009）和《针叶树锯材》（GB/T 153—2009）分别规定了阔叶树和针叶树的树种、尺寸、材质要求和检验方法。现将《针叶树锯材》（GB/T 153—2009）的规定摘录如下。

（1）树种

全部针叶树种。

（2）尺寸

长度：1.0~8.0 m。

长度进级：自 2.0 m 以上按 0.2 m 进级，不足 2.0 m 的按 0.1 m 进级。

板材、方材规格：规格尺寸见表 7-5。

尺寸偏差：见表 7-6。

表 7-5　板材、方材规格尺寸　　　　　　　mm

分类	厚度	宽度	
		尺寸范围	进级
薄板	12、15、18、21		
中板	25、30、35	30~300	10
厚板	40、45、50、60		
方材	25×20、25×25、30×30、40×30、60×40、60×50、100×55、100×60		

注：表中未列规格尺寸由供需双方协议商定。

表 7-6　尺寸允许偏差

种类	尺寸范围	偏差
长度	不足 2.0 m	+3 cm
		−1 cm
	自 2.0 m 以上	+6 cm
		−2 cm
宽度、厚度	不足 30 mm	±1 mm
	自 30 mm 以上	±2 mm

（3）材质指标

针叶树锯材分为特等、一等、二等和三等四个等级，各等级材质指标见表 7-7，长度不足 1.0 m 的锯材不分等级，其缺陷允许限度不低于三等材。

表 7-7　材质指标

检量缺陷名称	检量与计算方法	允许限度			
		特等	一等	二等	三等
活节及死节	最大尺寸不得超过板宽的	15%	30%	40%	不限
	任意材长 1.0 m 范围内个数不得超过	4	8	12	
腐朽	面积不得超过所在材面面积的	不允许	2%	10%	30%
裂纹夹皮	长度不得超过材长的	5%	10%	30%	不限
虫眼	任意材长 1.0 m 范围内个数不得超过	1	4%	15%	不限
钝棱	最严重缺角尺寸不得超过材宽的	5%	10%	30%	40%
弯曲	横弯最大拱高不得超过内曲水平长的	0.3%	0.5%	2%	3%
	顺弯最大拱高不得超过内曲水平长的	1%	2%	3%	不限
斜纹	斜纹倾斜程度不得超过	5%	10%	20%	不限

7.1.3　材种材积测算

7.1.3.1　原木材积测算

（1）原木测定的特点

①原木的长度较短，形状变化也较小，并且不同树种的原木形状差别不大，有可能合

并在一起检量。

②原木以堆集成垛的形式储存，每个原木垛的长度是一致的，所以不必拆垛测量原木材长。但是，对于堆集成垛的原木而言不便于测定各原木的中央直径。

③原木的材积是去皮材积。

④原木测定一般不是一根或几根，而是大量的。因此，不宜采用一般伐倒木求积公式计算原木材积。

（2）原木检尺

检量原木的尺寸、计算材积的工作称为原木检尺。为了统一原木检尺标准，我国在1958年颁布了《原木检验规程》，在此基础上，根据木材需要的变化，又于1984年第二次颁布了《原木检验 尺寸检量》（GB 144.2—1984），作为原木检尺的依据。该标准又经1995年、2003年、2013年3次修订颁布，《原木检验》（GB/T 144—2013）新标准于2013年11月12日由国家质量监督检验检疫总局颁布，2014年4月11日起实施，对全国木材生产和流通领域原木产品的检验，起到了巨大作用。

①原木长度检量。检量原木长度时，以米（m）为单位，量至厘米（cm），不足厘米（cm）者舍去。原木的材长是在大小头两端断面之间相距最短处取直检量。检尺长在0.5～1.9 m按0.1 m进级，检尺长自2.0 m以上按0.2 m进级。如检量的材长小于原木产品标准规定的检尺长，但不超过下偏差，仍按原木产品标准规定的检尺长计算；如超过下偏差，则按下一级检尺长计算。

②原木直径检量。原木直径检量不采用中央直径，而是检量原木小头去皮直径，这样在生产中，不必拆垛就可以完成原木直径检量工作。再者，原木加工为板、方材或建筑用材时，也都是以小头去皮直径为准进行制材，所以原木直径检量时，只量测原木小头去皮直径。检量原木的直径以厘米为单位，量至毫米，不足毫米者舍去，小于14 cm的，四舍五入至厘米。检尺径的确定，是通过小头断面中心先量短径，再通过短径中心垂直检量长径。其长短径之差自2.0 cm以上者，以长短径的平均数经进舍后为检尺径，长短径之差小于2.0 cm，以短径经进舍后为检尺径。检量原木的直径、短径、长径，一律扣除树皮和根部肥大部分。原木的检尺径小于等于14.0 cm的，以1.0 cm进级，尺寸不足1.0 cm时，足0.5 cm进级，不足0.5 cm舍去；检尺径大于14.0 cm的，以2.0 cm进级，尺寸不足2.0 cm时，足1.0 cm进级，不足1.0 cm舍去。原木小头断面倾斜，检量直径时，应将尺与材长成垂直的方向检量。其他情况，如双心材、双丫材、劈裂材等原木直径检量方法，均可按照《原木检验》（GB/T 144—2013）规定执行。

（3）原木材积计算

在生产中，原木的材积是根据原木检尺径及长度由原木材积表（log volume table）中查得的。为了统一原木材积计算标准，国家颁布了《原木材积表》（GB 4814—1984），该《原木材积表》适用于所有树种的原木材积计算。2013年，国家颁布了修订后的《原木材积表》（GB 4814—2013），代替了原标准，将短原木、小径原木、超长原木的材积纳入本标准中，原《原木材积表》不变，补充和完善了检尺长0.5～20.0 m、检尺径4.0～120.0 cm的原木材积值。

原木材积的计算公式分别如下。

①检尺径为 14.0~120.0 cm、检尺长 0.5~1.9 m 的短原木。

$$V = 0.8L(D + 0.5L)^2 \div 10\ 000 \tag{7-1}$$

②检尺径为 4.0~13.0 cm、检尺长 2.0~10.0 m 的小径原木。

$$V = 0.785\ 4L(D + 0.45L + 0.2)^2 \div 10\ 000 \tag{7-2}$$

③检尺径为 14.0~120.0 cm、检尺长 2.0~10.0 m 的原木。

$$V = 0.785\ 4L[D + 0.5L + 0.005L^2$$
$$+ 0.000\ 125L(14 - L)^2(D - 10)]^2 \div 10\ 000 \tag{7-3}$$

④检尺径为 14.0~120.0 cm、检尺长自 10.2 m 以上的超长原木。

$$V = 0.8L(D + 0.5L)^2 \div 10\ 000 \tag{7-4}$$

式中 V——原木的材积，m^3；

L——原木的检尺长，m；

D——原木的检尺径，cm。

利用《原木材积表》(表 7-8)计算同一规格的原木材积时，先根据原木检尺长及检尺径，由原木材积表中查出单根原木材积，再乘以原木根数即可得到该规格原木总材积。

表 7-8 《原木材积表》(GB 4814—2013)(节录)

检尺径 (cm)	检尺长(m)					
	2.0	2.2	2.4	2.5	2.6	2.8
	材积(m^3)					
4	0.004 1	0.004 7	0.005 3	0.005 6	0.005 9	0.006 6
5	0.005 8	0.006 6	0.007 4	0.007 9	0.008 3	0.009 2
6	0.007 9	0.008 9	0.010 0	0.010 5	0.011 1	0.012 2
7	0.010 3	0.011 6	0.012 9	0.013 6	0.014 3	0.015 7
8	0.013	0.015	0.016	0.017	0.018	0.020
9	0.016	0.018	0.020	0.021	0.022	0.024
10	0.019	0.022	0.024	0.025	0.026	0.029
11	0.023	0.026	0.028	0.030	0.031	0.034
12	0.027	0.030	0.033	0.035	0.037	0.040
13	0.031	0.035	0.038	0.040	0.042	0.046
14	0.036	0.040	0.045	0.047	0.049	0.054
16	0.047	0.052	0.058	0.060	0.063	0.069
18	0.059	0.065	0.072	0.076	0.079	0.086
20	0.072	0.080	0.088	0.092	0.097	0.105
22	0.086	0.096	0.106	0.111	0.116	0.126
24	0.102	0.114	0.125	0.131	0.137	0.149
26	0.120	0.133	0.146	0.153	0.160	0.174
28	0.138	0.154	0.169	0.177	0.185	0.201
30	0.158	0.176	0.193	0.202	0.211	0.230

7.1.3.2 杉原条材积测算

在我国南方广大林区，杉木是主要的用材树种，多以生产原条为主，其检量方法与原木不同。国家为了统一杉原条尺寸检量，专门颁布了国家标准《杉原条检验》(GB 4816—

1984)，以及供计算杉原条材积查用的国家标准《杉原条材积表》(GB 4815—1984)。1999年1月25日发布的《杉原条》(GB/T 5039—1999)将上述两项标准合并为一个标准，保持原标准的主要技术指标，并增减了一些内容，对标准结构进行了调整。1999年8月1日该标准从生效之日起，分别代替(GB/T 4816—1984)和(GB/T 5039—1984)。

(1)原条检尺

①原条长度检量。从大头斧口(或锯口)量至梢端短径足6.0 cm处止，以1.0 m进位，不足1.0 m的作梢端舍去，经进舍后的长度为检尺长。例如，某杉原条实测长度为7.8 m，则检尺长为7.0 m。

②原条直径检量。原条直径应在离大头斧口(或锯口)2.5 m处检量，以2.0 cm进位，不足2.0 cm时，凡足1.0 cm进位，不足1.0 cm舍去，经进舍后的直径为检尺径。检量直径遇有树节、树瘤等不正常现象时，应向梢端方向移至正常部位检量。如直径检量遇有夹皮、偏枯、外伤和树节脱落等而形成的凹陷部分，应恢复其原形检量；如用卡尺检量直径时，其长短径均量至厘米，以其长、短径的平均数经进舍后为检尺径。劈裂材的检量及等级评定，可参照《杉原条》(GB/T 5039—1999)执行。

(2)原条材积测算

杉木(含水杉、柳杉)的原条商品材材积，可根据杉原条检尺径、检尺长，直接由《杉原条材积表》(GB 4815—2009)中查得，该表的形式见表7-9。该表中检尺径为8.0 cm的杉原条材积计算公式为

$$V = 0.490\ 2\ L \div 100 \tag{7-5}$$

检尺径自10.0 cm为

$$V = 0.39(3.50 + D)^2(0.48 + L) \div 10\ 000 \tag{7-6}$$

式中 V——材积，m^3；

L——检尺长，m；

D——检尺径，cm。

表7-9 《杉原条材积表》(GB 4815—2009)(节录)

检尺径 (cm)	检尺长(m)						
	5.0	6.0	7.0	8.0	9.0	10.0	11.0
	材积(m^3)						
8	0.025	0.029	0.034	0.039	0.044	0.049	—
10	0.039	0.046	0.053	0.060	0.067	0.074	0.082
12	0.051	0.061	0.070	0.079	0.089	0.098	0.108
14	0.065	0.077	0.089	0.101	0.113	0.125	0.137
16	0.081	0.096	0.111	0.126	0.141	0.155	0.170
18	0.099	0.117	0.135	0.153	0.171	0.189	0.207
20	—	0.140	0.161	0.183	0.204	0.226	0.247

7.1.3.3 锯材材积测算

(1)锯材检尺

1995年，我国颁布了修订后的《针叶树锯材树种、尺寸、公差》(GB/T 153—1995)和

《阔叶树锯材树种、尺寸、公差》(GB/T 4817—1995)等锯材标准，并于 2009 年将这个两个标准分别修订为《针叶树锯材》(GB/T 153—2009)和《阔叶树锯材》(GB/T 4817—2009)。

在《锯材检验尺寸检量》(GB 4822—2015)中规定，锯材长度检量沿长方向两端面间最短的距离，锯材宽度、厚度检量时，在材长范围内除去两端各 15.0 cm 的任意无钝棱部位检量。若实际材长小于标准长度，但不超过负偏差，仍按标准长度计算；如超过负偏差，则按下一级长度计算，其多余部分不计；若锯材宽度、厚度的正、负偏差允许同时存在，如果厚度分级因偏差发生混淆时，按较小一级厚度计算。锯材实际宽度小于标准宽度，但不超过负偏差时，仍按标准宽度计算。如超过负偏差，则按下一级宽度计算。长度以米(m)为单位，量至厘米(cm)，不足 1.0 cm 舍去；宽度及厚度以毫米(mm)为单位，量至毫米(mm)，不足 1.0 mm 舍去。

(2)锯材材积计算

在木材生产中，根据各种尺寸锯材的长度、宽度及厚度直接由《锯材材积表》(GB 449—2009)中查得。《锯材材积表》中的材积是由长方体体积公式计算得出的，即

$$V = LWT \div 1\,000\,000 \tag{7-7}$$

式中 V——锯材材积，m^3；

　　　L——锯材长度，m；

　　　W——锯材宽度，mm；

　　　T——锯材厚度，mm。

锯材材积表的形式可参见《锯材材积表》(GB 449—2009)。

7.1.4 林分材种结构规律

(1)林分材种结构与林分直径结构的关系

在伐区调查中，为落实木材生产计划，应在测定林分蓄积量的基础上，按照国家木材标准和林木材质状况，确定各材种的材积，而各材种材积总和就是林分材种出材量。为了研究林分材种出材量的测定方法，以及正确应用这些测定方法，应首先掌握林分材种结构规律。

为了研究林分材种结构规律、以及应用这一规律测定林分材种出材量，往往将材种材积转换为材种出材率的相对数值形式，即材种材积占其相应的总带皮材积的百分比，该百分比即为材种出材率，同时该百分比又称为材积比。林分中各材种出材率与胸径的相关曲线称作材种出材率曲线，该曲线可以反映或描述材种出材率随胸径的变化规律，这种变化规律也称作林分材种结构规律。因此，林分材种结构与林分直径结构之间存在相关性，林分直径结构对林分材种结构起着决定性的作用。即使平均直径、平均高、林木株数及林分蓄积量完全相同的两个林分，其材种出材量却不一定相同、且可能有很大差异，主要原因之一是其直径结构可能不同。由此可以看出，林分材种结构不仅与林分直径结构有关，而且林分直径结构是林分材种结构的基础。掌握林分材种结构和林分直径结构规律之间的关系，对于编制测定林分材种出材量数表及正确使用这些数表测定林分材种出材量是十分必要的。

(2)林分材种结构规律

林分中各材种出材率随胸径的变化规律，称为材种结构规律。材种结构规律用曲线表

达时，则为材种结构曲线，或称作材种出材率曲线。材种出材率系指经济材、薪材、废材出材率，即经济材、薪材、废材3个出材率随胸径呈现出规律性的变化(图7-1)。对于各径阶3个出材率之和应为100%，这就是说，3个出材率分别乘以径阶带皮材积时，分别得到相应的材种材积，它们之和即为径阶材种出材量，但径阶材种出材量应等于径阶带皮材积。同样，一个林分的经济材、薪材、废材三者材种出材量之和也应等于林分总带皮材积。

在经济材中，包括了若干类型的材种，如大径材、中径材、小径材、短小材等。这些材种出材率随胸径变化规律如图7-2所示。结合图7-1和图7-2，林分材种主要结构规律可归纳如下。

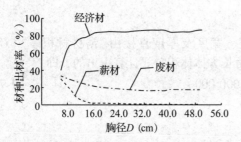 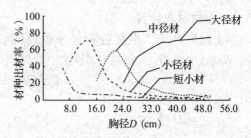

图7-1 黑龙江省落叶松人工林材种出材率曲线　图7-2 黑龙江省落叶松人工林经济材出材率曲线

①经济材出材率。在小径阶处较低，随径阶增大而逐渐上升，以后上升速率变低，到特大径阶之后，有时略呈下降的趋势(因特大径阶的林木往往存在内腐现象，所以经济材出材率略有下降)。

②薪材出材率。在小径阶处较高，随径阶增大而下降，以后下降速率变低。

③废材出材率。在小径阶处较高，继而随径阶增大而下降，至一定径阶后基本持平稳状态。有时，大径阶林木因受病虫害影响，其废材出材率会有所增高。

④大径材经济材出材率随着径阶增大而缓慢增加；中、小径材经济材出材率随径阶增大而逐渐上升，到某一大径阶之后开始下降；短小材经济材出材率在小径阶处最高，随径阶增大而急剧下降，至大径阶时经济材出材率最低。

以上分析了材种出材率曲线随径阶的变化规律，表明材种出材率曲线的变化规律除受林木大小的影响外，还与材种规格有关，即材种规格改变其材种出材率曲线也发生相应的变化，但是，其材种出材率曲线变化趋势基本与上述的材种结构规律一致。

(3)材种出材率曲线

以径阶为自变量，材种出材率为因变量绘制材种出材率曲线。由于材种出材率曲线类型较为复杂，有时难以用简单的曲线方程来描述，因此，在实践工作中往往采用随手曲线法描述材种出材率的变化规律。其方法简述如下：

①材种出材率曲线。以各径阶材积合计为100%，分别经济材、薪材及废材出材率绘制散点图，依据各自的散点分布趋势，绘制出经济材、薪材及废材3条匀滑曲线。若同一径阶3条曲线的出材率之和不等于100%，则应进行必要的曲线调整，调整后，同一径阶由曲线上读出相应的3个出材率之和应为100%，同时还要保持3条曲线的匀滑性。为了满足上述调整要求，在调整时，一般先不调整主要材种曲线(经济材曲线)，而是选择一条

影响较小且线形简单的曲线做适当调整，反复调整至满足要求为止。

②经济材出材率曲线。以经济材材积合计为 100%，绘制经济用材内各名目材种出材率曲线。绘制方法及曲线调整原则与上述材种出材率曲线的相同，即调整后，使每个径阶的各名目材种出材率曲线值之和均为 100%，并保持各条曲线的匀滑性。

③材种出材率整列。根据调整后的各材种出材率曲线，以径阶为单位进行整列，以径阶带皮材积合计为 100%，计算出经济材中各名目材种材积占径阶带皮材积的百分数，即为该材种出材率。计算方法是以调整后的经济材出材率乘以各名目材种出材率，即得到各名目材种占径阶带皮材积的出材率。在外业调查中，可利用调整后的材种出材率测定林分材种出材量。

7.2　实际造材法

7.2.1　伐倒木造材

在生产中，树木伐倒后在原条造材基础上，应根据木材标准所规定的尺寸和材质要求，对树干进行造材。在造材过程中，必须坚持合理使用和节约木材的原则。针对树种和木材性质，正确处理树干外部及内部的缺陷，做到合理造材。为此，造材时应该做到以下几点。

云课堂

①先造大材，后造小材，充分利用木材。

②长材不短造，优材优用，充分利用原条长度，尽量造出大尺码材种。

③逢弯下锯，缺点集中。对于木材缺陷(节子、腐朽、虫眼等)应尽量集中在一个或少数材种上，而弯曲部分则应适当分散，尽量不降低材种等级。对树干腐朽、虫眼等部分应视为薪材，扣除后再按顺序由大到小进行造材。

④伐倒木发生折断、劈裂等情况时，应按有缺陷材确定相应材种。

⑤按规定留足锯口损失的后备长度(一般为 2.0~5.0 cm)，下锯时应与树干垂直，不可截成斜面。

⑥对于粗大的枝丫，可造材时也应造材，充分利用木材资源。

7.2.2　样木造材法

7.2.2.1　概述

林木的材种材积受其大小和材质等因素的影响，林分平均木的材种种类及材种材积都不可能代表大径阶和小径阶林木的材种种类及相应的材种材积。况且，即使同等大小的林木，由于干形、病腐、弯曲等材质状况的不同，其材种材积也会有很大的差异。因此，在林分材种出材量的测定中，通常采用伐倒一定数量的林木进行实际造材，并依据实际造材结果推算林分材种出材量，这种方法称为实际造材法，被伐倒用于实际造材的林木称作样木，而样本的确定方法可分为机械抽样法和径阶比例法。机械抽样法是先按照数理统计学中随机抽样的原则及既定的抽样比，在林分总体中抽取样木；径阶比例法是先按照既定的选测样木株数占林分总株数的百分比，再根据各径阶林木株数确定应选测的样木株数，这种样木在我国也被称作计算木。在实践中，我国一般采用径阶比例法，因为这种方法可以保证林分中各个径阶都有一定数量的样本，并且选测的样木数量比随机样木的数量少，相应的实际造材工作量也少，因此，这种方法较为实用可行。

7.2.2.2 径阶比例样木实际造材法

(1)径阶比例样木的确定

首先，根据林分标准地每木检尺的结果，按照一定的比例(一般采取 10%)确定实际造材样木株数(n)。然后，计算出各径阶林木株数占标准地林木总株数的百分比(f_i)，利用该百分比(f_i)将实际造材样木株数(n)分配到各径阶中，即各径阶应确定的实际造材样木株数为

$$n_i = f_i n \tag{7-8}$$

但是，对于林木株数较少的径阶(一般是最小或最大径阶)也应有一定数量(3~5 株)的样木；对于林木干形、材质变化较小的人工林，实际造材样木株数可略少些。

(2)样木造材

造材样木确定后，根据国家木材标准及合理造材的原则进行样木造材。各级原木的划分标准见表 7-10。例如，某落叶松样木胸径为 29.5 cm，树干全长为 21.4 m，造材结果见表 7-11。

表 7-10 各级原木划分标准

类别	级别	规格		适用材料
		原木小头去皮直径(cm)	原木长度(m)	
国家规格材	大径原木	≥26.0	2.0 以上	枕资、胶合板材
	中径原木	20.0~26.0	2.0 以上	造船材、车辆材、一般用材、桩木、特殊电杆
	小径原木	6.0~20.0	2.0 以上	二等坑木、小径民用材、造纸材、普通电杆、车立木
短小材	短材：原木小头去皮直径≥14 cm；原木长度为 0.4~1.8 m 小材：原木小头去皮直径为 4~14 cm；原木长度为 1.0~4.8 m			简易建筑、农用、包装、家具用材
薪炭材	原木小头去皮直径 4.0 cm 以上；原木长度 0.5 m 以上			造纸材，腐朽和弯曲超过允许界限

注：大、中、小原木长度按 1.0 m 计；短小材及薪炭材按 0.5 m 计。

(3)造材资料整理

样木造材之后，分别径阶进行统计，计算出径阶样木的带皮材积合计值及各材种材积(去皮)合计值。并以径阶带皮总材积为 100%，计算出各材种(去皮)材积占带皮总材积的百分数，即材种出材率。例如，落叶松 16.0 cm 径阶样木造材结果及各材种出材率(表 7-12)，根据落叶松各径阶样木造材结果，整理得到的实际造材材种出材率见表 7-13。

表 7-11 样木造材记录

材种名称	尺寸			材积（m³）		材种出材率（%）
	长度（m）	小头直径(cm)		带皮	去皮	
		带皮	去皮			
一般加工原木	8.0	21.2	20.1	0.424 9	0.328 1	52.9
普通电杆	6.0	13.6	12.7	0.153 9	0.135 4	21.8
小径坑木	3.0	9.3	8.8	0.027 2	0.023 7	3.8
小径木	2.0	6.5	6.0	0.010 1	0.008 9	1.5
经济用材合计	19.0			0.616 1	0.496 1	80.0
经济材部分树皮材积				0.120 0		19.3
梢头木	2.4			0.004 2		0.7
合计	21.4			0.620 3		100

注：各材种带、去皮材积按 2.0 m 区分法求得。

表 7-12 径阶样木各材种平均出材率计算

样木号	样木			材种出材量（m³）					
	胸径（cm）	长度（m）	带皮材积（m³）	经济用材				薪材	废材
				加工用原木	坑木	小杆	合计		
1	14.2	10.0	0.079	—	0.056	0.009	0.065	0.009	0.005
9	15.8	11.1	0.108	—	0.076	0.013	0.089	0.012	0.007
16	17.3	12.2	0.142	—	0.100	0.017	0.117	0.016	0.009
合计			0.329	—	0.232	0.039	0.271	0.037	0.021
材种出材率(%)			100	—	71	12	83	11	6

表 7-13 实际造材材种出材率表

径阶（cm）	材种出材率(%)					
	经济用材				薪材	废材
	加工用原木	坑木	小杆	合计		
16.0	—	71	12	83	11	6
20.0	47	30	7	84	12	4
24.0	66	14	5	85	13	2
28.0	70	12	3	85	12	3

（4）林分材种出材量计算

根据林分（或标准地）每木调查结果，利用材积表计算出各径阶林木材积合计值。然后使用实际造材材种出材率表，分别径阶计算出各名目材种材积及径阶材种材积合计值，总计之后即可得到林分（或标准地）的材种出材量（表 7-14），例如，20.0 cm 径阶，径阶材积合计为 8.7 m³，各材种材积计算如下。

加工用原木：

$$8.7 \times 47\% = 4.09(\text{m}^3)$$

坑木：

$$8.7 \times 30\% = 2.61(\text{m}^3)$$

小杆：

$$8.7 \times 7\% = 0.61(\text{m}^3)$$

经济用材：

$$4.09 + 2.61 + 0.61 = 7.31(\text{m}^3)$$

或

$$8.7 \times 84\% = 7.31(\text{m}^3)$$

薪材：

$$8.7 \times 12\% = 1.04(\text{m}^3)$$

废材：

$$8.7 \times 4\% = 0.35(\text{m}^3)$$

林分林木蓄积量为 42.7 m³，材种出材量为 36.17 m³，薪材为 5.26 m³，废材为 1.27 m³(表 7-14)。

表 7-14　林分材种出材量

径阶 (cm)	各径阶林木株数 (株)	单株带皮材积 (m³)	径阶材积合计 (m³)	材种出材量(m³)				薪材	废材
				经济用材					
				加工用原木	坑木	小杆	合计		
16.0	13	0.17	2.2	—	1.56	0.27	1.83	0.24	0.13
20.0	29	0.30	8.7	4.09	2.61	0.61	7.31	1.04	0.35
24.0	35	0.47	16.5	10.82	2.30	0.82	13.94	2.13	0.33
28.0	23	0.67	15.4	10.78	1.85	0.46	13.09	1.85	0.46
总计	100		42.8	25.69	8.32	2.16	36.17	5.26	1.27

云课堂

在实际造材的过程中，随着采伐方式、采伐季节、机械化程度、人工素质、经营水平(防火、病虫害防治措施等)等条件的变化会造成不同程度的出材损失量。需要进一步根据外业调查的模拟实际造材数据和当地林业生产实际确定材种损失量后从理论材种出材率中扣除，从而得到符合生产实际的各树种材种出材率表。各出材损失量(率)详见 7.3.3。

7.3　削度方程法

7.3.1　削度方程

7.3.1.1　概念

削度：描述树干直径沿其树干向上随干径位置的升高而逐渐减小变化程度的指标。

削度方程：将预期的树干上各部位的直径 d（带皮或去皮）表示为该干径位置距地面高 h、全树高 H 及胸高直径 D 的数学函数，即 $d=f(h, H, D)$ 称为削度方程。

根据削度方程与全树干材积方程之间的关系，可将削度方程分为一致性削度方程（compatible taper equation）和非一致性削度方程（noncompatible taper equation）。若某一削度方程与一个既定的全树干材积方程之间，可以通过积分与求导运算能够相互导出，并且两个方程的参数值之间存在着代数关系时，这样的削度方程称为一致性削度方程，否则，就为非一致性削度方程。根据这个概念可以看出，任何材积方程经过求导运算都可以导出一个与其材积方程相一致的削度方程，其特点是两个方程能够提供一致性的材积估计值（具体示例见 7.4.3 节内容）。

7.3.1.2 分类

任何一个削度方程都不可能圆满地描述所有树种的树干形状的变化，同时，也不会完全适应某一树种的所有林分类型。因此，为了适应各种情况，迄今为止，国内外提出了上百种不同形式的削度方程，表 7-15 中仅列出了具有代表性的 47 种削度方程。实际工作中，可以根据不同的树种、林分状况和应用目的，选择使用这些削度方程。

按削度方程的发展阶段，可以大致分为 3 类：简单削度方程、分段削度方程和可变参数削度方程。简单削度方程是用一个简单函数来描述树干削度的变化，如二次抛物线，简单削度方程很难准确描述干形的变化。分段削度方程通常把树干分成几部分，如把树干分成下部、中部和上部，由 3 个多项式构成树干削度方程，该方程取得了较好的预估精度。可变参数削度方程通过变化指数来描述树干凹曲线体和抛物线体。这些方程较准确地预测了树干形状。但是，可变参数削度方程的缺点是不能直接积分得到材积估算，必须通过计算机程序来实现预测。表 7-15 中，方程 1~27 为简单削度方程，方程 28~31 为分段削度方程，方程 32~47 为可变参数削度方程。

关于削度方程的选择问题，从国内外发展趋势来看，是从简单的削度方程到分段拟合再转向建立可变参数削度方程。因此，在计算机已经普及的今天，我们选用拟合效果最好的可变参数削度方程来编制材种出材率表。

表 7-15 树干削度方程一览表

编号	削度方程	提出者
	简单削度方程	
1	$d/D = \dfrac{(H-h)/(H-1.3)}{a+b[(H-h)/(H-1.3)]}$	Behre (1923)
2	$d/D_{0.1} = a\left(\dfrac{H-h}{H}\right) + b\left(\dfrac{H-h}{H}\right)^2 + c\left(\dfrac{H-h}{H}\right)^3$	大偶真一 (1959)
3	$d^2/D^2 = a+b\dfrac{H-h}{H-1.3}$	Munro (1965)
4	$d^2 = D^2[b_1 X^{1.5}(10^{-1}) + b_2(X^{1.5}-X^3)D(10^{-2})$ $+ b_3(X^{1.5}-X^3)H(10^{-3}) + b_4(X^{1.5}-X^{32})HD(10^{-5})$ $+ b_5(X^{1.5}-X^{32})H^{0.5}(10^{-3}) + b_6(X^{1.5}-X^{40})H^2(10^{-6})]$	Bruce (1968)

（续）

编号	削度方程	提出者
5	$d^2/D^2 = b_0 + b_1\left(\dfrac{h}{H}\right) + b_2\left(\dfrac{h}{H}\right)^2$	Kozak et al. (1969)
6	$\left(\dfrac{d}{D}\right)^2 = b_1(q-1) + b_2(q^2-1)$	Kozak (1969)
7	$\left(\dfrac{d}{D}\right)^2 = b_1(1-2q+q^2)$	Kozak (1969)
8	$d = b_1 DX + b_2(H-h)(h-1.3) + b_3 H(H-h)(h-1.3)$ $+ b_4 H(H-h)(h-1.3)(H+h+1.3)$	Bennet et al. (1972)
9	$d^2 = \dfrac{1}{K} a D^b H^c L^{B-1} \dfrac{B}{H^B}$	Demaerschalk(1972)
10	$d^2 = b_1 D^2 \left[\dfrac{(H-h)}{H}\right]^{b_2}$	Demaerschalk (1972)
11	$d = b_1 D^{b_2}(H-h)^{b_3} H^{b_4}$	Demaerschalk (1972)
12	$d^2 = b_1 D^2 \dfrac{(H-h)^{b_2}}{(b_3 H^{b_2+1} + b_4 H^{b_2})}$	Demaerschalk (1973)
13	$d^2 = b_1\left[(H-h)^{b_2}/H^{b_2+1}\right] + b_3 D^2 \left[\dfrac{(H-h)}{H}\right]^{b_4}$	Demaerschalk (1973)
14	$d = D\left(\dfrac{H-h}{H-1.3}\right)^{b_1}$	Ormerod (1973)
15	$d = b_1 D^{b_2} \dfrac{(H-h)^{b_3}}{H^{b_4}}$	Schumacher(1973)
16	$d^2 = \left[b_1\left(\dfrac{l}{H}\right)^5 + b_2\left(\dfrac{l}{H}\right)^4 + b_3\left(\dfrac{l}{H}\right)^3 + b_4\left(\dfrac{l}{H}\right)^2 + b_5\left(\dfrac{l}{H}\right)\right](b_6 D^2 + b_7)$	Goulding et al. (1976)
17	$d = b_1 X + b_2(H-h)(H-1.3)H^{-2} + b_3 D(H-h)(h-1.3)H^{-2}$ $+ b_4 D^2(H-h)(h-1.3)H^{-2} + b_5(H-h)(h-1.3)(2H-h-1.3)H^{-3}$	Bennet (1978)
18	$d^2 = \dfrac{4}{\pi} V'L^{[(b_0+b_1 a_1+b_2 a_2)-1]} \cdot \dfrac{(b_0+b_1 a_1+b_2 a_2)}{H^{(b_0+b_1 a_1+b_2 a_2)}}$	孟宪宇(1982)
19	$d = b_1 D \dfrac{H-h}{H-1.3} + b_2 \dfrac{(H^2-h^2)(h-1.3)}{H^2}$	Amidon(1984)
20	$d = D\left\{b_1 + b_2 \ln\left[1-\left(1-e^{-b_1/b_2}\right)q^{1/3}\right]\right\}$	Biging (1984)
21	$d^2 = b_1 D^2\left(1-\dfrac{h}{H}\right)^{b_2}/H + b_3 D^2\left(1-\dfrac{h}{H}\right)^{b_2}$	陈学峰(1990)
22	$d^2 = b_1 D^2\left(1-\dfrac{h}{H}\right)^{b_2}/H + b_3 D\left(1-\dfrac{h}{H}\right)^{b_2} + b_4 D^2\left(1-\dfrac{h}{H}\right)^{b_2}$	陈学峰(1990)
23	$\left(\dfrac{d}{D}\right)^2 = b_1(q-1) + b_2\sin(c\pi q) + b_3\cot(\pi q/2)$	Thomas et al. (1991)

（续）

编号	削度方程	提出者
24	$d = D \dfrac{b_0 + b_1 q^{0.5} + b_2 q + b_3 q^{1.5} + b_4 q^2}{b_5 + b_6 t^{0.5} + b_7 t + b_8 t^{1.5} + b_9 t^2}$	Allen（1993）
25	$ca_Z = \left[\dfrac{C(Z_0 - s)}{Z_0^2 + b_1 Z_0^3 + b_2 Z_0^4}\right]\left(\dfrac{Z^2 + b_1 Z^3 + b_2 Z^4}{Z - s}\right)$	Zakrzewski（1999）
26	$d^2 = D^2 \left(\dfrac{h}{1.3}\right)^{2 - b_1} X$	Sharma et al.（2001）
27	$d = d_b - d_b \left[\dfrac{\log\left(1 - \dfrac{h}{b_1 H}\right)}{-b_2}\right]^{1/b_3}$	Benbrahim et al.（2003）
分段削度方程		
28	$d^2 = D^2 \left[b_1(q-1) + b_2(q^2 - 1) + b_3(a_1 - q)^2 I_1 + b_4(a_2 - q)^2 I_2\right]$ $I_1 = 1, \; if \quad q \leqslant a_1; \; 0 \quad otherwise$ $I_2 = 1, \; if \quad q \leqslant a_2; \; 0 \quad otherwise$	Max et al.（1976）
29	$\left(\dfrac{d}{D}\right)^2 = \dfrac{c_0}{k}\left[2Z + b_1(3Z^2 - 2Z) + b_2(Z - a_1)^2 I_1 + b_3(Z - a_2)^2 I_2\right]$ $I_1 = 1, \; if \quad Z \geqslant a_1; \; 0 \quad otherwise$ $I_2 = 1, \; if \quad Z \geqslant a_2; \; 0 \quad otherwise$	Cao（1980）
30	$\left(\dfrac{d}{D}\right)^2 = Z^2(b_1 + b_2 Z) + (Z - a_1)2\left[b_3 + b_4(Z + 2a_1)\right]I$ $I = 1, \; if \quad Z \geqslant a_1; \; 0 \quad otherwise$	Parresol（1987）
31	$d = DX + b_1 \dfrac{(H - h)(h - 1.3)}{H^2} + b_2 \dfrac{D(H - h)(h - 1.3)}{H^2}$ $+ b_3 \dfrac{D^2(H - h)(h - 1.3)}{H^2} + b_4 \dfrac{(H - h)(h - 1.3)(2H - h - 1.3)}{H^3}$ $if \quad 1.30 < h \leqslant H$ $d = D\left(\dfrac{h}{1.3}\right)^{b_5} \quad if \quad h_t \leqslant h \leqslant 1.30$	Farrar（1987）
可变参数削度方程		
32	$d = b_0 D^{b_1} b_2^D \left[\dfrac{1 - \sqrt{q}}{1 - \sqrt{p}}\right]^{\left(b_3 q^2 + b_4 \ln(q + 0.001) + b_5 \sqrt{q} + b_6 e^q + b_7 D/H\right)}$	Kozak（1988）
33	$\left(\dfrac{d}{D}\right)^K = \dfrac{H - h}{H - 1.3}$ $K = a_0 + a_1(D/H) + a_2(D/H)^2(H - h)/(H - 1.3) + a_2(1/h)$	Newnham（1988）
34	$d = b_0 D^{b_1} \left[\dfrac{1 - \sqrt{q}}{1 - \sqrt{p}}\right]^{\left[b_2 q^2 + b_3 \ln(q + 0.001) + bD/H\right]}$	Perez（1990）

(续)

编号	削度方程	提出者
35	$\ln\left(\dfrac{d}{D}\right)=b_1\ln(T)+b_2\ln(T)T+b_3\ln(T)\dfrac{D}{H}+b_4\ln(T)T\dfrac{D}{H}$ $\quad+b_5\ln(T)\dfrac{D/H}{\sqrt{h}}+b_6\ln(T)\dfrac{H}{\sqrt{h}}+b_7\ln(T)\dfrac{H^2}{h}+b_8\ln(T)\dfrac{D/H}{\sqrt{h}}+b_9\ln(T)D\dfrac{H}{h}$	Newnham (1992)
36	$\left(\dfrac{d}{D}\right)^{\ln(K)}=\dfrac{H-h}{H-1.3}$ $K=a_0+a_1X+a_2X^5+a_3\left(\dfrac{D}{H}\right)+a_4\left(\dfrac{D}{H}\right)^2+a_5X^2\left(\dfrac{D}{H}\right)+a_6X^3\left(\dfrac{D}{H}\right)$ $\quad+a_7X^2\left(\dfrac{D}{H}\right)^2+a^8H^2/h+a_9H/\sqrt{h}+a_{10}D(H/h)$ $X=(H-h)/(H-1.3)$	Newnham(1992)
37	$\dfrac{d}{D_i}=\left(\dfrac{H-h}{H-1.3}\right)^K$ $K=b_0+b_1X+b_2\left(\dfrac{D}{H}\right)+b_3X\left(\dfrac{D}{H}\right)+b_4\dfrac{\dfrac{D}{H}}{\sqrt{h}}+b_5\dfrac{(H)}{\sqrt{h}}+b_6\left(\dfrac{H^2}{h}\right)+b_7\left(\dfrac{DH}{\sqrt{h}}\right)+b_8\left(\dfrac{DH}{h}\right)$ $X=\dfrac{(H-h)}{(H-1.3)}$	Newnham(1992)
38	$\dfrac{d}{D}=b_1\left(\dfrac{H-h}{H-1.3}\right)^K$ $K=a_0+a_1(h/H)+a_2(h/H)^2+a_3(h/H)^3+a_4(h/H)^4+a_5(h/H)^5+a_6(D/H)$	严若海等(1992)
39	$d=a_0D^{a_1}a_2^D\left(\dfrac{1-\sqrt{Z}}{1-\sqrt{P}}\right)^K$ $K=b_0+b_1Z^2+b_2\sqrt{Z}+b_3\left(\dfrac{D}{H}\right)+b_4\dfrac{1}{\dfrac{D}{H}+Z}+b_5H$	修正 Kozak (1994)
40	$d=a_0D^{a_1}H^{a_2}X_k^{b_1X_k^{1/10}+b_2Z^4+b_3\arcsin(Q)+b_4\left(1/e^{\frac{D}{H}}\right)+b_5D^{X_k}}$ $X_k=\dfrac{1-\sqrt{Z}}{1-\sqrt{P}}$, $Q=1-\sqrt{Z}$, $Z=h/H$, $P=1.3/H$	Kozak (1995)
41	$\dfrac{d}{D}=\left(\dfrac{H-h}{H-1.3}\right)^K$ $K=a_0+a_1\left(\dfrac{h}{H}\right)^{1/4}+a_2\left(\dfrac{h}{H}\right)^{1/2}+a_3\left(\dfrac{D}{H}\right)$	曾伟生等(1997)
42	$d=b_0D^{b_1}b_2^D(1-\sqrt{q})^{(b_3q^2+b_4/q+b_5D+b_6H+b_7\frac{D}{H})}$	Muhairwe (1999)
43	$d=b_0D^{b_1}(1-\sqrt{q})^{(b_2q+b_3q^2+b_4/q+b_5q^3+b_6D+b_7\frac{D}{H})}$	Muhairwe (1999)
44	$d=b_1D^{b_2}(1-q)^{a_1q^2+a_2q+a_3}$	Lee (2003)
45	$d=b_0D^{b_1}\left(\dfrac{1-q^{1/4}}{1-m^{1/4}}\right)^{\left[b_2+b_3\left(1/e^{\frac{D}{H}}\right)+b_4\left(\frac{1-q^{1/4}}{1-m^{1/4}}\right)+b_5\left(\frac{1-q^{1/4}}{1-m^{1/4}}\right)^{\frac{D}{H}}\right]}$	Kozak (2004)

（续）

编号	削度方程	提出者
46	$\left(\dfrac{d}{D}\right)^2 = b_0 \left(\dfrac{h}{1.3}\right)^{2-(b_1+b_2Z+b_3Z^2)} \left(\dfrac{H-h}{H-1.3}\right)$ $Z=\dfrac{h}{H}$，$b_0=\dfrac{D_i^2}{D^2}$	Sharma et al.（2004）
47	$d=b_0 D^{b_1} H^{b_2}\left[\dfrac{1-q^{1/3}}{1-t^{1/3}}\right]^{\left[b_3q^4+b_4(1/e^{\frac{D}{H}})+b_5\left(\frac{1-q^{1/3}}{1-t^{1/3}}\right)+b_6(1/D)+b_7H^{1-q^{1/3}}+b_8\left(\frac{1-q^{1/3}}{1-t^{1/3}}\right)\right]}$	Kozak（2004）

注：D，D_i 为带皮和去皮胸径（cm）；$D_{0.1}$ 为距树顶 $9/10H$ 处的带皮直径；d 为在树干 h 高处的带（去）皮直径；a，b，c，a_i，b_i，c_i，B 为方程参数；$i=0$，1，2，3，4，5，6，7，8，9，$\cdots$；H 为全树高（m）；h 为从地面起算的高度或至某上部直径限或利用长度限处的高度；HI 为从地面起拐点高度；d_b 为 0 m 处直径；ca_z 为在树高 h 处的断面积；C 为在胸高断面积；$L=H-h$；$q=\dfrac{h}{H}$；$t=1.3/H$；$T=(1-\sqrt{q})/(1-\sqrt{t})$；$p=HI/H$；$X=(H-h)/(h-1.3)$；$Z=(H-h)/H$；$Z_0=(H-1.3)/H$；$s=1+H/D$；$m=0.01$；$K$ 为换算系数（$K=\pi/40\,000$）。

7.3.1.3　削度方程的作用

削度方程与反映树干饱满程度的形数有一定内在联系，若从反映完整树干形状变化规律方面看，削度方程则优于形数，因为只要削度方程选择得当，就能够较确切地反映完整树干形状的变化规律，因此，削度方程是一个较好的干形指标。另外，削度方程与某一形数的内在联系，可以通过由削度方程积分所得到的材积方程，依据某一形数的定义，求出削度方程与这个形数因子的数学关系式。

削度方程除能较好地描述完整树干形状变化外，还可以估计树干上任意部位的直径、任意既定直径部位距树基的长度、树干上任意分段的材积及全树干材积，削度方程是进行理论造材计算材种出材率的重要依据。

现以孟宪宇（1982）根据湖南杉木（实生林）资料，使用表 7-15 中的方程 5 所得到削度方程为例，介绍削度方程上述功能的计算公式。

削度方程 5 为

$$\frac{d^2}{D^2} = a + b\left(\frac{h}{H}\right) + c\left(\frac{h}{H}\right)^2 \tag{7-9}$$

式中符号含义见表 7-15 的说明，本例 $a=0.912\,5$，$b=-1.152\,1$，$c=0.230\,6$。当 $D=32$ cm，$H=24$ m，$h=20$ m 时，

①估计树干上任意部位 h 处的直径 d 值为

$$d = D\sqrt{a + b\left(\frac{h}{H}\right) + c\left(\frac{h}{H}\right)^2} \tag{7-10}$$

$$d = 32\sqrt{(0.912\,5)-1.152\,1(20/24)+0.230\,6(20/24)^2} = 10.74\text{（cm）}$$

②估计树干上任意既定直径 d 部位距树基的长度 h 值为

$$h = \frac{-bH - \sqrt{(bH)^2 - 4c\left(aH^2 - \dfrac{d^2H^2}{D^2}\right)}}{2c} \tag{7-11}$$

如当 $d=10.0$ cm 时，

$$h = \frac{1.152\ 1(24) - \sqrt{-1.152\ 1 \times 24^2 - 4(0.230\ 6)\left[0.912\ 5(24)^2 - \dfrac{(10)^2(24)^2}{(32)^2}\right]}}{2(0.230\ 6)}$$

$$= 20.47(\text{m})$$

③估计树干上任意分段(由 h_1 处至 h_2 处的区间木段)的材积值为

$$V = \frac{\pi}{40\ 000}\int_{h_1}^{h_2} d^2\,\mathrm{d}h \tag{7-12}$$

式中　$d^2 = D^2\left[a + b\left(\dfrac{h}{H}\right) + c\left(\dfrac{h}{H}\right)^2\right]$。

令　　　　　　　　$A = \dfrac{\pi}{40\ 000} = 0.000\ 078\ 54$

则　　　　　$V = A\int_{h_1}^{h_2}\left\{D^2\left[a + b\left(\dfrac{h}{H}\right) + c\left(\dfrac{h}{H}\right)^2\right]\right\}\mathrm{d}h$

$$= AD^2\left[a(h) + (b/2)(h^2/H) + (c/3)(h^3/H^2)\right]\Big|_{h_1}^{h_2} \tag{7-13}$$

$$= AD^2\left\{\left[ah_2 + (b/2)(h_2^2/H) + (c/3)(h_2^3/H^2)\right]\right.$$
$$\left. - \left[ah_1 + (b/2)(h_1^2/H) + (c/3)(h_1^3/H^2)\right]\right\}$$

④如 $h_1 = 6$ m, $h_2 = 12$ m, 估计 $L = h_2 - h_1 = 6$ m, 木段的材积值为

$$V = 0.000\ 078\ 54(32)^2\left\{\left[(0.912\ 5)(12) + (-1.152\ 1/2)(144/24)\right.\right.$$
$$+ (0.230\ 6/3)(1\ 728/576)\left] - \left[(0.912\ 5)(6) + (-1.152\ 1/2)(36/24)\right.$$
$$+ (0.230\ 6/3)(216/576)\right]\right\}$$

$$= 0.080\ 4(7.724\ 3 - 4.639\ 75) = 0.248\ 0\ (\text{m}^3)$$

⑤估计全树干材积值为

$$V = \frac{\pi}{40\ 000}\int_0^H d^2\,\mathrm{d}h$$

$$= \frac{\pi}{40\ 000}D^2\left[a(h) + (b/2)(h^2/H) + (c/3)(b^3/H^2)\right]\Big|_0^H$$

$$= \left\{\frac{\pi}{40\ 000}D^2\left[a(H) + (b/2)(H^2/H) + (c/3)(H^3/H^2)\right]\right\} - 0$$

$$= \frac{\pi}{40\ 000}\left[a + (b/2) + (c/3)\right]D^2 H \tag{7-14}$$

本例　$V = \dfrac{\pi}{40\ 000}\left[0.912\ 5 + (-1.152\ 1/2) + (0.230\ 6/3)\right](32)^2(24)$

$$= 0.000\ 078\ 54(0.413)(1\ 024)(24) = 0.797\ 2(\text{m}^3)$$

由式(7-14)可以看出，该削度方程与胸高形数的关系为

$$a + \left(\frac{b}{2}\right) + \left(\frac{c}{3}\right) = f_{1.3} \tag{7-15}$$

本例湖南杉木(实生林)的胸高形数为 0.413。

7.3.1.4　削度方程的建立

1）资料收集

一般采用选设典型标准地的方法来收集建模数据。通过每木检尺收集林分直径分布数据，并随机抽取造材样木，计算各径阶材种出材量，具体步骤方法如下：

（1）标准地的选设与调查

标准地要按照地区、起源、优势树种组、龄组（幼、中、近、成、过）等条件分别进行选设。一般要求每个地区各龄组不得少于 15 块。标准地设置的条件、形状、面积、境界测量、立地因子调查、每木检尺等内容介绍见第 3 章标准地调查部分。

（2）样木的选取

为使样木能反映研究区域的总体资源特征，应本着样木数量的分布与总体资源分布成比例的原则来选取。要选择具有代表性的地域，设置包含各类不同立地条件的工作线取样。工作线要垂直等高线，依次通过沟谷、山下部、中部、上部及阴坡、阳坡；应根据研究区域的实际情况，事先应把样木数量分配到各径阶，防止样木只集中于某些径阶。为满足建立方程的需要，每个径阶应保证 30~50 株以上的样木。对于某些树种、各径阶造材样木数量不足部分可以结合伐区（主伐、抚育伐）收集。

（3）样木的区分和测定

样木既可以用于建立削度方程，编制一元材种出材率表，也可用于检验一元材积表。因此，除一般量测项目外，建议在伐倒前用轮尺和围尺分别量测胸径。轮尺测径时，要在垂直的两个方向分别量测并取其平均值。然后，伐倒并按要求进行区分求积。

①在伐倒样木后，要在伐根上编号，便于核对和检查。

②样木伐倒后，砍掉枝丫，原则上不影响量测为准。

③量测伐根高（伐根高不得超过 5 cm）。

④查数伐根年轮。如果伐根腐朽不能查，可按腐朽直径按比例推算；也可用心腐直径等粗的相同树种年龄代替。记载时，应区分可数部分和推算部分分别填写，如 75+14。

⑤量测伐根以上树干长度。

⑥树干采用中央断面或平均断面积区分法。一般树高在 15.0 m（含 15.0 m）以上者按 2.0 m 区分，树高在 7.0~14.9 m 者按 1.0 m 区分，树高在 7.0 m 以下者按 0.5 m 区分。

⑦树干量测。除量测胸高直径（轮尺、围尺）外，还需量测各区分段中央位置（或两端）处的带皮、去皮直径及梢底直径和长度，以及树干相对高度（$0.0H$，$0.02H$，$0.04H$，$0.06H$，$0.08H$，$0.10H$，$0.15H$，$0.2H$，$0.25H$，$0.3H$，$0.4H$，$0.5H$，$0.6H$，$0.75H$，$0.8H$，$0.9H$ 16 处）。通过砍口法测定各区分段的皮厚，带皮直径减 2 倍皮厚获得去皮直径。

2）削度方程的拟合

根据所测定的树干各相对高处的去皮直径，采用非线性回归模型的参数估计方法分别拟合表 7-15 中的削度方程，并计算各方程的拟合优度指标，各拟合优度指标见附录 1。

根据所计算的各削度方程的拟合统计量，选择其中剩余平方和最小、剩余均方差最小、剩余标准差最小、相关系数（或调整的相关指数）最大的削度方程，应考虑最接近图解法的散点分布趋势的方程式作为编表的削度方程，并对所确定的方程进行残差分析。

3)削度方程的检验

削度方程的独立性检验是采用建模时未使用过的独立样本(检验样木)数据,对所确定的最佳模型的预测性能进行综合评价。独立检验过程中,通过各偏差统计量和预估精度作为比较和评价模型预测能力的指标,各指标参见附录1。

模型预测的偏差统计量和预估精度作为反映模型预估效果优劣的指标,既可以分析削度方程的预测性能,也可以作为比较备选模型的指标。将选择 ME、MAE、$ME\%$ 和 $MAE\%$ 值小而预估精度高的削度方程作为最佳模型。

7.3.1.5 削度方程拟合案例

现以黑龙江省大兴安岭北部地区兴安落叶松天然林为例,介绍削度方程拟合和检验过程。

(1)资料收集整理

建立削度方程所用的基础数据来自2004年大兴安岭北部4个林业局(漠河林业局、图强林业局、阿木尔林业局和呼中林业局)收集的兴安落叶松776株造材样木数据。造材样木的干形及各因子测定内容及方法见7.3.1.4。将各造材样木野外测定的干形数据经过简单整理后建立数据库,并根据各样木树干各区分段的中央直径(带皮和去皮)通过编制计算机程序计算各样木带皮和去皮材积,并建立数据库。将所收集全部干形数据,按80%和20%的比例分成建模数据样本(621株)和独立检验样本(155株),分别用于拟合和检验削度方程。

(2)备选模型选择

根据前文削度方程的分类(表7-15),以目前流行的可变参数削度方程为基础,分析、比较和评价了以下几个具有典型意义的树干削度方程。

①简单削度方程。Kozak et al.(1969)(表7-15中方程5)。

②分段多项式。Max et al.(1976)分段削度方程(表7-15中方程28)。

③可变参数削度方程。Kozak(1988)和修正 Kozak(1994)式(表7-15中方程32和方程39)。

(3)削度方程拟合

根据树干各相对高处的去皮直径,采用非线性回归模型的参数估计方法分别拟合上述4个削度方程式,并计算各方程的拟合优度指标(详见附录1)。根据各削度方程的拟合统计量,选择残差平方和 SSE 最小、残差均方 MSE 最小、剩余标准差 $S_{y,x}$ 最小、相关系数 R^2(或调整的相关指数 R_a^2)最大的削度方程,应考虑最接近图解法的散点分布趋势的方程式作为编表的最佳削度方程,并对所确定的削度方程进行残差分析。

大兴安岭北部地区兴安落叶松树干形数如图7-3所示。利用落叶松天然林建模样木(共621株)的胸径 D、树高 H 以及各相对高处的去皮直径数据,利用SAS9.4统计软件中非线性回归模型的参数估计方法,分别拟合4个备选的削度方程,其参数估计值和拟合统计量见表7-16。图7-4为4个模型的估计值 $\hat{d}_i$ 与残差值 $e_i = d_i - \hat{d}_i$ 之间的散点图。

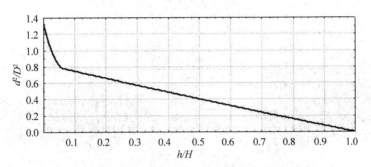

图 7-3　大兴安岭北部地区兴安落叶松树干形数

表 7-16　各削度方程的参数估计值和拟合统计量

模型	参数估计值											拟合统计量		
	a_0	a_1	a_2	b_0	b_1	b_2	b_3	b_4	b_5	P	n	MSE	$S_{x,y}$	R_a^2
5				1.007 4	−1.634 7	0.667 4					9 936	11.462 8	3.385 7	0.929 3
28					−0.891 7	0.058 4	111.4			0.067 1	9 936	6.084 5	2.466 7	0.962 5
32	0.825 1	1.053 8	0.996 4	3.639 2	7.006 9	5.776 5	−0.665 5	−5.840 4	0.034 4	0.070 0	9 936	4.752 7	2.180 1	0.970 7
39	0.814 5	1.061 7	0.996 1	1.316 2	0.799 1	−1.177 8	−0.082 8	−0.467 6	0.001 82	0.070 0	9 936	4.736 5	2.176 4	0.970 8

注：参数 P 为树干下部拐点位置处的相对高度。

（4）削度方程的检验

利用检验样本数据（155 株），分别计算了 4 种削度方程的误差统计量和预估精度，计算结果见表 7-17。

表 7-17　各削度方程的独立性检验

方程序号	n	误差统计量				预估精度
		ME	MAE	$ME\%$（%）	$MAE\%$（%）	P（%）
5	2 480	−0.336 3	1.847 9	−4.45	12.81	99.40
28	2 480	−0.486 4	1.509 6	−5.95	11.86	99.49
32	2 480	0.029 2	1.368 5	−2.12	9.25	99.55
39	2 480	0.016 6	1.358 1	−1.91	9.40	99.56

由各削度方程的拟合效果（表 7-16）、独立性检验结果（表 7-17）及残差分布图（图 7-4）可知，方程 32 和方程 39 明显优于方程 5 和方程 28，且方程 39 式更佳。因此，将方程 39 确定为落叶松的最佳削度方程。由表 7-17 可知，落叶松最佳削度方程预估树干各相对高处去皮直径 d 的预估精度 P 高于 99.00%，平均相对误差（系统误差）小于 ±2%，而平均误差 ME 低于直径的测量误差 0.1 cm。说明所建立的削度方程符合精度要求，可以很好地预估兴安落叶松不同林木大小（胸径和树高）给定任意部位 h 的去皮直径 d 和给定任意小头直径 d 时的材长 h。

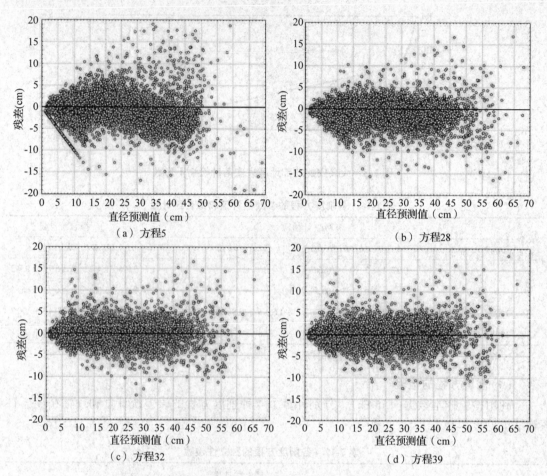

图 7-4 大兴安岭北部兴安落叶松 4 个削度方程残差分布图

7.3.2 单木材种材积及出材率

实际造材法由于外业造材存在工作量大、耗费人力物力财力巨大，另外对材种规格变化不能做出相应变换等缺点，不能在实际生产中大范围广泛应用。而利用削度方程可以预估任意材种的出材量(率)，且削度方程具备应用简便、不受材种规格变化等优点，使用削度方程进行计算机理论造材成为计算材种出材量的首选方法。

使用削度方程进行计算机理论造材是按照各材种标准和先大材后小材、先长材后短材、多出材、避免浪费的造材原则进行的。依据各级原木的材种规格(表 7-10)，利用削度方程计算不同规格材小头直径对应的材长 $h = g(d, D, H)$，目的在于求算规格材材长，然后对比该材长是否符合材种标准中规定的不同规格材材长和进级单位要求，同时调整实际造材材长以达到符合材种尺寸规格条件下充分利用木材；而规格材由小头直径和材长确定，只有当小头直径和材长都合乎规定要求才能确定某一规格材，然后得出不同规格材小头直径(去皮)和材长。最后，由削度方程推导出的单株总材积方程和各材种去皮材积方程，计算树干总材积和理论造材的不同规格材去皮材积，进而求算各材种出材率。

下面以前文选出的大兴安岭北部林区兴安落叶松最优削度方程（Kozak，1994）为例，说明使用削度方程计算单株树干材积和各材种出材率的过程。根据前文，兴安落叶松最优削度方程为修正 Kozak（1994）式。

$$d = 0.814\ 5D^{1.061\ 7}0.996\ 1^{D}\left(\frac{1 - \sqrt{Z}}{1 - \sqrt{P}}\right)^{k}$$

$$K = 1.316\ 2 + 0.799\ 1Z^{2} - 1.177\ 8\sqrt{Z} - 0.082\ 8\left(\frac{D}{H}\right)$$

$$- 0.467\ 6\ \frac{1}{\dfrac{D}{H} + Z} + 0.001\ 82H \tag{7-16}$$

$$Z = \frac{h}{H}$$

式中　d——树干 h 高处的去皮直径，cm；

　　　D——带皮胸径，cm；

　　　H——树高，m；

　　　h——从地面起算的高度或至某上部直径限或利用长度限处的高度，m；

　　　P——树干形状下部拐点处的相对高度，此处为 0.070。

上面所建立的兴安落叶松最佳削度方程是根据树干上部距地面高 h、树高 H 及胸高直径 D 来预估树干上各部位的去皮直径 d。在编制材种出材率表时，还需要根据削度方程通过积分计算全树干的带皮材积。因此，为了由各部位的去皮直径（由削度方程估计）预估其带皮直径，需要建立树干不同部位去皮直径和带皮直径之间的回归模型。

通过分析大兴安岭北部林区兴安落叶松各相对高处的去皮直径和带皮直径之间关系，并参考国内外相关研究所采用的模型，本次编表选择了拟合效果好的以下线性回归模型作为树干不同部位去皮直径和带皮直径之间关系的基本模型。

$$d_0 = d_i \left[1.266\ 1 + 0.440\ 6\left(\frac{h}{H}\right) - 0.483\ 1\left(\frac{h}{H}\right)^{1/2} - 0.121\ 3\left(\frac{h}{H}\right)^{2} \right.$$
$$\left. - 0.012\ 6\left(\frac{D}{H}\right) - 0.001\ 7H \right] \tag{7-17}$$

式中　d_i——树干 h 高处的去皮直径，cm；

　　　d_0——树干 h 高处的带皮直径，cm；

　　　D——带皮胸径，cm；

　　　H——树高，m；

　　　h——从地面起算的高度或至某上部直径限或利用长度限处的高度，m。

本例选取一株兴安落叶松解析样木，带皮胸径 $D = 32.9$ cm，树高 $H = 25.0$ m，年龄为131 年。

将胸径、树高值代入削度方程式（7-16），结合带皮直径预测模型式（7-17），将式（7-16）积分可求得该样木的带皮材积 V_0 及去皮材积 V_i。由于被积函数是超越函数，难以求积，可使用数值积分的方法求出近似值，得 $V_0 = 1.082\ 7$ m³，$V_i = 0.841\ 7$ m³。然后计算各材种出材量及出材率。

首先考虑大径材。根据表7-10，大径材要求小头直径径阶在 26.0 cm 以上，即小头直径要大于或等于 25.0 cm。将 $d = 25.0$ cm 代入削度方程式(7-16)，得到一个关于 h 的超越方程，通过迭代求出近似解，得 $h = 6.093\ 6$ m，即树干树皮直径为 25.0 cm 处的高度为 6.093 6 m。因此，此树可产出的大径材长度为 6.0 m，将 $h = 6.0$ m 再代入削度方程(7-16)式，得 $d = 25.1$ cm，即为此树所产出大径材的小头直径。

对于中径材，大到小依次计算各径阶的最小直径在树干上的高度，将 $d_1 = 23.0$ cm、$d_2 = 21.0$ cm、$d_3 = 19.0$ cm 分别代入削度方程，求得 $h_1 = 9.549\ 0$ m、$h_2 = 12.429\ 8$ m、$h_3 = 14.592\ 7$ m。我们再依次确定出材长度，大径材顶端高度为 6 m，而 $h_1 = 9.549\ 0$ m，因此径阶 24.0 cm 的中径材长度为 3.0 m，它的顶端在树干上的高度为 9.0 m，将 $h = 9.0$ m 代入削度方程，得 $d = 23.326\ 2$ cm，故 24 径阶中径材长 3.0 m，小头直径为 23.3 cm。依此类推，可得出 22 径阶中径材长度为 3.0 m，小头直径为 21.3 cm；20 径阶长度为 2.0 m，小头直径为 19.6 cm。

小径阶原木与短小材造材方法与步骤同大径材和中径材，造材结果见表7-18。

对于薪炭材，因经济材累计长度已经达到 24.0 m，薪炭材最低长度限度为 0.5 m。计算 24.5 m 处的直径值为 1.790 5 cm，低于薪炭材小头直径限定要求(4.0 cm)。因此，本例样木没有薪炭材出材。

表 7-18 采用削度方程理论造材记录

材种名称	尺寸			材积(m³)		材种出材率(%)
	长度(m)	小头直径(cm)		带皮	去皮	
		带皮	去皮			
大径材	6.0	26.6	25.1	0.460 7	0.379 2	42.551 0
中径材 1	3.0	24.4	23.3	0.153 1	0.137 9	14.140 6
中径材 2	3.0	22.2	21.3	0.128 6	0.118 1	11.877 7
中径材 3	2.0	20.3	19.6	0.071 1	0.066 1	6.566 9
合计	8.0			0.352 8	0.322 0	32.585 2
小径材 1	2.0	17.9	17.4	0.057 7	0.054 1	5.329 3
小径材 2	3.0	13.4	13.0	0.058 9	0.055 7	5.440 1
小径材 3	2.0	9.6	9.4	0.021 1	0.020 1	1.948 8
小径材 4	2.0	5.4	5.3	0.009 2	0.008 8	0.849 7
合计	9.0			0.146 9	0.138 7	13.567 9
短小材	1.0	3.1	3	0.001 5	0.001 4	0.138 5
经济用材合计	24.0			0.961 9	0.841 4	88.842 7
经济用材部分树皮材积				0.120 5		11.129 6
梢头木	1.0			0.000 3		0.027 7
合计	25.0			1.082 7		100

根据理论造材各材种的造材长度及在树干上的相应高度，通过削度方程(7-16)式采用定积分的方法计算各材种带皮、去皮材积。结合全树带皮、去皮材积计算各材种及树皮出材率。树皮率计算公式见式(7-21)。各材种造材结果、出材率见表 7-18。

利用削度方程计算各材种出材率时，不能充分考虑树干病腐、弯曲、枝节等因素对出材率的影响。因此，这些方法只能严格限制在那些没有或基本没有病腐、弯曲等缺陷、且枝节基本不影响出材率的林木，因此会使出材率估计偏高。

7.3.3　林分材种出材率表的编制

材种出材率表是测算森林商品材数量的专用林业数表，是我国实行森林科学经营与评价，开展森林资源管理和资产评估的重要定量依据。出材率表起源于 19 世纪初的德国，已经历了约两个世纪的漫长发展历程。早期的材种出材率表都是通过图解法来编制的。在 20 世纪 50 年代初，我国曾依据林分直径结构规律及林分材种结构规律，利用大量计算木造材资料，采用随手绘制材种出材率曲线的方法(简称图解法)，为我国林区主要用材树种(或树种组)，分别树高级编制了材种表，分别出材级编制了林分材种出材量表(简称出材量表)。图解法编制的缺点包括：图解出材率曲线的精度难以统一控制；图解法编制的材种出材率表材种名目繁多，应用不便，加上材种表的材种名是固定的，材种之间难以相互转换，不能编制市场所需的任一材种规格材的出材量表，即当所需材种规格有变化时，必须通过外业调查重新伐倒样木进行造材方可；木材消耗很大、费用高昂、劳动繁重，生产单位难以承受。另外，若没有注意编表样木材质缺陷，出材率比生产单位造材出材率偏高；容易出现"死材"问题。以上缺点均不同程度上限制了图解法编制的材种出材率表的使用。

我国通过借鉴国外材种出材量测定技术及制表方法，并结合我国实际情况，经过多年探讨与研究，已初步建立了以削度方程为基础的编制林分材种出材率表的方法和技术体系。该体系不仅在制表方法和技术上进行了改进，而且，其材种表的形式和内容上也作了相应的改进。在一定程度上，克服了原材种表的主要缺点。本节以李凤日(2005)利用削度方程编制大兴安岭北部林区兴安落叶松天然林一元材种出材率表为例，简要介绍使用削度方程编制一元材种出材率表的主要方法及步骤。本节数据及材料引自《大兴安岭一元材种出材率表编制报告》(2005)。

(1)**最优削度方程的选择**

兴安落叶松天然林标准木数据收集和处理、模型拟合和检验过程及最优削度方程见 7.3.1.5 节内容，最优削度方程为式(7-16)。

(2)**带皮直径预估模型**

兴安落叶松同树干不同部位去皮直径和带皮直径之间关系的基本模型见式(7-17)。

(3)**树高曲线方程**

在编制材种出材率表时，需要计算各径阶理论树高，为此要建立树高(H)与带皮胸径(D)直径的回归模型。根据大兴安岭北部林区落叶松造材样木数据，通过分析和筛选，本次编表选择了拟合精度较高的修正 Weibull 方程作为最佳树高曲线模型。

$$H = 1.3 + 27.457\ 7(1 - e^{-0.060\ 7D^{0.898\ 9}}) \tag{7-18}$$

$$(n = 620，\ S_{y,x} = 2.270\ 0，\ R^2 = 0.827\ 9)$$

式中　*D*——带皮胸径，cm；

　　　H——树高，m。

（4）伐根带皮材积方程和去皮材积方程

本次编表选择幂函数作为伐根材积（带皮和去皮）预估方程。

带皮材积：

$$V_{根} = 0.000\ 011D^{2.158\ 0} \tag{7-19}$$

去皮材积：

$$V_{根} = 0.000\ 008D^{2.136\ 3} \tag{7-20}$$

式中　*D*——带皮胸径，cm；

　　　$V_{根}$——伐根带皮或去皮材积，m³。

（5）理论材种出材率表的编制

理论材种出材率表是在假设树干通直，未考虑木材材质缺陷（如腐朽、病虫、弯曲、劈裂、枝节等）的理想干形前提下，按照材种标准，由计算机根据削度方程、带皮直径预估方程和树高曲线方程进行理论造材，所得各材种去皮材积的"完满"出材率。

①理论树高的计算。根据拟合好的最优树高曲线方程式（7-18），计算各径阶的平均树高，即理论树高值。

②各径阶全树干带皮和去皮材积（含伐根）计算。

a. 根据各径阶理论树高值，利用拟合好的最优削度方程计算各区分段的中央去皮直径，并采用中央断面积区分求积法计算树干去皮材积（未含伐根）。

b. 利用树干各部位带皮直径预估模型式（7-17），由各区分段中央去皮直径计算相应的带皮直径，并采用中央断面积区分求积法计算树干带皮材积（未含伐根）。

c. 利用伐根带皮和去皮材积预估模型式（7-19）、式（7-20），计算各径阶伐根的带皮和去皮材积，并与上述步骤 a 和步骤 b 中计算的树干带皮材积和去皮材积合计得各径阶含伐根的全树干带皮和去皮材积。

d. 由各径阶全树干带皮材积 V_0 和去皮材积 V_i，由式（7-21）计算各径阶树皮率 P_V。

$$P_V = \frac{V_0 - V_i}{V_0} \times 100 \tag{7-21}$$

③理论造材。采用计算机造材方法，具体过程同单株木材种材积测定及出材率测算。

④理论出材率表的编制。各径阶不同规格材材积除以全树干带皮材积（含伐根材积）得到各径阶不同规格材的理论出材率。大兴安岭北部林区兴安落叶松天然林理论材种出材率详见表 7-19。

（6）一元材种出材率表的编制

理论材种出材率表是未扣除材质缺陷（如病腐、弯曲、劈裂、漏节、虫害等）所造成的出材损失量及其他出材损失量（如采伐、造材、集运等）时的"完满"出材率。各材种出材损失量一般随着采伐方式、采伐季节、机械化程度、人工素质、经营水平（防火、病虫害防治措施等）等条件的变化而变化。当然，在不发生严重天然灾害（病虫害、火灾）的年份，出材损失量不会出现大的波动，因此在"影响条件"相对稳定的一个时期内，可以把损失率当作定值来处理。

表 7-19 大兴安岭北部林区落叶松理论材种出材率

径阶 (cm)	平均树高 (m)	带皮材积 (m³)	去皮材积 (m³)	树皮率 (%)	经济材(%)				
					大径材	中径材	小径材	短小材	合计
6	8.49	0.012 81	0.010 72	16.27	—	—	—	69.58	69.58
8	10.23	0.026 94	0.022 30	17.22	—	—	59.36	15.00	74.36
10	11.78	0.047 61	0.039 22	17.62	—	—	68.13	8.91	77.04
12	13.18	0.075 34	0.061 98	17.72	—	—	73.67	4.41	78.08
14	14.43	0.110 24	0.090 70	17.73	—	—	77.08	1.89	78.96
16	15.58	0.150 75	0.124 66	17.31	—	—	78.73	1.66	80.40
18	16.61	0.199 74	0.165 36	17.21	—	—	79.45	1.39	80.84
20	17.56	0.256 13	0.212 36	17.09	—	—	80.08	1.13	81.21
22	18.42	0.319 25	0.265 11	16.96	—	—	80.74	0.88	81.62
24	19.21	0.389 28	0.323 82	16.82	—	28.29	53.05	0.66	81.99
26	19.93	0.465 67	0.388 02	16.68	—	41.30	40.49	0.38	82.17
28	20.60	0.548 36	0.457 71	16.53	—	51.98	30.25	0.26	82.49
30	21.21	0.636 89	0.532 51	16.39	19.54	36.72	25.95	0.46	82.68
32	21.77	0.730 94	0.612 14	16.25	26.93	37.39	18.37	0.24	82.93
34	22.28	0.829 78	0.696 02	16.12	33.36	34.07	15.25	0.41	83.09
36	22.76	0.934 11	0.784 79	15.98	44.74	25.51	12.83	0.20	83.28
38	23.20	1.042 89	0.877 54	15.85	49.56	23.22	10.36	0.33	83.47
40	23.60	1.155 60	0.973 82	15.73	53.99	18.41	11.08	0.15	83.63
42	23.97	1.272 26	1.073 67	15.61	58.06	16.66	8.84	0.24	83.81
44	24.32	1.392 80	1.177 04	15.49	61.79	14.97	7.11	0.10	83.98
46	24.63	1.516 03	1.282 90	15.38	65.22	11.34	7.41	0.13	84.10
48	24.93	1.643 19	1.392 38	15.26	68.33	10.05	5.67	0.20	84.25
50	25.20	1.772 56	1.503 94	15.15	71.15	7.09	6.08	—	84.32

以上编制的理论材种出材率表除了扣除合理的伐根材积外,其余出材损失量均未扣除。因此,需要进一步根据外业调查的模拟实际造材数据和当地林业生产实际确定材种损失量后从理论材种出材率表中扣除,从而得到符合生产实际的各树种一元材种出材率表。各出材损失量(率)主要包括以下内容。

①采伐损失量。包括伐根材积、伐倒时所造成的基部劈裂、折断等损失材积(其中伐根材积已在理论材种出材率表扣除)。

②造材损失量。在山场或贮木场进行造材时的锯口损失材积。本次编表数据的外业调查中,每一个锯口宽度定为 2.0 cm。

③材质缺陷损失量。包括病腐、弯曲、枝节和虫害等原因所造成的材积损失。

④集运损失量。在山场集材和自采伐作业点至贮木场之间的运输、归楞时所造成的损失材积。随着森林经营集约度的提高可以避免集运损失量。

出材损失量的种类与它在树干上所发生的部位有一定关系,如劈裂发生在底部、折断发生在上部,大兴安岭天然落叶松经常形成从根部起 1.0~3.0 m 范围内的圆锥形根腐,而材质缺陷(弯曲、枝节和虫害)造成的出材损失则是大体上在树干各部位均等发生,且其损失量也不大。一般而言，不同种类的出材损失量应从各自对应的部位(即相应的不同规格材)中分别扣除。

本次编表所收集的模拟造材数据主要考虑了前3种出材损失量，而未考虑集运损失量。因此，利用所收集的各造材样木薪材(含根腐)出材量和腐朽、弯曲、折断或劈裂、锯口等出材损失量(率)数据，对兴安落叶松的理论材种出材率表进行实际造材标定，从而得到符合生产实际的兴安落叶松一元材种出材率表。

下面具体说明一元材种出材率表的编制过程。

①利用编表样本的单木实际造材数据，通过编制计算机程序分别计算各造材样木薪材出材率($TXC\%$)、缺陷材(包括废材、弯曲、折断或劈裂、腐朽、锯口)出材率及梢头材的出材率，并依据经济材材种规格和所造不同规格薪材或缺陷材的小头直径(去皮)，确定出相应薪材分别属于大径材($XC_1\%$)、中径材($XC_2\%$)、小径材($XC_3\%$)和短小材($XC_4\%$)的出材率以及缺陷材属于大径材($QX_1\%$)、中径材($QX_2\%$)、小径材($QX_3\%$)和短小材($QX_4\%$)的出材率。

②由于相同径阶各样木的薪材出材率和腐朽、弯曲、折断或劈裂、虫害、锯口等缺陷材出材率变化较大，很难从单木数据中找到其变化规律。因此，将这些数据按径阶归类，分别计算各径阶薪材和缺陷材分属大径材、中径材、小径材和短小材的平均出材率(去皮)。

③本次编表将树干腐朽部分视为薪材，因此，将薪材和各种缺陷材出材率合在一起视为出材损失率($MCZ\%$)，并计算各径阶出材损失率(薪材和缺陷材的合计)分属大径材($MCZ_1\%$)、中径材($MCZ_2\%$)、小径材($MCZ_3\%$)和短小材($MCZ_4\%$)的平均出材率(去皮)。

④建立各径阶平均薪材出材率(TXC)和出材损失率(薪材和缺陷材的合计)分属大径材($MCZ_1\%$)、中径材($MCZ_2\%$)、小径材($MCZ_3\%$)和短小材($MCZ_4\%$)的平均出材率的预估模型。最优的回归模型为

$$y = a_0 + a_1 D + a_2 D^2 + a_3 \ln D \tag{7-22}$$

式中　D——各径阶平均直径，cm；

　　　y——分别表示各径阶平均薪材出材率(TXC)、出材损失中的大径材($MCZ_1\%$)、中径材($MCZ_2\%$)、小径材($MCZ_3\%$)和短小材($MCZ_4\%$)的平均出材率；

　　　a_0，a_1，a_2，a_3——待定参数。

兴安落叶松薪炭材平均出材率(TXC)和不同规格的平均出材损失率($MCZ_i\%$，$i=1\sim4$)最优预估模型的参数估计结果见表7-20。

表7-20　兴安落叶松各径阶平均薪材出材率和各出材损失平均出材率最优预估模型的参数估计值

材种	参数估计值				相关系数 R^2	适用径阶 (cm)
	a_0	a_1	a_2	a_3		
薪材	45.715 2	4.447 3	-0.043 4	-36.061 5	0.913 2	6~50
大径材	420.278	17.806	-0.138 0	-241.352	0.981 5	24~50
中径材	185.534	16.054	-0.195 0	-141.940	0.787 5	16~38
小径材	-10.107 8	-1.383 6	0.012 5	12.479 8	0.734 0	6~50
短小材	1.889 91	0.218 56	-0.003 73	-1.590 51	0.993 8	6~20

⑤根据落叶松薪炭材平均出材率（TXC）和不同规格的平均出材损失率（MCZ）最优预估模型式（7-20）的参数估计结果（表 7-20），可以计算出各径阶薪材出材率（TXC）、出材损失中的大径材（$MCZ_1\%$）、中径材（$MCZ_2\%$）、小径材（$MCZ_3\%$）和短小材（$MCZ_4\%$）的平均出材率，见表 7-21。

表 7-21　兴安落叶松各径阶薪材出材率及出材损失率预测值

径阶（cm）	薪材出材率（%）	出材损失率（%）			
		大径材	中径材	小径材	短小材
6	3.71			4.30	0.18
8	2.32			5.85	0.08
10	2.16			6.59	0.03
12	2.68			6.85	0.02
14	3.61			6.80	0.01
16	4.78		0.09	6.56	0.01
18	6.08		1.03	6.19	0.01
20	7.43		2.27	5.73	0.00
22	8.78		3.58	5.22	
24	10.09	0.51	4.77	4.68	
26	11.34	2.48	5.70	4.13	
28	12.49	4.79	6.28	3.59	
30	13.53	7.24	6.42	3.06	
32	14.45	9.69	6.05	2.56	
34	15.23	12.01	5.11	2.10	
36	15.86	14.09	3.55	1.67	
38	16.34	15.85	1.35	1.29	
40	16.66	17.22		0.96	
42	16.80	18.12		0.68	
44	16.77	18.52		0.46	
46	16.57	18.35		0.30	
48	16.18	17.58		0.20	
50	15.61	16.18		0.16	

⑥一元材种出材率表的编制。从大兴安岭北部林区兴安落叶松理论材种出材率表（表7-19）中扣除对应材种的出材损失率（表 7-21），可得一元材种出材率表（表 7-22）。具体计算方法如下。

a. 由理论材种出材率中的各径阶大径材、中径材、小径材和短小材出材率（表 7-19）减去对应径阶的大径材、中径材、小径材和短小材的出材损失率（表 7-21），得到各径阶经济材出材率。

b. 各径阶薪材出材率为表 7-21 中的数值。

c. 各径阶废材出材率＝100−经济材出材率−薪材出材率。

表 7-22 大兴安岭北部落叶松一元材种出材率

径阶 (cm)	平均树高 (m)	带皮材积 (m³)	去皮材积 (m³)	树皮率 (%)	经济材(%)					薪材 (%)	废材 (%)
					大径材	中径材	小径材	短小材	合计		
6	8.49	0.012 81	0.010 72	16.27				65.10	65.10	3.71	31.19
8	10.23	0.026 94	0.022 30	17.22			53.51	14.92	68.43	2.32	29.24
10	11.78	0.047 61	0.039 22	17.62			61.55	8.87	70.42	2.16	27.42
12	13.18	0.075 34	0.061 98	17.72			66.82	4.39	71.21	2.68	26.10
14	14.43	0.110 24	0.090 70	17.73			70.27	1.87	72.15	3.61	24.24
16	15.58	0.150 75	0.124 66	17.31			72.08	1.65	73.73	4.78	21.49
18	16.61	0.199 74	0.165 36	17.21			72.24	1.38	73.62	6.08	20.30
20	17.56	0.256 13	0.212 36	17.09			72.09	1.13	73.22	7.43	19.35
22	18.42	0.319 25	0.265 11	16.96			71.95	0.88	72.83	8.78	18.39
24	19.21	0.389 28	0.323 82	16.82		23.01	48.37	0.66	72.04	10.09	17.87
26	19.93	0.465 67	0.388 02	16.68		33.12	36.36	0.38	69.85	11.34	18.81
28	20.60	0.548 36	0.457 71	16.53		40.91	26.67	0.26	67.83	12.49	19.68
30	21.21	0.636 89	0.532 51	16.39	12.30	30.30	22.89	0.46	65.95	13.53	20.52
32	21.77	0.730 94	0.612 14	16.25	17.23	31.34	15.81	0.25	64.63	14.45	20.92
34	22.28	0.829 78	0.696 02	16.12	21.35	28.96	13.15	0.41	63.87	15.23	20.90
36	22.76	0.934 11	0.784 79	15.98	30.64	21.96	11.16	0.20	63.96	15.86	20.18
38	23.20	1.042 89	0.877 54	15.85	33.71	21.86	9.07	0.33	64.97	16.34	18.69
40	23.60	1.155 60	0.973 82	15.73	36.77	18.31	10.11	0.15	65.35	16.66	17.99
42	23.97	1.272 26	1.073 67	15.61	39.94	16.56	8.16	0.24	64.90	16.80	18.30
44	24.32	1.392 80	1.177 04	15.48	43.28	14.87	6.65	0.10	64.90	16.77	18.32
46	24.63	1.516 03	1.282 90	15.38	46.87	11.24	7.11	0.13	65.36	16.57	18.07
48	24.93	1.643 19	1.392 38	15.26	50.75	9.95	5.48	0.20	66.37	16.18	17.45
50	25.20	1.772 56	1.503 94	15.15	54.97	6.99	5.92	0.00	67.88	15.61	16.51

(7)材种出材率表的适合性检验

①利用 155 株检验样本中单木的实际造材数据，通过编制计算机程序分别计算各径阶大径材、中径材、小径材、短小材和薪材的平均出材率，并将各径阶经济材(大径材、中径材、小径材和短小材)出材率作为实测值。

②将所编制的各树种的材种出材率表中各径阶经济材作为理论值。

③利用上述各种检验指标进行偏差统计量和预估精度计算，并进行置信区间 F 检验(即出材率表的适应性检验)(检验过程详见附录1)，检验结果见表 7-23。

表 7-23 兴安落叶松经济材出材率的适应性检验

n	偏差统计量				精度 P (%)	F 检验	
	ME	MAE	ME% (%)	MAE% (%)		计算的 F 值	理论 $F_{0.05}$ 值
23	2.10	6.78	1.01	10.61	94.52	1.862[ns]	3.468

检验结果表明，兴安落叶松经济材出材率的预估精度 P 为95%，平均相对误差 MAE 和平均偏差 ME 较小，说明所编制的材种出材率表符合生产应用的精度要求，可以很好地

估计经济材的材种出材率。适应性检验(置信区间 F 检验)结果表明，在 $\alpha = 0.05$ 的显著水平下经济材出材率均差异不显著，说明所编出材率表适用于该地区，可以在生产中推广应用。

7.4 材积比法

7.4.1 材积比方程

材种材积与其树干带(去)皮材积比值称作材积比(volume ratio)，依据材积比与树木胸径 D、树高 H 以及树干上部直径 d 或用材长度 h 的关系，用于编制材种出材率表的方程称作材积比方程。根据方程中含有的自变量的个数，材积比方程又分为一元材积比方程和二元材积比方程。一般二元材积比方程的估计准确度要高于一元材积比方程，但使用时不如一元材积比方程简便。因此，经常采用一元材积比方程编制材种出材率表，当前，用于编制材种出材率表的材积比方程见表 7-24。

云课堂

表 7-24　编制出材率的材积比方程

方程序号	材积比方程	提出者
1	$\dfrac{v'}{V'} = 1 + \dfrac{b_1 d^{b_2}}{D^{b_3}}$	Burkhart(1977)
2	$\dfrac{v'}{V'} = 1 + b_1 \dfrac{(H-h)^{b_2}}{H^{b_3}}$	Cao et al.(1980)
3	$\dfrac{v'}{V'} = 1 + b_1 \left(\dfrac{H-h}{H}\right)^{b_2}$	孟宪宇(1982)
4	$\dfrac{v'}{V'} = b_1 + b_2 D^{-3} + b_3 D^{-4} + b_4 H D^{-3} + b_5 H^{-1} D^{-3}$	Bruce et al.(1968)
5	$\dfrac{v'}{V'} = b_1 \dfrac{h}{H} + b_2 \left(\dfrac{h}{H}\right)^2 + b_3 \left(\dfrac{h}{H}\right)^3$	Kozak et al.(1969)
6	$\dfrac{v'}{V'} = 1 - \left(\dfrac{H-h}{H}\right)^{B}$	Demaerschalk(1972)

注：表中 6 式为一致性材积比方程；v' 为由伐根至某一上部直径限的经济材材积；V' 为伐根以上树干总材积(带皮或去皮)；d 为在树干上 h 高处的带(去)皮直径；D 为胸高带皮直径；H 为树高；h 为由伐根上至某一上部直径限处的经济材长度；b_1、b_2、b_3、b_4、b_5、B 为方程参数。

7.4.2 材种出材率测定

使用一元材积比方程计算材种出材率的基础工作与前述削度方程方法基本相同。现简要介绍主要步骤。

(1)样木造材及数据整理

根据木材标准(表 7-10)及造材原则对样木实际造材，分别径阶计算出各径阶平均直径、带(去)皮材积、材种材积占带皮材积百分比，薪材、废材占带皮材积百分比，并分别径阶计算出上至各材种小头(去皮)直径限累积材种出材率。

（2）一元材积比方程的建立

根据编表数据，用计算机绘制累积材种出材率、商品材、薪材、废材出材率与胸径相关散点图，分析各材种散点分布趋势来选择适宜的材积比方程，并估计方程的参数。

（3）材种出材率计算

利用各材种的材积比方程计算出相应的累积材种出材率理论值，分别径阶，将各材种出材率递减推算出来。

采用材积比方程计算材种出材率的其他工作，可参照削度方程方法中的相关内容。

由材积比的定义可以看出，实质上材积比就是材种出材率。但是，利用材积比方程计算材种出材率时，所使用的材积比值是累积材种出材率的合计值。这也是随手曲线法（即图解法）与材积比方程法在计算材种出材率具体方法上的不同之处。针对材种出材率曲线类型较为复杂（图7-1、图7-2），难以借用简单的曲线数学方程描述复杂的材种结构规律的特点，在实践中提出了随手曲线法，用以描述材种出材率曲线的变化规律和计算材种出材率表（见 7.1.4.3 节内容）。在编表绘制材种出材率曲线时，为了满足各径阶经济用材、薪材、废材 3 条曲线上的出材率之和等于100%，各径阶多条名目材种曲线上的出材率之和等于100%，要求保持各条曲线的匀滑性等条件，材种曲线要进行多次调整，名目材种越多，曲线调整的难度就越大，同时，曲线的调整受人为主观因素的影响。但是，这种方法适应性强、简单易行，对于编制地方性的材种出材率表及了解材种结构规律，仍是最行之有效的基本方法。

为了将类型复杂的材种出材率曲线转化为类型简单的曲线形式，可采用以累积材种出材率合计值代替单一材种出材率值的数值变换的方法，经过简单的数值变换后，可使所有各累积材种出材率曲线呈现有规律的变化。在此基础上，依据这个曲线簇中各条累积材种出材率曲线与树干胸径 D、树高 H，上部直径 d 及用材长度 h 等因子的相关关系，提出了相应的材积比方程。当材积比方程建立之后，可采用相邻两条累积材种出材率值递减的方法，相继求出各名目材种出材率值及相应的材种出材率曲线。通过以上简单数值变换，解决了用简单的材积比方程描述复杂的材种结构规律及计算材种出材率表的问题，采用材积比方程绘制材种出材率曲线或计算材种出材率表时，不仅能够提供方程拟合的理论精度，还克服了随手曲线调整中的人为主观因素的影响。因此，材积比方程能够较准确、客观地反映材种结构规律。

近些年来，我国在材种划分、木材标准、材种表的形式和内容上进行了简化，制表技术也有了较大的改进，如资料整理、样木造材、方程拟合等工作都应用了计算机技术，提高了制表效率和精度。

7.4.3 一致性削度/材积比方程系统

（1）原理

立木材积方程形式为

$$V = f(D, H) \tag{7-23}$$

式中 H——树高，m；

D——胸径，cm；

V——树干材积，m^3。

由前述的知识可知，对削度方程从树干的横断面从 $0 \sim H$ 积分，可得：

$$V = \int_0^H K [d(h)]^2 dh \tag{7-24}$$

式中　$K = \dfrac{\pi}{40\,000}$；

d(h)———一致性削度方程。

各材种出材率方程由预先以削度方程导出的地面至某一上部直径限 d 或高度限 h 处的商品材材积 v 与其树干带（去）皮材积 V 之比值，而高度限定的 v 的表达式由削度方程从 $0 \sim h$ 积分可得

$$v = \int_0^h K [d(h)]^2 dh \tag{7-25}$$

高度限定的出材率方程为

$$R_h = \frac{v}{V} \tag{7-26}$$

而直径限定的出材率方程是由高度方程代入式（7-26）而导出。

高度方程是由重新定义削度方程，使

$$h = f(d, D, H) \tag{7-27}$$

然后，将式（7-27）代入高度限定的出材率方程式（7-26），取代方程中的 h，则可以得出直径限定的出材率方程 R_d。

得到出材率方程后，各材种的材积 v 可用下式计算。

$$v = VR \quad (R = R_h \text{ 或 } R = R_d) \tag{7-28}$$

（2）案例

例如，表 7-15 中 Demaerschalk（1972）方程 9 为山本和藏材积方程（$V = aD^b H^c$）（表 6-11）的一致性削度方程，其关系推导如下。

Demaerschalk（1972）削度方程为

$$d^2 = \frac{1}{K} aD^b H^c l^{B-1} B / H^B \tag{7-29}$$

$$K = \frac{\pi}{40\,000} \qquad l = H - h$$

相应的材积方程为

$$\begin{aligned}
V &= \int_0^H \left[\left(\frac{\pi}{40\,000} \right) d^2 \right] dl \\
&= \int_0^H \left[\left(\frac{\pi}{40\,000} \right) \frac{40\,000}{\pi} aD^b H^c l^{B-1} B / H^B \right] dl \\
&= aD^b H^c \left(\frac{1}{H^B} \right) \left(l^B \right) \Big|_0^H \\
&= aD^b H^c
\end{aligned} \tag{7-30}$$

满足一致性削度方程的条件。

由削度方程式(7-29)，可以导出高度方程，即从式(7-29)中解出 h。

$$h = H - \left(\frac{\frac{K}{Ba} d^2 H^{B-c}}{D^b} \right)^{\frac{1}{B-1}} \tag{7-31}$$

令

$$a_1 = \frac{K}{Ba}, \quad a_2 = B-c, \quad a_3 = b, \quad a_4 = \frac{1}{B-1}$$

则式(7-31)变为高度方程。

$$h = H - \left(\frac{a_1 d^2 H^{a_2}}{D^{a_3}} \right)^{a_4} \tag{7-32}$$

对于指定上部直径 d，其经济材长度为 $h = H-l$，l 为直径小于 d 的非经济材长度($l = H-h$)，以 V_l 表示这部分非经济材的材积，则

$$V_l = \int_0^l \left[\left(\frac{\pi}{40\ 000} \right) \frac{1}{K} d^2 \right] \mathrm{d}l$$

$$= \int_0^l \left[\left(\frac{\pi}{40\ 000} \right) \frac{40\ 000}{\pi} a D^b H^c l^{B-1} B/H^B \right] \mathrm{d}l$$

$$= a D^b H^c \left(\frac{B}{H^B} \right) \int_0^l l^{B-1} \mathrm{d}l = V \left(\frac{l}{H} \right)^B \tag{7-33}$$

令相应的经济材材积为 v，则

$$v = V - V_l = V \left[1 - \left(\frac{l}{H} \right)^B \right] \tag{7-34}$$

其高度限定出材率方程为

$$R_h = \frac{v}{V} = \left[1 - \left(\frac{l}{H} \right)^B \right] = 1 - \left(\frac{H-h}{H} \right)^B \tag{7-35}$$

将高度方程式(7-32)代入式(7-35)即可得直径限定的出材率方程。

$$R_d = 1 - \left(\frac{c_1 d^2 H^{c_2}}{D^{c_3}} \right)^{c_4} \tag{7-36}$$

式中 $c_1 = \frac{K}{Ba}$，$c_2 = 1-c$，$c_3 = b$，$c_4 = \frac{B}{B-1}$。

一致性削度方程的优点是其全树干积分材积与编表地区现行材积式的材积相一致，可保证各立木材积表与材种出材率表之间的一致性和互相换算的逻辑关系，有利于林业数表的系列化和标准化。表 7-25 列出了目前常用的不同削度方程的一致性削度/材积比方程系统，但该种削度方程对干形曲线的拟合灵敏度要依赖于材积式，即缺乏伸缩性，从而会大大降低了对树干形状的拟合精度；且材积式的改变会导致削度方程的改变。非一致性削度方程则可不受"一致性"的约束而可随意选择任何一种高灵敏度的削度方程，应用时只采用出材率这一相对值，与所用材积式相互独立，因而具有灵活、精度高、应用方便等特点。

表 7-25　一致性削度/材积比方程系统一览表

方程类型	削度方程	材积方程	高度方程	材积比方程	
				高度限定	直径限定
Demaerschalk (1972)	$d^2 = \dfrac{1}{K} aD^b H^c L^{B-1} B/H^B$	$V = aD^b H^c$	$h = H - \left(\dfrac{a_1 d^2 H^{a_2}}{D^{a_3}}\right)^{a_4}$　$a_1 = \dfrac{K}{Ba}$, $a_2 = B-c$　$a_3 = b$, $a_4 = \dfrac{1}{B-1}$	$R_h = \dfrac{v}{V} = 1 - \left(\dfrac{H-h}{H}\right)^{B}$	$R_d = 1 - \left(\dfrac{c_1 d^2 H^{c_2}}{D^{c_3}}\right)^{c_4}$　$c_1 = \dfrac{K}{Ba}$, $c_2 = 1-c$　$c_3 = b$, $c_4 = \dfrac{B}{B-1}$
Schumacher (1973)	$d = b_1 D^{b_2}(H-h)^{b_3}/H^{b_4}$	$V = aD^b H^c$　$a = \dfrac{Kb_1^2}{2b_3+1}$　$b = 2b_2$　$c = 2b_3+1-2b_4$	$h = H - \left(\dfrac{d \cdot H^{b_4}}{b_1 D^{b_2}}\right)^{1/b_3}$	$R_h = \dfrac{v}{V} = 1 - \left(\dfrac{H-h}{H}\right)^{2b_3+1}$	$R_d = 1 - \left(\dfrac{d \times H^{c_2}}{c_1 D^{c_3}}\right)^{c_4}$　$c_1 = \dfrac{1}{b_1}$, $c_2 = b_4-b_3$　$c_3 = b_2$, $c_4 = 1+\dfrac{1}{b_3}$
Demaerschalk (1972)	$d^2 = b_1 D^2 \left(\dfrac{H-h}{H}\right)^{b_2}$	$V = aD^2 H$　$a = \dfrac{Kb_1}{b_2+1}$	$h = H\left[1 - \left(\dfrac{d^2}{b_1 D^2}\right)^{\frac{1}{b_2}}\right]$	$R_h = \dfrac{v}{V} = 1 - \left(\dfrac{H-h}{H}\right)^{b_2+1}$	$R_d = 1 - c_1\left(\dfrac{d}{D}\right)^{c_2}$　$c_1 = b_1^{-b_2+1/b_2}$, $c_2 = \dfrac{2b_2+2}{b_2}$
Demaerschalk (1973)	$d^2 = b_1 D^2 \left[\dfrac{(H-h)^{b_2}}{b_3 H^{b_2+1}+b_4 H^2}\right]$	$V = aD^2 \dfrac{H}{bH+c}$　$a = \dfrac{Kb_1}{b_2+1}$, $b = b_3$, $c = b_4$	$h = H - \left(\dfrac{d^2}{b_1 D^2}\right)^{1/b_2}$ $\times \left(b_3 H^{b_2+1}+b_4 H^{b_2}\right)^{1/b_2}$	$R_h = \dfrac{v}{V} = 1 - \left(\dfrac{H-h}{H}\right)^{b_2+1}$	$R_d = 1 - \left(\dfrac{d^2}{b_1 D^2}\right)^{c_2}\left(b_3 H^{b_2+1}+b_4 H^{b_2}\right)^{c_2}$　$c_2 = 1+\dfrac{1}{b_2}$
陈学峰 (1990)	$d^2 = b_1 D^2 \left(\dfrac{H-h}{H}\right)^{b_2}/H$ $+ b_3 D^2 \left(\dfrac{H-h}{H}\right)^{b_2}$	$V = aD^2 + bD^2 H$　$a = \dfrac{Kb_1}{b_2+1}$　$b = \dfrac{Kb_3}{b_2+1}$	无显示解，迭代求解	$R_h = \dfrac{v}{V} = 1 - \left(\dfrac{H-h}{H}\right)^{b_2+1}$	无显示解，迭代求解

注：表中所用符号含义同表 7-15。

本节以李凤日(1994)利用一致性削度方程(表7-15中方程9)编制红松天然林材种出材率表为例,简要介绍使用一致性削度/材积比方程系统编制一元材种出材率表的主要方法及步骤。

①削度方程的拟合。红松天然林标准木共140株(其中100株用于编表,其余40株用来检验材种出材率表),根据各标准木2.0 m区分段及梢头木带(去)皮直径值,采用抛物线插值法计算出相对高度($0.1H$,$0.2H$,…,$0.9H$)处的带(去)皮直径值($d_{0.1_h}$,$d_{0.2_h}$,…,$d_{0.9h}$),并建立信息数据库。根据100株标准木的数据,采用麦夸特(Marquardt)迭代法求出一致性削度方程(表7-15中方程9)中的干形参数B值,求解结果$B = 2.368\ 54$,其方程为

$$d^2 = \left(\frac{40\ 000}{\pi}\right) VL^{2.368\ 54-1}(2.368\ 54)/H^{2.368\ 54} \tag{7-37}$$

式(7-37)中树干带皮材积V采用部颁红松天然林二元材积方程。

$$V = 0.000\ 063\ 527\ 721D^{1.943\ 545\ 5}H^{0.896\ 893\ 6} \tag{7-38}$$

②材种标准及计算机造材。根据国家原木分级标准,按国家规格材将红松划分为大径原木、中径原木和小径原木,各经济材材种规格见表7-10。

计算机造材是按照各材种标准,通过已编制专用计算机造材程序进行。首先,利用削度方程(7-37)计算各材种小头直径对应的材长,然后对比该材长是否符合材种标准中规定材种材长的要求,同时调整实际造材材长以达到符合材种尺寸规格条件下充分利用木材,最后得出各材种小头直径和材长。

③原木累积用材长度百分比方程。用各标准木数据,根据计算机理论造材的结果,计算各标准木上至各材种小头直径限(6.0 cm、20.0 cm、26.0 cm)处原木的累积用材长度,计算出相应累积用材长度占树干总长度的百分比值(以百分数表示)。以此为原始数据,绘制散点图,根据散点分布趋势以胸径D为自变量建立回归方程。

上至小头直径6.0 cm处:

$$L_6\% = 1 - (3.118\ 959D^{-0.803\ 615}) \quad (n = 100,\quad R^2 = 0.538\ 7) \tag{7-39}$$

上至小头直径20.0 cm处:

$$L_{20}\% = 1 - (32.479\ 46D^{-1.176\ 491}) \quad (n = 100,\quad R^2 = 0.673\ 8) \tag{7-40}$$

上至小头直径12.0 cm处:

$$L_{26}\% = 1 - (9.543\ 786D^{-0.727\ 761\ 5}) \quad (n = 100,\quad R^2 = 0.597\ 5) \tag{7-41}$$

④材种去皮材积百分比方程。根据一致性削度方程的干形参数$B = 2.368\ 54$,及各材种组原木累积用材长度百分比方程所计算出来的理论值,利用下列一致性材积比方程,计算出各径阶材种去皮材积占径阶去皮材积百分比值。

$$V\% = 1 - \left(\frac{H-h}{H}\right)^B = 1 - (1-L)^B = 1 - (1-L)^{2.368\ 54} \tag{7-42}$$

其计算结果见表7-16。

⑤树皮率方程。根据各样木的树皮率与径阶的关系,建立树皮率($P_B\%$)方程,即

$$P_B\% = 37.423\ 0D^{-0.401\ 041\ 5} \quad (n = 100,\quad R^2 = 0.441\ 5) \tag{7-43}$$

⑥树高曲线方程。引用黑龙江省森林工业总局编制天然红松林一元材积表时所构造的

树高曲线：

$$H = 32.469\,656\,7 - \frac{693.477\,718\,9}{18.306\,375\,07 + D} \tag{7-44}$$

⑦材种出材率方程。根据各材种组去皮材积百分比理论值及树皮率理论值，利用式 (7-45)计算各径阶材种去皮材积占径阶带皮材积的百分比值($V'\%$)。

$$V'\% = V\% \times (1 - P_B\%) \tag{7-45}$$

然后，转化为各材种的材种出材率，列表即为一元材种出材率表 7-26。红松各材种出材率与胸径的关系如图 7-5 所示。

表 7-26　红松天然林一元材种出材率(理论值)(节录)　　　　　　　　　%

径阶 (cm)	树高 (m)	树皮率 (%)	国家规格材			合计
			大径原木	中径原木	小径原木	
10	7.97	14.86			69.4	69.4
12	9.59	13.81			74.9	74.9
14	11.00	12.99			78.5	78.5
16	12.26	12.31			81.1	81.1
18	13.37	11.74			82.9	82.9
20	14.37	11.26			84.4	84.4
22	15.26	10.83		27.5	58.0	85.5
24	16.08	10.46		41.0	45.4	86.4
26	16.82	10.13		50.9	36.3	87.2
28	17.49	9.83		58.3	29.5	87.8
30	18.11	9.57	36.6	27.5	24.3	88.4
32	18.68	9.32	42.4	26.2	20.2	88.8
34	19.21	9.10	47.3	24.9	17.0	89.2
36	19.70	8.89	51.5	23.6	14.5	89.6
38	20.15	8.70	55.2	22.4	12.4	90.0
40	20.58	8.52	58.3	21.2	10.7	90.2

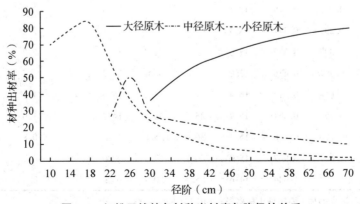

图 7-5　红松天然林各材种出材率与胸径的关系

⑧材种出材率方程的检验。本例采用红松天然林40株独立检验标准木,根据其实际造材值对一元材种出材率表进行了误差检验和置信椭圆 F 检验(详见附录1),结果见表7-27。检验结果表明该出材率(表7-27)对小径原木和中径原木非常适用,但对大径原木的出材率平均偏低8.4%。

表7-27 红松天然林一元材种出材率表的检验结果

材种	小径原木	中径原木	大径原木
平均系统误差(%)	3.90	1.09	-8.38
预估精度(%)	94.90	94.80	92.20
F 值	1.23	0.13	12.53
$F_{(0.05,28)}$ 理论值	3.25	3.25	3.25
差异显著性	不显著	不显著	显著

7.5 材种表法

7.5.1 材种

云课堂

直径相同而树高不同的林木,其材种出材量也不相同。为了反映这种差异,根据材种出材量随直径和树高的变化规律编制了材种出材率表,称作二元材种出材率表。二元材种出材率表的使用精度要明显高于一元材种出材率表。我国主要用材树种的二元材种出材率表是按树高级编制的,这种表在我国一般被称为"材种表",其具体形式见表7-28。

表7-28 黑龙江省落叶松人工林树高级材种出材率(节录)

胸径 (cm)	树高 (m)	带皮材积 (m³)	去皮材积 (m³)	树皮率 (%)	材种出材率(%)						废材率 (%)
					大径材	中径材	小径材	短小材	薪材	合计	
6	7.4	0.029	0.022	24.6				28.0	35.8	63.8	36.2
8	10.1	0.058	0.045	22.7			50.1		19.4	69.5	30.5
10	12.4	0.101	0.079	21.2			65.2		8.3	73.5	26.5
12	14.5	0.155	0.124	20.1			69.9		5.8	75.7	24.3
14	16.3	0.222	0.179	19.1			73.5		3.8	77.3	22.7
16	17.8	0.299	0.244	18.3		27.7	48.7		2.2	78.6	21.4
18	19.2	0.397	0.327	17.6		41.4	36.1		2.2	79.7	20.3
20	20.5	0.501	0.416	17.0		56.7	22.7		1.1	80.5	19.5
22	21.6	0.618	0.517	16.4		64.1	16.0		1.1	81.2	18.8
24	22.7	0.751	0.631	15.9	23.5	43.1	14.3		1.0	81.9	18.1
26	23.6	0.906	0.766	15.5	36.6	35.6	9.4		0.8	82.4	17.6
28	24.5	1.067	0.907	15.0	46.7	27.1	8.4		0.7	82.9	17.1
30	25.2	1.223	1.044	14.6	55.7	20.1	7.2		0.4	83.4	16.6

注:引自《市县林区商品林主要树种出材率表》(DB23/T 870—2004)。

编制这种树高级材种表，一般是和树高级立木材积表结合起来进行编制。在编制树高级表之后，把标准地资料按树高级分组。然后，按树高级分别编制立木材积表和一元材种出材率表，其材种出材率表的编制方法与上述编制方法完全相同，只是在确定出各树高级每个材种出材率数值以后，在各树高级之间要进行必要的调整，以使同一径阶同名材种出材率数值随树高级的变化能保持应有的规律性。

7.5.2　利用材种表计算林分材种出材量

利用材种表计算林分材种出材量的工作程序如下。

①标准地调查。在标准地每木检尺过程中，应按经济材树、半经济材树、薪材树分别记录。测定一部分林木的胸径和树高，绘制树高曲线，并根据林分平均直径和林分平均高由树高级表中确定该林分所属的树高级。

②半经济用材树的合并。根据标准地每木检尺记录，将其中的半经济用材树按照一定比例合并到经济用材树及薪材树中去。若半经济用材树的株数不超过总株数的10%时，则可全部并入经济用材树中；若半经济用材树的株数占总株数的10%~20%时，其中将半经济用材树的60%并入经济用材树中，40%并入薪材树中；若半经济用材树的株数超过总株数的20%时，则不能使用这种一般的材种表计算林分材种出材量。

③根据确定的林分所属树高级，选用相应的树高级材种表。依据上述分类检尺（或合并后）的结果，查定每个径阶各材种出材率。具体查定、计算方法同于一元材种出材率表法。最后计算出林分材种出材量。

复习思考题

1. 在林业工作中测定林分材种出材量有什么意义？
2. 简述削度方程的定义、种类和作用。
3. 简述一致性削度方程系统的意义和作用。
4. 简述利用削度方程编制一元材种出材率表的方法和步骤。
5. 简述利用材积比方法计算一元材种出材的方法和步骤。

第8章
树木生长量测定

【知识图谱】

【内容提要】本章主要介绍树木生长量的概念和种类；树木生长方程的概念和性质；树木生长经验方程；常用的几种树木生长理论方程的假设、性质和适用条件；平均生长量和连年生长量的关系；树木生长率；树木生长量的测定方法以及树干解析的外业调查和内业计算方法。

测树学中所研究的生长按研究对象可分为树木生长和林分生长两大类；按调查因子可分为直径生长、树高生长、断面积生长、形数生长、材积（或蓄积量）生长和生物量生长等。树木的生长是一个不可逆的过程，其生长特点比较明显。树木生长量的大小及生长速率, 一方面受树木本身遗传因素的影响, 另一方面受外界环境条件的影响。在这双重因素的影响下, 树木内部经过复杂的生理生化过程, 表现为在树高、直径、材积及形状等方面的生长变化。正确地分析和研究树木生长的变化规律, 对指导森林经营工作具有重要意义。

8.1　树木生长量的概念

8.1.1　树木生长量的定义

云课堂

一定间隔期内树木各种调查因子所发生的变化称为生长(growth), 变化的量称为生长量(increment)。生长量是时间(t)的函数, 时间的间隔可以是 1 年、5 年、10 年或更长的期间, 通常以年为时间的单位。例如, 一株小兴安岭天然红松在 150 年和 160 年时分别测定的胸径 d、树高 h、材积 V 和胸高形数 $f_{1.3}$ 等各种调查因子在两次测定期间的变化量就是这株红松的相应生长量(表 8-1)。

影响树木生长的因素主要包括树种的生物学特性、树木的年龄、生境条件和人为经营措施等。树木生长量可以作为评定立地质量和评价森林经营措施效果的指标, 正确地分析研究并掌握林木的生长规律, 采用相应的经营管理措施, 可以改善树木的生长状况, 提高其生长量, 从而达到速生、优质、高产的目的。

表 8-1　一株红松的生长量

调查因子	150 年生时	160 年生时	生长量
d(cm)	25.2	27.6	2.4
h(m)	20.9	22.0	1.1
V(m³)	0.528 37	0.656 32	0.127 95
$f_{1.3}$	0.506 9	0.498 6	−0.008 3

8.1.2　树木生长量的种类

通常在树木生长量的测定中, 只能在有限个离散的树木年龄(t)点上取样测定。由于所取树木年龄(t)的方法不同, 树木生长量可分为总生长量、定期生长量、连年生长量、定期平均生长量和总平均生长量等。

下面以材积为例, 说明各种生长量的定义。

令　t——调查当时的树木年龄;

　　n——间隔期的年数;

　　V_t——t 年时的树干材积;

　　V_{t-n}——n 年前的树干材积。

(1)总生长量

树木自种植开始至调查时整个期间累积生长的总量为总生长量, 它是树木的最基本生长量, 其他种类的生长量均可由它派生而来。设 t 年时树木的材积为 V_t, 则 V_t 就是 t 年时的材积总生长量。

（2）定期生长量

树木在定期 n 年间的生长量为定期生长量，一般以 Z_n 表示。设树木现在的材积为 V_t，n 年前的材积为 V_{t-n}，则在 n 年间的材积定期生长量为

$$Z_n = V_t - V_{t-n} \tag{8-1}$$

（3）总平均生长量

总生长量被总年龄所除之商称为总平均生长量，简称平均生长量，一般以 θ 表示。

$$\theta = \frac{V_t}{t} \tag{8-2}$$

（4）定期平均生长量

定期生长量被定期年数所除之商，称为定期平均生长量，以 θ_n 表示。

$$\theta_n = \frac{V_t - V_{t-n}}{n} \tag{8-3}$$

表 8-1 中，红松在 150~160 年期间材积定期平均生长量为 0.012 795 m^3。

（5）连年生长量

树木一年间的生长量为连年生长量，以 Z 表示。

$$Z = V_t - V_{t-1} \tag{8-4}$$

连年生长量的数值一般很小，测定困难，通常用定期平均生长量代替。但对于生长很快的树种（如泡桐、桉树等），可以直接利用连年生长量。

本节以表 8-1 中的红松实例说明各生长量的计算方法。

150 年时的总生长量：

$$V_{150} = 0.528\ 37(\mathrm{m}^3)$$

150~160 年期间的定期生长量：

$$Z_{10} = 0.656\ 32 - 0.528\ 37 = 0.127\ 95(\mathrm{m}^3)$$

150 年时的总平均生长量：

$$\theta = \frac{0.528\ 37}{150} = 0.003\ 522(\mathrm{m}^3)$$

150~160 年期间的定期平均生长量：

$$\theta_{10} = \frac{0.127\ 95}{10} = 0.012\ 795(\mathrm{m}^3)$$

红松生长缓慢，定期平均生长量为 0.012 795 m^3，它可以用来代替 150~160 年期间任意一年的连年生长量。

8.2 树木生长方程

8.2.1 基本概念

云课堂

生长方程（growth function）是描述生物个体或种群大小随时间变化的模型。树木生长方程是指描述某树种（组）各调查因子（如直径、树高，断面积、材积、生物量等）总生长量 y (t) 随年龄 (t) 生长变化规律的数学模型。由于树木生长除遗传特性外，还受年龄、立地条

件、气候条件、竞争、人为经营措施等多种因子的影响，同一树种的单株树木生长是一个随机过程。因此，树木生长方程所反映的是该树种某调查因子的平均生长过程，即随机过程在均值意义上的生长函数。

尽管树木生长过程中由于受环境的影响而出现一些波动，但总的生长趋势是比较稳定的，曲线类型包括直线形、抛物线形和"S"形等。典型的树木生长曲线（growth curve）呈"S"形（sigmoid），又称"S"形曲线（图 8-1）。早在 100 多年前，萨克斯就用"S"形曲线来描述了树木的生长过程（Sacks，1873）。

由于树木的生长速率随树木年龄的增加而变化，即由缓慢—旺盛—缓慢—最终停止。因此，典型的树木生长曲线可明显划分为 3 个阶段：第一段大致相当于幼龄阶段；第二段相当于中、壮龄阶段；第三段相当于近、成熟龄阶段，如图 8-1 所示。

合理的树木生长方程具有以下生物学特性。

①当 $t=0$ 或 $t=t_0$ 时，$y(t)=0$。此条件称为树木生长方程应满足的初始条件。

②$y(t)$ 存在一条渐近线，即 $t \to \infty$ 时，$y(t)=A$。A 为该树木生长极大值（图 8-2）。

③由于树木生长是依靠细胞的增殖不断地增加它的直径、树高和材积，所以树木的生长是不可逆的，使 $y(t)$ 是关于年龄（t）的单调非减函数，即 $dy/dt \geqslant 0$。

④$y(t)$ 是关于 t 的连续且光滑的函数曲线。

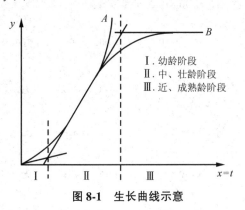

图 8-1　生长曲线示意

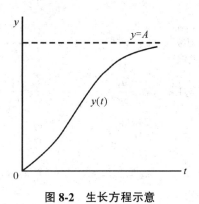

图 8-2　生长方程示意

8.2.2　树木生长经验方程和理论方程

树木生长方程作为模拟林木大小随年龄变化的模型，有大量公式可以描述所观察的生长数据及曲线，总体上可划分为经验方程及理论方程（机理模型）两大类。一个理想的树木生长方程应满足通用性强、准确度高等条件，且最好能对方程的参数给出生物学解释。早期的树木生长方程大多以经验方程为主，近几十年则以理论方程为主。

（1）树木生长经验方程

树木生长经验生长方程是基于所观测的树木各调查因子的生长数据和生长曲线，根据经验选择适宜的数学函数描述其大小随年龄变化的模型。该方程由于缺乏树木生长的生物学假设，模型中的一些参数无任何生物学意义，逻辑性和普适性较差，局限性较大，仅适合描述所观测的生长数据及数据范围，很难进行外延和推广应用。

树木生长经验方程是研究者根据所观察的数据选择比较适宜的数学公式，在方程选择上有较大的人为性。100多年来,各国学者提出了许多经验方程来模拟单木和林分的总生长过程。表8-2中列出了林业建模中常用的一些非典型"S"形(non-sigmoid)经验方程。这些方程的性质并不能全部满足上述树木的4个生物学特性,因此,采用这些方程模拟树木生长时,所估计的参数和模拟的结果并不一定符合树木生长特性,应尽量避免超出观测数据范围来进行预测。

表 8-2　树木和林分生长模拟中常用的经验方程

方程	数学表达式			性质		
	总生长函数	连年生长函数	参数约束	初始值	拐点	渐近线 $t \to \infty$
柯列尔 (Роляср, 1878)	$y = a_0 t^{a_1} e^{-a_2 t}$	$\dfrac{dy}{dt} = y\left(\dfrac{a_1}{t} - a_2\right)$	$a_0,\ a_1,\ a_2 > 0$	$t \to 0,\ y \to 0$	有	$y \to \infty$
Hossfeld I	$y = \dfrac{t^2}{a_0 + a_1 t + a_2 t^2}$	$\dfrac{dy}{dt} = y^2\left(\dfrac{2a_0 + a_1 t}{t^3}\right)$	$a_0 > 0,\ a_1 < 0$ $a_0 > 0,\ a_1 > 0$	$t = 0,\ y = 0$ $t = 0,\ y = 0$	有	$y \to \dfrac{1}{a_2}$
Freese	$y = a_0 t^{a_1} a_2^{t}$	$\dfrac{dy}{dt} = y\left(\ln a_2 + \dfrac{a_1}{t}\right)$	$a_0,\ a_1 > 0;\ \ln a_2 < 0$ $a_0,\ a_1 > 0;\ \ln a_2 > 0$ $a_0,\ a_1 > 0;\ \ln a_2 = 0$	$t = 0,\ y = 0$	有 无 无	$y \to \infty$
Korsun (对数抛物线)	$y = a_0 t^{a_1 - a_2 \ln t}$	$\dfrac{dy}{dt} = \dfrac{y}{t}(a_1 - 2a_2 \ln t)$	$a_0,\ a_1,\ a_2 > 0$	$t \to 0,\ y \to 0$	有	$y \to 0$
双曲线	$y = a_0 - \dfrac{a_1}{t}$	$\dfrac{dy}{dt} = \dfrac{a_1}{t^2}$	$a_1 > 0$	$t \to 0,\ y \to -\infty$	无	$y \to a_0$
—	$y = a_0 - \dfrac{a_1}{t + a_2}$	$\dfrac{dy}{dt} = \dfrac{a_1}{(t + a_2)^2}$	$a_1,\ a_2 > 0$	$t = 0,\ y = a_0 - \dfrac{a_1}{a_2}$	无	$y \to a_0$
—	$y = a_0 - a_1 \dfrac{1}{t} + a_2 t$	$\dfrac{dy}{dt} = a_2 + a_1 \dfrac{1}{t^2}$	$a_1,\ a_2 > 0$	$t \to 0,\ y \to -\infty$	无	$y \to \infty$
对数	$y = a_0 + a_1 \ln t$	$\dfrac{dy}{dt} = \dfrac{a_1}{t}$	$a_1 > 0$	$t \to 0,\ y \to -\infty$	无	$y \to \infty$
指数	$y = a_0 - a_1 e^{-a_2 t}$	$\dfrac{dy}{dt} = a_2(a_0 - Y)$	$a_1,\ a_2 > 0$	$t = 0,\ y = a_0 - a_1$	无	$y \to a_0$
幂函数	$y = a_0 t^{a_1}$	$\dfrac{dy}{dt} = y\dfrac{a_1}{t}$	$a_0,\ a_1 > 0$	$t \to 0,\ y \to 0$	无	$y \to \infty$
—	$y = a_0 + a_1 t^{a_2}$	$\dfrac{dy}{dt} = \dfrac{a_2}{t}(y - a_0)$	$a_1,\ a_2 > 0;\ a_2 < 1$ $a_1,\ a_2 < 0$	$t = 0,\ y = a_0$ $t \to 0,\ y \to -\infty$	无	$y \to \infty$
—	$y = (a_0 + a_1 t)^{a_2}$	$\dfrac{dy}{dt} = \dfrac{a_1 a_2 Y}{a_0 + a_1 t}$	$a_1,\ a_2 > 0;\ a_2 < 1$	$t = 0,\ y = a_0^{a_2}$	无	$y \to \infty$
—	$y = \left(a_0 + \dfrac{a_1}{t}\right)^{-a_2}$	$\dfrac{dy}{dt} = \dfrac{a_1 a_2 y}{\left(a_0 + \dfrac{a_1}{t}\right) t^2}$	$a_1,\ a_2 > 0$	$t \to 0,\ y \to 0$	无	$y \to a_0^{-a_2}$

注:y 为调查因子;t 为年龄;$\ln$ 为以 e 为底的自然对数;a_0,a_1,a_2 为待定参数,除注明外参数 a_0,a_1,$a_2 > 0$。

采用经验方程拟合树木生长时，常选择多个函数估计其参数，通过对比分析相关指数 R^2、残差均方 MSE 等拟合统计量（详见附录1）找出比较理想的生长方程。下面以两株解析木的实测数据为例，说明经验方程和理论方程描述树高生长曲线的过程。

【例8-1】根据小兴安岭地区一株 256 年生天然红松解析木树高生长数据（表8-3），采用 SAS9.4 统计软件估计了柯列尔方程的参数和拟合统计量（Роляср，1878）。

$$y(t) = 0.025\ 47t^{1.507\ 55}e^{-0.004\ 984t} \quad (MSE = 0.091，R^2 = 0.999\ 1) \quad (8\text{-}5)$$

红松树高生长曲线的原始数据和树高生长经验方程（8-5）的预测值见表8-3和如图8-3所示。

从拟合效果来看，式（8-5）可以很好地描述红松的树高生长，但方程中的参数无生物学意义，无法从专业上做出解释。

表 8-3　一株天然红松解析木树高生长拟合结果

年龄（年）	树高（m）		年龄（年）	树高（m）	
	实际值	预测值		实际值	预测值
10	0.80	0.78	140	22.05	21.80
20	2.20	2.11	150	23.02	23.01
30	4.00	3.70	160	24.00	24.13
40	5.20	5.43	170	24.95	25.15
50	7.70	7.23	180	25.90	26.08
60	8.95	9.05	190	26.80	26.92
70	10.40	10.87	200	27.65	27.67
80	12.00	12.64	210	28.27	28.33
90	13.90	14.37	220	28.80	28.92
100	16.40	16.02	230	29.30	29.42
110	18.10	17.60	240	29.80	29.84
120	19.40	19.09	250	30.30	30.19
130	20.80	20.49	256	30.60	30.37

【例8-2】一株 92 年生的天然兴安落叶松，采用舒马赫方程拟合其树高生长（Schumacher，1939）。

$$y(t) = 34.813\ 5e^{-20.699\ 2/t} \quad (MSE = 0.147，R^2 = 0.997\ 8) \quad (8\text{-}6)$$

原始数据和树高生长方程（8-6）计算的预测值见表8-4和如图8-3所示。该曲线的生物学特性详见 8.2.3 节内容。

从上面实例可看出，虽然这两株树的生长过程差别很大，但分别用不同的生长方程拟合，都取得了良好结果。由此可见，根据具体生长过程特点选定最优方程是十分重要的。

表 8-4　一株兴安落叶松解析木树高生长拟合结果

年龄（年）	树高（m）		年龄（年）	树高（m）	
	实际值	预测值		实际值	预测值
10	4.60	4.39	60	24.70	24.66
20	11.60	12.37	70	26.00	25.90
30	18.10	17.46	80	26.80	26.88
40	21.00	20.75	90	27.60	27.66
50	22.80	23.01	92	27.70	27.80

（2）树木生长理论方程

在树木生长模型研究中，根据生物学特性做出某种假设，建立关于树木总生长曲线 $[y(t)]$ 的微分方程或微积分方程，求解后并代入其初始条件或边界条件，从而获得该微分方程的特解，这类生长方程称为理论方程。

与经验方程相比，理论生长方程具有以下特点：①逻辑性强；②适用性较大；③参数可由独立的试验加以验证，即参数可作出生物学解释；④从理论上对未来生长趋势可以进行预测。因此，在生物生长模型研究中，多采用理论生长方程。

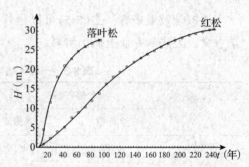

图 8-3　天然红松和兴安落叶松树高
生长拟合曲线

许多学者（Grosenbaugh，1965；Pienaar et al.，1973；Causton et al.，1981；Hunt，1982；Zeide，1993；Kiviste et al.，2002；李凤日，1995，1997）分析了理论生长方程的特性。表 8-5 中列出了林业上常用的一些典型"S"形（sigmoid）理论生长方程及其特性，主要包括 Schumacher 方程、Korf 方程、Logistic 方程、Mitscherlich 方程、Gompertz 方程、Richards 方程及 Hossfeld 等。这些方程基本满足了上述树木生长的 4 种生物学特性。

根据公式形式，可以将描述典型"S"形曲线的函数（包括理论方程）分为四大类（Burkhart et al.，2012）：①Korf 型；②Richards 型；③Hossfeld Ⅳ 型；④其他生长函数。下面几节将重点介绍主要理论生长方程的假设、推导和性质。

表 8-5　树木和林分生长模拟中常用的理论生长方程

方程	数学表达式			性质		
	总生长函数	方程假设	参数约束	初始值	拐点	渐近线 $t \to \infty$
Schumacher	$y = A e^{\frac{k}{t}}$	$\frac{1}{y}\frac{dy}{dt} = r(\ln A - \ln y)^2$	$r > 0$	$t \to 0,\ y \to 0$	$t = \dfrac{k}{2},\ y = \dfrac{A}{e^2}$	$y \to A$
Johnson-Schumacher	$y = A e^{-\frac{k}{t+a}}$	$\frac{1}{y}\frac{dy}{dt} = r(\ln A - \ln y)^2$	$r > 0$	$t \to 0,\ y \to A e^{-\frac{k}{a}}$	$t = \dfrac{k}{2} - a,\ y = \dfrac{A}{e^2}$	$y \to A$

（续）

方程	数学表达式			性质		
	总生长函数	方程假设	参数约束	初始值	拐点	渐近线 $t \to \infty$
Korf	$y = Ae^{-kt^{-\frac{1}{m-1}}}$	$\dfrac{1}{y}\dfrac{dy}{dt} = r(\ln A - \ln y)^m$	$m > 1$	$t \to 0,\ y \to 0$	$t = \left(\dfrac{k}{m}\right)^{m-1},\ y = Ae^{-m}$	$y \to A$
单分子式	$y = A(1 - e^{-rt})$	$\dfrac{dy}{dt} = r(A - y)$	$r > 0$	$t = 0,\ y = 0$	无	$y \to A$
Logistic	$y = \dfrac{A}{(1 + ce^{-rt})}$	$\dfrac{1}{y}\dfrac{dy}{dt} = r\left(1 - \dfrac{y}{A}\right)$	$r > 0$	$t = 0,\ y = \dfrac{A}{1+c}$ $t \to -\infty,\ y = 0$	$t = \dfrac{\ln c}{r},\ y = \dfrac{A}{2}$	$y \to A$
Gompertz	$y = Ae^{-ce^{-rt}}$	$\dfrac{1}{y}\dfrac{dy}{dt} = r(\ln A - \ln y)$	$r > 0$ $c > 0$	$t = 0,\ y = Ae^{-c}$ $t \to -\infty,\ y = 0$	$t = \dfrac{\ln c}{r},\ y = \dfrac{A}{e}$	$y \to A$
Richards	$y = A(1 - e^{-rt})^{\frac{1}{1-m}}$	$\dfrac{dy}{dt} = \dfrac{ry}{1-m}\left[\left(\dfrac{A}{y}\right)^{1-m} - 1\right]$	$r > 0$	$t = 0,\ y = 0$	$t = \dfrac{\ln\left(\dfrac{1}{1-m}\right)}{r}$, $y = Am^{\frac{1}{1-m}}$	$y \to A$
Hossfeld Ⅳ	$Y = \dfrac{A}{1 + ct^{-k}}$	$\dfrac{dy}{dt} = k\dfrac{y}{t}\left(1 - \dfrac{y}{A}\right)$	$k > 1$	$t \to 0,\ y \to 0$	$t = \left[\dfrac{c(k-1)}{k+1}\right]^{1/k}$, $y = \dfrac{A}{2}\left(1 - \dfrac{1}{k}\right)$	$y \to A$

注：y 为调查因子；t 为年龄；A 为渐进参数，$A = y_{max}$；r 为内禀增长率或生长速率；k 为与生长速率相关的参数；m 为形状参数；c 为与初始条件相关的参数。

8.2.3　Korf 型理论生长方程

（1）舒马赫（Schumacher）方程

舒马赫（Schumacher，1939）方程代表了早期林学领域基于生物学假设而构建的生长方程。其方程式为

$$y = Ae^{-\frac{k}{t}} \qquad (A,\ k > 0) \tag{8-7}$$

式中　A——树木生长的最大值参数，$A = y_{max}$；

　　　k——方程参数，$k = 1/r$。

该函数假设树木生长率$\left(\dfrac{1}{y}\dfrac{dy}{dt}\right)$与时间$(t)$倒数的平方成正比（即树木生长率随着时间的增大为非线性下降）或假设树木生长率与生长衰减因子$\left(\dfrac{y_{max}}{y}\right)$对数的平方成比例。

$$\dfrac{1}{y}\dfrac{dy}{dt} = r(\ln y_{max} - \ln y)^2 \quad 或 \quad \dfrac{1}{y}\dfrac{dy}{dt} = \dfrac{k}{t^2} \tag{8-8}$$

式中　r——内禀增长率（潜在的最大生长率）。

微分方程式（8-8）（第一个表达式）的通解为

$$y = Ae^{-\left[\frac{1}{r(t+c')}\right]} \tag{8-9}$$

式中 c'——积分常数。

以 $t \to 0$，$y \to 0$ 的初始条件代入微分方程通解式(8-9)中，得到 $c' \to 0$，并令 $k = 1/r$，所求得的一个特解即为式(8-7)。

Schumacher 方程可以描述初始值为 0 的典型"S"形曲线，其拐点坐标为：$t_I = \dfrac{k}{2}$；$y_I = \dfrac{A}{e^2}$，此时的最大生长速率为 $\left(\dfrac{dy}{dt}\right)_{max} = \dfrac{4A}{ke^2}$，但相对其他方程适应性差些。

上文根据解析木数据(表8-4)采用 Schumacher 方程拟合了天然落叶松树高生长曲线[式(8-2)和式(8-7)]，该曲线反映了落叶松树高生长以下特性。

①落叶松树高生长的渐近最大值。$H_{max} = 34.8135$ m；树高潜在生长率：$r = \dfrac{1}{k} = 0.0483(4.83\%)$，说明该株的树高生长速率较快。

②曲线存在一个拐点。$t_I = 10.35$a，$H_I = 4.7115$ m，$\left(\dfrac{dH}{dt}\right)_{max} = 0.9105$ m。即当树木年龄达到 10.35 年时，树高连年生长量达到最大，数值为 0.9105 m。

Johnson-Schumacher 方程(Grosenbaugh，1965)只是 Schumacher 方程的通解表达式。

$$y = Ae^{-\frac{k}{t+a}} \quad (a > 0) \tag{8-10}$$

式中 a——与初始值有关的参数。

将 $t \to 0$，$y \to y_0$ 的初始条件代入上述微分方程式(8-8)的通解式(8-9)中，并令 $k = \dfrac{1}{r}$，$a = \dfrac{k}{\ln(A/y_0)}$，所求得的一个特解即为式(8-10)。在林木或林分生长研究中，很少出现 $t \to 0$，$y \to y_0$ 的初始条件，除非在造林时将苗木大小作为初始值。

(2)考尔夫(Korf)方程

该方程由捷克斯洛伐克的林业工作者 Korf 于 1939 年提出，瑞典林学家 Lundqvist(1957)成功地利用该方程建立了欧洲赤松和挪威云杉人工林的树高生长模型。后来许多学者相继用 Korf 方程描述过树高及胸径生长，效果良好。其方程形式为

$$y = Ae^{-kt^{-b}} \quad (A, \ k, \ b > 0) \tag{8-11}$$

式中 A——树木生长的最大值参数，$A = y_{max}$；

k，b——方程参数，其中 $b = \dfrac{1}{m-1}$。

Korf 方程是假设树木生长率 $\left(\dfrac{1}{y}\dfrac{dy}{dt}\right)$ 与生长衰减因子 $\left(\dfrac{y_{max}}{y}\right)$ 对数的幂函数成比例(李凤日，1993)。

$$\frac{1}{y}\frac{dy}{dt} = r(\ln y_{max} - \ln y)^m$$

即

$$\frac{dy}{dt} = ry(\ln y_{max} - \ln y)^m = ry\left[\ln\left(\frac{y_{max}}{y}\right)\right]^m \tag{8-12}$$

式中 r——内禀增长率(潜在的最大生长率)；

m——衰减幂指数，对于树木生长曲线一般 $p>1$。

将 $t \to 0$，$y \to 0$ 的初始条件代入微分方程式（8-12）的通解 $y = A\mathrm{e}^{-[rt(m-1)+c']^{-\frac{1}{m-1}}}$ 中，求得 $c' \to 0$，并令 $k = [r(m-1)]^{-\frac{1}{m-1}}$，　$b = \dfrac{1}{m-1}$，所得的一个特解即为式（8-11）。

该方程具有下列性质。

①Korf 方程有两条渐近线 $y \to 0$ 和 $y \to A$。

②y 是关于 t 的单调递增函数，对式（8-11）求一阶导数，可得到树木生长速率为

$$\frac{\mathrm{d}y}{\mathrm{d}t} = kbyt^{-b-1} > 0 \quad (因 k > 0,\ b > 0)$$

③Korf 方程存在一个拐点，对式（8-11）求二阶导数，并令

$$\frac{\mathrm{d}^2 y}{\mathrm{d}t^2} = kbyt^{-b-2}[kbt^{-b} - (b+1)] = 0$$

解得拐点坐标为：$t_I = \left(\dfrac{kb}{b+1}\right)^{\frac{1}{b}}$，$y_I = A\mathrm{e}^{-\frac{b+1}{b}}$，此处的最大生长速率为 $\left(\dfrac{\mathrm{d}y}{\mathrm{d}t}\right)_{\max} = A(kb)^{-\frac{1}{b}}$ $\left(\dfrac{\mathrm{e}}{b+1}\right)^{-\frac{b+1}{b}}$。Korf 方程的参数 $b>0$，故它的拐点具有上限值 $\dfrac{A}{\mathrm{e}}$ 和下限值 0。因此，该方程是过原点并具有拐点（$0 \leqslant y_I \leqslant \dfrac{A}{\mathrm{e}}$）的"S"形曲线，且根据参数 b 和 c 的不同，在 $t \geqslant 0$ 的范围内可有各种形状的曲线，属非对称型。由此可见，Korf 方程可以描述拐点在 0-A/e 之间的各种"S"形生长曲线。许多树木的生长曲线恰好属于拐点 0-A/e 之间的"S"形曲线，故 Korf 方程非常适合于描述树木生长过程。

需要指出的是，Schumacher 方程为 Korf 方程参数 $b=1$（$m=2$）的特例。另外，由 Korf 方程的假设式（8-12）可知，当参数 $m \to 1$ 时其假设等同于 Gompertz 方程的假设式（8-22）。

8.2.4　Richards 型理论生长方程

（1）单分子（Mitscherlich）式

Mitscherlich（1919）提出了一个方程用来描述植物生长对环境因子的反映，也就是在农业和经济学中为人们所熟知的收益递减率和化学中的浓度作用定律。最初 Mitscherlich 所提出的方程形式为

$$y = A(1 - \mathrm{e}^{-a_1 x_1})(1 - \mathrm{e}^{-a_2 x_2})\cdots \tag{8-13}$$

式中　y——收获量；

x_1，x_2，$\cdots$——控制增长的因子。

若把时间看成是影响植物生长的最重要因子，则式（8-13）变为以下单分子式。

$$y = A(1 - \mathrm{e}^{-rt}) \quad (A,\ r > 0) \tag{8-14}$$

式中　A——树木生长的最大值参数，$A = y_{\max}$；

r——生长速率参数。

假设树木生长速率 $\left(\dfrac{\mathrm{d}y}{\mathrm{d}t}\right)$ 与林木的最大值 $y_{\max}$（渐进值）和其大小 y 之差成正比。

$$\frac{\mathrm{d}y}{\mathrm{d}t} = r(y_{\max} - y) \tag{8-15}$$

在 $t=0$，$y=0$ 条件下，求解微分方程式(8-15)的一个特解，即可得到式(8-14)。

Mitscherlich 方程具有下列性质：

①满足生长方程的初始条件，即 $t=0$ 时，$y_0=0$；并存在一条渐近线 $y=A=y_{\max}$。

②y 是关于 t 的单调递增函数，由式(8-14)可得树木生长速率为

$$\frac{\mathrm{d}y}{\mathrm{d}t} = \frac{\mathrm{d}[A(1-\mathrm{e}^{-rt})]}{\mathrm{d}t} = rA\mathrm{e}^{-rt} > 0 \quad (r>0,\ A>0)$$

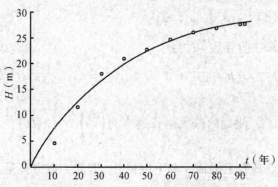

图 8-4　Mitscherlich 方程拟合的
兴安落叶松树高生长曲线

显然，当 $t=0$ 时，$\dfrac{\mathrm{d}y}{\mathrm{d}t}$ 取极大值；当 $t\to\infty$ 时，$\dfrac{\mathrm{d}y}{\mathrm{d}t}\to 0$，即在树木生长方程满足单分子式条件时，其生长速率随着时间 (t) 的增大而下降。

③方程不存在拐点，因为

$$\frac{\mathrm{d}^2 y}{\mathrm{d}t^2} = -r^2 A\mathrm{e}^{-rt} \neq 0$$

单分子式比较简单，它无拐点，曲线形状类似于"肩形"或非下降的"抛物线"，是一种近似的"S"形。因此，单分子式不能很好地描述典型的"S"形生长曲线，比较适合于描述一开始生长较快、无拐点的阔叶树或针叶树的生长过程。

采用 Mitscherlich 方程拟合的兴安落叶松树高生长数据(表8-4)，拟合结果如式(8-16)和图8-4所示。

$$y = 30.8127(1-\mathrm{e}^{-0.026265t}) \quad (MSE = 1.297,\ R^2 = 0.9804) \tag{8-16}$$

(2)逻辑斯谛方程

逻辑斯谛(Logistic)方程最早由 Verhuls(1838，1845)提出用以描述人口增长，之后 Pearl et al. (1920，1926)利用该模型描述了美国人口动态和世界人口增长趋势。Logistic 方程是生态学中模拟种群动态的最常用的模型。

$$y = \frac{A}{1 + c e^{-rt}} \quad (A,\ c,\ r > 0) \tag{8-17}$$

式中　A——树木生长的最大值参数，$A=y_{\max}$；

　　　c——与初始值有关的参数；

　　　r——内禀增长率参数(潜在的最大生长率)。

由于林分中林木生长的营养空间有限，树木生长过程必然受到林木竞争的限制，而随着林木大小(y)的增加竞争加剧，使得树木生长率$\left(\dfrac{1}{y}\dfrac{\mathrm{d}y}{\mathrm{d}t}\right)$是关于 $y(t)$ 的线性递减函数。假设树木生长过程满足阻滞方程(图8-5)。

$$\frac{1}{y}\frac{\mathrm{d}y}{\mathrm{d}t} = r - \frac{r}{A}y \tag{8-18}$$

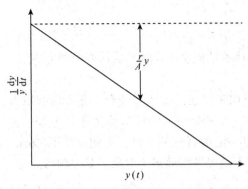

图 8-5　树木生长阻滞方程假设

式中　r——内禀增长率(潜在的最大生长率);

$\dfrac{r}{A}y$——拥挤效应系数。

式(8-18)为变量可分离型的一阶常微分方程。代入初始条件 $t=0$,$y=y_0(y_0\neq0)$ 得到上述一阶常微分方程式(8-18)的特解,即 Logistic 方程式(8-17)。

Logistic 方程具有下列性质:

①方程有两条渐近线 $y=A$ 和 $y=y_0$,其中 A 是树木生长的渐进最大值。

②y 是关于 t 的单调递增函数,由阻滞方程式(8-8),树木生长速率为

$$\frac{\mathrm{d}y}{\mathrm{d}t}=yr\left(1-\frac{1}{A}y\right) \tag{8-19}$$

由于性质①,$y\leqslant A$,所以 $\dfrac{\mathrm{d}y}{\mathrm{d}t}\geqslant0$。

③方程存在一个拐点,令

$$\frac{\mathrm{d}^2y}{\mathrm{d}t^2}=r^2y\left(1-\frac{y}{A}\right)\left(1-\frac{2y}{A}\right)=0$$

解得其拐点坐标,即树木连年生长量 $\left(\dfrac{\mathrm{d}y}{\mathrm{d}t}\right)$ 达到最大时的年龄(t_I) 及其林木大小(y_I),分别为:$t_I=\dfrac{\ln c}{r}$,$y_I=\dfrac{A}{2}$,此时的最大生长速率为:$\left(\dfrac{\mathrm{d}y}{\mathrm{d}t}\right)_{\max}=\dfrac{Ar}{4}$。

因此,逻辑斯谛曲线是具有初始值的典型对称型"S"形生长曲线。但是,该方程拐点在 y 最大值的一半 $\left(\dfrac{A}{2}\right)$ 处,方程的生长率随其大小呈线性下降,这些性质比较适合于生物种群增长,但对树木生长却不合适。一些研究均表明,用 Logistic 方程比较适合于描述慢生树种的树木生长,而对生长较快的其他树种其精度较低。

图 8-6 为采用 Logistic 方程拟合的四川省紫果云杉树高生长曲线。

$$y(t)=\frac{43.9055}{1+47.1800e^{-0.0397t}} \tag{8-20}$$

$$(MSE=0.3702,\ R^2=0.9987)$$

该株树木在 $t_I=97.1$ 年时,树高为 21.95 m,此时的树高连年生长量达到最大值 0.436 m。

Monserud(1984)从实际应用角度提出了被称为广义的 Logistic 生长方程。

$$y=\frac{A}{1+ce^{-f(X,\,t)}}\quad(A,\ c>0) \tag{8-21}$$

式中　A——渐进最大值参数,$A=y_{\max}$;

$f(X,\,t)$——年龄 t 及若干独立变量 X 的

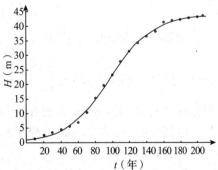

图 8-6　Logistic 方程拟合的紫果云杉树高生长曲线

函数;

c——半饱和参数,由 $y(t)=A/2$ 所确定 $\exp[-f(X, t)]$ 值。

在林业上,广义 Logistic 方程主要应用于构建林木枯损模型及林木成活率模型等。

(3)坎派兹方程

坎派兹(Gompertz)方程最早由 Gompertz(1825)用来描述人类年龄分布、死亡曲线以及在人发生偶然事故时核定其价值的一种方程。后来,Wright(1926)将其作为生长方程,并指出以相对生长率作为测度的平均生长能力多少以一定的百分率下降,依此导出了 Gompertz 方程。显然,该方程是以个体生长为前提,而不是以种群动态为对象。其方程形式为

$$y = Ae^{-ce^{-rt}} \qquad (A, c, r > 0) \qquad (8\text{-}22)$$

式中 A——树木生长的最大值,$A = y_{max}$;

c——与初始值有关的参数;

r——内禀增长率参数(潜在的最大生长率)。

Gompertz 方程假设树木生长率 $\left(\dfrac{1}{y}\dfrac{dy}{dt}\right)$ 与以对数表示的林木大小 y 和渐进最大值 y_{max}(A)的接近程度成比例。

$$\frac{1}{y}\frac{dy}{dt} = r(\ln y_{max} - \ln y)$$

即

$$\frac{dy}{dt} = ry(\ln y_{max} - \ln y) \qquad (8\text{-}23)$$

以 $t=0$,$y=y_0$ 的初始条件,求解微分方程式(8-23)的一个特解,即可得到式(8-22)。Gompertz 方程具有下列性质。

①Gompertz 方程有两条渐近线 $y=A$ 和 $y=y_0$。

②y 是关于 t 的单调递增函数。对式(8-22)求一阶导数,可得到树木生长速率为

$$\frac{dy}{dt} = crye^{-rt} > 0 \quad (c>0, r>0)$$

③Gompertz 方程存在一个拐点,对式(8-22)求二阶导数,并令

$$\frac{d^2y}{dt^2} = cr^2 ye^{-rt} \ (ce^{-rt}-1) = 0$$

解得拐点坐标为:$t = \dfrac{\ln c}{r}$,$y = \dfrac{A}{e}$,此处的最大生长速率为:$\left(\dfrac{dy}{dt}\right)_{max} = \dfrac{Ar}{e}$。该方程存在拐点,约位于最大值 1/3 处 $\left(\dfrac{A}{e}\right)$,Gompertz 方程是具有初始值的典型"S"形生长曲线。许多研究者发现,Gompertz 方程在生物学领域适用性较大,同样也比较适合于描述树木生长,但其精度不及 Richards 方程和 Korf 方程。

(4)理查德方程

理查德(Richards)方程是 Richards(1959)基于 von Bertalanffy 生长理论扩展而来。von Bertalanffy(1957)基于德国著名生理学家 Pütter(1920)提出的表面积定律,即合成代谢速率与生物体的表面积成正比,而分解代谢则与有机物的质量成比例,提出了动物生长模型

$\left(\dfrac{2}{3}<m<1\right)$。Richards(1959)通过分析植物生长后认为，$m>1$ 是主要的应用范围，故将 Bertalanffy 方程中参数 m 的取值扩大到 $m>0$。Chapman(1961)研究鱼类的生长时，也得到与 Richards 相同的结论，故国外许多文献将其称为 Chapman-Richards 方程。

$$y = A(1 - e^{-rt})^b \qquad (A, \ r, \ b > 0) \tag{8-24}$$

式中　A——树木生长的最大值参数，$A=y_{max}$；

　　　r——生长速率参数；

　　　b——与同化作用幂指数 m 有关的参数，$b=\dfrac{1}{1-m}$。

①Richards 方程的生物学假设。在生物种群中，无论是动物还是植物，由于新陈代谢的生理作用，使得个体在其生命过程中的每一时刻都存在着两方面的生理作用，一方面是合成或同化作用，如植物的光合作用，使其不断地聚集干物质；另一方面是分解或异化作用，动植物为维持生命不断地消耗已聚集的干物质。生物生长是上述两种作用的综合结果，对于树木生长一般具有下列特点：由于树木生长的不可逆性，其同化作用效果必定大于或等于异化作用效果；由于树木生长的阻滞性，树木同化作用的效果一般与其大小的 m 次幂成正比，且一般呈抛物线型，即 $m<1$；树木异化作用的效果一般与其大小成线性递增关系。

由以上假设可得

$$\frac{\mathrm{d}y}{\mathrm{d}t} = \alpha y^m - \beta y \tag{8-25}$$

式中　α——树木同化系数；

　　　β——树木异化系数；

　　　m——树木同化作用幂指数。

式(8-25)称为贝塔兰菲方程(von Bertalanffy，1957)，也称为同化—异化方程。

②Richards 方程的推导。显然，式(8-25)属于贝努利(Bernoulli)型微分方程。利用变量代换可将其化为一阶线性非齐次方程。

对式(8-25)两边同乘 $(1-m)y^{-m}$，并令 $z=y^{1-m}$ 得

$$\frac{\mathrm{d}z}{\mathrm{d}t} = \alpha(1 - m) - \beta(1 - m)z \tag{8-26}$$

式(8-26)为一阶线性非齐次微分方程，通过分离变量可解得其通解为

$$z = \frac{\alpha}{\beta}[1 - c'e^{-\beta(1-m)t}] \tag{8-27}$$

将 $z=y^{1-m}$ 代入式(8-27)中，得到同化—异化方程式(8-25)的通解。

$$y = \left\{ \frac{\alpha}{\beta}\left[1 - c'e^{-\beta(1-m)t}\right] \right\}^{\frac{1}{1-m}} \quad (c' \text{为积分常数}) \tag{8-28}$$

将 $t=0$，$y=0$ 的初始条件代入式(8-28)，求得 $c'=1$，解得方程式(8-25)的一个特解。

$$y = \left\{ \frac{\alpha}{\beta}\left[1 - e^{-\beta(1-m)t}\right] \right\}^{\frac{1}{1-m}} \tag{8-29}$$

若令 $A = \left(\dfrac{\alpha}{\beta}\right)^{\frac{1}{1-m}}$， $r = \beta(1-m)$， $b = \dfrac{1}{1-m}$，即可得到 Richards 方程式(8-24)。

③Richards 方程的性质。Richards 方程具有下列性质。

a. 具有两条渐近线 $y=A$ 和 $y=0$。

b. y 是关于 t 的单调递增函数，对式(8-24)求一阶导数，可得

$$\frac{\mathrm{d}y}{\mathrm{d}t} = rby\left[\left(\frac{A}{y}\right)^{\frac{1}{b}} - 1\right] > 0 \quad (因\ r>0,\ b>0)$$

c. Richards 方程存在一个拐点，对式(8-24)求二阶导数，并令其等于0。

$$\frac{\mathrm{d}^2 y}{\mathrm{d}t^2} = (rb)^2 y\left[1 - \left(\frac{A}{y}\right)^{\frac{1}{b}}\right]\left[1 - \left(\frac{b-1}{b}\right)\left(\frac{A}{y}\right)^{\frac{1}{b}}\right] = 0$$

解得拐点坐标为

$$t = \frac{\ln b}{r}, \quad y = A\left(\frac{b-1}{b}\right)^{b}$$

此时的最大生长速率(连年生长量最大值)为

$$\left(\frac{\mathrm{d}y}{\mathrm{d}t}\right)_{\max} = Ar\left(\frac{b-1}{b}\right)^{b-1}$$

应用 Richards 方程拟合树木生长时，还可以对树木生理作用参数(α、β、m)做出某种估计。当然这种估计还需用生理实验加以检验。应该指出，在对实际数据拟合时，Richards 方程参数也有可能不符合其生物意义，例如，有时会出现 m 小于 0($b<1$)的情况。

④Richards 方程的应用。将不同的初始条件代入 Richards 方程的通解式(8-28)，可以将其应用于不同生物的生长模拟中。

a. 在动物生长中的应用。动物生长应满足 $t=0$ 时，$y=y_0$ 的初始条件。将其代入式(8-28)，得

$$y = A(1 - Le^{-rt})^{\frac{1}{1-m}} \tag{8-30}$$

式中 $A = \left(\dfrac{\alpha}{\beta}\right)^{\frac{1}{1-m}}$， $L = \left(1 - \dfrac{\beta}{\alpha}y_0^{1-m}\right)$， $r = \beta(1-m)$。

式(8-30)称为 Richards Ⅱ型方程。

b. 在胸径和断面积生长中的应用。林木胸径和断面积生长曲线满足 $t=t_0$(生长至 1.3 m 所需的年龄)，$y=0$ 的初始条件。将其代入式(8-28)，得

$$y = A\left[1 - e^{-r(t-t_0)}\right]^{\frac{1}{1-m}} \tag{8-31}$$

c. 在树高和材积生长中的应用。林木树高和材积生长曲线满足 $t=0$ 时，$y=0$ 的初始条件，可用式(8-24)。

在描述树木及林分生长过程时，Richards 方程是近代应用最为广泛、适应性较强的一类生长方程，从理论上可以证明单分子方程式(8-14)、Logistic 方程式(8-17)和 Gompertz 方程式(8-22)均是 Richards 方程 $m=0$，$m \to 1$，$m>1$ 时的一些特例，且包括这些方程中间变化型在内的一般函数。因此，Richards 方程通过引入参数 m 而使方程对树木生长具有广泛的适应能力。

根据上述讨论，一般地可将 Richards 方程可表示为

$$y = A\left(1 \pm Le^{-rt}\right)^{\frac{1}{1-m}} \tag{8-32}$$

$$\begin{cases} 当 \ m>1 \ 时，取 "+" \\ 当 \ 0 \leqslant m<1 \ 时，取 "-" \end{cases}$$

Richards 方程存在以下 3 种特例。

a. 当 $m=0$ 时，式(8-32)变成 Mitscherlich 方程。

b. 当 $m=2$ 时，式(8-32)变成 Logistic 方程。

c. 当 $m \to 1$ 时，

因为　　　　　$\dfrac{dy}{dt} = \dfrac{r}{1-m} y\left[\left(\dfrac{A}{y}\right)^{1-m} - 1\right]$　和　$\lim\limits_{x \to 0}\left(\dfrac{a^x - 1}{x}\right) = \ln a$

$$\lim_{m \to 1} \frac{dy}{dt} = ry \lim_{m \to 1}\left\{\frac{\left[\left(\dfrac{A}{y}\right)^{1-m} - 1\right]}{(1-m)}\right\} = ry \ln\left(\frac{A}{y}\right) \tag{8-33}$$

式(8-33)为 Gomperz 方程式(8-22)的假设，由此可以得到 Gomperz 方程。

8.2.5　豪斯费尔德(Hossfeld) IV 型生长方程

早在 1822 年，就提出采用 Hossfeld IV 方程描述树木生长(Zeide，1993)，并表现出非凡的适应性。Hossfeld IV 方程的形式为

$$y = \frac{A}{1 + ct^{-k}} \quad 或 \quad y = \frac{t^k}{b + t^k/A} \qquad (A,\ k,\ c \ 或 \ b > 0) \tag{8-34}$$

式中　A——树木生长的最大值参数，$A = y_{\max}$；

　　　k——与生长速率有关的参数；

　　　c，b——与初始值有关的参数。

将 $f(X, t) = -k\ln t$ 代入广义 Logistic 方程式(8-21)，即可导出式(8-34)。

McDill 和 Amateis(1992)在树木量纲分析的基础上，给出了 Hossfeld IV 方程的微分方程。假设在某一时刻(t)，当林木大小(y)趋于渐进最大值(A)时，其生长速率$\left(\dfrac{dy}{dt}\right)$趋向于 0。

$$\frac{dy}{dt} = k\frac{y}{t}\left(1 - \frac{y}{A}\right) \qquad (k > 1) \tag{8-35}$$

式中　k——与生长速率有关的参数，$k>1$。

与 Logistic 方程推导类似，通过分离变量可解得微分方程式(8-35)的通解。

$$y = \frac{A}{1 + c't^{-k}} \tag{8-36}$$

将 $t = t_0$，$y = y_0(y_0 \neq 0)$ 的初始条件代入通解式(8-36)中，求得 c'，并令 $c = c' = \left(\dfrac{A}{y_0} - 1\right)t_0^k$，即为 Hossfeld IV 方程式(8-34)。

Hossfeld IV 方程具有下列性质。

①方程有两条渐近线 $y=A$ 和 $y \to 0$。

②y 是关于 t 的单调递增函数。因 $y \leq A$，由式(8-35)可知，$\dfrac{\mathrm{d}y}{\mathrm{d}t} \geq 0$。

③方程存在一个拐点，令 $\dfrac{\mathrm{d}^2 y}{\mathrm{d}t^2} = k\dfrac{y}{t^2}\left(1 - \dfrac{y}{A}\right)\left[k\left(1 - \dfrac{2y}{A}\right) - 1\right] = 0$，解得其拐点坐标分别为：

$t_I = \left[\dfrac{c(k-1)}{k+1}\right]^{1/k}$，$y_I = \dfrac{A}{2}\left(1 - \dfrac{1}{k}\right)$，此时的最大生长速率为 $\left(\dfrac{\mathrm{d}y}{\mathrm{d}t}\right)_{\max} = \dfrac{A}{4}\left[\dfrac{k+1}{c(k-1)}\right]^{1/k}$

$\left(1 - \dfrac{1}{k}\right)\left(1 + \dfrac{1}{k}\right)$。

由上述可知，虽然 Hossfeld Ⅳ 方程的假设式(8-35)缺乏特定的生物学原理，但它是具有初始值的典型"S"形生长曲线，且在实际应用中对生长的拟合效果较佳。Kiviste(1988)通过比较 31 种三参数生长方程对 3 种主要林木变量(直径、树高和材积)的拟合效果表明，Hossfeld Ⅳ 方程的拟合精度位列第三，并发现它是描述材积生长的最佳模型。一些研究表明，Hossfeld Ⅳ 方程与 Richard 方程的预估精度相近(Zeide，1993)。

8.2.6 生长方程的分解

以上所介绍的 8 种模拟树木和林分生长的典型"S"形方程，均可以积分形式(总生长量函数，y)或微分形式(生长速率，$\mathrm{d}y/\mathrm{d}t$)来表示。Zeide(1993)通过分析 12 种典型"S"形生长函数的微分表达式，发现所有生长方程均可分解为：增长(expansion)部分和下降(decline)部分。

从生理学角度来看，树木生长包括 3 个基本过程，即细胞分裂、细胞延长和细胞分化。从理论上讲，各个细胞和组织的生长潜力是无限的，它们的生长过程是按指数式进行增长，但由于单个细胞或器官之间内部的交互作用限制了生长。

因此，树木的增长(合成)部分表示树木按内在固有的生长速率(内禀增长率)呈现指数增长趋势，它与生物生长潜力、光合能力、养分吸收、合成代谢、同化作用等有关。树木生长的下降(分解)部分则表示外因(如竞争、有限生长空间、呼吸、被压等)和内因(自我调节机制和老化)的约束作用，这些因素对树木生长起到阻滞作用，被称为环境阻力、分解代谢、异化作用、呼吸作用等。树木的生长正是这两种作用的结果。上文中，Richards 生长方程的假设——同化—异化方程的式(8-25)，充分说明了这些概念。

上述各种生长方程均可以表示为以下两种结构形式(Zeide，1993)。

$$\ln\left(\dfrac{\mathrm{d}y}{\mathrm{d}t}\right) = \ln k + p\ln y - q\ln t \leftrightarrow \dfrac{\mathrm{d}y}{\mathrm{d}t} = k_1 y^p t^{-q} \tag{8-37}$$

$$\ln\left(\dfrac{\mathrm{d}y}{\mathrm{d}t}\right) = \ln k + p\ln y - qt \leftrightarrow \dfrac{\mathrm{d}y}{\mathrm{d}t} = k y^p \mathrm{e}^{-qt} \tag{8-38}$$

式中　k——截距参数，$k_1 = \mathrm{e}^k$；

p——为林木大小 y 的系数；

q——为年龄 t 的系数；

$k, p, q > 0$。

在这两种结构中，式(8-37)称为 *LTD*(对数年龄下降)或 *PD*(幂函数下降)结构，即树木生长速率$\left(\dfrac{\mathrm{d}y}{\mathrm{d}t}\right)$的下降部分是年龄 t 的幂函数；而式(8-38)称为 TD(年龄下降)或 ED(指数下降)结构，即生长的下降部分与年龄 t 的指数形式成比例。

这两种结构的共同点是树木生长的增长部分均与林木大小 y 成比例，即$\dfrac{\mathrm{d}y}{\mathrm{d}t}$与 y 的 p 次幂成正比，区别在于下降部分 LTD 或 PD 结构模型是关于时间 t 的一个幂函数(如 Schumacher 方程、Hossfeld 方程、Korf 方程)，而 TD 或 ED 结构模型是关于时间 t 的一个指数函数(如 Logistic 方程，Gompertz 方程，单分子式及 Richards 方程)。

Zeide(1993)通过将式(8-38)中的下降部分表达成林木大小的函数，即用林木大小 y 代替时间 t，提出了生长方程的第三种结构形式——YD 结构。

$$\ln\left(\frac{\mathrm{d}y}{\mathrm{d}t}\right) = \ln k + p\ln y - qy \leftrightarrow \frac{\mathrm{d}y}{\mathrm{d}t} = ky^p \mathrm{e}^{-qy} \tag{8-39}$$

生长方程的这三种结构形式，对直接模拟树木或林分生长是非常有用的。这些结构为从生物学角度判断所构建的模型是否具有合理性提供了保证。

8.2.7 生长方程的拟合实例

上述多数经验方程(表8-2)和 8 个理论生长方程(表8-5)，均属于典型的非线性回归模型，估计参数时需采用非线性最小二乘法(详见附录1)。许多高级统计软件包，如 SAS、SPSS、R、统计之林(ForStat)等，均提供了非线性回归模型参数估计的方法。

本节举例说明树木生长方程的拟合过程。

根据表 8-3 中天然红松树高生长数据，利用 Richards 生长方程来建立树高生长模型。给定初始参数值：$A = 50$，$r = 0.01$，$b = 1.5$，采用 SAS9.4 统计软件包中所提供的麦夸特(Marquardt)迭代法，经过 11 步迭代得到的 Richards 方程的参数估计值(表8-6)。

表 8-6　红松树高生长模型参数估计值

参数名	参数渐近估计值	渐近标准误	t	p	参数渐近估计值95%的置信区间	
					上限	下限
A	34.941 5	0.539 450	64.772 2	0.000 0	36.057 4	33.825 6
r	0.010 23	0.000 457	22.365 0	0.000 0	0.011 2	0.009 28
b	1.729 8	0.064 150	26.963 9	0.000 0	1.862 5	1.597 1

方程的拟合统计量如下。

剩余均方：

$$MSE = SSE/(n-3) = 2.411\ 9/(26-3) = 0.104\ 9$$

剩余标准差：

$$S_{y,x} = \sqrt{MSE} = 0.323\ 9\ \mathrm{m}$$

相关指数：

$$R^2 = 0.999\ 0$$

红松树高生长方程拟合结果如式(8-40)和图 8-7 所示。

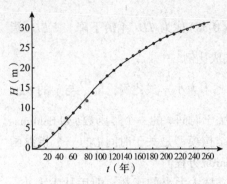

图8-7 红松树高生长方程拟合结果

$$H = 34.941\,5(1 - e^{-0.010\,23t})^{1.729\,8} \quad (8\text{-}40)$$

天然红松的树高生长曲线反映了该株树的以下生长规律。

①树高生长的渐进最大值 H_{max} = 34.941 5 m；树高潜在生长速率：r = 0.010 23（1.023%），表明其树高生长缓慢；同化作用幂指数：$m = 1 - \dfrac{1}{b} = 0.422$；

②曲线存在一个拐点 t_I = 53.58a，H_I = 7.85 m，$\left(\dfrac{\mathrm{d}H}{\mathrm{d}t}\right)_{max}$ = 0.190 4 m。即当树木年龄达到 53.58 年时，树高连年生长量达到最大，数值为 0.190 4 m。

8.3 平均生长量与连年生长量

由样本数据$(t_i，y_i)$用非线性回归模型拟合法构造的均值意义上的生长方程为$y(t)$，通常是呈单调递增的"S"形曲线，其生长方程可转化为平均生长量方程和连年生长量方程。

8.3.1 连年生长量函数

连年生长量 $Z(t)$ 是说明树木某一年的实际生长速率，即连年生长量是树木年龄 t 的函数，其生长方程为

$$Z(t) = \frac{\mathrm{d}y(t)}{\mathrm{d}t} \quad (8\text{-}41)$$

总生长过程曲线方程取一阶导数，即为连年生长量依年龄变化的方程。以 Richards 方程拟合的红松树高生长方程式(8-40)为例。

$$Z(t) = \frac{\mathrm{d}y(t)}{\mathrm{d}t} = Arc(1 - e^{-rt})^{c-1}e^{-rt}$$
$$= 34.941\,5 \times 0.010\,23 \times 1.729\,8 \times (1 - e^{-0.010\,23t})^{0.729\,8}e^{-0.010\,23t} \quad (8\text{-}42)$$

连年生长量函数的变化规律可对式(8-42)的一阶导数$\dfrac{\mathrm{d}Z(t)}{\mathrm{d}t}$，即对总生长过程曲线取二阶导数来表示，如上例中的 Richards 方程。

$$\frac{\mathrm{d}Z(t)}{\mathrm{d}t} = \frac{\mathrm{d}^2y(t)}{\mathrm{d}t^2} = (rc)^2 y(t)\left\{1 - \left[\frac{A}{y(t)}\right]^{\frac{1}{c}}\right\}\left\{1 - \left(\frac{c-1}{c}\right)\left[\frac{A}{y(t)}\right]^{\frac{1}{c}}\right\} \quad (8\text{-}43)$$

若令$\dfrac{\mathrm{d}Z(t)}{\mathrm{d}t} = 0$，由式(8-43)可解出连年生长量达到极大值时的年龄 $t_{Z_{max}}$ 和极大值 Z_{max}。

$$t_{Z_{max}} = \frac{\ln c}{r} = \frac{\ln 1.729\,8}{0.010\,23} = 53.57（年）$$

$$Z_{max} = Ar\left(\frac{c-1}{c}\right)^{c-1} = 0.190\,4（m）$$

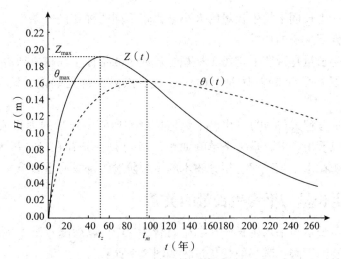

图 8-8 红松连年生长量（Z）与平均生长量（θ）关系

这说明红松树高的连年生长在 54 年左右达到最大，最大年树高生长量为 0.19 m（图 8-8）。

8.3.2 平均生长量函数

平均生长量函数 $\theta(t)$ 是说明树木在某一时刻 t 的平均生长速率，即总平均生长量是树木年龄 t 的函数。其方程为

$$\theta(t) = \frac{y(t)}{t}$$

即总生长过程曲线方程 $y(t)$ 被年龄 t 除，所得到的平均生长量依年龄变化的曲线方程。

仍以 Richards 方程拟合的红松树高生长方程式（8-40）为例，相应的平均生长量方程为

$$\theta(t) = \frac{y(t)}{t} = \frac{A}{t}(1 - e^{-rt})^c$$
$$= \frac{34.941\ 5}{t}(1 - e^{-0.010\ 23t})^{1.729\ 8} \tag{8-44}$$

通过对式（8-44）的一阶导数 $\dfrac{d\theta(t)}{dt}$，并令其等于 0，可求得平均生长量达到极大值时的年龄 t_m 和极大值 θ_{max}，如上例中的 Richards 方程。

$$\frac{d\theta(t)}{dt} = \frac{A}{t}(1 - e^{-rt})^{c-1}\left[cre^{-rt} - \frac{1}{t}(1 - e^{-rt})\right] = 0 \tag{8-45}$$

显然，式（8-45）没有显示解，可采用迭代法（如二分法、牛顿法、弦截法、黄金分割法等）求解超越方程式（8-45）的根，即平均生长量达到最大值时的年龄 t_m，并将 t_m 代入平均生长量方程式（8-44）解得平均生长量最大值 θ_{max}。上例中，红松树高生长方程的 $t_m = 98.9$，$\theta_{max} = 0.161\ 7$，说明红松树高的总平均生长在 99 年达到最大，树高平均生长量最大值为 0.16 m（图 8-8）。

平均生长量的主要用途有两个方面：

①可根据同一生长期平均生长量的大小来比较不同树种在同一条件下生长的快慢或同一树种在不同条件下生长的快慢。

②材积平均生长量是说明平均每年材积生长数量的指标。在树木或林分整个生长过程中，平均生长量最高的年龄在林业上称作数量成熟龄，它是确定合理采伐年龄的依据之一。

根据Richards方程式(8-40)算出的平均生长量和连年生长量的理论值(图8-8)。从计算结果或图形可以看出：$\theta(t)$是一条单峰曲线，$Z(t)$是一条存在唯一极大值的单峰曲线。这种方法对于分析树木生长规律、划分树木的生长阶段等都具有重要意义。

8.3.3 连年生长量与平均生长量的关系

树木的连年生长量与平均生长量在初生时皆为"0"，以后随年龄增加而逐渐上升，至一定年龄后开始逐渐下降，其一般变化过程如图8-8所示。

两者之间的关系可概括为以下4点：

①在幼龄阶段，连年生长量与总平均生长量都随年龄的增加而增加，但连年生长量增加的速率较快，其值大于平均生长量，即$Z(t) > \theta(t)$。

②连年生长量达到最高峰的时间比总平均生长量早。

③平均生长量达到最高峰(即最大值)时，连年生长量与总平均生长量相等，即$Z(t) = \theta(t)$时，反映在图8-8上两条曲线相交。对树木材积来说，两条曲线相交时的年龄即为数量成熟龄。

④在总平均生长量达到最高峰以后，连年生长量永远小于平均生长量，即$Z(t) < \theta(t)$。

上述关系可以用数学证明：

设总生长量$y(t)$是关于t的连续且光滑的生长方程，且总平均生长量曲线$\theta(t) = \dfrac{y(t)}{t}$存在唯一的极大值。对总平均生长量函数求一阶导数并令其等于0。

可以证明：当总平均生长量存在最大值时，根据极值存在的必要条件，$\theta(t)$的极值点t_m必是下列方程的解。

$$\frac{d\theta(t)}{dt} = \frac{d}{dt}\left[\frac{dy(t)}{dt}\right] = \frac{1}{t^2}\left[t\frac{dy(t)}{dt} - y(t)\right] = 0$$

或

$$t\frac{dy(t)}{dt} - y(t) = 0 \qquad (t \neq 0)$$

故

$$\frac{dy(t)}{dt} - \frac{y(t)}{t} = 0$$

即

$$Z(t) - \theta(t) = 0$$

显然，当$\theta(t)$存在唯一的极值点t_m时，则$\theta(t)$与$Z(t)$呈如下关系式。

$$\theta(t) \begin{cases} < Z(t) & (0 < t < t_m) \\ = Z(t) & (t = t_m) \\ > Z(t) & (t > t_m) \end{cases} \qquad (8-46)$$

8.4　树木生长率

8.4.1　树木生长率的定义

树木生长率是树木某调查因子的连年生长量与其总生长量的百分比，用以说明树木相对生长速率，即

$$P(t) = \frac{Z(t)}{y(t)} \times 100 \tag{8-47}$$

式中　$y(t)$——树木的总生长方程；

　　　$P(t)$——树木在年龄 t 时的生长率。

显然，当 $y(t)$ 为"S"形曲线时，$P(t)$ 是关于 t 的单调递减函数。

由于生长率是说明树木生长过程中某一期间的相对速率，所以可用于对同一树种在不同立地条件下或不同树种在相同立地条件下生长速率的比较及未来生长量的预估等，这比用绝对值的效果要好得多。

8.4.2　各调查因子生长率之间的关系

各种调查因子的生长率，特别是材积生长率，在实际工作中应用很广，但除胸径生长率外，所有调查因子的生长率都很难直接测定和计算，常常根据它们与胸径生长率的关系间接推定，所以必须了解各种生长率之间的关系。

(1)断面积生长率 P_g 与胸径生长率 P_D 的关系

已知 $g = \frac{\pi}{4}D^2$，其中断面积 g 与胸径 D 均为年龄 t 的函数，等式两边求导。

$$\frac{dg}{dt} = \frac{\pi}{4}2D\frac{dD}{dt} \tag{8-48}$$

用 $g = \frac{\pi}{4}D^2$ 同除(8-48)等式的两边，得

$$P_g = 2P_D \tag{8-49}$$

即断面积生长率等于胸径生长率的两倍。

(2)树高生长率 P_H 与胸径生长率 P_D 的关系

假设树高与胸径的生长率之间关系满足相对生长式。

$$\frac{1}{H(t)}\frac{dH(t)}{dt} = k\frac{1}{D(t)}\frac{dD(t)}{dt} \tag{8-50}$$

即林木的树高与胸径之间可用如下幂函数表示。

$$H = aD^k \tag{8-51}$$

式中　H——t 年时的树高，m；

　　　D——t 年前的胸径，cm；

　　　a——方程系数；

　　　k——反映树高生长能力的指数，$k = 0 \sim 2$。

因此，由式(8-50)可得

$$P_H = kP_D \tag{8-52}$$

即树高生长率近似地等于胸径生长率的 k 倍。k 值是反映树高生长能力的指数。

①当 $k \approx 0$ 时，树高趋于停止生长，这一现象多出现在树龄较大的时期，说明树高生长率为零，即 $P_H = 0$。

②当 $k = 1$ 时，树高生长与胸径生长成正比。

③当 $k > 1$ 时，即树高生长旺盛。树木的平均 k 值，大致变化在 $0 \sim 2$。根据大量材料分析结果表明，林分中的平均 k 值与林木生长发育阶段和树冠长度占树干高度的百分数均有关。

(3)材积生长率与胸径生长率、树高生长率及形数生长率之间的关系

依据立木材积公式 $V = gHf$，若把材积的微分作为材积生长量的近似值，则

$$\ln V = \ln g + \ln H + \ln f$$

取偏微分，则

$$\partial \ln V = \partial \ln g + \partial \ln H + \partial \ln f$$

由此可得

$$\frac{\partial V}{V} = \frac{\partial g}{g} + \frac{\partial H}{H} + \frac{\partial f}{f}$$

即

$$P_V = P_g + P_H + P_f$$

或

$$P_V = 2P_D + P_H + P_f \tag{8-53}$$

现将树高生长率与胸径生长率的关系式(8-52)代入式(8-53)中，且假设在短期间内形数变化较小(即 $P_f \approx 0$)，则材积生长率近似等于

$$P_V = (k + 2)P_D \tag{8-54}$$

以上推证的结果可为通过胸径生长率测定立木材积生长量提供了理论依据。

在分析材积生长率时，通常假定形数在短期内不变，但实际上形数也在变化，其变化规律大致是：

①幼、中龄或树高生长较快时，形数的变化大；成、过熟林或树高生长较慢时，形数变化较小。

②一般情况下，形数生长率是负值，但特殊情况下可能出现正值。

③调查的间隔期较短时，形数的变化较小。

因此，式(8-54)只适用于年龄较大和调查间隔期较短时确定材积生长率。

8.4.3　常用生长率公式

(1)普雷斯勒生长率

普雷斯勒以某一段时间的定期平均生长量代替连年生长量(Pressler，1857)，即

$$Z(t) = \frac{\Delta y}{\Delta t} = \frac{y_t - y_{t-n}}{n}$$

以调查初期的量(y_{t-n})与调查末期的量(y_t)的平均值为原有总量(y_t)，则生长率计算式为

$$P(t) = \frac{y_t - y_{t-n}}{y_t + y_{t-n}} \times \frac{200}{n} \tag{8-55}$$

式(8-55)称为普雷斯勒式生长率公式。在我国林业工作中，均利用该式计算树木直径、树高及材积等因子的生长率。

(2) 施耐德生长率

施耐德(Schneider，1853)提出的材积生长率公式为

$$P_V = \frac{K}{nd} \tag{8-56}$$

式中　n——胸高处外侧 1 cm 半径上的年轮数；

　　　d——现在的去皮胸径；

　　　K——生长系数，生长缓慢时为 400，中庸时为 600，旺盛时为 800。

此式外业操作简单，测定精度又与其他方法大致相近，直到今天仍是确定立木生长量的最常用方法。

施耐德以现在的胸径及胸径生长量为依据，在林木生长迟缓、中庸和旺盛 3 种情况下，分别取表示树高生长能力的指数 k 等于 0、1 和 2 时，曾经得到式(8-55)。

$$P_V = (k+2)P_D$$

据此，对施耐德公式作如下推导。

按生长率的定义，胸径生长率为

$$P_d = \frac{Z_d}{d} \times 100$$

而在式(8-56)中的 n，是胸高外侧 1.0 cm 半径上的年轮数，据此，一个年轮的宽度为 $\frac{1}{n}$(cm)，它等于胸高半径的年生长量。因此，胸径最近一年间的生长量为

$$Z_d = \frac{2}{n}$$

由此可知，$d - \frac{2}{n}$ 为 1 年前的胸径值；$d + \frac{2}{n}$ 为 1 年后的胸径值。

若取一年前和一年后两个胸径的平均数作为求算胸径生长率的基础时，则

$$P_d = \frac{\dfrac{2}{n}}{\dfrac{1}{2}\left[\left(d - \dfrac{2}{n}\right) + \left(d + \dfrac{2}{n}\right)\right]} \times 100 = \frac{200}{nd}$$

将上式代入 $P_V = (k+2)P_d$ 中，在不同生长情况下的材积生长率公式分别为

生长迟缓时：　　　　　　　$k = 0,\ P_V = \dfrac{400}{nd}$

生长中庸时：　　　　　　　$k = 1,\ P_V = \dfrac{600}{nd}$

生长旺盛时：　　　　　　　$k = 2,\ P_V = \dfrac{800}{nd}$

若胸径取去皮胸径,以 K 表示生长系数(400,600,800),则有式(8-56)。这样在应用上比较方便灵活,并根据表 8-7 查定 K 值,其中,$K=200(k+2)$。

表 8-7 K 值查定表

树冠长度占树高 (%)	树高生长					
	停止	迟缓	中庸	良好	优良	旺盛
>50	400	470	530	600	670	730
25~50	400	500	570	630	700	770
<25	400	530	600	670	730	800

8.5 树木生长量的测定

8.5.1 伐倒木生长量的测定

(1)直径生长量的测定

用生长锥或在树干上砍缺口或截取圆盘等办法,量取 n 个年轮的宽度,其宽度的二倍即为 n 年间的直径生长量,被 n 除得定期平均生长量。用现在去皮直径减去最近 n 年间的直径生长量得 n 年前的去皮直径。

(2)树高生长量的测定

每个断面积的年轮数是代表树高由该断面生长到树顶时所需要的年数。因此,测定最近 n 年间的树高生长量,可在树梢下部寻找年轮数恰好等于 n 的断面,量此断面至树梢的长度即为最近 n 年间的树高定期生长量。用现在的树高减去此定期生长量即得 n 年前的树高。

(3)材积生长量的测定

精确测定伐倒木材积生长量需采用区分求积法。首先按伐倒木区分求积法测出各区分段测点的带皮和去皮直径,用生长锥或砍缺口等方法量出各测点最近 n 年间的直径生长量,并算出 n 年前的去皮直径。根据前述方法测出 n 年前的树高。最后,根据各区分段现在和 n 年前的去皮直径以及现在和 n 年前的树高,用区分求积法可求出现在和 n 年前的去皮材积。按照生长量的定义即可计算各种材积生长量。

8.5.2 立木生长量的测定

通常是先测定材积生长率,再用式(8-57)计算材积生长量,即

$$Z_V = VP_V \tag{8-57}$$

用施耐德公式确定立木材积生长率的步骤如下。

①测定树木带皮胸径 D 及胸高处的皮厚 B。

②用生长锥或其他方法确定胸高处外侧 1.0 cm 半径上的年轮数 n。

③根据树冠的长度和树高生长状况查表 7-6 确定系数 K。

④计算去皮胸径,$d=D-2B$。

⑤计算材积生长率。

⑥计算材积生长量。

【例 8-3】一株生长中庸的落叶松,冠长百分数大于 50%,带皮胸径 32.2 cm,胸高处

的皮厚 1.3 cm，外侧半径 1.0 cm 的年轮数有 9 个，材积为 1.094 4 m³，按式(8-56)计算材积生长率及按式(8-57)计算材积生长量：

因为
$$K = 530$$
$$d = 32.2 - 2 \times 1.3 = 29.6 (\text{cm})$$
$$i = \frac{1}{9} = 0.111 (\text{cm})$$

则
$$P_V = \frac{530}{9 \times 29.6} = 1.99 (\%)$$

或
$$P_V = \frac{530 \times 0.111}{29.6} = 1.99 (\%)$$
$$Z_V = 1.094\ 4 \times 1.99\% = 0.021\ 8 (\text{m}^3)$$

8.6　树干解析

云课堂

将树干截成若干段，在每个横断面上可以根据年轮的宽度，确定各年龄(或龄阶)的直径生长量。在纵断面上，根据断面高度以及相邻两个断面上的年轮数之差，可以确定各年龄的树高生长量，从而可进一步算出各龄阶的材积和形数等。这种分析树木生长过程的方法称为树干解析(stem analysis)。作为分析对象的树木称为解析木。树干解析是研究树木生长过程的基本方法，在生产和科研中经常采用，本节利用实例介绍树干解析的方法和步骤。

8.6.1　树干解析的外业工作

(1)解析木的选取与生长环境记载

解析木的选取应根据分析生长过程的目的和要求而定，一般选择生长正常、无病虫害、不断梢的平均木、优势木或劣势木。选取解析木的数量则依精度要求而定。在解析木伐倒以前，应记载它所处的立地条件、林分状况、解析木冠幅及与邻近树木的位置关系，并绘制树冠投影图等。

(2)解析木的伐倒与测定

伐倒前，应先准确确定根颈位置和实测胸径，并在树干上标明胸高直径的位置和南北方向。伐倒后，先测定由根颈至第一个死枝和活枝在树干上的高度，然后打去枝丫，在全树干上标明北向。测量树的全高和全高的 1/4、1/2 以及 3/4 处的带皮和去皮直径。

(3)截取圆盘

在测定树干全长的同时，将树干区分成若干段，分段的长度和区分段个数与伐倒木区分求积法的要求一致。通常采用中央断面区分求积法在每个区分段的中点位置截取圆盘。在分析树木生长过程中，研究胸高直径的生长过程有着重要的意义，故在胸高处必须截取圆盘。所余不足一个区分段长度的树干为梢头木，在梢头底直径的位置也必须截取圆盘。截取圆盘应尽量与干轴垂直，不可偏斜。以恰好在区分段的中点位置上的圆盘面作为工作面，用来查数年轮和量测直径。圆盘不宜过厚，视树干直径大小而定，一般以 2.0~5.0 cm

为宜。在圆盘的非工作面上标明南北向，并以分式形式注记，分子为标准地号和解析木号，分母为圆盘号和断面高度，如 $\frac{No.\ 3-1}{1-1.3\ m}$，根颈处圆盘为0号盘，其他圆盘应依次向上编号。此外，在0号圆盘上应加注树种、采伐地点和时间等(图8-9)。

8.6.2 树干解析的内业工作

(1)查定各圆盘上的年轮个数

首先将圆盘工作面刨光(以便查数年轮)，并通过髓心划出东西、南北两条直径线；然后查数各圆盘上的年轮个数。其方法是：

①在0号盘的两条直线上，由髓心向外按每个龄阶(3年、5年或10年等)标出各龄阶的位置，到最后如果年轮个数不足一个龄阶的年数时，则作为一个不完整的龄阶(图8-10)。

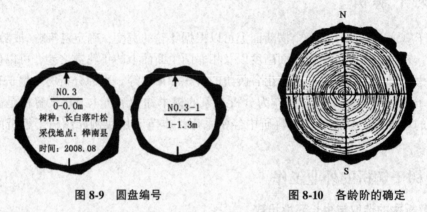

图8-9　圆盘编号　　　　　　图8-10　各龄阶的确定

②在其余圆盘的两条直径线上，要由圆盘外侧向髓心方向查数并标定各龄阶的位置，从外开始首先标出不完整的龄阶位置(即0号盘最外侧的不完整龄阶)，然后按完整的龄阶标出。圆盘年龄查数方法如图8-11所示。

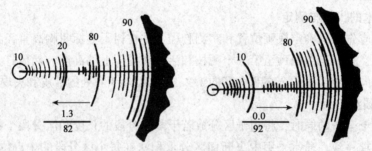

图8-11　圆盘年轮查数示意图

(2)各龄阶直径的量测

用直尺或读数显微镜量测每个圆盘东西、南北两条直径线上各龄阶的直径，两个方向上同一龄阶的直径平均数，即为该龄阶的直径(表8-8)。

表 8-8　直径、树高及材积生长过程分析

断面高	年轮	达各断面高的年龄（年）	32年带皮 d	32年带皮 v	32年去皮 d	32年去皮 v	50年 d	50年 v	40年 d	40年 v	30年 d	30年 v	20年 d	20年 v	10年 d	10年 v
伐根	52		43.8	×	39.3	×	38.6	×	35.9	×	31.2	×	26.7	×	16.3	×
胸径（cm）	51	1	30.8	—	29.1	—	28.7	—	27.1	—	23.9	—	20.2	—	12.5	—
2	50	2	29.4	0.218 56	28.1	0.183 32	27.8	0.177 72	26.0	0.154 32	22.9	0.117 64	19.2	0.084 94	10.4	0.029 36
4	49	3	26.9	0.124 72	25.5	0.113 09	25.2	0.110 57	23.7	0.097 21	20.6	0.074 52	17.2	0.052 19	8.7	0.014 44
6	47	5	25.4	0.107 50	24.3	0.097 45	24.0	0.095 11	22.5	0.083 88	19.4	0.062 89	15.8	0.042 84	6.3	0.009 06
8	45	7	24.4	0.097 43	23.2	0.088 65	22.8	0.086 07	21.3	0.075 39	17.9	0.054 72	14.1	0.035 22	3.4	0.004 03
10	43	9	22.6	0.086 87	21.3	0.077 91	21.0	0.075 46	19.3	0.064 89	15.8	0.044 77	11.3	0.025 64	0.6	0.000 94
12	41	11	20.7	0.073 77	19.5	0.065 50	19.1	0.063 29	17.3	0.052 76	13.5	0.033 92	8.2	0.015 31		
14	38	14	19.2	0.062 61	17.7	0.054 47	17.3	0.052 16	15.2	0.041 65	10.7	0.023 31	5.4	0.007 57		
16	35	17	18.4	0.055 54	17.2	0.047 84	16.6	0.045 15	13.7	0.032 89	8.2	0.014 27	2.3	0.002 71		
18	31	21	14.9	0.044 03	13.7	0.037 98	13.1	0.035 12	10.0	0.022 60	4.8	0.007 09				
20	23	29	12.3	0.029 32	11.1	0.024 42	10.5	0.022 14	7.1	0.011 81	0.7	0.001 85				
22	19	33	9.2	0.018 53	8.1	0.014 83	7.4	0.012 96	3.7	0.005 03						
24	14	38	5.8	0.009 29	4.8	0.006 96	4.1	0.005 62	0.6	0.001 10						
(26)	4	48	2.0	0.002 96	1.6	0.002 01	0.7	0.001 36								
梢头 底直径/长度			2.0/0.95	0.000 10	1.6/0.95	0.000 06	0.7/0.5	0.000 00	0.6/0.5	0.000 01	0.7/0.5	0.000 01	2.3/1.5	0.000 21	0.6/1.0	0.000 01
树干总材积（m³）				0.931 23		0.814 49		0.782 74		0.643 53		0.434 99		0.266 63		0.057 84
各龄阶树高（m）				26.95				26.50		24.50		20.50		17.50		11.00

(3)各龄阶树高的确定

树龄与各圆盘的年轮个数之差，即为林木生长到该断面高度所需要的年数(表8-8)；根据断面高度(纵坐标)以及生长到该断面高度所需要的年数(横坐标)可以绘出树高生长过程曲线(图8-12)。各龄阶的树高，可以从曲线图上查出，也可以用内插方法按比例算出。

(4)绘制树干纵断面图

以横坐标为直径，纵坐标为树高，在各断面高的位置上，按各龄阶直径的大小，绘成纵断面图(图8-13)。纵断面图的直径与高度的比例要恰当。

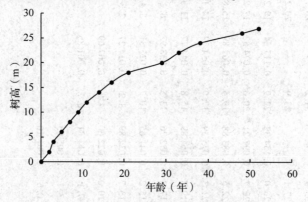

图 8-12 长白落叶松树高生长过程曲线

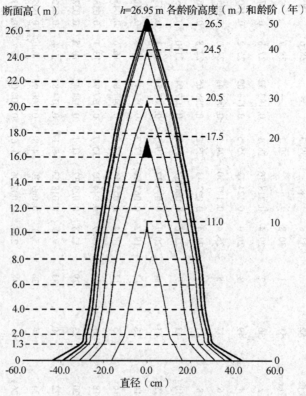

图 8-13 长白落叶松树干纵断面

（5）各龄阶材积的计算

各龄阶的材积按伐倒木区分求积法计算。除树干的带皮和去皮材积可直接计算外，其他各龄阶材积的计算，首先需要确定某个具体龄阶的梢头长度。它等于该龄阶树高减去等长区分段的总长度，由此可知梢头底断面在树干上的具体位置；然后再根据梢头底断面的位置来确定梢头底直径的大小。它可以从树干纵断面图上查出，也可以根据圆盘各龄阶直径的量测记录用内插法按比例算出。各龄阶材积的计算结果见表8-9。

（6）计算各龄阶的形数

各龄阶的形数见表8-9。

（7）计算各龄阶的生长量

在一般情况下，应包括胸径、树高和材积的总生长量（在表8-8中已经算出）、连年生长量和平均生长量，并计算材积生长率（表8-9）。

（8）绘制各种生长量的生长过程曲线

为了更直观地表示各因子随年龄的变化，可将各种生长量绘成曲线图，如图8-14及图8-15所示。

表 8-9　树干生长过程总表

| 年龄（年） | 胸径（cm） | | | 树高（m） | | | 材积（cm³） | | | | 形数 |
	总生长量	平均生长量	连年生长量	总生长量	平均生长量	连年生长量	总生长量	平均生长量	连年生长量	生长率（%）	
10	12.5	1.25	1.25	11.00	1.10	1.10	0.057 84	0.005 78	0.005 78	(20.00)	0.428 5
20	20.2	1.01	0.77	17.50	0.88	0.65	0.266 63	0.013 33	0.020 88	12.87	0.475 4
30	23.9	0.80	0.37	20.50	0.68	0.30	0.434 99	0.014 50	0.016 84	4.80	0.473 0
40	27.1	0.68	0.32	24.50	0.61	0.40	0.643 53	0.016 09	0.020 85	3.87	0.455 4
50	28.7	0.57	0.16	26.50	0.53	0.20	0.782 74	0.015 65	0.013 92	1.95	0.456 6
(52)	29.1	0.56	0.20	26.95	0.52	0.23	0.814 49	0.015 66	0.015 88	0.40	0.454 4
带皮	30.8	—	—	26.95	—	—	0.931 23	—	—	—	0.464 6

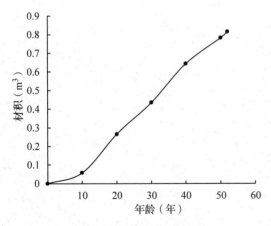

图 8-14　材积生长曲线

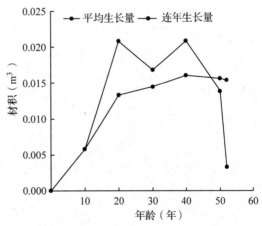

图 8-15　材积连年生长和平均生长曲线

复习思考题

1. 简述树木生长量的种类及其定义。
2. 简述树木生长的特点。
3. 简述树木生长方程的定义，它有哪些特点？
4. 树木生长理论方程与经验方程之间有何区别？
5. 简述 Richards 生长方程的生物学假设及性质。
6. 简述树木连年生长量和平均生长量之间的关系及其在林业生产中的意义。
7. 简述树木生长率的定义及树木各调查因子与生长率之间的关系。
8. 简述树干解析的外业调查步骤。

第 9 章
林分生长和收获预估模型

【知识图谱】

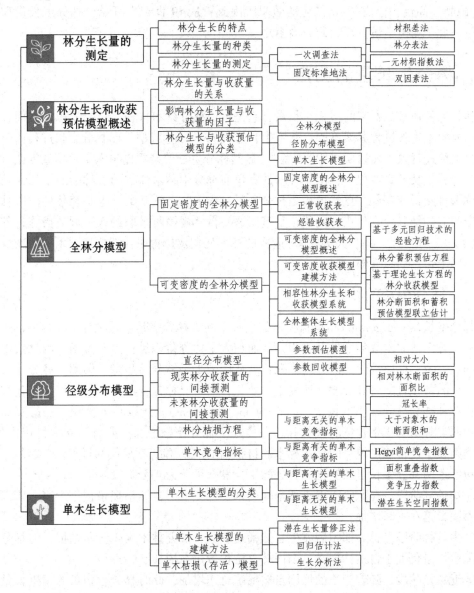

【内容提要】本章针对林分生长的特点，介绍林分生长量的概念、种类及林分生长量的测定理论与方法。从森林经营的角度出发，介绍林分生长量与收获量的基本概念和影响因子，林分生长与收获预估模型的种类和特点。重点介绍利用数学模型建立全林分模型(固

定密度和可变密度收获模型、相容性林分生长和收获模型以及全林整体生长模型等)的方法和思路，介绍径阶分布模型的构成和运用直径分布模型预估林分生长量和收获量的基本方法，介绍了单木和林分枯损方程以及单木模型的建模方法。

随着森林经营集约程度的不断提高，人们对森林经营信息的要求也日益增多，这就要求建立不同林分条件下的林分生长和收获预估模型，用以提供更为详细而又合理的林分动态相关信息，从而既能满足森林经营者合理经营森林的需要，又能解释经营者对森林系统干扰(施肥、间伐、择伐等)所产生的效果。因此，从 19 世纪末开始，林分生长量和收获量预估一直是测树学最重要的研究内容之一。

9.1 林分生长量的测定

云课堂

林分生长通常是指它的蓄积生长量，它是组成林分树木材积消长的累积。然而林分生长过程与树木生长过程截然不同，树木生长过程属于"纯生"型；而林分生长过程由于森林存在自然稀疏现象，所以属于"生灭型"。显然林分生长模型要比树木生长模型复杂得多。

在森林生长发育过程中，由于林木的竞争使林分中林木株数随着林龄的增加而减少的现象称为自然稀疏现象。自然稀疏是林分生长过程中的必然现象，也是森林种群内林木竞争反馈调节的结果。森林抚育间伐正是基于这一自然规律所采取的人工调节措施。其他原因(病、虫、风、冰、雪、火等灾害)造成的林木死亡及抚育采伐造成活立木株数减少的情况均不属于自然稀疏现象。

9.1.1 林分生长的特点

林分生长(stand growth)与单株树木的生长不同。林分在其生长过程中有两种作用同时发生，一方面活立木逐年增加其材积，从而加大了林分蓄积量；另一方面，因自然稀疏或抚育间伐以及其他原因使一部分树木死亡，从而减少了林分蓄积量。因此，林分生长通常是指林分的蓄积量随着林龄增加所发生的变化，而组成林分全部树木的材积生长量和枯损量的代数和称为林分蓄积生长量(stand volume increment)。所以林分蓄积生长量实际上是林分中两类林木材积生长量的代数和。一类是使林分蓄积增加的所有活立木材积生长量；另一类则属于使蓄积量减少的枯损林木的材积(枯损量)和抚育采伐的材积(采伐量)。

按照这两部分生长量的变化，林分的生长发育可分为 4 个阶段。

①幼龄林阶段。在此阶段由于林木间尚未发生竞争，自然枯损量接近于零，所以林分的总蓄积量是在不断增加。

②中龄林阶段。林分郁闭后发生自然稀疏现象，部分林木发生竞争枯损，但林分蓄积量正的生长量仍大于自然枯损量，因而林分蓄积量仍在增加。

③近熟林阶段。随着竞争的增剧自然稀疏急速增加，此时林分蓄积量的正生长量等于自然枯损量，林分蓄积量处于稳定状态。

④成、过熟林阶段。林分蓄积量正的生长量小于枯损量，反映林分蓄积量逐渐下降，最终被下一代林木所更替。

然而，具体到某一林分，由于林分的初始密度、立地条件的差异，林木竞争的开始时间及其变化时刻均有一定差异。但林分必然存在上述消长规律，反映林分蓄积量的总生长量与林龄的函数是非单调的连续函数。实际上常采用分段拟合法模拟林分蓄积的生长动态。

9.1.2　林分生长量的种类

本节以一个调查间隔期两次测定林木胸径的结果，来说明林分结构变化及各种林分生长量。如果在两次测定期间，所有林木的胸径定期生长量恰好是 2.0 cm（径阶大小 2.0 cm），则整个胸径分布向右推移一个径阶，如图 9-1 所示。但在此期间除胸高直径生长外，林分还发生了许多变化（如有些树木被间伐或因受害、被压等各种原因而死亡，还有在期初测定未达到检尺径阶的小树，在期末已达到检尺径阶以上等）。因此，在期末调查时林分胸径分布就呈现如图 9-1(b) 的状态。据此林分生长量大致可以分为以下几类。

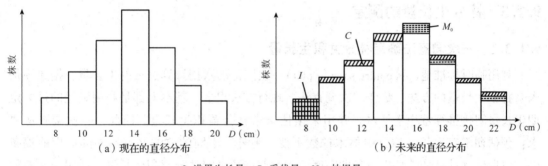

I. 进界生长量；C. 采伐量；M_0. 枯损量。

图 9-1　林分直径分布的动态转移

①毛生长量（gross growth）（Z_{gr}）。也称粗生长量，它是林分中全部林木在间隔期内生长的总材积。

②纯生长量（net growth）（Z_{ne}）。也称净生长量。它是毛生长量减去期间内枯损量以后生长的总材积。

③净增量（net increase）（Δ）。净增量是期末材积（V_b）和期初材积（V_a）两次调查的材积差（即 $\Delta = V_b - V_a$）。

④枯损量（mortality）（M_0）。枯损量是调查期间内，因各种自然原因而死亡的林木材积。

⑤抚育采伐量（cut）（C）。林分抚育间伐的林木材积。

⑥进界生长量（ingrowth）（I）。期初调查时未达到起测径阶的幼树，在期末调查时已长大进入检尺范围之内，这部分林木的材积称为进界生长量。

由上述定义，林分各种生长量之间的关系可用下述公式表达。

林分生长量中包括进界生长量：

$$\Delta = V_b - V_a$$

$$Z_{ne} = \Delta + C = V_b - V_a + C$$

$$Z_{gr} = Z_{ne} + M_0 = V_b - V_a + C + M_0$$

林分生长量中不包括进界生长量：

$$\Delta = V_b - V_a - I$$

$$Z_{ne} = \Delta + C = V_b - V_a - I + C$$

$$Z_{gr} = Z_{ne} + M_0 = V_b - V_a - I + C + M_0$$

从上面两组公式中可知，林分的总生长量实际上是两类林木生长量总和：一类是在期初和期末两次调查时都被测定过的树木，即活立木在整个调查期间的生长量($V_b - V_a - I$)，这类林木在森林经营过程中称为保留木；另一类是在间隔期内，由于林分内林木株数减少而损失的材积量($C + M_0$)，这类林木在期初和期末两次调查间隔期内只生长了一段时间，而不是全过程，但也有相应的生长量存在。

9.1.3 林分生长量的测定

9.1.3.1 一次调查法确定林分蓄积生长量

利用临时标准地(temporary sample plot)一次测得的数据计算过去的生长量，据此预估未来林分生长量的方法，称作一次调查法。现行方法很多，基本上都是利用胸径的过去定期生长量间接推算蓄积生长量，并用来预估未来林分蓄积生长量。因此，一次调查法要求：预估期不宜太长、林分中林木株数不变。另外，不同的方法又有不同的应用前提条件，以保证预估林分蓄积生长量的精度。一次调查法确定林分蓄积生长量，适用于一般林分调查所设置的临时标准地或样地，以估算不同种类的林分蓄积生长量，较快地为营林提供数据。

1) 材积差法(volume difference method)

将一元材积表中胸径每差1.0 cm的材积差数，作为现实林分中林木胸径每生长1.0 cm所引起的材积生长量。利用一次测得的各径阶的直径生长量和株数分布序列，从而推算林分蓄积生长量，这种方法称为材积差法。应用此法确定林分蓄积生长量时，必须具备两个前提条件：一是要有经过检验而适用的一元材积表；二是要求待测林分期初与期末的树高曲线无显著差异，否则将会导致较大的误差。用材积差法测算林分蓄积生长量的步骤包括：胸径生长量的测定和整列；根据每木检尺的结果得到各径阶株数分布，根据前两项实测资料，应用一元材积表计算蓄积生长量。

(1) 胸径生长量的测定和整列

胸径生长量的测定是一次调查法确定林分蓄积生长量的基础。然而，由于受各种随机因素(如林木生长的局部环境)的干扰，胸径生长的波动较大，应对胸径生长量分别径阶作回归整列处理。处理方法与编制材积表类同。

①胸径生长量的取样。被选取测定胸径生长量的林木，称为生长量样木。为保证直径生长量的估计精度，取样时应注意下述问题：

　　a. 样木株数：根据北京林业大学森林经理组对天然林的变动系数的测算结果，认为胸径生长量变动系数一般在 50% 左右。因此，材积生长量的变动则更大，其推算值约在 80%~90%。为保证测定精度，当采用随机抽样或系统抽样时样木株数应不少于 100 株。如用标准木法测算，则应采用径阶等比分配法且标准木株数不应少于 30 株。

　　b. 间隔期：是指定期生长量的定期年限，即间隔年数，通常用 n 表示。间隔期的长短依树木生长速率而定，一般取 3~5 年。应当指出，用生长锥测定胸径生长量，其测定精度与间隔期长短有很大关系。取间隔期长些，可相应减少测定误差。因为生长锥取木条时的压力，使自然状态下的年轮宽度变窄，尤其是最外面的年轮宽窄受压变窄最为明显。实验论证表明，间隔期取 10 年与取 5 年相比，能较为明显地降低测定的相对误差。

　　c. 锥取方向：当采用生长锥取样条时，由于树木横断面上的长径与短径差异较大，加之进锥压力使年轮变窄；所以多方向取样条方以减少量测的平均误差。在实际工作中，除特殊需要外，很少按 4 个方向锥取，一般按相对(或垂直)2 个方向锥取。

　　d. 测定项目：应实测样木的带皮胸径 d、树皮厚度 B 及 n 个年轮的宽度 L。测定值均应精确到 0.1 cm。样木测定记录及计算公式，可参见表 9-1 实例。

　　树皮系数：

$$K_B = \frac{\sum d}{\sum d'} = \frac{639.4}{566.2} = 1.129\ 3$$

表 9-1　胸径生长量计算　　　　　　　　　　　　　　　　　　　　　　cm

编号	带皮胸径 d	二倍皮厚 $2B$	去皮胸径 d'	5个年轮宽 L	期中胸径 去皮 $X'=d'-L$	期中胸径 带皮 $X=X'K_B$	胸径生长量 去皮 $Z'_d=2L$	胸径生长量 带皮 $Z_d=Z'_dK_B$
1	5.8	0.6	5.2	0.55	4.65	5.25	1.10	1.24
2	6.3	0.6	5.7	1.15	4.55	5.14	2.30	2.60
3	8.0	0.4	7.6	0.78	6.82	7.70	1.56	1.76
4	9.0	1.2	7.8	0.43	7.37	8.32	0.86	0.97
5	5.1	0.8	4.3	0.69	3.61	4.08	1.38	1.56
6	5.5	0.8	4.7	0.63	4.07	4.60	1.26	1.42
7	6.7	1.4	5.3	0.85	4.45	5.03	1.70	1.92
8	8.2	1.4	6.8	0.95	5.85	6.61	1.90	2.15
⋮	⋮	⋮	⋮	⋮	⋮	⋮	⋮	⋮
合计	639.4	566.2						

　　②胸径生长量的计算。为求得各径阶整列后的带皮胸径生长量，当直接用野外测得的相关资料 (d_i, L_i)，$i=1，2，3，\cdots$，进行回归时存在以下问题。

　　a. 所测得的胸径生长量 $2L$，实际上是去皮胸径生长量，未包括皮厚的增长量，故应将其换算成带皮胸径生长量。

b. 带皮胸径 d 是期末 (t) 时的胸径，应变换为与胸径生长量相对应的期中 $\left(t-\dfrac{n}{2}\right)$ 时带皮胸径。

为此，对生长量样木资料应进行下述整理（表9-1）。其步骤如下。

a. 计算林木的去皮直径 d'。

$$d' = d - 2B$$

b. 计算树皮系数 K_B。

$$K_B = \frac{\sum d}{\sum d'}$$

c. 计算期中 $\left(t-\dfrac{n}{2}\right)$ 年的带皮直径。由于期中 $\left(t-\dfrac{n}{2}\right)$ 年的去皮直径：$X' = d' - L$ 及去皮直径与带皮直径存在线性关系，且当 $d' = 0$，$d = 0$。所以，期中带皮直径为

$$X = X'K$$

d. 计算带皮直径生长量。由于去皮直径生长量 $Z'_d = 2L$ 及 d 与 d' 存在上述关系，可以证明带皮直径生长量 Z'_d 为

$$Z_d = Z'_d K_B$$

③林木胸径生长量的整列。根据相关资料 $(x_i,\ Z_{d_i})$，$i = 1,\ 2,\ 3,\ \cdots$，可选择下列回归方程确定林木胸径生长量方程。

$$y = a_0 + a_1 x$$
$$y = a_0 x^{a_1}$$
$$y = a_0 + a_1 x + a_2 \lg x$$
$$y = a_0 + a_1 x + a_2 x^2$$

某落叶松天然林各径阶直径生长量整列结果见表9-2。

表9-2　落叶松胸径定期（10年）生长量

径阶(cm)	8	12	16	20	24	28	32	36	40
胸径生长量(cm)	0.87	1.48	2.27	2.86	3.28	3.58	3.84	4.02	4.10

（2）用材积差法计算林分蓄积生长量

应用一元材积表按式(9-1)计算各径阶材积差 ΔV。

$$\Delta V = \frac{1}{2C}(V_2 - V_1) \tag{9-1}$$

式中　ΔV——1.0 cm 材积差，m^3；

V_1——比该径阶小一个径阶的材积，m^3；

V_2——比该径阶大一个径阶的材积，m^3；

C——径阶距，cm。

蓄积生长量计算可按表9-3中的项目和公式计算。

表 9-3　用材积差法计算林分蓄积生长量

径阶 (cm)	株数	平均材积 (m³)	平均 1.0 cm 材积 差 ΔV	胸径生长量 Z_d (cm)	单株材积生长量 Z_V (m³)	径阶材积生长量 Z_{M_i} (m³)	径阶材积 V (m³)
4		0.006					
8	10	0.032	0.011 4	0.87	0.009 9	0.099 0	0.320
12	27	0.097	0.020 5	1.48	0.030 3	0.818 1	2.619
16	21	0.196	0.031 8	2.27	0.072 2	1.516 2	4.116
20	21	0.351	0.040 6	2.86	0.116 1	2.438 1	7.371
24	12	0.521	0.046 0	3.28	0.150 9	1.810 8	6.252
28	7	0.719	0.050 3	3.58	0.180 1	1.260 7	5.033
32	3	0.923	0.051 0	3.84	0.195 8	0.587 4	2.769
36	1	1.127	0.052 6	4.02	0.211 5	0.211 5	1.127
40	1	1.344	0.054 5	4.11	0.224 0	0.224 0	1.344
44		1.563					
合计	103					8.965 8	30.951

表 9-3 可得该落叶松标准地 10 年间蓄积生长量为

$$\Delta M = \sum Z_{M_i} = 8.965\ 8(\text{m}^3)$$

蓄积连年生长量(以定期平均生长量代替)为

$$Z_M = \frac{8.965\ 8}{10} = 0.896\ 6(\text{m}^3)$$

林分 10 年间的年平均蓄积生长率为

$$P_M = \frac{V_a - V_{a-n}}{V_a + V_{a-n}} \times \frac{200}{n} = \frac{8.965\ 8}{30.951 + 21.985} \times \frac{200}{10} = 3.39\%$$

假设今后 10 年的材积生长量不变,则林分的蓄积生长率为

$$P_M = \frac{8.965\ 8}{70.867\ 8} \times \frac{200}{10} = 2.53\%$$

2) 林分表法(stand table method)

本法是通过前 n 年间的胸径生长量和现实林分的直径分布,预估未来(后 n 年)的直径分布,然后用一元材积表求出现实林分蓄积量和未来林分蓄积量,两个蓄积量之差即为后 n 年间的蓄积定期生长量。林分表法的核心是对未来直径分布的预估。由于林木直径的生长,使林分的直径分布逐年发生变化,即所谓林分直径状态结构的转移。它是一种进级性的转移。通常表现林木由下径级向上径级转移,故林分表法又称为进级法。图 9-1 基本上表达了因直径生长而引起的林分直径状态结构的转移。

(1)未来直径分布的预估

现实林分的直径分布结构是通过调查确定(如每木检尺)。若假设在同一径阶内,所有林木均按相同的直径生长量增长,即按相同的步长转移。从而未来的林分直径分布可根据过去的直径生长量予以推定。本节介绍 3 种预估直径分布的方法。

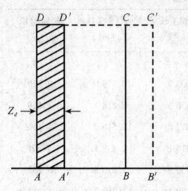

图 9-2 径阶内林木直径的均匀分布

①均匀分布法。假设各径阶内的树木分布呈均匀分布状态(图9-2)。图中的 $ABCD$ 矩形面积代表任意一个径阶内的株数 n，AB 为径阶大小，用 C 表示。令 X 等于 AD，则 $X=\dfrac{n}{C}$。$BBC'C$ 的面积代表移动的株数，DD' 为直径定期生长量，记为 Z_d，则

$$BB'C'C = Z_d X = Z_d \frac{n}{C} \tag{9-2}$$

令 $R_d=\dfrac{Z_d}{C}$ 为移动因子，则各径阶的移动株数为 $R_d\times n$。径阶的移动株数随 R_d 的变化见表9-4。

表 9-4 移动因子不同时径阶株数的变化

生长量	移动因子	移动情况
$Z_d<C$	$R_d<1$	部分树木升1个径阶其余留在原径阶内
$Z_d=C$	$R_d=1$	全部树木升1个径阶
$Z_d>C$	$R_d>1$	移动因子数值中的小数部分对应的株数升2个径阶其余升1个径阶
	$R_d>2$	移动因子数值中的小数部分对应的株数升3个径阶其余升2个径阶

现仍用落叶松标准地的调查数据及胸径生长量(表9-2)的资料说明本法的步骤(表9-5)。

当 $R_d<1$ 时，例如，8 cm 径阶的胸径生长为 0.87 cm；移动因子 $R_d=0.218$，则从8.0 cm 径阶进入 12.0 cm 径阶的株数为：$n\times R_d=10\times0.218=2.18$ 株，留在原径阶的株数：原株数−进级株数=10−2.18=7.82 株，12.0 cm 径阶未来的株数应为本径阶留下的株数加上从8.0 cm 径阶进入 12.0 cm 径阶的株数，即表9-5中用斜线相联的数值之和：2.18+17.01=19.19 株。

当 $R_d=1$ 时，全部升1个径阶。

当 $R_d>1$ 时，例如，40.0 cm 径阶的 $R_d=1.028$，这时移动因子的小数部分，即 0.028 所对应的株数升2个径阶；其余升1个径阶。进2个径阶(进入 48.0 cm 径阶)的株数为：0.028×1≈0.03 株。进1个径阶(进入 44.0 cm 径阶)的株数为：1−0.03=0.97 株。留在原径阶的株数=原株数−进级株数=0 株，未来 40.0 cm 径阶的株数(表9-5中用斜线相联的数值之和)为 0.99 株。其余依次类推。

②非均匀分布法。在林分中各径阶内树木分布实际上并不是均匀分布，在一般情况下，径阶内代表树木分布的面积(株数)不是矩形，而是近似于梯形(图9-3)。因此，按均匀分布计算的移动株数将会产生偏小或偏大的误差。如图9-3(a)所示的分布属于株数上升状态(即该径阶位于林分直径分布的左侧)，代表实际移动株数(梯形 $BB'C'H$ 面积)显然要大于按均匀分布的移动株数(矩形 $BB'F'F$ 面积)，也就是说，按均匀分布计算得出的移动株数应乘以一个大于1的改正因子 $f(f>1)$ 才是实际移动株数。图9-3(b)所示的分布属于

表 9-5　落叶松标准地移动株数计算表

径阶	胸径生长量 Z_d	移动因子 $R_d = \dfrac{Z_d}{C}$	现在株数	移动株数 进二级	移动株数 进一级	移动株数 原级	未来株数
8	0.87	0.218	10		2.18	7.82	7.82
12	1.48	0.370	27		9.99	17.01	19.19
16	2.27	0.568	21		11.93	9.07	19.06
20	2.86	0.715	21		15.02	5.98	17.91
24	3.28	0.820	12		9.84	2.16	17.18
28	3.58	0.895	7		6.27	0.73	10.57
32	3.84	0.960	3		2.88	0.12	6.39
36	4.02	1.005	1	0.01	0.99		2.88
40	4.11	1.028	1	0.03	0.97		0.99
44							0.98
48							0.03
合计			103				103.00

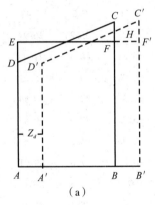 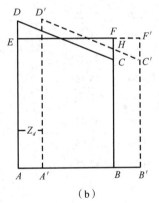

图 9-3　非均匀分布示意

株数下降状态(即该径阶位于林分直径分布的右侧),代表实际移动株数(梯形 $BB'C'H$ 面积)而小于按均匀分布的移动株数(矩形 $BB'F'F$ 面积),即按均匀分布计算得出的移动株数应乘以一个小于 1 的改正因子 $f(f<1)$ 才是实际移动株数。多数直径分布是下降式,因此用均匀分布方法计算结果偏大。目前经常采用的修正方法就是用改正系数(f)乘以均匀分布的进级株数,修正式如下。

$$R' = Rf \tag{9-3}$$

式中　$f = 1 + \dfrac{1}{4n}(n_2 - n_1)\left(1 \pm \dfrac{z_d}{c}\right)$(当 $n_2 > n_1$ 时,取"–"号;当 $n_2 < n_1$ 时,取"+"号);

n_2——下一径阶株数($d+c$);

n_1——上一径阶株数($d-c$);

n——该径阶株数。

③累积频率分布曲线法(cumulative frequency curve method)。根据现实林分各径阶株数累积频数及胸径生长量与胸径的关系，绘制累积频数曲线预估未来林分直径分布，并根据利用一元材积表查算出的现实林分蓄积量及未来林分蓄积量之差推算林分蓄积生长量，这种方法称作累积量分布曲线法。这种方法也可获得与前述方法相近似的结果，具体方法如下。

a. 计算各径阶的累积株数百分数(表 9-6)。

b. 以各径阶的上限值及累积株数百分数绘制散点图，并用折线连成现实林分累积频率分布曲线(图 9-4)。

c. 依据胸径生长量与胸径的关系(经验方程或随手曲线)，计算出各径阶上限所对应的胸径生长量及径阶上限生长，如 12.0 cm 径阶的上限为 14.0 cm，它所对应的胸径生长量为 1.89 cm，则径阶上限生长总量为 14.0+1.89＝15.89 cm。24.0 cm 径阶的上限为 26.0 cm，其胸径生长量为 3.45 cm，则径阶上限生长总量为 26.0+3.45＝29.45 cm。

表 9-6 用累积频率分布曲线计算移动株数

径阶(cm)	径阶生长(cm)			现在的分布			未来的分布			
	上限	生长量	上限生长	株数	累积株数	累积(%)	累积(%)	累积株数	株数	整化株数
	6	0.62	6.62							
8				10					7.42	7
	10	1.20	11.20		10	9.71	7.2	7.42		
12				27					19.57	20
	14	1.89	15.89		37	35.92	26.2	26.99		
16				21					20.91	21
	18	2.57	20.57		58	56.31	46.5	47.90		
20				21					17.71	18
	22	3.06	25.06		79	76.70	63.7	65.61		
24				12					14.83	15
	26	3.45	29.45		91	88.35	78.1	80.44		
28				7					9.99	10
	30	3.96	33.75		98	95.15	87.6	90.43		
32				3					7.01	7
	34	3.96	37.96		101	98.06	94.6	97.44		
36				1					2.47	2
	38	4.08	42.08		102	99.03	97.0	99.91		
40				1					2.06	2
	42	4.15	46.15		103	100.0	99.0	101.97		
44									1.03	1
	46						100.0	103.00		
合计				103				103.0		103

d. 以各径阶上限生长与径阶原有累积株数百分数绘制散点图(在原图上作点)并用折线连成未来林分累积频率分布曲线(图 9-4)。

e. 从未来林分累积频率分布曲线上查出各径阶上限所对应的累积株数百分数。

f. 根据未来林分的累积株数百分数，计算出未来林分的直径分布(表 9-6)。

预估未来林分直径分布，无论采用哪种方法都是将过去的生长量当作 n 年后未来的生长量来估算的，但因树木生长受环境条件变化的影响较大，所以用一

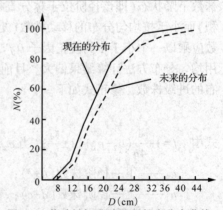

图 9-4 落叶松标准地累积频率分布曲线

次测定法预估未来林分的直径分布,其估计期间(n)不宜过长,应根据树种生长特性以不超过 1 个龄级为限。由于一次测定法难以估计枯损株数,所以其测定结果只能是近似值。若要取得准确结果,则需设置固定样地长期观测。

(2)林分表法计算林分蓄积生长量实例

采用林分表法计算林分蓄积生长量的格式见表 9-7,表中平均材积是由一元材积表查得,并按均匀分布预估未来林分直径分布,其数据取自表 9-5。

10 年间林分蓄积生长量:

$$\Delta M = M_{t+n} - M_t = 40.743 - 30.951 = 9.792(\text{m}^3)$$

连年生长量:

$$Z_M = \frac{\Delta M}{n} = \frac{9.792}{10} = 0.979\ 2(\text{m}^3)$$

林分蓄积生长率:

$$P_M = \frac{9.792}{40.743 + 30.951} \times \frac{200}{10} = 2.73\%$$

表 9-7 林分表法计算蓄积生长量

径阶 (cm)	平均材积 (m³)	现实(t)林分		未来($t+n$)林分	
		株数(株)	蓄积量(m³)	株数(株)	蓄积量(m³)
8	0.032	10	0.320	7.82	0.250
12	0.097	27	2.619	19.19	1.061
16	0.196	21	4.116	19.06	3.736
20	0.351	21	7.371	17.91	6.286
24	0.521	12	6.252	17.18	8.951
28	0.719	7	5.033	10.57	7.600
32	0.923	3	2.769	6.39	5.898
36	1.127	1	1.127	2.88	3.246
40	1.344	1	1.344	0.99	1.331
44	1.562			0.98	1.531
48	1.780			0.03	0.053
合计		103	30.951	103.00	40.743

3)一元材积指数法(volume exponent method)

将测定的胸径生长率(由胸径生长量获得),通过一元幂指数材积式($V = a_0 D^{a_1}$)转换为材积生长率式,再由标准地每木检尺资料求得材积生长量的方法,称为一元材积指数法。

(1)材积生长率 P_V 与胸径生长率 P_D 的关系

$$P_V = a_1 P_D \tag{9-4}$$

式中 a_1——该地区一元材积式 $V = a_0 D^{a_1}$ 的幂指数。

式(9-4)可通过以下步骤进行证明。

设林木胸径为 D，材积为 V，一元材积式为 $V=a_0 D^{a_1}$。

根据材积生长率定义得

$$P_V = \frac{\Delta V}{V} \approx \frac{\partial (V)}{V}$$

而

$$\frac{\partial (V)}{V} = \frac{\partial (a_0 D^{a_1})}{a_0 D^{a_1}} = \frac{a_0 a_1 D^{a_1-1} \partial (D)}{a_0 D^{a_1}} = a_1 \frac{\partial (D)}{D} = a_1 P_D$$

故

$$P_V = a_1 P_D$$

（2）一元材积指数法的应用步骤

①测定各径阶胸径生长量 Z_D。

②计算各径阶的平均胸径生长率 $P_D (P_D = Z_D / D)$。

③将 P_D 乘一元材积式的幂指数 a_1，即得相应各径阶的材积生长率 P_V。

④再利用一元材积表，由标准地的林分蓄积量，算出材积生长量 Z_V。

以落叶松标准地为例，计算林分生长量见表 9-8。所用的一元材积式为

$$V = 0.000\ 338\ 3D^{2.272\ 016\ 32}$$

表 9-8　用一元材积指数法计算落叶松的生长量

径阶 (cm)	株数	单株材积 (m^3)	径阶材积合计 $V(m^3)$	径阶 10 年直径生长量 $Z_D(m^3)$	胸径生长率 P_D (%)	材积生长率 (%) $P_V = a_1 P_D$	材积连年生长量 (m^3) $Z_V = P_V V$
8	10	0.032	0.320	0.87	1.088	2.472	0.008
12	27	0.097	2.619	1.48	1.233	2.801	0.073
16	21	0.196	4.116	2.27	1.419	3.224	0.133
20	21	0.351	7.371	2.86	1.430	3.249	0.239
24	12	0.521	6.252	3.28	1.367	3.106	0.134
28	7	0.719	5.033	3.58	1.299	2.906	0.146
32	3	0.923	2.769	3.84	1.200	2.726	0.075
36	1	1.127	1.127	4.02	1.117	2.538	0.029
40	1	1.344	1.344	4.11	1.028	2.336	0.031
合计	103		30.951				0.868

按表 9-8 求出的林分蓄积连年生长量为 0.868 m^3，10 年的定期生长量为 8.68 m^3，林分蓄积生长率为

$$P_V = \frac{0.868}{30.951} \times 100 = 2.804\%$$

林分表法、材积差法和一元材积指数法的共同特点，是通过采用生长锥测定过去的直径定期生长量和经过检验符合调查地区使用的一元材积表来估算林分生长量。现将 3 种估算的结果列在表 9-9。

表 9-9　不同方法计算蓄积生长量的比较

测定方法	10 年间蓄积定期生长量（m³）	蓄积连年生长量（m³）	生长率（%）
材积差法	8. 965 8	0. 896 58	2. 53
林分表法	9. 792	0. 979 2	2. 73
一元材积指数法	8. 68	0. 868	2. 804

4) 双因素法(two-way method)

斯泊尔(S. H. Spurr, 1952) 提出的双因素法又称为二向法，其概念与二元材积表相似，是利用总断面积生长量和平均高生长量两个因子来估计林分蓄积生长量的方法。从理论上分析，该法的估测精度高于前述 3 种方法。此法适用于测定生长速率快的人工林蓄积生长量。

设 M_a、G_a、H_a、F_a 分别为林分期初的蓄积量、总断面积、平均高、平均形数，而 M_b、G_b、H_b、F_b 分别为与林分期初相对应的期末蓄积量、总断面积、平均高、平均形数。n 年间的蓄积生长量(净生长量)为

$$\Delta M = M_b - M_a \tag{9-5}$$

且

$$\frac{M_b}{M_a} = \frac{G_b H_b F_b}{G_a H_a F_a}$$

如林分的平均形数在较短期间(5~10 年)内变化不大，即 $F_b = F_a$，则

$$\frac{M_b}{M_a} = \frac{G_b H_b}{G_a H_a} \qquad \left(M_b = M_a \frac{G_b H_b}{G_a H_a} \right)$$

代入式(9-5)得

$$\Delta M = M_b - M_a = M_a \left(\frac{G_b H_b}{G_a H_a} - 1 \right) \tag{9-6}$$

若以式(9-6)中 M_a 作为现在的蓄积量，M_b 为未来(n 年以后)的蓄积量。由式(9-6)可以看出此法预估蓄积生长量的关键在于如何推定 G_b 和 H_b。未来的总断面积 G_b 可以根据过去林分总断面积净增量求得，即

$$G_b = G_a + \Delta G$$

可以证明：

$$\Delta G = \frac{\left(\sum_{}^{n} d_b^2 - \sum_{}^{n} d_a^2 \right) \sum_{}^{N} d_b^2}{\frac{1}{C} \sum_{}^{n} d_b^2}$$

式中　$C = \dfrac{\pi}{40\ 000}$，$\dfrac{1}{C} = 12\ 732. 395$；

$\sum_{}^{n} d_a^2$——样木期初去皮胸径的平方和；

$\sum_{}^{n} d_b^2$——样木期末去皮胸径的平方和；

$\sum\limits_{}^{N} d_b^2$——标准地内所有林木期末带皮胸径平方和。

未来的林分平均高可以根据林分平均年龄从收获表或地位指数曲线上查出。针叶树种的幼龄林，可以根据现实林分最近 n 年高生长量推断未来的平均高，即

$$H_b = H_a + \Delta H$$

9.1.3.2 固定标准地法

（1）胸径和树高生长量

在固定标准地上逐株测定每株树的 D_i 和 H_i（或用系统抽样方式测定一部分树高），利用期初、期末两次测定结果计算 Z_D 和 Z_H，步骤如下。

①将标准地上的林木调查结果分别径阶归类，求各径阶期初、期末的平均直径（或平均高）。

②期末、期初平均直径之差即为该径阶的直径定期生长量。

③以径阶中值及直径定期生长量作点，绘制定期生长量曲线。

④从曲线上查出各径阶的理论定期生长量，计算为连年生长量。

（2）材积生长量

固定标准地的材积是用二元材积表计算的，期初、期末两次材积之差即为材积生长量。由于固定标准地树高测定方式的不同，材积生长量的计算方法也不同。

①标准地上每木测高时，根据胸径和树高的测定值用二元材积表计算期初、期末的材积，两次材积之差即为材积生长量。

②用系统抽样方法测定部分树木的树高时，根据树高曲线导出期初、期末的一元材积表，计算期初、期末的蓄积量，两次蓄积量之差即为蓄积生长量。

【例9-1】本节以3.3一节固定样地（黑龙江省方正县第7705号固定样地）为例说明固定样地生长量的测算。7705号固定样地2010年和2015年两次调查因子和检尺资料见表3-29和表3-30。

①胸径生长量。胸径生长量直接由固定样地两次检尺资料获得。2010年林分平均直径为14.39 cm，2015年林分平均直径为16.14 cm。

5年间林分定期生长量为

$$16.14 - 14.39 = 1.75(\text{cm})$$

②树高生长量。2010年林分平均树高为9.6 m，2015年林分平均树高为13.6 m。

5年间林分定期生长量为

$$16.2 - 13.6 = 2.6(\text{m})$$

③蓄积生长量。由固定样地两次检尺资料，查一元材积表可直接获得该林分每公顷的净增量、枯损量、采伐量、进界生长量、纯生长量、毛生长量。实际计算得出2010年该林分每公顷蓄积量为91.278 3 m³，2015年该林分每公顷蓄积量为114.038 3 m³，枯损量为1.170 0 m³，采伐量为2.628 3 m³，进界生长量为0.556 7 m³。

5年间蓄积净增量：

$$\Delta = V_b - V_a - I = 114.038\ 3 - 91.278\ 3 - 0.556\ 7 = 22.203\ 3(\text{m}^3)$$

纯生长量：
$$Z_{ne} = \Delta + C = V_b - V_a - I + C = 22.2033 + 2.6283 = 24.8316(\text{m}^3)$$

毛生长量：
$$Z_{gr} = Z_{ne} + M_0 = V_b - V_a - I + C + M_0 = 24.8316 + 1.1700 = 27.0016(\text{m}^3)$$

9.2　林分生长和收获预估模型概述

最早的一些林分生长和收获预估模型是利用图解法编制某一特定密度状态林分(如正常林分)的收获表。后来，将林分密度指标引入生长模型中，形成了模型构造复杂、使用范围较大的可变密度林分生长模型。近几十年来，由于计算机技术和统计理论的迅速发展和应用，各国采用回归模型建立了许多形式各异的林分生长和收获预估模型，并编制了相应的预估系统软件，这不仅提高了工作效率，也提高了林分生长量和收获量预估的准确度。另外，模型的研究已从传统的回归建模向着包含某种生物生长机理的生物生长模型方向发展，这种模型克服了传统回归法所建立的模型在应用时不能外延的缺点，可以合理地预估未来的林分生长和收获量，它不仅可以模拟林分的自然生长过程，还可以反映一些经营措施对林木生长的影响。

云课堂

9.2.1　林分生长量与收获量的关系

林分生长量是指林分蓄积量在一定期间内变化的量。林分收获量则指林分在某一时刻采伐时，由林分可以得到的(木材)蓄积总量。例如，某一落叶松人工林在 40 年进行主伐时林分蓄积量为 290 m³/hm²，在森林经营过程中进行了 2 次抚育，抚育间伐量分别为 20 m³/hm² 和 35 m³/hm²，则该林分收获量为 345 m³/hm²。实际上，收获量包含两重含义，即林分累计的总生长量和采伐量。它既是林分在各期间内所能收获可采伐的数量，又是在任何期间内所能采伐的总量。

林分生长量和收获量从两个角度定量说明森林的变化状况。为了合理经营森林，森林经营者不仅要掌握森林的生长量，同时也要预估一段时间后的收获量。林分收获量是林分生长量积累的结果，而生长量又代表森林的生产速率，它体现了特定期间(连年或定期)收获量的概念。两者之间存在着一定的关系，这一关系称为林分生长量和收获量之间的相容性。和树木一样，林分生长量和收获量之间的这种生物学关系，可以很容易采用数学上的微分和积分关系予以描述。从理论上讲，可以通过对林分生长模型的积分导出相应林分收获模型，同样也可以通过对林分收获模型的微分来导出相应的林分生长模型。

9.2.2　影响林分生长量和收获量的因子

林分生长量和收获量是以一定树种的林分生长和收获概念为基础的，在很大程度上取决于以下 4 个因子。

①林分的年龄或异龄林的年龄分布。

②林分在某一林地上所固有的生产潜力(立地质量)。

③林地生产潜力的充分利用程度(林分密度)。

④所采取的林分经营措施(如间伐、施肥、竞争植物的控制等)。

林分生长量和收获量显然是林分年龄的函数,典型的林分收获曲线为"S"形。一般来说,当林分年龄相同并具有相同林分密度时,立地质量好的林分比立地质量差的林分具有更高的林分生长量和收获量,如图9-5所示。当林分年龄和立地质量相同时,在适当林分密度范围内,密度对林分收获量的影响不如立地质量那样明显。一般而言,林分密度大的林分比林分密度小的林分具有更大收获量,但两者均遵循"最终收获量一定法则"(图9-6)。

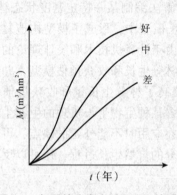 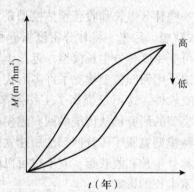

图9-5　相同林分密度时不同立地质量　　　图9-6　相同立地质量时不同林分密度
　　　　林分的蓄积量生长过程　　　　　　　　　　林分的蓄积量生长过程

所采取的林分经营措施实际上是通过改善林分的立地质量(如施肥)及调整林分密度(如抚育间伐)而间接影响林分生长量和收获量。

林分生长与收获预估模型是基于以上4个因子,采用生物统计学方法所构造的数学模型。所以,林分生长量或收获量预估模型一般表达式为

$$Y = f(A,\ SI,\ SD) \tag{9-7}$$

式中　Y——林分每公顷的生长量或收获量;

　　　A——林分年龄;

　　　SI——地位指数或其他立地质量指标;

　　　SD——林分密度指标。

虽然式(9-7)的表面形式并未体现经营措施这一变量,但经营措施是通过对模型中的可控变量:立地质量(如施肥)和林分密度(如间伐)的调整而间接体现的。这一过程主要采用在模型中增加一些附加输入变量(如造林密度、间伐方式及施肥对立地质量的影响等),来适当调整收获模型。这些因子在不同的模型中的表示方法或形式上也有所不同,使得模型的结构形式及复杂程度也有所不同。几乎所有的林分生长量和收获量预估模型都是以立地质量、生长发育阶段和林分密度(或林分竞争程度的测度指标)作为模型的已知变量(自变量)。森林经营者利用这些模型,依据可控变量——林龄、林分密度及立地质量(少数情况下使用)进行决策,即获得有关收获量的信息,进行经营措施的选择(如间伐时间、强度、间伐量、间隔期、间伐次数及采伐年龄等)。

9.2.3　林分生长和收获预估模型的分类

1987 年，世界林分生长模型和模拟会议上提出了林分生长模型和模拟的定义：林分生长模型是指一个或一组数学函数，它描述林木生长与林分状态和立地条件的关系；模拟是使用生长模型去估计林分在各种特定条件下的发育过程。这里明确地指出了林分生长模型不同于大地域（林区）的模型，如林龄空间模型、收获调整模型、轮伐预估模型等，也不同于单木级的模型，例如，树干解析生长分析等（唐守正等，1993）。

林分生长和收获预估模型可根据其使用目的、模型结构、反映对象等进行分类。林分生长与收获模型的分类方法很多，方法间的主要区别在于分类的原则和依据，但最终所分的类别都基本相似，具有代表性的分类方法有 3 种：一是 Munro(1974)基于制作模型的原理的分类；二是 Avery et al. (1994)基于模型的预估结果的分类；三是 Davis(1987)基于模型的模拟情况的分类。其中以第二种分类方法应用最为广泛，它将林分生长和收获模型分为全林分模型、径阶分布模型和单木生长模型。

（1）全林分模型

用以描述全林分总量（如断面积、蓄积量）及平均单株木的生长过程（如平均直径的生长过程）的生长模型称为全林分生长模型（whole stand model），又称第一类模型或全林分模型。此类模型是应用最广泛的模型，其特点是以林分总体特征指标为基础，即将林分的生长量或收获量作为林分特征因子（如年龄、立地条件、林分密度及经营措施等）的函数来预估整个林分的生长和收获量。这类模型从其形式上并未体现经营措施这一变量，但经营措施是通过对模型中的其他可控变量（如林分密度和立地条件）的调整而间接体现。这一过程主要通过增加一些附加的输入变量（如间伐方案及施肥等）来调整模型的信息。全林分模型又可分为可变密度的生长模型及正常或平均密度林分的生长模型。

（2）径阶分布模型

此类模型是以林分变量及直径分布作为自变量而建立的林分生长和收获模型，简称为径阶分布模型（size-class distribution model），也称第二类模型。这类模型包括以下几种。

①以径阶分布模型（也称直径分布模型）为基础而建立的模型。如参数预测模型（PPM）和参数回收模型（PRM）。实际生产中主要利用径阶分布模型提供的林分总株数按径阶分布信息，并结合林分因子生长模型预估林分总量。

②传统的林分表预估模型。该模型是根据现在的直径分布及其各径阶直径生长量来预估未来直径分布，并结合立木材积表预测林分生长量。

③径级生长模型。该模型是按照各径级平均木的生长特点建立株数转移矩阵模型，并将矩阵模型中的径级转移矩阵表示为林分变量（t、SD 和 SI 等）的函数，来建立径级生长模型预估未来直径分布。若径级转移矩阵与林分变量无关，则称为"时齐"的矩阵模型。多数研究表明转移矩阵是非时齐的，因此，模型建模的关键是建立转移概率与林分条件之间的函数表达式。

（3）单木生长模型

以单株林木为基本单位，从林木的竞争机制出发，模拟林分中每株树木生长过程的模型，称为单木生长模型（individual tree model）。单木模型与全林分模型和径阶分布模型的主要区别在于考虑了林木间的竞争，把林木的竞争指标(CI)引入模型。由竞争指标决定树木在生长间隔期内是否存活，并以林木的大小（直径、树高和树冠等）再结合林分变量（t、SI、SDI）来表示树木生长量。因此，竞争指标构造的好坏直接影响单木模型的性能和使用效果，如何构造单木竞争指标成为建立单木模型的关键。根据竞争指标是否含有林木间的距离信息，可把单木生长模型分为以下两种。

①与距离无关的单木生长模型（distance-independent individual tree model，DIIM）。该模型不考虑树木间的相对位置，认为相同大小的林木具有相同的生长率，树木的生长是由树木现状和依赖于现状的生长速率所决定的。这类模型一般仅要求输入林分郁闭时各林木的生长状况即可模拟林分整体的生长过程。

②与距离有关的单木生长模型（distance-dependent individual tree model，DDIM）。该模型的最大特点是，在模型中含有考虑林分中各树木间相对空间位置的单木竞争指数，认为单株木的生长状况是林木本身的生长潜力和它所受的竞争压力共同作用的结果。这类模型要求输入林分郁闭时各林木的生长状态及林木的空间位置，即可模拟各林分整体的生长过程。

以上分别介绍了林分生长和收获模型的分类和特点，这 3 类模型各有其优点及局限性。全林分模型可以直接提供较准确的单位面积上林分收获量及整个林分的总收获量。但无法获取总收获量在不同大小(不同径阶)林木上的收获量。因此，其预估值无法较准确地反映林分的材种结构、木材产量以及林分的经济价值。而径阶分布模型可以给出林分中各阶径的林木株数，因而可以反映林分可提供各材种的产量，这对经营者是很有意义的。但是，由于林分直径分布的动态变化不稳定，很难用同一种统计分布律准确描述不同发育阶段的林分直径分布规律，这给林分直径分布的动态估计带来困难，从而限制了这类模型的实际应用。单木生长模型能够提供最多的信息，由此可以推断林分的径阶分布及林分总收获量。因此，从理论上讲，在这 3 类模型中，单木生长模型适用性最强。但是，由于单木生长模型，尤其是与距离有关的模型，要求的输入量较多，模拟林木生长时的计算量大，应用成本高，这使其在实际应用中有较大的限制。在森林经营实践中，应视经营技术水平、经营目的及经营对象的实际状况，选用不同类型的林分生长和收获模型。

9.2.4　建模资料的收集和整理

(1)资料的收集方法
构建林分生长和收获模型所需资料的收集方法，根据标准地性质的不同可有以下 3 种方法。

①固定标准地长期观测法。对某一树种(组)、某一地域分别不同年龄(t)、不同立地条件(SI)、不同密度(SD)、不同经营措施，设置符合要求的规定标准地，按一定间隔期(一般为 5~10 年)进行重复测定，从而获得单木和林分准确的生长过程数据。这是收集建模数据的最佳方法，可以构建各类生长和收获模型。但是这种方法获取数据所需时间长、成本高。

②临时标准地短期观测法(一次测定法)。在规定的建模地域范围内，分别树种(组)在不同林分条件下设置大量临时标准地，实测林木和林分的各调查因子。该法提供资料迅

速、花费较少，但是不能获取林木或林分的生长数据和动态信息。建模时将取自不同林分、相同立地条件的标准地予以归类，作为该立地条件下的林分发育过程。这样做的结果是人为地将不相关的林分进行组合来反映林分生长过程，只能说明实际林分发育过程的表面现象（平均结果），而很难从本质上揭示林分生长的内在规律，更甚者会得到错误的结论。这种方法获取的数据只适合构建全林分模型和径阶分布模型，不适合构建单木生长模型。

③固定样地和临时样地相结合的综合法。在不同条件林分中设置一定数量的固定标准地，每块标准地进行短期（3~5 次）重复测定，并结合临时标准地一次测定结果来建立林分生长和收获模型。30 多年来，基于我国的森林资源连续清查体系，全国已设置了 41.5 万块固定样地，并且各地方开展科学研究也设置了一些固定标准地，此方法比较适合于我国实际。

（2）资料的收集和整理

收集资料前，应拟订外业调查计划，其内容包括：确定地域和树种（组）；确定标准地的条件、数量；确定标准地调查内容与方法。

①标准地设置。标准地应包含不同年龄、不同立地条件和不同密度的林地，其数量应在 200 块以上。临时标准地和固定标准地设置方法详见第 3 章。

②该模型测定项目。标准地设置所需测定项目包括以下方面。

林分各调查因子：林分年龄、每木检尺，树高、枝下高、冠幅。建立单木生长模型还需要确定树木的相对位置，定株观测，重复测定每株树木的直径、树高、冠幅、冠长等。

记载标准地的地形、地势、海拔、植被等环境因子。

做土壤剖面进行土壤调查，取样进行土壤理化性质测定。

详细记载林分经营历史，尤其是间伐次数、间伐时间及间伐强度等。

③资料的整理。对于标准地调查资料，首先应检查标准地的设置、测定因子、记录是否符合规定的要求，是否有漏测或漏记因子、数据是否有误。然后，将各种调查数据建立计算机数据库，包括各标准地调查因子库和每木检尺库，并利用计算机计算标准地各测树因子、林木和林分生长量，并将所收集的全部标准地数据，大致按 4∶1（80% 和 20%）的比例分成两组独立样本（建模样本和检验样本），分别用于构建和检验林分生长和收获模型。

④异常数据的剔除。异常数据的剔除方法详见附录 1。

9.3　全林分模型

全林分模型最早产生于欧洲，在 19 世纪 80 年代中期，德国的林学家采用图形的方法模拟森林的生长量和林分产量，这种方法一直沿用了很长时间，从而产生了更有效编制收获表的方法。但是，数学模型及模拟技术的迅速发展时期，却始于计算机的产生、并可被林学研究者使用的近代时期。因此，林分生长和收获模型的发展与数学、计算机技术的发展是分不开的。

全林分模型可分为两类：固定密度的模型和可变密度的模型，两者的区别在于是否将林分密度(SD)作为自变量。森林的生长和收获取决于年龄、立地、林分密度 3 个主要因子，如式(9-7)所示。使用图解法很难表示这 3 个因子对林分生长和收获的共同影响。因此，早期的林分生长和收获模型都是针对某一特定密度条件下的预估模型或收获表。例如，正常收获表及经验收获表。直到 20 世纪 30 年代后期，采用多元回归方法将林分密度引入收获预估模型中，才首次建立了可变密度收获模型。但是，模型中的林分密度估计是建立在正常林分的基础上的，所以，其实用意义不强。到 20 世纪 60 年代之后，才出现了具有实际应用意义的可变密度林分生长和收获模型。

9.3.1 固定密度的全林分模型

这类模型产生于 19 世纪末期，是许多收获预测方法的基础，世界许多国家都建立过这类林分生长和收获预估模型。

(1)固定密度全林分模型的分类

依据模型所描述的林分密度情况——林分具有最大密度或者平均密度，这类模型又可分为两类：正常收获模型(即正常收获表)和经验收获模型(即经验收获表)。

①正常收获表。最早的林分收获量预测工作是在所谓的完满立木度林分或正常林分(法正林分)中进行。反映正常林分各主要调查因子生长过程的数表，称作正常收获表(normal yield table)。编表数据取自同一自然发育体系、具有法正林林分密度的林分，在我国和俄罗斯，正常收获表也称为林分生长过程表，其基本形式和内容见表 9-10。

正常林分是指适度郁闭(疏密度为 1.0 或完满立木度)、林木生长健康且林木在林地上分布较为均匀的林分。这种林分在某一立地条件下，密度适中、生长发育正常、蓄积量最高。自然发育体系指的是特征相同的所有林分的总和。具体地说，在这个体系中较老的林分，以前一定时期的发育和生长情况，应该与现有的在年龄上与该时期相当的较幼林分的生长发育情况一样。在一定年龄的较老林分中所测定的调查因子数值，也就是现在的幼龄林将来到达此年龄时相应调查因子所应具有的数值。

②经验收获表。以现实林分为对象，以现实林分中的具有平均密度状态的林分为基础所编制的收获表，称作经验收获表(empirical yield table)，也称现实收获表。经验收获表除了用平均密度代替"适度郁闭"和"完满立木度"外，其他因子与正常收获表相似。经验收获表采用林分平均密度，经验收获表的值比正常收获表更接近实际收获值。美国在 20 世纪初编制了一些国有林和私有林的经验收获表，但在实际应用时同样存在与正常收获表一样的困难，当用于不具有平均密度的其他林分时，必须调整收获表中的平均密度所产生的偏差。

(2)收获表的编制

对于正常收获表，要求临时标准地的林分应属于同一自然发育体系的正常林分。编制经验收获表时，对临时标准地并不如此严格要求，所以，在实际工作中，经常采用临时标准地法编制经验收获表，并且在标准地设置时，采用随机抽样法确定标准地的位置。编制收获表分为三大步骤，即资料收集、资料整理与分析及收获表的编制，其后还应附有编表说明。资料收集和资料整理与分析见本章 9.2.4，本节简要介绍收获表的编制过程。

表 9-10　云南松生长过程表　　　　Ⅰ 地位级

年龄 (年)	平均树高 (m)	平均直径 (cm)	立木株数 (株)	断面积 (m²)	蓄积量 (m³)	树皮率 (%)	去皮蓄积 (m³)	形数	平均材积 (m³)
10	4.5	5.2	9 009	19.1	68				
20	9.8	10.5	3 441	29.8	176	24.6	133	0.604	0.051 1
30	14.7	14.7	1 992	33.8	276	23.1	212	0.555	0.138 5
40	18.2	18.0	1 438	36.6	357	19.8	286	0.536	0.248 3
50	20.8	21.2	1 088	38.4	419	18.9	340	0.525	0.385 1
60	23.0	23.8	890	39.6	471	18.3	385	9.517	0.529 2
70	24.9	26.3	747	40.6	518	16.7	431	0.512	0.693 4
80	26.5	28.6	643	41.3	556	16.5	464	0.508	0.864 7
90	27.9	30.5	572	41.8	588	16.4	492	0.504	1.028 0
100	29.2	32.1	521	42.2	615	16.3	515	0.499	1.180 4
110	30.2	33.6	479	42.5	638	15.0	542	0.497	1.331 9
120	31.0	35.0	445	42.8	657	15.0	558	0.495	1.476 4
130	31.6	36.3	416	43.1	673	15.0	572	0.494	1.617 8
140	32.2	37.5	392	43.3	687	15.0	584	0.493	1.752 5

年龄 (年)	生长量 平均生长量 (m³)	生长量 连年生长量 (m³)	生长量 连年生长量 (%)	自然死亡木 株数 (株)	自然死亡木 平均材积 (m³)	自然死亡木 蓄积量 (m³)	自然死亡木 蓄积累积量 (m³)	总生长量 (m³)	总生长量 平均生长量 (m³)	总生长量 连年生长量 (m²)	总生长量 连年生长量 (%)
10											
20	8.8	10.8	8.85	5 568	0.011 6	64	64	240	12.0	17.2	11.2
30	9.2	10.0	4.42	1 449	0.041 3	60	127	400	13.3	16.0	5.00
40	8.9	8.1	2.56	554	0.086 2	48	172	529	13.2	12.9	2.78
50	8.4	6.2	1.60	350	0.145 9	51	223	642	12.8	11.3	1.93
60	7.9	5.2	1.17	198	0.214 8	42	265	736	12.3	9.4	1.36
70	7.4	4.7	0.95	143	0.297 5	42	307	825	11.8	8.9	1.14
80	6.9	3.8	0.71	104	0.388 2	40	347	903	11.3	7.8	0.90
90	6.5	3.2	0.56	71	0.479 0	34	381	969	10.8	6.6	0.71
100	6.2	2.7	0.45	51	0.568 9	29	410	1 025	10.3	5.6	0.56
110	5.8	2.3	0.37	42	0.657 9	28	438	1 076	9.8	5.1	0.49
120	5.5	1.9	0.29	34	0.744 1	25	463	1 120	9.3	4.4	0.40
130	5.2	1.6	0.24	29	0.828 3	24	487	1 160	8.9	4.0	0.35
140	4.9	1.4	0.21	24	0.909 5	22	509	1 196	8.5	3.6	0.31

首先将参与编表的标准地(编表样本)，在立地条件分级的基础上(若已有地位级表或地位指数表时可作为立地分类的依据)进行归类。分别立地级别统计主林木、副林木及两者合计的各因子的数值。在以上分类统计的基础上，以林分年龄 t 为自变量，建立 $N\text{-}t$、$M_{主}\text{-}t$、$D_g\text{-}t$ 以及 $G_{主}\text{-}N$ 等关系式(见第8章经验回归模型或理论生长方程)。再利用所建立

的关系式，得出各龄阶各项因子的估计值，这些估计值作为收获表中的初值。

然后，按照表中某些因子之间固有的函数关系(如 $G_{\pm}=\frac{\pi}{4}D_g^2N$)对上述初值进行调整，使表中横向、纵向各因子之间相互协调。在一般情况下，需要调整、协调的主要因子如下。

①分别龄阶调整 D_g 值，按主林木平均胸径与平均高的关系式，将 D_g 按 $\bar{H}$ 进行调整。

②分别龄阶调整 $M_{\pm}$ 值，按 $M_{\pm}$ 与 D_g 之间的关系及 D_g 与 $\bar{H}$ 的关系进行调整，最后调整为平均高所对应的每公顷蓄积。

③分别龄阶调整主林木株数 N 值，按 N 与 D_g 的关系，调整各 D_g 所对应的每公顷主林木株数 N。

④分别龄阶调整主林木胸高断面积 $G_{\pm}$ 值，按 $G=\frac{\pi}{4}D_g^2N$ 关系推算出 $G_{\pm}$ 值。

⑤分析调整后的 $M_{\pm}$ 是收获表中最重要的数值，因此，在调整过程中应从各个角度(横向、纵向)进行分析、考虑，使之关系协调。这个调整原则，也是调整其他因子应考虑的。

副林木各因子数值因抚育间伐技术不同，所以依据标准地资料难以确定。因此，在实际工作中多采用主、副林木相同因子之间关系方法，根据已确定的主林木因子间接估计。

总之，在调整过程中要注意收获表中各因子数值的合理性及各相关因子之间的一致性。经过上述调整后将其各因子数值列示成表，就是林分收获表(表9-10)。

(3)收获表的应用

正常收获表和现实收获表的作用，主要在于指导森林经营实践及近似估计现实林分的生长量和收获量。这些作用主要表现在以下几方面。

①在已知林分的地位级(或地位指数)时，正常收获表可提供在该立地条件下林分所能达到的收获量上限的估计值，现实收获表则可供该立地条件下现实林分平均可达到的生长量和收获量。因此，收获表也可供比较不同立地条件下林分间生长状况的差异程度。

②正常收获表是以充分郁闭的同龄纯林的生长状况为基础而编制的，它提供了在合理经营的上限密度下林分所能达到的生长量和收获量。所以，在实践中，正常收获表常被用于检查、评价现实林分经营效果。

③利用正常收获表或经验收获表均可以查定或预估现实林分的各个因子现实值及未来某一龄阶时的数值(即动态预估)。

④利用正常收获表(或林分生长过程表)依据现实林分的年龄及每公顷断面积值，可以计算出现实林分的疏密度及林分每公顷蓄积量。

【例9-2】某云南松天然林，林龄为100年，平均高为29.0 m，总断面积为21.1 m^2/hm^2。根据林龄及平均高由其地位级表(从略)中查定该林分属于第Ⅰ地位级。因此，由相应的林分生长过程表(表9-10)中查定出对应于林龄100年时标准林分的每公顷断面积($G_{标}=42.2$ m^2/hm^2)及每公顷蓄积量($M_{标}=615$ m^3/hm^2)，蓄积连年生长量为2.7 m^3/hm^2，则该林分的疏密度 P 为

$$P = \frac{21.1}{42.2} = 0.50$$

林分每公顷蓄积量 M 为

$$M = PM_{标} = 0.50 \times 615 = 307.5 (\mathrm{m^3/hm^2})$$

林分每公顷蓄积连年生长量 Z_m 为

$$Z_m = 2.7 \times 0.50 = 1.35 (\mathrm{m^3/hm^2})$$

这种预估林分生长量的方法是假定生长量的多少与林分疏密度大小成正比例关系，在森林生长发育过程中，由于经营措施及其他各种原因导致疏密度发生变化，但不论是高于或低于标准林分，通过生长和自然稀疏的调整，使林分最终仍能趋近于标准林分。可是，通常现实林分的疏密度多低于收获表，因此，预估今后 5 年或 10 年的生长量时，应首先掌握疏密度的变化对生长量的影响，而这种数据只有通过固定标准地的重复观测才能取得。在缺乏这种资料时，只能应用格尔哈特公式（Gehrhardt, 1930）。

$$Z_M = Z_表 P [1 + K (1 - P)] \tag{9-8}$$

式中　Z_M——预估的生长量；

　　　$Z_表$——收获表上的生长量；

　　　P——现实林分的疏密度；

　　　K——因树种而改变的系数。

式（9-8）中 $Z_表 P$ 是疏密度为 P 时相当于收获表上 $P = 1.0$ 时的生长量，$(1-P)$ 为现实林分未能最大限度地利用生长空间而有的空隙，$Z_表 P(1-P)$ 为现实林分因空隙而增加的生长量，二者之和才是现实林分的真正预估生长量，即

$$Z_M = Z_表 P + Z_表 P (1 - P) \tag{9-9}$$

因空隙而增加的生长量除取决于疏密度外，还受树种的生物学特性的影响。因此，要用一个反映生物学特性的系数 K 加以校正，而校正系数 K 与树种的喜光程度有关，即喜光树种为 0.6~0.7，中性树种为 0.8~0.9，耐阴树种为 1.0~1.1。

用收获表预估现实林分生长量的步骤如下。

①确定现实林分的年龄和立地质量。

②确定现实林分的总断面积。

③计算现实林分的疏密度。

④计算蓄积量、生长量及其他因子。

（4）存在的问题

正常收获表或现实收获表都是根据某一种特定密度状态的林分编制的，但是，由于现实林分在其生长过程中，林分密度并非保持不变。用 5.3.2 一节所介绍的常用林分密度指标衡量林分密度时，同一林分在不同年龄时的林分密度指标在不断地变化，由此给使用收获表带来了一些问题，其主要问题归纳如下。

①在没有大量固定标准地长期观测资料及大量解析资料的情况下，仅利用临时标准地资料编制收获表时，很难保证所有临时标准地的林分属于同一自然发育体系。

②正常林分是现实林分中难以找到的林分。许多研究者发现，从未来生长量的观点来看，现实林分所能达到的最大生长量往往低于正常收获表中的数值。

③用疏密度线性关系修正的方法，用正常收获表预估现实林分的生长动态，没有充足的理论依据。迄今为止，尚未证实林分蓄积量与疏密度之间为线性关系。

④经验收获表虽然提供了平均密度状态下林分的生长过程，但是，在现实林分中并不存在一直处于平均密度状态的林分，所以，现实收获表所反映的并非同一林分的生长过程。因此，现实收获表可以为未经营的大面积森林提供初次有效的林分生长量和收获量估计值，但预估个别林分时不一定十分有效。

⑤传统的编表方法未能为解决表中相关因子的一致性而提供一种普遍适用的有效方法，这给调整表中相关因子的数值带来一定的困难，但统计学的发展为此提供了较完善的方法。

9.3.2 可变密度的全林分模型

由于现实林分在其生长过程中，林分密度并非保持不变，用林分密度指标衡量林分密度时，同一林分在不同年龄时的林分密度指标在不断地变化，由此给使用固定密度收获模型带来了一些问题。因此，使用可变密度收获预估模型更具优势。

9.3.2.1 概述

林分密度是影响林分生长的重要因素之一，而林分密度控制又是营林措施中一个有效的主要手段。所以，为了预估在不同林分密度条件下林分生长动态，有必要将林分密度因子引入全林分模型。常用林分密度指标见5.3.2一节。早期可变密度的全林分模型实际上为经验回归方程，而从20世纪70年代末开始将林分密度因子引入适用性较大的理论生长方程，20世纪80年代末、90年代初出现了基于生物生长机理的林分生长和收获模型。

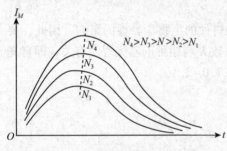

图9-7 不同密度林分蓄积生长量与年龄的关系

以林分密度为主要自变量反映平均单株木或林分总体的生长量和收获量动态的模型，称为可变密度的全林分模型（variable-density growth and yield model）。该类模型可以预估各种密度林分的生长过程，所以它是合理经营林分的有效工具。由于林分密度随林分年龄而变化，并且林分密度对林分生长的影响又比较复杂（图9-7）。对于图9-7中所示的曲线簇，很难找出一个形式简单的模型进行准确地描述。因此，通常采用先拟合含林分密度自变量的林分收获量方程，再依此导出相应的林分生长量方程。但是，随着全林分模型研究的不断深入，在模型系统中同时包含林分生长模型和收获模型，并保证了模型所预估的林分生长量和收获量的一致性。

9.3.2.2 可变密度收获模型建模方法

有林分密度的收获预估模型主要用于现实收获量的直接预测，建模所使用的数据一般取自临时标准地资料。根据建模方法的不同可划分为以下3种。

（1）基于多元回归技术的经验方程

20世纪30年代，Mackinney et al.（1937）、Schumacher（1939）、Machinney et al.

(1939)等采用多元回归的方法建立了可变密度收获模型。他们提出林分收获量为林龄倒数的函数，且最先加入林分密度因子来预测林分收获。如 Machinney et al. (1939)建立的火炬松天然林可变密度收获预估模型为

$$\ln M = b_0 + b_1 t^{-1} + b_2 SI + b_3 SDI + b_4 C \qquad (9-10)$$

式中　M——单位面积林分蓄积量；

　　　t——林分年龄；

　　　SI——地位指数；

　　　SDI——Reineke 林分密度指数；

　　　C——火炬松组成系数(火炬松断面积与林分总断面积之比)；

　　　b_0，b_1，b_2，b_3，b_4——方程待定参数。

这一研究开创了定量分析林分生长和收获量的先河，类似的研究方法沿用至今。之后，许多研究者采用多元回归技术来预测林分生长或收获量。这类可变密度收获模型的基础模型为 Schumacher(1939)蓄积量收获曲线。

$$M = \alpha_0 e^{-\alpha_1/t} \quad 或 \quad \ln M = \alpha_0 - \frac{\alpha_1}{t} \qquad (9-11)$$

基于式(9-11)构造的可变密度收获模型的一般形式为

$$\ln M = \beta_0 + \beta_1 t^{-1} + \beta_2 f(SI) + \beta_3 f(SD) \qquad (9-12)$$

式中　M——单位面积上林分收获量；

　　　t——林分年龄；

　　　$f(SI)$——地位指数 SI 的函数；

　　　$f(SD)$——林分密度 SD 的函数；

　　　α_0，α_1，β_0，β_1，β_2，β_3——方程参数。

式(9-12)称作 Schumacher 收获模型。最早的模型中，$g(SD)$ 的估计建立在正常林分的基础上的，所以模型的实用意义不大。但是，后期的 Schumacher 收获模型中将林分密度作为变量，构建了真正的可变密度收获模型。

迄今为止，许多学者均采用这一模型形式，构建了不同树种的全林分可变密度收获模型。现列出几个以 Schumacher 模型为基础的收获方程。

①美国火炬松天然林(Clutter et al. , 1972)(英制单位)。

$$\ln M = 2.883\ 7 - 21.236/t + 0.001\ 444\ 1 SI + 0.950\ 64 \ln G \qquad (9-13)$$

②台湾二叶松人工林(冯丰隆等，1986)。

$$\ln M = 2.889\ 761\ 4 - 5.314\ 86/t + 0.004\ 749 SI + 0.006\ 271\ 4G \qquad (9-14)$$

③大兴安岭兴安落叶松天然林(蒋伊尹等，1989)。

$$\ln M = 0.740\ 2 - 14.14/t + 0.045\ 23 SI + 1.185\ 0 \ln G \qquad (9-15)$$

这些 Schumacher 收获模型的共性如下。

①以林分收获量的对数($\ln M$)作为因变量，以林龄的倒数为预测变量，林分蓄积量随着年龄(t)的增加而增大，呈典型的"S"形曲线(存在渐进值 α_0)。收获曲线的基本形状由 Schumacher 蓄积量收获曲线中的参数 α_1 来决定。

②通过再参数化的方法，将 Schumacher 收获曲线的对数渐近参数 α_0 作为地位指数 SI

和林分密度 SD 的函数，从而导出下面的收获模型。

$$\alpha_0 = \beta_0 + \beta_2 f(SI) + \beta_3 f(SD) \tag{9-16}$$

详细剖析 Schumacher 收获模型可知，其林分蓄积连年生长量 dM/dt 达到最大时的年龄 $t_{Z_{max}} = \beta_1/2$。若 Schumacher 收获模型中 $f(SD)$ 与年龄、立地无关，则各树种 Schumacher 收获模型的 $t_{Z_{max}}$ 与立地、密度无关，这与实际不符。因此，后来许多研究者对 Schumacher 收获模型作了修正，以克服这一不足。典型实例是 Langdon(1961)为湿地松建立的收获方程及 Vimmerstedt(1962)发表的美国白松人工林收获方程，其一般形式为

$$\ln M = \beta_0 + \beta_1 t^{-1} + \beta_2 f(SI) + \beta_3 f\left(\frac{SI}{t}\right) + \beta_4 f\left(\frac{SD}{t}\right) \tag{9-17}$$

式中 $f\left(\dfrac{SI}{t}\right)$——某些 SI 比值的函数；

$f\left(\dfrac{SD}{t}\right)$——某些 SD 比值的函数。

在式(9-17)中由于包含了 $\dfrac{SI}{t}$ 及 $\dfrac{SD}{t}$ 两个变量，故此式所反映的生长规律与林分实际生长规律相符，即林分材积连年生长量达到最大时年龄与立地、密度有关。

（2）林分蓄积预估方程

仿照单株立木材积方程式：$V = f(g, h, f)$，一些直接预测方程将林分收获量作为林分断面积 G 和优势木高 H_T 的函数，而不是年龄、地位指数的直接函数。这种公式一般称为林分蓄积预估方程。这种方程的一般表达式为

$$M = b_1 GH_T \quad \text{或} \quad M = b_0 + b_1 GH_T \tag{9-18}$$

式中 H_T——林分优势木平均高；

b_0，b_1——方程参数；

G——林分断面积。

由于林分蓄积预估方程中的 $H_T = f(t, SI)$，因此这类方程间接体现了 $M = f(t, SI, SD)$ 之间关系。

（3）基于理论生长方程的林分收获模型

由于理论生长方程具有良好的解析性和适用性，近 30 年来，各国倾向于将稳定性较强的林分密度指标引入适用性广的理论生长方程，来建立林分生长和收获预估模型。常用的理论生长方程见表 8-5。许多研究者采用这些理论方程拟合林分生长量和收获量，都取得较好的结果，这也说明这些方程具有较强的通用性和稳定性。从 20 世纪 70 年代开始，许多研究者开始研究这些方程中的参数与林分密度或单木竞争之间的关系，并将林分密度指标引入这些方程之中，预估各种不同密度林分的生长过程，这样建立的收获模型具有较好的预估效果，使模型也具有更强的通用性。

现以 Richards 方程为例说明利用这种方法建模的基本思路。Richards 生长方程基本形式为

$$y = A(1 - e^{-kt})^b \tag{9-19}$$

式中 A——渐进参数；

k——与生长速率有关的参数；

b——形状参数。

首先分析式(9-19)中各参数 A、k 和 b 与地位指数 SI 和林分密度 SD 之间的关系并建立函数关系，例如，将最大值参数作为立地的函数：$A=f(SI)$；而生长速率参数主要受林分密度的影响，与 SI 相关不紧密，故 $k=f(SD)$；关于形状参数 b 与立地条件和林分密度的关系尚无定论。最后，根据所建立的函数关系，采用再次参数化的方法引入地位指数 SI 和林分密度 SD 变量来构造林分生长和收获预估模型。

以这种方法成功地建立可变密度收获模型的实例如下。

①美国赤松天然林收获模型(Rose et al.，1972)(英制单位)。

$$M = 0.005\ 45\ SI\ G[1 - \exp(-0.019\ 79t)]^{1.389\ 40} \tag{9-20}$$

式中　G——林分每公顷断面积；

SI——地位指数；

t——林分年龄。

②马尾松人工林断面积预估模型(唐守正，1991)。通过分析林分断面积生长方程中的渐近值 A 与地位指数 SI 的关系、生长速率参数 k 与林分密度的关系，将立地因子和林分密度引入方程(9-19)，建立了马尾松人工林断面积 G 预估模型。

$$G = 30.120\ 4SI^{0.177\ 138}\left\{1 - \exp\left[-0.005\ 249\ 47 \right.\right.$$
$$\left.\left.\times(SDI/1\ 000)^{4.957\ 45}(t - 2.5)\right]\right\}^{0.199\ 976} \tag{9-21}$$

林分蓄积量 M 预测模型为

$$M = GH_D[0.364\ 45 + 1.942\ 72/(H_D + 2.0)] \tag{9-22}$$

式中　t——林分年龄；

SI——地位指数(基准年龄 $t_I=20$ 年)，$SI=H_T(-7.715\ 6/t_I+7.715\ 6/t)$；

SDI——林分密度指数，$SDI=N(20/D_g)^{-1.73}$；

H_D——林分平均高；

H_T——林分优势木平均高。

③长白落叶松人工林的断面积生长预估模型(李凤日，2014)。通过分析黑龙江省长白落叶松人工林断面积生长曲线，发现式(9-19)的渐进参数 A 主要与立地条件 SI 有关，林分密度 SD 主要影响林分断面积生长速率。因此，方程中的参数 k 则主要与林分密度 SD 有关，而与立地条件 SI 无关。关于形状参数 b 与立地条件和林分密度之间并无明显关系。

长白落叶松人工林的断面积生长预估模型为

$$G = 31.898\ 3SI^{0.240\ 1}\{1 - \exp[-3.941\ 7(SDI/10\ 000)^{4.435\ 0}(t - 5)]\}^{0.218\ 4} \tag{9-23}$$

林分蓄积量 M 预测模型为

$$M = GH_D\left(\frac{26.031\ 0}{H_D + 39.807\ 1}\right) \tag{9-24}$$

式中　G——林分每公顷断面积；

SDI——林分密度指数，$SDI=N(15/D_g)^{-1.625\ 2}$；

SI——地位指数(基准年龄为 30 年)，导向曲线为 $H_T=17.168\ 8[1-\exp(-0.061\ 3t)]^{1.280\ 0}$；

t——林分年龄;

H_D——林分平均高;

N——林分每公顷株数。

从表面上看,式(9-24)中并未包括林分密度因子,但模型中的林分断面积主要由 SDI 所决定。因此,林分密度对收获模型的作用是通过影响林分断面积的变化而间接体现。在预估林分蓄积量时,首先要根据 SDI 值计算林分断面积,再由式(9-24)计算林分蓄积量。

(4)林分断面积和蓄积预估模型联立估计

通常的回归模型,总是认为自变量的观测值不含有任何误差,而因变量的观测值含有误差。因变量的误差可能有各种来源,如抽样误差、观测误差等。但是在实际问题中,某些自变量的观测值也可能含有各种不同的误差,统称这种随机误差为度量误差。当回归模型中自变量和因变量二者都含有度量误差时称为度量误差模型(详见附录1)。在度量误差模型中由于二者都含有度量误差,使得通常回归模型参数估计方法不再适用(唐守正等,2009)。

实际上式(9-23)和式(9-24)可以表达为以下非线性联立方程组。

$$\begin{cases} G = a_0 SI^{a_1} \left\{ 1 - \exp\left[-k_0 (SDI/10\ 000)^{k_1} (t-5) \right] \right\}^b \\ M = G \cdot H_D \dfrac{d_0}{H_D + d_1} \end{cases} \quad (9\text{-}25)$$

联立方程组式(9-25)中,林分断面积(G)作为第一个方程的因变量在第二个方程中以自变量的形式出现,即 G 既是因变量又是自变量。因此,在式(9-25)中无法按常规来划分自变量和因变量。为了明确起见,采用内生变量和外生变量来代替通常使用的因变量和自变量。对比度量误差的术语,内生变量是含随机误差的变量,而外生变量是不含随机误差的变量。式(9-25)中,G 和 M 为内生变量,而 SI、t、SDI 和 H_D 为外生变量。由于联立方程组中各方程间随机误差的相关性,其参数估计不能采用普通的最小二乘法,而应采用二步最小二乘法或三步最小二乘法(Borders,1986,1989)。唐守正等(2009)提供了估计非线性误差变量联立方程组模型的参数估计方法。

基于 1990—2005 年复测的 1140 块落叶松人工林固定标准地数据,利用 ForStat 3.0 软件所提供的非线性误差变量联立方程组模型的参数估计方法对于式(9-25)中的参数进行估计,并建立了长白落叶松人工林林分断面积和蓄积预估模型。

$$\begin{cases} G = 31.898\ 3 SI^{0.240\ 1} \left\{ 1 - \exp\left[-3.941\ 7 \right. \right. & (R^2 = 0.996\ 3) \\ \left. \left. \times (SDI/10\ 000)^{4.435\ 0} (t-5) \right] \right\}^{0.218\ 4} & (9\text{-}26) \\ M = G H_D \left[26.031\ 0/(H_D + 39.807\ 1) \right] & (R^2 = 0.979\ 8) \end{cases}$$

这种联立方程组建模方法不仅考虑了传统解释变量(自变量)和被解释变量(因变量)观测值中含有的度量误差,还能保证林分断面积和蓄积生长模型中参数的最小方差线性无偏估计量。

9.3.2.3 相容性林分生长和收获模型系统

Buckman(1962)发表了美国第一个根据林分密度直接预估林分生长量方程,然后对生长量方程积分而求出相应的林分收获量的可变密度收获预估模型系统。后来，Clutter (1963) 引入生长和收获模型的相容性观点，基于 Schumacher 生长方程提出了相容性林分生长量模型与收获量模型。Sullivan et al. (1972) 对模型进行了改进，指出两者间的互换条件，并建立了在数量上一致的林分生长和收获模型系统，从而基本上完善了这类相容性生长和收获预估模型系统，这类模型建模方法如下。

①将现在林分蓄积量 M_1 或断面积 G_1 作为现在林分年龄 t_1、地位指数 S 或优势高 H_T 及林分密度（通常使用断面积或初植株数）的函数而导出。

②将收获模型对年龄求导数，即 $\mathrm{d}M/\mathrm{d}t$ 或 $\mathrm{d}G/\mathrm{d}t$，建立与收获模型相一致的生长模型。

③利用所收集的固定标准地复测数据拟合生长模型，求出模型中各参数的估计值。

④将生长量预估方程积分求出相应的林分收获量模型。

Sullivan et al. (1972) 提出的建模方法如下。

首先根据相应的关系，假设 3 个基本方程，即

$$M_1 = f(SI, \quad t_1, \quad G_1) \tag{9-27}$$

$$M_2 = f(SI, \quad t_2, \quad G_2) \tag{9-28}$$

$$G_2 = f(t_1, \quad t_2, \quad SI, \quad G_1) \tag{9-29}$$

式中　M_1——现在林分收获量；

　　　G_1——现在林分断面积；

　　　t_1——现在林分年龄；

　　　SI——地位指数；

　　　G_2——未来林分断面积；

　　　M_2——未来林分蓄积量；

　　　t_2——未来林分年龄。

从而可以形成以现在林分的一些变量及预测年龄求未来收获量的公式，即所谓的生长和收获的联立方程。

$$M_2 = f(t_1, \quad t_2, \quad SI, \quad G_1) \tag{9-30}$$

Sullivan et al. (1972) 提出的相容性生长和收获预估模型系统具体模型如下。

林分收获方程采用 Schumacher 收获模型。

$$\ln M = b_0 + b_1 SI + b_2 t^{-1} + b_3 \ln G \tag{9-31}$$

式中　b_0，b_1，b_2，b_3——方程参数。

收获模型式 (9-31) 对年龄 t 求导数，得出林分蓄积生长率。

$$\frac{1}{M}\frac{\mathrm{d}M}{\mathrm{d}t} = -b_2 t^{-2} + b_3 \left(\frac{1}{G}\frac{\mathrm{d}G}{\mathrm{d}t}\right) \tag{9-32}$$

式 (9-32) 表示林分蓄积生长率是林分年龄和林分断面积生长率的函数。为了估计断面积生长量 $\mathrm{d}G/\mathrm{d}t$，提出的断面积预估方程为

$$\ln G = a_0 + a_1 SI + a_2 t^{-1} + a_3 \ln G_{20} t^{-1} + a_4 t^{-1} SI \tag{9-33}$$

式中　G_{20}——20 年时的林分断面积；

　　　a_0，a_1，a_2，a_3——方程待估计的参数。

式 (9-33) 对年龄求导并经过整理可得到林分断面积生长方程。

$$\frac{\mathrm{d}G}{\mathrm{d}t} = t^{-1}G(a_0 + a_1SI - \ln G) \tag{9-34}$$

对式(9-34)积分可得到差分方程。

$$\ln G_2 = \frac{t_1}{t_2}\ln G_1 + a_0\left(1 - \frac{t_1}{t_2}\right) + a_1SI\left(1 - \frac{t_1}{t_2}\right) \tag{9-35}$$

对于预测未来的林分蓄积量,式(9-31)可写为

$$\ln M_2 = b_0 + b_1SI + b_2t_2^{-1} + b_3\ln G_2 \tag{9-36}$$

将式(9-35)代入式(9-36)中,可导出与收获模型相一致的蓄积量生长模型。

$$\ln M_2 = b_0 + b_1SI + b_2t_2^{-1} + b_3\frac{t_1}{t_2}\ln G_1 + b_4\left(1 - \frac{t_1}{t_2}\right) + b_5SI\left(1 - \frac{t_1}{t_2}\right) \tag{9-37}$$

式中 $b_4 = b_3a_0$;$b_5 = b_3a_1$。

当 $t_2 = t_1$ 时,式(9-37)可还原为现在的收获量式(9-31)。因此,这种建模方法保证了生长量模型与收获量模型之间的相容性,以及未来与现在收获模型之间的统一性。由于这类模型是以林分断面积(G)为密度指标,而断面积随林分年龄而变化。所以建模时,要求利用固定标准地复测数据来估计断面积量生长方程(9-35)或蓄积量生长方程(9-37)中的参数。

应该指出,这一模型系统符合一些林分生长预测模型的逻辑性。考察方程(9-35)得

①当 t_2 趋向于 t_1 时,$\ln G_2$ 趋向于 $\ln G_1$。

②当 t_2 趋向于 ∞ 时,$\ln G_2$ 趋向于 $a_0 + a_1SI$,即模型保持未来林分断面积具有上渐进线,符合林分生长规律。

③预测值满足相容性原则。假设以 t_1、t_2 和 y_1 预测未来的林木大小 G_2,而第二个结果是根据 t_2、t_3 和 G_2 得到的另一个未来林木大小值 $G_3(t_3 > t_2 > t_1)$。G_3 的预测值与以 t_1、t_2 和 y_1 为自变量所得到的估计值相同。

因此,这种建模方法在美国及加拿大等国家已广泛采用。

Sullivan et al. (1972)提出的相容性生长和收获方程系统,实际上可以表达为以下线性联立方程组。

$$\begin{cases} \ln M_1 = b_0 + b_1SI + b_2t_1^{-1} + b_3\ln G_1 \\ \ln G_2 = \dfrac{t_1}{t_2}\ln G_1 + a_0\left(1 - \dfrac{t_1}{t_2}\right) + a_1SI\left(1 - \dfrac{t_1}{t_2}\right) \\ \ln M_2 = \ln M_1 + b_2(t_2^{-1} - t_1^{-1}) + b_3(\ln G_2 - \ln G_1) \end{cases} \tag{9-38}$$

与式(9-25)一样,在联立方程组式(9-38)中,$\ln M_1$、$\ln G_2$ 和 $\ln M_2$ 为内生变量,而 SI、t_1 和 t_2 为外生变量。中国林业科学研究院开发的 ForStat 3.0 软件(唐守正等,2009)中的线性度量误差模型模块提供了联立方程组式(9-38)中参数的估计方法。

我们基于1990—2000年复测两次150块固定标准地数据,利用 ForStat 3.0 软件所提供的参数估计方法对线性联立方程组式(9-38)的参数进行估计,并建立了大兴安岭落叶松天然林相容性林分生长和收获模型系统。系统中林分蓄积生长预测模型为

$$\ln M_2 = 1.769\,74 + 0.020\,368SI - 18.414\,10t_2^{-1} + 1.017\,11\frac{t_1}{t_2}\ln G_1$$

$$+ 4.050\,0\left(1 - \frac{t_1}{t_2}\right) + 0.300\,57SI\left(1 - \frac{t_1}{t_2}\right) \tag{9-39}$$

式中　SI——地位指数(基准年龄为 100 年);

其他变量意义同式(9-29)。

设 $t_2 = t_1 = t$(即预测间隔期为 0),此时 $G_2 = G_1 = G$,则可以得到与式(9-39)相一致的预估现在收获量的方程。

$$\ln M = 1.769\,74 + 0.020\,368SI - 18.414\,10t_2^{-1} + 1.017\,11\ln G \tag{9-40}$$

相应的林分断面积生长预测模型为

$$\ln G_2 = \frac{t_1}{t_2}\ln G_1 + 3.981\,88\left(1 - \frac{t_1}{t_2}\right) + 0.030\,633SI\left(1 - \frac{t_1}{t_2}\right) \tag{9-41}$$

式(9-39)至式(9-41)可以预测林分生长和收获量。例如,某一兴安落叶松天然林年龄为 95 年,地位指数为 16.1 m,林分断面积为 15.0 m^2。由式(9-40)估计的现在林分蓄积量为

$$\ln M = 1.769\,74 + 0.020\,368(16.1) - 18.414\,10(95)^{-1} + 1.017\,11\ln(15.0)$$
$$= 4.658\,2$$

$$M = 105.4(m^3/hm^2)$$

为了预测 10 年后(即年龄 105 年时)的收获量,将 $t_1 = 95$、$t_2 = 105$、$SI = 16.1$(注意:地位指数在预测间隔期内不发生变化)和 $G_1 = 15.0$ 代入式(9-39)得

$$\ln M_2 = 1.769\,74 + 0.020\,368(16.1) - 18.414\,10(105)^{-1} + 1.017\,11(95/105)\ln(15.0)$$
$$+ 4.050\,0(1 - 95/105) + 0.300\,57(16.1)(1\,095/105)$$
$$= 4.80$$

$$M_2 = 121.5(m^3/hm^2)$$

同样,也可以采用式(9-41)预测 105 年时的林分断面积 G_2,并将其代入式(9-40)来预测未来 10 年后的林分收获量。

$$\ln G_2 = (95/105)\ln(15.1) + 3.981\,88(1-95/105) + 0.030\,633(16.1)(1-95/105)$$
$$= 2.829\,4$$

$$G_2 = 16.934\,8(m^2/hm^2)$$

$$\ln M = 1.769\,74 + 0.020\,368(16.1) - 18.414\,10(105)^{-1} + 1.017\,11\ln(16.934\,8)$$
$$= 4.80$$

$$M = 121.5(m^3/hm^2)$$

因为在这一相容的模型系统中所估计的方程系数保证了数值上的一致性,所以这两种预测林分生长和收获的方法得到了相同的结果。

9.3.2.4　全林整体生长模型系统

在林分生长和收获模型的相容性基础上,唐守正(1991)把相容性概念推广到全部模型系之间的相容,并提出了全林整体生长模型的概念,即全林整体模型是描述林分主要调查

因子及其相互关系生长过程的方程组，使得由整体模型推导的各种林业用表是相互兼容的。

全林整体生长模型利用地位指数 SI 和林分密度指数 SDI 作为描述林分立地条件和林分密度测度的指标。林分的主要测树因子考虑：每公顷断面积 G、林分平均直径 D_g、每公顷株数 N、林分平均高 H、优势高 H_T、形高 FH 和蓄积量 M，各变量之间有一些是统计关系，而另一些是函数关系。该模型系统由 3 个基本函数式和 5 个统计模型构成。

由于影响林分生长的因子很多，林分生长的机理又比较复杂，因此，试图用一个(组)方程来描述各种状态下林分的生长过程是不现实的。尤其是当采用可变密度的生长方程指导和评价林分经营实践(如间伐)时，上述模型的准确性会下降。因此，上述模型的适用性的强弱是相对的。所以，当采用林分生长和收获预估模型预测林分生长量和收获量时，要求其预估期不宜太长，应尽量短些为宜。

9.4 径级分布模型

由于林分直径分布模型能够提供林木在径级上的分布信息，从而与林业生产实践中的材种培育目标和抚育间伐效果分析等密切相关，可以找出较优的经营措施组合，供森林经营做出科学合理的措施决策。因此，径阶分布模型越来越得到重视。此类模型是以林分调查因子和直径分布为变量来预估林分结构和生长收获的动态变化。径阶分布模型可根据研究方法的不同分为矩阵模型(含林分表法)、随机过程模型和直径分布模型等多种分支。

9.4.1 直径分布模型

在现代森林经营管理的决策中，不仅需要全林分总蓄积量，而且更需要掌握全林分各径阶的材积(或材种出材量)的分布状态，进而为经营管理的经济效益分析决策提供依据。因此，对于同龄林，广泛采用以直径分布模型为基础研建林分生长和收获模型的方法。

同龄林分和异龄林分的典型直径分布不同，可依据林分直径分布的特征选择直径分布函数。当前普遍认为 Weibull 分布和 β 分布函数具有较大的灵活性和适应性，这两个分布函数既能拟合单峰山状曲线及反"J"形曲线，并且拟合林分直径分布的效果较好，所以已应用在林分生长和收获模型中。顺便指出，对于异龄林分，在建立以直径分布函数为基础的林分生长收获模型中，其直径分布函数的参数估计不应使用林分年龄变量，可以间隔期 (t) 代替建立参数动态估计方程，其他方法与同龄林基本相同。

在林分生长和收获预测方法中，又可分为现实林分生长和收获预测方法及未来林分生长和收获预测方法。两者相比，现实林分生长和收获预测方法较为简单，而未来林分生长和收获预测方法要复杂些，因为未来林分生长和收获预测与林分密度的变化有关，即在这个预测方法中要有林分密度的预测方程。

9.4.2 现实林分收获量的间接预测

采用径阶分布模型的现实林分生长收获间接预测方法，在已知林分单位面积林木总株数的条件下，依据该林分的年龄、林分密度及地位指数，利用直径分布参数预测模型估计出林分单位面积上各径阶的林木株数，依据已有的 *H-D* 曲线计算出各径阶林木平均高。然后，再利用相应的立木材积方程(或材积表)、削度方程或材种出材率方程(或材种出材率表)，计算出各径阶材积和材种出材量，汇总后即可求得林分总材积及各材种出材量。在实际工作中，一般要分别地位指数(或地位指数级)进行上述计算程序。

在现实林分收获量间接预测方法中，关键是选择适用的径阶分布模型。这种方法首先假设林分的直径分布可用具有 2~4 参数的某一种分布的概率密度函数(*pdf*)(如正态分布、Weibull 分布、β 分布、S_B 分布及综合 γ 分布等)来描述。国内外大量的研究实践表明，三参数的 Weibull 分布函数可以很好地描述同龄林和异龄林的直径分布，其概率密度函数为

$$f(x) = \begin{cases} 0 & (x \leqslant a) \\ \dfrac{b}{c}\left(\dfrac{x-a}{b}\right)^{c-1} \mathrm{e}^{-\left(\frac{x-a}{b}\right)^c} & (x > a,\ b > 0,\ c > 0) \end{cases} \tag{9-42}$$

式中　a——位置参数(直径分布最小径阶下限值)，$a = D_{\min}$；

　　　　b——尺度参数；

　　　　c——形状参数。

根据直径分布模型的参数估计方法的不同，现实收获量间接预测方法可分为参数预估模型(parameter prediction model，PPM)和参数回收模型(parameter recovery model，PRM)。现以 Weibull 分布为例，介绍这两种模型的建模方法。

(1)参数预估模型

参数预估模型(PPM)是将用来描述林分直径分布的概率密度函数之参数作为林分调查因子(如年龄、地位指数或优势木高和每公顷株数等)的函数，通过多元回归技术建立参数预测方程，用这些林分变量来预测现实林分的林分结构和收获量。参数预估模型的建模方法如下。

①从总体中设置 m 个临时标准地，测定林分的年龄 t，平均直径 D_g、平均树高 H、优势木平均高 H_T、地位指数 SI、林分断面积 G、每公顷株数 N、蓄积量 M 和直径分布等数据。

②用 Weibull 分布拟合每一块标准地的直径分布，求得 Weibull 分布的参数，并按表 9-11 整理数据。

③采用多元回归技术建立 Weibull 分布的参数预估方程。

表 9-11　建立 Weibull 分布参数预测模型数据一览表

标准地	Weibull 分布参数			t	SI	N	H_T
	a	b	c				
1	a_1	b_1	c_1	t_1	SI_1	N_1	H_{T_1}
2	a_2	b_2	c_2	t_2	SI_2	N_2	H_{T_2}
$\vdots$	$\vdots$	$\vdots$	$\vdots$	$\vdots$	$\vdots$	$\vdots$	$\vdots$
m	a_m	b_m	c_m	t_m	SI_m	N_m	H_{Tm}

$$a = f_1(t, \quad N, \quad SI \text{ 或 } H_T)$$
$$b = f_2(t, \quad N, \quad SI \text{ 或 } H_T) \tag{9-43}$$
$$c = f_3(t, \quad N, \quad SI \text{ 或 } H_T)$$

④利用上式预估各林分的直径分布，并建立树高曲线 $H = f(D)$，结合二元材积公式 $V = f(D, H)$ 计算各径阶材积。

⑤将各径阶材积合计为林分蓄积量。

$$Y_{ij} = N_t \int_{D_{Lj}}^{D_{Uj}} g_i(x) f(x, \theta_t) \mathrm{d}x \tag{9-44}$$

式中　Y_{ij}——第 j 径阶内第 i 林木胸径函数 $g_i(x)$ 所定义的林分变量单位面积值；

　　　N_t——t 时刻的林分每公顷株数；

　　　$g_i(x)$——第 i 林木胸径函数所对应的林分变量，如断面积、材积等；

　　　D_{Lj}，D_{Uj}——第 j 径阶的下限和上限；

　　　$f(x, \theta_t)$——t 时刻的林分直径分布的 pdf 函数。

现列举几个树种的参数预估方程。

①油松人工林(孟宪宇，1985)。

$$\begin{cases} a = -2.935\,2 + 0.453\,7\bar{D} - 0.113\,6t + 0.001\,027N + 0.581\,0H \\ b = 3.024\,2 + 0.628\,0\bar{D} + 0.135\,2t - 0.001\,1N - 0.662\,1H \\ c = 8.190\,1 + 0.244\,4\bar{D} - 9.766\,1CV_D - 0.424\,3/\ln t - 0.000\,75N \end{cases} \tag{9-45}$$

②红松人工林参数预估模型系统(李凤日，2014)。在这个模型系统中，a 为定值(树木起测直径为 5.0 cm)，因此不对其进行分析。而 Weibull 分布参数 b 和 c 存在一定的关系，因此，采用似乎不相关(SUR)理论来估算其参数预估模型。

$$\begin{cases} a = 5.0 \text{ cm} \\ \ln b = -3.109\,6 - 0.004\,09t + 1.910\,5\ln\bar{d} + 0.054\,9\ln N \\ \ln c = 4.122\,5 + 1.964\,75\ln b - 0.007\,94t + 2.828\,72\ln\bar{D} - 0.008\,06\ln N \end{cases} \tag{9-46}$$

③落叶松人工林参数预估模型系统(赵丹丹等，2015)。基于改进的参数预测模型，将林分平均直径、Weibull 分布参数等作为自变量，以后期直径分布的 Weibull 参数作为约束条件，采用似乎不相关回归(SUR)理论估计参数，构建实质上的直径分布动态预测模型。

$$\begin{cases} a = 5.0 \text{ cm} \\ b_1 = -8.577\,6 + 1.749\,7\bar{D} - 0.035\,3\bar{D}^2 \\ c_1 = 3.057\,9 + 1.060\,2b_1 \\ b_2 = 1.292\,8 + 0.096\,8b_1 \\ c_2 = 1.289\,2 + 0.008\,4b_2 \end{cases} \tag{9-47}$$

式中　$\bar{D}$——算术平均直径，cm；

　　　H——平均树高，m；

　　　N——每公顷株数；

t——林分年龄，年；

a，b，c——Weibull 分布的参数；

b_1，c_1——前期数据 Weibull 参数；

b_2，c_2——复测数据 Weibull 参数。

参数预估模型(PPM)的主要缺点如下：

①过分依赖假定的分布类型。

②因林分直径分布受许多随机因素的影响其形状变化多样，因此由林分调查因子估计分布参数的模型精度较低。

③与全林分模型的相容性差。

(2) 参数回收模型

参数回收模型(PRM)假定林分直径服从某个分布函数，在确定的林分条件下，由林分的算术平均直径 $\overline{D}$、平方平均直径 D_g、最小直径 D_{min} 与分布函数的参数之间关系采用矩解法"回收"(求解)相应的 *pdf* 参数，得到林分的直径分布，并结合立木材积方程和材种出材率模型预估林分收获量和出材量。

采用参数回收模型(PRM)求解参数 b、c 的方法如下：

分布函数的一阶原点距 $E(x)$ 为林分的算术平均直径 $\overline{D}$，而二阶原点矩 $E(x^2)$ 为林分的平均断面积所对应的平均直径 D_g 的平方值，对于 Weibull 分布函数有：

$$E(x) = \int_a^\infty x f(x, \theta)\,\mathrm{d}x = a + b \cdot \Gamma\left(1 + \frac{1}{c}\right) \tag{9-48}$$

$$E(x^2) = \int_a^\infty x^2 f(x, \theta)\,\mathrm{d}x = b^2 \Gamma\left(1 + \frac{2}{c}\right) + 2ab\Gamma\left(1 + \frac{1}{c}\right) + a^2 \tag{9-49}$$

即

$$\overline{D} = a + b\Gamma\left(1 + \frac{1}{c}\right) \tag{9-50}$$

$$D_g^2 = b^2 \Gamma\left(1 + \frac{2}{c}\right) + 2ab\Gamma\left(1 + \frac{1}{c}\right) + a^2$$

或

$$G = \frac{\pi}{40\ 000} N b^2 \Gamma\left(1 + \frac{2}{c}\right) + 2ab\Gamma\left(1 + \frac{1}{c}\right) + a^2 \tag{9-51}$$

联立方程式(9-50)和式(9-51)，由林分 $\overline{D}$ 及 D_g 值通过反复迭代可求得尺度参数 b 和形状参数 c。而位置参数 a 则由下式进行估计。

位置参数 $a(=D_{min})$ 则作为林分调查因子的函数。

$$a = f_1(t, \quad N, \quad SI \text{ 或 } H_T) \tag{9-52}$$

【例 9-3】 现以辽宁省长白落叶松人工林资料为例，介绍基于 PRM 的现实林分收获量的间接预测方法。已知某长白落叶松人工林平均直径 $D_g = 11.4$ cm，其算术平均直径 $\overline{D} = 11.1$ cm，林分平均高 $H = 13.2$ m，林分优势木平均高 $H_T = 14.8$ m，林分每公顷株数 $N = 2\ 010$ 株/hm^2，林分断面积 $G = 20.52$ m^2/hm^2，林分年龄 $t = 21$ 年。根据林分年龄及优势木平均高，由辽宁省长白落叶松人工林地位指数表查得该林分的地位指数 $SI = 14.0$ m(标准年龄 $t_I = 20$ 年)。

①三参数 Weibull 分布函数的参数求解。落叶松人工林位置参数 a 预估模型为

$$\ln a = 0.147\ 1 + 0.794\ 5\ln t - 13.827\ 2\left(\frac{1}{D}\right) \tag{9-53}$$

将 $t = 21$ 年，$\overline{D} = 11.1$ cm 代入式(9-53)求出 $a = 3.73$ cm。将 $a = 3.73$ cm，$\overline{D} = 11.1$ cm，$D_g = 11.4$ cm 代入式(9-50)和式(9-51)中，经反复迭代法即可求出 b、c 估计值。在本例中，$b = 8.225\ 3$，$c = 2.904\ 7$。

②求算径阶林木株数(n_i)估计值。将求出的参数 a、b、c 估计值、林分林木株数 $N = 2\ 010$ 代入下式，即可求出各径阶林木株数(n_i)的估计值。

$$n_i = N\left\{\exp\left[-\left(\frac{L_i - a}{b}\right)^c\right] - \exp\left[-\left(\frac{U_i - a}{b}\right)^c\right]\right\} \tag{9-54}$$

式中　n_i——第 i 径阶内林木株数；

　　　N——林分单位面积株数；

　　　U_i，L_i——第 i 径阶上、下限值。

③计算径阶林木平均高。利用树高曲线(9-55)求算出林分各径阶林木平均高($\overline{H}_i$)估计值。

$$\overline{H}_i = 1.3 + 31.648\ 6[1 - \exp(-0.047\ 8D^{0.940\ 2})] \tag{9-55}$$

由上式计算出林分各径阶林木平均高值见表 9-12。

④计算径阶林木材积及材种出材量。使用辽宁省长白落叶松人工林二元材积方程 $V = 0.000\ 059\ 237\ 2D^{1.865\ 572\ 6}H^{0.980\ 989\ 62}$ 及相应的材种出材率表(略)，计算出各径阶林木单株平均材积及材种出材率，乘以径阶林木株数即得到径阶材积，径阶材积乘以材种出材率得到材种出材量。各径阶材积之和，以及同名材种出材量之和，得到林分总蓄积量及相应材种出材量(表 9-12)。

表 9-12　落叶松人工林收获量预估表

径阶 (cm)	株数 (株)	树高 (m)	材积 (m³)	出材量(m³)		
				坑木	筒电	小径材
4	9	6.4	0.0			0.01
6	124	8.5	1.7			0.79
8	349	10.4	9.0			6.59
10	528	12.1	26.5		5.74	13.18
12	511	13.7	40.6	0.69	20.29	9.25
14	323	15.1	37.6	10.61	12.79	5.38
16	129	16.4	21.0	9.53	4.70	2.10
18	32	17.6	6.9	3.85	1.01	0.53
20	5	18.7	1.3	0.79	0.12	0.08
合计	2 010		144.6	25.47	44.65	37.91

注：平均直径 11.4 cm，平均高 13.2 m，断面积 20.52 m²；Weibull 分布三参数：$a = 3.73$，$b = 8.225\ 3$，$c = 2.904\ 7$。

9.4.3　未来林分收获量的间接预测

以径阶分布模型为基础的未来林分生长和收获间接预测方法与现实林分和生长收获间接预测方法相比要复杂些，它不仅要求建立径阶分布模型的参数动态预测模型，同时，还要求建立林分密度（单位面积林木株数 N 或林分断面积 G）或林木枯损模型或方程。这也是未来与现实林分生长收获预测方法的区别之处，同时，也是影响未来林分生长和收获预测方法质量的重要因素。为了实现未来林分生长收获的间接预测，任何径阶分布模型法都要依据林分调查因子的数值（如林分年龄、地位指数、林分密度，平均直径、优势木平均高等）预测径阶分布模型的参数、未来林分密度及径阶林木平均高。

9.4.3.1　参数预估模型（PPM）

基于径阶分布模型的参数预估模型（PPM）预测未来林分生长和收获量的核心是：预测未来林分径阶林木平均高和优势木平均高；预测期年龄时林分存活木株数及林木株数按径阶分布状态。当有适用的地位指数方程时，则任何年龄时的林分优势木平均高可由地位指数方程推定。而未来 t 时刻的林木株数，则需要采用固定标准地复测数据所建立的林木枯损方程来预估。

9.4.3.2　参数回收模型（PRM）

径阶分布模型中的参数回收方法预测未来林分生长和收获量的关键是预测未来林分存活木株数 N 和林分断面积 G 或林分平均直径 D_g。未来林分的林木株数可采用林木枯损方程进行预估，而未来林分断面积 G（或林分平均直径 D_g）则需要采用林分断面积生长方程（或平均直径生长模型）来预估。

现以【例 9-3】长白落叶松人工林资料为依据，介绍基于 Weibull 分布的参数回收模型预测未来林分收获量的间接方法。

（1）林分因子预测模型

①未来林木株数预测模型。

$$\ln N_2 = \ln N_1 \cdot \left(\frac{t_1}{t_2}\right)^{0.003\,4t_1} \tag{9-56}$$

式中　t_1——现实林分年龄；

N_1——现实林分单位面积林木株数；

t_2——未来林分年龄；

N_2——预测年龄 t_2 时林分单位面积林木株数。

如当 $t_1 = 21$ 年，$t_2 = 26$ 年（预测期为 5 年），$N_1 = 2\,010$ 株/hm² ，由式（9-56）计算得到 $N_2 = 1\,791$ 株/hm² 。

②林分断面积生长预测模型。

$$\ln G_2 = \left(\frac{t_1}{t_2}\right) \cdot \ln G_1 + 3.946\,4\left(\frac{1 - t_1}{t_2}\right) \tag{9-57}$$

式中　G_1——现实林分断面积（即 t_1 时）；

G_2——预测年龄 t_2 时林分断面积。

如当 $G_1 = 20.52 \text{ m}^2/\text{hm}^2$，$t_1 = 21$，$t_2 = 26$，代入式(9-57)得 $G_2 = 24.51 \text{ m}^2/\text{hm}^2$。

③林分平均直径关系方程。根据以上计算得到的 G_2 和 N_2，可以推算出未来林分平均直径 D_g(本例 $D_g = 13.2 \text{ cm}$)，并利用下列方程求出林分算术平均直径 $\overline{D}$ 估计值($\overline{D} = 12.86 \text{ cm}$)：

$$\overline{D} = -0.3270 + 0.9993 D_g \tag{9-58}$$

(2)Weibull 分布函数的参数值预测

①位置参数 a 预测。根据未来林分年龄 t_2 及平均直径 $\overline{D}$ 预测值代入式(9-53)求出未来林分 Weibull 直径分布的位置参数 a 的预测值(即未来林分直径分布最小直径)。本例 $t_2 = 26$，$\overline{D} = 12.86 \text{ cm}$，参数 $a = 5.26$。

②尺度参数 b 及形状参数 c 预测。根据已求出的 a、D_g、$\overline{D}$ 的预测值代入式(9-50)和式(9-51)中，经反复迭代求出尺度参数 b 及形状参数 c 的预测值。本例 $b = 8.5370$，$c = 2.7755$。

③未来林分径阶林木株数预测。将以上所求出的未来林分单位面积林木株数($N_2 = 1791$)、未来林分 Weibull 直径分布的参数预测值($a = 5.26$，$b = 8.5370$，$c = 2.7755$)代入式(9-54)中，求出未来林分各径阶林木株数(n_i)预测值，其本例预测结果见表9-13。

④未来林分生长收获预测。首先利用 H-D 曲线方程式(9-55)计算出各径阶林木平均高，根据径阶中值及平均高利用二元立木材积方程及材种出材率方程(略)计算各径阶材积及材种出材量，各径阶材积及同名材种出材量之和，即为未来林分生长收获量(表9-13)。

表 9-13　落叶松人工林未来林分收获量预测表

径阶 (cm)	株数 (株)	树高 (m)	材积 (m³)	出材量 (m³)		
				坑木	简电	小径材
6	21	8.5	0.90			0.13
8	150	10.4	4.29			2.85
10	334	12.1	16.73		3.63	8.33
12	448	13.7	35.60	0.61	17.80	8.12
14	413	15.1	48.16	13.58	16.37	6.89
16	265	16.4	43.03	19.54	9.64	4.30
18	117	17.6	25.40	14.27	3.76	1.96
20	35	18.7	9.75	6.19	0.97	0.60
22	7	19.8	2.38	1.63	0.16	0.12
24	1	20.7	0.36	0.26	0.02	0.02
合计	1791		185.97	56.08	52.35	33.32

注：平均直径 13.2 cm，平均高 14.5 m，断面积 24.51 m²；Weibull 分布三参数：$a = 5.26$，$b = 8.5370$，$c = 2.7755$。

9.4.4　林分枯损方程

由于所有以径阶分布模型为基础的林分生长和收获预测体系，都需要预期年龄时林分存活木株数的预测值。因此，这类模型预测未来林分生长和收获的关键是保证相应枯损模型或方程的有效性。林分在自然发育(未受认为干扰)过程中，随着林分年龄和平均直径的增大，林木株数不断减少。为了预测林分的未来株数，建立了许多自然稀疏模型和林分枯损方程。为了区别基于林木大小(平均直径、树高和材积等)所构建的自然稀疏模型，将单位面积林分中存活木的株数与林分年龄的函数关系称为林分枯损方程或存活木函数。

建立林分水平的林木枯损预测方程一般要求固定标准地的复测数据。在不同年龄的林分中设置的临时标准地可以提供一些存活木趋势的信息，但绝大多数林木枯损规律的分析是以复测数据为基础的。在林分枯损方程或存活木函数中，有时也考虑地位指数。但是，许多研究表明地位指数对树木的枯损没有影响。

标准地复测数据通常用于拟合林分中林木枯损的差分方程模型，其模型形式为

$$N_2 = f(t_1, \quad t_2, \quad SI, \quad N_1) \tag{9-59}$$

式中　N_2——未来 t_2 时刻林分的林木株数；

　　　N_1——现在 t_1 时刻林分的林木株数；

　　　SI——林分地位指数。

这种模型必须具有以下逻辑特性。

①若 t_2 等于 t_1 时，N_2 必须等于 N_1。

②对于同龄林分，若 t_2 大于 t_1 时，N_2 必须小于 N_1。

③对于同龄林分，若 t_2 充分大时，N_2 必须趋近于 0。

④预测值满足相容性原则。假设模型以 t_1、t_2 和 N_1 预测未来的林木株数 N_2，然后以 t_2、t_3 和 N_2 预测 t_3 时的 $N_3(t_3>t_2>t_1)$，N_3 的预测值必须与以 t_1、t_2 和 N_1 所得到的估计值相同。

建立林木枯损方程时，一般假设相对枯损率 $\dfrac{1}{N}\dfrac{\mathrm{d}N}{\mathrm{d}t}$ 与年龄、林木株数有关，通过对枯损率模型的积分得到林木枯损的差分方程模型。下面介绍几个典型的枯损模型。

①假设相对枯损率为常数(Clutter et al.，1983)。

$$\frac{1}{N}\frac{\mathrm{d}N}{\mathrm{d}t} = -\alpha \tag{9-60}$$

对微分方程(9-60)积分，并将 $t=t_1$ 时，$N=N_1$ 的初始条件代入，可得

$$N_2 = N_1 \cdot \mathrm{e}^{-\alpha(t_2-t_1)} \qquad (\alpha > 0) \tag{9-61}$$

对于在任何年龄、地位指数和林分密度条件下，林木的相对枯损率为不变的常数，则可用式(9-60)，但实际上很少有这种情况。

②假设相对枯损率与年龄 t 和地位指数 SI 有关(Bailey et al.，1985)。

$$\frac{1}{N}\frac{\mathrm{d}N}{\mathrm{d}t} = -\beta_0 + \beta_1 t^{-1} - \beta_2 \cdot SI \tag{9-62}$$

通过积分而得的相应的差分方程模型为

$$N_2 = N_1 \left(\frac{t_2}{t_1}\right)^{\beta_1} \exp\left[-(\beta_0 + \beta_2 SI)(t_2 - t_1)\right] \qquad (\beta_0, \beta_1, \beta_2 > 0) \tag{9-63}$$

③假设相对枯损率与年龄 t 有关(Pienaar et al.，1981)。

$$\frac{1}{N}\frac{\mathrm{d}N}{\mathrm{d}t} = -\alpha t^{\gamma} \tag{9-64}$$

对枯损率函数式(9-64)积分，并代入 $t=t_1$ 时，$N=N_1$ 的初始条件，可得

$$\ln N_2 = \ln N_1 - \beta_1(t_2^{\beta_2} - t_1^{\beta_2}) \qquad (\beta_1, \beta_2 > 0) \tag{9-65}$$

式中　$\beta_1 = \dfrac{\alpha}{r+1}$，$\beta_2 = r+1$。

Pienaar et al. (1981)采用(9-64)为佐治亚州—佛罗里达州平坦林地整地造林的湿地松人工林建立的枯损方程，其参数估计值为：$\beta_1 = 0.005\ 602\ 5$，$\beta_2 = 1.333\ 4$。

④假设相对枯损率与年龄 t 和林木株数 N 有关(Clutter et al.，1980)。

$$\frac{1}{N}\frac{\mathrm{d}N}{\mathrm{d}t} = -\alpha t^{\gamma}N^{\delta} \tag{9-66}$$

对上式积分，并代入 $t=t_1$ 时，$N=N_1$ 的初始条件，可得以下枯损模型。

$$N_2 = \left[N_1^{\beta_1} + \beta_2 (t_2^{\beta_3} - t_1^{\beta_3}) \right]^{\frac{1}{\beta_1}} \qquad (\beta_1,\ \beta_2,\ \beta_3 > 0) \tag{9-67}$$

式中　$\beta_1 = -\delta$，$\beta_2 = \alpha\delta/(\gamma+1)$，$\beta_3 = \gamma+1$。

Clutter et al. (1980)采用式(9-68)为弃耕地湿地松人工林建立的枯损方程，其参数估计值为：$\beta_1 = 0.870\ 84$，$\beta_2 = 0.000\ 014\ 643\ 7$，$\beta_3 = 1.374\ 54$。

⑤假设相对枯损率与年龄 t 的指数函数成比例(李凤日，1999)。

$$\frac{1}{N}\frac{\mathrm{d}N}{\mathrm{d}t} = -\alpha \mathrm{e}^{rt} \tag{9-68}$$

对枯损率函数式(9-66)积分，并代入 $t=t_1$ 时，$N=N_1$ 的初始条件，可得

$$\ln N_2 = \ln N_1 - \beta_1 (\mathrm{e}^{\beta_2 t_2} - \mathrm{e}^{\beta_2 t_1}) \qquad (\beta_1,\ \beta_2 > 0) \tag{9-69}$$

式中　$\beta_1 = \dfrac{\alpha}{\gamma}$，$\beta_2 = r$。

⑥假设相对枯损率与年龄 t 的指数函数及和林木株数 N 成比例(李凤日，1999)。

$$\frac{1}{N}\frac{\mathrm{d}N}{\mathrm{d}t} = -\alpha \mathrm{e}^{rt} N^{\delta} \tag{9-70}$$

对式(9-70)积分，并代入 $t=t_1$ 时，$N=N_1$ 的初始条件，可得

$$N_2 = \left[N_1^{\beta_1} + \beta_2 (\mathrm{e}^{\beta_3 t_2} - \mathrm{e}^{\beta_3 t_1}) \right]^{\frac{1}{\beta_1}} \qquad (\beta_1,\ \beta_2,\ \beta_3 > 0) \tag{9-71}$$

式中　$\beta_1 = -\delta$，$\beta_2 = \dfrac{\alpha\delta}{\gamma}$，$\beta_3 = \gamma$。

⑦假设相对枯损率与 t，SI，N 有关。作为 Clutter et al. (1980)模型的扩展，现增加地位指数 SI 的影响。

$$\frac{1}{N}\frac{\mathrm{d}N}{\mathrm{d}t} = -\alpha t^{r} N^{\sigma} SI^{\lambda} \tag{9-72}$$

对式(9-72)积分，可得存活木差分方程。

$$N_2 = \left[N_1^{\beta_1} + \beta_2 SI^{\beta_4} (t_2^{\beta_3} - t_1^{\beta_3}) \right]^{\frac{1}{\beta_1}} \qquad (\beta_1,\ \beta_2,\ \beta_3,\ \beta_4 > 0) \tag{9-73}$$

式中　$\beta_1 = -\delta$，$\beta_2 = \dfrac{\alpha\delta}{\gamma+1}$，$\beta_3 = \gamma+1$，$\beta_4 = \lambda$。

⑧经验方程(Clutter et al.，1974)。

$$N_2 = N_1 \left(\frac{t_1}{t_2}\right)^{\beta_0 t_1} \qquad 或 \quad \ln N_2 = \ln N_1 \left(\frac{t_1}{t_2}\right)^{\beta_0 t_1} \qquad (\beta_0 > 0) \tag{9-74}$$

⑨基于扩展 Logistic 方程的枯损模型。张大勇等(1985)在 Logistic 方程基础上，构建了以下相对枯损率方程。

$$\frac{1}{N}\frac{\mathrm{d}N}{\mathrm{d}t} = -\alpha\left[1 - \left(\frac{\gamma}{N}\right)^{\delta}\right] \tag{9-75}$$

对式(9-75)积分，可得存活木的差分方程。

$$N_2 = \gamma\left\{1 + \left[\left(\frac{N_1}{\gamma}\right)^{\delta} - 1\right]\mathrm{e}^{-\alpha\delta(t_2 - t_1)}\right\}^{\frac{1}{\delta_1}} \qquad (\alpha,\ \gamma,\ \delta > 0) \tag{9-76}$$

⑩基于 Korf 方程的枯损模型(江希钿等，2001)。江希钿等(2001)依据 Korf 方程的假设，构建了存活木预估模型。

$$N_2 = \left[\left(\beta_1 \mathrm{e}^{\beta_2 / t_2^{-\beta_3}}\right)^{-\beta_4} - \left(\beta_1 \mathrm{e}^{\beta_2 / t_1^{-\beta_3}}\right)^{-\beta_4} + N_0^{-\beta_4}\right]^{-\frac{1}{\beta_4}} \qquad (\beta_1,\ \beta_2,\ \beta_3,\ \beta_4 > 0) \tag{9-77}$$

*9.5　单木生长模型

以林分中各单株林木与其相邻木之间的竞争关系为基础，描述单株木生长过程的模型，称为单木生长模型。自从 Newham(1964)首次研究北美黄杉单木模型以后，近几十年来，随着生理生态学理论和方法发展，以及计算模拟技术和算法优化在林分生长模型系统中的应用，单木模型研究取得了较大的进展。这类模型与全林分模型或径阶分布模型的主要区别在于：全林分模型或径阶分布模型的预测变量是林分或径阶统计量，而单木模型中的有些预测变量是单株树木的统计量。依据这类模型可以直接判定各单株木的生长状况和生长潜力，以及判定采用林分密度控制措施后的各保留木的生长状况，并且，这些信息对于林分的集约经营是非常有价值的，因此对于指导林分经营，单木生长模型具有其特殊的意义。

9.5.1　单木竞争指标

9.5.1.1　基本概念

林分密度指标反映了整个林分的平均拥挤程度。林分内不同大小的单株木所拥有的生长空间是不同的，它们各自承受着不同的竞争压力，而单株木所承受竞争压力的不同，则导致林分内林木生长产生分化。因此，为描述单株木的生长动态，引入了单木竞争指标(individual tree competition index)。

①林木竞争。在林分内由于树木生长不断扩大空间而使林分结构发生变化，而林分的生长空间是有限的，于是树木之间展开了争取生长空间的竞争，竞争的结果导致一些树木死亡，一些树木勉强维持生存，另一些树木得到更大的生长空间，这种现象称为林木竞争。林木竞争分为种内竞争和种间竞争。

②竞争指标。描述某一林木由于受周围竞争木的影响而承受竞争压力的数量尺度，它是反映林木间竞争强烈程度的数量指标。

③对象木。指计算竞争指标时所针对的树木(图 9-8 中的 A 树)。

④竞争木。指对象木周围与其对象木有竞争关系的林木(图 9-8 中的 B、C、D、E 树)。

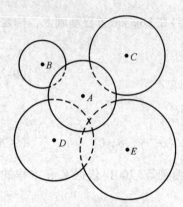

图 9-8　树木竞争示意图

(A 为对象木)

⑤影响圈(或影响面积)。指林木潜在生长得以充分发挥时所需要的生长空间，常以自由树的树冠面积表示。

⑥自由树。指其周围没有竞争木与其争夺生长空间、可以充分生长的林木。

评价单木竞争指标的优劣主要考虑以下 5 个标准(关毓秀等，1992)。

①竞争指标的构造具有一定的生理和生态学依据。

②对竞争状态的变化反应灵敏，并具有适时可测性或可估性。

③能准确地说明生长的变差。

④构成因子容易测量。

⑤竞争指标的计算尽量简单。

从实际应用角度来说，由于研究目的和应用环境的差异，没有必要要求所有竞争指标都满足上述 5 个标准，但满足上述标准的指标一定具有良好的性能。

9.5.1.2　几种常见的单木竞争指标

根据竞争指标中是否含有对象木与竞争木之间相对位置(距离因子)，可将竞争指标分为两类，即与距离无关的竞争指标及与距离有关的竞争指标。

(1)与距离无关的单木竞争指标

①相对大小 Rx。林木的相对大小反映对象木在林分中的等级地位，通常采用对象木的大小与林分平均值、优势木平均值或林木最大值之间的比值来表示。

$$Rx_m = \frac{x_i}{x_m} \qquad Rx_{dom} = \frac{x_i}{x_{dom}} \qquad Rx_{max} = \frac{x_i}{x_{max}} \tag{9-78}$$

式中　x——林木变量，如直径、树高或冠幅；

m，x_{dom}，x_{max}——表示变量 x 的林分平均值、优势木平均值、最大值。

当 Rx 值较大时，该林木具有较大的生长活力，在竞争中处于较有利的地位。

②相对林木断面积的面积比(APg_i)。Tóme et al.(1989)提出采用相对断面积作为比例的林木生长空间作为竞争指标。

$$APg_i = \frac{10\ 000}{N} \cdot \frac{g_i}{\bar{g}} \tag{9-79}$$

式中　g_i——林木断面积，m^2；

$\bar{g}$——林分中林木平均断面积，m^2；

N——每公顷株数。

③冠长率 CR。林木的冠长率 CR 用来描述单株木过去的竞争过程(Daniels et al.，1986；Soares et al.，2003)。

$$CR = \frac{Cl}{H} \tag{9-80}$$

式中 Cl——冠长，m；

$\qquad$ H——树高，m。

④大于对象木的断面积和 BAL。Wykoff et al.（1982）首次采用林分中大于对象木的所有林木断面积之和 BAL 表示了林木竞争。

Schröder et al.（1999）将 BAL 与相对植距 RS 相结合提出了相对竞争指标 BAL_{mod}。

$$BAL_{mod} = \frac{1}{RS}\left(1 - \frac{BAL}{BAS}\right) \tag{9-81}$$

式中 RS——相对植距，m；

$\qquad$ BAL——单位面积林分中大于对象木的所有林木断面积之和，m^2；

$\qquad$ BAS——单位面积林分总断面积，m^2。

（2）与距离有关的单木竞争指标

这类竞争指标一般以对象木的大小、竞争木的大小及两者之间的距离为主要因子计算单木竞争指标。在与距离有关的单木竞争指标中，经常采用的有以下几种：

①Hegyi 简单竞争指数。Hegyi（1974）直接使用对象木与竞争木之间的距离及竞争木与对象木的直径之比构造了一个单木竞争指数，称为简单竞争指数，其表达式为

$$CI_i = \sum_{j=1}^{N}\left(\frac{D_j}{D_i}\right) \cdot \frac{1}{(DIST)_{ij}} \tag{9-82}$$

式中 CI_i——对象木 i 的简单竞争指数；

$\qquad$ D_i——对象木 i 的直径；

$\qquad$ D_j——对象木周围第 j 株竞争木的直径（$j=1,2,\cdots,N$）；

$\qquad$ $(DIST)_{ij}$——对象木 i 与竞争木 j 之间的距离。

近年来，一些学者基于 GIS 以 Voronoi 图（图 9-9）来确定竞争单元，并提出用 Voronoi-Hegyi 竞争指数分析种群竞争关系的新方法（汤孟平等，2007；李际平等，2015；田猛等，2015）。基于 Voronoi 图的 Hegyi 竞争指数既克服了用固定半径或株数确定竞争单元时尺度不统一的缺陷，又可进行种内、种间的竞争分析。

②面积重叠指数 AO_i。林分中林木生长空间的度量值可以作为反映林木生长竞争的一种指标，其空间大小主要取决于其本身的大小、竞争木与对象木之间的距离以及相邻木之间的远近等因素。面积重叠指数 AO 是第一个基于对象木与其竞争木共享影响圈所构建的与距离无关的单木竞争指标。影响圈是指林木所能获得（或竞争）立地资源的生长空间（Opie，1968）。一般假设当影响圈相互重叠时，林木之间发生竞争，并将相邻树木的影响面积与对象木的影响面积出现重叠的树木作为竞争木。影响面积、重叠面积及计算累计重叠面积的权重不同，会出现不同的面积重叠指数 AO。

通常，将林木之间的影响面积作为林木胸径或自由树树冠半径的线性函数。绝大多数的面积重叠指数 AO_i 可用以下通式表达。

$$AO_i = \sum_{j=1}^{n} \frac{AO_{ij}}{AI_i}(R_{ji})^m \tag{9-83}$$

式中 AO_{ij}——对象木 i 与竞争木 j 影响圈的重叠面积，m^2；

$\qquad$ AI_i——第 i 株对象木的影响圈面积，m^2；

R_{ji}——竞争木 j 与对象木 i 的林木大小(如胸径、树高或树冠半径等)比率;

m——幂指数。

③竞争压力指数 CSI_i。Arney(1973)认为,某林木的生长空间可以表达为其胸径函数,最大生长空间的面积等于具有同样胸径自由树的树冠面积。在这个基础上提出了竞争压力指数 CSI,即

$$CSI_i = 100\left(\frac{\sum AO_{ij} + A_i}{A_i}\right) \tag{9-84}$$

式中 CSI_i——对象木 i 的竞争压力指数;

AO_{ij}——竞争木 j 与对象木 i 最大生长空间的重叠面积(图9-9);

A_i——对象木 i 的最大生长空间面积。

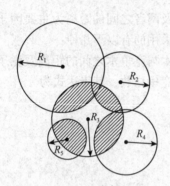

1、2、4、5. 竞争木;

3. 对象木;R. 影圈半径。

图9-9 树冠重叠示意图

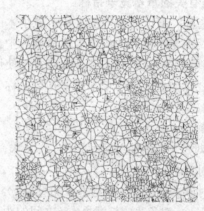

图9-10 天目山常绿阔叶林固定样地 Voronoi 图

(汤孟平等,2007)

④潜在生长空间指数(area potentially available index,APA)。树木的正常生长需要一定的生存空间,对象木实际占有的有效空间与其理论上需要的空间大小之比就能真实地表现其竞争状态。作为点密度的测度,Brown(1965)首先定义了 APA。林分中每株树的生长空间 APA 可采用多边形(polygon)分割法(如距离平分法,对象木与竞争木大小比例法)和 Voronoi 图(图9-10)确定的面积计算。近年来,每株树 APA 主要采用 Voronoi 图或加权 Voronoi 图计算(汤孟平等,2007;李际平等,2015)。

9.5.2 单木生长模型的分类

如前所述,依据单木生长模型中所用的竞争指标是否含有林木之间的距离因子,将其分为与距离有关的单木生长模型及与距离无关的单木生长模型。

(1)与距离有关的单木生长模型(DDIM)

这类模型以与距离有关的竞争指标为基础,来摸拟林分内个体树木的生长,并认为林木的生长不仅取决于其自身的生长潜力,而且还取决于其周围竞争木的竞争能力。因此,林木的生长可表示为林木的潜在生长量(即不受其他林木竞争的条件下所能达到的生长量)和竞争指数的函数,即

$$\frac{\mathrm{d}D_i}{\mathrm{d}t} = f\left[\left(\frac{\mathrm{d}D}{\mathrm{d}t}\right)_{\max}, \ CI_i\right] \tag{9-85}$$

$$CI_i = f_i\left[D_i, \ D_j, \ (DIST)_{ij}, \ SD, \ SI\right] \tag{9-86}$$

式中　$\dfrac{\mathrm{d}D_i}{\mathrm{d}t}$——林分中第 i 株林木(对象木)的直径生长量;

$\left(\dfrac{\mathrm{d}D}{\mathrm{d}t}\right)_{\max}$——该林分中的单株木所能达到的直径潜在生长量,常以相同立地、年龄

　　　　条件下自由树的直径生长量表示;

CI_i——第 i 株对象木的竞争指数;

D_i——第 i 株对象木的直径;

D_j——第 i 株对象木周围第 j 株竞争木的直径($j=1, 2, \cdots, N$);

$(DIST)_{ij}$——第 i 株对象木与第 j 株竞争木之间的距离;

SD——林分密度;

SI——地位指数。

由于在构造竞争指标时,林木之间的距离是必要因子,所以,DDIM 要求输入各单株木的大小及它们在林地上的空间位置(可用平面直角坐标系表示),形成林木分布图。

与距离有关的单木生长模型组成如下。

①竞争指标的构造和计算。

②胸径生长方程的建立。

③枯损木的判断。

④树高、材积方程以及其他一些辅助方程。

其共同的模型结构如下。

①要输入初始的林木及林分特征因子,确定每株树的定位坐标。

②单木生长是林木大小、立地质量和受相邻木竞争压力大小的函数。

③竞争指标为竞争木大小及其距离的函数。

④林木的枯损概率是竞争或其他单木因子的函数。

(2)与距离无关的单木生长模型(DIIM)

与距离无关的单木模型是将林木生长量作为林分因子(林龄、立地及林分密度等)和林木现在的大小(与距离无关的单木竞争指标)的函数,对不同林木逐一或按径阶进行生长模拟以预估林分未来结构和收获量的生长模型。这类模型假定林木的生长取决于其自身的生长潜力和它本身的大小所反映的竞争能力、相同大小的林木具有一样的生长过程,并假设林分中林木是均匀分布,因此不需考虑树木的空间分布对树木生长的影响。使用这类模型时,不再需要林木的空间位置为模型的输入变量,而仅需要反映每株林木大小的树木清单。

这类模型竞争指标一般由反映林木在林分中所承受的平均竞争指标(即林分密度指标 SD)和反映不同林木在林分中所处的局部环境或竞争地位的单木水平竞争因子所组成。其竞争指标一般可表示为

$$CI_i = f(D_i, \ \theta_j) \qquad (j = 1, 2, \cdots, K) \tag{9-87}$$

式中 CI_i——第 i 株对象木的竞争指标;

  θ_j——表示林分状态(如平均直径、林分密度、地位指数等)的参数;

  K——林分状态参数的个数。

总的来说,由于 DDIM 考虑了林木之间的距离因子,因而在一定程度上反映了不同林木在林分中所处的小生境的差异。从理论上讲,这类模型能较准确地预测林木的生长量及反映当相邻的竞争木被间伐之后对对象木生长的影响。所以,这类模型适于模拟各种不同经营措施下的林分结构及其动态变化的详细信息,估计精度高,提供各种经营措施的灵活性也很大。但是,由于林木所处的竞争环境难以准确衡量,且当把林木的空间位置信息引入单木生长模型中时,不仅模型结构复杂、外业工作量很大、成本高。而且在应用这类模型时,因需要输入详细的林木空间位置信息而大大限制了它的实用性。这也是这类模型未能在实践中推广应用的主要原因。所以,这类模型尽管在国外研究很多,但在实际工作中应用却很少。

DIIM 仅需以树木清单为输入量,不需要林木位置信息,使外业工作量大大减少。所以,它具有模型构造简单、计算方便及便于在林分经营中实际应用等优点。因此,DIIM 可对不同的植距、间伐和施肥等经营措施的林木或林分的生长进行模拟。但是,由于这类模型所描述的林木生长量完全取决于林木自身的大小,并且导致现在相同大小的林木生长若干年后仍为同样大小的结果,这与林木的实际生长相差较大,而且从生长机理上讲,不考虑林木之间的相对位置对生长空间竞争的影响也是不合适的。DIIM 通常采用固定标准地数据,建模成本也大为降低,易在林业生产实际工作中推广应用。

两类模型预估精度的高低,主要体现在两类竞争指标对于生长估计值的准确程度上,而两类竞争指标谁优谁劣,尚无定论。从理论上讲,与距离有关的竞争指标从对象木与竞争木之间的关系和林木在林地上的空间分布格局两个方面进行了考虑,有可能更精确地反映林木的竞争状况,因此,预估生长与收获应该比与距离无关的单木竞争指标更为精确,一些研究结果也证实了这一点。但许多研究者对这两类竞争指标的研究结果表明:在预估生长与收获上与距离有关的单木竞争指标并不比与距离无关的单木竞争指标优越。另外,DIIM 其预估能力或精度并不一定因少了空间信息而降低,而且 DIIM 便于与全林分模型和径阶模型连接。

DIIM 不仅具有 DDIM 同样的预估精度,灵活性以及提供信息的能力,而且大幅减少了模型研究和应用的费用。在国外已投入运行的一些林分生长模型模拟软件系统(如PROGOSIS,STEMS,CACTOS 等)均是以与距离无关的单木模型为基础的,这也说明了与距离无关的单木模型具有更大的应用潜力和发展前景。

9.5.3 单木生长模型的建模方法

单木生长模型的建模方法大体上可分为 3 种,即潜在生长量修正法、回归估计法和生长分析法,现分别介绍如下。

(1)潜在生长量修正法

以潜在生长量修正法建立单木生长模型的基本思路如下。

①确定林木的潜在生长量,即建立疏开木(或林分中无竞争压力的优势木)的潜在生长

函数。

②计算每株林木所受的竞争压力,即单木竞争指标。

③利用单木竞争指标所表示的修正函数对潜在生长量进行调整和修正,得到林木的实际生长量,可表示为

$$\frac{\mathrm{d}D_i}{\mathrm{d}t} = \left(\frac{\mathrm{d}D}{\mathrm{d}t}\right)_{\max} \cdot M(CI_i) \qquad [0 \le M(CI_i) \le 1] \tag{9-88}$$

式中　$M(CI_i)$——以 CI_i 为自变量的修正函数;

其他变量意义同式(9-85)。

采用这种方法建立单木生长模型的关键在于建立林木的潜在生长方程及对潜在生长量进行修正的修正函数。从理论上来说,林木潜在生长函数应由疏开木的生长过程来确定。理想的疏开木定义为:始终在无竞争和无外界压力干扰下生长的林木,包括林分中始终自由生长的优势木和空旷地中生长的孤立木。由于疏开木难以确定,有些研究者建议用优势木的生长过程代替林木的潜在生长过程。修正函数的合适与否主要取决于林木竞争指标选择的是否合理,修正函数的数值范围为[0,1]。这种方法构造的模型具有结构清晰的优点。而且只要正确选择疏开木,且所构造的竞争指标能充分有效地反映林木生长的变异,一般都能获得良好的预测效果。因此,这种方法是构造单木模型的常用方法。

(2)回归估计法

回归估计法是利用多元回归方法直接建立林木生长量与其林木大小、林木竞争状态和所处立地条件等因子之间的回归方程,可表示为

$$\frac{\mathrm{d}D_i}{\mathrm{d}t} = f(D_i, SI, t, CI_i, \cdots) \tag{9-89}$$

式中　SI——立地质量指标;

t——林木年龄,年;

其他变量意义同式(9-85)。

采用这种方法建立的单木生长模型比较简单,模型的精度和预测能力取决于引入回归方程中的各自变量与林木生长的相关性强弱。国外一些林分生长模拟系统软件均采用这一方法建立单木模型,如 STEMS、PROGNOSIS 和 SPSS 等。但是,模型的预估能力过分地依赖于建模的样木数据、模型的适应性差、方程的形式因研究对象不同而异,方程的参数没有什么生物学意义。

(3)生长分析法

生长分析法是根据林木生长假设,把林分密度指标和林木竞争指标引入单木模型来模拟林木的生长。通常采用理论生长方程作为基础模型,通过分析其参数与林分密度和单木竞争之间关系来构造单木模型。这种方法的优点是不依赖于疏开木的生长,若理论生长模型选择合理,可以得到良好的预测效果。但是,这种方法建立的模型结构较复杂,模型参数求解比较困难。因此,很少有人采用该方法建立单木模型。

9.5.4　单木枯损(存活)模型

林木枯损或存活模型是林木生长和收获预估模型系统的重要组成部分。随着森林集约

化经营管理的提高，特别是商品林的生产和经营管理，使得人们更加关注林木在未来时刻的生长和存活状态，以便为造林初始密度设计、间伐、主伐等营林生产活动提供有力的依据。按林木生长的三大类模型来划分，林木枯损(存活)模型也可有林分、径阶和单木三个水平。在林分水平上，通常研究林木存活模型或保留木株数模型，其主要预估林分的林木株数随时间的变化情况。在研究径阶和单木水平时则为枯损模型，预测径阶内林木枯损比率或单木枯损概率。为了获取更为详细的林木生长，林木生长和收获预估研究更加关注单木水平上各种模型的建立，其中单木枯损(存活)模型也得到了广泛的研究。

(1)单木枯损(存活)模型的形式

关于径阶或单木的枯损量，通常作为概率函数来处理，即判断每株树木死亡的可能性，然后估计径阶或全林分的枯损量。由于林木枯损的分布是不确定过程，存在着随机波动。所以，这些变量只能通过大量实验和调查数据建立概率统计模型。统计模型范畴很广，包括线性模型、非线性模型、线性混合模型等，而大多数模型都是以处理定量数据为基础的。由于林业调查的因子在很大程度上都是定性数据。因此，因变量包含两个或更多个分类选择的模型在林业调查数据分析中具有重要的应用价值。Logistic 回归模型就是一种常见的处理含有定性自变量的方法，也是最流行的二分数据模型。二项分组数据 Logistic 回归分析是将概率进行 Logit 变换后得到的 Logistic。线性回归模型，即一个广义的线性模型，这时可以系统地应用线性模型的方法对其进行处理。一个林木枯损的分布可以用"是"或"不是"来表示，所以在选择可能影响林木枯损的因子后，运用 Logistic 回归模型来模拟林木枯损的分布是可行的。

目前，有 3 种函数形式可以拟合两个或者多个因变量分类数据，它们为 Logit、Gompit 和 Probit 概率模型。这 3 种概率模型都能拟合林木枯损的分布概率。由于研究现象的发生概率 $P(Y=1)$ 对因变量 X_i 的变化在 $P(Y=0)$ 和 $P(Y=1)$ 附近不是很敏感，所以需要寻找一个 $P(Y=1)$ 的函数，使它在 $P(Y=0)$ 和 $P(Y=1)$ 附近变化幅度较大，同时希望 $P(Y=1)$ 的值尽可能地接近 0 或 1。以下公式即为寻找到的关于 $P(Y=1)$ 的函数，称为 $P(Y=1)$ 的 Logit 变换。

$$\text{Logit}[P(Y=1)] = \ln\left[\frac{P(Y=1)}{1-P(Y=1)}\right] \tag{9-90}$$

二项分布 Logit 函数形式可由以下公式表示。

$$\ln\left[\frac{P(Y=1)}{1-P(Y=1)}\right] = X\beta = \beta_0 + \sum\beta_j X_j = \beta_0 + \beta_1 X_1 + \beta_2 X_2 + \cdots + \beta_p X_p \tag{9-91}$$

Gompit 函数形式可由以下公式表示。

$$\ln\{-\ln[1-P(Y=1)]\} = \beta_0 + \beta_1 X_1 + \beta_2 X_2 + \cdots + \beta_p X_p \tag{9-92}$$

Probit 函数形式可由以下公式表示。

$$\Phi^{-1}[P(Y=1)] = \beta_0 + \beta_1 X_1 + \beta_2 X_2 + \cdots + \beta_p X_p \tag{9-93}$$

式中　P——林木发生枯损或存活的概率；

　　　Φ——正态分布的累积分布函数；

　　　β——回归系数；

　　　X——自变量。

为了更加清楚地描述这 3 种函数形式，这 3 种函数可以进一步被写成以下 3 式。

$$P(Y_i) = \frac{1}{1 + e^{-X\beta}} \tag{9-94}$$

$$P(Y_i) = 1 - e^{[-e^{(X\beta)}]} \tag{9-95}$$

$$P(Y_i) = \Phi(X\hat{\beta}) \tag{9-96}$$

为更准确地建立林木枯损模型，在自变量选择时应考虑树种变量、立地质量和竞争变量。

（2）模型参数估计

估计 Logit、Gompit 和 Probit 概率模型回归模型与估计多元回归模型的方法是不同的。多元回归采用最小二乘法，将解释变量的真实值与预测值的平方和最小化。而 Logit、Gompit 和 Probit 变换的非线性使得在估计模型的时候采用极大似然估计的迭代方法，以找到系数的"最可能"的估计。这样在计算整个模型拟合度的时候，就采用似然值而不是离差平方和。回归模型建立后，需要对整个模型的拟合情况做出判断。在 Logit、Gompit 和 Probit 概率模型回归模型中，可采用似然比（Linklihood Ratio）检验、得分（Score）检验和沃尔德（Wald）检验，其中以似然比检验和得分检验最为常用。一般来讲，常用 AIC 和 SC 来进行模型的比较，其值越小代表模型拟合效果越差，它们的公式分别为

$$AIC = -2\ln L + 2p \tag{9-97}$$

$$SC = -2\ln L + p\ln\left(\sum_i f_i\right) \tag{9-98}$$

式中　　$-2\ln L = -2\sum_i \frac{w_i}{\sigma^2} f_i \ln(\hat{P}_i)$；

w_i——第 i 观测值的权重值；

f_i——第 i 观测值的频率值；

σ^2——离散参数。

对于模型的拟合优度可以用 ROC 曲线来评价。ROC 曲线下面积越大，则拟合效果越好。其中，AUC 是描述 ROC 曲线面积的重要指标，其公式为

$$AUC = [n_c + 0.5(t - n_c - n_d)]t^{-1} \tag{9-99}$$

式中　　t——不同数据类型的总数目；

n_c——t 中一致的数目；

n_d——t 中不一致的数目；

$t - n_c - n_d$——平局的数目。

9.5.5　单木生长模型实例

9.5.5.1　与距离无关的单木生长模型

由于模型是为了在一定范围的生态系统中应用，变量的选择被限制在立地、林分和树木的特征上，这可以在应用在这个范围中的一般林分调查中获得。尤其是树木的特征，例如，树种、胸径和树高可以与一般的林分密度措施和立地特征（坡度、坡位和植被类型）一起获得。

直径生长量的预估在建立单木生长模型过程中是最关键和重要的，因为直径生长量往往作为其他预估方程的参数。因此，对直径生长量的估计是十分必要的。在实际建立模型过程中，并不直接预估直径的生长量，而是预估直径平方定期生长量。现以平方直径的对数作为模型的因变量，选择树木大小、竞争和立地变量 3 个主要因子为自变量构建函数式。

$$\ln DGI = f(SIZE, COMP, SITE) = a + bSIZE + cCOMP + dSITE \tag{9-100}$$

式中　a——截距；

　　　b——林木大小变量的向量系数；

　　　c——竞争因子的向量系数；

　　　d——立地因子的向量系数；

　　　DGI——5 年间林木平方直径的生长量；

　　　$SIZE$——林木大小因子的函数；

　　　$COMP$——竞争因子的函数；

　　　$SITE$——立地因子的函数。

（1）林木大小因子

通常来讲，直径大小与生长量大小成正比，直径越大，生长量越大。所以，对于林木大小的影响，本研究采用林木的胸径 D 的函数形式。

$$bSIZE = b_1 \ln D + b_2 D^2 + b_3 \overline{D} \tag{9-101}$$

式中　D——前期林木胸径；

　　　$\overline{D}$——林分平均胸径。

（2）竞争因子

树木的生长不仅受林木大小的影响，更重要的是竞争对它的影响。树木在生长过程中，都要受到周围相邻木、竞争环境等影响，而竞争因子的种类又特别繁多。因此，在对竞争影响因子的选择上，我们既要考虑它在理论方面的合理性，又要考虑它在实践上的可行性。所以，选用的竞争指标有：林分每公顷断面积 G；林分密度指数 SDI；对象木直径与林分平均直径之比 RD；林分郁闭度 P 来表达竞争对单木生长的影响；林分中大于对象木的所有林木断面积之和 BAL。具体函数表达式如下。

$$cCOMP = c_1 G + c_2 SDI + c_3 RD + c_4 P + c_5 N + c_6 BAL \tag{9-102}$$

式中　G——林分每公顷断面积；

　　　SDI——林分密度指数；

　　　RD——对象木与林分平均直径之比；

　　　P——郁闭度；

　　　N——每公顷株数；

　　　BAL——林分中大于对象木的所有林木断面积之和。

（3）立地因子

立地条件也是描述树木生长十分重要的因子，虽然它包括的因子对树木的生长没有直接的影响，但是它间接地影响了树木所处环境的温度、光照强度、湿度等环境因子。所以，立地条件方面的调查能够更加全面、充分地表达树木的生长。它通常包括：坡度、坡

向、经度、纬度、海拔等，本文选用的与立地条件有关的影响因子有坡度、坡向、海拔。具体函数表达式为

$$dSITE = d_1 SI + d_2 SL + d_3 SL^2 + d_4 SLS + d_5 SLC + d_6 ELV \tag{9-103}$$

式中　SI——地位指数；

　　　SL——坡度的正切值（即坡率值）；

　　　ELV——海拔；

　　　SLS——坡率和坡向 SLP 的组合项，$SLS = SL\sin(SLP)$，SLP 为坡向；

　　　SLC——坡率和坡向 SLP 的组合项，$SLC = SL\cos(SLP)$，SLP 为坡向。

其中，坡向以正东为零度起始，按逆时针方向计算，所以阴坡的 SLS 为正值，SLC 为负值；阳坡正好相反，SLS 值为负值，SLC 值为正值。

上述单木生长模型的一般方程及其变量说明见表 9-14。

表 9-14　单木生长模型中估测 lnDGI 的一般方程

因变量自变量	解　释
$\ln DGI = b_0 + b_1 \ln D + b_2 D^2 + b_3 \overline{D}$	树木变量：D 为所测树木的直径；$\overline{D}$ 为林分算术平均胸径
$c_1 G + c_2 SDI + c_3 RD + c_4 P + c_5 TPH + c_6 BAL$	竞争指标：G 为林分每公顷断面积；SDI 为林分密度指数；RD 为对象木与林分平均直径之比；P 为郁闭度；N 为每公顷株数；BAL 为林分中大于对象木的所有林木断面积之和
$d_1 SI + d_2 SL + d_3 SL^2 + d_4 SLS + d_5 SLC + d_6 ELV$	立地变量：SI 为地位指数；SL 为坡度正切值；SLS 为 $SL\sin(SLP)$；SLC 为 $SL\cos(SLP)$；ELV 为海拔

彭娳等（2018）利用黑龙江省 148 块固定样地复测数据，通过分析长白落叶松人工林的单木直径生长量与林木自身大小、竞争指标和立地条件关系，找出影响林木生长量的主要因子或指标，并采用逐步回归的方法建立了形式简洁、预估良好、便于应用的单木生长模型。落叶松人工林平方直径生长量预估模型为

$$\ln(DGI + 1) = 2.259\,6 + 0.768\,4\ln D + 0.324 SI$$
$$- 0.024\,6 G - 0.158\,0 BAL/\ln D \tag{9-104}$$
$$(n = 8\,891,\ S_{y,x} = 1.082\,3,\ R^2 = 0.964\,4)$$

式中　DGI——5 年间林木平方直径的生长量；

　　　D——前期林木胸径；

　　　SI——地位指数；

　　　G——林分每公顷断面积；

　　　BAL——林分中大于对象木的所有林木断面积之和。

根据长白落叶松人工林固定样地的测高数据，从表 3-14 中选取 5 个方程作为备选方程，通过比较个模型的拟合优度，确定的最优树高曲线模型为

$$H = 1.3 + 34.016\,9 e^{\frac{-10.260\,0}{D-1.752\,3}} \qquad (S_{y,x} = 1.801\,0,\ R^2 = 0.825\,6) \tag{9-105}$$

式中　D——林木胸径。

由未来 5 年的胸径预测值，根据式（9-106）判断预测期末树木的存活概率，并利用式

(9-105)估计林木的树高，结合立木材积方程预测未来林木的材积，估计未来林分的蓄积。

9.5.5.2 单木存活模型

基于黑龙江省长白落叶松人工林固定样地数据，使用 SAS 9.4 软件的 PROC Logistic 模块，利用逐步回归的方法建立林木存活概率模型。以林木是否存活的二项分类数据为因变量，胸径 D、D^2、RD、G 和 BAL 等为自变量建立回归，并通过逐步回归以及 Wald 检验来判断每个变量以及所有变量加入模型后是否有意义。通过 AIC 和 SC 来对 Logit、Gompit 和 Probit 三个概率模型进行优选，以及 ROC 曲线（AUC）来评价模型的拟合优度，最终选择 Logit 形式生存模型，其拟合结果如下。

$$P_i = \frac{1}{1 + e^{-(1.5109 + 0.8764D_i - 0.00198D_i^2 - 0.2424BAL/\ln D_i)}} \qquad (n = 29\,785,\ AUC = 0.74) \quad (9\text{-}106)$$

式中 D_i——第 i 株林木前期林木胸径；

         P_i——预测间隔期内第 i 林木存活的概率。

复习思考题

1. 与树木生长相比林分生长的特点是什么？

2. 简述林分生长量的种类以及各生长量之间的关系。

3. 采用一次调查法确定林分蓄积生长量的方法有几种？各种方法要求的前提条件是什么？

4. 简述采用材积差法、林分表法确定林分蓄积生长量的具体方法和步骤。

5. 简述林分生长量与收获量的关系。

6. 林分生长和收获模型分为几类？分类的依据是什么？

7. 影响林分收获量的因子有哪些？说明这些因子与收获量之间的关系。

8. 试述全林分模型、径阶模型和单木模型的特点。

9. 如何利用 Weibull 分布函数预估林分现实收获量？

10. 简述建立单木生长模型的方法。

第 10 章
林分生物量和碳储量测定

【知识图谱】

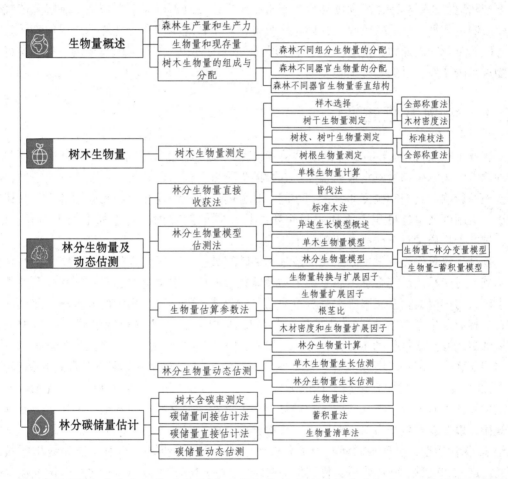

【内容提要】本章在介绍森林生物量、生产力、碳储量等基本概念以及森林生物量和碳储量的组成与分配基础上，重点介绍了树木生物量和含碳率的测定方法以及林分生物量的几种估测方法，并简要介绍了林分碳储量的直接和间接估计方法。

森林生态系统的生物量和碳储量是反映生态系统生物生产力或能量转换效率的重要指标。森林的光合作用、呼吸作用、生长、枯损等自然因素以及人类活动因素都会影响森林生物量和碳储量的大小。目前，我国森林资源的变化正在对区域乃至全球生态环境变化产生积极的影响，森林资源的生物量、碳储量格局也日益被国际组织、各级政府及社会大众

云课堂

广泛关注。党的二十大报告指出，坚持山水林田湖草沙一体化保护和系统治理，统筹产业结构调整、污染治理、生态保护、应对气候变化，协同推进降碳、减污、扩绿、增长，推进生态优先、节约集约、绿色低碳发展。在"双碳"战略的背景下，《"十四五"林业草原保护发展规划纲要》进一步将"双碳"目标纳入经济社会发展和生态文明建设整体布局，强调要通过增加森林面积、提高森林质量，提升生态系统碳汇增量，为实现我国碳达峰碳中和目标，维护全球生态安全做出更大贡献。因此，在全面实施森林质量精准提升行动的背景下，提升森林质量，增加森林碳汇，准确评估我国的森林生物量、碳储量及其动态变化对全球陆地生态系统碳循环和碳储量控制机制研究以及改善全球生态环境、缓解全球气候变化及制定公平合理的碳吸收、补偿相关政策，对于合理经营和管理森林、增加森林生态系统碳储量及固碳能力、落实"双碳"目标具有重要的意义。怎样采取有效的方法调查森林生物量和碳储量，显然是一项重要的工作。

10.1　生物量概述

森林生物量(forest biomass)是森林植物群落在其生命过程中所生产干物质的累积量。它的测定以树木生物量测定最为重要。森林的生物量受到诸如林龄、密度、立地条件和经营措施的影响，其变动幅度非常大。在同一林分内，即使胸径和树高相同的林木，其树冠大小、尖削度及单位材积干物质重量也不相同。在同龄林内，由于林木大小不同，根、干、枝叶干物质量对全株所占比率也不相同。

森林生物量作为森林生态系统的最基本的特征数据，是研究森林生态系统结构和功能的基础，对于深入研究森林生态系统生物地球化学循环、水文学过程和碳循环以及评估系统生产力与环境的相互关系等都具有重要的科学价值。因此，生物量的调查测定及其估算一直是林业及生态学领域研究的重点。从1876年Ebermayer的树叶落叶量及木材重量测定，到20世纪20年代的Jensen、Burger和Harper等的类似测定，直至20世纪50年代，日本、苏联、英国及美国等国科学家对各自国家的生物量进行测定调查及资料收集工作。进入20世纪60年代中期以后，在国际生物学计划(IBP)和人与生物圈计划(MAB)推动下，世界各国对陆地生态系统的不同森林类型生物量、碳储量、固碳能力、生产力及其分布规律，以及森林生产力与气候因子、森林群落分布之间的关系进行了详细的研究。到20世纪80年代后期，全球碳循环成为研究热点，从而从侧面推动了森林生态系统生物量的研究。进入20世纪90年代后，特别是1992年，全球166个国家签署了《联合国气候变化框架公约》(UNFCCC)；1997年12月各国又在日本京都签订《京都议定书》(*Kyoto Protocol*)，规定了各国为减少温室气体排放而应履行的责任和义务，并在其第十二条确立了清洁发展机制(CDM)；2003年12月，UNFCCC第九次缔约方大会正式通过了《CDM造林再造林项目活动的简化方式和程序》。随着《京都议定书》的生效，CDM造林再造林项目受到各国的重视和广泛关注，如何准确估算森林生态系统的生物量和碳储量，并监测森林生态系统生物量和碳储量的动态变化，对于CDM造林再造林项目的碳汇计量具有重要意义。从而进一步推动了从单木、林分、区域乃至国家尺度上的森林生态系统生物量和碳储量研究。

10.1.1　基本概念

(1)森林生产量和生产力

①森林生产量。森林生态系统中的能量始于绿色植物光合作用对太阳能的固定，这是森林生态系统中的第一次能量固定。绿色植物所固定的太阳能或所制造的有机物质称为初级生产量或第一性生产量。在初级生产过程中，植物所固定的能量或所制造的有机物质有一部分是被植物自身的呼吸消耗掉了，剩下的部分用于植物的生长和生殖，所以把这部分生产量称为净初级生产量(net primary production，NPP)，而把包括呼吸消耗在内的全部生产量称为总初级生产量(gross primary production，GPP)。总初级生产量(GPP)、呼吸所消耗的能量(R)和净初级生产量(NPP)三者的关系为

$$GPP = NPP + R \tag{10-1}$$

$$NPP = GPP - R \tag{10-2}$$

净初级生产量是可提供生态系统中其他生物(主要是各种动物和人)利用的能量。通常情况下，生产量可用生产的有机物质干重(g)、体积(m^3)、个体数或所固定能量值(J)表示。

②森林生产力。当第一性生产量用单位时间和单位面积上积累的有机物质的量时，其所指示的含义是绿色植物积累或固定有机物质的速率。这样，可将第一性生产积累有机物质的速率称为第一性生产力或初级生产力(primary productivity)。植被的第一性生产力可用总第一性生产力(gross primary productivity)和净第一性生产力(net primary productivity)表示。初级生产力通常是用每年每平方米所生产的有机物质干重$[g/(m^2 \cdot 年)]$或每年每平方米所固定能量值$[J/(m^2 \cdot 年)]$表示。克(g)与焦耳(J)之间可以互相换算，其换算关系依动植物组织而不同，植物组织(干重)平均 1.0 kg 换算为 18×10^4 J，动物组织(干重)平均 1.0 kg 换算为 20×10^4 J 热量值。

生产量与生产力这两个概念既有区别又有联系。二者的区别在于，前者所表示的是"量"的大小，后者所表示的是速率，是一个"速度"的概念；二者的联系是，当用单位时间和单位面积来表示生产量时，生产量与生产力在数值上是一致的。

(2)生物量和现存量

①生物量(biomass)。是指任一时间区间(可以是 1 年、10 年或 100 年)某一特定区域内生态系统中绿色植物净第一性生产量的累积量(即 NPP)，即某一时刻的生物量也就是在此时刻以前生态系统所累积下来的活有机物质量的总和。生物量通常指单位面积上生物有机体(动物、植物、微生物等)的量，通常是用干重(g/m^2、kg/hm^2、t/hm^2)或能量(J/m^2)表示。净生产量用于植物的生长和生殖，因此随着时间的推移，植物逐渐长大，数量逐渐增多，而构成植物体的有机物质(包括根、茎、叶、花、果实)也就越积越多。逐渐累积下来的这些净生产量，一部分可能随着季节的变化枯死凋落而被分解；另一部分则以生活有机质的形式长期积存在生态系统之中。森林的生物量可以分为地上及地下生物量两部分，地上部分包括乔木树干、树枝、叶、花、果以及灌木、草等植被的重量；地下部分则指植物的根系重量。

②现存量(standing crop biomass)。是指在某一特定时刻的生物量。严格地讲，现存量

并不等于其生物量，如假设该期间开始时间(t_1)、终止时间(t_2)的植物体现存量(干重)分别为 B_1 和 B_2，ΔB 是 t_1-t_2 间的现存量的变化，则

$$\Delta B = B_2 - B_1 \tag{10-3}$$

$$NPP = \Delta B + L + G \tag{10-4}$$

式中　L——此期间枯死、损失的量；

　　　　G——被植食性动物吃掉的消耗量。

因此，现存量的变化(ΔB)不等于净第一性生产量，必须加上各种损失量后才能算作净第一性生产量。由此可见，理论上现存量不等同于生物量。实际工作中生物量的精确测定非常复杂和困难，通常是用对现存量的测定来估算生物量。人们往往并不严格注意到现存量与生物量的差别，而把它们看成是同义词。

应当指出的是，生产量和生物量是两个完全不同的概念。因为，$GPP = NPP + R$，所以如果 $GPP - R > 0$，则生物量增加；如果 $GPP - R < 0$，则生物量减少；如果 $GPP = R$，则生物量不变。

③净生产力。在林学中，净生产力可分为平均净生产力与连年净生产力两种。

平均净生产力(mean of annual net productivity)是森林植物群落生物量(W)被年龄(年)所除之商，一般用 Q_w 表示，即

$$Q_w = \frac{W}{a} \tag{10-5}$$

连年净生产力(annual net prductivity)是森林群落某年(a)的生物量(W_a)，与其上一年($a-1$)生物量(W_{a-1})之差，以表示具体某一年的净生产力，一般用 Z_w 表示，即

$$Z_w = W_a - W_{a-1} \tag{10-6}$$

现以不同年龄阶段落叶松人工林乔木层生物量为例(表10-1)，说明生物量、平均和连年净生产力之间的关系。生物量是年复一年逐年累积的量，总是随着年龄而变化。净生产力和生物量一样，也是随年龄而变化的，但是在不同的年龄阶段净生产力积累的速度是不同的。连年净生产力反映出的是积累的实际速度，平均净生产力反映出的是积累的平均速度。由表10-1可知，46年生落叶松人工林生物量可以达到 186.30 t/hm²，而第46年的连年净生产力却很少，只有 3.68 t/(hm²·年)，它并不随年龄的增加而增加，一般在最初的几年迅速上升，达到高峰后，随着年龄的增加而降低。平均净生产力最大值出现在连年净生产力的最大值之后，且下降速度缓慢。因此，不同森林群落可根据净生产力的测定值加以对比。

表10-1　不同年龄阶段落叶松人工林的生物量和生产力

年龄(年)	生物量 (t/hm²)	净生产力[t/(hm²·年)]	
		平均净生产力	连年净生产力
11	18.71	1.70	—
21	87.02	4.14	6.83
36	149.54	4.15	4.17
46	186.30	4.05	3.68

森林中动物和微生物等异养生物虽然也能制造其有机物质和固定能量，但它们不是直接利用太阳能，而是靠消耗植物的初级生产量，因此，动物和其他异养生物的生产量称为次级生产量或第二性生产量（secondary production），其生产力也相应地称为次级生产力或第二性生产力。在林学中，森林植物群落的初级生产力占森林生态系统生产力的主要地位，同时，动物和其他异养生物的测定也比较复杂和困难，一般未涉及。森林次级生产力的资料很少。一般来讲，森林生产力就是指森林生态系统中的初级生产力。但是，动物和其他异养生物在生态系统中的作用和功能非常重要。相信随着对森林生态系统认识的不断深入以及研究方法和手段的提高，科学家将会对森林的次级生产力的研究给予更多的关注。

10.1.2　森林生物量组成与分配

（1）森林不同组分的生物量

森林构成的主要生物成分包括乔木、灌木、草本植物、苔藓植物、藤本植物以及凋落物等，按照层次划分可以划分为乔木层（各器官、地上和地下部分）、下木层（幼树、灌木、草本和藤本植物）、草本层（草本、苔藓和地衣等）、凋落物层（枯枝、枯叶等）。乔木层的生物量是森林生物量的主体，一般约占森林总生物量的90%以上，人工林乔木层生物量更是占99%左右，灌木层和草本层所占比例很小。对生物量数据库中的乔木层、下木层、草本层、凋落物层、群落活生物量（乔木层、下木层和草本层）以及死生物量（枯立木、倒木、枯枝、枯叶和凋落物等）进行统计，结果见表10-2。

表 10-2　中国森林生态系统生物量的总体特征　　　　t/hm^2

层　次	样本数（个）	平均值	标准差	最小值	最大值
群落活生物量	519	138.200	116.680	3.580	1 567.940
乔木层	1 138	116.020	95.210	2.740	1 564.300
树干	1 593	69.950	67.260	0.880	1 280.280
树皮	830	9.600	7.350	0.250	61.600
树枝	1 549	14.880	14.410	0.210	150.970
树叶	1549	7.420	5.660	0.270	83.000
地上	1 607	92.350	79.930	1.870	1 433.210
地下	1 138	20.740	16.050	0.580	147.450
林下植被[①]	568	5.440	7.400	0.020	78.900
地下/地上	230	0.851	0.676	0.071	3.799
下木层[②]	362	4.450	7.340	0.030	78.700
地下/地上	159	0.856	0.869	0.056	5.975
草本层[③]	371	2.080	3.720	0.010	35.230
地下/地上	152	1.259	1.415	0.018	10.731
群落死生物量[④]	539	7.670	8.210	0.210	117.390

注：①除乔木层生物量之外的所有活生物量，即下木层和草本层；②包括幼树、灌木和木质藤本等；③包括草本、苔藓和地衣等；④包括枯立木、倒木，枯枝和凋落物等。引自罗云建，2013。

（2）森林不同器官生物量分配

森林生物量分配不仅是植物生活史、植物进化策略和生态系统等诸多领域的重要研究内容，也是陆地生态系统碳计量和过程模型的重要变量。生物量分配的变化将会改变植物的叶面积指数、凋落物的性质和分解、根系吸收养分和水分的速率、根系碳周转及群落的物种组成等，进而对植物的生活史对策和进化策略、群落结构、陆地生物地球化学循环等产生深远影响。

森林树木或植物的净生产量分别用来生长或生殖根、茎、叶、花、果等器官，植物体各器官占总生物量的比例是不同的。罗云建等（2013）收集了国内主要森林类型乔木层的生物量数据（表10-3）。从乔木层各器官的生物量分布看，乔木层地上部分（树干、树枝和树叶）生物量分配比例平均值为81.2%，地下部分（树根）生物量分配比例平均值为18.8%。乔木层中的生物量以树干生物量所占比例最高，我国主要森林类型乔木层中树干生物量分配比例为50.4%~65.9%，平均值为58.2%；树枝生物量分配比例为10.3%~20.0%，平均值为13.9%；树叶生物量分配比例为3.8%~12.2%，平均值为9.1%；树根生物量分配比例为14.9%~23.0%，平均值为18.8%。各器官所占比例会依森林类型的不同而具有一定的差异。一般来说，如果地下生物量和地上生物量的比值很高，则说明植物对于水分和营养物质具有比较强的竞争能力，能够在比较贫瘠恶劣的环境中生长，因为它们把大部分的净生产量都用于根系生长。如果地下生物量和地上生物量的比值低，则说明植物能够利用较多的日光能，具有比较高的生产能力。

表10-3　中国主要森林类型乔木层生物量各器官分配比例按森林类型统计　　　　%

森林类型	样本数（个）	树干		树枝		树叶		树根	
		平均值	标准差	平均值	标准差	平均值	标准差	平均值	标准差
全部数据	1 101	58.2	11.3	13.9	5.8	9.1	6.7	18.8	5.1
云冷杉林	37	54.9	12.4	15.7	5.0	11.1	8.0	18.3	6.0
落叶松林	53	63.5	9.9	12.5	6.1	4.4	3.5	19.7	4.2
油松林	87	53.1	9.1	16.9	5.3	12.0	7.0	18.0	4.3
其他温性针叶林	41	50.4	9.0	20.0	6.1	10.6	5.2	19.1	4.0
杉木林	254	58.0	12.5	10.3	3.9	12.2	7.5	19.5	4.6
柏木林	46	55.2	8.9	13.7	3.7	13.0	6.7	18.0	3.6
马尾松林	87	62.5	12.0	14.3	6.5	8.3	5.8	14.9	3.4
其他暖性针叶林	58	56.5	12.7	14.6	5.9	10.2	7.0	18.8	5.5
典型落叶阔叶林	58	57.7	8.4	15.5	4.4	3.8	2.4	23.0	6.0
杨桦林	44	59.3	9.0	15.3	4.3	5.5	3.9	19.9	7.7
亚热带落叶阔叶林	25	60.0	10.6	16.1	6.5	5.0	2.8	19.0	5.8
典型常绿阔叶林	51	56.9	10.9	15.5	5.6	5.7	3.8	21.9	6.0
常绿速生林	95	65.9	10.1	10.6	5.9	6.5	4.3	17.0	4.6
其他亚热带常绿阔叶林	28	57.3	7.8	16.4	7.0	5.1	3.9	21.2	5.3
热带林	19	61.9	4.9	16.8	4.2	3.0	2.3	18.3	1.5
温带针阔混交林	48	56.1	10.8	15.7	5.2	9.5	6.2	18.7	3.6
亚热带针阔混交林	70	56.5	10.6	15.4	4.5	10.1	6.6	18.0	3.6

注：引自罗云建，2013。

随着龄级的增加，生物量分配给树干的比例有增加的趋势，从幼龄林的 52.0% 逐渐增加到成熟林的 66.5%，到过熟林时又下降到 62.0%，降幅达 4.5%（表 10-4）。生物量分配给树叶的比例和地下的比例有减小的趋势，从幼龄林的 12.7% 和 19.9% 逐渐减小到成熟林的 3.9% 和 17.3%，到过熟林时又上升到 4.3% 和 19.0%。生物量分配给树枝的比例从幼龄林的 15.4% 逐渐减小到近熟林的 11.9%，而后出现一定的增加，到过熟林时增幅分别达 2.7%。此外，可以看出，虽然某些阔叶林的变化趋势略有反常（如典型落叶阔叶林和常绿速生林），但是大部分森林类型的生物量树干分配比例从幼龄林到近熟林呈增加的趋势，而树枝、树叶和地下生物量分配比例呈减小趋势。

表 10-4　不同龄级各器官分配比例统计　　　　　%

龄级	样本数（个）	树干		树枝		树叶		树根	
		平均值	标准差	平均值	标准差	平均值	标准差	平均值	标准差
幼龄林	436	52.0	11.7	15.4	5.8	12.7	8.0	19.9	5.7
中龄林	431	60.4	8.6	13.2	5.4	7.9	4.4	18.5	4.3
近熟林	108	65.2	9.2	11.9	5.1	5.5	3.5	17.5	4.8
成熟林	114	66.5	7.3	12.3	5.9	3.9	2.5	17.3	3.9
过熟林	30	62.0	11.9	14.6	7.2	4.3	3.1	19.0	6.3

注：引自罗云建，2013。

（3）森林不同器官生物量垂直结构

森林生物量存在着明显的垂直分布现象。森林叶生物量的垂直分布影响森林内的透光性，从而也影响生产量在森林中的垂直分布。在森林中，其最大光合作用生物量以及最大净生产量都不是在树冠的最顶部，而是在最大光强度以下的某处。尽管植物种类和森林类型可能有很大差异，但各种森林类型生物量的垂直剖面图却十分相似。

干、枝、叶等生物量在森林内呈垂直分布，一般来说，干的生物量由地表向上渐减；而枝和叶的生物量分布则因树种和林龄的不同，可以分为两种基本类型，即枝、叶主要集中在群落上层表面呈圆台形和枝、叶量最多层在群落的下部呈圆锥形。阳性同龄单层林易形成前一种类型；混交林、异龄林和耐荫树种组成的森林易形成后一种类型。但是，即便在阳性同龄单层林中，由于林龄不同所表现的类型也不一样：在幼龄林时为圆锥形，随着林龄增大树高生长，枝条由下向上枯死，林冠长度与树高之比相对变小，则逐渐向圆台形变化。此外，在这两个类型之外，还可划分出枝、叶垂直分布比较均匀的类型，这在复层结构的热带雨林中可以见到。关于生物量在单位空间内的平均量（生物量密度），据吉良等（1967）对普通森林的估测为 $10\sim15\ \mathrm{kg/m^3}$，这就是说，平均每公顷地上部分生物量，树高每 $1.0\ \mathrm{m}$ 为 $10\sim15\ \mathrm{t}$。地下部分生物量的垂直分布，一般自地表向下递减。

10.2　树木生物量测定

一株树的生物量可以分为地下和地上两部分，地下部分是指树根的生物量 W_r；地上部分主要包括树干（木材和树皮）生物量、枝生物量和叶生物量。在树木生物量的测定中，主要是称量各器官生物量的干重。

与材积测定相比，生物量测定的对象更为复杂，测定的部分也更多，因而使得生物量的测定工作既复杂又困难。但是树木生物量与树木胸径、树高等测树因子之间有着密切的关系，这些关系为树木生物量测定提供了依据。在树木生物量测定中，树冠的大小与形状对枝、叶量的多少有着显著的影响。常用的反映冠形和冠大小的因子有冠长、冠长率、冠幅、树冠圆满度、树冠投影比等(见第1.1.3节)，这些因子与胸径、树高等因子之间有着密切的关系，在枝叶生物量测定、估计及分析比较中起着较大的辅助作用，这为利用这些因子估测树木生物量、碳储量提供了依据。

10.2.1　样木选择

①样木选取。根据生物量测定的目的和要求，按胸径和树高两项主要因子进行控制，通常在不同径阶和不同树高级选取标准样木。选择的标准样木，应为没有发生断梢、分叉的生长正常的树木，且其冠幅、冠长也基本具有代表性，不允许选林缘木和孤立木。

②伐前测量。样木伐倒前应再次准确测量胸径，同时测定根径(地径)；然后再分南、北、东、西4个方向测量冠幅。

③样木采伐。伐前测量完成后才可对样木实施采伐。大径级样木的采伐应控制树干倒向，尽量不伤及样木周围的树木。样木伐倒后，用皮尺准确测量树干长度(即树高)和树干基部至枝下高的长度。

10.2.2　树干生物量测定

(1)全部称重法

所谓全称重法就是将树木伐倒，摘除全部枝叶称其树干鲜重，采样烘干得到样品干重与鲜重之比，从而计算样木树干的干重。这种方法是测定树木干重最基本的方法，它的工作量极大，但获得的数据可靠。具体方法如下：

①树高在15.0 m(含15.0 m)以上者按2.0 m区分，即用油锯将树干切为每段2.0 m；树高小于15.0 m按1.0 m区分，即用油锯将树干切为每段1.0 m。称取各区分段的树干鲜重，精确到0.1 kg，各区分段的鲜重之和即为全树干的鲜重。

②在各区分段的上端位置及根颈位置(0 m处)各截取一个厚度3.0~5.0 cm的圆盘，作为样品并称其鲜重。

③将圆盘样品置于80℃恒温下烘干至恒重，进而可以得到其干重。

(2)木材密度法

所谓木材密度是指单位体积木材的质量，即木材的质量与体积的比值(单位为 g/cm^3 或 kg/m^3)，习惯上以单位体积木材的重量表示木材密度。严格地说，质量与重量有着本质不同，质量指物体所含物质的多少，为物体惯性的尺度，是一恒量，单位为克；重量为地球对物体的引力，等于物体质量与重力加速度的乘积，单位为克。仅纬度45°海平面处物体的质量与重量数值相等，若物体所处空间或地理位置变化，则重量也随着变化，但变化极少，在应用上一般可以忽略，而将质量和重量的数值视为相等。因此，单位体积的质量和重量也视为相等。根据含水状况不同，木材密度通常分为以下4种。

$$基本密度=绝干材质量/生材(或饱和水)体积$$

$$生材密度＝生材质量/生材(或饱和水)体积$$
$$气干密度＝气干材质量/气干材体积$$
$$绝干密度＝绝干材质量/绝干材体积$$

以上 4 种木材密度以基本密度和气干密度两种最为常用。基本密度常常用于树干干重的计算，气干密度常泛指气干木材任意含水率时的计算，因所处地区木材平衡含水率或气干程度不同，并有一个范围，如通常含水率在 8%～20% 时试验的木材密度，均称为气干密度。在我国常将木材气干密度作为材性比较和生产应用的基本依据。木材密度测定方法通常有：直接量测法、水银测容器法、排水法、快速测定法和饱和含水率法，具体测定方法详见《木材学》(成俊卿，1985)。在木材密度已知的条件下，计算树干及大枝干重的方法一般称为木材密度法，常采用以下 2 种基本模式。

$$木材干重＝木材体积×基本密度$$
$$木材干重＝木材体积×绝干密度×绝干收缩率$$

一般绝干收缩率不易确定，因此，多采用基本密度来计算木材干重。在测定基本密度时，常常会碰到一对矛盾：若先测定物体绝干重量时，该物体的体积由于烘干后发生收缩，体积变小，浸泡后很难恢复原体积，使得体积测定系统偏小。若先测定物体饱和水体积时，一方面，测定绝干重量的时间大大延长；另一方面，由于木材和树皮经长时间浸泡后，其部分木材冷水浸提物(如单宁、碳水化合物、无机物等)被浸泡出物体外，使物体绝干重减轻，造成基本密度系统偏低。为了解决这一矛盾，可采用如下处理方法：首先将样品一分为二，分别称重记作 g_1 和 g_2，然后将第一块样品进行烘干，将第二块样品进行浸泡，这样做能保证样品绝干重量和浸泡体积不产生系统偏差。设其对应绝干重和饱和水的体积分别为 m_1、v_1 和 m_2、v_2。

设

$$f_1 = \frac{g_1}{g}, \quad f_2 = \frac{g_2}{g}, \quad g = g_1 + g_2$$

则

$$f_1 + f_2 = 1$$

$$m_2 = m_1 \frac{f_2}{f_1}, \quad v_1 = v_2 \frac{f_1}{f_2}$$

$$m_2 = m_1 \frac{f_2}{f_1}, \quad v_1 = v_2 \frac{f_1}{f_2}$$

$$M = m_1 + m_2 = m_1 + m_1 \frac{f_2}{f_1} = \frac{m_1}{f_1}$$

$$V = v_1 + v_2 = v_2 + v_2 \frac{f_1}{f_2} = \frac{v_2}{f_2}$$

式中　m_1——实际烘干的重量；

　　　v_2——实际浸泡体积；

　　　M——样品总干重；

　　　V——样品总体积。

10.2.3 树枝、树叶生物量测定

测定林木枝、叶生物量主要有两种方法：一种是标准枝法，另一种是全部称重法。

(1)标准枝法

由于一棵树的树枝、树叶数量很多，如果全部测量外业工作量相当大，很难完成。因此，树枝和树叶的生物量采用以平均带叶枝鲜重法(平均重量法)或平均枝条大小法(平均基径和枝长法)为基准的标准枝法进行测量，即用抽样法测量树枝和树叶的生物量。根据标准枝的抽取方式，该法又可分为平均标准枝法和分级标准枝法。

①平均标准枝法。树木伐倒后，测定全部枝条的带叶枝鲜重 W_{bl}(重量法)或基径 BD 和枝长 BL(平均基径和枝长法)，并计算平均带叶枝鲜重 $\overline{W_{bl}}$ 或平均基径 $\overline{BD}$ 和枝长 $\overline{BL}$。然后，以 $\overline{W_{bl}}$ 或 $\overline{BD}$ 和 $\overline{BL}$ 为标准选择标准枝，标准枝的个数根据调查精度确定(通常选3~5个)，同时要求标准枝上的叶量是中等水平。摘取标准枝上的树叶，分别称其去叶枝鲜重和叶鲜重 W_i，并取样品。最后，按下式计算全树的枝重和叶重。

$$W = \frac{N}{n} \sum_{i=1}^{n} W_i \tag{10-7}$$

式中 N——全树的枝数；

       n——标准枝数；

       W_i——标准枝的枝鲜重或叶鲜重。

选取生物量样木的标准枝，其目的是推算树木的枝量和叶量。实践表明，平均带叶枝鲜重法(重量法)的计算精度优于平均枝条大小法。我国从20世纪90年代起多采用重量法选取标准枝。

②分层标准枝法。受树木的生物学特性、生长环境和竞争的影响，不同大小树木在树冠不同部位(垂直方向和水平方向)其枝条的大小和叶量分布变动较大。因此，在测定树枝、树叶生物量时，通常采用分层标准枝法。测定时，首先将样木的树冠长度平均分成上、中、下3层，将每层的枝条用枝剪沿其基部截下，测定每个枝条的带叶鲜重，分层计算平均带叶枝鲜重并选取标准枝，进而得到各层和样木树枝和树叶鲜重。一般来讲，阔叶树种根据每层的平均枝鲜重选取3~5个标准枝，而针叶树种则每一轮选一个标准枝，轮枝不明显的树种，近似一轮选一个标准枝，称其带叶枝鲜重。然后，将标准枝上的叶与枝分离，分别称枝鲜重和叶鲜重，去叶枝鲜重与叶鲜重之和应该等于标准枝鲜重，允许有一定的偏差(一般不超过±5%)。最后，将每层其他枝条剪成5.0 cm左右的小段，混合均匀，从中抽取100 g作为该层枝样品，每层叶混合均匀后抽取50 g作为该层叶样品。枝和叶样品置于80~105℃恒温下烘干至恒重，进而可以得到其干重。

(2)全部称重法

具体方法与树干重量的全称重法相同。

10.2.4 树根生物量测定

众所周知，树根生物量测量非常困难，既费时又费力。具体测量步骤如下：首先，将样木伐倒之后，采用机械和人力的方法，即用一个动滑轮装置(俗称手拉葫芦)将粗根挖

出，用铁锹挖出大根和中根。细根及小根的重量虽不大但数量极多，很容易遗漏，可采用根钻进行这两类根的取样。将所挖出的树根清除泥土，小根及细根所带泥土较多，应放于土壤筛中筛去泥土。然后分别称粗根、大根、中根、小根和细根的鲜重，其和为树根总鲜重。树根的分级见表 10-5。最后，在粗根、大根、中根、小根和细根中分别选取 50g 作为样品。置于 80℃恒温下烘干至恒重，称量其干重。

表 10-5　树根的分级

级别	细根	小根	中根	大根	粗根
直径(cm)	<0.2	0.2~0.5	0.5~2.0	2.0~5.0	>5.0

10.2.5　单株生物量计算

树木在自然状态下含水时的质量为鲜重 W_{fw}，它是将样木伐倒后立即称量的质量。树木干燥后去掉结晶水的质量称为干重 W_{dw}。干重测定方法：把样品放入烘箱干燥，一般在 103℃±2℃，经 6~8 h，取出称重，如两次称量重量不等，再放入烘箱继续烘干，直到绝干状态(恒重)。

在外业中只能测得树木的鲜重，然后采用各种方法将鲜重换算为干重，最常用的有效换算方法是计算树木的干重比 P，而生物量的计算公式为

$$W_{dw} = W_{fw}P \tag{10-8}$$

式中　P——干重比。

可通过取样测定获得，其计算公式如下。

$$P = \frac{\hat{W}}{\hat{W}_c} \tag{10-9}$$

式中　$\hat{W}$——样品干重；

　　　$\hat{W}_c$——样品鲜重。

基于以上方法，具体计算单木生物量的方法如下。

（1）树干生物量

将树干按 1.0 m 或 2.0 m 区分段等长区分为 n 段，W_s 和 W_i 分别代表树干总生物量和每一段树干的鲜重，P_i 为各区分段干重比，树干生物量为 n 段树干干重之和(包括树梢)，其计算公式如下。

$$W_s = \sum_{i=1}^{n} W_i P_i \tag{10-10}$$

（2）树枝和树叶生物量

对于针叶树种来说，假设一棵树有 n 个轮枝，m 为每一轮的枝数，W_{ij} 为第 i 轮枝第 j 个树枝总鲜重，P_i' 和 P_i'' 分别为其枝、叶干重比，B_i' 和 B_i'' 分别为枝、叶鲜重所占百分比，枝生物量(W_b)为所有去叶枝的干重之和，叶生物量(W_f)为所有叶的干重之和，树枝生物量(W_{b+f})等于枝、叶干生物量之和，其计算公式如下。

$$W_b = \sum_{i=1}^{n} \sum_{j=1}^{m} W_{ij} B_i' P_i' \qquad (10-11)$$

$$W_f = \sum_{i=1}^{n} \sum_{j=1}^{m} W_{ij} B_i'' P_i'' \qquad (10-12)$$

$$W_{b+f} = W_b + W_f \qquad (10-13)$$

对于阔叶树来说，假设 W_T、W_M 和 W_B 分别代表树冠上层、中层和下层树枝总鲜重，P 为各层枝或叶的干重比，B 为各层枝或叶鲜重所占百分比，树枝生物量计算过程如下。

$$W_{B+f} = W_T B_{Tb} P_{Tb} + W_T W_{Tf} P_{Tf} + W_M B_{Mb} P_{Mb}$$
$$+ W_M B_{Mf} P_{Mf} + W_B B_{Bb} P_{Bb} + W_B B_{Bf} P_{Bf} \qquad (10-14)$$

式中　Tb，Tf——上层枝和叶；

$\quad\quad Mb$，Mf——中层枝和叶；

$\quad\quad Bb$，Bf——下层枝和叶。

（3）树根生物量

假设 W_{rC}、W_{rL}、W_{rM}、W_{rS} 和 W_{rF} 分别代表每棵树粗根、大根、中根、小根和细根鲜重，P 为粗根、大根、中根、小根或细根干重比，则树根总生物量计算公式如下。

$$W_r = W_{rL} P_{rL} + W_{rM} P_{rM} + W_{rS} P_{rS} + W_{rC} P_{rC} + W_{rF} P_{rF} \qquad (10-15)$$

式中　rC，rL，rM，rS，rF——粗根、大根、中根、小根和细根。

10.3 林分生物量及动态估测

林分中全部乔木树种林木的重量称作林分生物量（stand biomass），可以分为林分地上生物量及地下生物量两部分，地上部分包括乔木树干（含树皮）、树枝、叶、花、果的重量；地下部分则指林木的根系重量。在森林资源调查和监测中，林分生物量常用单位面积生物量（t/hm²）表示。

林分生物量的估测方法可概括为直接收获法（包括皆伐法、平均标准木法、径级标准木法）、生物量模型估测法和生物量估算参数估测方法。在实际工作中，直接测量全部树木的生物量尽管是最为准确的，但是这需要投入大量的人力、物力和财力，且具有一定的破坏性，仅适合科研实验的特殊情况。目前，生物量模型估测法是比较常用的方法，它是利用林木易测因子来推算难以测定的立木生物量（特别是树根生物量），不仅可以满足估测林分生物量的精度要求，还可以减少生物量测定的外业工作。

10.3.1 直接收获法

通常采用直接收获的手段来获取各组分（如树干、树枝、树叶和树根）的生物量，测定方法主要包括皆伐法和标准木法两种常规方法。

10.3.1.1 皆伐法

为较准确地测定林分生物量，或者为检验其他测定方法的精度，往往采用小面积皆伐实测法，即在林分内选择适当面积的林地，将该林地内所有乔灌草等皆伐，测定所有树木的生物量 W_i，它们生物量之和（$\sum W_i$）即为皆伐林地生物量，并按下式计算全林分生物

量 W。

$$W = \frac{\sum W_i}{S} \qquad (10\text{-}16)$$

式中　S——皆伐林地面积。

采用该法测定的数据准确可靠，常作为真值与采用其他方法的估计值进行比较，但此法费时费力且具有巨大的破坏性，在实际操作中较少用于测定乔木层生物量，而常用于测定林下植被生物量。

10.3.1.2　标准木法

标准木法可以分为平均标准木法和径级分层标准木法。

（1）平均标准木法

在对标准地进行每木调查的基础上，选取能够代表群落平均特征的标准木，伐倒后测定标准木的器官生物量。然后，用标准木生物量的平均值 $\overline{W}$ 乘单位面积上的立木株数 N，求出单位面积上的林分生物量 W。

$$W = N\overline{W} \qquad (10\text{-}17)$$

（2）分级标准木法

依据径阶或树高级将林分或标准地林木按由小到大的顺序分成几个等级，然后在各级内选测平均标准木（也可采用径级标准法选取标准木，详见第 6 章），并伐倒称重，得到各级的平均生物量测定值 $\overline{W}_i$，乘以单位面积各级的立木株数 N_i，即得到各级生物量 W_i，各级生物量之和，即为单位面积林分生物量总值 W。

$$W_i = N_i\overline{W}_i \qquad (10\text{-}18)$$

$$W = \sum W_i \qquad (10\text{-}19)$$

10.3.2　模型估测法

10.3.2.1　异速生长模型

根据文献统计，过去几十年全世界已经建立了涉及 100 个以上树种的 2 300 个立木生物量模型（包括总量和各分项），但是以地上生物量模型居多，很少有人关注地下生物量（树根），主要的原因是树根很难挖取。在模型估测法中，异速生长模型被广泛用于森林生物量和生产力的估测中。

Parresol（1999，2001）总结了许多文献中的异速生长方程后，归纳出最常见的 3 类异速生长方程：非线性相加型误差结构方程、非线性相乘型误差结构方程和线性方程。异速生长方程根据自变量的多少，又可分为一元模型和多元模型，且一元模型是最常见的函数形式。非线性模型应用最为广泛，其中相对生长系数恒定模型（CAR）和相对生长系数变化模型（VAR）最具有代表性，是所有模型中应用最为普遍的两种模型。这两种模型可用于总量及各分项生物量的估计，自变量 X 根据各分项生物量的特点可选用不同的变量，如 D^2、D^2H。除了胸径和树高之外，许多研究者又引入了其他因子，如林龄、材积、冠幅和冠长等（Tumwebaze et al.，2013；Sprizza，2005）。在统计学上，自变量的增多一般会使生物量的估算更趋于准确，但自变量数据的增多又会加大林分调查时基本数据获取的难度，降低了异速生长模型的实用性。因此，在建立异速生长模型时应充分考虑统计标准和实际应用之间的平衡。

在生物量模型构造方面，国内外研究者普遍采用的是按林木各分项(树干、树枝、树叶、树根)分别进行生物量模型的优选(包括模型形式和模型变量)，然后根据各分项生物量与实际观测变量(如胸径和树高)分别拟合各分项生物量模型(如树干、树枝、树叶和树根)的参数值，即各分项生物量的模型估计都是独立进行的。这种构造生物量模型的方法就造成了各分项生物量模型间的不可加性或不相容性，也就是说，树干、树枝、树叶和树根4部分生物量之和不等于总生物量，树枝和树叶的生物量之和不等于树冠生物量，树冠和树干生物量之和不等于地上生物量。为了解决模型的可加性问题，Parresol(1999，2001)采用非线性似乎不相关回归建立了总量及各分项可加性生物量模型，首次解决了以往生物量估算领域中各分项生物量模型间不相容的问题。唐守正等(2000)则采用联立方程组模型，也实现了生物量模型和材积模型的兼容。

目前，大尺度森林生物量的估算方法是人们关注的焦点，建立林分尺度生物量模型变为一种趋势(Soares et al.，2004)。总的来说，单木生物量模型与林分生物量模型的建模思路是一样的，都可以采用异速生长方程来建立其生物量模型。

10.3.2.2 单木生物量模型

(1)模型形式选择

自1964年芬兰及瑞典提出将整株林木的生物质(包括地上和地下两部分)全部予以收获利用的木材生产方式(即全树利用后)，许多发达国家(如美国、加拿大等)将森林生物量调查作为森林监测的一个重要内容。许多研究者开始进行森林生物量模型的研究，并先后提出了许多形式的生物量模型，总结起来主要有以下3种模型类型(Parresol，1999，2001)。

非线性(误差相加)方程：

$$W = a_0 X_1^{a_1} X_2^{a_2} \cdots X_i^{a_i} + \varepsilon \tag{10-20}$$

非线性(误差相乘)方程：

$$W = a_0 X_1^{a_1} X_2^{a_2} \cdots X_i^{a_i} \cdot \varepsilon \tag{10-21}$$

线性方程：

$$W = a_0 + a_1 X_1 + \cdots + a_i X_i + \varepsilon \tag{10-22}$$

式中　W——生物量，kg；

X_1，X_2，$\cdots$，X_i——树木因子；

a_0，a_1，$\cdots$，a_i——模型的参数；

ε——误差项。

一些常用的自变量有：胸径 D(cm)、树高 H(m)、冠幅 C_W(m)、冠长率 C_R(%)、冠长 C_L(m)、D^2、D^2H、年龄 T(年)和材积 V(m³)等。几个常用的异速生长方程见表10-6。

对于不同地区、不同树种的生物量模型，其方程形式可能不同。在建立生物量模型时，考虑到模型的主要目的是预测，所以尽可能选用在林木中较易获取的测树因子。胸径和树高在林木中容易获取，而且数据相对较准确；立木的冠幅和冠长不容易获取，且准确

表 10-6　常用的异速生长方程

方程编号	方程形式	方程编号	方程形式
1	$W = aD^b$	4	$W = aD^b H^c C_W^d$
2	$W = aD^b H^c$	5	$W = aD^b H^c Cl^d$
3	$W = aD^2 H^b$	6	$W = aD^b H^c Cl^d C_W^e$

性相对较差。所以方程 $W = aD^b$，$W = aD^b H^c$ 和 $W = a(D^2 H)^b$ 经常被用来进行生物量模拟（Dong et al.，2014，2015；董利虎等，2011；曾伟生等，2010；Bi et al.，2004）。

（2）立木可加性生物量模型

立木总生物量应当等于各分项生物量之和。为了满足这一基本的逻辑关系，在同时建立树干、树枝、树叶、地下生物量和地上生物量方程时，必须保证各个方程之间具有可加性。为了实现生物量方程的可加性，有许多可加性模型结构可以被使用，尽管如此，生物量模型的可加性还是经常被忽视。在实际应用中，国内外有以下两种形式的可加性生物量模型（董利虎等，2013；Li et al.，2013；董利虎等，2012；Balboa-Murias et al.，2006）。

①分解型可加性生物量模型。董利虎等（2012，2013）、曾伟生等（2011）通过构造总量与各分项生物量模型（函数）之间的相关关系来满足可加性，其通式如下。

$$
\begin{cases}
W_1 = \dfrac{F_1(X_1)}{F_1(X_1) + F_2(X_2) + \cdots + F_n(X_n)} \times F_{total}(X_{total}) \\[3mm]
W_2 = \dfrac{F_2(X_2)}{F_1(X_1) + F_2(X_2) + \cdots + F_n(X_n)} \times F_{total}(X_{total}) \\[2mm]
\cdots \\[1mm]
W_n = \dfrac{F_n(X_n)}{F_1(X_1) + F_2(X_2) + \cdots + F_n(X_n)} \times F_{total}(X_{total})
\end{cases}
\tag{10-23}
$$

式（10-23）中总量及各分项生物量方程都有独自的自变量，由式（10-23）可以明显地看到总生物量等于各分项生物量之和。此外，式（10-23）还可以设置其他的约束条件（如树枝、树叶生物量之和等于树冠生物量）。

②聚合型可加性生物量模型。Li et al.（2013）、Balboa-Murias et al.（2006）通过设定总量等于各分项生物量之和来满足可加性，其通式如下。

$$
\begin{cases}
W_1 = F_1(X_1) \\
W_2 = F_2(X_2) \\
\cdots \\
W_n = F_n(X_n) \\
W_{total} = W_1 + W_2 + \cdots + W_n
\end{cases}
\tag{10-24}
$$

式（10-24）中各分项生物量方程都有独自的自变量，同理，式（10-24）也可以设置其他的约束条件。

目前许多研究者利用上述两种形式的模型结构建立了不同树种的生物量模型（曾伟生等，2010；董利虎等，2011；Dong et al.，2015）。结果表明，两种形式（分解型和聚合型）的可加性生物量模型均表现出较好拟合优度及预测能力。

（3）参数估计方法

总量和各分项生物量方程分为不可加性和可加性。不可加性生物量方程实质上是分别拟合了总量和各分项生物量，其线性模型[式(10-22)]或对数转换的线性模型[对式(10-21)两边取对数]可以用最小二乘法(OLS)进行参数估计。而对于式(10-20)则需要采用参数估计的迭代程序进行计算(曾伟生等，2011)。此外，生物量数据通常表现为异方差性（即残差呈喇叭状），进行加权回归或对数转换是必需的(曾伟生，1999)。

可加性生物量方程同时拟合了总量和各分项生物量，并考虑同一树木总量、各分项生物量之间的内在相关性。为了实现生物量方程的可加性，有许多方法可以被使用，如简单最小二乘法、最大似然法、度量误差法、广义矩估计、线性及非线性似乎不相关回归等(Tang et al.，2002；Tang et al.，2001；Parresol，2001，1999；Reed et al.，1985；Chiyenda，2011；Cunia et al.，1984)。在众多方法中，线性似乎不相关回归(SUR)和非线性似乎不相关回归(NSUR)是最灵活、最受欢迎的两种参数估计方法(Li et al.，2013；Menendezmiguelez et al.，2013；Parresol，1999，2001)。近些年来，许多研究者采用似乎不相关回归来确定模型的可加性(Bi et al.，2004；Li et al.，2013；董利虎等，2015)。

Dong et al.(2018)采用似乎不相关回归构建了基于不同预测变量的天然落叶松的聚合型单木可加性生物量模型系统。表10-7给出了天然落叶松各组分生物量6种非线性生物量模型的拟合统计量。结果表明，仅含有胸径的模型1能较好的表达各分项生物量，添加树高 H 进入模型，能显著提高绝大多数模型的拟合效果，即模型3获得较大的 R_a^2，较小的 $S_{y,x}$ 和 AIC。因此，模型3适合拟合各分项生物量。添加冠幅 C_W 和冠长 C_L 进入模型，仅能显著提高树干、树根、树枝和树叶生物量模型的拟合效果。因此，模型4、模型6、模型5和模型6分别为树根、树干、树枝和树叶生物量的最优模型。

采用天然落叶松各组分最优生物量模型来构建其可加性生物量模型，将其命名为模型系统1[式(10-25)]。表10-8给出了天然落叶松最优可加性生物量模型参数估计值和拟合优度。由表10-8可知，所建立的天然落叶松最优可加性生物量模型中总量及各分项生物量模型的调整后确定系数 R_a^2 均在0.88以上，均方根误差 $RMSE$ 都较小。总量、地上和树干生物量模型拟合效果更好，其 R_a^2 都大于0.98，$RMSE$ 都小于11.5 kg，而树枝、树叶和树冠生物量模型有着相对较小的 R_a^2 和较大的 $RMSE$。考虑到树冠属性因子 C_W 和 C_L 一般较难获取，而胸径和树高容易获取，且具有一定的准确性。因此，除了构建天然落叶松最优可加性生物模型，还采用模型1和模型2分别建立天然落叶松总量及各分项一元和二元可加性生物量模型，分别将其命名为模型系统2[式(10-26)]和模型系统3[式(10-27)]。由表10-8可以看出，天然落叶松总量及各分项最优可加性生物量模型的 R_a^2 和 $RMSE$ 都优于二元可加性生物量模型，二元可加性生物量模型 R_a^2 和 $RMSE$ 都优于一元可加性生物量模型，即增加树高和树冠属性因子作为变量可以有效地提高总量及各分项生物量模型的拟合效果，尤其是树干、树枝和树叶生物量模型。研究表明，异速生长关系经常被用于生物量模型拟合中。含有胸径和树高变量的模型经常被用来描述这种异速生长关系。仅含有胸径的异速生长方程是一种最为简单的形式，且容易拟合生物量数据。这种简单的异速生长方程只需要基本的森林调查数据就可以估计出生物量，且经常得到了较高的预测精度。许多研究表明，添加树高和树冠属性因子进入生物量模型能显著提高模型的拟合效果和预测能力，尤其是对于树枝和树叶生物量。当总生物量被分为两组分(如地上生物量和地下生物量)，地上生物量被分更小的组分(如树干和树冠)，树冠被分为两组分(如树枝和树叶)，甚至树干被分为树皮和木材时，立木总生物量等于各组分生物量之和这一逻辑关系应当被考虑，而似乎不相关回归(SUR)可以很好地解决这一问题。

表 10-7　天然落叶松各分项生物量备选模型拟合优度统计量

各组分		模型形式	R_a^2	RMSE	AIC
树根	模型 1	$W=\beta_0 D^{\beta_1}+\varepsilon$	0.911 0	8.38	975.3
	模型 2	$W=\beta_0 (D^2 H)^{\beta_1}+\varepsilon$	0.871 4	10.07	1 025.7
	模型 3	$W=\beta_0 D^{\beta_1} H^{\beta_2}+\varepsilon$	0.916 5	8.12	967.4
	模型 4	$W=\beta_0 D^{\beta_1} H^{\beta_2} CW^{\beta_1}+\varepsilon$	0.929 6	7.45	945.0
	模型 5	$W=\beta_0 D^{\beta_1} H^{\beta_2} CL^{\beta_1}+\varepsilon$	0.916 0	8.14	969.3
	模型 6	$W=\beta_0 D^{\beta_1} H^{\beta_2} CW^{\beta_3} CL^{\beta_4}+\varepsilon$	0.930 5	7.41	944.4
树干	模型 1	$W=\beta_0 D^{\beta_1}+\varepsilon$	0.962 3	12.02	1 074.2
	模型 2	$W=\beta_0 (D^2 H)^{\beta_1}+\varepsilon$	0.985 1	7.57	947.3
	模型 3	$W=\beta_0 D^{\beta_1} H^{\beta_2} CW^{\beta_3} CL^{\beta_4}+\varepsilon$	0.985 4	7.47	944.7
	模型 4	$W=\beta_0 D^{\beta_1} H^{\beta_2} CW^{\beta_1}+\varepsilon$	0.986 2	7.28	938.7
	模型 5	$W=\beta_0 D^{\beta_1} H^{\beta_2} CL^{\beta_1}+\varepsilon$	0.985 7	7.40	943.0
	模型 6	$W=\beta_0 D^{\beta_1} H^{\beta_2} CW^{\beta_3} CL^{\beta_4}+\varepsilon$	0.986 7	7.14	934.5
树枝	模型 1	$W=\beta_0 D^{\beta_1}+\varepsilon$	0.884 3	2.38	1074.2
	模型 2	$W=\beta_0 (D^2 H)^{\beta_1}+\varepsilon$	0.852 9	2.68	662.9
	模型 3	$W=\beta_0 D^{\beta_1} H^{\beta_2} CW^{\beta_3} CL^{\beta_4}+\varepsilon$	0.889 5	2.32	624.7
	模型 4	$W=\beta_0 D^{\beta_1} H^{\beta_2} CW^{\beta_1}+\varepsilon$	0.891 4	2.30	623.3
	模型 5	$W=\beta_0 D^{\beta_1} H^{\beta_2} CL^{\beta_1}+\varepsilon$	0.898 7	2.22	613.7
	模型 6	$W=\beta_0 D^{\beta_1} H^{\beta_2} CW^{\beta_3} CL^{\beta_4}+\varepsilon$	0.899 3	2.22	613.9
树叶	模型 1	$W=\beta_0 D^{\beta_1}+\varepsilon$	0.842 2	0.74	309.8
	模型 2	$W=\beta_0 (D^2 H)^{\beta_1}+\varepsilon$	0.799 3	0.83	342.7
	模型 3	$W=\beta_0 D^{\beta_1} H^{\beta_2} CW^{\beta_3} CL^{\beta_4}+\varepsilon$	0.862 9	0.69	291.5
	模型 4	$W=\beta_0 D^{\beta_1} H^{\beta_2} CW^{\beta_1}+\varepsilon$	0.869 8	0.67	285.4
	模型 5	$W=\beta_0 D^{\beta_1} H^{\beta_2} CL^{\beta_1}+\varepsilon$	0.884 8	0.63	268.6
	模型 6	$W=\beta_0 D^{\beta_1} H^{\beta_2} CW^{\beta_3} CL^{\beta_4}+\varepsilon$	0.889 0	0.62	264.5

注：引自 Dong et al.，2018。

$$\begin{cases} W_r = e^{\beta_{r_0}} D^{\beta_{r_1}} C_W^{\beta_{r_3}} + \varepsilon_r \\ W_s = e^{\beta_{s_0}} D^{\beta_{s_1}} H^{\beta_{s_2}} C_W^{\beta_{s_3}} C_L^{\beta_{s_4}} + \varepsilon_s \\ W_b = e^{\beta_{b_0}} D^{\beta_{b_1}} H^{\beta_{b_2}} C_L^{\beta_{b_3}} + \varepsilon_b \\ W_f = e^{\beta_{f_0}} D^{\beta_{f_1}} H^{\beta_{f_2}} C_W^{\beta_{f_3}} C_L^{\beta_{f_4}} + \varepsilon_f \\ W_c = W_b + W_f + \varepsilon_c \\ W_a = W_s + W_b + W_f + \varepsilon_a \\ W_t = W_r + W_s + W_b + W_f + \varepsilon_t \end{cases} \quad (10\text{-}25)$$

$$\begin{cases} W_r = e^{\beta_{r_0}} D^{\beta_{r_1}} + \varepsilon_r \\ W_s = e^{\beta_{s_0}} D^{\beta_{s_1}} + \varepsilon_s \\ W_b = e^{\beta_{b_0}} D^{\beta_{b_1}} + \varepsilon_b \\ W_f = e^{\beta_{f_0}} D^{\beta_{f_1}} + \varepsilon_f \\ W_c = W_b + W_f + \varepsilon_c \\ W_a = W_s + W_b + W_f + \varepsilon_a \\ W_t = W_r + W_s + W_b + W_f + \varepsilon_t \end{cases} \quad (10\text{-}26)$$

$$\begin{cases} W_r = e^{\beta_{r_0}} D^{\beta_{r_1}} H^{\beta_{r_2}} + \varepsilon_r \\ W_s = e^{\beta_{s_0}} D^{\beta_{s_1}} H^{\beta_{s_2}} + \varepsilon_s \\ W_b = e^{\beta_{b_0}} D^{\beta_{b_1}} H^{\beta_{b_2}} + \varepsilon_b \\ W_f = e^{\beta_{f_0}} D^{\beta_{f_1}} H^{\beta_{f_2}} + \varepsilon_f \\ W_c = W_b + W_f + \varepsilon_c \\ W_a = W_s + W_b + W_f + \varepsilon_a \\ W_t = W_r + W_s + W_b + W_f + \varepsilon_t \end{cases} \quad (10\text{-}27)$$

式中　W_t，W_a，W_r，W_s，W_b，W_f，W_c——总生物量、地上生物量、地下生物量、树干生物量、树枝生物量、树叶生物量和树冠生物量，kg；

t，a，r，s，b，f，c——总量、地上、树根、树干、树枝、树叶和树冠；

D——胸径；

H——树高；

C_W——冠幅；

C_L——冠长；

β——模型参数；

ε_i——模型误差项。

表 10-8　天然落叶松 3 个可加性模型系统的参数估计值和拟合优度

模型系统	各组分	β_{i_0}	β_{i_1}	β_{i_2}	β_{i_3}	β_{i_4}	R_a^2	RMSE
模型系统 1	树根	-3.314 9	2.360 9	-0.025 4	0.471 6	—	0.929 8	7.440 1
	树干	-3.641 9	1.857 3	1.111 2	0.047 1	-0.130 3	0.986 1	7.291 9
	树枝	-3.027 3	2.671 5	-1.163 6	0.481 3	—	0.888 9	2.329 1
	树叶	-2.778 6	1.867 1	-1.042 5	0.155 5	0.725 7	0.883 2	0.635 5
	树冠	—	—	—	—	—	0.909 7	2.622 5
	地上	—	—	—	—	—	0.986	8.298 3
	总量	—	—	—	—	—	0.986 5	11.255 1
模型系统 2	树根	-3.816 5	2.595 6	—	—	—	0.910 8	8.389 6
	树干	-2.694 1	2.524 9	—	—	—	0.958 8	12.565 0
	树枝	-3.456 8	2.013 5	—	—	—	0.866 7	2.551 6
	树叶	-3.214 5	1.519 9	—	—	—	0.819 3	0.790 5
	树冠	—	—	—	—	—	0.878 2	3.045 5
	地上	—	—	—	—	—	0.968 7	12.388 4
	总量	—	—	—	—	—	0.978 5	14.180 5
模型系统 3	树根	-3.697 7	2.812 9	-0.267 1	—	—	0.915 1	8.182 8
	树干	-3.741 1	1.831 4	1.097 8	—	—	0.985 5	7.449 6
	树枝	-2.150 9	2.996 6	-1.501 6	—	—	0.875 5	2.466 1
	树叶	-2.575 3	2.438 8	-1.178 5	—	—	0.863 7	0.686 6
	树冠	—	—	—	—	—	0.896 4	2.809 4
	地上	—	—	—	—	—	0.985 6	8.409 1
	总量	—	—	—	—	—	0.983 5	12.445 3

注：引自 Dong et al.，2018。

（4）基于单木生物量模型的林分生物量计算

以单木生物量模型为基础，根据每木检尺获得的样地内林木数据，计算得出调查样地的林分生物量。

$$W = \sum_{i=1}^{n} W_i \tag{10-28}$$

式中　W——某样地林分单位面积生物量；

　　　W_i——优势树种或树种组 i 器官组件的单木生物量模型计算公式。

10.3.2.3　林分生物量模型

随着全球各地森林生物量实测数据的增加，许多学者为提高森林生物量估算精度，提出了一系列研究方法，主要有生物量—林分变量模型（stand biomass equations including stand variables）、生物量—蓄积量模型（stand biomass equations including stand volume）。

（1）生物量—林分变量模型

许多研究表明，林分生物量与一些较易获得的林分变量（如每公顷株数、林分平均直径、林分优势木平均直径、林分优势木平均高、林分平均高、林分断面积等）有着密切关系。目前国外对林分生物量—林分变量模型的研究相对较多（Gonzalez-Garcia et al.，2013；

Pare et al. , 2013；Castedo-Dorado et al. , 2012)，而国内对这方面的研究还较少。异速生长模型不仅被广泛应用于单木生物量模型，也同样适用于生物量—林分变量模型。此外，生物量—林分变量模型也应考虑异方差问题及模型的可加性。

董利虎等(2017)采用似乎不相关回归构建了落叶松天然林的聚合型单木可加性生物量—林分变量模型系统[式(10-29)]。表10-9列出了落叶松天然林林分生物量模型拟合情况。

$$\begin{cases} W_i = e^{a_i} G^{b_i} H^{c_i} + \varepsilon_i \\ W_c = W_b + W_f + \varepsilon_c \\ W_a = W_s + W_b + W_f + \varepsilon_a \\ W_t = W_r + W_s + W_b + W_f + \varepsilon_t \end{cases} \tag{10-29}$$

式中 W_i——第i分项生物量，i为r，s，b和f，t/hm^2；

    t，a，r，s，b，f，c——总量、地上、地下(树根)、树干、树枝、树叶和树冠。

    G——林分断面积，m^2/hm^2；

    H——林分平均高，m；

    a_i，b_i，c_i——模型参数；

    ε_i——模型误差项。

表10-9 落叶松天然林林分生物量—林分变量模型拟合统计

各组分	a_i	b_i	c_i	R_a^2	RMSE
总量	—	—	—	0.958	0.16
地上	—	—	—	0.963	0.15
地下(树根)	−1.157 9	1.067 6	0.545 0	0.940	0.20
树干	0.092 8	1.053 6	0.424 8	0.961	0.15
树枝	−2.004 0	1.091 8	0.368 7	0.944	0.19
树叶	−1.869 0	1.008 5	−0.069 6	0.978	0.10
树冠				0.958	0.16

注：引自董利虎等，2017。

(2)生物量—蓄积量模型

在森林生物量的组成中，总量及各分项生物量与林分蓄积有着很强的相关关系，从而奠定了生物量—蓄积量模型的理论基础(Luo et al. , 2013；Whittaker et al. , 1975)。Fang et al. (1998)指出林分生物量与林分蓄积量之比不为一个恒定常数，并建立了与林龄无关的生物量—蓄积量线性关系。但对于许多林分类型而言，这种简单的线性模型有明显的不足，不符合生物学特性。于是，国内外许多学者开始从改进线性模型和构造新的模型来研究林分的生物量—蓄积量模型，如构建生物量—蓄积量的双曲线模型、指数模型和幂函数模型(Pan et al. , 2004；Zhou et al. , 2002；Smith et al. , 2003；黄从德等，2007)。

总的来说，此方法可以将林分蓄积量直接转换为林分生物量，是一种较为简单的估算生物量的方法。

董利虎等(2017)采用似乎不相关回归构建了落叶松天然林的聚合型单木可加性生物量—林分蓄积量模型系统[式(10-30)]。表10-10列出了落叶松天然林林分生物量—蓄积量模型拟合情况。

$$
\begin{cases}
W_i = \mathrm{e}^{a_i} V^{b_i} + \varepsilon_i \\
W_c = W_b + W_f + \varepsilon_c \\
W_a = W_s + W_b + W_f + \varepsilon_a \\
W_t = W_r + W_s + W_b + W_f + \varepsilon_t
\end{cases}
\tag{10-30}
$$

式中　　W_i——第 i 分项生物量，$\mathrm{t/hm^2}$，i 为 r，s，b 和 f；

　　　　t，a，r，s，b，f，c——总量、地上、地下（树根）、树干、树枝、树叶和树冠；

　　　　V——林分蓄积量，$\mathrm{m^3/hm^2}$；

　　　　a_i，b_i——模型参数；

　　　　ε_i——模型误差项。

表 10-10　落叶松天然林林分生物量—蓄积量模型拟合统计

各组分	a_i	b_i	c_i	R_a^2	RMSE
总量	—	—	—	0.991	0.07
地上	—	—	—	0.993	0.07
地下（树根）	−1.839 1	1.085 8	—	0.981	0.11
树干	−0.726 3	1.037 7	—	0.993	0.07
树枝	−2.940 5	1.053 1	—	0.967	0.15
树叶	−3.280 6	0.853 3	—	0.940	0.17
树冠	—	—	—	0.970	0.13

注：引自董利虎等，2017。

10.3.3　生物量估算参数法

生物量估算参数法主要包括生物量转换与扩展因子（biomass conversion and expansion factor，BCEF）、生物量扩展因子（biomass expansion factor，BEF）和根茎比（root shoot ratio，R/S）和木材密度（wood density，WD）等。在生物量估算参数的发展过程中，可分为平均生物量估算参数和连续生物量估算参数 2 个阶段。平均生物量估算参数是利用某森林类型生物量估算参数的平均值或范围估算森林生物量。大量研究表明，生物量估算参数的值不仅随森林类型的变化而变化，而且在同一森林类型中也随林龄、林分密度、立地等条件的变化而变化。于是，连续生物量估算参数应运而生，即构建以林分因子、蓄积量等指标为自变量，生物量估算参数为因变量的连续函数关系。

（1）生物量转扩因子

生物量转换与扩展因子（BCEF）是林分生物量与蓄积的比值，BCEF 体现了生物量和蓄积量之间的关系，可见，利用 BCEF 可以将林木的蓄积量数据转换为各组分生物量、地上生物量或总生物量数据。罗云建等（2007）通过研究中国落叶松林发现，落叶松人工林的 BCEF 平均值大于落叶松天然林，而且落叶松天然林与人工林的 BCEF 随林龄、胸径和林分密度的增加呈现相反的变化趋势，天然林的 BCEF 随林龄、胸径的增加而增加，随林分密度的增加而呈现降低趋势，而人工林 BCEF 均随林龄和胸径的增加而降低，但天然林和人工林的 BCEF 最终会趋于一个稳定值。除此之外，罗云建等（2013）分析了 BCEF 与林龄、平均胸径、蓄积量等林分因子的变化关系，拟合的结果表明，BCEF 除了与基本测树因子、林分因子存在显著相关以外，还与气候、地形、土壤、人为干扰等环境因子相关并呈现规律变化，该结果同时给出了中国主要森林生态系统类型生物量转换与扩展因子(表10-11)。

为了 BCEF 法将生物量与蓄积量的比值作为常数值的不足，许多学者提出了 BCEF 连续函数法。该方法是将恒定不变的生物量平均了 BCEF 改为分龄级的生物量换算系数，从而可以更加准确地估算大尺度、国家尺度及全球尺度的森林生物量(Brown et al.，1989)。这些研究结果表明，BCEF 并不是一个常数。此外，对某一森林类型而言，其 BCEF 与林木的年龄、种类组成、其他生物学特性和立木条件等密切相关。因此，不同的学者采用不同的 BCEF 模型结合每公顷蓄积量来计算森林生物量。常见的 BCEF 模型见表10-12。

表10-11 中国主要森林生态系统类型生物量转换与扩展因子

森林类型	树干	树枝	树叶	地上	地下	乔木层
全部数据	0.505	0.137	0.096	0.741	0.172	0.888
云冷杉林	0.503	0.143	0.135	0.783	0.175	1.028
落叶松林	0.512	0.119	0.044	0.674	0.186	0.915
油松林	0.442	0.165	0.121	0.733	0.147	0.861
其他温性针叶林	0.572	0.230	0.133	0.941	0.222	1.118
杉木林	0.394	0.086	0.138	0.618	0.152	0.744
柏木林	0.451	0.111	0.111	0.674	1.141	0.799
马尾松林	0.537	0.135	0.070	0.742	0.137	0.892
其他暖性针叶林	0.444	0.133	0.097	0.676	0.155	0.766
典型落叶阔叶林	0.694	0.206	0.041	0.944	0.233	1.095
杨桦林	0.633	0.205	1.093	0.930	0.178	0.879
亚热带落叶阔叶林	0.506	0.171	0.069	0.746	0.210	1.010
典型常绿阔叶林	0.575	0.155	0.061	0.791	0.245	1.067
常绿速生林	0.618	0.102	0.067	0.790	0.175	0.940
其他亚热带常绿阔叶林	0.688	0.209	0.099	0.995	0.235	1.144
温带针阔混交林	0.454	0.143	0.089	0.686	0.160	0.848
亚热带针阔混交林	0.469	0.135	0.095	0.700	0.171	0.907

注：引自罗云建,2013。

表10-12 生物量转换与扩展因子和生物量扩展因子连续变化的函数形式

因变量 y	函数形式	自变量 x
生物量转扩因子	$y = ax^{-b}$	商用材材积(m^3/hm^2)
	$y = a + \dfrac{b}{x}$	林分蓄积量(m^3/hm^2)
	$y = a + be^{-cx}$	林龄(年)或胸径(cm)
	$\ln y = a + \ln x$	胸径(cm)或树高(m)
	$\ln y = a + \ln x_1 + c \ln x_2$	胸径(cm)或树高(m)
生物量扩展因子	$y = \dfrac{ax}{(b+x)}$	树干生物量(t/m^2)
	$y = a - b \ln x$	树高(m)
	$y = a + be^{-cx}$	林龄(年)或胸径(cm)

（2）生物量扩展因子

生物量扩展因子（BEF）也是生物量因子法中的一个重要计量参数。生物量扩展因子是指林木各组分生物量（t/hm^2）与树干生物量的比值 BEF（IPCC，2006），其体现了林木各组分生物量的分配情况。目前，有关 BEF 与林分调查因子变化规律的报道，仅限于少数国家的森林类型（如中国落叶松林、哥斯达黎加热带湿润林、英国针叶林），这些研究均表明 BEF 与林龄、胸径、树高、树干生物量等测树因子存在显著的相关性（Fang et al.，1998；罗云建等，2013）。李江（2011）以思茅松中幼人工林为研究对象，通过对模型的回归分析发现，BEF 与平均胸径、材积、林龄等存在极显著的负相关，与林分密度存在显著正相关。除此之外，林分起源与 BEF 也呈现不同的变化规律，罗云建等（2007）通过研究中国落叶松林发现，人工林的 BEF 平均值大于天然林，并且人工林的 BEF 与林龄和胸径存在显著的负相关，天然林与之相反。表 10-13 给出了中国主要森林类型生物量扩展因子。

表 10-13　中国主要森林类型生物量扩展因子

森林类型	地上生物量扩展因子	乔木层生物量扩展因子	森林类型	地上生物量扩展因子	乔木层生物量扩展因子
云冷杉林	1.590	1.972	杨桦林	1.418	1.730
落叶松林	1.303	1.630	亚热带落叶阔叶林	1.414	1.843
油松林	1.635	1.954	典型常绿阔叶林	1.424	1.843
其他温性针叶林	1.644	2.065	常绿速生林	1.278	1.567
杉木林	1.489	1.829	其他亚热带常绿阔叶林	1.415	1.781
柏木林	1.562	1.864	热带林	1.349	1.625
马尾松林	1.363	1.662	温带针阔混交林	1.492	1.856
其他暖性针叶林	1.505	1.869	亚热带针阔混交林	1.527	1.841
典型落叶阔叶林	1.377	1.771			

注：引自罗云建，2013。

BEF 与许多林分因子也存在相关性，如罗云建等（2007）研究了我国落叶松林 BEF 与林龄、平均胸径、林分和蓄积量之间的变化关系；José de Jesús et al.（2009）研究发现，从寒温带到热带，阔叶林的 BEF 平均值逐渐增加，针叶林则无明显的变化趋势；同一气候带内，阔叶林 BEF 的平均值大于针叶林（IPCC，2003）。可见，不同的学者采用了不同的 BEF 模型来计算森林生物量，常见的 BEF 模型见表 10-12。

（3）根茎比

根系在支持林木生长、固碳、物质循环以及能量流动等方面发挥着重要作用。国内外研究表明，根系生物量约占林分总生物量的 10%~20%。由此可见，林木生物量中的根系生物量不可忽视。由于根系埋藏于地下，与地上部分生物量相比，根系生物量的测定不仅成本高，而且操作难度大，对其研究相对较少，因此，根系生物量的估算已成为大尺度森林生物量估算中主要的不确定性来源。以往的研究表明，林木根系生物量与地上生物量的关系会因为树种、立地条件等因素的不同而存在差异，同时也表现出相关性。

根茎比(root to shoot ratio, R/S)通常定义为地下生物量与地上生物量之比(IPCC, 2006)。早期的研究假定 R/S 为固定值，随着研究的深入，发现相同树种随着林龄、胸径、树高和地上生物量的增加而减小，随着林分密度的增加而增加。除了与树种、胸径、树高等因子有相关性以外，R/S 与林分起源、气候等生态因子也存在相关性。罗云建(2013)给出了中国主要森林类型根茎比，见表10-14。

表 10-14 中国主要森林类型根茎比

森林类型	平均值	森林类型	平均值
全部数据	0.236	典型落叶阔叶林	0.306
云冷杉林	0.230	杨桦林	0.261
落叶松林	0.236	亚热带落叶阔叶林	0.240
油松林	0.223	典型常绿阔叶林	0.289
其他温性针叶林	0.237	常绿速生林	0.208
杉木林	0.247	其他亚热带常绿阔叶林	0.275
柏木林	0.222	热带林	0.224
马尾松林	0.174	温带针阔混交林	0.232
其他暖性针叶林	0.233	亚热带针阔混交林	0.221

注：引自罗云建，2013。

(4)木材密度和生物量扩展因子

为了将蓄积量数据转换为生物量数据，除生物量转扩因子外，还可先通过木材密度将蓄积量转换成相应的生物量，然后利用生物量扩展因子将这部分生物量扩展为地上生物量和总生物量。不同树种木材密度值的差异最高可达数倍(IPCC, 2006)，同一树种因环境差异引起的变化幅度一般在10%以内(江泽慧等，2001)。因此，在将蓄积量转换成相应的生物量时，应首先根据树种选择适合的木材密度，并尽可能地与生长环境结合起来，以期提高估算结果的准确性。

(5)林分生物量计算

采用生物量估算参数法估算研究区某一林分的地上、地下生物量或者总生物量，应根据现有数据的情况分别考虑。

当已知数据为林分单位面积树干生物量 W_S 时，可以通过生物量扩展因子 BEF 将林分单位面积木材生物量转换为林分单位面积总生物量 W_T(IPCC, 2006)，其计算公式如下。

$$\begin{cases} W_{AB} = W_S \cdot BEF \\ W_{BB} = W_{AB} \cdot R/S \\ W_T = W_{AB} + W_{BB} \end{cases} \tag{10-31}$$

式中 W_{AB}——单位面积林分地上部分生物量；

         W_{BB}——单位面积林分地下部分生物量；

         W_T——单位面积林分地上部分生物量；

         BEF——生物量扩展因子；

         R/S——林分生物量根茎比。

当已知数据为单位面积林分蓄积 M 数据时，可以通过生物量转换和扩展因子（$BCEF$）将单位面积林分蓄积转换为单位面积林分总生物量（IPCC，2006），其计算公式如下。

$$\begin{cases} W_{AB} = M \cdot BCEF \\ W_{BB} = W_{AB} \cdot R/S \\ W_T = W_{AB} + W_{BB} \end{cases} \qquad (10\text{-}32)$$

或者直接通过林木蓄积量和平均树干密度 WD 获得木材生物量，通过公式 $W_S = V \cdot WD$ 来获得林分单位面积树干生物量，进而选择式（10-31）计算得出单位面积林分总生物量。最终通过单位面积林分总生物量值，结合林分面积即可得出林分总生物量。当然，在有些计算中可能要求分别计算树枝和树叶生物量，也可以利用上述公式计算得出的树枝和树叶生物量。

此外，在选择生物量转换与扩展因子（$BCEF$）、生物量扩展因子（BEF）、根茎比（R/S）等参数时，应优先考虑当地林分的参数。如果没有，可选用新的国家缺省值或 $IPCC$ 缺省值，或者选用相似地区的相似物种的数据。如果没有不同年龄的 R/S 参数或不同材积的 $BCEF$ 和 BEF，可采用各树种的平均值。例如，某落叶松林单位面积蓄积量为 200（m^3/hm^2），其木材密度值为 0.40（t/m^3），则该林分的单位面积木材生物量即为 200× 0.40＝80（t/hm^2），该林分转换为林分地上生物量的生物量换算因子均值为 1.3，根茎比 R/S 均值为 0.32，则该林分的单位面积地上部分生物量为 80×1.3＝104（t/hm^2），单位面积地下部分生物量为 104×0.32＝33.28（t/hm^2），单位面积林分总生物量 137.28（t/hm^2）。

10.3.4　生物量动态估测

作为森林碳汇计量的基础，国内外建立了数以千计的生物量模型。在第 10.3.2 和第 10.3.3 中介绍的这些模型，均是解决某一时间节点树木（或林分）生物量与其它测定因子（胸径、树高、立地等）之间关系的模型，并未涉及时间变量。这导致在估测森林碳汇时，至少需要 2 次调查，且只能获得调查期间的碳汇变化情况。因此，直接建立单木或林分生物量生长模型，对准确监测和估计森林碳汇动态变化规律、评价森林碳汇潜力具有重要意义。

（1）单木生物量生长估测

由于生物量动态数据较难获得，很少有研究直接分析生物量随年龄的变化趋势。对于天然林而言，年龄的测定较为复杂费力，胸径和树高仍是建立生物量模型优先选择的变量。在胸径和树高已知时，首先建立一元和二元立木生物量模型，之后利用建立的胸径和树高生长模型，间接实现生物量生长估测。如，薛春泉等（2019a）基于解析木生物量数据构建了由胸径理论生长方程、地上生物量和胸径的异速生长方程组成的模型组，利用非线性度量误差联立方程组，在胸径生长速率分级情况下拟合模型参数，并基于 3 期森林资源连续清查固定样地样木数据，对广东省木荷生物量动态进行预测。对于人工林来说，由于年龄已知，建立以年龄为自变量的生物量生长模型，可以通过 1 次调查获得多个时间节点的生物量估算结果，省去了测量立木尺寸的人力和物力而直接得到估计结果，为估算和监测森林碳汇动态提供了极大便利。如果时间节点以 1 年为间隔，还可获得碳储量的年增长量（年碳汇量）。但由于模型数据获取比较困难，大范围应用时，空间异质性和复杂性常导致模型精度不理想，因此生物量生长方程研究少有报道。薛春泉等(2019b)基于解析木生物量和年龄数据，采用 Schumacher、Chapman-Richards、Logistic 和 Korf 等 4 种理论生长方程构建了不同起源(天然林和人工林)的地上与地下单木生物量生长模型，并通过联立方程组采用总量控制的方法解决了地上各组分生长模型的相容性问题，但模型仅局限在林龄已知的人工林和碳汇造林的生物量估计，模型的应用和推广有一定的限制。

(2)林分生物量生长估测

森林生物量在森林资源动态监测中具有不可替代的作用。目前，区域尺度生物量估计一般采用生物量模型和生物量估算参数两种方法(详见 10.3.2 和 10.3.3)，以理论生长方程为基础构建林分生物量模型推算区域尺度生物量的方法较为少见。林分水平的生物量生长模型能够直接预测林分生物量动态，减少单木的误差积累，有助于监测未来森林资源动态变化、评估该区域森林的固碳能力。

利用理论生长方程构建林分生物量生长模型时，主要是基于多期连续调查的样地数据结合各树种单株立木生物量模型，获取各个时期的样地生物量数据，描述不同林分条件下林分生物量随着年龄的变化趋势。因此，对于情况复杂的天然林来说，建立与年龄有关的林分生长模型时，首先需要确定林分平均年龄。当前应用较为广泛的林龄估算方法，是通过构建单木(或林分)胸径生长模型，进而计算相应单木(或林分)平均胸径下的年龄，实现林分年龄的间接估算。在此基础上，考虑立地质量、林分密度等对林分生物量生长的影响，建立林分生物量生长模型(刘晓彤，2021)。例如，曹磊等(2020)基于广东省森林资源连续清查数据，筛选具有多期连续生长保留木(30 株以上)的固定样地，构建了含有林分特征和立地条件的林分生物量生长模型，在模型中引入林分胸高断面积和林分密度指数等变量以及反映不同立地生产力差异的哑变量，极大地改善了模型的拟合效果。黄金金等(2022)采用相似的方法，基于广东省 5 期森林清查数据，以参数分级反映立地质量差异、以竞争指数反映林分密度影响，采用分步建模(一元非线性回归法)和联合建模(非线性联立方程组法)两种方式，构建了包含阔叶混交林、针叶林在内的多种林分类型的生物量生长模型，为广东省区域尺度森林生物量、碳储量的估算提供了模型和方法。综上可以看出，以理论生长方程为基础构建林分生物量生长模型来估测区域尺度生物量是一种可行的方法，上述案例也为其他地区林分水平生物量生长模型的构建提供了参考借鉴。

10.4 林分碳储量及动态估测

林分碳储量(stand carbon storage)是指林分中全部乔木树种林木碳含量的总和，同样可以分为地上及地下两部分。当林分碳储量用单位面积表示时称作林分碳密度(stand carbon density，t/hm^2)。

目前，国内外有两种估算林分碳储量的方法，间接法和直接法。间接法为生物量模型所得的生物量估计值乘以一个碳转换系数(含碳率)，直接法为碳储量的估计值来自于立木或林分含碳量模型。精确地估算立木或林分含碳量多少，生物量和含碳量模型是必要的工具。

10.4.1　树木含碳率测定

森林的生物量及其组成树种的含碳率是研究森林碳储量两个关键因子。对树木含碳率的准确测定或估计是估算林分、区域乃至全国森林生态系统碳储量的基础。在第 10.3 中已对单木和林分生物量精准估测做出详细介绍，本小节将进一步介绍树木含碳率的测定与变化规律分析。

（1）含碳率测定

树木含碳率的测定方法主要是湿烧法和干烧法。湿烧法是根据树木样品有机碳容易被氧化的特点，采用重铬酸钾-浓硫酸氧化法测定，操作简单，并且可以保证足够的准确度，因此适宜大批样品的分析测定，测定误差范围为 $\pm 2\% \sim \pm 4\%$。干样后，置于 $K_2Cr_2O_7$-H_2SO_4 溶液，在 $185 \sim 190℃$ 氧化，消解 液用比色法代替滴定法测定碳含量，该方法快速、省力、测定结果与常规法（$K_2Cr_2O_7$ 容量法）较为接近，且相当稳定。在较高温度条件下，植物有机碳可用过量的 $K_2Cr_2O_7$-H_2SO_4 氧化。容量法测定剩余的 Cr^{6+}，而比色法直接测定氧化反应后产生的 Cr^{3+}。而 Cr^{3+} 和 Cr^{6+} 在波长 $400 \sim 700$ nm 范围内的光吸收曲线中 Cr^{6+} 随着波长的红移，吸光度急剧下降，在大致波长 560 nm 处归为零，而 Cr^{3+} 在波长 590 nm 处有一吸收峰，因而在 Cr^{3+} 和 Cr^{6+} 共存溶液中，选用 590 nm 波长比色测定 Cr^{3+} 不会被 Cr^{6+} 所干扰，可以用比色法替代容量法进行溶液中 Cr^{3+} 的直接测定，进而确定测试对象中有机碳的含型（吴良欢等，1993）。

干烧法是将所有采集的样品在粉碎前放入 80℃ 的恒温箱中烘至恒重。该方法在分析时样品的实际用量较少，为保证取样全面及混合均匀，宜采用 3 次粉碎法制样，即初次粉碎时取样量较大，在初粉碎的基础上按四分法取其中的 1/4 进行第 2 次粉碎，然后依法进行第 3 次粉碎，经粉碎的样品过 200 目筛后装瓶备用。所有粉碎后的样品在分析前，再次放入 80℃ 的恒温箱中烘 24 h。最后用碳氮分析仪进行测定。

湿烧法的优点是效率高、速度快，适合对大批量样品进行测定，但误差较大，一般为 $\pm 2\% \sim \pm 4\%$，不确定性高。干烧法误差小、检测精度高，测定误差一般 $\leqslant 0.1\%$，但步骤相对烦琐，适合精度要求高的小批量试样测定。干烧法是高纯氧燃烧样品产生二氧化碳后进行的含碳率测定，因此，在制样过程中要根据不同要求进行准备工作，木材含碳率要求将木材样品进行烘干脱水，之后粉碎为 200 目细末，称重后方可进入设备进行燃烧。如样品烘干不充分，粉碎不细致势必会造成结果的不准确，此外，由于测试样品质量较少，因此，在制样过程中应当尽量避免杂质或异物的进入，以免造成样品成分不纯进而导致结果的不准确（于文龙，2013）。

（2）树木含碳率的变化分析

目前，对森林碳储量的估计，无论是在森林群落或森林生态系统尺度上还是在区域、国家尺度上，普遍采用的方法是通过直接或间接测定森林植被的生产量与生物量现存量再乘以生物量中碳元素的含量推算而得（马钦彦等，2002）。到目前为止，国内对不同区域及不同森林群落类型的生物量与生产力的研究报道已有数百例，但仍然难以满足区域与国家森林生态系统碳储量的精确估算与误差估计的要求，尤其是相对我国丰富的森林群落类型来说，就更难满足精确估算的要求。在过去的区域和国家尺度的森林生态系统碳储量的估算中，国内外研究者大多采用 0.50 来作为所有森林类型的平均含碳率，也有采用 0.45 作为平均含碳率的，极少数根据不同森林类别采用不同含碳率，例如，Birdsey(1992)在估算美国森林生态系统的碳储量时，针叶林按 0.52 的含碳率计算，阔叶林按 0.49 计算；Shvidenko et al. (1996)人在估算俄罗斯北方森林的碳储量时对于木质植物生物量按 0.50 的含碳率计算，其余植被成分则按 0.45 计算。

事实上，不同树种及同一种树种的不同组织器官中碳元素的含量是有差别的。不同树种各器官的含碳率具有一定的差别，针叶树种含碳率与阔叶树种的含碳率存在差异，人工树种与天然树种的含碳率也存在差异。贾炜玮等(2014)收集了东北主要乔木树种的平均含碳率(表 10-15)。同一树种的不同器官平均含碳率也存在差异，通常同一株树不同器官的含碳率比较中，树叶最高，其余依次是树枝、树干和树根部分。针叶树种的平均含碳率比阔叶树种平均高 2.4%，人工树种的平均含碳率比天然树种平均高 2.0% (贾炜玮，2014)。

表 10-15   东北林区主要乔木树种平均含碳率   %

树种	样本数	平均含碳率				单木平均含碳率	标准差
		树干	树叶	树枝	树根		
天然云杉	48	0.472 7	0.483 9	0.487 5	0.477 5	0.480 4	0.040 7
天然冷杉	60	0.467 3	0.505 7	0.478 3	0.471 0	0.480 5	0.040 6
天然水胡黄	72	0.445 4	0.454 3	0.440 7	0.428 7	0.442 3	0.021 6
天然椴树	46	0.442 6	0.448 4	0.425 5	0.432 5	0.437 3	0.021 2
天然柞树	64	0.455 8	0.467 2	0.449 1	0.440 7	0.453 0	0.020 1
天然榆树	40	0.435 5	0.432 2	0.433 0	0.431 1	0.433 0	0.018 3
天然色木	46	0.442 2	0.446 2	0.434 6	0.428 4	0.437 8	0.018 7
天然黑桦	52	0.452 9	0.463 9	0.458 5	0.449 4	0.456 2	0.017 9
天然白桦	73	0.463 4	0.485 7	0.461 9	0.451 5	0.465 6	0.022 9
天然山杨	54	0.443 0	0.458 7	0.445 4	0.433 0	0.445 0	0.019 3
人工樟子松	85	0.477 5	0.496 7	0.483 3	0.469 6	0.481 8	0.020 3
人工红松	90	0.470 4	0.487 9	0.483 7	0.481 5	0.480 9	0.012 7
天然红松	34	0.480 7	0.492 4	0.498 9	0.480 3	0.488 1	0.010 8
人工落叶松	90	0.461 0	0.473 4	0.473 6	0.461 7	0.467 4	0.009 8
天然落叶松	103	0.469 5	0.483 2	0.476 1	0.468 1	0.474 2	0.031 1

注：引自贾炜玮，2014。

此外，同一树种的含碳率也受生长环境、区域、年龄及大小的影响。因此，基于测定对象存在不确定的现象，在测定某一树种各器官含碳率时要充分考虑其生长条件的差异，取样的大小、高度、方向等因素，进而加以平衡才能得出该树种最为合理和准确的数值，对后期的预测和计量提供更为准确的数据基础(付尧等，2013；贾炜玮，2014)。

10.4.2   碳储量间接估计法

目前，对森林碳储量的估计，无论在森林群落或森林生态系统尺度上还是在区域、国家尺度上，普遍采用的方法是通过测定森林植被的生物量乘以生物量中含碳率间接推算而得。这类基于样地调查获得森林碳储量的方法称为样地清单法，是一种碳储量的间接估算方法。样地清单法大致可分为生物量法、蓄积量法及生物量清单法。

（1）生物量法

生物量法采用根据单位面积生物量、林分面积、生物量在树木各器官中的分配比例、树木各器官的平均碳含量等参数计算而成，其计算公式可表述如下。

$$C = W \cdot CF \tag{10-33}$$

式中　C——林分碳储量，t/hm^2；

W——单位面积林分生物量，t/hm^2，可获得生物量或通过易测木材生物量结合生物量因子计算；

CF——林分平均含碳率。

该方法是目前应用最为广泛的方法，其优点就是直接、明确、技术简单。在生物量法的早期应用中，常通过森林大规模的实地调查，得到实测的数据，建立一套标准的测量参数和生物量数据库，用样地数据得到林分平均碳密度，然后用每一种林分的碳密度与面积相乘，估算森林生态系统的碳储量（Foley，1995；Peng et al.，1997）。

（2）蓄积量法

蓄积量法是以林分蓄积量数据为基础的碳储量估算方法。其原理是对林分主要树种抽样实测，计算出各树种的平均密度（t/m^3），根据林分蓄积量求出生物量，再根据生物量与碳储量的转换系数求得林分碳储量。其计算公式可表述如下。

$$C = M \cdot BCEF \cdot CF \tag{10-34}$$

式中　C——林分碳储量，t/hm^2；

M——单位面积林分蓄积，m^3/hm^2；

$BCEF$——生物量转换与扩展因子；

CF——林分平均含碳率。

蓄积量法可以说是生物量法的延伸，它继承了生物量法的优点，如操作简便，技术直接、明了，有很强的实用性。但由于该方法是生物量法的继承，难免会产生一些计量误差（赵林等，2008）。

（3）生物量清单法

生物量清单法是将生态学调查资料和森林普查资料结合起来（Dixon et al.，1994），以生物量与蓄积量关系为基础的碳储量估算方法。该方法的基本思路是将单位面积林分蓄积量乘以树干密度得到树干生物量，然后将其除以占乔木层生物量的比例，再乘以林分平均含碳率可得单位面积碳储量。具体计算如下。

$$C = [(M \times WD)/R] \times CF \tag{10-35}$$

式中　C——林分碳储量，t/hm^2；

M——单位面积林分蓄积量，m^3/hm^2；

WD——树干平均密度；

R——树干生物量占乔木层生物量的比例；

CF——林分平均含碳率。

生物量清单法的优点是显而易见的，有了计算公式作为基础，使其计量的精度大大提高，应用的范围也更加广泛。但为了达到需求的数据，往往要消耗大量的劳动力，并且只能阶段性地记录碳储量，而不能反映碳储量在年季间的动态效应；同时，由于各地区研究的层次、时间尺度、空间范围和精细程度不同，样地的设置、估测的方法等各异，使研究结果的可靠性和可比性较差。另外，以外业调查数据资料为基础建立的各种估算模型中，有的还存在一定的问题，而使估测精度较小，因而需要不断改进完善。

10.4.3　碳储量直接估计法

直接法为碳储量的估计值来自于立木含碳量或林分碳储量模型。在建立立木含碳量或林分碳储量模型时，因变量为立木含碳量(立木各组分生物量与其含碳率的乘积)或林分碳储量(林分各组分生物量与其含碳率的乘积)，考虑到模型的主要目的是预测，所以自变量尽可能选用在林木中较易获取的测树因子。此外，构建立木含碳量或林分碳储量模型，异速生长方程也是非常适用的。因此，立木含碳量或林分碳储量模型也应考虑异方差问题及模型的可加性。

董利虎等(2019)以人工小黑杨为例，研究各分项生物量、含碳量的分配及含碳率的变化规律，研究如何构建其生物量和含碳量可加性模型[式(10-36)]，并分析5种立木含碳量估算方法：立木含碳量模型法、各组分平均含碳率法、立木加权平均含碳率法、通用含碳率法Ⅰ(0.45)和通用含碳率法Ⅱ(0.50)。

模型具体形式如下：

$$\begin{cases} Y_r = e^{\beta_{r_0}} D^{\beta_{r_1}} + \varepsilon_r \\ Y_s = e^{\beta_{s_0}} D^{\beta_{s_1}} + \varepsilon_s \\ Y_b = e^{\beta_{b_0}} D^{\beta_{b_1}} + \varepsilon_b \\ Y_f = e^{\beta_{f_0}} D^{\beta_{f_1}} + \varepsilon_f \\ Y_e = Y_b + Y_f + \varepsilon_c \\ Y_a = Y_s + Y_b + Y_f + \varepsilon_a \\ Y_t = Y_r + Y_s + Y_b + Y_f + \varepsilon_t \end{cases} \tag{10-36}$$

式中　Y_i——第 i 分项生物量或含碳量，i 为 r, s, b 和 f；

D——胸径；

t, a, r, s, b, f, c——总量、地上、地下、树干、树枝、树叶和树冠；

β_{i_0}, β_{i_1}——模型系数；

ε_i——误差项。

表10-16为人工小黑杨可加性生物量和含碳量模型拟合统计结果。该研究表明，对于人工小黑杨总量及各组分含碳量来说，5种估算方法有明显的差异。立木含碳量模型法、各组分平均含碳率法和加权平均含碳率法具有一定的优势，而利用通用含碳率0.45和0.50来估算立木含碳量会产生较大的误差。进一步，采用平均相对差异(MPD)评价5种立木含碳量估算方法。图10-1为人工小黑杨5种含碳量估算方法的平均相对差异。由图

表 10-16　小黑杨人工林可加性生物量和含碳量模型的参数估计值和拟合优度

模型类型	各组分	β_{i_0}	β_{i_1}	R_a^2	RMSE
生物量模型	树根	−3.186 9	2.166 3	0.978	1.08
	树干	−2.306 7	2.187 7	0.978	2.69
	树枝	−4.047 9	2.277 6	0.818	2.18
	树叶	−4.287 2	1.934 8	0.88	0.43
	树冠	—	—	0.848	2.45
	地上	—	—	0.981	3.34
	总量	—	—	0.987	3.61
含碳量模型	树根	−3.986 7	2.179	0.965	0.63
	树干	−2.953 1	2.147 7	0.972	1.41
	树枝	−4.868 4	2.311 1	0.805	1.08
	树叶	−5.106 8	1.967 5	0.853	0.24
	树冠	—	—	0.831	1.24
	地上	—	—	0.971	1.91
	总量	—	—	0.979	2.09

10-1 可知，立木含碳量模型法、各组分平均含碳率法和加权平均含碳率法均表现出较小的 *MPD*，且立木含碳量模型法略好于各组分平均含碳率法和加权平均含碳率法。而通用含碳率法 I 和通用含碳率法 II 表现出较大的 *MPD*，利用其估算含碳量时所产生的误差较大。

目前，许多研究表明，立木含碳率变化依赖于树种及各器官，其变化范围一般为 0.44~0.60。因此，利用通用含碳率 0.45 和 0.50 来估算立木含碳量可能会产生较大的误差。因此，为了精确估计立木含碳量(或碳储量)，立木含碳量模型是较好的方法，但构建立木含碳量模型需要详细的立木生物量及含碳率数据。如果仅仅为了估算立木含碳量，加权平均含碳率法是一个比较好的简便方法。

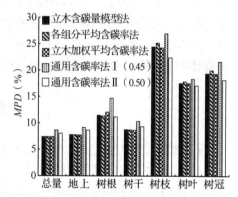

图 10-1　人工小黑杨五种含碳量估算方法的平均相对差异

10.4.4　碳储量动态估测

森林碳储量监测与评价是森林经营管理的重要目标和研究方向，也是生态学与全球气候变化研究的重要组成部分。近年来，国内外学者在不同尺度上对森林碳储量的动态变化展开研究并取得显著进展(刘世荣等，2012；Foster et al.，2016；Evans et al.，2017；Tang et al.，2017；Jiang et al.，2018)。总体来看，目前用于监测森林碳储量动态变化的方法主要包括以下 4 种。

①固定样地连续观测法。即通过周期性重复测定固定样地内树木生长指标(胸径、树高及环境因子等)来估算生物量和碳储量变化。一般来说,测量间隔期通常为5年或10年,难以实现年尺度森林碳储量动态估测。

②涡动协方差通量观测法。可作为研究森林碳储量年际动态的可行方法,但过高的投入成本限制了通量塔的安置密度及其推广应用。

③森林生长模型法。根据实际需求生长模型可以有多种形式(如直径、断面积和蓄积生长等)。

④树木年轮分析法。树木年轮数据具有年际分辨率以及十年至百年的记录周期,为分析气候对树木生长的影响提供了丰富的信息,常用于重建过去的气候情况。然而,树木年轮分析法是一种破坏性取样方法,需要砍伐大量的样木或收集不同高度的树芯。此外,该方法无法反映森林过去的林分密度、竞争和历史经营情况等信息。

在全球气候变化背景下估测碳储量动态时,碳储量生长具有极大的不确定性,深入了解气候因子对碳储量生长的影响对全球变化下森林的适应性经营管理至关重要。目前,国际上主要采用树木年轮数据和生长模型分析影响树木径向生长的气候因子,进而间接模拟气候对碳储量生长的影响(Foster et al.,2016;Tang et al.,2017;Jiang et al.,2018)。此外,国外已有一些学者利用国家资源清查数据构建了林分蓄积量、碳储量生长预测模型(Condés et al.,2012;Gschwantner et al.,2016)。而我国已经进行了九次全国森林资源清查,获取了大量宝贵的森林资源数据。如何充分利用这些连续、系统的森林资源清查资料,选择适合的林分碳储量动态预测方法,估算不同区域尺度的森林生产力及其碳收支,为森林生态系统结构与功能评价提供可靠指标是研究碳储量动态估测的新趋势。

复习思考题

1. 初级生产力与生物量有什么区别与联系?
2. 试述生物量与现存量的差别。
3. 如何测定树木树干生物量?在测定树干生物量时,应该注意哪些问题?
4. 试述皆伐实测法、平均标准木法、分层标准木法和回归估计法的优缺点。
5. 试述常用的生物量因子,并阐述其估计方法的主要类型。
6. 试述相容性生物量模型的主要类型及其模型构建技术。
7. 试述林分碳储量的主要估计方法。
8. 如何基于样地调查数据估测林分碳储量?

参考文献

阿努钦，1955. 测树学［M］. 王锡嘏，沈熙环，周沛村，译. 北京：中国林业出版社.

白云庆，郝文康，蒋伊尹，等，1987. 测树学［M］. 哈尔滨：东北林业大学出版社.

北京林学院，1960. 测树学［M］. 北京：农业出版社.

曹磊，刘晓彤，李海奎，等，2020. 广东省常绿阔叶林生物量生长模型［J］. 林业科学研究，33（5）：61-67.

СВАЛОВ Н Н，1983. 林分生产力的数学模型和森林利用理论［M］. 李海文，等译. 北京：中国林业出版社.

巢林，洪滔，林卓，等，2014. 中亚热带杉阔混交林直径分布研究［J］. 中南林业科技大学学报，34（9）：31-37.

陈东升，孙晓梅，李凤日，等，2015. 落叶松人工林节子内部特征变化规律研究［J］. 北京林业大学学报，37（2）：16-23.

陈灵芝，陈清朗，鲍显诚，等，1986. 北京山区的侧柏林（ *Platycladus orientalis* ）及其生物量研究［J］. 植物生态学与地植物学报，10（1）：17-25.

陈绍玲，2008. 马尾松人工林多形地位指数曲线模型的建模方法［J］. 中南林业科技大学学报（自然科学版），28（2）：125-128.

陈永富，杨彦臣，张怀清，等，2000. 海南岛热带天然山地雨林立地质量评价研究［J］. 林业科学研究，13（2）：134-140.

成子纯，王广兴，1986. 地位指数表的综合数学模型［J］. 林业科技通讯（1）：4-7.

大隅真一，北村昌美，菅原聪，等，1984. 森林计测学［M］. 于璞和，李裕国，田镐锡，等译. 北京：中国林业出版社.

大隅真一，1989. 森林计测学讲义［M］. 东京：株式会社养贤堂.

邓文平，李凤日，2014. 基于极值理论的落叶松人工林自稀疏线估计［J］. 南京林业大学学报（1）：11-14.

董利虎，李凤日，贾炜玮，等，2011. 含度量误差的黑龙江省主要树种生物量相容性模型［J］. 应用生态学报，22（10）：2653-2661.

董利虎，李凤日，贾炜玮，2013. 东北林区天然白桦相容性生物量模型［J］. 林业科学，49（7）：75-85.

董利虎，李凤日，宋玉文，2015. 东北林区4个天然针叶树种单木生物量模型误差结构及可加性模型［J］. 应用生态学报，26（3）：704-714.

董利虎，李凤日，2016. 大兴安岭东部天然落叶松林可加性林分生物量估算模型［J］. 林业科学，52（7）：13-21.

董利虎，李凤日，2017. 东北林区主要树种及林分类型生物量模型［M］. 北京：科学出版社.

董利虎，张连军，李凤日，2015. 立木生物量模型的误差结构和可加性［J］. 林业科学，51（2）：28-36.

段爱国，张建国，2004. 杉木人工林优势高生长模拟及多形地位指数方程［J］. 林业科学，40（6）：13-19.

冯仲科，2015. 森林观测仪器技术与方法［M］. 北京：中国林业出版社.

冯宗炜，陈楚莹，张家武，等，1984. 不同自然地带杉木林的生物生产力［J］. 植物生态学与地植物学丛刊, 8(2)：93-100.

高慧淋, 董利虎, 李凤日, 2016. 基于分位数回归的长白落叶松人工林最大密度线[J]. 应用生态学报 (11)：3420-3426.

葛宏立, 周国模, 刘恩斌, 等, 2008. 浙江省毛竹直径与年龄的二元 Weibull 分布模型[J]. 林业科学, 44 (12)：15-20.

关毓秀, 张守攻, 1992. 竞争指标的分类及评价[J]. 北京林业大学学报, 14(4)：1-8.

关毓秀, 1987. 测树学[M]. 北京：中国林业出版社.

国家林业局, 2010. 森林资源规划设计调查技术规程：GB/T 26424—2010[S]. 北京：中国标准出版社.

国家林业局, 国家标准化管理委员会, 2015. 林业数表编制数据采集技术规程：LY/T 2416—2015[S]. 北京：中国标准出版社.

国家林业局, 2015. 一元立木材积表编制技术规程：LY/T 2414—2015[S]. 北京：中国标准出版社.

国家质量监督检验检疫总局, 国家标准化管理委员会, 2006. 材种出材率表编制技术规程：GB/T 20381—2006[S]. 北京：中国标准出版社.

国家质量监督检验检疫总局, 国家标准化管理委员会, 2010. 森林资源规划设计调查技术规程：GB/T 26424—2010[S]. 北京：中国标准出版社.

胡希, 米勒, 比尔斯, 1981. 测树学 [M]. 《测树学》翻译组, 译. 北京：中国林业出版社.

黄从德, 张健, 杨万勤, 等, 2007. 四川森林植被碳储量的时空变化[J]. 应用生态学报, 18(12)：2687-2692.

黄道年, 廖泽钊, 1985. 广西桉树干形变化的研究[J]. 广西农学院学报(2)：71-80.

黄金金, 刘晓彤, 张逸如, 等, 2022. 广东省针叶树种蓄积量和生物量生长模型研究[J]. 林业科学研究, 35 (03)：93-102.

黄金金, 刘晓彤, 张逸如, 等, 2022. 广东省含参数分级的阔叶林分生物量生长模型[J]. 北京林业大学学报, 44 (5)：19-33.

惠刚盈, VAN GADOW K, 2016. 结构化森林经营原理[M]. 北京：中国林业出版社.

惠刚盈, 克劳斯, 冯多佳, 2003. 森林空间结构量化分析方法[M]. 北京：中国林业出版社.

贾炜玮, 2014. 东北林区各林分类型森林生物量和碳储量[M]. 哈尔滨：黑龙江科学技术出版社.

姜立春, 李凤日, 刘瑞龙, 2011. 兴安落叶松树干削度和材积相容模型[J]. 北京林业大学学报, 33(5)：1-7.

姜立春, 李凤日, 2014. 混合效应模型在林业建模中的应用[M]. 北京：科学出版社.

蒋伊尹, 陈雪峰, 1991. 应用一致性削度/材积预估系统编制材种出材率表初探[J]. 林业资源管理(6)：55-57.

金星姬, 李凤日, 贾炜玮, 等, 2013. 树木直径和树高二元分布的建模与预测[J]. 林业科学, 49(6)：74-82.

亢新刚, 2011. 森林经理学 [M]. 4 版. 北京：中国林业出版社.

克拉特, 弗尔森, 皮纳尔, 等, 1991. 用材林经理学——定量方法 [M]. 范济洲, 董乃钧, 于政中, 等译. 北京：中国林业出版社.

寇文正, 1982. 林木直径分布的研究[J]. 南京林产工业学院学报(2)：51-65.

郎奎健, 1985. 树木横断面的整体性质及检尺径的理论误差分析[J]. 林业调查规划(5)：26-29.

雷相东, 符利勇, 李海奎, 等, 2018. 基于林分潜在生长量的立地质量评价方法与应用[J]. 林业科学, 54 (12)：116-126.

李春明, 张会儒, 2010. 利用非线性混合模型模拟杉木林优势木平均高[J]. 林业科学, 46(3)：89-95.

李春明, 2009. 利用非线性混合模型进行杉木林分断面积生长模拟研究[J]. 北京林业大学学报, 31(1)：

44-49.

李凤日, 李广明, 刘宝库, 1995. 红松天然林一致性削度/材积比方程系统的研究 [M]//王凤友. 红松林研究(第一集). 哈尔滨: 黑龙江科学技术出版社.

李凤日, 时雅滨, 1995. 落叶松人工林林分极限密度确定方法的研究[J]. 东北林业大学学报(3): 1-9.

李凤日, 1993. 广义 Schumacher 生长方程的推导及应用[J]. 北京林业大学学报, 15(3): 148-153.

李凤日, 1995. 林分密度研究评述: 关于 3/2 乘则理论[J]. 林业科学研究, 8(1): 25-32.

李凤日, 1995. 落叶松(*Larix olgensis Henry*)人工林林分动态模拟系统的研究[D]. 北京: 北京林业大学.

李凤日, 2004. 落叶松人工林树冠形状的模拟[J]. 林业科学, 40(5): 16-24.

李海奎, 雷渊才, 2010. 中国森林植被生物量和碳储量评估[M]. 北京: 中国林业出版社.

李际平, 房晓娜, 封尧, 等, 2015. 基于加权 Voronoi 图的林木竞争指数[J]. 北京林业大学学报, 37(3): 61-68.

李江, 翟明普, 朱宏涛, 等, 2009. 思茅松人工中幼林的含碳率研究[J]. 福建林业科技, 36(4): 12-15.

李文华, 1978. 森林生物生产量的概念及其研究的基本途径[J]. 自然资源(1): 71-92.

李希菲, 唐守正, 袁国仁, 等, 1994. 自动调控树高曲线和一元立木材积模型[J]. 林业科学研究, 7(5): 512-518.

李永慈, 唐守正, 2004. 用 Mixed 和 Nlmixed 过程建立混合生长模型[J]. 林业科学研究, 17(3): 279-283.

林昌庚, 1964. 林木蓄积量测算技术中的干形控制问题[J]. 林业科学, 9(4): 365-375.

林业部调查规划院, 1984. 森林调查手册[M]. 北京: 中国林业出版社.

林业局应对气候变化和节能减排工作领导小组办公室, 2008. 中国绿色碳基金造林项目碳汇计量与监测指南[M]. 北京: 中国林业出版社.

刘恩斌, 周国模, 施拥军, 等, 2010. 测树因子二元概率分布: 以毛竹为例[J]. 林业科学, 46(10): 29-36.

刘金福, 洪伟, 林升学, 2001. 格氏栲天然林主要种群直径分布结构特征[J]. 福建林学院学报, 21(4): 325-328.

刘琪璟, 2017. 中国立木材积表[M]. 北京: 中国林业出版社.

刘晓彤, 2021. 广东省主要树种林分蓄积量和生物量生长模型研究[D]. 北京: 中国林业科学研究院.

刘茂秀, 史军辉, 王新英, 等, 2016. 塔河流域天然胡杨林不同林龄地上生物量及碳储量[J]. 水土保持通报, 36(5): 326-332.

刘元本, 1963. 棱镜角规的测树原理和设计[J]. 河南农学院学报(1): 75-82.

刘世荣, 张笑鹤, 张远东, 等, 2012. 基于年轮分析的不同恢复途径下森林乔木层生物量和蓄积量的动态变化[J]. 植物生态学报, 36(2): 117-125.

罗云建, 王效科, 张小全, 等, 2013. 中国生态系统生物量及其分配研究[M]. 北京: 中国林业出版社.

罗云建, 张小全, 侯振宏, 等, 2007. 我国落叶松林生物量碳计量参数的初步研究[J]. 植物生态学报, 31(6): 1111-1118.

骆期邦, 曾伟生, 贺东北, 等, 2001. 林业数表模型: 理论、方法与实践[M]. 长沙: 湖南科学技术出版社.

骆期邦, 蒋菊生, 1990. 单形与多形地位指数模型的对比研究[J]. 浙江林学院学报(3): 208-214.

骆期邦, 吴志德, 蒋菊生, 等, 1989. 用于立地质量评价的杉木标准蓄积量收获模型[J]. 林业科学研究, 2(5): 447-453.

吕飞舟, 李新建, 冯强, 2015. 蒙古栎次生林林木竞争压力指数研究[J]. 林业资源管理 (2): 71-76.

吕勇, 易红新, 2001. 水土保持林的密度调控[J]. 林业资源管理(6): 50-53.

吕勇，刘辉，王才喜，2001. 杉木林分蓄积量不同测定方法的比较[J]. 中南林学院学报，21(4)：50-53.

马丰丰，贾黎明，2008. 林分生长和收获模型研究进展[J]. 世界林业研究，21(3)：21-27.

马建路，宣立峰，刘德君，1995. 用优势树全高和胸径的关系评价红松林的立地质量[J]. 东北林业大学学报，23(2)：20-27.

马建维，李长胜，1995. 森林调查学[M]. 哈尔滨：东北林业大学出版社.

茆诗松，程依明，濮晓龙，2011. 概率论与数理统计[M]. 北京：高等教育出版社.

孟宪宇，1982. 二元材积方程的比较[J]. 南京林业大学学报(自然科学版)(4)：80-87.

孟宪宇，1982. 削度方程和出材率表的研究[J]. 南京林业大学学报(自然科学版)(1)：122-133.

孟宪宇，1985. 使用 Weibull 分布对人工油松林直径分布的研究[J]. 北京林业大学学报(1)：30-40.

孟宪宇，1988. 使用 Weibull 函数对树高分布和直径分布的研究[J]. 北京林业大学学报，10(1)：40-48.

孟宪宇，1991. 林分材种出材量表编制理论和方法的研究[J]. 河北林学院学报，6(1)：35-47.

孟宪宇，1997. 削度方程和林分直径结构在编制材种表中的重要意义[J]. 北京林业大学学报，13(2)：14-20.

孟宪宇，2006. 测树学[M]. 3 版. 北京：中国林业出版社.

南方十四省(自治区)杉木栽培科研协作组，1982. 全国杉木(实生林)地位指数表的编制与应用[J]. 林业科学，18(3)：266-278.

南云秀次郎，大隅真一，1994. 森林生长论：森林生长计测与模型[M]. 郑一兵，陈建成，于政中，等译. 北京：中国林业出版社.

倪成才，于福平，张玉学，等，2010. 差分生长模型的应用分析与研究进展[J]. 北京林业大学学报，32(4)：284-292.

欧光龙，胥辉，2015. 环境灵敏的思茅松天然林生物量模型构建[M]. 北京：科学出版社.

彭娓，李凤日，董利虎，2018. 黑龙江省人工长白落叶松单木生长模型[J]. 南京林业大学学报(自然科学版)，42(3)：19-27.

钱本龙，1984. 岷江冷杉林分的直径结构[J]. 林业调查规划(3)：10-12.

曲笑岩，丰兴秋，李凤日，2006. 兴安落叶松天然林削度方程的研究[J]. 林业勘查设计(2)：61-67.

RAVINDRANCTH H, OSTWALD M, 2009. 林业碳汇计量[M]. 李怒云，吕佳，编译. 北京：中国林业出版社.

SANCHEZA C A L, VARELA J G, DORADOA F C, 2003. A height-diameter model for *Pinus radiate* D. Don in Galicia (Northwest Spain)[J]. Annual of Forest Science, 60(3)：237-245.

SAVILL P, EVANS J, AUCLAIR D, et al., 2018. 欧洲人工林培育[M]. 王宏，娄瑞娟，译. 北京：中国林业出版社.

佘光辉，1998. 角规测树在材积生长动态监测中应用理论与方法的研究[J]. 林业科学，34(2)：25-30.

盛炜彤，2001. 不同密度杉木人工林林下植被发育与演替的定位研究[J]. 林业科学研究，14(5)：463-471.

沈剑波，雷相东，雷渊才，等，2018. 长白落叶松人工林地位指数及立地形的比较研究[J]. 北京林业大学学报，40(6)：1-8.

苏杰南，2017. 森林调查技术[M]. 北京：高等教育出版社.

孙晓梅，张守攻，李凤日，等，2004. 遗传改良林分生长和收获预估模型的研究进展[J]. 林业科学研究，17(4)：525-532.

汤孟平，陈永刚，施拥军，等，2007. 基于 Voronoi 图的群落优势树种种内种间竞争分析[J]. 生态学报，27(11)：4707-4716.

汤孟平，娄明华，陈永刚，等，2012. 不同混交度指数的比较研究[J]. 林业科学，48(9)：46-53.

汤孟平，2007. 森林空间经营理论与实践[M]. 北京：中国林业出版社.

汤孟平，2013. 森林空间结构分析[M]. 北京：科学出版社.

唐守正，郎奎建，李海奎，2009. 统计和生物模型计算(ForStat 教程)[M]. 北京：科学出版社.

唐守正，李勇，符立勇，2015. 生物数学模型的统计学基础[M]. 2版. 北京：高等教育出版社.

唐守正，张会儒，胥辉，2000. 相容性生物量模型的建立及其估计方法研究[J]. 林业科学研究，36(专刊1)：19-27.

唐守正，1977. 围尺测径和轮尺测径的理论比较[J]. 林业勘查设计(3)：23-26.

唐守正，1991. 广西大青山马尾松全林整体模型及其应用[J]. 林业科学研究，4(增刊)：8-13.

唐守正，1993. 同龄纯林自然稀疏规律的研究[J]. 林业科学，29(3)：234-241.

王蒙，李凤日，2016. 基于抚育间伐效应的落叶松人工林直径分布动态模拟[J]. 应用生态学报，27(8)：2429-2437.

王涛，董利虎，李凤日，2018. 杂种落叶松人工幼龄林单木枯损模型[J]. 北京林业大学学报，40(10)：1-12.

王雪峰，陆元昌，2013. 现代森林测定法[M]. 北京：中国林业出版社.

吴富桢，1992. 测树学[M]. 北京：中国林业出版社.

西迟正久，1959. 森林测定法[M]. 北京：地球出版社.

胥辉，张会儒，2002. 林木生物量模型研究[M]. 昆明：云南科技出版社.

胥辉，1999. 一种与材积相容的生物量模型[J]. 北京林业大学学报，21(5)：32-36.

胥辉，2001. 一种生物量模型构建的新方法[J]. 北京林业大学学报，29(3)：35-40.

胥辉，2022. 森林经营理论与方法[M]. 北京：中国林业出版社.

徐祯祥，1990. 测定单株立木材积的形点法[J]. 林业科学(5)：475-480.

薛春泉，徐期瑚，林丽平，等，2019a. 基于异速生长和理论生长方程的广东省木荷生物量动态预测[J]. 林业科学，55(7)：86-94.

薛春泉，徐期瑚，林丽平，等，2019b. 广东主要乡土阔叶树种单木生物量生长模型[J]. 华南农业大学学报，40(2)：65-75.

薛春泉，徐期瑚，林丽平，等，2019c. 广东主要乡土阔叶树种含年龄和胸径的单木生物量模型[J]. 林业科学，55(2)：97-108.

杨国亭，李凤日，殷彤，等，2017. 黑龙江省森林碳储量分布及动态研究[M]. 哈尔滨：东北林业大学出版社.

王万同，唐旭利，黄玫，等，2018. 中国森林生态系统碳储量：动态及机制[M]. 北京：科学出版社.

杨华，2005. 利用正形数估测立木材积方法的研究[J]. 林业资源管理(1)：39-41.

杨荣启，1980. 森林测计学[M]. 台北：黎明文化事业公司.

姚茂和，盛炜彤，熊有强，等，1991. 杉木林下植被及其生物量的研究[J]. 林业科学(6)：644-648.

尹泰龙，1978. 林分密度控制图[M]. 北京：中国林业出版社.

曾群英，刘素青，黄剑坚，等，2014. 雷州半岛白骨壤种群直径分布规律[J]. 林业资源管理(2)：63-97.

曾伟生，唐守正，2011. 东北落叶松和南方马尾松地下生物量模型研建[J]. 北京林业大学学报，33(2)：1-6.

曾伟生，肖前辉，胡觉，等，2010. 中国南方马尾松立木生物量模型研建[J]. 中南林业科技大学学报，30(5)：50-56.

曾伟生，张会儒，唐守正，2011. 立木生物量建模方法[M]. 北京：中国林业出版社.

詹昭宁, 1982. 森林生产力的评价方法[M]. 北京: 中国林业出版社.

张明铁, 2004. 单株立木材积测定方法的研究[J]. 林业资源管理(1): 24-26.

张雄清, 雷渊才, 2009. 北京山区天然栎林直径分布的研究[J]. 西北林学院学报, 24(6): 1-5.

张治强, 1981. 红松人工林现存量测定的研究[J]. 东北林学院学报, 19(4): 84-98.

赵丹丹, 李凤日, 董利虎, 2015. 落叶松人工林直径分布动态预估模型[J]. 东北林业大学学报, 43(5): 42-48.

赵磊, 倪成才, NIGH G, 2012. 加拿大哥伦比亚省美国黄松广义代数差分型地位指数模型[J]. 林业科学, 48(3): 74-81.

赵林, 殷鸣放, 陈晓非, 等, 2008. 森林碳汇研究的计量方法及研究现状综述[J]. 西北林学院学报, 23(1): 59-63.

《中国森林立地分类》编写组, 1989. 中国森林立地分类[M]. 北京: 中国林业出版社.

周林生, 1974. 新疆天山云杉干形变化的研究[J]. 林业勘察设计(2): 19-26.

周林生, 1980. 试论雪岭云杉二元材积表的编制——关于数学模型的选择与回归[J]. 新疆八一农学院学报(30): 33-41.

周国模, 2006. 毛竹林生态系统中碳储量、固定及其分配与分布的研究[D]. 杭州: 浙江大学.

朱建平, 2012. 应用多元统计分析[M]. 2版. 北京: 科学出版社.

ARABATZIS A A, BURKHART H E, 1992. An evaluation of sampling methods and model forms for estimating height-diameter relationships in Loblolly pine plantations[J]. Forest Science, 38(1): 192-198.

ARNEY J D, 1974. An individual tree model for stand simulation in *Douglas-fir* [R]// Fries J. Growth models for Tree and Stand Simulation. Stockholm: Royal College of Forestry.

ASSMANN E, 1970. The principles of forest yield study[M]. New York: Pergamon.

AVERY T E, BURKHART H E, 2002. Forest measurement [M]. 5th edition. New York: McGraw-Hill.

BAILEY R L, CLUTTER J L, 1974. Base age invariant polymorphic site curves[J]. Forest Science, 20(2): 155-159.

BAILEY R L, 1974. Announcements: Computer programs for quantifying diameter distributions with the Weibull function[J]. Forest Science, 20(3): 229.

BALBOA-MURIAS M, RODRIGUEZ-SOALLEIRO R, MERINO A, et al., 2006. Temporal variations and distribution of carbon stocks in aboveground biomass of Radiata pine and Maritime pine pure stands under different silvicultural alternatives[J]. Forest Ecology and Management, 237(1-3): 29-38.

BATES D M, WATTS D G, 1980. Relative curvature measures of nonlinearity[J]. Journal of the Royal Statistical Society, 42(1): 1-25.

BEERS T W, 1969. Slope correction in horizontal point sampling[J]. Forestry, 67(3): 188-192.

BELLA I E, 1971. A new competition model for individual trees[J]. Forest Science, 17(3): 364-372.

BERRILL J P, O'HARA K L, 2014. Estimating site productivity in irregular stand structures by indexing the basal area or volume increment of the dominant species[J]. Canadian Journal of Forest Research, 44(1): 92-100.

BESAG J E, DIGGLE P J, 1977. Simple Monte Carlo tests for spatial pattern[J]. Applied Statistics, 26(3): 327-333.

BI H, TURNER J, LAMBERT M J, 2004. Additive biomass equations for native eucalypt forest trees of temperate Australia[J]. Trees-Structure and Function, 8(4): 467-479.

BICKFORD C A, BAKER F, WILSON F G, 1957. Stocking, normality, and measurement of stand density [J]. Journal of Forestry, 55(2): 99-104.

BONTEMPS J D, BOURIAUD O, 2014. Predictive approaches to forest site productivity: Recent trends, challenges and future perspectives[J]. Forestry, 87(1): 109-128.

BROWN S L, GILLESPIE R, LUGO A E, 1989. Biomass estimation methods for tropical forests with application to forest inventory data[J]. Forest Science, 35(4): 88-902.

BRUCE D, CURTIS R O, VANCOEVEING C, 1968. Development of a system of taper and volume tables for red alder[J]. Forest Science, 14(3): 339-350.

BUFORD M A, 1986. Height-diameter relationships at age 15 in Loblolly pine seed sources[J]. Forest Science, 32(3): 812-818.

BURKHART H E, TOMÉ M, 2012. Modeling forest trees and stands[M]. New York: Springer.

CALEGARIO N, DANIELS R F, MAESTRI R, et al., 2005. Modeling dominant height growth based on nonlinear mixed-effects model: A clonal Eucalyptus plantation case study[J]. Forest Ecology & Management, 204 (1): 11-21.

CAO Q V, BURKHART H E, MAO T A, 1980. Evatuation of two methods for cubic—volume prediction of Loblolly pine to any merchantable limit[J]. Forest Science, 26: 71-80.

CHIYENDA S S, 2011. Additivity of component biomass regression equations when the underlying model is linear [J]. Canadian Journal of Forest Research, 14(3): 441-446.

CIESZEWSKI C J, BAILEY R L, 2000. Generalized algebraic difference approach: Theory based derivation of dynamic site equations with polymorphism and variable asymptotes[J]. Forest Science, 46(1): 116-126.

CLARK P J, EVANS F C, 1954. Distance to nearest neighbor as a measure of spatial relationships in population [J]. Ecology, 35(4): 445-453.

CLUTTER J L, FORTSON J C, PIENAAR L V, et al., 1983. Timber management: A quantitative approach [M]. New York: John Wiley & Sons.

CLUTTER J L, 1963. Compatible growth and yield models for Loblolly pine [J]. Forest Science, 9(3): 354-371.

CONDÉS S, GARCÍA-ROBREDO F, 2012. An empirical mixed model to quantify climate influence on the growth of *Pinus halepensis* Mill. stands in South-Eastern Spain[J]. Forest Ecology and Management, 284: 59-68.

CUNIA T, BRIGGS R D, 1984. Forcing additivity of biomass tables: Some empirical results[J]. Canadian Journal of Forest Research, 14(3): 376-384.

CURTIS R O, CLENDENEN G W, DEMARS D J, 1982. A new stand simulator for coastal Douglas-fir: DFSIM user's guide[R]. Portland: United States Department of Agnculture.

CURTIS R O, 1964. A stem-analysis approach to site index curves[J]. Forest Science, 10(2): 241-256.

CURTIS R O, 1967. Height-diameter and height-diameter-age equations for second-growth Douglas-fir[J]. Forest Science, 13(4): 365-375.

CURTIS R O, 1971. A tree area power function and related stand density measures for Douglas-fir[J]. Forest Science, 17(2): 146-159.

CURTIS R O, 1982. A simple index of stand density for Douglas-fir[J]. Forest Science, 28(1): 92-94.

DAVIS L S, JOHNSON K N, BETTINGER P S, et al., 2001. Forest Management [M]. 4th edition. New York: McGraw-Hill.

DEMAERSCHALK J P, 1972. Converting volume equations to compatible taper equations[J]. Forest Science, 18(3): 241-245.

DONG L H, ZHANG L J, LI F R, 2015. A three-step proportional weighting (3SPW) system of nonlinear biomass equations[J]. Forest Science, 60(1): 35-45.

DONG L H, ZHANG L J, LI F R, 2018. Additive biomass equations based on different dendrometric variables for two dominant species (*Larix gmelini* Rupr. and *Betula platyphylla* Suk.) in natural forests in the eastern Daxing'an Mountains, Northeast China[J]. Forests, 9(5): 261.

DONG L H, ZHANG L J, LI F R, 2014. A compatible system of biomass equations for three conifer species in Northeast, China[J]. Forest Ecology and Management, 329(1): 306-317.

DRAPER N R, SMITH H, 1981. Applied regression analysis[J]. 2nd edition. New York: John Wiley & Sons.

DREW T J, FLEWELLING J W, 1977. Some recent Japanese theories of yield-density relationships and their application to Monterey pine plantations[J]. Forest Science, 23(4): 517-534.

EVANS M E K, FALK D A, ARIZPE A, et al. , 2017. Fusing tree-ring and forest inventory data to infer influences on tree growth. Ecosphere, 8: e01889.

FANG J Y, WANG G G, LIU G H, et al. , 1998. Forest biomass of China: An estimate based on the biomass-volume relationship[J]. Ecological Applications, 8(4): 1084-1091.

FANG Z, BAILEY R L, SHIVER B D, 2001. A multivariate simultaneous prediction system for stand growth and yield with fixed and random effects[J]. Forest Science, 47(4): 550-562.

FARR W A, DEMARS D J, DEALY J E, 1989. Height and crown width related to diameter for open-grown western hemlock and Sitka spruce[J]. Canadian Journal of Forest Research, 19(9): 1203-1207.

FOLEY J A, 1995. An equilibrium model of the terrestrial carbon budget[J]. Tettus, 47(3): 310-319.

FONSECA T F, MARQUES C P, PARRESOL B R, 2009. Describing Maritime pine diameter distributions with Johnson's SB distribution using a new all-parameter recovery approach[J]. Forest Science, 55(4): 367-373.

FOSTER J R, FINLEY A O, D'AMATO A W, et al. , 2016. Predicting tree biomass growth in thetemperate-boreal ecotone: Is tree size, age, competition, or climate response most important? [J]. Global Change Biology, 22: 2138-2151.

GADOW K V, BREDENKAMP B, 1992. Forest management[M]. Pretoria: Academica.

GADOW K V, HUI G, 1998. Modelling forest development[M]. Boston: Kluwer Academic Publishers.

GINGRICH S F, 1967. Measuring and evaluating stocking and stand density in upland hardwood forests in the central states[J]. Forest Science, 13(1): 38-53.

GREGOIRE T G, SCHABENBERGER O, 1996. A non-linear mixed-effects model to predict cumulative bole volume of standing trees[J]. Journal of Applied Statistics, 23(2): 257-272.

GROSENBAUGH L R, 1952. Plotless timber estimates – new, fast, easy [J]. Journal of Forestry, 50(1): 32-37.

GSCHWANTNER T, LANZ A, VIDAL C, et al. , 2016. Comparison of methods used in European National Forest Inventories for the estimation of volume increment: Towards harmonization[J]. Annals of Forest Science, 73: 807-821.

HALL D B, BAILEY R L, 2001. Modeling and prediction of forest growth variables based on multilevel nonlinear mixed models[J]. Forest Science, 47(3): 311-321.

HARPER J L, 1986. Population biology of plants[M]. London: Academic Press.

HARRISON W C , BURK T E, BECK D E, 1986. Individual tree basal area increment and total height equations for Appalachian mixed hardwoods after thinning[J]. Southern Journal of Applied Forestry, 10(2): 99-104.

HENRICKSEN H A, 1950. Height-diameter curves with logarithmic diameter [J]. Dansk Skovforen (35): 193-202.

HELMISAARI H-S, MAKKONEN K, KELLOMÄKI S, et al. , 2002. Below-and above-ground biomass, production and nitrogen use in Scots pine stands in eastern Finland[J]. Forest Ecology and Management, 165(1-3):

317-326.

HOLMES M J, REED D D, 1991. Competition indices for mixed species spatial diversity based on neighborhood relationships[J]. Forest Science, 57(4): 292-300.

HUANG S, TITUS S J, 1993. An index of site productivity for uneven-aged or mixed-species stands[J]. Canadian Journal of Forest Research, 23: 558-562.

HUSCH B, BEERS T W, KERSHAW J A JR, 2003. Forest Mensuration[M]. 4th edition. New York: John Wiley & Sons.

ISSOS J N, EK A R, BAILEY R L, 1975. Solving for Weibull diameter distribution parameters to obtain specified mean diameter[J]. Forest Science, 21(3): 290-292.

JIANG X, HUANG J G, CHENG J, et al., 2018. Interspecific variation in growth responses to tree size, competition and climate of western Canadian boreal mixed forests[J]. Science of the Total Environment(631-632): 1070-1078.

KILPATRICK D J, SANDERSON J M, SAVILL P S, 1981. The influence of five early respacing treatments on the growth of sitka spruce[J]. Forestry, 54: 17-29.

KIMBERLEY M O, LEDGARD N J, 1998. Site index curves for *Pinus nigra* grown in the South Island high country, New Zealand[J]. New Zealand Journal of Forestry Science, 28(3): 389-399.

KIMBERLEY M, WEST G, DEAN M, et al., 2005. The 300 index-a volume productivity index for Radiata pine[J]. New Zealand Journal of Forestry, 50(2): 13-18.

KORF V, 1939. A mathematical definition of stand volume growth law[J]. Lesnickáprace(18): 339-379.

KOZAK A, MUNRO D D, SMITH J H G, 1969. Taper functions and their application in forest inventory[J]. The Forest Chronicle, 45(9): 278-283.

KOZAK A, SMITH J H G, 1966. Critical analysis of multivariate techniques for estimating tree taper suggests that simpler methods are best[J]. The Forestry Chronicle, 42(4): 458-463.

KOZAK A, 2004. My last words on taper equations[J]. The Forestry Chronicle, 80(4): 507-515.

KRAJICEK J E, BRINKMAN K A, GINGRICH S F, 1961. Crown competition-a measure of density[J]. Forest Science, 7(1): 35-42.

KUTNER M H, NACHTSHEIM C J, NETER J, 2004. Applied linear regression models [M]. 4th edtion. New York: McGraw-Hill.

LAAR A V, AKCA A, 1997. Forest mensuration [M]. Göttingen: Cuvillier Verlag.

LAPPI J, BAILEY R L, LAPPI J, et al., 1988. A height prediction model with random stand and tree parameters: An alternative to traditional site index methods[J]. Forest Science, 34(4): 907-927.

LARSON B C, 1986. Development and growth of even-aged stands of Douglas-fir and Grand-fir[J]. Canadian Journal of Forest Research, 16(2): 367-372.

LI H, ZHAO P, 2013. Improving the accuracy of tree-level aboveground biomass equations with height classification at a large regional scale[J]. Forest Ecology and Management, 289(1): 153-163.

LITTLE S N, 1983. Weibull diameter distributions for mixed stands of western conifers[J]. Canadian Journal of Forest Research, 13(1): 85-88.

LIU Z G, LI F R, 2003. The generalized Chapman-Richards function and applications to tree and stand growth [J]. Journal of Forestry Research, 14(1): 19-26.

LONG J N, DANIEL T W, 1990. Assessment of growing stock in uneven-aged stands[J]. Western Journal of Applied Forestry, 5(3): 93-96.

LUO Y, WANG X, ZHANG X, et al., 2013. Variation in biomass expansion factors for China's forests in relation to forest type, climate, and stand development[J]. Annals of Forest Science, 70(6): 589-599.

MACKINNEY A L, CHAIKEN L E, 1939. Volume, yield and growth of Loblolly pine in the Mid-Atlantic coastal region[J]. Appalachian Forest Experiment Station(33): 1-30.

MALTAMO M, EERIKAINEN K, PITKANEN J, et al., 2004. Estimation of timber volume and stem density based on scanning laser altimetry and expected tree size distribution functions[J]. Remote Sensing of Environment, 90(3): 319-330.

MAYER D G, BUTER, D G, 1993. Statistical validation[J]. Ecological Modelling, 68(1-2): 21-32.

MCDILL M E, AMATEIS R L, 1992. Measuring forest site quality using the parameters of a dimensionally compatible height growth function[J]. Forest Science, 38(2): 409-429.

MENENDEZMIGUELEZ M, CANGA E, BARRIO-ANTA M, et al., 2013. A three level system for estimating the biomass of *Castanea sativa* Mill. coppice stands in north-west Spain[J]. Forest Ecology and Management, 291(1): 417-426.

MEYER H A, 1940. A mathematical expression for height curves[J]. Journal of Forestry, 38(5): 415-420.

MOFFAT A J, MATTHEWS R W, HALL J E, 1991. The effects of sewage sludge on growth and soil chemistry in pole-stage Corsican pine at Ringwood forest, Dorset, UK[J]. Canadian Journal of Forest Research, 21(6): 902-909.

MOKANY K, RAISON R J, PROKUSHKIN A S, 2006. Critical analysis of root: Shoot ratios in terrestrial biomes[J]. Global Change Biology, 12(1): 84-96.

MUHAIRWE C K, 1999. Taper equations for Eucalyptus pilularis and *Eucalyptus grandis* for the north coast in New South Wales, Australia[J]. Forest Ecology and Management, 113: 251-269.

MYERS C A, VAN DEUSEN J L, 1960. Site index of Ponderosa pine in the black hills from soil and topography [J]. Journal of Forestry, 8(7): 548-555.

OPIE J E, 1968. Predictability of individual tree growth using various definitions of competing basal area[J]. Forest Science, 14(3): 314-323.

PALAHÍ M, TOMÉ M, PUKKALA T, et al., 2004. Site index model for *Pinus sylvestris* in north-east Spain [J]. Forest Ecology and Management, 187(1): 35-47.

PAN Y D, LUO T X, BIRDSEY R, et al., 2004. New estimates of carbon storage and sequestration in China's forests: Effects of age-class and method on inventory-based carbon estimation[J]. Climatic Change, 67(2-3): 211-236.

PARRESOL B R, 1999. Assessing tree and stand biomass: A review with examples and critical comparisons [J]. Forest Science, 45(4): 573-593.

PARRESOL B R, 2001. Additivity of nonlinear biomass equations [J]. Canadian Journal of Forest Research, 31 (5): 865-878.

PEARL R, REED L J, 1920. On the rate of growth of the population of United States since 1790 and its mathematical representation [J]. Proceedings of the National Academy of Sciences of the United States of America, 6 (6): 275-288.

PENG C, APPS M J, 1997. Contribution of China to the global carbon cycle since the last glacial maximum: Reconstruction from palaeovegetation maps and an empirical biosphere model[J]. Tellus. Series B: Chemical and Physical Meteorology, 49(4): 393-408.

PEICHL M, ARAIN M A, 2007. Allometry and partitioning ofabove-and belowground tree biomass in an age-sequence of white pine forests[J]. Forest Ecology and Management, 253(1): 68-80.

PIENAAR L V, 1991. PMRC Yield prediction system for Slash pine plantations in the Atlantic coast flatwoods

［R］. PMRC Technical Report.

PRETZSCH H, 2009. Forest dynamics, growth and yield: From measurement to model［M］. Berlin: Springer.

PRODAN M, 1968. Forest biometrics［M］. Oxford: Pergamon Press.

RATKOWSKY D A, REEDY T J, 1986. Choosing near-linear parameters in the four-parameter logistic model for radioligand and related assays［J］. Biometrics, 42(3): 575-582.

RATKOWSKY D A, 1990. Handbook of nonlinear regression models［M］. New York: Marcel Dekker.

REED D D, GREEN E J, 1985. A method of forcing additivity of biomass tables when using nonlinear models ［J］. Canadian Journal of Forest Research, 15(6): 1184-1187.

REINEKE L, 1933. Perfecting a stand-density index for even-aged forests［J］. Journal of Agricultural Research, 46(1): 627-638.

RICHARDS F J, 1959. A flexible growth function for empirical use［J］. Journal of Experimental Botany, 10(2): 290-300.

RIPLEY B D, 1977. Modelling spatial patterns ［J］. Journal of the Royal Statistical Society(Series B, Methodological), 39(2): 172-212.

SCHMITT M D C, 1981. Generalized biomass estimation equation for *Betula papyrifera* Marsh［J］. Canadian Journal of Forest Research, 11(4): 837-840.

SCHREUDER H T, HAFLEY W L, BENNETT F A, 1979. Yield prediction for unthinned natural Slash pine stands［J］. Forest Science, 25(1): 25-30.

SCHUMACHER F X, 1939. A new growth curve and its application to timber yield studies［J］. Journal of Forestry, 37(1): 819-820.

SEBER G A F, WILD C J, 1989. Nonlinear regression［M］. New York: John Wiley & Sons.

SHARMA M, ZHANG S Y, 2004. Height-diameter models using stand characteristics for *Pinus banksiana* and *Picea mariana*［J］. Canadian Journal of Forest Research, 19(5): 442-451.

SHAW J D, 2000. Application of stand density index to irregularly structured stands［J］. Western Journal of Applied Forestry, 15(1): 40-42.

SIBBESEN E, 1981. Some new equations to describe phosphate sorption by soils［J］. Journal of Soils Science, 32(1): 67-74.

SKOVSGAARD J P, VANCLAY J K, 2008. Forest site productivity: A review of the evolution of dendrometric concepts for even-aged stands［J］. Forestry, 81(1): 13-31.

SKOVSGAARD J P, VANCLAY J K, 2013. Forest site productivity: A review of spatial and temporal variability in natural site conditions［J］. Forestry, 86(3): 305-315.

SMIH J E, HEATH L S, JENKINS J S, 2003. Forest volume-to-biomass models and estimates of mass for live and standing dead trees of U. S. forests. ［EB/OL］. ［2005-10-07］. http: //www. treesearch. fs. fed. us/pubs/5179.

SOARES P, TOMÉ M, 2004. Analysis of the effectiveness of biomass expansion factors to estimate stand biomass ［J］. Proceedings of the International Conference on Modeling Forest Production(Vienna): 368-374.

SPRIZZA L, 2005. Age-related equations for above-and below-ground biomass of a Eucalyptus hybrid in Congo ［J］. Forest Ecology and Management, 205(1-3): 199-214.

SPRIZZA L, 2005. Age-related equations for above-and below-ground biomass of a Eucalyptus hybrid in Congo ［J］. Forest Ecology and Management, 205(1): 199-214.

SPURR S H, 1962. A measure of point density［J］. Forest Science, 8(1): 85-96.

STAGE A R, 1963. A mathematical approach to polymorphic site index curves for grand fir［J］. Forest Science,

9(2): 167-180.

STOFFELS A, SOES J V, 1953. The main problems in sample plots [J]. Ned. Boschb. Tijdschr, 25: 190-199.

STOUT B B, SHUMWAY D L, 1982. Site quality estimation using height and diameter[J]. Forest Science, 28 (3): 639-645.

SULLIVAN A D, CLUTTER J L, 1972. A Simultaneous Growth and Yield Model for Loblolly pine[J]. Forest Science, 18(1): 76-86.

TANG S, LI Y, WANG Y, 2001. Simultaneous equations, error-in-variable models, and model integration in systems ecology[J]. Ecological Modeling, 142(3): 285-294.

TANG S Z, WANG Y H, 2002. A parameter estimation program for the error-in-variable model[J]. Ecological Modeling, 156(2-3): 225-236.

TANG X, FEHRMANN L, GUAN F, et al., 2017. A generalized algebraic difference approach allows an improved estimation of aboveground biomass dynamics of *Cunninghamia lanceolate* and *Castanopsis sclerophylla* forests[J]. Annals of Forest Science, 74: 12.

THOREY L G, 1932. A mathematical method for the construction of diameter height curves based on site[J]. Forestry Chronicle, 8(2): 121-132.

TOMÉ M, BURKHART H E, 1989. Distance-dependent competition measures for predicting growth of individual trees[J]. Forest Science, 35(3): 816-831.

TUMWEBAZE S B, BEVILACQUA E, BRIGGS R, et al., 2013. Allometric biomass equations for tree species used in agroforestry systems in Uganda[J]. Agroforestry Systems, 87(4): 781-795.

VANCLAY J K, HENRY N B, 1988. Assessing site productivity of indigenous cypress pine forest in southern Queensland[J]. Commonwealth Forestry Review, 67(210): 53-64.

VANCLAY J K, 1992. Assessing site productivity in tropical moist forests: A review[J]. Forest Ecology and Management, 54(1): 257-287.

VANCLAY J K, 1995. Growth models for tropical forests: A synthesis of models and methods[J]. Forest Science, 41(1): 7-42.

WANG X, FANG J, ZHU B, 2008. Forest biomass and root-shoot allocation in northeast China[J]. Forest Ecology and Management, 255(12): 4007-4020.

WATSON R T, NOBLE I R, BOLIN B, et al., 2000. Land use, land-use change, and forestry[M]. Cambridge: Cambridge University Press.

Watts S B, 1983. Forestry handbook for British Columbia [M]. 4th edition. Vancouver: Forestry Undergraduate Society.

WEISKITTEL A R, HANN D W, KERSHAW J A, et al., 2011. Forest growth and yield modeling [M]. West Sussex: Wiley-Blackwell.

WEST P W, 1983. Comparison of stand density measures in even-aged regrowth eucalypt forest of southern Tasmania[J]. Canadian Journal of Forest Research, 13(1): 22-31.

WEST P W, 2015. Tree and forest measurement [M]. 3rd edition. Netherlands: Springer.

WHITTAKER R H, LIKENS G E, 1975. Methods of assessing terrestrial productivity[M]// WHITTAKER R H, LIKENS G E, Primary Productivity of the Biosphere. New York: Springer, 305-328.

WILSON F G, 1946. Numerical expression of stocking in terms of height[J]. Journal of Forestry, 44(10): 758-761.

WINSOR C P, 1932. The Gompertz curve as a growth curve[J]. Proceedings of the National Academy of Sciences, 18(1): 1-8.

YANG R C, KOZAK A, SMITH J H G, 1978. The potential of Weibull-type functions as flexible growth curves [J]. Canadian Journal of Forest Research, 8(1): 424-431.

YANG R C, 1978. The potential of Weibull-type functions as flexible growth curves: Discussion[J]. Canadian Journal of Forest Research, 8(1): 119.

YODA K, KIRA T, OGAWA H, et al., 1963. Self-thinning in overcrowded pure stands under cultivated and natural conditions[J]. Journal of Biology(14): 107-129.

ZABNER R, 1962. Loblolly pine site curve by soil groups[J]. Forest Science, 8(2): 104-110.

ZEIDE B, 1987. Analysis of the 3/2 power rule of plant self-thinning[J]. Forest Science, 33(2): 517-537.

ZEIDE B, 1989. Accuracy of equations describing diameter growth[J]. Canadian Journal of Forest Research, 19 (10): 1283-1286.

ZEIDE B, 1991. Self-thinning and stand density[J]. Forest Science, 37(2): 517-523.

ZEIDE B, 1993. Analysis of growth equations[J]. Forest Science, 39(3): 594-616.

ZHANG L, BI H, GOVE J H, et al., 2005. A comparison of alternative methods for estimating the self-thinning boundary line[J]. Canadian Journal of Forest Research, 35(6): 1507-1514.

ZHOU G, WANG Y, JIANG Y, et al., 2002. Estimating biomass and net primary production from forest inventory data: A case study of China's Larix forests[J]. Forest Ecology and Management, 169(1-2): 149-157.

附录1　回归模型基础

一、线性回归模型

运用相关分析可以定量分析因变量和自变量的相关性。然而，即使两组变量的相关系数相同，线性关系也可能是完全不一样的，如附图1所示。图中这两组数据的相关系数都为0.99，但是代表的线性趋势却大不相同。换句话说，相关系数并不能量化因变量受自变量影响的大小。本附录将介绍如何具体量化因变量和自变量之间的线性关系，并通过建立基于自变量的回归方程来预测因变量的取值。在实际应用中，回归方程通常是未知的，回归分析的任务是根据样本数据估计回归方程，讨论有关回归系数的点估计、区间估计、假设检验等问题，重要的是根据自变量 x 的取值对因变量 y 作出预测。

在许多测树学实际问题中，因变量 y 可能与多个自变量有关（如林分生长模型），若只使用仅含有一个自变量的回归模型对因变量进行预测，其结果简直毫无用处。一个包含其他自变量的更复杂的模型有助于提供足够精确的因变量预测值。

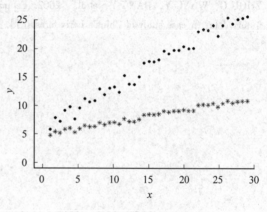

附图1　两组数据的散点图

（一）概述

在一元线性回归中，假设因变量 y 和自变量 x 具有的线性关系为 $Y=\beta_0+\beta_1 x+\varepsilon$，其中 β_0 是截距，也就是当 $x=0$ 时响应变量的取值；β_1 是斜率，代表当自变量 x 变化一个单位时，因变量改变的量；ε 是随机误差，代表 y 与 $\beta_0+\beta_1 x$ 的差异。

一般情况下，影响 y 的自变量往往不止一个，假设有 m 个 $(x_1, x_2, \cdots, x_m)$ 解释变量，考虑如下。

$$y = \beta_0 + \beta_1 x_1 + \beta_2 x_2 + \cdots + \beta_m x_m + \varepsilon \tag{1}$$

式中　$\beta_0, \beta_1, \cdots, \beta_m$——模型的参数；

　　　$x_1, x_2, \cdots, x_m$——m 个自变量；

　　　y——因变量；

　　　ε——随机误差项。

以一元线性回归为例，对于样本点(x_1, y_1)，(x_2, y_2)，$\cdots$，(x_n, y_n)，相应的随机误差$\varepsilon_i = y_i - \beta_0 - \beta_1 x_i$，$i = 1, \cdots, n$。线性回归对随机误差$\varepsilon_i$的假设条件包括：$\varepsilon_i$必须是独立同分布的，且$\varepsilon_i \sim N(0, \sigma^2)$。

在总体中取具有n个单元的一个样本，对样本中的每一个单元测定其自变量和因变量值，改写式(1)用以表示样本变量间的关系，即

$$y_i = \beta_0 + \beta_1 x_{1i} + \beta_2 x_{2i} + \cdots + \beta_m x_{mi} + \varepsilon_i \tag{2}$$

式中 x_{1i}，x_{2i}，$\cdots$，x_{mi}——分别为样本中第i个单元的自变量值；

$\quad\quad y_i$——样本中第i个单元的因变量值；

$\quad\quad \varepsilon_i$——样本中第i个单元相应的随机变量$(i = 1, 2, \cdots, n, n > m)$，$\varepsilon_1, \varepsilon_2, \cdots, \varepsilon_n$

$\quad\quad\quad$独立同分布，有均值为0和方差σ^2。

现用矩阵来表示式(2)。

$$\text{令} \quad Y_{n \times 1} = \begin{bmatrix} y_1 \\ y_2 \\ \vdots \\ y_n \end{bmatrix} \quad X_{n \times (m+1)} = \begin{bmatrix} 1 & x_{11} & x_{12} & \cdots & x_{1m} \\ 1 & x_{21} & x_{22} & \cdots & x_{2m} \\ \vdots & \vdots & \vdots & \vdots & \vdots \\ 1 & x_{n1} & x_{n2} & \cdots & x_{nm} \end{bmatrix}$$

$$\beta_{(m+1) \times 1} = \begin{bmatrix} \beta_1 \\ \beta_2 \\ \vdots \\ \beta_m \end{bmatrix} \quad \varepsilon_{n \times 1} = \begin{bmatrix} \varepsilon_1 \\ \varepsilon_2 \\ \vdots \\ \varepsilon_n \end{bmatrix}$$

则

$$Y = X\beta + \varepsilon \tag{3}$$

这里X称为回归设计矩阵或资料矩阵，Y为观测向量，β为模型参数向量，ε是独立正态随机变量组成的向量，其期望值为$E(\varepsilon) = 0$，方差—协方差矩阵为$\delta^2(\varepsilon) = \delta^2 I$。因此，随机向量$Y$有期望值$E(Y) = X\beta$，$Y$方差—协方差矩阵为$\sigma^2(Y) = \sigma^2 I$。

(二)最小二乘估计

1. 估计方法

当式(2)得到β_0，β_1，$\cdots$，β_m的估计值后(用b_0，b_1，$\cdots$，b_m表示)，则因变量的预估值可由下式得出。

$$\hat{y}_i = b_0 + b_1 x_{1i} + b_2 x_{2i} + \cdots + b_m x_{mi} \tag{4}$$

应用普通最小二乘(OLS)法求得的参数估计值(b_0，b_1，$\cdots$，b_m)具有最小的Q值。

$$Q = \sum_{i=1}^{n} \hat{\varepsilon}_i^2 = \sum_{i=1}^{n} (y_i - \hat{y}_i)^2 = \sum_{i=1}^{n} (y_i - b_0 - b_1 x_{1i} - \cdots - b_m x_{mi})^2 \tag{5}$$

即

$$Q(b) = \varepsilon' \varepsilon = (Y - Xb)'(Y - Xb)$$

对上式进行微分，可以得到使Q值最小的求解(b_0，b_1，$\cdots$，b_m)的正则方程组，可以写为

$$X'Xb = X'Y \tag{6}$$

如果 $X'X$ 满秩，即 $rk(X'X) = m+1$，那么 $X'X$ 有逆矩阵存在。由式(6)解得

$$b = (X'X)^{-1}X'Y \tag{7}$$

2. 最小二乘估计的性质

误差方差 σ^2 的无偏估计值为：

$$\hat{\sigma^2} = MSE = \frac{SSE}{n - (m+1)} \tag{8}$$

式中　　MSE——式(2)中 σ^2 的无偏估计量；

　　　　SSE——残差平方和。

多元线性回归模型的参数 b 和 σ^2 估计性质如下。

①b 是 β 的无偏估计，$E(b) = \beta$。

②β 的协方差矩阵 $\sigma^2(b) = \delta^2(X'X)^{-1}$。

③在 $c'\beta$(c 是常数向量)的一切线性无偏估计类中，$c'b$ 有最小方差。

④ 设 $Y \sim N_n(X\beta, \sigma^2 I_n)$，则 b 是 β 的最大似然估计。因为 $b = (X'X)^{-1}X'Y$，所以 b 也服从正态分布。利用性质①和性质②有 $b \sim N_{m+1}[\beta, \sigma^2(X'X)^{-1}]$。

⑤在性质④的假定下，b 与 $\hat{\delta^2}$ 独立。

⑥在正态假定下，$SSE/(n-m-1)\sigma^2 \sim \chi^2(n-m-1)$。

(三)回归模型和回归系数的显著性检验

1. 回归模型的显著性检验

(1)F 检验

对回归模型(2)的显著性检验，可以提出以下假设。

$$H_0: \beta_1 = \beta_2 = \cdots = \beta_m = 0 \tag{9}$$

如果 H_0 被接受，则表明用模型(2)来表示 y 与自变量 x_1，x_2，$\cdots$，x_m 的关系不合适。与一元线性回归一样，为了建立对 H_0 进行检验的统计量，将离差平方和(SST)分解为回归平方和(SSR)和残差平方和(SSE)，即 $SST = SSR + SSE$。SST 有 $n-1$ 个自由度，SSR 有 m 个自由度(表示自变量的个数)。因为回归模型(2)需要估计 $m+1$ 个参数，SSR 的自由度为 $n-m-1$。根据上述性质④、⑤和⑥，而 $SSR/m\delta^2 \sim \chi^2(m)$，且 SSR 和 SSE 独立。所以

$$F^* = \frac{SSR/m}{SSE/(n-m-1)} \sim F(m, n-m-1) \tag{10}$$

在 α 水平上，如果 $F^* \leqslant F_\alpha(m, n-m-1)$，则接受假设，反之推翻假设。

(2)相关指数 R^2

对于回归模型(2)，用相关指数(R^2)来说明一组自变量与因变量之间的相关程度，其定义如下。

$$R^2 = \frac{SSR}{SST} = 1 - \frac{SSE}{SST} \tag{11}$$

相关指数是表明回归离差平方和解释总离差平方和的百分数，也称为回归模型的确定系数。因此，$0 \leqslant R^2 \leqslant 1$。当所有的 $b_k = 0$ 时($k = 1, 2, \cdots, m$)，$R^2 = 0$；当所有观测值正好落在拟合曲面上时，则 $R^2 = 1$。

2. 回归系数的显著性检验

回归模型显著并不意味着每个自变量对 y 的影响都显著。在建立回归模型时要剔除那些可有可无的自变量，这就需要对每个自变量进行检验。显然，如果某个自变量 x_k 对 y 的作用不显著，那么在回归模型中，它的系数 β_k 就可以取值为 0。因此，检验变量 x_k 是否显著，就等价于检验假设：$H_0: \beta_k = 0$。

由 1.2.2 一节的讨论可知，由样本数据估计的方差—协方差矩阵为

$$s^2(b) = \begin{bmatrix} s^2(b_0) & s(b_0, b_1) & \cdots & s(b_0, b_m) \\ s(b_1, b_0) & s^2(b_1) & \cdots & s(b_1, b_m) \\ \vdots & \vdots & \vdots & \vdots \\ s(b_m, b_0) & s(b_m, b_1) & \cdots & s^2(b_m) \end{bmatrix} \tag{12}$$

记为

$$s^2(b) = MSE(X'X)^{-1} \tag{13}$$

通过 $s^2(b)$，可以求得 $s^2(b_0)$，$s^2(b_1)$ 或所需的其他方差或任何协方差。

假设：$\beta_k = 0$，故检验统计量为

$$t^* = \frac{b_k}{s(b_k)} \qquad (k = 0, 1, 2, \cdots, m) \tag{14}$$

在显著水平为 α 时，如果 $|t^*| \leqslant t_\alpha(n-2)$ 则接受假设，说明自变量 x_k 与因变量 y 相关不显著，可以考虑在回归模型中去掉变量 x_k；如果 $|t^*| > t_a(n-2)$ 则推翻假设，说明自变量 x_k 与因变量 y 相关显著。在剔除变量时，每次只剔除一个，如果有几个变量经检验都不显著，则先考虑剔除 $|t|$ 值最小的变量，然后再对新的回归模型参数进行检验，有不显著变量再剔除，直到保留的变量都显著为止。

对于正态误差模型(4)，有

$$t^* = \frac{b_k - \beta_k}{s(b_k)} \qquad (k = 0, 1, \cdots, m) \tag{15}$$

因此，在 $1-\alpha$ 置信度下，β_k 的置信区间为

$$b_k \pm t_{1-\alpha/2}(n - m - 1)s(b_k) \tag{16}$$

（四）自变量选择

在应用回归技术分析实际问题时，自变量的选择是头等重要问题。一般来说，根据问题本身的专业理论知识及有关经验，人们所罗列出来的可能与因变量有关的自变量往往太多，其中有些自变量对因变量可能没有影响或影响很小。如果回归模型中包含了这些变量，会降低模型的估计和预测精度，并影响其稳定性。因此，在建立回归模型时产生了怎样从大量可能有关的变量中选择对因变量有显著影响的部分自变量的问题。

变量的选择，乃至更一般的模型选择，主要依靠有关专业知识，而仅把数学方法作为

辅助工具。尽管数学方法对模型的正确选择可能有一些帮助，但是处理具体问题时，模型的正确选择主要依赖与所研究问题本身的专业知识和实践经验。当应用某种准则和方法选出一个"最优"变量子集，但明显地与实际问题本身的专业理论不一致时，则需要重新考虑统计结论。

1. 备选模型选择

在理想的回归分析中，分析者指定一种初始模型，它是由样本数据拟合产生的内含全部统计显著变量的回归方程。此外，用模型的残差和它的估计值 $\hat{y}$ 作图，模型中的自变量以残差零值线为中心呈随机分布，且方差为齐性。在这种情况下，分析者将只拟合一个模型，而且，通常将采用计算的方程作为最终的回归模型，而不进行更多的计算工作。由于样本数据在决定模型形式上没有发挥作用，分析者可以期望样本统计量如相关指数 R^2 和残差平方和 SSE 等作为回归模型的适用性评价指标。

由于种种原因，分析者只能就所使用数据的范围内拟合一组备选模型。但经残差分析后，将由于方差不齐性或残差与一个或几个自变量间的关系呈非随机性，而排除一些备选模型。一般情况下，残差排除一些模型之后，还会有几个备选模型保留下来。这些保留的备选模型中的自变量个数可能相同，也可能不同。一种或多种自变量可能在所有备选模型中出现。另外，每个模型中所含有的自变量也可能出现在其他模型之中。

为了便于后面的讲解，下面介绍几种比较和评价备选模型的常用统计方法，这些公式适用于使用 n 个样本单元观测数据，拟合 p 个参数的回归模型。

（1）残差均方 MSE

$$MSE = \frac{SSE}{n - p} \tag{17}$$

残差均方 MSE 统计量广泛地用作选定模型的标准，一般选择具有最小 MSE 值的备选回归作为最终模型。然而，当分析者的目的在于估计参数或者是选定一个模型用于外推的目的，这种方法是最适合的；如果分析者的目的是为了选择一个用于提供可靠估计值的模型(林业上的回归分析多为此目的)，MSE 统计量可能应该按以下方法使用。

①p 值很大时，绘 MSE 对应于 p 个变量的关系图，MSE 值通常围绕着一条水平线上下波动。MSE 值与线的关系表示了 σ^2 值，因为 MSE 值常为 σ^2 的满意估计值。

②由备选模型中选择最终模型，应具备以下两点最优配合的原则：模型最小，即自变量最少；具有合理的最为近于 σ^2 值的 MSE 值。

（2）相关指数 R_a^2

$$R_a^2 = 1 - \frac{SSE}{SST} \tag{18}$$

相关指数 R^2 表示回归模型中的所有自变量的变异解释因变量变异的比例，因此也称决定系数(coefficient of determination)。R^2 值越大，自变量对因变量的解释程度越高，模型拟合优度越高。随着模型中自变量个数的增多，R^2 值会变小，同时，很少以 R^2 最大作为选择最优方程的依据。选择最优模型的依据应该是：变量越少越好；R^2 值实质上不小于 R_{max}^2(R^2 的最大值)。如果最大模型中所含的变量也存在于其他模型之中，通常，可以用 R^2 值对应于 p 值作图。这种典型图反映了在 p 值大的情况下 R^2 值随着 p 值的减小而接近

于 R_{max}^2 的上渐近线。然而，有一个点，它是 R^2 值急骤下降的起点，这个点对应 p 值相应的模型常被定为最终模型。

（3）调整后的相关指数 R_a^2

$$R_a^2 = 1 - (1 - R^2)\left(\frac{n-1}{n-p}\right) = 1 - MSE\left(\frac{n-1}{SST}\right) \tag{19}$$

这个统计量基本上与 R^2 类似，但 R_a^2 考虑了样本的大小和变量的个数（自由度）。对于同一组样本，回归模型中的自变量个数相同时 R_a^2 与 R^2 相同，但是当模型间自变量个数不同时两者不同。因此，作为选择模型的标准，R_a^2 优于 R^2。

（4）Mallows 统计量 C_p

$$C_p = \frac{SSE}{\hat{\sigma}_p^2} - (n - 2p) \tag{20}$$

式中　$\hat{\sigma}_p^2$——被评价的 p 个参数的子集模型拟合全回归模型的残差均方值。

以 C_p 统计量选择最终回归模型，实质上是对回归模型进行相应的评价。在满足以下 2 种要求的情况下：①小的 C_p 值；②具有与 p 近似相等的 C_p 值，可以直接将回归模型定为最终模型。

（5）预测平方和统计量 $PRESS$

以上介绍的几种基于预测的统计量都有一个共同的缺点，即在计算某点的预测偏差时，该点曾在建立回归模型时已经使用过。$PRESS$ 统计量克服了这一缺点。

$$PRESS = \sum_{i=1}^{n} (y_i - \hat{y}_{ip})^2 \tag{21}$$

式中　y_i——第 i 个 Y 的观测值；

$\hat{y}_{ip}$——原始数据中删除第 i 个样本观测值后，按 p 个参数模型拟合回归方程计算出相应的第 i 个观测值 x_i 的因变量 y 的预测值。

$PRESS$ 统计量的计算，要求使用 n 个不同数据，分别拟合 p 个参数的模型之后，对于每一个回归分别求算出相应的 $PRESS$ 统计量。采用 $PRESS$ 统计量选择模型，实际上是最优调和两种有时相矛盾因素的方法。第一种是选择较小 p 值的模型；第二种是选择 $PRESS$ 值并不比备选模型 $PRESS$ 值中最小的 $PRESS_{min}$ 值明显过大的模型。

近年来，人们越来越多地采用 $PRESS$ 统计量作为选择模型标准，特别是将预测作为建模的目的时，这个统计量具有直观的吸引力。

（6）Akaike 信息量准则 AIC

AIC 统计量目前应用比较广泛，既可用于时间序列分析中的自回归阶数的确定，也可用于回归自变量的选择。

$$AIC = 2p - 2\ln L = n\ln SSE - n\ln n + 2p \tag{22}$$

式中　L——估计模型的似然函数最大值；

n——样本数；

p——参数个数。

（7）Bayesian 信息量准则 BIC

BIC 统计量余 AIC 类似，也应用比较广泛，主要用于模型评价。

$$BIC = -2\ln L + k\ln n = n\ln SSE - n\ln n + (\ln n)p \tag{23}$$

式中　L——估计模型的似然函数最大值；

　　　n——样本数；

　　　p——参数数量。

在各备选回归模型中，以上 7 个统计量作为反映拟合程度优劣的指标，分析者将寻求 MSE、C_p、$PRESS$ 和 AIC 值小，R^2 和 R_a^2 值大的方程。考虑将这些统计量作为评价备选回归模型的标准时，应区别两种不同情况。

① 所需评价的各种模型具有相同的变量个数（p 在被评价的模型组内是个常数）。

② 每个评价的模型具有不同的变量个数（p 在每个被评价模型中不等）。

如果所有的备选模型变量数相同，则 MSE，R^2，R_a^2，C_p、AIC 和 BIC 统计量是等价标准。例如，具有最小 MSE 值的模型同样具备最小的 C_p、AIC 和 BIC，R^2 和 R_a^2 值也最大。$PRESS$ 统计量和其他 6 个标准难以直接比较，而以 $PRESS$ 值的大小顺序，可能与其他 6 个标准所排的次序不同。然而，当样本单元很大时，$PRESS$ 值应与 MSE 值相近，在这种情况下，由 $PRESS$ 值排序将会与其他 6 个标准排序相一致。

如果所有被评价备选模型的变量数不同，且对于一种或多种形式有一个以上的模型时，选择一个最终模型的第一步是从变量数相同的每类模型中选出一个"最优"的模型（如从 $p=2$ 的备选模型中选 1 个最优的模型，再从 $p=3$ 的备选模型中选 1 个，依次类推）。所谓"最优"是利用上述的 7 个统计量为依据所确定的方程。当这一步骤做完之后，则会出现上述的第二种情况。特别是有几个（或多到 k 个）备选模型时，每个备选模型含有不同的变量个数，它们都是各种不同形式模型中的最优模型。这时，对于任何备选模型集指定拟合最优 p 个参数模型的标准统计量，并进行列表分析。对于任何备选模型集，分析者必须确定如何依据一个或多种标准统计量来选择"最优"值。没有现存的法则来确定选择的具体方法，最后的抉择反映分析者对分析现象和选择统计量的认识程度。

所有这些标准都试图解决从一些备选模型中选择最优模型的问题。这个最优模型应含较少的自变量或达到超拟合效果的最终模型。历史地看，统计量 MSE 和 R_a^2 是应用最广的标准。近年来，统计量 C_p 的应用普遍增加，C_p 值能表达出一个回归模型性能方面的信息。许多分析者发现，对于所有备选回归模型，以 C_p 值对应于 p 作图，是选择最终模型的有效手段。这是因为从图上容易确定 $C_p \approx p$ 的模型，而且，也便于 C_p 值之间的比较。

2. 选择变量的方法

在完整的初始回归模型确定之后，通常需要检验所有的自变量是否有必要全部保留在最终回归模型中。这一处理过程常常包括拟合一些子集模型（由初始模型中剔除一些自变量后所得到的模型），比较这些模型的相对性能。选择拟合子集模型有一系列不同的方法，常用的方法有：全部选择法和逐步选择法。下面简单介绍这些方法的基本概念，具体计算方法请参考有关的文献。

(1) 全部选择法

在拟合回归方程时，若对自变量的选择没有任何先验经验，可以拟合所有可能自变量组合的模型，即全子集回归。例如，当有 7 个自变量时，每个自变量都有进入模型或者不进入模型两种可能，那么总共就有 $2^7 = 128$ 个可能模型。利用全部选择法可以逐一计算所有可能的线性回归方程的 MSE、R^2、R_a^2、AIC、BIC 以及 C_p 统计量，以便以不同标准确定最佳模型。

（2）逐步选择法

在变量少、数据量小的情况下，全部选择法是一个不错的选择，可以在众多模型中挑选出最好的模型。但是在变量多、数据量大时，计算量也会变得很大，当自变量个数达 20 个时，可选模型就将超过 100 万个，在这种情况下，全部选择法肯定不是最好的方法。这里介绍另一种选择法——逐步选择法，其基本思想是，按照一定的规则，将自变量逐个添加到或剔除出回归模型。逐步选择法主要有 3 种：向前筛选、向后筛选和逐步筛选。

①向前筛选策略。该策略是解释变量不断进入回归模型的过程。首先，选择与被解释变量具有最高线性相关程度的变量进入模型，并进行回归模型的显著检验和回归系数的显著性检验，以评价其合理性，并计算确定系数或调整后的确定系数，AIC 等。然后，在剩余的变量中寻找与解释变量偏相关程度最高，并通过偏相关系数检验的解释变量进入模型。最后，重新建立回归模型并再次检验和计算。不断重复上述步骤，直到再无可进入模型的解释变量为止。

向前筛选策略中，解释变量进入模型的先后次序取决于与被解释变量偏相关程度的高低。正因如此，才能够有效地避免严重的多重共线性。此外，偏相关系数检验是决定解释变量 x_i 是否有"资格"进入模型的依据之一。同时，还可通过考察将解释变量 x_i 引入模型后是否对拟合优度的提升或 AIC 的下降有显著作用，从而决定 x_i 是否进入模型。事实上，这些评判标准互有联系且具有内在一致性。

②向后筛选策略。该策略是变量不断退出回归模型的过程。首先，建立包含解释变量全体的回归模型，进行回归方程的显著性检验和回归系数的显著性检验，以评价其合理性，并计算 R^2、R_a^2 和 AIC 等。然后，在回归系数显著性检验不显著的一个或多个解释变量中，剔除最不显著的解释变量，重新建立回归模型，并再次检验计算。不断重复上述步骤，直到所建模型不再包含不显著的解释变量为止。

向后筛选策略中，解释变量退出模型的先后次序取决于在控制其他解释变量的条件下，解释变量 x_i 与被解释变量线性关系的强弱，本质上也是取决于偏相关系数。正因如此，才能够有效地避免严重的多重共线性。此外，回归系数的显著性检验（本质为偏相关系数检验）是决定解释变量 x_i 是否应退出模型的依据之一。同时，还可通过考察解释变量 x_i 退出模型后能否对拟合优度的下降或 AIC 的上升有显著作用，决定 x_i 是否应退出模型。事实上，这些评判标准互有联系且具有内在一致性。

③逐步筛选策略。该策略是向前筛选策略和向后筛选策略的综合。向前筛选策略中，解释变量一旦进入就不会被剔除出去。但随着解释变量的不断引入，由于解释变量之间尚存在一定程度的多重共线性，因此，可能会导致某些已进入模型的解释变量的回归系数不再显著。同理，向后筛选策略中，解释变量一旦退出就不再有机会进入，逐步筛选法在向前筛选策略的基础之上，结合向后筛选策略，在解释变量 x_i 进入模型后，判断是否有因解释变量 x_i 的进入而需被剔除的解释变量。或者，在向后筛选策略的基础上，结合向前筛选策略，在解释变量 x_i 退出后，判断是否有因 x_i 的退出而获得进入"资格"的解释变量。所以，逐步筛选策略在建模的每一步中，都保留了剔除后不再显著的解释变量，引入重新变

得显著的解释变量的机会。

可见，不同的解释变量的筛选策略决定了解释变量进出模型的顺序。同时，偏相关系数检验、回归系数显著性检验、R^2、R_a^2 和 AIC 等，都可作为评估解释变量进出模型的重要标准。

(五)残差分析

前面进行回归分析时，假设条件是残差 ε_i 是独立同分布的，且服从 $N(0, \sigma^2)$。因此在确定了回归方程之后，要回过头来查看残差是否服从假设条件。如果残差不服从假设条件，则需要重新考虑回归方程的形式和参数估计。

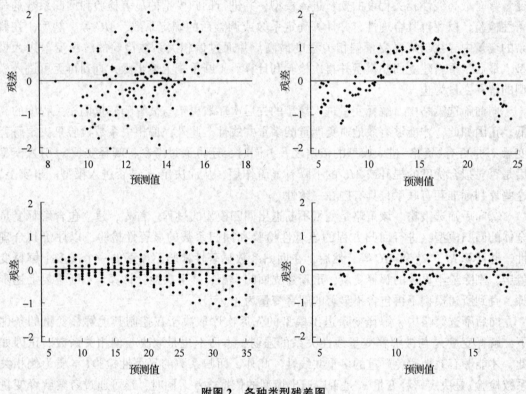

附图 2　各种类型残差图

根据附图 2 可以看出以下几点。

①如果残差是独立同分布的，且服从 $N(0, \sigma^2)$，那么各个点应该随机地分布在残差散点图上，类似附图 2 的左上图，没有任何规律和模式。

②附图 2 的右上图中，残差随着自变量的取值呈现出二次函数的形状，说明回归方程没有将该自变量的某些规律刻画出来，可以尝试在回归方程中添加该自变量的一个二次项。

③附图 2 的左下图说明残差的方差不是齐性的，随着自变量的取值增大，方差增大，这种情况下可以尝试对因变量进行转换，或者尝试其他不需要方差齐性假设的模型，可参考广义线性模型。

④附图 2 的右下图说明残差不是独立的。在这幅图中，残差是自相关的，当数据和时间相关时，比较容易出现该种情形。

二、非线性回归模型

(一)线性、内线性和非线性回归模型

(1)线性回归模型

这种模型是指因变量相对于未知参数而言是线性的模型，如式(24)。

线性回归模型不仅包含 m 个自变量的一阶模型，也包括较复杂的模型。例如，一个或多个自变量的多项式回归模型的参数是线性的。

$$y_i = \beta_0 + \beta_1 x_{i1} + \beta_2 x_{i1}^2 + \beta_3 x_{i2} + \beta_4 x_{i2}^2 + \beta_5 x_{i1} x_{i2} + \varepsilon_i \tag{24}$$

另外，对参数是线性的变换变量模型属于线性模型类，如下面的模型。

$$\log y_i = \beta_0 + \beta_1 \sqrt{x_{i1}} + \beta_2 e^{x_{i2}} + \varepsilon_i \tag{25}$$

因此，线性模型中的"线性"一词是针对参数而言，而不是针对自变量而言。

(2)内线性回归模型

除了大量的参数是线性回归模型外，还有一些模型，虽然参数不是线性的，但经过变换能使参数化为线性形式。例如以下具有乘法误差项的指数模型。

$$y_i = \beta_0 \exp(\beta_1 x_i) \varepsilon_i \tag{26}$$

参数 β_0 和 β_i 是非线性的，但是通过对数变换能使这个模型转换为线性模型的形式。

$$\ln y_i = \ln \beta_0 + \beta_1 x_i + \ln \varepsilon_i \tag{27}$$

称这种模型为内线性回归模型。

选择对数转换的线性回归还是非线性回归，主要依赖于指数函数和幂函数的误差结构。通常指数函数和幂函数有两种形式的误差结构：相加型和相乘型。对数转化的线性回归和非线性回归通常被拟合指数函数和幂函数，选择对数转化的线性回归还是非线性回归主要依赖于指数函数和幂函数的误差结构。如果指数函数和幂函数的误差项是相加型的，非线性回归最为合适，其主要通过非线性最小二乘法拟合原始数据，而如果指数函数和幂函数的误差项是相乘型的，对数转化的线性回归最为合适。Xiao et al. (2011) 和 Ballantyne (2013) 提出用似然分析法(likelihood analysis)去判定指数函数和幂函数的误差结构。

下面以幂函数 $Y = aX^b$ 为例，给出似然分析具体计算过程。

通常来说，有两种方法去拟合幂函数 $Y = aX^b$：原始数据的非线性回归(NLR)；对数转换的线性回归(LR)。非线性回归与对数转换的线性回归最本质的区别在于幂函数假设的误差结构不同。在非线性回归中，假设异速生长方程误差项是正态的、相加的，其形式如下。

$$Y = a \cdot X^b + \varepsilon \qquad [\varepsilon \sim N(0, \sigma^2)] \tag{28}$$

相反，在对数转换的线性回归中，假设其误差项是对数正态的、相加的。

$$\ln Y = \ln a + \ln b \cdot \ln X + \varepsilon \qquad [\varepsilon \sim N(0, \sigma^2)] \tag{29}$$

这种误差结构其实是一种对数正态分布，相乘性误差结构出现在幂函数中。

$$Y = a \cdot X^b \cdot e^\varepsilon \qquad [\varepsilon \sim N(0, \sigma^2)] \tag{30}$$

在似然分析法中，赤池信息量准则(AIC)被用来衡量一个统计模型的拟合优度。对于一个幂函数关系的数据，可以比较容易地计算出原始数据的非线性回归与对数转换的线性回归的似然值(likelihood)和 AIC 值。AIC 值可以通过以下协定规则进行比较：如果 $|\Delta AIC|$（即两个模型的 AIC 不同）小于 2，两个模型没有明显的区别。否则，拥有较小 AIC 的模型被认为有更好的数据支持。

然而，非线性回归是基于未转化的数据，而对数转换的线性回归拟合对数转换的数据。为了比较两种模型形式的 AIC，对数转换数据的概率密度函数必须通过雅克比式转化，来保持总概率，这种转化可计算出对数转换数据的似然值，进而可以计算出 AIC 值，用来进行模型误差结构的确定。总之，对数转换的线性回归用最大似然法估计其参数 a、b 和 σ^2，之后可以计算出模型的 $\ln Y$，进而求反对数，得出原始数据 Y。为了清楚起见，令 $Z = \ln Y = \ln(Y)$ 和 $\ln X = \ln(X)$，相乘型误差结构模型有一个正态概率密度函数。

$$f(Z) = \frac{1}{\sqrt{2\pi\sigma^2}} e^{\frac{-[Z-(\ln a + b\ln X)]^2}{2\sigma^2}}$$

另外，$g(y)$ 和 $G(y)$ 分别代表原始数据的概率密度函数和分布函数。按照定义，$G(Y) = P(Y \leqslant y)$，且 $\ln Y$ 是单调的。

$$G(Y) = P(\ln Y \leqslant \ln y) = F(Z \leqslant \ln y) = \int_{-\infty}^{\ln y} f(z)\,\mathrm{d}z$$

进而获取原始数据的概率密度函数。

$$\frac{\mathrm{d}}{\mathrm{d}y}G(Y) = \frac{\mathrm{d}}{\mathrm{d}y}\int_{-\infty}^{\ln y} f(z)\,\mathrm{d}z = f(\ln y)\frac{\mathrm{d}}{\mathrm{d}y}\ln y = \frac{f(\ln y)}{y}$$

这表明相乘型误差结构模型的对数似然值(log-likelihood)的每一项必须除以 y 后，才可以直接比较相加型误差结构模型和相乘型误差结构模型的 AIC 值。

为了更好地运用似然分析法去判断模型的误差结构，使用此方法的具体步骤如下。

①首先，分别用非线性回归[式(28)]和线性回归[式(29)]拟合数据，估计出每个模型的参数 a、b 和 σ^2。然后，用以下两个公式分别计算相加型和相乘型误差结构幂函数的似然值。

$$L_{\mathrm{norm}} = \prod_{i=1}^{n}\left[\frac{1}{\sqrt{2\pi\sigma_{NLR}^2}} e^{\frac{-(y_i - a_{NLR}x_i^{b}NLR)^2}{2\sigma_{NLR}^2}}\right] \tag{31}$$

$$L_{\mathrm{ln}} = \prod_{i=1}^{n}\left\{\frac{1}{y_i\sqrt{2\pi\sigma_{LR}^2}} e^{\frac{-[\log y_i - \log(a_{LR}x_i^{b}LR)]^2}{2\sigma_{LR}^2}}\right\} \tag{32}$$

式中 n——样本数。

因此，每个模型的 AIC 能够通过以下公式进行计算。

$$AIC = 2k - 2\ln L + \frac{2k(k+1)}{n-k-1} \tag{33}$$

式中 k——模型参数的个数（a、b 和 σ^2）。

将非线性回归的 AIC 命名为 AIC_{norm}，对数转换的线性回归的 AIC 命名为 AIC_{ln}。

②如果 $AIC_{norm} - AIC_{ln} < -2$，可以判断幂函数的误差项是相加的，模型应该用非线性回归进行拟合；如果 $AIC_{norm} - AIC_{ln} > 2$，则幂函数的误差项是相乘的，模型应该用对数转换的线性回归进行拟合；如果 $|AIC_{norm} - AIC_{ln}| \leq 2$，两种误差结构的假设都不合适，此时模型求平均值可能是最好的办法。

（3）非线性回归模型

非线性模型的参数不是线性的，并且不能变换化为线性形式。例如，具有加法误差项的指数模型。

$$y_i = \beta_0 \exp(\beta_1 x_i) \varepsilon_i \qquad (34)$$

不存在把这个模型转换成线性形式的变换。具有加法误差项的更一般的一元非线性指数模型为

$$y_i = \beta_0 - \beta_1 \exp(-\beta_2 x_i) + \varepsilon_i \qquad (35)$$

这个模型可以用来研究速生林木和林分的生长情况。

另一种典型的非线性回归模型是具有加法误差项的 Logistic 模型。

$$y_i = \frac{\beta_0}{1 + \beta_1 \exp(-\beta_2 x_i)} + \varepsilon_i \qquad (36)$$

在林学中，许多林木生长的理论生长方程及其产量—密度模型均为典型的非线性回归模型。

（二）能化为线性回归的曲线

1. 简介

对有些模型，如

$$\begin{aligned} y_i &= \beta_0 + \beta_1 \exp x_i + \varepsilon_i \\ y_i &= \beta_0 + \beta_1 \ln x_i + \varepsilon_i \\ y_i &= \beta_0 + \beta_1 x_i^2 + \varepsilon_i \end{aligned} \qquad (37)$$

对自变量 x 都不是线性的，但对参数 β_0 和 β_i 而言是线性的，属于线性回归模型，这时可用适当的代换化为线性回归模型，可用普通的最小二乘法求解参数的估计值，并按线性回归模型进行统计诊断。

而对内线性回归模型，如

$$\begin{aligned} y_i &= \beta_0 \exp(\beta_1 x_i) \varepsilon_i \\ y_i &= \beta_{01} x^{\beta_1} \varepsilon_i \end{aligned} \qquad (38)$$

虽然 y 对 x，对参数 β_0 和 β_i 都不是线性的，但也可以找到适当的变换，能参数化为线性形式，属于内线性回归模型。

2. 拟合曲线的步骤

（1）确定曲线类型

一旦确定 x 与 y 之间不是线性关系，就应该考虑它们之间是怎样的曲线关系。确定曲线类型的方法有两种。

①根据专业知识（从理论上推导或根据以往的经验）来确定。

②在 a 不能确定的情况下，通过观测散点图，确定曲线的大体类型。

（2）求参数的估计值

对可化为线性模型的回归问题，一般可先将曲线模型经适当变换化为线性模型，然后用熟知的最小二乘法求出参数的估计值，最后再经过适当的变换，就可以得到所求的回归曲线。

当然，对估计的参数会产生影响，比如不具有无偏性，局部收敛值而不是全局收敛值等。这是因为，如 $y_i = \beta_{01} x^{\beta_1}$ 变换为 $\ln y_i = \ln\beta_0 + \beta_2 \ln x_i$ 后按最小二乘法估计是使 $Q = \sum (\ln y_i - \ln\hat{y}_i)^2$ 达到最小，而并非为 $Q = \sum (y_i - \hat{y}_i)^2$ 最小。严格来讲，这些可化线性回归模型的内线性回归模型应以变换后用 OLS 法求得的参数估计值作为初始值，按非线性回归模型参数求解法来估计真实的参数。

3. 各种可化为线性回归的非线性回归模型

常见的可化为线性模型的非线性回归曲线类型如附图 3 至附图 9 所示。

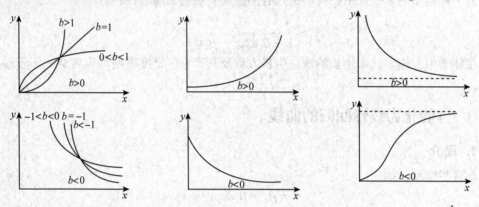

附图 3　幂函数 $y=ax^b$ 的曲线　　附图 4　指数函数 $y=ae^{bx}$ 的曲线　　附图 5　指数函数 $y=ae^{\frac{b}{x}}$ 的曲线

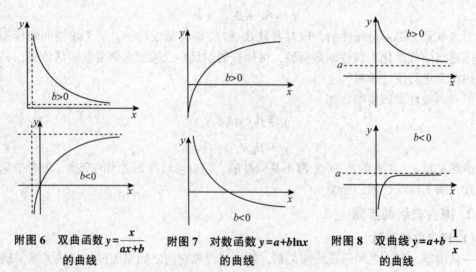

附图 6　双曲函数 $y=\dfrac{x}{ax+b}$ 的曲线　　附图 7　对数函数 $y=a+b\ln x$ 的曲线　　附图 8　双曲线 $y=a+b\dfrac{1}{x}$ 的曲线

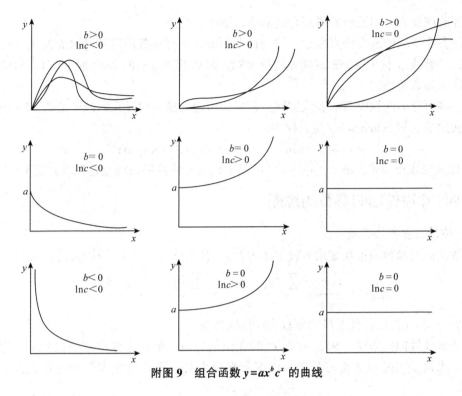

附图9　组合函数 $y=ax^bc^x$ 的曲线

（三）非线性回归模型的参数求解方法

（1）参数估计方法

非线性模型是关于未知回归系数具有非线性结构的回归。常用的处理方法有回归函数的线性迭代法、分段回归法、迭代最小二乘法等。处理非线性模型首先是建立或选择适当的模型，然后是确定模型中所包含的参数，其参数估计的基本原则仍是最小二乘估计，方法通常有以下3种。

①变量变换法。通过某种数学转换将非线性模型化为线性模型，即"曲线改直"或利用线性多项式逼近，该法简单易行，具有一定的实用价值。

②非线性回归法。根据最小二乘原则使误差平方和最小，对非线性模型直接求解，常用的是 Gauss-Newton 法及在此基础上改进的 Marquardt 法，可通过各种迭代法直接估计模型参数，这是目前处理非线性模型最为常用的方法。

③直接优化法。直接利用非线性模型计算残差平方和并以其最小为优化目标函数寻求最优回归系数，常用的是单纯型优化法。

（2）参数初始值的确定方法

非线性回归问题的难点，远不是需要大量的反复计算，而是迭代过程"发散"。因此，使用高斯—牛顿法或 Marquardt 法时，初始值的选择非常重要。如果初始值选择不当，就可能收敛很慢，或者收敛到局部极小值，甚至不收敛。初始值选择得当，一般收敛很快，如果存在多个极小点，则能收敛到全局极小点而不是局部极小点。回归模型参数初始值的确定方法主要有以下3种。

①经验或前人的相关研究得到合适的回归参数初始值。

②在参数空间中进行格点搜索，即用格点的形式来对参数进行各种试验挑选。对每一种挑选，计算残差平方和 SSE 或残差均方 MSE，最后选择最小的 SSE(或 MSE)所对应的参数向量作为参数初始值。

③一些可化为线性模型的非线性回归模型，可用变换后的线性回归模型的 OLS 法估计值作为初始值。如 Schumacher 生长模型。

$$y = Ae^{-b/x} \Rightarrow \ln y = \ln A - b/x \Rightarrow y' = A' - bx' \tag{39}$$

用 OLS 法求出参数 k 和 b，并将 $k' = e^k$ 及 b 代入非线性回归模型迭代求其真值。

(四)非线性回归参数的推断

(1)估计方差和协方差

非线性回归参数的推断要求对误差项方差 σ^2 作出估计，这个估计与线性回归相同。

$$MSE = \frac{SSE}{n-p} = \frac{\sum(y_i - \hat{y}_i)^2}{n-p} = \frac{\sum[y_i - f(X_i, \theta)]^2}{n-p} \tag{40}$$

式中　θ——非线性回归模型最后参数估计值的向量。

对于非线性回归来说，MSE 不是 σ^2 的无偏估计量，但是当样本数量很大时，它的偏差很小。当误差项是独立正态分布、样本量充分大时，则 θ 的样本分布近似正态，且 $E(\hat{\theta}) \approx \theta$。

回归系数近似方差—协方差矩阵的估计值为：

$$S^2(\hat{\theta}) = \sigma^2[J'(\hat{\theta})J(\hat{\theta})]^{-1} \tag{41}$$

式中　σ^2——误差项 ε 的方差，其无偏估计值见式(41)。

故

$$S^2(\hat{\theta}) = MSE[J'(\hat{\theta})J(\hat{\theta})]^{-1} \tag{42}$$

式中　$J(\hat{\theta})$——用 $\hat{\theta}$ 计算得到的偏导数矩阵。

(2)单个 θ_k 的区间估计

当非线性回归模型的误差项是独立正态分布时，若 n 充分大，则下列近似结果成立。

$$\frac{\hat{\theta}_k - \theta_k}{s(\hat{\theta}_k)} \sim t(n-p) \quad (k = 1, 2, \cdots, p) \tag{43}$$

因此，对任意单个的 θ_k，其近似区间估计为

$$\hat{\theta}_k \pm t(1 - \alpha/2; n-p)s(\hat{\theta}_k) \tag{44}$$

(3)参数估计的 t 检验

当 n 充分大时，近似建立关于单个 θ_k 的 t 检验公式。

$$t^* = \frac{\theta_k}{s(\theta_k)} \sim t(1 - \alpha/2; n-p) \tag{45}$$

判定规则：若 $t^* \geq t(1-\alpha/2; n-p)$ 则推翻假设，否则接受假设。t^* 值越高，表示该变量对模型的估计好；反之，t^* 值低表示对模型的估计不理想。

当 n 充分大时，与线性回归模型一样可以对非线性回归模型进行 F 检验(方差分析)。

三、模型的拟合和检验

(一)数据整理

外调查数据或实验数据，分别总体按观测样本顺序建立计算机数据库(一个样本作为一条记录)，作为建立模型的基础数据。

(1)数据分组

首先将所收集全部数据，大致按3∶1(75%和25%)或4∶1(80%和20%)的比例分成两组独立样本：建模(或拟合)样本(fitting data set)和独立检验样本(validation data set)，分别用于建立模型和检验模型。

(2)异常数据的剔除

建模数据是总体中的一组样本，如有个别过大或过小的异常数据混杂进去，会影响模型的精度。为此，必须剔除异常数据以提高建模的质量。异常数据的剔除过程分两步进行：首先，用计算机绘制各自变量和因变量的散点图，通过肉眼观察确定出明显远离样点群的数据并删除，这类数据是属于因调查、记录、计算等错误而引起的异常值；其次是根据具体问题，用建模的基础数据拟合某一基础模型(如建立地位指数曲线时，选择Richards方程作为基础模型)，并绘制模型预估值($\hat{y}_i$)的标准残差图。在标准残差图中，将超出±3倍标准差以外的数据作为极端观测值予以剔除。

(二)模型的拟合

模型的拟合过程主要包括候选模型的确定、模型参数估计及拟合统计量计算、备选模型的比较以及模型的统计诊断(残差分析、异常点分析等)。

(1)备选模型的确定

确定备选模型的方法有以下2种。

①根据专业理论知识(从理论上推导或根据以往的经验)和前人研究结果来确定。

②在①不能确定的情况下，通过观测自变量和因变量之间散点图，并结合专业知识确定模型的大体类型。只有一个自变量时，根据散点图并结合专业知识较容易确定曲线类型和模型。但是，对于多个自变量的问题，由于变量之间的相互影响很难确定候选模型。分析者可以根据以往类似问题的研究结果，并通过分析各个自变量和因变量的散点图来确定。

(2)参数的估计及统计推断

线性模型和可化为线性模型的回归问题，其参数估计和参数检验方法详见1.2和1.3两节。非线性回归模型参数的统计推断见2.4一节。

测树学中的许多模型(如削度方程、树木生长方程及收获模型等)，均属于典型的非线性回归模型，估计参数时需采用非线性最小二乘法(详见2.3一节)。除上述介绍的参数估计方法之外，还有多元割线法、梯度法(又称最速下降法)、牛顿迭代法等。许多高级统计软件包，如SAS、R、SPSS、Statistica、统计之林(ForStat 3.0)等，均提供了这些非线性回归模型的参数估计方法。任何一种参数估计方法，均需要给定回归模型参数初始值。因此，在非线性回归模型参数估计时，初始值的选择非常重要。如果初始值选择不当，就可能收敛很慢，或者收敛到局部极小值，甚至不收敛。初始值选择得当，一般收敛很快，如果存在多个极小点，则能收敛到全局极小点而不是局部极小点。

(3)备选模型的比较

结合各候选模型参数检验结果，进一步比较各模型拟合统计量，从中选择几个最佳模型(一般2~3个)作为最终模型的候选模型进行的残差分析和独立性检验。对于线性和内线性回归模型，可以采用 MSE、R^2、R_a^2、C_p、AIC、BIC 和 $PRESS$ 等拟合统计量作为比较和评价备选模型的标准。各统计量的表达式和具体比较方法详见1.4一节。非线性回归模型的比较可采用 MSE、R^2、R_a^2、AIC、BIC 和 $PRESS$ 等6种拟合统计量。

(4)模型的残差分析

有关线性回归模型的残差分析在1.5一节做了介绍。关于非线性回归模型的残差图分析也可参照线性回归模型方法进行。需要指出的是，如果通过模型的残差分析发现存在异常点，则必须剔除这些异常点，并对模型重新进行参数估计、模型比较和统计推断，直至满足要求为止。

(三)模型的检验

模型检验是线性、非线性回归分析的最后一项任务。如果回归分析的目的是预测，那么模型的预测精度就需要特别关注。预测精度较高的模型在未来预测中表现会更好。通常，可借助线性回归经验方程计算各观测被解释变量的拟合值，并与实际值进行比较，从而得到模型的精度。但需要注意的是，这个精度仅仅是模型真实精度的一个估计。

所谓模型的真实精度，是指模型在总体(全部数据)上的精度。如果能够拿到全部数据，则计算真实精度便是手到擒来的事情。但遗憾的是，人们通常无法得到总体，只能得到总体中的部分数据，即样本。在这种情形下，可行的方式是利用样本计算模型真实精度的估计值。

那么，如何得到模型真实精度的准确估计呢？比较自然的想法是，用模型在全体观测上的精度作为模型真实精度的估计。但遗憾的是，这个精度往往是对模型真实精度的乐观估计，并不能作为模型真实精度的准确估计。原因在于，模型建立在已有样本上，它必将最大限度地反映已有样本的"核心行为"，这是模型建立和参数估计的重要原则。但由于样本抽取的随机性，模型在已有样本上表现优秀，并不意味着在其他样本或未来样本上仍然表现良好。因此，基于全体观测计算出的精度与真实精度相比是偏高的。为了评价这个精度与真实精度的偏差究竟有多大，需进行模型检验。

模型检验的通常做法是：在建立模型前，将已有的全部观测随机划分成两部分，一部分用于建立和拟合模型，为拟合样本集；另一部分用于模型精度的估计，称为检验样本集。将建立在训练样本集上的模型在测试样本集上的精度，作为模型真实精度的估计。如果模型在测试样本集上仍有较好的预测表现，那么就有理由认为该模型能够反映全部数据的"核心行为"，且具有一般性和稳健性，可用于对未来数据的预测。反之，则不可。

上述将全部观测随机划分为拟合样本集和检验样本集的方法，称为数据分割检验法。数据分割检验法并不完美。原因是当样本量不大时，分割后的拟合样本集和检验样本集会更小，这无疑给建模带来很大影响。为此，人们提出了模型的交叉验证法（cross valida-tion）和重抽样自举法（bootstrap），以有效解决小样本集的划分问题。

①交叉验证法。设总的样本容量为 n。交叉验证法，首先将样本随机划分成不相交的 N 组，称为 N 折，然后令其中的 -1 组为拟合样本集，用于建立模型，剩余的 1 组为检验样本集，用于计算模型的预测误差，反复进行组的轮换。

②重抽样自举法。设总的样本容量为 n，重抽样自举法，从 n 个样本中随机有放回地抽取 n 个样本组成自举样本（其中有重复样本），构成拟合样本集，用于建立模型。

检验样本集可为原来的总样本集。但由此计算的模型误差仍是偏乐观的，因为检验样本集与拟合样本集存在交集。改进的策略是，由那些未进入拟合样本集的样本组成鲜艳样本集，并如此反复 m 次，且以 m 个模型误差的平均值作为模型真实误差的相对准确的估计值。

模型的检验内容包括：模型的主观评价（subjective assessment）、视图分析（visual tech-nique）、预测偏差分析（deviance measure）和统计检验（statistical test）等。

（1）模型的主观评价

模型的主观评价由相关研究领域的专家从专业角度判断所建模型的合理性。

（2）视图分析

检验模型性能的最有效方法之一就是利用独立样本数据绘制各自变量及模型估计值（$\hat{y}_i$）与模型残差值的散点图，具体分析方法与所介绍的残差分析方法相似。有时也采用观测值（y_i）与相应的模型估计值（$\hat{y}_i$）绘制散点图进行分析，但多数情况是利用模型估计值（$\hat{y}_i$）与模型残差值之间的散点图。

（3）偏差统计量

独立检验过程中，利用独立检验样本数据，通过以下几种偏差统计量作为比较和评价模型预测能力的指标。

①平均偏差 ME。

$$ME = \sum_{i=1}^{n} \left(\frac{y_i - \hat{y}_i}{n} \right) \tag{46}$$

②平均绝对偏差 MAE。

$$MAE = \sum_{i=1}^{n} \left| \frac{y_i - \hat{y}_i}{n} \right| \tag{47}$$

③平均相对偏差 $ME\%$。

$$ME\% = \frac{1}{n} \sum_{i=1}^{n} \left(\frac{y_i - \hat{y}_i}{y_i} \right) \times 100 \tag{48}$$

④平均相对偏差绝对值 $MAE\%$。

$$MAE\% = \frac{1}{n} \sum_{i=1}^{n} \left| \frac{y_i - \hat{y}_i}{y_i} \right| \times 100 \tag{49}$$

如果样本的观测值的量纲很小（$y_i \rightarrow 0$）时，式（4-9）可采用下式。

$$MAE\% = \frac{1}{n} \sum_{i=1}^{n} \left| \frac{y_i - \hat{y}_i}{\bar{y}} \right| \times 100 \tag{50}$$

式中 y_i——实测值；

$\hat{y}_i$——模型预估值；

$\bar{y} = \sum \dfrac{y_i}{n}$ ；

n——样木数。

这4个模型预测的偏差统计量作为反映模型预估效果优劣的指标，分析者将选择 ME、MAE、$ME\%$ 和 $MAE\%$ 值小的模型作为最佳模型。

(4)统计检验

利用独立检验样本数据，通过计算模拟效率(modelling efficiency)和预估精度以及置信椭圆 F 检验等方法对模型进行统计检验。

①模拟效率 EF。

$$EF = 1 - \frac{\sum_{i=1}^{n}(y_i - \hat{y}_i)^2}{\sum_{i=1}^{n}(y_i - \bar{y}_i)^2} \tag{51}$$

备选模型的模拟效率 EF 值越大，预测精度越高。

②预估精度 P。

$$P = \left(1 - \frac{t_{0.05}S_{\bar{y}}}{\hat{\bar{y}}}\right) \times 100\% \tag{52}$$

其中 $S_{\bar{y}} = \sqrt{\dfrac{\sum(y_i - \hat{y}_i)^2}{n(n-2)}}$ 。

③置信椭圆 F 检验。利用检验样本的实测值 y_i 与模型预估值 $\hat{y}_i$ 之间作线性回归统计假设检验，即建立线性方程 $y_i = a + b\hat{y}_i$，并对参数 $a=0$，$b=1$ 作置信椭圆 F 检验，一般称作 $F(0, 1)$ 检验。

建立实测值 y_i 与模型预估值 $\hat{y}_i$ 之间一元线性回归方程。

$$y_i = \alpha + \beta\hat{y}_i + \varepsilon_i \tag{53}$$

由检验数据 $(x_i, y_i)(i=1, 2, \cdots, n)$，采用最小二乘法求得回归系数 α 和 β 的估计值 a 和 b，并计算出回归标准差($S_{y.x}$)、回归标准误($S_{\bar{y}}$)、误差限(Δ)及相对误差限($E\%$)。

$$S_{y.x} = \sqrt{\frac{\sum(y_i - \hat{y}_i)^2}{n-2}} \tag{54}$$

$$S_{\bar{y}} \sqrt{\frac{\sum(y_i - \hat{y}_i)^2}{n(n-p)}} \tag{55}$$

$$\Delta = t_{0.05}S_{\bar{y}} \tag{56}$$

$$E\% = \left(1 - \frac{\Delta}{\bar{y}}\right) \times 100 \tag{57}$$

模型的预估精度 $P\%$ 为

$$P\% = 100 - E\% = \left(1 - \frac{t_{0.05}S_{\bar{y}}}{\hat{\bar{y}}}\right) \times 100 \tag{58}$$

置信椭圆 F 检验则是在置信水平取为 $1-\alpha$ 时，对回归模型系数 α 和 β 构造联合置信区域，这个区域由下式给出。

$$F = \frac{\frac{1}{2}\left[n(a-\alpha)^2 + 2(a-\alpha)(b-\beta)\sum_{i=1}^{n}\hat{y}_i + (b-\beta)^2\sum_{i=1}^{n}\hat{y}_i^2\right]}{\frac{1}{n-2}\sum_{i=1}^{n}\left[y_i - (a+b\hat{y}_i)\right]^2} \tag{59}$$

从而一次完成对回归系数 $\alpha=0$ 和 $\beta=1$ 的假设检验。

显然，如果实测值（y_i）与预估值（$\hat{y}_i$）完全一致，则 $\alpha=0$，$\beta=1$。但实际上往往不一致。因此，需要检验由检验样本估计的参数 a 和 b 的值与它们的真值之间有无显著差异。令 $\alpha=0$，$\beta=1$，构造 F 统计量。

$$F_{(2,\ n-2)} = \frac{\frac{1}{2}\left[a^2 + 2a(b-1)\sum_{i=1}^{n}x_i + (b-1)^2\sum_{i=1}^{n}x_i^2\right]}{\frac{1}{n-2}\left(\sum y_i^2 - b\sum x_iy_i - a\sum y_i\right)} \tag{60}$$

式中　n——样本数；

　　　y_i——实测值；

　　　$\hat{y}_i$——预估值；

　　　a，b——回归直线的参数。

式（60）服从自由度 $df_1=2$，$df_2=n-2$ 的 F 分布。这个置信区域的边界是以 (a, b) 为中心的椭圆。根据按式（60）计算的 F 值与 α 显著水平下的理论 F_α 值，来判断模型的适用性。当检验结果无显著差异时，则模型适用于观测数据；反之，模型具有较大误差，不能适用，需进行修正或重新建模。

四、高级回归模型简介

近年来，发展出许多统计学方法来处理模型的参数估计问题，这些统计学方法有可能成为生物数学模型建模的有用工具。本节将主要介绍回归分析方法的最新内容，并介绍其中蕴含的统计思想及其应用。

（一）广义线性模型

一般线性模型用于分析服从正态分布的连续数值型被解释变量（因变量）与各类解释变量（自变量）之间的数量变化关系。但在实际应用中研究解释变量如何对一个分类型变量产生影响还有相当多的问题。例如，研究不同树木状态时，树木的大小、竞争和立地因子作为解释变量，是否将存活（如 1 表示存活，0 表示死亡）作为被解释变量。此时，被解释变量是一个典型的二分类型变量。此外，还有许多问题研究解释变量如何对一个计数变量产生影响。例如，树木枝条数量受哪些因素的影响，森林火灾发生频次与哪些因素有关等。

对上述问题采用一般线性回归模型研究时，最直接的问题是不再满足一般线性回归模型对被解释变量取值和分布的要求。由于一般线性模型中解释变量的分布和取值均没有限制，因此解释变量的系数的线性组合可取到$(-\infty, +\infty)$的所有可能值，这意味着被解释变量的取值连续且没有范围限制。此外，误差项也不再满足高斯-马尔科夫定理(无偏线性最优估计)。为解决这类问题，较为直接的做法是被解释变量进行变换处理，使其满足一般线性模型的假定后再建立模型。那么，对不同类型的被解释变量应进行怎样的变换，做怎样的变换才能够确保建立的回归模型的回归系数仍具有实际意义，是需要关注的重要方面。

(1)一般线性模型

假定有 n 个观测值 $y_1, \cdots, y_n$，同时有一组解释变量 $x_{11}, x_{12}, \cdots, x_{1p}, x_{21}, \cdots, x_{2p}, \cdots, x_{n1}, \cdots, x_{np}$。构造的一般线性模型如下。

$$y_i = \sum_{j=1}^{p} x_i \beta_i + e_i \tag{61}$$

式中 $\beta_1, \beta_2, \cdots, \beta_p$——未知的固定效应参数；

e——未知独立一致正态分布随机误差向量，$e \sim N(0, \sigma^2)$；

σ^2——方差。

将上述模型写成矩阵表达式如下。

$$\begin{cases} y = X\beta + e \\ e \sim N(0, \sigma^2) \end{cases} \tag{62}$$

在一般线性模型中，总是要求模型误差 e 的各个分量是不相关的，并且具有相同的方差 σ^2，即协方差满足条件 $Cov(e) = \sigma^2 I$。但不等方差的情况是经常存在的，在这种情况下协方差应满足条件 $Cov(e) = \sigma^2 R$。

一般线性模型写成矩阵形式如下。

$$\begin{cases} y = X\beta + e \\ e \sim N(0, \sigma^2 \boldsymbol{R}) \end{cases} \tag{63}$$

式中 y——$n \times 1$ 维观测向量；

X——$n \times p$ 维设计矩阵；

β——$p \times 1$ 维向量；

e——$n \times 1$ 维误差向量；

N——正态分布；

σ^2——方差；

$\boldsymbol{R}$——相关矩阵。

一般来讲 $\boldsymbol{R}$ 有以下两种形式。

$$方差不齐性\ \boldsymbol{R} = \begin{bmatrix} \sigma_1^2 & 0 & \cdots & 0 \\ 0 & \sigma_2^2 & \cdots & \cdots \\ \vdots & \vdots & \vdots & 0 \\ 0 & \cdots & 0 & \sigma_n^2 \end{bmatrix} \qquad 观察值存在自相关\ \boldsymbol{R} = \begin{bmatrix} \sigma_1^2 & \sigma_{12} & \cdots & \sigma_{1n} \\ \sigma_{21} & \sigma_2^2 & \cdots & \cdots \\ \vdots & \vdots & \vdots & \vdots \\ \sigma_{n1} & \cdots & \cdots & \sigma_n^2 \end{bmatrix}$$

此时，一般线性模型的参数估计方法为广义最小二乘法（GLS）、最大似然估计法（MLE）和广义矩估计法（GMM）。其中，对于具有自相关的线性模型，一般采用 $AR(1)$ 和 $ARMA(1, 1)$ 来表达其误差结构矩阵。

（2）广义线性模型

广义线性模型中被解释变量的变换函数称为连接函数，记为 $L(y)$。顾名思义，连接函数的作用是连接被解释变量与解释变量。找到一个恰当的 $L(y)$，将被解释变量和解释变量联系起来，且有 $L(y) = \beta_0 + \beta_1 x_1 + \beta_2 x_2 + \cdots + \beta_p x_p + \varepsilon$，这就是广义线性模型的一般形式。其中，被解释变量 y 可以不服从正态分布，只需服从指数型分布族中的二项分布、多项分布、泊松分布等即可。

广义线性模型是一般线性模型的直接推广，它使因变量的总体均值通过一个非线性连接函数（link function）而依赖于线性预测值，同时还允许响应概率分布为指数分布族中的任何一员。许多广泛应用的统计模型均属于广义线性模型，如 Logistic 回归模型、Probit 回归模型、Poisson 回归模型、负二项回归模型等。广义线性模型包括以下 3 个组成部分。

①线性成分（linear component）。

$$\eta_i = \beta_0 + \beta_1 x_{1i} + \beta_2 x_{2i} + \cdots + \beta_m x_{mi}$$

②随机成分（random component）。

$$\varepsilon_i = Y_i - \eta_i$$

③连接函数（link function）。

$$\eta_i = g(\mu_i)$$

连接函数为一单调可微（连续且充分光滑）的函数（附表 1）。

广义线性模型的参数估计一般不能用最小二乘估计，常用广义最小二乘法 GLS，最大似然法 MLE 估计或广义矩估计法 GMM。

附表 1　因变量常见分布及其连接函数

分布	概率密度（概率函数）及其主要参数	连接函数
正态分布	$f(y) = \dfrac{1}{\sqrt{2\pi}\,\sigma} \exp\left[-\dfrac{1}{2}\left(\dfrac{y-\mu}{\sigma} \right)^2 \right]$ for $-\infty < y < \infty$ $\varPhi = \sigma^2$ scale $= \sigma$ $\mathrm{var}(Y) = \sigma^2$	Identity （恒等函数） $\eta = \mu$

（续）

分布	概率密度(概率函数)及其主要参数	连接函数
逆高斯分布	$f(y) = \dfrac{1}{\sqrt{2\pi y^3}\,\sigma} \exp\left[-\dfrac{1}{2y}\left(\dfrac{y-\mu}{\mu\sigma}\right)^2\right]$ for $0<y<\infty$ $\Phi = \sigma^2$ scale $= \sigma$ $\text{var}(Y) = \sigma^2\mu^3$	Inverse Squared (平方的倒数) $\eta = \mu^{-2}$
伽玛分布	$f(y) = \dfrac{1}{\tau(\upsilon)y}\left(\dfrac{y\upsilon}{\mu}\right)^{\upsilon}\exp\left(-\dfrac{y\upsilon}{\mu}\right)$ for $0<y<\infty$ $\Phi = \upsilon^{-1}$ scale $= \upsilon$ $\text{var}(Y) = \dfrac{\mu^2}{\upsilon}$	Inverse(倒数) $\eta = \mu^{-1}$
Poisson 分布	$f(y) = \dfrac{\mu^y \mathrm{e}^{-\mu}}{y!}$ for $= 0,\ 1,\ 2,\ \cdots$ $\Phi = 1$ $\text{var}(Y) = \mu$	Log(对数) $\eta = \lg(\mu)$
二项分布	$f(y) = \dbinom{n}{r}\mu^r(1-\mu)^{n-r}$ for $y = \dfrac{r}{n}$, $r = 0,\ 1,\ 2,\ \cdots,\ n$ $\Phi = 1$ $\text{var}(Y) = \dfrac{\mu(1-\mu)}{n}$	①Logit: $\eta = \ln\left(\dfrac{\mu}{1-\mu}\right)$ ②Probit: $\eta = \Phi^{-1}(\mu)$
负二项分布	$f(y) = \dfrac{\Gamma(y+1/k)}{\Gamma(y+1)\,\Gamma(1/k)}\dfrac{(k\mu)^y}{(1+k\mu)^{y+1/k}}$ for $y = 0,\ 1,\ 2,\ \cdots$ dispersion $= k$ $\text{var}(Y) = \mu + k\mu^2$	Log(对数) $\eta = \lg(\mu)$

(3)具有自相关误差结构的广义线性模型

在研究树木生长过程中，经常要处理在一个时间序列上所观测的数据，所以第 i 个时间点的观测误差不可避免地受时间因素影响(例如，气候条件和病虫害等外界因素都随时间的推移而变化，而树高又受这些因素的影响)，因而可以把观测误差的各个分量看成一个时间序列。本节考虑一个最简单的情况，以固定时间间隔记录的观测数据，相应的广义线性模型的观测误差形成一个一阶自回归模型，而这种时间序列的关系，可以帮助我们决定广义线性模型中的误差结构矩阵。对于具有自相关误差结构的广义线性模型，通常采用 $AR(1)$、$MA(1)$ 和 $ARMA(1,1)$ 来表达其误差结构矩阵，其中 $AR(1)$ 占主导地位。

（二）混合效应模型

混合效应模型是一类非常重要的统计模型，在处理重复测量数据（如纵向数据、Panel 数据）、区组数据以及空间相关数据时，它具有独特的优势。混合效应模型可以根据数据本身的结构特点，较为灵活地选择其协方差阵的结构。因此，线性混合模型得到了生物、医学、经济、金融、环境科学、抽样调查及工程技术等领域研究人员越来越广泛的关注和应用。

在林业中，经常需要处理重复测量数据。如固定样地胸径和树高的连年观测数据间并不是相互独立的，存在一定的相关性。许多观测数据通常具有多层次性（多水平），如林分—树木—枝条等的嵌套结构。在处理这类数据时，混合效应模型具有独特的优势，可以根据数据本身的结构特点较为灵活地选择协方差矩阵结构和自相关矩阵结构。

1. 混合效应模型概念

（1）固定效应模型（fixed-effects models，FEM）

固定效应模型是一种面板数据分析方法。它是指实验结果只想比较每一自变项之特定类目或类别间的差异及其与其他自变项之特定类目或类别间交互作用效果，而不想依此推论到同一自变项未包含在内的其他类目或类别的实验设计。固定效应回归是一种空间面板数据中随个体变化但不随时间变化的一类变量方法。假设所有纳入的研究拥有共同的真实效应量，或者除了随机误差外，所观察效应量均为真实效应量。每个研究的观察效应量差别仅仅是由抽样误差引起，也就是说，每个研究的观察效应量就"等于"其真实效应量。

缺点：在这种模型中，权重的分配主要依赖其精确度，每个研究的权重等于方差的倒数（$W = 1/V$），样本量越大，效应量的方差就越大，那么相应的权重分配就越多。因此大样本的研究对总合并后效应量的贡献值相对于小样本研究就更大，导致小样本研究更容易被忽略，分配的权重也就更少。

（2）随机效应模型（random-effects models，REM）

随机效应模型是经典线性模型的一种推广，就是把原来（固定效应模型）的回归系数看作是随机变量，一般都是假设是来自正态分布。随机效应最直观的用处就是把固定效应推广到随机效应。这时随机效应是一个群体概念，代表了一个分布的信息或特征，而对固定效应而言，所做的推断仅限于几个固定的（未知的）参数。例如，如果要研究一些水稻的品种是否对产量有影响，如果用于分析的品种是从一个很大的品种集合里随机选取的，那么这时用随机效应模型分析就可以推断所有品种构成的整体的一些信息。这里，就体现了经典的频率派的思想——任何样本都来源于一个无限的群体（population）。REM 的总效应量是各个研究真实效应量的均数值，并非只注重大样本量的研究，而是为了平衡每个研究的效应量注重所有纳入的研究。

混合效应模型（mixed-effects models）：既包含固定效应又包含随机效应的模型称为混合效应模型。

2. 混合效应模型构建

混合模型根据数据类型可以分为单水平混合效应模型和嵌套多水平混合效应模型，本节内容仅对单水平混合效应模型进行介绍。

(1)单水平线性混合效应模型

具体形式为

$$
\begin{cases}
y_{ij} = X_{ij}\beta_i + Zb_i + \varepsilon_{ij} \\
E(b_i) = 0 \\
E(\varepsilon_{ij}) = 0 \\
\mathrm{Cov}(b_i) = G \\
\mathrm{Cov}(\varepsilon_{ij}) = R
\end{cases}
\tag{64}
$$

式中　y_{ij}——某个水平上第 i 个研究对象的第 j 次观测的因变量值；

$\quad\quad \beta_i$——第 i 个研究对象的固定效应参数向量；

$\quad\quad Z$——随机效应参数的设计矩阵；

$\quad\quad b_i$——第 i 个研究对象的随机效应参数向量，且假定 b_i 服从期望为 0、方差—协方差矩阵为 G 的正态分布；

$\quad\quad X_{ij}$——第 i 个研究对象的第 j 次观测的自变量值；

$\quad\quad \varepsilon_{ij}$——误差项，且假定 ε_{ij} 服从期望为 0、方差—协方差矩阵为 R 的正态分布，同时也假定 ε_{ij} 与 b_i 相互独立。

(2)单水平非线性混合效应模型

具体形式为

$$
\begin{cases}
y_{ij} = f(\Phi_{ij},\ X_{ij}) + \varepsilon_{ij} \\
\Phi_{ij} = A_{ij}\beta_i = B_{ij}b_i \\
b_i : N(0,\ G) \\
\varepsilon_{ij} : N(0,\ R)
\end{cases}
\quad (i=1,\ 2,\ \cdots,\ M;\ j=1,\ 2,\ \cdots,\ n_i)
\tag{65}
$$

式中　M——在某个水平上研究对象的个数；

$\quad\quad n_i$——第 i 个研究对象的重复观测次数；

$\quad\quad y_{ij}$——第 i 个研究对象的第 j 次观测的因变量值；

$\quad\quad f$——关于 Φ_{ij} 和 X_{ij} 的非线性函数，其中 Φ_{ij} 为参数向量，Φ_{ij} 与固定效应参数 β_i 和随机效应参数 b_i 呈线性关系；

$\quad\quad \Phi_{ij}$——第 i 个研究对象的第 j 次观测的自变量值，随机效应参数 b_i 服从期望为 0、方差—协方差矩阵为 G 的正态分布；

$\quad\quad A_{ij},\ B_{ij}$——分别为固定效应参数和随机效应参数的设计矩阵；

$\quad\quad \varepsilon_{ij}$——误差项，对于所有的 i、j 下 ε_{ij} 均假定服从期望为 0、方差—协方差矩阵为 R 的正态分布，同时假定随机效应参数 b_i 与误差项 ε_{ij} 相互独立。

在构建混合模型时必须要确定以下内容。

①随机效应参数位置的确定。对不同随机效应参数组合下的全部混合效应模型进行拟合，比较各个模型的拟合优度，即比较赤池信息准则(AIC)、贝叶斯信息准则(BIC)和对数似然值(log likelihood)，AIC、BIC 越小越好，log likelihood 值越大越好，同时对于不同参数个数的模型之间的比较还需要进行似然比检验(LRT)。

②观测数据间的方差—协方差矩阵(R)形式的确定。R 矩阵可用以解决数据内误差项

的相关性问题。常用的 R 矩阵有阶自回归矩阵 $AR(1)$、一阶自回归与滑动平均模型相结合的矩阵 $ARMA(1,1)$ 及复合对称矩阵 CS，通过对比不同 R 矩阵结构下的混合效应模型的拟合优度来选择合适的 R 矩阵结构。

③随机效应的方差—协方差矩阵（G）形式的确定。随机效应的方差-协方差矩阵可反映不同研究对象之间的变化情况。林业上一般常用的 G 矩阵有复合对称矩阵（CS）、对角矩阵 $UN(1)$、广义正定矩阵（UN），选择 G 矩阵的方法类似前面提到的选择 R 矩阵的方法，即通过对比不同 G 矩阵下模型的拟合优度确定合适的 G 矩阵形式。

④混合效应模型参数估计方法的确定。对于线性混合效应模型，主要有广义最小二乘法（GLS）、最大似然法（ML）和限制性最大似然法（REML）；而对于非线性混合模型参数估计，方法较多，包括广义最小二乘法（GLS），最大似然法（ML）、限制性最大似然法（REML）、一阶线性化算法（FO），条件一阶线性化算法（FOCE）和拉普拉斯近似法（LA）等。

3. 混合效应模型预测

当 G 矩阵和 R 矩阵已知时，$\hat{\beta}_i$ 是 β_i 的无偏估计值，$\hat{b}_i$ 是 b_i 的无偏预测值，但大多数情况下，G 和 R 均为未知矩阵，可以利用限制性最大似然法获得它们的无偏估计 $\hat{G}$ 和 $\hat{R}$。这时 $\hat{\beta}_i$ 是 β_i 的经验线性无偏最优估计，$\hat{b}_i$ 是 b_i 的经验线性无偏最优预测。

混合效应模型中固定效应部分的检验与传统检验方法相同。然而随机效应部分的检验则需要重新计算随机效应参数值，可利用二次抽样获得小数据集或全部数据计算对应的随机效应参数的值，具体的计算公式如下：

$$\hat{b}_i = \hat{G}_i \hat{Z}_i^{\mathrm{T}} (\hat{Z}_i \hat{G}_i \hat{Z}_i^{\mathrm{T}} + \hat{R}_i) \hat{e}_i \tag{66}$$

式中　i——第 i 个研究对象；

$\hat{G}_i$，$\hat{Z}_i$，$\hat{R}_i$——为第 i 个研究对象的随机效应的方差—协方差矩阵、随机效应参数
　　　　　　　的设计矩阵和误差项的方差—协方差矩阵；

$\hat{e}_i$——实际观测值与利用固定效应参数计算得到的预测值的差值。

（三）似乎不相关回归模型

似乎不相关回归（seeming unrelated regression）是由多个回归方程组成的方程组，它与多元回归模型的区别在于允许各方程存在不同的自变量，这样的特性给统计建模带来很大的灵活性。同时，SUR 在参数估计过程中既考虑到异方差性，又考虑到不同方程的误差项的相关性，使参数估计效率在满足某些适当条件的情况下，较对各个方程分别进行参数估计的传统方法得到改进。假定 N 为样本数，y 为因变量，p 个自变量 $x(k=1, 2, \cdots, p)$，m 个非线性或线性方程如下。

$$\begin{aligned}
y_1 &= f_1(x_1, \ \beta_1) + \varepsilon_1 \\
y_2 &= f_2(x_2, \ \beta_2) + \varepsilon_2 \\
&\cdots \\
y_m &= f_m(x_m, \ \beta_m) + \varepsilon_m
\end{aligned} \tag{67}$$

式中　y_i，ε_i——$N\times1$ 向量；

x_i——$N×k$ 矩阵；

β_i——$k_i×1$ 维向量。

假定模型误差项 $\varepsilon_{ir}(i=1, 2, \cdots, j, \cdots, m$ 和 $r=1, 2, \cdots, s, \cdots, N)$在时间序列上是独立的，但方程之间具有相关性。因此，假设当 $r \neq s$ 时，$E(\varepsilon_{ir}, \varepsilon_{js}|x)=0$，反之 $E(\varepsilon_{ir}, \varepsilon_{jr}|x)=\sigma_{ij}$。$\sum=(\sigma_{ij})$代表每个观测的 $m×m$ 条件方差矩阵，ε_i 的协方差矩阵将等于 $\Phi=E(\varepsilon'\varepsilon|x)=\sum \otimes I_N$。

SUR 模型的参数估计通常按以下 3 个步骤进行。

第一步：用 OLS 法分别估计每个方程，计算和保存回归中得到的残差 $\hat{e}_i$。

第二步：用这些残差来估计扰动项方差和不同回归方程之间的协方差，即 $\sum$ 矩阵中的各元素，如 $\hat{\sigma}_{ij}=(\hat{\varepsilon}_i'\hat{\varepsilon}_j)/N$。

第三步：上一步估计的协方差矩阵 $\Phi=E(\varepsilon'\varepsilon|x)=\sum \otimes I_N$ 矩阵被用于执行广义最小二乘法(GLS)，得到各方程参数的广义最小二乘法估计值。

$$\hat{\beta}=\left[x'\left(\sum{}^{-1} \otimes I_N\right)x\right]^{-1}x'\left(\sum{}^{-1} \otimes I_N\right)y \tag{68}$$

和

$$Cov(\hat{\beta})=\sigma^2\left[x'\left(\sum{}^{-1} \otimes I_N\right)x\right]^{-1} \tag{69}$$

假设误差项 ε_{ir} 是均匀分布时，对于小样本的估计量是无偏的。对于大样本数据来说，其接近于正态分布，因此估计量也是无偏的。在下面两种情况下，似乎不相关回归与分别运行普通最小二乘法(OLS)的结果相同：若各方程之间的协方差都等于 0；若各方程的自变量都相同，并且每个自变量的每个观测值也相同。

(四)度量误差模型

通常的回归模型，总是认为解释变量(自变量)的观测值不含有任何误差，而被解释变量(因变量)的观测值含有误差。因变量的误差可能有各种来源，如抽样误差、观测误差等。但是在实际问题中，往往自变量的观测值也可能含有各种不同的误差。当然在所有的模型中，都假定这些误差是随机误差，即这些误差的期望或条件期望等于零，否则应该另选模型。这种随机误差统称为度量误差。当解释变量(自变量)和被解释变量(因变量)的观测值中都含有度量误差，使得通常回归模型方法不再适用。度量误差模型(measurement error model，MEM)与回归模型类似，都是根据观测值求模型的未知参数。度量误差模型与回归模型的不同在于：在度量误差模型中，变量之间成函数关系，而对变量的观测值可能存在或不存在误差。这样，把变量成两类：观测值含随机误差的变量，称作含误差变量(error-in-variable) 或 内生变量(endogenous)和观测值不含随机误差的变量，称作无误差变量(error-out-variable) 或 外生变量(exogenous)。在度量误差模型中，观测值含随机误差称为"度量误差"。

对度量误差模型来说，被解释变量和解释变量的观测值都可能含有度量误差，因此，区分因变量和自变量已没有意义。但是全部变量仍可以分为两类：一类变量是它不可能被精确观测，其观测值含有度量误差；另一类变量是它总被精确观测，其观测值不含有度量误差。通常回归模型因变量观测含有度量误差；自变量是它的观测值是不含度量误差的变量。观测值是否含有误差，在模型参数的估计时所起的作用本质不同。

度量误差模型包括：线性度量误差模型和非线性度量误差模型。非线性度量误差模型从两个方面拓展了线性度量误差模型：模型可以是非线性的；方程组内的每一个方程的变量（包括误差变量、无误差变量）可能不完全相同。不同方程的参数可能有部分相同，而且，非线性度量模型也从两个方面拓展了线性联立方程组：模型可以是非线性的；方程个数可以小于或等于误差变量个数。非线性度量误差模型是一个功能强大应用广泛的模型。根据方程个数与含误差变量个数的关系，非线性度量误差模型可以分为以下两类。

①当内生变量个数等于方程个数时，称为非线性误差变量联立方程组，非线性误差变量联立方程组是非线性度量误差模型的特殊情况。

②当内生变量个数大于方程个数时，称为非线性度量误差模型，此时必须知道误差结构矩阵才能算出模型参数。

非线性度量误差模型的标准形式或一般形式如下。

$$\begin{cases} f(y_i, \ x_i, \ \beta) = 0 \\ Y_i = y_i + \varepsilon_i \\ E(\varepsilon_i) = 0 \\ Cov(\varepsilon_i) = \sigma^2 \Phi \end{cases} \tag{70}$$

式中　$1 \times p$ 维向量 $x_i = (x_1, \ x_2, \ \cdots, \ x_p)$——没有误差的变量；

　　　$1 \times p$ 维向量 y_i——真值为 y_i 的观测值，且 $y_i = (y_1, \ y_2, \ \cdots, \ y_p)$，是含有误差的变量，$i = 1, \ 2, \ \cdots, \ p$；

　　　$\sigma^2 \Phi$——$p \times p$ 正定矩阵，未知或已知其结构（Φ 称为其结构）；

　　　$k \times 1$ 维向量 β——参数。

协方差 Φ 有两种类型：在已知含误差变量的度量误差是独立等方差时选用基本型 SI，否则选用两步估计 TSME。

第一步：假设 $\Phi = I$（单位矩阵），用最小二乘法（OLS）最小化目标函数。$F = \sum_{i=1}^{n} (Y_i - y_i)(Y_i - y_i)'$ 来估计模型参数，并计算出模型估计值 $\hat{y}_i = x_i \hat{\beta}$。

第二步：先计算出协方差 $\hat{\Phi} = \dfrac{\sum (Y_i - \hat{y})'(Y_i - \hat{y}_i)}{N - P}$，然后，再利用这个协方差，通过最小化函数 $F = \sum (Y_i - \hat{y}_i) \hat{\Phi}^{-1} (Y_i - \hat{y}_i)'$ 来估计模型参数，最后计算估计值 $\hat{y}_i = x_i \hat{\beta}$。

附录 2 非木质森林资源调查

一、非木质森林资源概述

(一)非木质森林资源的定义与类型

1. 资源的定义与类型

资源是指人类可以利用并产生使用价值的物质和资料的总称，是以人类为核心、与人类社会发展密切相关，可被直接利用或具有潜在利用性的内容，包括矿产、森林、水力、海洋、生物等自然资源以及信息、人力等社会资源。

自然资源是可以被人类利用的自然状态的物质。对自然资源可以作狭义和广义两方面理解。狭义的自然资源仅指可以被人类利用的自然物，广义的自然资源则要延伸到这些自然物所赖以生存、演化的生态环境。最有代表性的广义解释是联合国环境规划署于 1972 年提出的："所谓自然资源，是指在一定时间条件下，能够产生经济价值以提高人类当前和未来福利的自然环境因素的总和"。其中，植物资源是自然资源中重要的组成部分。我国著名学者吴征镒等把我国植物资源按用途划分为食用植物资源、药用植物资源、工业用植物资源、保护和改造环境用植物资源、种质资源等五大类。

食用植物资源指直接或间接为人类食用的植物资源，即可直接食用或其产品可被人类食用的植物资源。食用植物资源主要包括淀粉植物资源、蛋白类植物资源、食用油脂植物资源、维生素植物资源、饮料植物资源、食用色素植物资源、食用香料植物资源、植物甜味剂植物资源和饲料植物资源等。

药用植物资源指在一定社会和经济条件下，被人们认识的、并可能加以开发利用的植物资源中对人体具有医疗、保健作用，以及具有杀虫、杀菌、除草等功效的各种植物的总称。其主要特点是含有生物活性物质，在医学上可用于防病治病。

2. 非木质森林资源的定义

对于木材以外的森林资源，我国学者在研究中多称其为非木质森林资源(non-timber forest resources)，国外研究学者使用非木材林产品(non-timber forest products)的较多，还使用非木质林产品、林副产品(minor forest products)、多种利用林产品和特殊林产品等名称。非木质森林资源和非木材林产品在本质上是一样的，非木质森林资源的范围更广。非木质森林资源第一次被提出并使用是在 1989 年，当时被定义为"人类从森林中获取的除木材之外的所有生物资源"。不同研究者对非木质森林资源有着不同的定义，这取决于研究者的研究方向和目的。联合国粮食及农业组织(FAO)在泰国曼谷召开的"非木材林产品专家磋商会"上，将非木材林产品定义为"森林中或任何类似用途的土地上生产的所有可更新的产品(木材、薪材、木炭、石料、水及旅游资源不包括在内)，主要包括纤维产品、可食用产品、药用植物及化妆品、植物中的提取物、非食用性动物及其产品等"。FAO 把非木材林产品划分为两大类，即适合于家庭自用的产品种类和适合于进入市场的产品种类。前者是指森林食品、医疗保健产品、化妆品、野生动物蛋白质和木本食用油等；后者是指竹藤编织制品、食用菌产品、昆虫产品(蚕丝、蜂蜜、紫胶等)、森林天然香料、树汁、树脂、树胶、糖汁和其他提取物等。从广义角度看，还包括食用性动物、森林景观及旅游资源等。

3. 非木质森林资源的类型

根据国际上常用的分类方法，结合我国实际情况，在调查中将非木质森林资源按以下方法进行类型划分：

(1)按生命周期划分

McCormack(1998)把非木质森林资源分为多年生资源、多年生物种的周期性产品和一年生物种。多年生资源包括乔木资源(如树脂、树皮等)和非乔木资源(攀缘植物和非攀缘植物，如棕榈、竹子等)。多年生物种的周期性产品包括浆果、坚果、种子、叶子等；一年生物种包括草本植物、食用菌类等。

(2)按用途划分

根据目前我国对非木质森林资源利用的情况，可以把非木质森林资源分为以下几类。

①木本油料，如油茶、文冠果、木姜子、马桑等。

②木本脂、生漆、蜡、虫胶，如油桐、漆树等。

③林产香料，如山苍子油、桉油等。

④浆果，如中华猕猴桃、沙棘、树莓、越橘、无花果等。

⑤食用菌和山野菜，如松茸、木耳、双孢蘑菇、蕨菜、蒲公英等。

⑥坚果，如山核桃、榛子、松籽等。

⑦森林药材，如天麻、杜仲、小连翘、荨麻、金莲花等。

⑧森林饲料，如松针粉饲料等。

⑨竹藤产品，如笋、藤制品等。

⑩森林花卉等。

(二)非木质森林资源特点

非木质森林资源的调查相对于木材资源来说更为复杂，不同资源的种类性质也各不相同，不仅具有不同的分布模式，其计量方式也有所不同。归纳起来非木质森林资源有以下特点。

①稀有性。非木质森林资源的储量与分布差异较大，有些非木质森林资源比较稀有(如珍稀菌类与珍贵药材)，在广阔的森林中分布稀少，即使发现，资源在调查区内的分布也不是随机的，而是呈现一定的规律和特征，不能应用传统的资源调查方法，需要选择有针对性的方法来调查。

②隐蔽性。在草本植物和苔藓类调查中，很多资源个体较小或是容易被遮盖住，加大了调查难度与复杂性。

③季节性。非木质森林资源可利用的植株器官有根、茎、叶、花、果实、种子、树皮等，而各器官发育成熟期各不相同，这就要求调查要根据对象选择合适的时机，例如，花的调查适宜在春、夏两季，种子的调查则一般在秋季。

④收获程度。在乔木和灌木资源利用中，对于花、果实、种子、树皮、树枝等采集都是依据人为的经验来控制采集量，没有一定的标准来参考，很难确定整个植株的收获水平。

（三）我国的主要非木质森林资源及分布

我国地域辽阔，不仅覆盖5个气候带，并且地貌类型复杂、森林类型多样，决定了非木质森林资源种类极其丰富。据不完全统计，我国仅林区现存木本植物达1 900余种，其中芳香植物就有340余种；能够被开发利用的植物多达120种，蜜源植物达800余种，经济植物达100余种，药用植物约400种。我国已经开发利用的非木质森林资源的种类较多、产量大，主要包括食用、工业用和药用等类型产品，其中可食用类非木质森林资源产品产量约占世界总产量的75%，工业用非木质森林资源产品产量占世界比重的70%。目前，我国已经开发利用的菌类、山野菜和药用植物等品种过百种，其中榛蘑、松茸、刺嫩芽和人参等数十种产品还大量出口。就药用植物而言，我国有记载的药用植物达11 000余种，约占植物种类的87%。我国作为林化工业生产原料的松香和松节油等非木质林产品的产量一直较高，而且保持着强劲的增长势头。此外，我国非木质林产品竹类产量也较大，每年毛竹产量约5亿根，竹笋产量达160×10^4 t，其他杂竹产量也超过3 000×10^4 t，当量约折合1 000×10^4 m^{3}木材，约占我国年木材采伐量的20%。

我国拥有高等植物约32 800种，占全世界高等植物总数的10%，其种类之多仅次于马来西亚、巴西，列世界第三位。其中苔藓类有106科2 000多种，占世界总科数的70%；蕨类有52科2 600多种，分别占世界总科数的80%和种数的26%；木本植物有近8 000种，其中乔木树种有2 000余种，灌木5 000余种。全世界裸子植物共12科71属750种，我国就有11科34属240多种，针叶树的总种数占世界同类植物的37.8%；被子植物24 000多种，分别占世界总科、属的54%和24%。刘江(2002)研究表明，在30 000多种高等植物中，有50%~60%为我国所独有，其中水杉、银杉、珙桐、台湾杉、银杏、百山祖冷杉、香果树等为我国特有珍稀物种。现按自然地理分区，扼要介绍我国野生植物资源分布状况。

(1)东北区

东北区包括黑龙江、吉林、辽宁3省和大兴安岭以东内蒙古自治区的一部分。东北区包括寒温带和温带的部分地区，气候寒冷，雨热同季，日照充足，降水量适中，土壤肥沃，冻土多，沼泽多，适于耐寒性较强的野生植物生长。该区的主要野生植物资源有山葡萄、越橘、山楂、山杏、猕猴桃、刺梨、刺玫、蔷薇、秋子梨、五味子、山荆子、悬钩子、紫草、乌拉草、人参、细辛、甘草、玫瑰、狭叶杜香、藿香、五肋百里香、铃兰、文冠果、月见草、苍耳、胡枝子、龙须草、马蔺、蕨菜、橡子、芡实、茜草、红花、金莲花、薇菜、刺龙牙、山芹菜等。

(2)华北区

华北区以河北、山西两省为主，还包括山东省的全部，陕西、甘肃、河南、辽宁等省的大部分地区。本区属暖温带，气候特点为夏热多雨，冬季晴燥，春季多风沙，秋季短促。土壤在平原和高原多为原生或次生的褐色土，弱碱性，富含钙质；海滨和较干旱地区常有盐碱土；山地和丘陵地为棕色森林土，中性至微酸性、耕垦历史悠久，自然生物群落改变极大。该区的主要野生植物资源有酸枣、君迁子、山楂、山桃、山杏、山葡萄、猕猴桃、树莓、枸杞、桔梗、党参、河北知母、苍术、防风、玫瑰、紫穗槐、藿香、香紫苏、五肋百里香、黄花蒿、铃兰、文冠果、苍耳、胡枝子、水烛、马蔺、麦蓝菜、芡实、菱角、钩吻、百合、拳参、金樱子、紫草、茜草、金莲花、黄花乌头、紫珠、京山梅花、薇菜等。

（3）黄土高原区

黄土高原区位于黄河中游，西起日月山，东至太行山，北界长城，南抵秦岭，地跨青海、甘肃、宁夏、内蒙古、陕西、山西、河南7省（自治区）。该区的主要野生植物资源有枸杞、酸枣、黄蔷薇、野古草、甘草、知母、山丹、沙参、薪蒌、飞燕草、苦参、细叶柴胡、山荆子、湖北海棠、山楂、西伯利亚杏、猕猴桃、沙棘、掌叶大黄、文冠果、皱叶酸模、鸡树条等。

（4）西北区

西北区指大兴安岭以西，黄土高原和昆仑山以北的广大干旱和半干旱的草原和荒漠地区，包括宁夏和新疆全部，河北、山西、陕西3省北部，内蒙古、甘肃大部和青海的柴达木盆地。本区干旱少雨，风沙大，土壤盐渍化强烈，东部高原平坦，西部盆地宽阔。该区的野生植物资源主要有沙拐枣、麻黄、蒙古扁桃、西伯利亚杏、枸杞、沙棘、山楂、树莓、野苹果、山荆子、酸枣、甘肃当归、新疆紫草、陕西软冬花、甘草、党参、冬虫夏草、文冠果、胡枝子、马蔺、茜草、红花、飞燕草等。

（5）华中区

华中区指秦岭淮河一线以南，北回归线以北，云贵高原以东的我国广大亚热带地区，包括汉中盆地、四川盆地、长江中下游、广东和广西北部、台湾北部和福建大部。华中区位于副热带高压带的范围，世界上同纬度的其他地区多为干燥的荒漠，但我国亚热带地区由于季风环流势力强大，行星风系环境系统被改变，形成了温暖湿润的气候，发育了常绿阔叶林为主的植被。该区的野生植物资源主要有猕猴桃、刺梨、山葡萄、茅莓、天仙果、山楂、锥栗、茅栗、豆梨、湖北海棠、湖北厚朴、红花、五味子、远志、白木香、使君子、玫瑰、灵香草、黄花蒿、木竹子、龙须草、百合、石蒜、金合欢、田菁、金樱子、常春藤、薯莨、苏木、冻绿、密蒙花、栀子、大金鸡菊、华南云实、火烧花、掌叶悬钩子、野甘草等。

（6）南方区

南方区包括北回归线以南的广西壮族自治区、广东省南部，福建省福州以南的沿海狭带以及台湾省南端、海南岛和南海诸岛。本区为热带，其气候特点潮湿炎热，夏季长，冬季温和。植被类型属于热带或亚热带季风常绿林或热带雨林。该区的野生植物种类繁多，且资源丰富，野生植物资源主要有五月茶、茅莓、桃金娘、余甘子、岭南酸枣、中华猕猴桃、毛花猕猴桃、广东砂仁、红花、黄花高、香根草、华良姜、野菊、九里香、含笑、龙须草、芡实、石蒜、金合欢、田秀、金樱子、桃金娘、常春藤、薯莨、多蕙柯、冻绿、密蒙花、大金鸡菊、华南云实、舞草、水槟榔、掌叶悬钩子、野甘草等。

(7)云贵高原区

云贵高原区指云南高原、贵州高原以及广西盆地的北部。本区岩溶地貌十分发育，属亚热带高原气候，冬、春两季为旱季，晴朗干燥，很少有雨雾天气；夏、秋两季为湿季，阵雨时行。野生植物资源主要有湖北海棠、刺梨、余甘子、中华猕猴桃、使君子、天麻、石槲、香茅、十里香、九里香、姜味草、灯油藤、木竹子、油渣果、白柯、芡实、钩吻、百合、石蒜、金合欢、魔芋、金樱子、桃金娘、薯莨、冻绿、密蒙花、茜草、华南云实、嘉兰、野甘草等。

(8)青藏高原区

青藏高原区包括西藏自治区、青海省和四川省西部，为世界上最高的高原，被誉为"世界屋脊"。区内山脊海拔超过 6 000 m，山脊间平地或宽或窄，多数为谷地或盆地，有时也扩展成为平原，海拔在 4 000 m 左右。本区属于高寒气候区域，气候特点为寒冷、干燥。有许多地方最高月平均气温不到 10℃，年降水量不到 100 mm。但因地区广阔，自北到南和自西到东差异极大，从高山寒漠景象降到沿江谷地逐渐变为寒温景象。日光极强，水源大部分来自高山积雪，生长季节短。主要土壤类型为高山寒漠土、高山荒漠草原土和高山草甸土。主要野生植物资源有沙棘、越橘、蔷薇、湖北梅棠、刺梨、冬虫夏草菌、掌叶大黄、枸杞、油渣果、马蔺、刺榛、沙枣、皱叶酸模等。

除此之外，全世界现代蕨类植物有 71 科 381 属 10 000~12 000 种，我国蕨类植物约有 63 科 230 属 2 600 种，我国药用蕨类植物约有 49 科 116 属 713 种。我国食用蕨类植物约有 29 科 39 属 95 种，其中约 27 科 34 属 90 种蕨类植物幼嫩的拳卷叶、营养叶或孢囊柄(俗称蕨菜)可被用作时令蔬菜、制成干菜或罐头，约 13 科 13 属 45 种蕨类植物根状茎或茎杆髓部中的淀粉(俗称蕨根淀粉)可被用于制作羹汤、粉条或酿酒。

二、非木质森林资源调查

(一)调查目的

我国的森林资源调查始终侧重于木材资源和林地资源，对林下分布的山野菜、山野菌等非木质资源调查重视不够。随着我国重点国有林区商品材全面停伐，如何通过非木质森林资源提高林区人民收入，是林业工作者面临的重要问题。

非木质森林资源调查是对某一地区的一个或者多个物种进行量化的过程，主要调查因子包括非木质森林资源的种类、数量、面积、分布等。开展非木质资源调查与研究，有助于推进森林生态系统稳定、生物多样性保护与林区社会经济的和谐发展。在实际工作中，非木质森林资源调查目的包括以下几个方面。

①确定非木质森林资源(尤其是已具规模、较有特色或较具潜力的非木质资源)的具体分布区域，不同类型非木质森林资源的起源、数量、可及度等，确定有待开发的非木质森林资源。

②对非木质森林资源进行分类经营，确定不同类型与用途的非木质森林资源优势、市场需求与生产利用情况等。

③调查非木质森林资源的收获程度及收获对生态系统的影响，建立森林经营管理与非木质资源生产能力的关系模型等。

④对非木质森林资源利用产生的社会、经济和文化的作用与影响做出评估，包括正面与负面的影响。如人们日常生活对非木质林产品采集的依赖程度，非木质林产品在当地经济生活中所处的地位，非木质林产品对森林资源管理和生物多样性保护带来的负面影响等。

⑤对非木质森林资源的发展方向、目标与前景进行分析评估。分析不同类型非木质林产品采集数量、质量的变化情况及今后的变化趋势。

⑥分析市场价格波动与非木质森林资源采集活动之间的互动关系、市场前景及经济效益。

⑦了解当地政府针对非木质森林资源的管理活动(政策、措施、项目、税收、技术服务)情况及这些管理活动对村民采集非木质森林资源的影响。

⑧分析在非木质森林资源调查、研究、采集、利用、流通、贸易、发展等方面存在的主要问题。

(二)主要调查内容

根据国际上的分类方法，结合我国的实际情况，我国非木质森林资源调查内容主要包括：

①经济林。是以生产果品、食用油料、饮料、调料、工业原料和药材等为主要目的的森林，是我国五大林种之一，经济林树种的非木质林产品包括果实、种子、花、叶、皮、根、树脂、虫胶和虫腊等。

②木本粮食。代替粮食做家畜粮食饲料；代替粮食做食品、饮品，如槲栎、青冈、木防己、木薯等。

③木本油料。直接榨制食用油，如油茶籽、文冠果、油橄榄等；以干果形式为人们提供脂肪(不可见油)，如核桃、榛子、松籽等。

④水果。如苹果、香蕉、梨、山楂、杜英、杨梅、梅子、山桃等。

⑤调料。包括香料和饮料，如花椒、八角、肉桂、胡椒、草果、山苍子油、桉油、茶叶等。

⑥森林药材。如山茱萸、木瓜、杜仲、厚朴等。

⑦花卉。指有观赏价值的草本植物、灌木以及小乔木，还包括盆景和桩景。

⑧竹藤。以利用竹笋和编制藤制品为主的产品。

⑨林化产品资源。非木质林化产品是指利用非木质森林资源，如树脂、树胶、树叶、树皮、花、果等，经化学和生物加工制备生产的各种产品及其进一步深加工和应用。

⑩食用菌。依食用菌繁殖生长的基物为主，将野生食用菌的生态习性分为 5 类。

a. 木生菌：如侧耳菌、木耳菌、银耳菌和多孔菌科等。

b. 土生食用菌：如羊肚菌、鬼笔属、竹荪属的某些种。

c. 虫生菌：白蚁伞属、冬虫草等。

d. 菌根真菌：如白丝膜菌、牛肝菌科、红菇科等。

e. 粪生菌：如粪鬼伞、双孢蘑菇、大肥菇等。

⑪森林野菜。如蕨菜等。

(三)调查方法概述

本节主要介绍野生植物资源传统的调查方法(李金鹏，2013)。

1. 调查前准备工作

准备工作是顺利完成调查任务的重要基础，具体包括明确调查的范围和内容，调查开始前搜集和分析有关资料，准备调查工具，选定调查方法，制定调查计划等。

(1)确定调查地点和时间

可选择本地有代表性的地方作为调查点。所谓具有代表性，是指在生境和植被方面，能代表本地的生境特点和植被类型。在调查时间安排上，最好选择周年定期的方式，即在每年的4~10月的植物生活期间进行调查。

(2)资料的收集

搜集调查地区有关非木质资源调查、利用现状和历史资料，包括文字资料和各种图件资料(如野生植物资源分布图等)，了解调查地区野生植物资源种类、分布、利用现状以及以前的调查结果。搜集调查地区有关植被、土壤、气候等自然环境条件的文字资料和图件资料，包括植被分布图、土壤分布图等；分析了解调查地区野生植物资源生产的社会经济和技术条件。

(3)调查工具

测量观测用的仪器设备主要有 GPS 定位系统、掌上电脑、森林资源调查仪器、数码相机、罗盘、皮尺、树木测高仪、测绳等。采集标本用设备主要有：采集袋、标本夹、野外记录表、枝剪和各种采集刀、铲具、铅笔、标签等；调查记录表格包括：野外植被调查的样地(样方)记录总表、植物群落野外样地记录总表、乔木层野外样方记录表、灌木层野外样方记录表、草本层野外样方记录表。

2. 现场调查

(1)踏查

踏查是指对调查地区或区域进行全面概括了解的过程，一般通过在有代表性的调查区中，选择地形变化大，植被类型多，植物生长旺盛的地段设置踏查路线进行线路调查，目的在于对调查地区资源分布的范围、气候特征、地形地貌、植被类型、土壤类型以及资源种类和分布的一般规律进行全面了解，踏查应配合各种相关地图资料进行(如植被分布图、土壤分布图、地形图、GIS 数据、遥感影像资料等)，这样可以达到事半功倍的效果。

(2)详查

详查又称全面调查，是在踏查的基础上，详细记录调查区内调查资源的种类、数量、高度、频度、盖度、利用部位的单株重量等情况的过程，是完成资源种类和储量调查的最终步骤。实际工作中详查多是在样方内进行(周应群等，2005)。如姚振生等(2007)对江西九连山自然保护区内的药用植物调查，秦松云等(2011)对重庆的珍稀濒危药用植物资源所进行的调查等。

3. 路线调查

非木质资源的调查是遵循一定的调查路线有规律的进行的，并在有代表性的区域内选择调查样地，进行资源种类及储量的调查。踏查、访问和各种参考图件资料，如地形图、植被分布等，是正确确定调查路线的必要保证。代表性样地的选择既要反映野生植物资源分布的普遍意义，又要反映其集中分布特点。在调查路线上，应按一定的距离，随时记录野生植物资源种类的分布情况，并采集植物标本和需要做实验分析样品。主要方法如下。

(1) 路线间隔法

路线间隔法是野生植物资源路线调查的基本方法，是在调查区域内按路线的选择的原则，布置若干条基本平行的调查路线。采用这种方法的基本条件是地形和植被变化比较规则、野生植物资源分布比较明显，穿插部位有道路可行。调查路线之间的距离根据调查地形和植被的复杂程度、野生植物资源分布均匀程度以及调查精度的要求而决定。

(2) 区域控制法

当调查地区地形复杂、植被类型多样，野生植物资源分布不均匀，无法从整个调查区域按一定间距布置调查路线时，可按地形划分区域，分别按选择调查路线的原则，采用路线间隔法、区域控制法。

4. 访问调查

咨询当地研究机构的相关人员及居民，参照历年资料和调查所得到的资料作估计。这种方法虽然不够精确，但是值得参考。

5. 取样方法

(1) 无样地取样方法

无样地取样法是不设立样方，而是建立中心轴线，标定距离，进行定点随机抽样(如点四分法)。中点象限法也称为中心点四分法，是用来测定调查地段某种群相对密度的一种估测方法。具体方法如下。

①样点选定。在选定调查地块之后，在调查地块内随机布点(样点)。每个调查地段的取样点理论值至少要 20 个点。

②建立象限。将事先准备好的"十字架"中心点与任一样点重合。在地面上构成四个象限。

③测定方法。在每一象限内找到最靠近中心点的个体。

(2) 样地取样方法(样方法)

在一块样地单位上选定样点，将仪器放在样点的中心，水平向正北 0°，东北 45°，正东 90°引方向线，量取相应的长度。则 4 点可构成所需大小的样方。样方数目为：乔木 2 个，灌木 3 个，草本 5 个。记录方法以面积大小为 x 轴，以种数为 y 轴，填入每次扩大面积后所调查的数值。并连成平滑曲线。则曲线上由陡变缓之处相对应的面积就是群落的最小面积。

确定样方面积时，选择具有代表性的小面积统计植物种类数目，并逐步向外围扩大，同时登记新发现的植物种类，直到基本不再增加新种类为止。植物群落调查所用的最适样方大小，乔木和大型灌木层 100~200 m^2，灌木层为 16~40 m^2，草本层为 1~4 m^2。面积扩大的方法主要有以下3种。

①从中心向外逐步扩大法。通过中心点0作两条互相垂直的直线，在两条线上依次定出距离中心点的位置，将等距的四个点相连后即可得到不同面积的小样方。在这些小样地中统计植物种数，如附图10(a)所示。

②从一点向一侧逐步扩大法。通过原点作两条直角线为坐标轴。在线上依次取距离原点的不同位置，各自作坐标轴的垂线分别连成一定面积的小样地。统计植物种数，见附图10(b)所示。

③成倍扩大样地面积法。按照附图10(c)所示方法逐步扩大，每一级面积均为前一级面积的2倍。

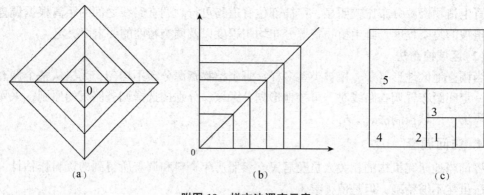

(a)   (b)   (c)

附图10 样方法调查示意

(3)样线法

主观选定一块代表地段，并在该地段的一侧设一条线(基线)。然后沿基线用随机或系统取样选出待测点(起点)。沿起点分别布线进行调查(附图11)。样线的长度和取样数目：草本6条10 m样线；灌木10条30 m样线；乔木10条50 m样线。样线的记录：在样线两侧0.5 m范围内记录每种植物的个体数(N)。

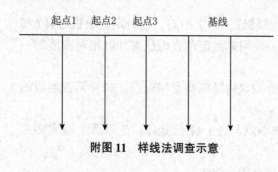

附图11 样线法调查示意

三、非木质森林资源单株(丛)测定

根据不同类型非木质森林资源的经济价值与利用状况，需要对单株(丛)非木质森林资源不同利用器官的产量进行测定，主要利用器官包括花、果实、根、枝叶、皮等。

(一)直接测定法

国内学者一般对非木质林产品资源的定义为：干果、水果、花卉、药材、藤本植物、菌类及其副产品等森林植物资源；从资源种类及利用角度来定义，非木质资源主要包括花、果实、种子、枝叶、根、皮、藤本植物及药材等森林资源。这类资源大多数具有可再生、可重复利用等特点，并且具有多种用途。不同类型非木质森林资源产量的直接测定方法如下。

（1）花

调查因子主要包括生境调查、株数、株高、花期、颜色、分枝数、花朵数，在样地内随机采摘一定数量（50~100 g）花朵样品，将样品带回室内在烘箱中 45℃环境下连续烘 8 h 左右烘干，求得平均单朵干重。例如，金莲花生物量调查时，选择金莲花的典型生境，包括沼泽草甸与林中空地两种类型，在沼泽草甸中设置了 3 条样线，按梯度变化每条样线设置了 7 个 4 m×4 m 样方，共 21 个样方；在林上空地设置了 4 条样线，按梯度变化每条样线设置了 6 个 4 m×4 m 样方，共 24 个样方。调查各样方的金莲花产量与土壤、光照等环境因子。在样地内随机采摘一定数量的金莲花，保留花柄长 1.0 cm 左右。样品带回室内在烘箱中 45℃环境中烘 8 h 左右烘干，求得平均单朵干重，最后经过计算得到金莲花各生境类型样方的产量。

（2）果实

选取平均木，在平均木上按冠长平均分为 3 层，在每层选取一个标准枝，获取标准枝上果实产量，在采果后进行鲜果、干果、仁重的测量，每个处理采果 30 颗，观测鲜重或干重。

$$单位面积产量＝平均木整株产量×林分密度$$

例如，沙棘单株果产量调查，调查果枝果密度，首先抽样调查 3 枝短果枝、3 枝中果枝和 3 枝长果枝，求得平均枝长，再选取接近平均长度的 3 枝果枝调查果密度平均数。在实际调查时，不易选择接近平均枝长的果枝，可选择较长果枝，剪取与平均枝长相等的果枝，摘下全部果实调查果密度，也可结合百果重调查求得果密度平均数。调查百果重，应选择半阴面中位果枝或阴面上位果枝，摘下全部果实，随机抽取 100 粒果称量得百果重。也可结合百果重调查，以果枝果总重除以百果重求得果枝果密度。估算果实产量的公式为：

$$果产量（kg/株）＝果枝数（枝）×果枝果密度平均数（个/枝）×百果重（g）/100\ 000$$

（3）种子

当果实进入成熟期且种子散播前，在林内随机选择一定数量的具有代表性的成年母树，分别于母树树冠投影面积内的东、西、南、北向各设置 1 个 1.0 m×1.0 m 的种子收集筐，收集筐用 4 根宽 5.0 cm 的木条作支架，筐内底部用纱布制成网，以防止种子下落时反弹，筐底距地面约 1.0 m。种子密度＝母树下收集到的种子总数/4 个种子收集筐的面积之和。例如，在陆均松调查时，陆均松母树胸径大、树干高、树皮滑，采用立木采种方法难以满足需要，研究中采用弓箭牵引攀岩绳上树采种的方式，具体做法是：将细绳的一端连接攀岩绳，另一端拴在箭上，通过射箭将细绳牵引穿过树冠枝杈，细绳将攀岩绳牵引穿过枝杈，并在枝杈的一端将攀岩绳固定，另一端安装上升器，采种人员通过上升器和攀岩绳攀上树冠枝杈，再借助高枝剪，剪下有种子的树枝。树冠下铺设塑料布，收集下落的树枝和种子。摘下树枝上的全部种子，利用漂浮法测定饱满种子和空种子。记录全部种子粒数、饱满种子粒数、空种子粒数、未成熟种子粒数、成熟种子粒数、小种子粒数。

(4)根

采用全挖法以样本(单株或单丛)基部为中心向四周辐射,将该样本所有根系挖出,放于土壤筛中筛去泥土,并量测挖掘面积,观测挖出根系的鲜重,随后取样 50~100 g 带回实验室,在 60~75℃环境下烘干至恒重,计算含水率,推算单位面积的生物量。例如,在北柴胡调查时,采用随机取样法分别在林地、灌丛、草甸 3 种生境类型中采集北柴胡植株样本。其中每种生境类型选取 5 个采样区,每个采样区采集北柴胡全株约 20 个,每种生境采样约 100 株,总计采样 300 株。在采样的同时测量并记录植株的形态特征参数,主要包括株高、叶片数以及分枝数等。之后,将采集的北柴胡植株带回实验室测定根系生物量,并以此值代表根系产量。

(5)皮

采用环剥法或局部剥皮法(半环剥皮法)切去树干的 1/2 或 1/3,剥皮宜选多云或阴天,不宜在雨天及炎热的晴天进行。用芽接刀绕树干环切一刀,再在离地面 10.0 cm 处环切一刀,然后垂直向下纵切一刀,只切断韧皮部,不伤木质部,然后剥取树皮观测其干重,取样 50~100 g 装入塑封袋带回实验室,在 60~75℃环境下烘干至恒重,计算含水率,推算单株树皮生物量。如杜仲皮调查,杜仲剥皮的时间一般在每年的 2 月中旬至 7 月底,最佳时机在雨后天气晴朗的上午 10:00 以前或下午 16:00 以后。一般采取环状剥皮,剥皮时用剥皮刀在主干距地面 10.0 cm 处割一横圈,在第一分枝下 10.0 cm 处割一横圈,再纵割一刀,纵刀上下与两个横圈相连,深度为隔断韧皮部但不伤及木质部;而后用剥皮刀挑开树皮,轻轻剥离,直至将整块树皮剥落。也可在主干纵向留 1 条约 10.0 cm 左右的树皮带作为养分输送带,然后按上述方法将其余树皮剥落。将刚剥下的树皮平展开来,两两内皮相对,叠放在一起,压平、压实,在 60~75℃环境下烘干至恒重,计算单位面积产皮量。

(6)藤本植物

采用全株收获法,分别测定单株藤本样木的长度、基径(从地面至 30 cm 长度处的直径),并分茎、枝、叶器官称量各自鲜重;同时分别采集各样木不同器官新鲜样品,带回实验室以 80 ℃的温度烘干至恒重,用电了天平称重,求样品干鲜质量比,将各器官鲜重换算成干质量,再根据样地每木调查资料换算单位面积生物量。

(二)间接测定法

对于面积较大、分布较广非木质森林资源的调查,通常采用间接方法进行测定,主要包括以下形式。

①走访咨询。由调查人员到林场、附近村屯向有经验的"跑山人"咨询,了解经营区各类非木资源的分布情况。

②查阅资料。查阅林相图、森林资源调查档案、志书等资料,进一步了解各类非木质资源情况。

③模型法。以查阅的资料和咨询信息为参考,到现地进行实测(林分类型及特征、土壤性质、光照强度、物种分布、生长特性等),通过非木质森林资源产量与各调查因子的相关关系,来构建非木质森林资源的产量预测模型。马凯(2011)基于调查数据建立了金莲

花株数、产量与环境因子的关系模型。

$$Y_1 = 32.606 - 66.312x_1 + 40.330x_2 \tag{71}$$

$$Y_2 = -17.677 - 14.188x_1 + 19.807x_2 + 21.414x_3 \tag{72}$$

式中　Y_1——株数；

　　　Y_2——产量；

　　　x_1——直射率；

　　　x_2——0~10 cm 含水量；

　　　x_3——0~10 cm 土壤容重。

王文平等(2017)对 5 个榛子品种的产量与主干横截面积和产量关系进行了调查研究，发现榛子主干横截面积与产量有显著的直线回归关系，并建立了榛子主干粗度与产量关系模型：

$$Y = 0.53 + 0.023\ 1x \tag{73}$$

式中　Y——榛子产量，kg/株；

　　　x——主干断面积，cm^2。

榛子主干横截面积每增加 1 cm^2，产量就会增加 0.023 1 kg。

四、非木质森林资源林分调查

(一)调查内容

从森林环境上看，林分是乔木、灌木、草本、土壤、气候及微生物等环境因子的有机体。林分环境与非木质资源分布、产量及质量等密切相关，因此，在研究林分非木质资源工作过程中，必需详尽调查林分环境因子。在对经济价值较大，且面积大、分布广的资源进行详细调查时，调查内容主要包括：资源所处位置(经纬度)、林班、小班、分布面积、资源规模、主要伴生资源、森林经营类型、生境条件(包括林种构成、郁闭度、土壤、海拔等)、开发利用情况、主要产品及产量情况、交通情况等。对尚未大规模开发利用、但具有潜在经营价值，且集中分布资源的调查，以一般性普查为主，仅调查资源位置、面积情况和产量状况。

(二)调查方法

为了掌握非木质林分资源的状况及其变化规律，满足经营管理工作的需求，应对非木质林分资源进行某些专业性调查。但在实际工作中，不可能也没有必要对全林分非木质资源进行调查，通常采用随机抽样或典型取样的方法进行局部调查，设置样带、样线、样方、样株和样枝等获得林分各调查因子的数量及质量指标，并根据调查结果按比例推算全林分的结果进行调查。

非木质资源林分调查基本结构如下。

①调查总体的界定与选择，熟悉目标资源的生物学特点和适宜分布区。

②抽样设计，根据目标不同决定设置样地的方式。

③样地数量，依据样地分布、样地大小和调查精度确定样地数量。

④调查对象的统计方式，根据调查目标的生物学特点选择合适的计数方法。

样地数量是决定抽样误差的关键因素，样地的数量越多，抽样误差就越小，取得的结果就越精确。样地数量取决于以下3个方面。

①调查的精度要求。

②资源的变动程度，变动范围大的物种比变动范围小的物种需要更多的样地，资源的变动系数要通过预调查得到。

③每个样地的调查成本。

一般样地的数量以使误差控制在可接受的范围内即可，该误差范围根据调查目的和实际需要来决定，一般控制在10%~20%。Rabindranath 等(1997)在对小区域生物量监测的研究中，针对不同类型的物种给出一个样地规格和数量的参考数据。

①乔木样地规格为 25.0 m×20.0 m，在植被种类变动高时的样地数量为 15~20 个/hm²，植被种类较为一致时的样地数量为 10~15 个/hm²。

②次生林乔木样地规格为 5.0 m×5.0 m，样地数量为 20~30 个/hm²。

③灌木样地规格为 5.0 m×5.0 m，样地数量为 20~30 个/hm²。

④草本植物样地规格为 1.0 m×1.0 m，样地数量为 40~50 个/hm²；或者样地规格为 4.0 m×4.0 m，样地数量为 4~5 个/ hm²。

一般样地的数量以使误差控制在可接受的范围内即可，该误差范围根据调查目的和实际需要来决定，通常控制在10%~20%之间。针对不同类型的非木质资源给出一个样地规格和数量的参考数据。

(1)乔木

一般采用在样地内每木检尺的方法调查，如棕榈调查，在人工林或天然林中随机设置大小为 20.0 m×30.0 m 或 30.0 m×30.0 m 样地，在植被种类变动较大时，样地数量为 30~40 个，植被种类较为一致时样地数量为 15~20 个，观测乔木株数、郁闭度、种类、胸径、树高、冠幅、冠长、立木度等，计算单木或林分生长量与生产力。

(2)非乔木

如藤本植物调查，设置 15~20 个 1.0 hm² 的样地，每个样地内设 5 个 4.0 m×100.0 m 的调查带，每个相隔 16.0~20.0 m，在调查带内记录所有直径≥1.0 cm 的藤本植物，测量直径和种类并归类。

(3)寄生植物

一般主要调查寄生植物的数量和形态大小，如槲寄生调查。选择 30~60 个样地大小为 25.0 m×20.0 m 的典型样地，记录槲寄生的株数和形态大小。

(4)草本植物

一般调查草本植物的种类和数量，如林下草本植物调查。在分布区内设置 100.0 m×100.0 m 标准地，在标准地内用机械布点的方法设置 100 个 1.0 m×1.0 m 的小样方进行调查。

(5)菌类调查

一般采用踏查的方式进行调查，如松茸等。随机设置抽样点，记录抽样点内是否有松茸，并以抽样点为中心设置 25 m×25 m 样地，观测样地内森林覆盖情况和平均树高，设置

5 m×5 m 小样方并观测灌木种类及覆盖情况，设置 2 m×2 m 小样方观测枯枝落叶覆盖情况。主要观测菌类的形状、种类、菌丝体及子实体适生温度和环境条件等。测定真菌的组成、密度、多度(分为极多、很多、多、少、稀有 5 个等级)和生物量。菌类生物量测定包括 3 个主要阶段。

①定型阶段。采摘的菌类烘制起始温度调控至 33~35℃，随着温度的自然下降，至 26℃时稳定 4 h。

②脱水阶段。从 26℃开始，每 1 h 升高 2~3℃，及时调节相对湿度达 10%，维持 6~8 h，温度匀缓上升至 51 ℃时恒温。

③整体干燥阶段。由恒温升至 60℃经 6~8 h，当烘至八成干时，应取出烘筛晾晒 2 h 后，再上机烘烤 2 h 左右观测其生物量，最后推算适生区产量。

(三)非木质森林资源产量估测模型

在非木质森林资源调查中，除了要确定样地数量外，还需要确定被测量的样地的大小，样地越大，测量这些样地就越费时，花费也越高。为了降低大面积调查成本，非木质森林资源产量可通过建立数学模型来间接估测非木质森林资源产量及其空间分布规律。研究中通常采用某种非木质资源产量与立地因子(经纬度、海拔、坡向、坡位、土壤质地等)、林分因子(树种组成、年龄、胸径、树高、密度等)及生长特性(株高、叶片数、分支数、果实大小、花朵数等)之间的关系建立预测模型。

目前，建立非木质森林资源产量预测模型方法较多，应用较广泛的方法有线性回归模型(LR)、多元线性回归模型(MLR)、非线性回归模型(NLR)广义线性模型(GLM)、广义可加模型(GAM)等(详见附录1)，其中线性模型和多元线性模型在研究中侧重于拟合自变量和因变量之间较为简单的线性响应关系问题，优势在于处理软件比较成熟，处理过程比较简单；广义线性模型在研究中侧重于解决自变量发生线性变化时，因变量发生非线性响应的关系模拟；广义可加模型在研究中侧重解决自变量发生非线性变化时，因变量同时发生非线性响应的复杂关系拟合问题。如北柴胡产量预测模型。

$$P = A \cdot \frac{1}{ma} \sum_{j=1}^{m} \sum_{i=1}^{n} f_{ji}(x_{ji1}, x_{ji2}, x_{ji3}) \tag{74}$$

式中　P——某植物群落类型中的北柴胡产量，以根系干重表示，t；

　　　a——样方的面积，hm^2；

　　　A——该植物群落类型的总面积，hm^2；

　　　m——群落中的调查样地数量；

　　　n——群落每个样地中北柴胡植株的数量；

　　　f_{ji}——用于第 j 样地中第 i 株柴胡的根生物量计算模型式；

　　　x_{ji1}、x_{ji2} 和 x_{ji3}——分别是该群落类型中第 j 个样地内、第 i 株北柴胡的株高、叶片数和分枝数。

陈兴等(2007)利用 2002—2005 年食用菌数据，建立了北京和云南食用菌产量预测模型。

$$Y = a + bt \tag{75}$$

式中　Y——产量；

　　　t——时间；

　　　a，b——模型待估参数。

朱锦懋等(1993)选用逻辑斯谛回归、多次(二次、三次、四次)多项式回归、三阶自回归模型、指数回归，根据古田县银耳、香菇进入饱和发展时期的产量，选择加权系数 α 分别为 0.3、0.5 和 0.9 进行指数平滑法预测，预测式为

$$Y_{k+1} = \alpha Y_k + (1 - \alpha)\hat{Y}_k \tag{76}$$

式中　Y_{k+1}——$k+1$ 时期的预测产量；

　　　Y_k——k 时期的产量；

　　　$\hat{Y}_k$——k 时期的预测产量。

根据此模型可预测古田县未来几年银耳年产量为 2 000 t 左右，变化在 16.6~2 398 t 范围内；香菇年产量为 2 848 t 左右，变化在 2 442~3 253 t 范围内。

王继永等(2003)对林药间作系统中药用植物产量的空间分布规律进行研究，并建立了毛白杨不同林地位置间作的甘草、桔梗、天南星 3 种药用植物的产量预测模型，其中甘草、桔梗、天南星产量预测模型分别为：

$$Y_1 = 0.007\ 2x^2 - 0.008\ 6x - 0.731\ 0 \tag{77}$$

$$Y_2 = -0.010\ 16x^2 + 0.215\ 1x + 1.042\ 0 \tag{78}$$

$$Y_3 = -0.004\ 6x^2 + 0.058\ 9x + 1.146\ 0 \tag{79}$$

式中　Y_1，Y_2，Y_3——分别为药用植物甘草、桔梗、天南星产量，t/hm^2；

　　　x——毛白杨行距，m。

当前模型参数估计值都来源于非常有限的数据，同时不同资源最佳收获量又受到诸多因素影响，如立地、气候、年龄、密度及与其他物种竞争等，所以确定不同条件下非木质资源产量是一个复杂的问题。迄今为止，还没有哪一种模型能够精确地估测某种非木质资源的产量或者适用于所有的情况，但模型在不断地改进和完善，估测值也越来越接近真实值。

应用当地知识，可以快速了解当地资源种类和分布情况、有经济价值的物种、植被类型、资源收获技术和频率、非木质资源利用历史、人类活动对环境影响等。在很多案例中，森林调查和监测都是由当地人完成的，当地生态知识在可持续收获应用中发挥了很大作用，因此，要重视和利用这种信息。要把当地知识和系统的科学知识结合起来，如把物种的地方名称和学名匹配起来等，以充分发挥当地的生态知识在调查监测中的作用。